T0135417

V&R

Gebrochene Wissenschaftskulturen

Universität und Politik im 20. Jahrhundert

Herausgeben von
Michael Grüttner, Rüdiger Hachtmann,
Konrad H. Jarausch, Jürgen John
und Matthias Middell

Vandenhoeck & Ruprecht

Bibliografische Information der Deutschen Nationalbibliothek

Die Deutsche Nationalbibliothek verzeichnet diese Publikation in der
Deutschen Nationalbibliografie; detaillierte bibliografische Daten sind
im Internet über http://dnb.d-nb.de abrufbar.

ISBN 978-3-525-35899-3

Gedruckt mit Unterstützung der Fritz Thyssen Stiftung
für Wissenschaftsförderung, Köln.

Inhalt

Vorwort

Die Idee, sich im Rahmen einer größeren Konferenz zäsurübergreifend mit Grundfragen deutscher Wissenschaftskulturen und Universitäten im 20. Jahrhundert zu befassen, geht auf das Jahr 2006 zurück. Es fand sich ein Initiativkreis zusammen, der die Tagung vorbereitete und den nun vorliegenden Tagungsband gemeinsam herausgibt. Mit diesem Vorhaben verband sich ein doppeltes Anliegen. Es knüpfte an einen Trend des letzten Jahrzehnts an, sich verstärkt der Wissenschafts- und Universitätsgeschichte zuzuwenden, verfolgte dabei aber die spezifische Frage der Erklärung ihrer vielfachen Brüche. Mit dem Bestreben, die Untersuchung historischer und aktueller sowie nationaler und internationaler Prozesse zu verbinden, den „historischen Ort" des 20. Jahrhunderts und der wichtigsten Etappen deutscher Universitäts- und Wissenschaftsgeschichte genauer zu bestimmen, gängige Narrative kritisch zu hinterfragen und für die Zeit deutsch-deutscher Zweistaatlichkeit eine tragfähige Vergleichsperspektive zu finden, ging dieses Vorhaben deutlich über frühere Tagungen und Publikationen hinaus. Die Anfang Juni 2008 in Jena durchgeführte Konferenz gliederte sich in vier Sektionen, denen auch die Struktur dieses Bandes folgt. Die Ergebnisse der intensiven Diskussionen in den einzelnen Sektionen sowie einer abschließenden Podiumsdiskussion sind, soweit das möglich war, in die hier abgedruckten Beiträge eingeflossen. Für den Band ist der größte Teil der auf der Konferenz gehaltenen Beiträge ausgewählt worden. Sein Titel deckt sich mit dem Titel der Konferenz. Verändert wurde jedoch der Untertitel „Selbstverständnis und Praxis deutscher Universitäten im 20. Jahrhundert", denn die meisten Beiträge haben eine deutlich weitere Frage- und Interpretationsperspektive gewählt.

Für die Entstehung dieses Bandes sind die Herausgeber einer Reihe von Kollegen/innen und Institutionen zu Dank verpflichtet. Das betrifft vor allem die Referenten, Kommentatoren und Teilnehmer der Konferenz, deren Anregungen aus Platzgründen nur indirekt in diesen Band einfließen konnten. Für die Aufnahme der Konferenz in den Kalender des Jubiläumsjahres der Jenaer Universität und für ihre Eröffnung ist dem Rektor der Jenaer Universität herzlich zu danken, für die Organisation den damaligen studentischen Mitarbeitern der Senatskommission für die Jenaer Universitätsgeschichte. Die Lektorierung und Druckvorbereitung der Texte besorgten freundlicherweise die Fachkräfte des Global and European Studies Institute der Universität Leipzig. Entsprechende finanzielle Beihilfen leisteten die Jenaer Universität und des Georges Lurcy Charitable and Educational Trust. Ganz besonders danken wir jedoch der Fritz Thyssen Stiftung, deren großzügige Finanzierung die Konferenz und den Druck des Konferenzbandes ermöglicht hat.

Die Herausgeber, im Februar 2010

Michael Grüttner / Rüdiger Hachtmann / Konrad H. Jarausch /
Jürgen John / Matthias Middell

Wissenschaftskulturen zwischen Diktatur und Demokratie

Vorüberlegungen zu einer kritischen Universitätsgeschichte des 20. Jahrhunderts

Die Häufung der Gründungsjubiläen von Greifswald und Halle 2006, Jena 2008, Leipzig 2009 und Berlin 2010 ist ein Anlass, die deutsche Universitätsgeschichte des 20. Jahrhunderts mit einem kritischeren Blick zu betrachten. Noch in der Nachkriegszeit erwies sich die Tradition feierlicher Rückblicke so stark, dass die Entwicklung der Hochschulen meist als eine nur kurz vom Nationalsozialismus unterbrochene akademische Erfolgsgeschichte dargestellt werden konnte. Da sich aber die mit der zweiten deutschen Diktatur verbundene Entwicklung der ostdeutschen Hochschulen nicht mehr so leicht unter der Rubrik des kumulativen wissenschaftlichen Fortschritts verbuchen lässt, wirft sie Fragen nach einem alternativen Interpretationsrahmen auf. Wenn man das „Jahrhundert der Katastrophen" nicht ganz überspringen will, dann muss man stärker den Ambivalenzen des Verhältnisses von Forschung und Politik sowie den Brüchen in der Wissenschaftsentwicklung nachgehen, die sich innerwissenschaftlich wie institutionell manifestiert haben.

Der Versuch einer kritischen Auseinandersetzung mit der Rolle der Hochschulen unter dem NS und der SED kann auf eine Reihe von Bemühungen aufbauen, die im letzten Jahrzehnt die deutsche Universitätsgeschichte des 20. Jahrhunderts problematisiert haben. So diskutiert z. B. der von Mitchell G. Ash herausgegebene Tagungsband über den „Mythos Humboldt" die Wirkungsmächtigkeit des um 1900 geschaffenen forschungsidealistischen Selbstbildes in der Zeit nach 1945, als diese Rhetorik sich immer weiter von der eigentlichen Praxis der Massenausbildung entfernte. Weitere Sammelbände von Rüdiger vom Bruch über „Wissenschaften und Wissenschaftspolitik, Bestandsaufnahmen zu Brüchen und Kontinuitäten im Deutschland des 20. Jahrhunderts" und „Kontinuitäten und Diskontinuitäten in der Wissenschaftsgeschichte des 20. Jahrhunderts" sowie andere Tagungsbände der Gesellschaft für Wissenschafts- und Universitätsgeschichte beschäftigen sich mit den Konflikten von Wissenschaft und Politik und thematisieren explizit die Frage der damit verbundenen Chancen und Risiken, Zäsuren und Kontinuitäten.

Der vorliegende Band betrachtet in Anlehnung an neuere methodologische Ansätze (*Geschichte und Gesellschaft* 2008/4) die Wissensgeschichte als Gesellschafts- und Kulturgeschichte, um daraus einen selbstreflexiven Referenzrahmen auch für institutionelle Jubiläumsgeschichten zu erarbeiten.

Dabei geht es ebenso um die Thematisierung politischer Anforderungen und vorwissenschaftlicher Wertvorstellungen wie um innerwissenschaftliche Strukturen und Verhaltensweisen. Die Beiträge basieren auf ausgewählten Vorträgen der von der Fritz Thyssen Stiftung geförderten Tagung „Gebrochene Wissenschaftskulturen. Selbstverständnis und Praxis deutscher Universitäten im 20. Jahrhundert", die vom 5. bis 7. Juni 2008 an der Friedrich-Schiller-Universität Jena im Rahmen ihres 450jährigen Jubiläums stattfand. Diese Konferenz verfolgte den doppelten Zweck eines Austauschs neuer Forschungsergebnisse und einer institutionsübergreifenden Diskussion von methodischen Ansätzen. Gleichzeitig sollte diese Problematisierung der Vergangenheit auch eine historische Langzeitperspektive für die Beurteilung der hektischen gegenwärtigen Reformdebatten liefern.

1. Fragestellungen

Ziel dieses Bandes ist es, die Entwicklung der deutschen Wissenschaftskultur systemübergreifend für das gesamte 20. Jahrhundert mit ihren Kontinuitäten, Brüchen und Verwerfungen differenzierter zu diskutieren. Obwohl er nur einen Aspekt der „Wissensgesellschaft" betrifft, wird der Schlüsselbegriff „Wissenschaftskultur" bewusst weit gefasst. Er schließt fachdisziplinäre Milieus wie interdisziplinäre Kommunikationen und Verschränkungen ebenso ein wie die Interaktionen mit den jeweiligen politisch-gesellschaftlichen Kontexten. Politik, Wirtschaft und Gesellschaft einerseits sowie universitäre und außeruniversitäre Wissenschaft andererseits werden dabei nicht als Gegensätze oder gar als einander gegenüberstehende Blöcke, sondern als komplexe, ineinander verschränkte Milieus und je spezifische Wirkungszusammenhänge aufgefasst. Daher liegt ein starker Fokus sowohl auf Konflikten und Wertekollisionen als auch auf den je nach Gesellschaftsformation sehr unterschiedlichen Anpassungs‚leistungen' der Akteure wie der Institutionen, einschließlich den dahinter stehenden Motivsträngen.

Die aus diesen methodischen Vorüberlegungen resultierenden Grundfragestellungen, die Ralph Jessen und Jürgen John schon in einem Editorial im *Jahrbuch für Universitätsgeschichte* 2005 angedeutet haben, lassen sich wie folgt zuspitzen:

1. Wie verhielt sich das in rhetorischen Leitbildern ausgedrückte Selbstverständnis der Wissenschaftler zu ihrer alltäglichen Praxis von Lehre und Forschung und wie hat sich dieses Verhältnis im Laufe des Jahrhunderts verändert?
2. Wie waren in den unterschiedlichen politischen Systemen Wissenschaftseinrichtungen in die Gesellschaft eingebettet und wie reagierten Forscher auf die ideologischen Anforderungen der verschiedenen Diktaturen und Demokratien?

3. In welcher Weise entwickelten sich universitäre und außeruniversitäre Wissenschaft, wie verschoben sich die relativen Gewichte der konkurrierenden Institutionalisierungen und wie beeinflussten sie sich gegenseitig?
4. Wie reagierte das nationale Wissenschafts- und Forschungssystem auf internationale Entwicklungen, welche deutsche Besonderheiten ergaben sich daraus und wie veränderte sich die Reputation deutscher Wissenschaft im Verlaufe des Jahrhunderts?
5. Welche Zäsuren lassen sich in der Entwicklung der Hochschulen und Forschungseinrichtungen ausmachen, und welche Kontinuitäten bestanden unbeschadet aller politischen und institutionellen Einschnitte weiter?
6. Wie wurden nach den jeweiligen Umbrüchen vorangegangene Verhaltensweisen von Hochschullehrern und außeruniversitären Forschern in den darauf folgenden vergangenheitspolitischen Debatten ‚aufgearbeitet‘ oder auch ideologisch mystifiziert?

Mit diesen Fragestellungen und Ausgangsthesen knüpft der Band an einen Forschungstrend der letzten zehn Jahre an, der sich verstärkt der deutschen und internationalen Wissenschafts- und Universitätsgeschichte des 20. Jahrhunderts zuwendet. Dabei verfolgt er allerdings einige neue und spezifische Anliegen: Vor allem ist er bemüht, den „historischen Ort" des 20. Jahrhunderts und der wichtigsten Etappen deutscher Universitäts- und Wissenschaftsgeschichte neu zu bestimmen und dabei gängige Narrative kritisch hinterfragen. Gleichzeitig will er die Untersuchung nationaler und internationaler Prozesse miteinander verbinden und für die Zeit deutsch-deutscher Zweistaatlichkeit möchte er zudem eine tragfähige Vergleichsperspektive entwickeln. Auch in dem Bemühen durch einen Rückblick auf das letzte Jahrhundert eine Basis für die Beurteilung der gegenwärtigen Reformdebatten zu finden, versucht dieser Band inhaltlich in mancher Hinsicht über frühere Publikationen zur deutschen Universitäts- und Wissenschaftsgeschichte des 20. Jahrhunderts hinauszugehen.

2. Themen

Ein erster Schwerpunkt beschäftigt sich mit der eigentümlichen Spannung zwischen Ideologie und Praxis in der deutschen Wissenschaftskultur im 20. Jahrhundert. Ausgangspunkt ist das Selbstverständnis der Universität um die Jahrhundertwende, das sich in den bekannten Formeln von „Einheit von Forschung und Lehre" sowie „Einsamkeit und Freiheit" niederschlug. Die neuere Forschung weist darauf hin, dass dieser „Humboldt-Mythos" selbst ein Produkt einer Krisenwahrnehmung um 1900 war, denn er diente zur Verteidigung eines neuhumanistischen Kanons von Bildung und Wissenschaft gegenüber der Konkurrenz der Technischen Hochschulen und dem Andrang neuer Studentengenerationen, die sich vermehrt aus dem Kleinbürgertum

und dem weiblichen Teil der Bevölkerung rekrutierten. Sein elitäres For-
schungsethos stand in einem wachsenden Widerspruch zur Aufgabe der Be-
rufsausbildung von Professionen, die eher an Berechtigungszertifikaten und
praktischem Wissen interessiert waren. Dadurch geriet auch das Selbstbild
des zweckfreien Forschens immer mehr in eine Spannung mit den täglichen
Anforderungen der Lehre und Prüfung und schuf dadurch ein ungelöstes
Grundproblem, das als kulturpessimistischer Mythos durch gegenwärtige
Reformdebatten geistert.

Ein zweites Thema der Beiträge bildet die Interaktion von Hochschulen und
Forschungsinstitutionen mit Veränderungen der politischen und gesellschaftlichen Systeme. Schon der Erste Weltkrieg spielte dabei eine fatale Rolle,
da viele nationalistische Wissenschaftler ihre Forschung und Lehre in den
praktischen und publizistischen Dienst des Krieges stellten. Das Krisenbewusstsein der Weimarer Akademiker ist ein weiterer erklärungsbedürftiger
Topos, weil es in einem erheblichen Teile der jüngeren Generation zur Unterstützung der Nationalsozialisten beigetragen hat. Trotz intensiver Erforschung in den letzten Jahrzehnten gibt die Mitwirkung der Wissenschaft an
Krieg und Verbrechen immer noch Rätsel auf, denn die Kollaboration von
Forschern bei Repression und Genozid enttäuscht die Erwartung, dass Ge-
bildete die Humanität verteidigen sollten. Der Vergleich von realsozialisti-
schen und demokratisch-kapitalistischen Neuanfängen nach 1945 zeigt die
Wichtigkeit von politischen Rahmenbedingungen für die Entfaltung von
Wissenschaft, die in institutionellen Festschriften meist als unbeeinflussbare
Größen behandelt werden.

Eine dritte Gruppe der Essays behandelt die strukturelle Ausdifferenzierung der Hochschullandschaft durch Einrichtung neuer Fachgebiete, Anerkennung weiterer Hochschultypen und die Entwicklung außeruniversitärer
Forschung z. B. in den Kaiser-Wilhelm-Instituten. Eminent wichtig ist dabei
die Entstehung einer systematischen Forschungsförderung von der Notgemeinschaft bis hin zur Deutschen Forschungsgemeinschaft und den anderen
Stiftungen, die die Finanzierung von wissenschaftlichen Vorhaben von der
Lehre abgekoppelt haben. Für die Hochschulen ist diese Verlagerung von
Ressourcen nicht unproblematisch, da sie die Spitzenforschung in außeruniversitäre Institute ausgelagert hat. Besonders nach 1945 ist mit der ostdeutschen Akademie der Wissenschaften und den westdeutschen Max Planck
und Fraunhofer Gesellschaften sowie den Helmholtz und Leibniz-Gemein-
schaften ein ganzer mit Hochschulen konkurrierender Forschungssektor entstanden, dessen Lehraufgaben unterentwickelt geblieben sind. Die Rivalitäten
und Wechselbeziehungen zwischen beiden Sektoren sind ein spannendes
neues Feld der Universitätsgeschichte, das in Jubiläumsdarstellungen noch zu
wenig berücksichtigt wird.

Eine vierte Dimension der Aufsätze beschäftigt sich mit der Einwirkung
transnationaler Entwicklungen und mit der Stellung deutscher Wissenschaft
im internationalen Wettbewerb. Neuere Forschungen zeigen, dass einige der

führenden US-Privatuniversitäten und staatlichen Hochschulen bereits um
die Jahrhundertwende zu ernsthaften Konkurrenten heranwuchsen, die der
deutschen Forschung ihre Vorherrschaft durch bessere Finanzierung und
flexiblere Organisation streitig machten. Auch die Vertreibung zahlreicher
hoch qualifizierter Wissenschaftler aus Deutschland nach 1933, von denen
viele in den USA eine neue Wirkungsstätte fanden, beschleunigte die Herausbildung einer neuen Hegemonialmacht auf der anderen Seite des Atlantiks.
Nach 1945 entstand daher eine deutliche Diskrepanz zwischen einem historisch basierten Überlegenheitsgefühl und dem praktischen Zurückbleiben
hinter der internationalen Wissenschaftsdynamik, die man im Westen abzu-
bauen versuchte, während sie die DDR durch ihre Abschottung noch verstärkte. Die Diskussion um die Wiedergewinnung internationaler Wettbewerbsfähigkeit und die Spannung zwischen Massenausbildung und For-
schungsexzellenz könnte daher als Resultat dieses Reputationsverlusts verstanden werden.

Eine fünfte Fragestellung, die sich durch den Band zieht, ist die Bedeutung
politischer Systembrüche als universitätsgeschichtliche Zäsuren. Dabei ist vor
allem die Gewichtung der kurzfristigen Einschnitte und Transformationsprozesse gegenüber den langfristigen Kontinuitäten und Entwicklungslinien
strittig. Auch wenn Fragen nach den Wechselverhältnissen von Umbrüchen,
Wissenschafts- und Hochschulwandel zunächst epochenspezifisch zu stellen
sind, kann erst die vergleichende Erörterung von Wandlungsprozessen die
Tiefe der Einschnitte bestimmen. Zeitgenössische Debatten um Krise, Idee
und Reform der Universität können als Ausdruck von Problem- und Notlagen
wie als Produkt dynamischer Veränderungen, von Abwehr- und Gestal-
tungsstrategien verstanden werden. Die Beiträge fragen nach der Rhetorik und
Semantik von Übergängen und Umgestaltungsprozessen einerseits sowie der
Akzeptanz ihrer Ergebnisse andererseits. Die abschließenden Essays kon-
zentrieren sich auf aktuelle Problemkonstellationen, greifen aber dabei auf die
Erfahrungen des gesamten Jahrhunderts zurück, um den Begriff „deutsches
Universitätsmodell" dadurch zu hinterfragen.

Ein letzter roter Faden besteht schließlich aus dem zögerlichen Prozess der
Aufarbeitung nach den beiden Diktaturen. Inzwischen besteht Konsens darüber, dass die von den Besatzungsmächten erzwungene und nur von einer
kleinen Minderheit deutscher Demokraten getragene Entnazifizierung kein
Ruhmesblatt der Universitätsgeschichte war, denn zahlreiche belastete Forscher konnten nach 1945 weiter arbeiten. Während der Angriff auf die
„schrecklichen Juristen" durch die DDR im Kalten Krieg noch abgewehrt
wurde, inspirierten die Fragen der Achtundsechziger einige teils kritische,
teils apologetische Ringvorlesungen zur Rolle der Hochschulen im Nationalsozialismus. Wegen der hochschulpolitischen Instrumentalisierung solcher
Vorwürfe konzentrierte sich Vergangenheitsbewältigung meist auf Strukturen, denn Fragen nach Belastung prominenter Wissenschaftler wurden kaum
gestellt. Erst nachdem die NS-Generation ihre Karriere beendet hatte, haben

Großprojekte ganze Fächer und Organisationen wie die DFG oder MPG untersucht. Dagegen steht die Erforschung der DDR-Wissenschaftsgeschichte noch ziemlich am Anfang. Gerade deshalb bleibt die schonungslose Offenlegung von Andienung und Instrumentalisierung der Wissenschaft eine wichtige Aufgabe.

3. Ergebnisse

Eine bewusste Abweichung von einschlägigen politischen Zäsuren schärft den Blick für einige längerfristige Entwicklungen. So ermöglicht eine Zusammenschau der Entwicklung vom späten Kaiserreich zur Weimarer Republik eine Hinterfragung des verbreiteten Stereotyps „von der Weltgeltung zur Not deutscher Wissenschaft". Ebenso erlaubt die Periodisierung von 1930 bis 1949 eine präzisere Diskussion der Selbstmobilisierung der Wissenschaft, ihrer Beteiligung an Krieg und Vernichtung und der Nachwirkungen des Nationalsozialismus. Dagegen erleichtert die konventionelle Periodisierung von 1949 bis 1989 den Vergleich der Traditionsbildungen und Modernisierungsversuche in der deutsch-deutschen Systemkonkurrenz. Die Zusammenfassung der letzten Jahrzehnte seit 1990 kontrastiert die Transformation der ostdeutschen Hochschulen mit den Reformdebatten der gesamtdeutschen Universitäten. Eine solche Gliederung bettet die systembezogene Geschichte der Hochschulen unter Diktatur und Demokratie in systemübergreifende Veränderungen ein und schafft dadurch Raum für die Erkundung widersprüchlicher Entwicklungen.

Der erste Teil dieses Bandes stellt das gängige Narrativ der „Weltgeltung deutscher Wissenschaft" im Kaiserreich ebenso wie das Klischee der „Krise und Not" in der Weimarer Republik auf den Prüfstand. Trotz aller Modernisierungsleistungen, die den Ruhm deutscher Universitäten begründeten, fanden Kritiker schon vor 1914 erhebliche Defizite in politischer Unduldsamkeit, verengtem sozialen Zugang und autoritärer Lehrstuhlstruktur. Der Erste Weltkrieg stellte die Forschung und Lehre in den Kriegsdienst, sei es als vaterländische Propaganda, sei es als kompensierende Rohstoffentwicklung. Dagegen war die Weimarer Krisenrhetorik der Professoren eher ein interessengerichteter Versuch zur Verbesserung ihrer Finanzen, denn in einigen Gebieten wie der Atomphysik waren deutsche Institutionen immer noch an der Weltspitze. Allerdings beruhten solche Erfolge auch auf der Auslagerung von Forschung in außeruniversitäre Institute wegen des wachsenden Studentenandrangs nach dem Ersten Weltkrieg und in der Weltwirtschaftskrise. Schon auf dem Höhepunkt ihres Rufes war die deutsche Forschung daher in erhebliche Widersprüche zwischen nationaler Borniertheit und internationalem Verantwortungsbewusstsein verwickelt.

Der zweite Teil hinterfragt den Mythos von der „sauberen Wissenschaft" im Dritten Reich indem er unterschiedliche Facetten der Zusammenarbeit mit dem Nationalsozialismus offen legt. In der Systemkrise verteidigte nur eine

Minderheit die Weimarer Republik, während die meisten Professoren autoritären Lösungen zuneigten und viele Studenten radikalen NS-Parolen zu folgen bereit waren. Statt dazu gezwungen werden zu müssen, war eine erstaunlich große Anzahl von Wissenschaftlern aller Disziplinen zur Rüstungsforschung und Mitarbeit an den rassistischen Verbrechen bereit. Ihr Verständnis von Wissenschaft als fachliches Expertentum bildete keine Barriere gegen Unmenschlichkeit, weil ihm weitgehend ein ethisches Fundament fehlte. Dazu kamen die neuen Karrierechancen, die sich mit den 1933 einsetzenden Massenentlassungen für jüngere Nachwuchswissenschaftler eröffneten. Die Dynamik der NS-Diktatur über Europa führte zu einer enormen Ressourcenverlagerung weg von traditionellen Forschungsfeldern zu neuen herrschaftssichernden Instituten. Während die Theologie abgebaut und die Geisteswissenschaft eingeschränkt wurde, profitierten andere Disziplinen von der reichhaltigen Förderung völkischer und kriegswichtiger Projekte.

Der dritte Teil relativiert die Gegenüberstellung von „freier Wissenschaft" und „geknechteter Forschung" in beiden Teilstaaten während des Kalten Krieges durch Betonung ähnlicher Problemlagen. Im Neubeginn nach 1945 griffen Ost und West auf unbeschädigte Traditionen des Humanismus zurück, interpretierten diese aber als aufklärerisch-fortschrittlich oder abendländisch-christlich. Auch in den Reformdebatten der sechziger Jahre reagierten die DDR und die BRD ähnlich auf Forderungen nach Modernisierung der Bildung durch Ausweitung der Studienquote wie Einführung von Sektionen oder Fachbereichen, wobei erstere mehr von oben und letztere von unten organisiert wurden. In der anschließenden Stagnationsphase reduzierte die SED die Studentenzahl um ein Fünftel, während die Kultusministerkonferenz gleichzeitig durch den „Untertunnelungsbeschluss" die Unterfinanzierung festschrieb, indem sie sich weigerte die Planstellenzahl dem erwarteten Studentenberg anzupassen. Schließlich ging auch die Verlagerung der Grundlagenforschung in die AdW der DDR sowie in die diversen außeruniversitären Einrichtungen der Bundesrepublik in die gleiche Richtung. Jedoch unterschieden sich diese konkurrierenden Lösungsversuche in Forschungsqualität und Grad der Selbstbestimmung.

Der letzte Teil versucht die Diskussionen über die Transformation ostdeutscher Hochschulen konzeptionell zu entschärfen und in der Debatte über die gesamtdeutschen Veränderungen die Position der Reformbefürworter zu verdeutlichen. Wenn man z. B. die Umgestaltung früherer DDR-Universitäten mit den Umbrüchen von 1918/19, 1933 und 1945 vergleicht, ähnelt sie im Ausmaß des Personalaustauschs und der inhaltlichen Neuorientierung dem ostdeutschen Neuanfang nach dem Zweiten Weltkrieg. Statt als eine Verlusterzählung oder eine Erfolgsgeschichte, könnte man sie daher eher als eine spannungsgeladene Mischung von Selbstreformversuchen und Rekonstruktionen von außen verstehen. Da in den Medien wie der *FAZ* die Geisteswissenschaftler lautstark über das „Ende der deutschen Universität" und die Krise ihrer Fächer jammern, weist ein prominenter Vertreter der Reformen in einer

Entgegnung noch einmal auf einige ihnen zugrunde liegende Motive und sich bietende Chancen hin. Schließlich begründet auch der Vorsitzende des Wissenschaftsrats die grundsätzliche Notwendigkeit der avisierten Veränderungen, ermutigt jedoch gleichzeitig zu einer Reform der Reform, um ihre pragmatische Umsetzung zu erleichtern.

4. Ausblick

Da die Beiträge dieses Bandes nur ein Zwischenresümee bieten, bleiben zahlreiche Fragen für die weitere Forschung offen. Ein erstes Problem ist die Form der Meistererzählung, die den widersprüchlichen Entwicklungen der Hochschulen und Forschungsinstitute im 20. Jahrhundert gerecht werden kann. Zweifellos stehen die beiden Weltanschauungsdiktaturen einer ungebrochenen Darstellung des wissenschaftlichen Fortschritts im Wege. Wenn man von einem Höhepunkt der internationalen Reputation deutscher Universitäten im Kaiserreich und seinem Nachhall in der Weimarer Republik ausgeht, dann wird man wohl einen Niedergang in der inhaltlichen Qualität der Forschung im Dritten Reich und der DDR konstatieren müssen, aber schließlich einen begrenzten Wiederaufstieg in der Bundesrepublik und nach der Vereinigung feststellen können. Eine solche Linienführung von Höhepunkt, Verfall und Läuterung spiegelt die Dramatik des Verhältnisses von Wissenschaft zu Politik, minimiert aber wissenschaftliche wie personelle Kontinuitäten und berücksichtigt internationale Entwicklungen zu wenig. Aber bietet die Betonung einer systemübergreifenden Entfaltung der Wissensgesellschaft zu dieser Interpretation eine ernsthafte Alternative?

Eine zweite schwierige Frage betrifft die Maßstäbe, an denen man diese Brechungen der Wissenschaftskulturen messen sollte. Eine immanente Perspektive würde die Effizienz der Ressourcenbereitstellung und -nutzung betonen, aufgrund derer man die unterschiedlichen Regime vergleichen könnte. Ein ähnlicher Indikator wäre die Forschungsproduktivität, gemessen an harten Indikatoren wie Veröffentlichungen oder Patenten. Ein etwas weicherer Standard der Innovativität könnte der internationale Ruf sein, der sich in Preisen und Zitierungen ausdrückt. Aber sind daneben nicht noch andere Kriterien für eine Beurteilung relevant, die eher in eine politische oder ethische Richtung weisen? So müsste man wohl die Wirkung der Forschung auf das Allgemeinwohl berücksichtigen, die soziale Problemlösungen anbieten oder aber Menschenrechtsverletzungen begehen kann. Ebenso wichtig wäre das Verhältnis von Wissenschaft zu unterschiedlichen Systemen, das zur Unterstützung von Repression und Verbrechen, aber auch zur Förderung von Freiheit und sozialer Befriedung führen mag. Gerade die Diktaturerfahrungen verlangen, dass neben den wissenschaftsinternen Faktoren auch außerwissenschaftliche Dimensionen der Lehre und Forschung mit einbezogen werden.

Ein letzter Diskussionspunkt ist die Frage der Universitätsreform, die sich als Projekt einer *universitas litterarum semper reformanda* durch die Jahrhunderte zieht. Einerseits hat das Modell einer Kombination von Forschung und Lehre eine erstaunliche Festigkeit bewiesen, denn die Universität ist eine der wenigen Institutionen die bereits seit dem Mittelalter in noch erkennbarer Form weiter besteht. Andererseits ist die Umsetzung dieser Idee immer wieder Schüben der Veränderung unterworfen worden, die meist durch intellektuelle Anregungen oder politische Zwänge von außen auf sie zugekommen sind. Die deutsche Erfahrung des 20. Jahrhunderts weist auf die Schwierigkeit einer Reform hin, die wie in der Weimarer Republik von den Betroffenen abgelehnt wird. Die teils freiwilligen, teils erzwungenen Veränderungen unter den Diktaturen haben weitaus größeren Schaden für die Qualität und Freiheit der Wissenschaft angerichtet. Aber auch eine Restauration des vermeintlich erfolgreichen Humboldtschen Modells kann notwendige Lösungen verhindern. Die Aufgabe einer kritischen Universitätsgeschichte besteht daher darin, immer wieder solch vergleichende Selbstreflexionen anzuregen.

I. Von der Weltgeltung zur Not deutscher Wissenschaft?

Jürgen John

Universitäten und Wissenschaftskulturen von der Jahrhundertwende 1900 bis zum Ende der Weimarer Republik 1930/33

Jeder kritische Rückblick auf die deutsche Universitäts- und Wissenschaftsgeschichte des 20. Jahrhunderts beginnt nolens volens mit der Ausgangslage
um 1900. Mit dem oft und gern als „Jahrhundert der Universitäten" apos-
trophierten 19. Jahrhundert endete eine höchst widersprüchliche Epoche
deutscher Geschichte. Viele Zeitgenossen empfanden die Jahrhundertwende
1900 deshalb als Kultur- und Zeitenwende. All das, was die letzten Jahrzehnte
des 19. Jahrhunderts maßgeblich geprägt, was sich angestaut oder durchgesetzt hatte, steuerte seinem Höhe- und Wendepunkt zu. Und es war ungewiss,
ob dies stabilisierend oder destabilisierend wirken werde. Im Wissenschafts-
und Hochschulmilieu sah man dem neuen Jahrhundert durchaus selbstbewusst und zuversichtlich entgegen. Wie das Kaiserreich schienen seine Wis-
senschafts- und Hochschulsysteme glanzvolle, sichere und zukunfträchtige
Bahnen erreicht zu haben. Der Professoren- und Wissenschaftlerberuf hatte es
zu hohem gesellschaftlichen Ansehen, zu Status und Prestige gebracht. Man
fühlte sich national stark und leistungsfähig, war international vernetzt und
nahm in der europäischen wie globalen Wissenschaftskooperation führende
Positionen ein. Die deutsche Wissenschaft galt etwas in der Welt oder verlangte solche Weltgeltung. Sie untermauerte so auf ihre Weise die Ansprüche
wilhelminischer „deutscher Weltpolitik". Man fühlte sich als Teil der internationalen „Ökumene der Wissenschaft" und pflegte zugleich einen betont
„nationalen" Denk- und Wissenschaftsstil, ohne dies als Widerspruch zu
empfinden. An den Universitäten hatte sich der Forschungsimperativ
durchgesetzt. Als Staatsanstalten waren sie in Preußen wie in den übrigen
Gliedstaaten des föderativen Deutschen Reiches staatlich finanziert und abge-
sichert. Zugleich genossen sie die akademische Freiheit korporativer Rechte und
Selbstverwaltung. Und sie waren auf dem besten Wege, sich zu hoch differenzierten „Großbetrieben der Wissenschaft" zu entwickeln.

Doch zeigten sich um 1900 auch andere und gegenläufige Trends. Die
Wissenschafts- und Hochschullandschaften erfuhren deutliche Differenzie-
rungs-, Konzentrations- und Wandlungsprozesse. Außeruniversitäre Wis-
senschaftszentren traten in Konkurrenz zur „Forschungsuniversität". Die
Emanzipation Technischer Hochschulen schritt rasch voran. Das innere
Wissenschafts-, Disziplin- und Institutionsgefüge der Universitäten veränderte sich. Die kleinteiligen Geistes- und Kulturwissenschaften mussten sich
im neuen „naturwissenschaftlichen Zeitalter" wissenschaftlicher Netzwerke

und Großbetriebe behaupten und sich gleichsam neu definieren. Sie büßten ihre tonangebenden Positionen an den Universitäten ein. Der Sezessionsdruck auf die Philosophischen Fakultäten wuchs. Von den Hochschulen bislang ausgegrenzte oder an ihnen benachteiligte Gruppen verlangten ungehinderten Zugang und gleiche Rechte. Von Status- und Bildungsprivilegien war die Rede und von verkrusteten Strukturen einer oligarchisch gewordenen Ordinarienuniversität. Die Frauen-, Privatdozenten- und Nichtordinarienfrage spitzte sich zu. Die Krisensymptome mehrten sich. Der Reformstau und die Modernisierungsdefizite der Universitäten wurden unübersehbar. Neue Wege waren unvermeidlich. Rhetorisch fand das alles im Rückgriff auf die idealisierte „klassische Universitätsidee" und im „Mythos Humboldt" seinen Ausdruck. „Humboldt" und die „Idee der Universität" wurden so um 1900 zu Ausgangs- und Bezugspunkten vielfältiger Diskussionen um Selbstverständnis, Lage, Krise, Reform und Zukunft der deutschen Universität.

Der Zusammenprall alter und neuer, lang- wie kurzfristiger Trends um 1900, die ambivalente Lage der Universitäten in dieser „Zeitenwende" und die Debatten um die „Idee der Universität" markieren den Szenenaufbau von Konstellationen, die sich in wechselnder Gestalt durch das gesamte 20. Jahrhundert zogen. Meist waren sie dann mit politischen Umbrüchen, mit Systemwechseln und deren Folgen verbunden. Davon konnte um 1900 zwar noch keine Rede sein. Unterschwellig deutete sich aber bereits vieles von dem an, was mit dem Kriegsbeginn 1914 schließlich offen zum Ausbruch kam. Der bald zum Weltkrieg ausgeweitete „Große Krieg" Europas 1914/18 markierte definitiv das Ende des „langen 19. Jahrhunderts". Er veränderte Europa und die globalen Konstellationen tief greifend. Dem Zusammenbruch der internationalen Wissenschaftskooperation folgte ein bis dahin beispielloser „Krieg der Geister", dessen „Kriegsnationalismus" weit über das Kriegsende 1918 hinaus verhängnisvoll nachwirkte. Mit dem „Kriegseinsatz der Wissenschaften" und der engen Kooperation von Wissenschaft, Militär und Industrie entstanden neue Konstellationen von bleibender Wirkung.

Dieser auch als „Urkatastrophe des 20. Jahrhunderts" beschriebene erste „totale Krieg" der Weltgeschichte schuf in vieler Hinsicht ganz neue Handlungs- und Erfahrungssituationen mit unübersehbaren Folgen bis hin zum noch katastrophaleren „Zweiten Weltkrieg" 1939/45. Die Eruptionen, Umbrüche, Zäsuren, Wandlungen und Deformationen der „Zwischenkriegszeit" stehen scheinbar auf einem anderen Blatt deutscher wie globaler Wissenschafts- und Universitätsgeschichte. Tatsächlich aber waren sie in hohem Maße mit der Vorkriegsgeschichte und mit den Weltkriegsfolgen verbunden. Auch das Schicksal der aus der Revolution und Republikgründung 1918/19 hervorgehenden Weimarer Demokratie, ihre Möglichkeiten und Grenzen, ihre Chancen, Probleme, Gefahren, Krisen- und Notlagen hingen eng mit den Folgen des „Ersten Weltkrieges" und mit der Frage zusammen, ob und inwieweit es gelang, nach 1918 tatsächlich eine – im weitesten Sinne verstanden – „kulturelle Demobilmachung" zu erreichen.

Solche Fragen nach der Lage der Universitäten im Kaiserreich, nach der wissenschaftskulturellen „Zeitenwende" um 1900, nach den Weltkriegswirkungen auf die Wissenschaftskultur, nach Wissenschaftswandel und Hochschule in der Demokratie, nach den Weimarer Not- und Krisendiskursen und nach den damit verbundenen Debatten um Lage, Idee, Reform und Zukunft der Universitäten liegen den Texten des ersten Themenblockes dieses Bandes zugrunde. Dabei wenden sie dessen Leitfragen nach säkularen oder systemgebundenen Trends, nach homogenen oder „gebrochenen" Wissenschaftskulturen, nach den Interaktionen von Wissenschaft und Politik und nach dem Verhältnis von Rhetorik und Praxis deutscher Universitäten auf das erste Drittel des 20. Jahrhunderts an. Das schließt eine system- und zäsurübergreifend vergleichende Perspektive ein. Die Texte berücksichtigen die unterschiedlichen Prozesse, Rahmen- und Handlungsbedingungen der Perioden des späten Kaiserreiches, des Weltkrieges und der Weimarer Republik ebenso wie die säkularen Trends nationaler und internationaler Wissenschaftsentwicklung. Beides wirkte sich auf Wissenschaft und Politik, auf Gestalt, Wandel, Praxis und Rhetorik universitärer und außeruniversitärer Wissenschaftskulturen aus. Beides lässt nach dem „historischen Ort" der drei untersuchten Perioden fragen. Beides stellt bisherige Forschungen und Darstellungen zur Wissenschafts- und Universitätsgeschichte dieser drei Perioden mit ihren jeweiligen Narrativen, Topoi, Wahrnehmungs-, Argumentations- und Deutungsmustern auf den Prüfstand.

Schon ein flüchtiger Blick zeigt, wie unterschiedlich diese ausfallen. Das Kaiserreich und die Trends der Jahrhundertwende gehören zu den am besten erforschten Perioden deutscher Wissenschafts- und Universitätsgeschichte. Darauf gerichtete Forschungen weisen eine lange Tradition auf. Die entsprechenden Publikationslisten sind umfangreich. Die Urteile über diese Zeit fallen verhalten kritisch, meist jedoch wohlwollend, mitunter geradezu euphorisch aus. Die Kultur-, Wissenschafts- und Universitätsgeschichte der Kriegsjahre stand lange Zeit deutlich hinter der Militär-, Wirtschafts- und Sozialgeschichte des Krieges zurück. Doch hat sich das Bild unterdes gewandelt, ohne dass bereits der Forschungsstand der Wissenschaftsgeschichte des Zweiten Weltkrieges erreicht worden wäre. Mit den Ideen des Kriegsnationalismus, des „Geistes von 1914" und des vorgeblichen „Krieges deutscher Kultur gegen westliche Zivilisation und östliche Barbarei" geriet auch die Rolle der Kultur und der „Geistigen" ins Blickfeld der Weltkriegsforschung. In den letzten Jahren haben sich viele Publikationen mit dem Kriegseinsatz der Wissenschaften 1914 bis 1918 und mit den Universitäten an der „Heimatfront" befasst. Neuerdings liegt sogar ein umfangreicher Sammelband über die europäischen Universitäten im Ersten Weltkrieg vor.

Anders sieht es bei der Weimarer Zeit aus. Sie stellt – gemessen an den Forschungen zum Kaiserreich und zur NS-Zeit – ein Stiefkind wissenschafts- und universitätsgeschichtlicher Forschung dar. Zwar wenden sich neuere Forschungen zur Universitäts-, KWG- und DFG-Geschichte der NS-Zeit wie-

der der Weimarer Vorgeschichte zu. Doch ist das Forschungsgefälle noch
längst nicht überwunden. Die Weimarer Wissenschafts- und Universitätsgeschichte steht bis heute im Schatten der Kulturgeschichte der „goldenen
zwanziger Jahre". Zwar gibt es zahlreiche Einzelstudien. Viele Aspekte sind im
Laufe der Zeit untersucht und dargestellt worden. Doch fügen sie sich nicht zu
einem schlüssigen Gesamtbild. Der „historische Ort" der Weimarer Zeit
deutscher Wissenschafts- und Universitätsgeschichte wirkt immer noch un-
bestimmt. Und wenn versucht wird, die Dinge auf einen Nenner zu bringen,
dann fallen die Urteile über die Weimarer Zeit meist pejorativ und negativ aus.
Sie greifen dafür zeitgenössische Bilder von der „Krise" und „Not deutscher
Wissenschaft" auf und folgen gern dem beliebten Deutungsmuster von der
permanenten „Krise der Weimarer Republik".

Im Kontrast zur „Glanzzeit" des Kaiserreiches erscheint die Weimarer Periode so oft als „Leidenszeit" deutscher Wissenschaft und Universitäten. Und
das macht stutzig. Denn hier schreiben sich zweifellos zeitgenössische
Wahrnehmungs- und Deutungsperspektiven geistiger Eliten historiogra-
phisch fort. Offenkundig kolportieren die Positivurteile über die Zeit des
Kaiserreiches wie die Negativurteile über die Weimarer Zeit allzu unbesehen
und ungeprüft die nach 1918 geprägten Deutungsmuster von der „Weltgeltung
deutscher Wissenschaft" vor 1914 und von der „Not deutscher Wissenschaft"
nach 1918. Gerade solche Deutungsmuster und die ihnen zugrunde liegenden
Diskurse sind kritisch zu prüfen und mit den tatsächlichen Vorgängen zu
vergleichen, um zu einem angemessenen Bild deutscher Wissenschafts- und
Universitätsgeschichte des ersten Drittels des 20. Jahrhunderts zu gelangen.
Das ist ein Kernanliegen dieses Themenblockes und der nachfolgenden Texte,
die sich gleichermaßen mit den Universitäten wie mit außeruniversitärer
Wissenschaft befassen.

Sylvia Paletschek verbindet die Bilanz universitärer Modernisierungsleistungen und -defizite des Kaiserreiches mit der Analyse des Deutungsmusters
von der „Weltgeltung deutscher Wissenschaft". Sie beschreibt zunächst Begriff und Grundzüge einer „modernen Universität". Dabei hebt sie vor allem
Forschungsimperativ, Differenzierung, Spezialisierung und multifaktorielle
Komplexität hervor. Unter diesen Aspekten prüft sie dann die Modernisierungsleistungen und -defizite deutscher Universitäten im Kaiserreich und untersucht abschließend die Genese des Topos von der „Weltgeltung deutscher
Wissenschaft". Ihre Befunde sind eindeutig: Die Modernisierungsleistungen
der Zeit des Kaiserreiches sind mit diesem Topos überhöht und mythologi-
siert, die Defizite und der Reformstau unterschätzt worden. Das Gesamtbild
ist korrekturbedürftig. Auch die Zeitgenossen sahen die Dinge nüchterner.
Der Topos von der „Weltgeltung deutscher Wissenschaft" kam erst später auf.
Er entsprang der Rhetorik deutscher Wissenschafts- und Hochschuleliten
nach 1918, die mit ihm die einstige Größe deutscher Wissenschaft beschworen
und die Wissenschaft als „Ersatzmacht" und als Faktor des „Wiederaufstiegs"
beschrieben, um so ihre Interessen, Ziele und Absichten durchzusetzen.

Gabriele Metzler gibt einen informativen Überblick über die deutsche Rolle in den von ihr als „grenzüberschreitende wissenschaftliche Kommunikation" definierten internationalen Wissenschaftsbeziehungen von 1900 bis 1930. Dabei unterscheidet sie drei Phasen. Die Zeit von 1900 bis 1914 beschreibt sie im Kontext zunehmender Globalisierungstendenzen als „Goldenes Zeitalter des Internationalismus". Dabei geht sie vor allem auf neue Kommunikations- und Verkehrstechniken, Institutionalisierung und auswärtige Kulturpolitik ein. Zugleich verweist sie auf die Kehrseite dieser Tendenzen im Kontext des Vorkriegs-Imperialismus und –Nationalismus, auf Konkurrenzverhältnisse, Wettläufe um Prioritäten, Ansprüche auf Weltgeltung. Der Weltkrieg führte zum Zusammenbruch der internationalen Wissenschaftskooperation und leitete die Energien in den „Krieg der Geister" um. Zwar gab es während des Krieges – vor allem auf Seiten der „Entente-", kaum der „Mittelmächte" – Ansätze zu einer neuen transnationalen Wissenschaftskooperation. Insgesamt aber wurde die internationale Wissenschaft nach Metzler zum „Opfer des Krieges". Die deutsche Seite unterlag während des Krieges und nach Kriegsende weitgehender internationaler Isolation, die in der Stresemann-, Locarno- und Völkerbundära durch bilaterale Beziehungen, auswärtige Kulturpolitik und „geistige Zusammenarbeit" im Völkerbundrahmen wieder überwunden wurde. Die Weltwirtschafts- und Staatskrise 1929/30 schuf dann eine erneut veränderte Lage mit deutlichen Tendenzen zur Selbstisolation und zu entsprechendem Autarkiedenken.

Sören Flachowsky beschreibt die Kooperation von Militär, Industrie und Wissenschaft 1914 bis 1933 als „Krisenmanagement durch institutionalisierte Gemeinschaftsarbeit". Gestützt auf neuere Forschungen zur DFG-Geschichte und auf seine 2008 publizierte Monographie „Von der Notgemeinschaft zum Reichsforschungsrat" weist er überzeugend nach, dass die im Weltkrieg entstandenen Kooperationsverhältnisse nach 1918 keiner „Demobilmachung" unterlagen, sondern sich auf die – so Flachowsky – „Mobilmachungsvorbereitung" für den nächsten Waffengang einstellten. Flachowsky spricht von einem sich herausbildenden und festigenden „militärisch-industriell-wissenschaftlichen Komplex", von der „Verwissenschaftlichung des Militärs" und von der „Militarisierung der Wissenschaft". Im Mittelpunkt seiner Studie stehen die außeruniversitären Wissenschaftsstrukturen – die Reichsanstalten, die Kaiser-Wilhelm-Gesellschaft und die 1920 gegründete Notgemeinschaft der Deutschen Wissenschaft (seit 1929: Deutsche Forschungsgemeinschaft). Die Folgen des Ersten Weltkrieges für die Wissenschaftskulturen und die Wissenschaftslandschaft werden in dieser Studie ebenso deutlich wie zäsurübergreifende Kontinuitätslinien der „Weltkriegsepoche" und der „Zwischenkriegszeit".

Jürgen John behandelt die akademischen Not- und Krisendiskurse der Weimarer Zeit, den „Geist der Universitäten" und das brisante Verhältnis von „Hochschule und Demokratie" im Kontext damaliger Debatten um Kulturkrise, Bildung, Lage, Reform, Idee und Zukunft der Universität. Dafür analysiert er die Deutungsmuster einstiger „Weltgeltung" und derzeitiger „Not deutscher Wissenschaft" in ihrem zeitgenössischen wie historiographischen Gebrauch. Seine Studie konfrontiert die damaligen Diskurse mit dem Kaiserreich- und Weltkriegserbe, mit dem Wissenschafts- und Hochschulwandel der Weimarer Zeit und mit den neuen Tendenzen internationaler Wissenschaftskooperation. Der Vergleich zeigt aufschlussreiche Befunde: Die Not-, Krisen- und Reformdebatten der Weimarer Zeit drückten sehr verschiedene Interessen, Abwehr- und Gestaltungsabsichten aus. Sie spiegelten die Problemlagen der Weimarer Zeit ebenso wider wie die Innovationen, Wandlungen und Verschiebungen in der Wissenschaftslandschaft und -kultur, die weit über das Vorkriegsmaß hinausgingen, den Reformstau teilweise abbauten und die vor 1914 erst in Ansätzen erkennbaren säkularen Trends deutlich verstärkten. Diese Befunde stehen in klarem Widerspruch zum wohlfeilen Bild permanenter „Krisen der Weimarer Republik" und entsprechender „Not- und Leidenszeit" der Wissenschaft und Universitäten. Rhetorik, Praxis und „Realentwicklung" klafften zunehmend auseinander. Weit stärker als um 1900 wurde „Krise" nach 1918 zum strategischen Argument, das wissenschaftspolitisch auf Gestaltung, Ausbau und Innovation gerichtet war, hochschulpolitisch auf Reformen wie auf deren Abwehr und politisch meist gegen die Weimarer Demokratie. Diese Befunde legen den Vergleich mit der Vorkriegszeit des Kaiserreiches ebenso nahe wie mit der Nachkriegszeit nach 1945. Und sie leiten inhaltlich zum zweiten Themenblock über.

Sylvia Paletschek

Was heißt „Weltgeltung deutscher Wissenschaft?"

Modernisierungsleistungen und -defizite der Universitäten im Kaiserreich

Das 19. Jahrhundert wird gemeinhin mit dem Übergang zur modernen Universität und der Durchsetzung des Forschungsimperativs verbunden, wobei den deutschen Universitäten in diesem Prozess eine Vorreiterrolle zugesprochen wird. Ich will daher im Folgenden zunächst ganz knapp aufzeigen, warum sich die moderne Universität in Deutschland besonders früh herausbildete und in synthetisierender Perspektive Modernisierungsleistungen und -defizite der Universitäten im Kaiserreiche skizzieren. Abschließend beleuchte ich kursorisch den Topos der „Weltgeltung deutscher Wissenschaft", der für das 19. Jahrhundert und das Kaiserreich bis heute nicht nur in historischen Überblicksdarstellungen, sondern auch in Debatten um Hochschulentwicklung und Wissenschaftspolitik immer wieder angeführt wird. Über seine begriffsgeschichtliche Genese lässt sich seine (hochschul-) politische Instrumentalisierung verfolgen und zeigen, dass er nach 1918 aus einem Krisendiskurs heraus erwuchs. Der Topos blendete Defizite der „realen" Universitätsentwicklung im Kaiserreich aus und verengte dadurch den Blick auf die historische Entwicklung.[1]

---

1 Als Einstieg und Überblick zu deutschen Universitäten im 19. Jahrhundert siehe Steven R. Turner, Universitäten, in: Karl-Ernst Jeismann / Peter Lundgren (Hg.), Handbuch der deutschen Bildungsgeschichte, Bd. 3: 1800–1870, München 1987, S. 219–250. Konrad Jarausch, Universität und Hochschule, in: Christa Berg (Hg.), Handbuch der deutschen Bildungsgeschichte, Bd. 4: 1870–1918, München 1991, S. 313–345; Wolfgang Weber, Geschichte der europäischen Universität, Stuttgart 2002. Die folgenden Ausführungen zu Modernisierungsleistungen und -defizite der deutschen Universitäten haben synthetisierenden Charakter, was für die Literaturverweise bedeutet, dass sie entweder sehr umfangreich oder relativ knapp ausfallen können. Ich habe mich für die letztere Variante entschieden, zumal die folgenden Befunde Ergebnisse verschiedener meiner quellennah und kleinräumig angelegten Studien zur Universitätsgeschichte kompilieren und der faktische Beleg des Argumentationsgangs über diese entsprechend ausführlicher nachvollzogen werden kann. Siehe auch die komprimierten Überlegungen zu Leistungen und Defizite deutscher Universitäten im 19. Jahrhundert in Sylvia Paletschek, Zurück in die Zukunft? Universitätsreformen im 19. Jahrhundert, in: Das Humboldt-Labor. Experimentieren mit den Grenzen der klassischen Universität, Freiburg 2007, S. 11–16. Dagegen stellt der dritte Teil dieses Aufsatzes erste Überlegungen zum Topos „Weltgeltung deutscher Wissenschaft" an und verweist hier auf ein Forschungsdesiderat.

I. Was bedeutet moderne Universität?

Neu an der so genannten modernen Universität, die sich seit der zweiten Hälfte des 18. Jahrhunderts herauszubilden begann, war, dass nun die Forschung, d. h. die Erarbeitung neuen Wissens, neben der Aufgabe der Weitergabe, Bewahrung und Ordnung des bestehenden Wissens, immer wichtiger wurde und allmählich gleichwertig, dann prioritär neben die anderen Aufgaben der Universität – Vermittlung von Allgemeinbildung und theoretisch-akademischer Berufsbildung – trat.[2] Diese Herausbildung des Forschungsimperativs ging einher mit einer rasanten Expansion, Ausdifferenzierung und Spezialisierung der Wissenschaftsdisziplinen im Verlauf des 19. Jahrhunderts, die sich an den deutschen Universitäten im europäischen Vergleich besonders rasch und intensiv durchsetzte.[3] Die Einführung akademischer Qualifikationen und deren Anforderungserhöhung – also die Einführung von Staatsexamen, verschärften Promotionsanforderungen, vor allem aber die Durchsetzung der Habilitation und der Qualifikationsstufe der Privatdozentur – steigerten die wissenschaftliche Produktion immens. Damit einher ging der verstärkte Einsatz von materiellen Ressourcen in der wissenschaftlichen Wissensproduktion und in der Lehre, d. h. ein wachsender Bedarf an Büchern, wissenschaftlichen Zeitschriften und technischen Geräten, an neuen Gebäuden, Kliniken und Laboren. Diese enormen materiellen Aufwendungen, die für diese forschungsorientierten Universitäten nötig wurden, konnten bis zum Ende des 19. Jahrhunderts noch relativ rasch und problemlos von den einzelstaatlichen Regierungen zur Verfügung gestellt werden.

Die moderne deutsche Universität entwickelte sich aus einem äußerst komplexen und multifaktoriellen Bedingungsgefüge heraus. Die Reformuniversitäten des 18. Jahrhunderts – Halle (1694) und Göttingen (1837) – sowie

---

2 Das heißt nicht, dass an Universitäten der Frühen Neuzeit gar kein neues Wissen erarbeitet wurde; allerdings standen die Aufgaben der Bewahrung, Ordnung, Weitervermittlung von Wissen sowie die Gradierung der Studierenden im Zentrum. Zur Aufgabe der Universitäten in der Frühen Neuzeit siehe Willem Frijoff, Grundlagen, in: Walter Ruegg (Hg.), Geschichte der Universität in Europa. Bd. II: Von der Reformation bis zur Französischen Revolution 1500–1800, München 1996, S. 53–104, bes. S. 53–58. Zum Aufbrechen der auch durch die Konfessionskonflikte mit verursachten verkrusteten Struktur der deutschen Universitäten durch die Gründung von Reformuniversitäten im Zeichen von Aufklärung und Utilitarismus siehe Notker Hammerstein, Die deutschen Universitäten im Zeitalter der Aufklärung, in: Zeitschrift für Historische Forschung 10 (1983), S. 73–89; ders. (Hg.), Universitäten und Aufklärung, Göttingen 1996. William Clarke, Academic Charisma and the Origins of the Research University, Chicago 2006. Siehe auch schon Friedrich Paulsen, Überblick über die geschichtliche Entwicklung der deutschen Universitäten mit besonderer Rücksicht auf ihr Verhältnis zur Wissenschaft, in: Wilhelm Lexis (Hg.), Das Unterrichtswesen im Deutschen Reich. Aus Anlaß der Weltausstellung in St. Louis unter Mitwirkung zahlreicher Fachmänner herausgegeben. Bd. 1: Die Universitäten im Deutschen Reich, Berlin 1904, S. 3–60, bes. S. 29.

3 Roy Steven Turner, The Prussian Universities and the Concept of Research, in: Internationales Archiv für Sozialgeschichte der deutschen Literatur 5 (1980), S. 68–93.

die Universitätsreformen in den deutschen Staaten zwischen ca. 1790–1830 bildeten hierfür eine wichtige,[4] aber keineswegs alleinige Voraussetzung. Nach dem neueren Forschungsstand wird die moderne Universität auch nicht mehr als „automatischer Selbstläufer" verstanden, der mit der Gründung der Berliner Universität 1810, der preußischen Universitätsreform und der Humboldtschen Universitätsidee ins Leben trat.[5] Vielmehr vollzog sich der Übergang zur Forschungsuniversität erst ganz allmählich im Verlauf des 19. Jahrhunderts und kam erst in den Jahrzehnten um die Jahrhundertwende zu einem vorläufigen Abschluss.

Erst in der zweiten Hälfte des 19. Jahrhunderts begann der rasante Ausbau, die Ausdifferenzierung und Spezialisierung der naturwissenschaftlichen, philosophisch-historischen-philologischen Disziplinen und der Medizin.[6] Erst zwischen 1880 und 1900 wurden Seminare und Institute sowie Labor- und Seminarunterricht, durch die forschendes Lernen in der Universität erst institutionalisiert wurde, in der Mehrzahl der Fächer und an fast allen deutschen Universitäten eingeführt. Ebenfalls relativ spät, um 1880, wurden die Habilitationsanforderungen erhöht und normiert und die Habilitation zu einer Karrierestufe auf dem Weg zur Professur. Zwischen ca. 1860 und 1880 begann sich die Berufung nach Leistungskriterien durchzusetzen, d. h. die Privilegierung von Universitätsfamilien, die Bevorzugung von Landeskindern und bestimmten Konfessionen wurde allmählich aufgebrochen.[7] Doch selbst wenn sich seit ca. 1880 die Forschungsuniversität in der Breite durchsetzte,[8] hatte in der öffentlichen Diskussion auch jetzt immer noch die Ausbildungsfunktion der Universität das zentrale Gewicht.

4 James J. Cobb, The forgotten Reforms. Non-Prussian Universities 1797–1817. Madison 1980.

5 Vgl. hierzu Sylvia Paletschek, Verbreitete sich ein ‚Humboldt'sches Modell' an den deutschen Universitäten im 19. Jahrhundert, in: Rainer Schwinges (Hg.), Humboldt International. Der Export des deutschen Universitätsmodells im 19. und 20. Jahrhundert, Basel 2001, S. 75–104; Sylvia Paletschek, Die Erfindung der Humboldtschen Universität. Die Konstruktion der deutschen Universitätsidee in der ersten Hälfte des 20. Jahrhunderts, in: Historische Anthropologie 10 (2002), S. 183–205; Markus Huttner, Der Mythos Humboldt auf dem Prüfstand. Neue Studien zu Wirklichkeit und Wirkkraft des (preußisch-)deutschen Universitätsmodells im 19. und 20. Jahrhundert, in: Jahrbuch für Universitätsgeschichte 7 (2004), S. 280–285; zum „Humboldtianismus" nach 1945 siehe Olaf Bartz, Der Wissenschaftsrat. Entwicklungslinien der Wissenschaftspolitik in der Bundesrepublik Deutschland 1957–2007, Stuttgart 2007, S. 70–79.

6 Zu den folgenden empirischen Befunden, die sich exemplarisch am Beispiel der Universität Tübingen verfolgen lassen vgl. Sylvia Paletschek, Die permanente Erfindung eine Tradition. Die Universität Tübingen im Kaiserreich und in der Weimarer Republik, Stuttgart 2001; zur Ausdifferenzierung der Disziplinen, S. 345–380; zur Durchsetzung der Habilitation und der Entstehung von Assistentenstellen an deutschen Universitäten, S. 226–260; zur Einrichtung von Seminaren und Instituten sowie zur Etablierung „forschenden Lernens", S. 381–415.

7 Marita Baumgarten, Professoren und Universitäten im 19. Jahrhundert, Göttingen 1997, S. 269.

8 Siehe auch zum internationalen Kontext Björn Wittrock, The modern university: the three transformations, in: Sheldon Rothblatt / Björn Wittrock (Hg.), The European and American university since 1800. Historical and sociological essays, Cambridge 1992, S. 303–361.

II. Modernisierungsleistungen deutscher Universitäten im Kaiserreich:
Warum setzt sich der Forschungsimperativ besonders früh
an deutschen Universitäten durch?

Die Herausbildung der Forschungsuniversität im 19. Jahrhundert resultierte
aus einem komplexen und sich gegenseitig durchdringenden Faktorenbündel,
wobei im Folgenden die übergeordneten historischen Wandlungsprozesse, die
hierbei von zentraler Bedeutung waren, d. h. also Nationsbildung, steigender
Wohlstand, Bürokratisierung und Funktionalisierung der Gesellschaft, er-
höhter Bedarf an akademisch Gebildeten, Säkularisierung und Rationalisierung sowie die wachsenden transnationalen Verflechtungen als Hintergrund
vorausgesetzt werden und ich mich auf die engeren Bedingungsgefüge von
Universitäts- und Wissenschaftspolitik konzentriere. Folgende Punkte für die
erfolgreiche Entwicklung der deutschen Universitäten im 19. Jahrhundert und
im Kaiserreich können festgehalten werden:

1. Die Zeitgenossen sahen vor allem in der Freiheit von Lehre und Forschung
   „das" Erfolgsgeheimnis der deutschen Universität.[9] Ein dynamischer
   idealistischer Wissenschaftsbegriff und die Lehr- und Forschungsfreiheit
   waren eine wichtige, aber noch keine hinreichende Bedingung für die
   Entstehung der Forschungsuniversität.
2. Die Eingliederung der Universitäten als Staatsanstalt und ihre Finanzierung über den Staatshaushalt – vermutlich das wichtigste Element der
   Universitätsreformen zwischen 1790–1830 – ermöglichte eine enorme
   Steigerung des Universitätsetats. Der Forschungsimperativ entwickelte
   sich im 19. Jahrhundert auch deshalb zuerst an deutschen Universitäten,
   weil viel Geld in sie hinein floss und sie gut ausgestattet waren – von
   modernen Gebäuden über Sammlungen, neuesten Instrumenten bis hin zu
   Büchern.
3. Das föderale deutsche Universitätssystem – die Universitäten waren Angelegenheiten der deutschen Einzelstaaten und nicht des Reiches –, und die
   Konkurrenz der Universitäten um Studierende führte dazu, dass kein
   Einzelstaat in der Ausstattung der Universitäten zurückbleiben konnte.[10]

---

9 Dies zeigen beispielsweise die zeitgenössischen Deutungen, so z. B. in Abhandlungen über
   deutsche Universitäten in Konversationslexika oder in diversen Universitätsreformschriften.
   Siehe Paletschek, Verbreitete sich ein Humboldt'sches Modell, S. 96–99. Siehe z. B. Universitäten, in: Conversations-Lexikon. Allgemeine deutsche Realenzyklopädie (Brockhaus), Bd. 14,
   Leipzig 1879, S. 909; Universitäten, in: Meyers Großes Konversations-Lexikon, Bd. 19, Leipzig
   1908, S. 924; sowie bereits Friedrich Carl von Savigny, Wesen und Werth der deutschen Universitäten (1832), in: ders., Vermischte Schriften, Bd. 4, Berlin 1850, S. 270–308, bes. S. 285.
10 Zu dieser fruchtbaren föderalen Konkurrenz siehe Joseph Ben-David, Rivalität und Kooperation. Wettbewerbsbedingungen an amerikanischen und deutschen Universitäten, in: Hochschulpolitische Information 14,1983, S. 3–6. Die gesellschaftlichen Verwertungsinteressen und

Niveauunterschiede zwischen kleinen, mittleren und großen Universitäten waren seit der zweiten Jahrhunderthälfte nicht sehr gravierend. Die Konkurrenz der deutschen Einzelstaaten auf dem Bildungssektor schuf Nischen für die Erprobung neuer Ansätze oder die Einführung neuer Fächer, die bei Erfolg von anderen Universitäten kopiert wurden. Der seit der Jahrhundertmitte und mit der Reichseinigung häufigere Universitätswechsel von Professoren und Studenten bewirkte, dass sich Innovationen schneller durchsetzten. Dieses föderative System der Konkurrenz führte auch dazu, dass keine einzige Universität und kein einziger Staat z. B. in der Institutionalisierung neuer Disziplinen oder Lehrformen voranging, sondern sich mehrere kleine, mittlere und große Universitäten – also etwa Tübingen, Heidelberg, Bonn, Giessen oder eben auch München und Berlin – diese Rolle teilten.[11]

4. Die Interaktion von Lehrfreiheit mit von außen an die Universitäten herangetragenen Verwertungsinteressen beförderte die Ausdifferenzierung und Expansion der Disziplinen und die Ausbildung des Forschungsimperativs. Keineswegs entwickelte sich dieser lediglich aus der „Einsamkeit und Freiheit" oder dem dynamisch-idealistischen Wissenschaftsverständnis der Professoren heraus. So war die Gründung von philologischen, aber auch mathematisch-physikalischen Seminaren, im Ausland später vielfach kopiert und als Erfolgsgeheimnis der deutschen Forschungsuniversität gefeiert, zunächst motiviert durch das Interesse an einer besseren Ausbildung der angehenden Schullehrer. Auch förderte die Nationalisierung von Staat und Gesellschaft den Ausbau der nationale Identität stiftenden Disziplinen wie etwa der Geschichte. Das Aufeinandertreffen von dynamisch-idealistischem Wissenschaftsbegriff, Lehrbedürfnissen und konkreten gesellschaftlichen wie staatlichen Verwertungsinteressen beförderte die Ausdifferenzierung und Expansion der Disziplinen und die Entwicklung des wissenschaftlichen Seminarunterrichts.[12]

---

die Konkurrenz der einzelnen Hochschulen beförderten auch den Ausbau der Disziplinen, siehe hierzu Paletschek, Permanente Erfindung (wie Anm. 6), S. 345–380.

11 Zum Umstand, dass in der Einführung neuer Disziplinen keine einzelne Universität voranging und kontingente Faktoren, aber auch die territoriale Zugehörigkeit der Universität und ihre Frequenzzahl eine Rolle spielte, Baumgarten (wie Anm. 7), S. 58 f., S. 87 f., S. 269.

12 Vorläufer in dieser Entwicklung waren in den Geisteswissenschaften die vereinzelt bereits im 18. Jahrhundert gegründeten Philologischen Seminare, die – ähnlich wie später die ersten Historischen Seminare – primär aus Nützlichkeitserwägungen und zur bessere Ausbildung der angehenden Gymnasiallehrer gegründet wurden. Siehe hierzu Hans-Jürgen Pandel, Von der Teegesellschaft zum Forschungsseminar. Die historischen Seminare vom Beginn des 19. Jahrhunderts bis zum Ende des Kaiserreichs, in: Horst Walter Blanke (Hg.), Transformation des Historismus, Waltrop 1994, S. 1–31; Markus Huttner, Historische Gesellschaften und die Entstehung historischer Seminare – zu den Anfängen institutionalisierter Geschichtsstudien an den deutschen Universitäten des 19. Jahrhunderts, in: Matthias Middell / Gabriele Lingelbach / Frank Hadler (Hg.), Historische Institute im internationalen Vergleich, Leipzig 2001, S. 39–83; zur Auswirkung der Professionalisierung der Lehrerbildung auf die Verwissenschaftlichung der

5. Der steigende Wohlstand im Kaiserreich und die verglichen mit anderen Ländern trotz aller Exklusivität noch relativ große soziale Offenheit des deutschen Universitätssystems ermöglichte ein Anwachsen der Studierendenzahlen.[13] Der Staats- und Gesellschaftsausbau, ebenso wie viele neue Wirtschaftszweige verlangten nach akademischen Fachkräften. Ohne diese Nachfrage, ohne diese „Masse" an Studierenden auch keine „Klasse", d. h. kein genügend großes „Begabungsreservoir" für künftige Professoren und Wissenschaftler. Mit der durch neue Berufe und Prüfungsordnungen ermöglichten Spezialisierung und der steigenden Studierendenzahl erhöhte sich auch der Anteil derer, die wissenschaftliches Interesse zeigten.

6. Natürlich erhöhte auch die Durchsetzung der Habilitation als weiterer Qualifikationsstufe den wissenschaftlichen Output, ebenso wie das hohe soziale Ansehen und die relative Freiheit auf den Professorenstellen die Attraktivität der universitären Laufbahn steigerte. Dadurch entstand ein großes Reservoir an Wissenschaftlern, meist Privatdozenten, die die Wissensentwicklung in den einzelnen Disziplinen durch ihre Publikationen vorantrieben. Für die Berufungen an die Universitäten konnte so aus einem großen Begabungsreservoir geschöpft werden. Nicht nur die deutschen Universitäten profitierten von dieser wissenschaftlichen Ausbildungsleistung, sondern auch die außeruniversitäre Forschung in staatlichen wie von der Wirtschaft getragenen Einrichtungen, ebenso wie außerdeutsche Hochschulen – viele Privatdozenten mussten, ähnlich wie heute, ins Ausland gehen, um dort eine Stelle zu erhalten.

III. Defizite der deutschen Universitäten um 1900

Wenn wir die Herausbildung der Forschungsuniversität, die Verbindung von Lehre und Forschung, die Ausbildung eines zahlreichen wissenschaftlichen Nachwuchses und die Entwicklung eines relativ leistungshomogenen föderalen Universitätssystems, das zeitweise und in bestimmten Punkten Ausbildungs- und Forschungsaufgaben erfolgreich verzahnte, als Modernisierungsleistungen festhalten können, so stehen diesen aber auch unübersehbare Defizite gegenüber. Diese Defizite wurden von den Zeitgenossen auch deutlich

---

Disziplinen siehe Gert Schubring, Mathematik und Naturwissenschaften zwischen Spezialschul-Struktur und Forschungsimperativ, in: Schwinges, Humboldt International (wie Anm. 5), S. 403–444; Sylvia Paletschek, Geisteswissenschaften in Freiburg im 19. Jahrhundert: Expansion, Verwissenschaftlichung und Ausdifferenzierung der Disziplinen, in: Bernd Martin (Hg.), 550 Jahre Albert-Ludwigs-Universität Freiburg. Bd. 3: Von der badischen Landesuniversität zur Hochschule des 21. Jahrhunderts, Freiburg 2007, S. 44–71.

13 Vgl. Konrad Jarausch, Frequenz und Struktur. Zur Sozialgeschichte der Studenten im Kaiserreich, Stuttgart 1980, S. 119–149. Hartmut Titze, Datenhandbuch zur deutschen Bildungsgeschichte, Bd. I,2: Wachstum und Differenzierung der deutschen Universitäten 1830–1945, Göttingen 1995.

benannt – sie idealisierten ihr Universitäts- und Wissenschaftssystem weit weniger als die Nachgeborenen und viele der späteren Historiker. Universitätskritik und die Frage der geeigneten Reform begleitet die Entwicklung der deutschen Universitäten im gesamten 19. Jahrhundert, und die Diskussion um Universitätsreform ist beileibe kein Privileg unserer heutigen Zeit, sondern für die moderne Universität schon fast so etwas wie eine anthropologische Konstante (wenn es das für eine Institution geben kann). Krisendiagnose kann als Dauerreflexion – so Dieter Langewiesche – begriffen werden.[14] Ich komme schlaglichtartig zu den Defiziten und will acht Punkte festhalten:

1. Die Organisation der Lehre: Die Freiheit im Studium, seine Unstrukturiertheit und die fehlenden Prüfungen vor dem Endexamen überforderten viele Studierende. Dies führte zum Bummeln, zum Studienabbruch, zu langen Studienzeiten und war ein vielfach in der Öffentlichkeit und in den Reformschriften diskutiertes Problem.[15]
2. Elitär-konservative und demokratiefeindliche Sozialisation an der Universität: Die „Leerstelle", die die Universität hinsichtlich des strukturierten Studiums und der Lebensführung ließ, wurde teilweise von den studentischen Korporationen eingenommen und führte im Kaiserreich zu einer in ihren Ritualen eigentümlichen, elitär-konservativen und teilweise antisemitischen Sozialisation eines Großteils der Studenten.[16] Das Universitätsstudium forcierte so die Segmentierung der deutschen Gesellschaft und die demokratiefeindliche Prägung der deutschen Eliten. Das Verbindungswesen verstärkte den männlichen Charakter der Universität, der auch im 20. Jahrhundert erst sehr langsam aufgebrochen wurde.
3. Langer Ausschluss von Frauen aus der Wissenschaft: 1900 öffnete Baden bzw. Freiburg als erste deutsche Universität die Tore für Frauen und ermöglichte ihnen eine reguläre Immatrikulation. In anderen europäischen Nationen konnten Frauen bereits ab den 1860er Jahren erste tertiäre Bildungseinrichtungen besuchen. Strukturelle Eigentümlichkeiten der deutschen Universität wie die unsichere und persönliche Abhängigkeiten generierende akademische Laufbahn, das hohe gesellschaftliche Ansehen der Universitäten, ferner die Vorstellung von Wissenschaft als individueller, genialer Leistung und die Verbindung von Universität, Macht und Männ-

---

14 Dieter Langewiesche, Die Universität als Vordenker? Universität und Gesellschaft im 19. und frühen 20. Jahrhundert, in: ders., Zeitenwende. Geschichtsdenken heute, Göttingen 2008, S. 194–213, hier S. 199–203.
15 Heinz-Elmar Tenorth, „Über das Verderben auf den deutschen Universitäten" – Kritik der Hochschullehre im 19. Jahrhundert, in: Jahrbuch für Universitätsgeschichte 2 (1999), S. 11–22.
16 Konrad Jarausch, Deutsche Studenten 1800–1970, Frankfurt a. M. 1984. Harm-Hinrich Brandt / Matthias Stickler (Hg.), Der Burschen Herrlichkeit. Geschichte und Gegenwart des studentischen Korporationswesens, Würzburg 1998; Silke Möller, Zwischen Wissenschaft und ‚Burschenherrlichkeit': Studentische Sozialisation im Deutschen Kaiserreich, 1871–1914, Stuttgart 2001; siehe auch Harm-Hinrich Brandt, Studierende im Humboldt'schen Modell des 19. Jahrhunderts, in: Schwinges, Humboldt International (wie Anm. 5), S. 131–150, bes. S. 149.

lichkeit kamen zur späten Einführung des Frauenstudiums hinzu bzw.
bedingten diese und machten es für Frauen schwierig, in der deutschen
Hochschule Fuß zu fassen.[17]

4. Finanzierungsprobleme: Die Finanzierung der Universitäten durch den
   Staat und als „Volluniversitäten" mit einer sehr breiten und spezialisierten
   Disziplinenpalette wurde gegen Ende des 19. Jahrhunderts zum Problem.[18]
   Eine erste Sparwelle und Überlegungen zur Konzentration und Schwer-
   punktbildung einzelner Fächer an bestimmten Universitäten setzten ein.
   Vor allem die notwendigen Forschungseinrichtungen für die Naturwissenschaften hatten mittlerweile eine Größenordnung erreicht, die im
   vorwiegend föderal organisierten und finanzierten Hochschulwesen von
   den jeweiligen Einzelstaaten nicht mehr zu tragen war. Aus der Sicht der
   Professoren insbesondere der Naturwissenschaften waren die stärkere
   Belastung in der Lehre und zeitaufwendige Forschungsarbeiten immer
   schlechter zu vereinbaren. Die Gründung der Kaiser-Wilhelm-Gesellschaft
   1911, die sich die Errichtung außeruniversitärer Forschungsinstitute in den
   Naturwissenschaften durch staatlich-private Mischfinanzierung zum Ziel
   setzte, antwortete auf diese Problemlage.[19]

5. Problematische Verbindung von Lehre und Forschung: Die rasche Spezialisierung und die sich auf eng begrenzte Themen beziehenden For-

---

17 Vgl. auch Patricia M. Mazón, Gender and the Modern Research University. The Admission of
   Women to German Higher Education, 1865–1914, Stanford 2003.
18 Zu den Finanzierungsproblemen Ende des 19. Jahrhunderts siehe Reinhard Riese, Die Hochschule auf dem Weg zum wissenschaftlichen Großbetrieb. Die Universität Heidelberg und das
   badische Hochschulwesen 1860–1914, Stuttgart 1977; zur Etatentwicklung der Universität
   Tübingen und der Universitätsfinanzierung in Württemberg vgl. Paletschek, Permanente Erfindung (wie Anm. 6), S. 488–498, S. 505–509; als Überblick Frank R. Pfetsch, Datenhandbuch
   der Wissenschaftsentwicklung. Die staatliche Finanzierung der Wissenschaft in Deutschland
   1850–1975, Köln 1985. Während es Arbeiten zur Finanzierung der außeruniversitären
   (Groß)Forschung gibt, liegen immer noch kaum quellengesättigte Arbeiten zur Etatentwicklung
   und Finanzierung von Universitäten im 19. Jahrhundert vor; ebenfalls vornehmlich dieses
   Forschungsdesiderat konstatierend Stefan Kriekhaus, Die Entwicklung der universitären
   Großbetriebe (Berlin, München, Leipzig) vom Kaiserreich bis zum Beginn des Zweiten Weltkriegs, in: Rainer Christoph Schwinges (Hg.), Finanzierung von Universität und Wissenschaft
   in Vergangenheit und Gegenwart, Basel 2005, S. 227–246.
19 Bernhard vom Brocke, Die Kaiser-Wilhelm-Gesellschaft im Kaiserreich. Vorgeschichte, Gründung und Entwicklung bis zum Ausbruch des Ersten Weltkriegs, in: Rudolf Vierhaus / Berhard
   vom Brocke (Hg.), Forschung im Spannungsfeld von Politik und Gesellschaft. Geschichte und
   Struktur der Kaiser-Wilhelm-/Max-Planck-Gesellschaft, Stuttgart 1990; Hubert Laitko (Hg.),
   Die Kaiser-Wilhelm / Max-Planck-Gesellschaft und ihre Institute. Studien zu ihrer Geschichte:
   das Harnack-Prinzip, Berlin 1996. Adolf von Harnack, der sich für die Einrichtung außeruniversitärer Forschungsinstitute einsetzte, sprach dramatisch davon, dass „die deutsche Wissenschaft, vor allem die Naturwissenschaft" am Anfang des 20. Jahrhunderts vor „einer Notlage,
   die nicht vertuscht werden darf" stehe. Adolf von Harnack, Zur Kaiserlichen Botschaft vom
   11. Okt. 1910: Begründung von Forschungsinstituten (Denkschrift, dem deutschen Kaiser am
   21.11.1909 unterbreitet), in: Adolf von Harnack, Aus Wissenschaft und Leben, Bd. 1, Giessen
   1911, S. 40–64, zit. S. 43.

schungsarbeiten hatten in der Medizin, den Naturwissenschaften, den Philologien und der Geschichte die großen Wissensfortschritte erst ermöglicht. Die entsprechenden Spezialvorlesungen oder auch Seminare und Laborübungen erforderten von den Studierenden aber bestimmte Grundlagenkenntnisse und Fähigkeiten, über die nicht alle bereits verfügten. Die kleinteiligen Forschungsergebnisse ließen sich wissenschaftlich fundiert nicht mehr so leicht in übergreifende, allgemeine Zusammenhänge einordnen. Damit ging der allgemeinbildende Charakter des Studiums in den Geistes- und Naturwissenschaft verloren. Gleichzeitig hielt der Ausbau der Professuren mit dem Anwachsen der Studentenzahlen nicht mit. Um die Jahrhundertwende zeigten sich zum Teil bereits massive Überfüllungserscheinungen (so z. B. in Jura, aber auch in einzelnen Seminarveranstaltungen der Geisteswissenschaften).[20] Gleichzeitig kritisierten die Kultusministerien die zu einseitige Ausbildung der angehenden Lehrer und den in positivistischem Spezialistentum erstarrten Seminarunterricht.

6. Schwieriger Dialog mit der Gesellschaft und unkritische Haltung gegenüber dem Staat: Die Universitäten reagierten meist starr und abwehrend auf neue, aus der Gesellschaft an sie herangetragene Ausbildungs- und Forschungsbedürfnisse.[21] Diese abwehrende „Rationalität" der Universität hatte, positiv gesehen, die wichtige Funktion, Eingriffe in das Bestehende zu verhindern und die Freiheit und Unabhängigkeit der Institution zu schützen. Sie erwies sich aber auch als kontraproduktiv, da Neuerungen nur unter großem Druck von außen und in der Regel durch den Staat durchgesetzt werden konnten. Den Wissensnachfragen einer sich zunehmend pluralisierenden Gesellschaft wurde von der Institution als solcher meist nicht „freiwillig" nachgekommen, wenn es hier auch einige Gegenbeispiele wie etwa die Nationalökonomie gab, die aktuelle soziale Fragen aufgriff. Auch nahmen teilweise Privatdozenten, einzelne Professoren, nicht selten Außenseiter unter der Professorenschaft, neue Themen auf, allerdings nicht immer mit der Aussicht auf eine erfolgreiche Laufbahn und dotierte Stelle. Gerade die Geisteswissenschaften kamen dem Staat und den konservativ-nationalen Eliten teilweise sehr entgegen, sie profitierten ideell und materiell vom nationalen Aufschwung und legitimierten – so etwa die Geschichte – den neuen Nationalstaat.[22] Das Verhältnis zu Gesellschaft und

---

20 Paletschek, Geisteswissenschaften in Freiburg, S. 67.

21 Siehe exemplarisch am Beispiel Tübingens die Resistenz der Universität gegenüber den von der Gesellschaft und dem württembergischen Landtag geforderten Professuren oder Lehraufträge- so für Naturheilkunde, anorganische Chemie, Hygiene, Geographie. Paletschek, Permanente Erfindung (wie Anm. 6), S. 352–370.

22 Aus den mittlerweile zahlreichen Publikationen zur nationale Imprägnierung der modernen, im 19. Jahrhundert aufkommenden Geschichtswissenschaft siehe Stefan Berger (Hg.), Writing National Histories: Western Europe since 1800, London 1999; ders. (Hg.), Writing the Nation: a Global Perspective, Basingstoke 2007.

Staat changierte also zwischen Verweigerung, partieller Aufnahme von Reformbewegungen durch einzelne Professoren und einer eher unkritischen Willfährigkeit gegenüber dem Staat und nationalkonservativen Eliten.[23]

7. Hierarchische Strukturen: Nur die Ordinarien hatten bis zum Ersten Weltkrieg Mitspracherechte in der akademischen Selbstverwaltung. Nur sehr zaghaft eröffneten die Universitäten seit den Kriegsjahren und in der Weimarer Republik auch einzelnen Vertretern der Extraordinarien die Mitbestimmung. Die deutschen Universitäten waren sehr hierarchisch organisiert, denn unterhalb der „demokratisch" anmutenden Kollegialität der Ordinarien in Senat und Fakultät waren die Nichtordinarien von der Selbstverwaltung und damit von den universitären Entscheidungsprozessen ausgeschlossen. Die Einführung von ersten Assistentenstellen in den Naturwissenschaften und in der Medizin um die Jahrhundertwende finanzierte zwar teilweise dem wissenschaftlichen Nachwuchs die Qualifikationsphase und die Durststrecke bis zum Ruf, doch verstärkte sich dadurch auch die hierarchische Struktur.[24] Mit der Einführung dieser neuen Stellen wurde die Position des Ordinarius nochmals erhöht. Dieser hatte zudem gegenüber Extraordinarien oder Privatdozenten Priorität in der Themenwahl und bevorzugten Zugang zu materiellen Forschungsressourcen. Die hierarchische Struktur und die Dominanz des Ordinarius konnten sich kontraproduktiv auf die Lehre und die Durchsetzung von Innovationen auswirken.

8. Verzerrte Leistungsauslese und hohe soziale Kosten für den wissenschaftlichen Nachwuchs: Der lange „Ausbildungsweg", die große Unsicherheit auf dem Weg zur Professur und der kollegial organisierte Berufungsvorgang führten zu einer starken Abhängigkeit der Nachwuchswissenschaftler von ihren Förderern. Sie waren für ihr Fortkommen auf Netzwerke und einen guten Ruf angewiesen. Soziale, konfessionelle und politische Faktoren bestimmten und „verzerrten" die Berufungsentscheidungen, die selbstverständlich nicht nur nach den Leistungen in Forschung und Lehre vorgenommen wurden. So hatten Juden, Sozialdemokraten,

---

23 Zum Verhältnis von Professoren, insbesondere der Geistes- und Sozialwissenschaft, und Politik siehe Rüdiger vom Bruch, Wissenschaft, Politik und öffentliche Meinung: Gelehrtenpolitik im wilhelminischen Deutschland (1890–1914), Husum 1980; ders., Gelehrtenpolitik, Sozialwissenschaften und akademische Diskurse in Deutschland im 19. und 20. Jahrhundert, Stuttgart 2006.

24 Die um die Jahrhundertwende entstehende Nichtordinarienbewegung setzte sich für mehr Mitspracherechte und Ressourcennutzung durch die Nichtordinarien, d. h. die planmäßigen und nicht-planmäßigen Extraordinarien sowie Privatdozenten, ein. Die Nichtordinarien bestritten um die Jahrhundertwende den Großteil des Universitätsunterrichts. Siehe hierzu Rüdiger vom Bruch, Universitätsreform als soziale Bewegung. Zur Nicht-Ordinarienfrage im späten Kaiserreich, in: Geschichte und Gesellschaft 10 (1984), S. 72–91; Klaus Dieter Bock, Strukturgeschichte der Assistentur. Personalgefüge, Wert- und Zielvorstellungen in der deutschen Universität des 19. Und 20. Jahrhunderts, Düsseldorf 1972.

Pazifisten, in den Geisteswissenschaften auch Katholiken kaum oder deutlich schlechtere Berufungschancen. Frauen konnten sich bis 1920 nicht habilitieren und waren daher zunächst ganz von etatisierten Professuren ausgeschlossen.[25] Ob ein Privatdozent eine Professur erhielt, hing, neben der geforderten Anpassung an den professoralen Habitus, von der Generationszugehörigkeit und der Ausbaugeschwindigkeit seines Faches ab.[26] Die sozialen Kosten des Auswahlprozesses auf dem Weg zur Professur waren sehr hoch und die „Leistungsauslese" verzerrt.

IV. Der Topos der „Weltgeltung deutscher Wissenschaft"

Das Schlagwort „Weltgeltung deutscher Wissenschaft" wird, häufig ohne konkrete weitere Belege, in vielen Publikationen zur Universitätsgeschichte oder in hochschulpolitischen Schriften zur Beschreibung der deutschen Universitäts- und Wissenschaftslandschaft des Kaiserreichs verwendet. Stellvertretend für diese Zuschreibung sei hier Thomas Nipperdey zitiert, der auch in anderen Darstellungen häufig angeführte Argumente benennt, wenn er über die Zeit des Kaiserreichs apodiktisch schreibt:

„Die deutsche Wissenschaft spielt eine führende Rolle in der Welt. Deutsch ist eine der Hauptsprachen der Wissenschaft. Man liest deutsche Literatur, künftige Gelehrte studieren in Deutschland. Das gilt nicht nur für die kleinen Länder Europas und den Osten, sondern auch für große Wissenschaftskulturen – außerhalb der französischen,

---

25 Zu den Schwierigkeiten, die jüdische und katholische Privatdozenten im Kaiserreich hatten, siehe Notker Hammerstein, Antisemitismus und deutsche Universitäten 1871–1933, Frankfurt a. M. 1995; dort auch S. 27–41 zu den Berufungschancen von Katholiken. Zu den Schwierigkeiten von Wissenschaftlerinnen, sich für die akademische Laufbahn zu qualifizieren, siehe Annette Vogt, Wissenschaftlerinnen an deutschen Universitäten (1900–1945). Von der Ausnahme zur Normalität?, in: Rainer Christoph Schwinges (Hg.), Examen, Titel, Promotionen. Akademisches und staatliches Qualifikationswesen vom 13. bis zum 21. Jahrhundert, Basel 2007, S. 707–729.

26 Zu den Unwägbarkeiten der akademischen Laufbahn siehe Martin Schmeiser, Akademischer Hasard. Das Berufsschicksal des Professors und das Schicksal der deutschen Universität 1870–1920, Stuttgart 1994. Zur Abhängigkeit der Berufungschancen von Generationszugehörigkeit, Disziplin, Konfession, regionaler Herkunft sowie Ausbaugeschwindigkeit der Universitäten siehe Paletschek, Permanente Erfindung (wie Anm. 6), S. 273–309. Von den an der Universität Tübingen zwischen 1870 und 1930 habilitierten Privatdozenten erhielten ca. 60 % eine Professur, wobei sich große Unterschiede nach Generation und Fach zeigten: während 80–100 % der juristischen und theologischen Privatdozenten eine Professur erhielten, erreichten in den Natur- und Geisteswissenschaft ca. zwei Drittel das Ziel; in der Medizin, die – wegen der außeruniversitären Verwertungsmöglichkeit des Titels – die höchste Zahl an Privatdozenten stellte, waren es lediglich ein Drittel. Für die Generation der in den Jahrzehnten um die Jahrhundertwende Habilitierten zeichneten sich insgesamt schlechtere Berufungschancen ab. So erhielten von den in der Philosophischen Fakultät Habilitierten dieser Generation nur ca. 40 % eine Professur.

für die italienische und für die angelsächsische etwa. Das gilt nicht nur für die Naturwissenschaften, … sondern auch für Geistes- und Sozialwissenschaften."[27]

Nipperdey belegt diese Einschätzung u. a. mit den deutschen Erfolgen in den Naturwissenschaften und führt hier etwa die Auszählungen Joseph Ben-Davids aus den 1970er Jahren oder für die moderne Physik die Berechnungen von Paul Forman an.[28] So zeigten Ben-Davids Statistiken, dass in der Medizin in den 1860er und 1870er Jahren ca. 60 % aller Entdeckungen von Deutschen gemacht wurden, in der Physiologie waren es sogar 80–90 %. Nach den Untersuchungen von Forman stammten um 1900 ein Drittel der physikalischen Abhandlungen und 42 % der physikalischen Entdeckungen von Deutschen. Unter den 31 Nobelpreisträgern für Physik zwischen 1901–1925 waren zehn Deutsche; unter den 22 in Chemie waren es neun, in der Physiologie unter 23 immerhin noch fünf. Seit der Jahrhundertwende ging der deutsche Vorsprung zwar zurück, sei aber immer noch offenkundig gewesen.[29] In vielen historischen Darstellungen wird die Weltgeltung deutscher Wissenschaften um 1900 dabei meist mit der Universität Berlin verbunden bzw. in ihr lokalisiert.[30] Auffällig ist, dass diese internationale Hochschätzung deutscher Universitäten und Wissenschaften nachträglich konstatiert wurde. So hält etwa auch eine

27 Thomas Nipperdey, Deutsche Geschichte 1866–1918. Bd. 1: Arbeitswelt und Bürgergeist, München 1990, S. 602. Es könnten hier zahlreiche weitere Beispiele angeführt werden, siehe hier stellvertretend etwa auch Langewiesche, Vordenker (wie Anm. 14), S. 194 f; auch ich habe den Topos in meinen Arbeiten ohne weitere Belege verwandt, siehe Paletschek, Permanente Erfindung (wie Anm. 6), S. 227. Stellvertretend für Überblicksdarstellungen etwa auch Immanuel Geiss, der als Beleg für die „„Weltgeltung' deutscher Wissenschaft" vor allem die Naturwissenschaften und die Atomphysik (Planck, Einstein) sowie ferner die zahlreichen Nobelpreise für deutsche (jüdische) Gelehrte in den ersten Jahrzehnten des 20. Jahrhunderts anführt. Deutsch sei „zur internationalen lingua franca des europäischen Bildungsbürgertums in Kunst und Wissenschaft aufgestiegen. Beherrschung der deutschen Sprache galt als Eingangsvoraussetzung zum Studium vieler natur- wie geisteswissenschaftlicher Fächer, weil Basistexte und die besten Lehrbücher aus Deutschland kamen, oft noch bis 1945." Immanuel Geiss, Deutschland vor 1914, Nantes 2003, S. 212.
28 Joseph Ben-David, The Scientist's Role in Society. A Comparative Study, Englewood Cliffs 1971; Paul Forman / J. L. Heilbrun / S. Weart, Physics circa 1900: Personnel, Funding, and Productivity of the Academic Establishment, in: Historical Studies in the Physical Sciences (1975).
29 Nipperdey führt diesen Erfolg vor allem auf das deutsche Universitätssystem zurück, auf den Forschungsimperativ und den wissenschaftlichen Ethos, der in Deutschland besonders ausgeprägt sei, ferner auf die fruchtbare föderale Konkurrenz der Universitäten, auf die Innovation fördernde Einrichtung der Privatdozentur und das hohe gesellschaftliche Ansehen der Professur. Typisch für die deutsche Wissenschaft sei, dass trotz aller Spezialisierung weiter Interesse an den theoretischen Grundlagen des Faches bestehe und eine überwölbende, universale Theorie gesucht werde. Nipperdey, Deutsche Geschichte (wie Anm. 27), S. 605.
30 Vgl. etwa Baumgarten, Professoren und Universitäten (wie Anm. 5); vgl. auch Rüdiger vom Bruch, Geheimräte und Mandarine. Zur politischen Kultur der Berliner Universität im späten Kaiserreich (Vortrag 14.12.2000), der ausführt, dass die Berliner Universität 1910 in Deutschland als das Flaggschiff höherer Bildung und „im Ausland als lokalisierbares Zentrum für eine Weltgeltung deutscher Wissenschaft wahrgenommen" wurde.

neuere Untersuchung zur deutschsprachigen Mediävistik im späten Kaiserreich fest, dass

„im damaligen Schrifttum … ausdrückliche Bezugnahmen auf ausländisches Lob … nicht so leicht aufzuspüren sind. Dafür aber ist im nachhinein umso deutlicher gesehen worden, dass etwa die nordamerikanische und in minderem Maße auch die britische Wissenschaft vom Mittelalter vor 1914 im Banne deutscher Anregungen und Vorbilder gestanden haben."[31]

Die Zeitgenossen des Kaiserreichs sprachen nicht von Weltgeltung, sondern – bescheidener – von der internationalen Anerkennung, gleichzeitig aber auch von den Problemen der deutschen Universitäten. Sie sahen nicht nur die Erfolge, sondern beschworen nach 1900 die Gefahr des Zurückfallens, wenn nicht Veränderungen, wie z. B. die Gründung außeruniversitärer Forschungsinstitute oder ein stärkerer internationaler Austausch in Angriff genommen werden würden.[32] So ging etwa der wichtigste und einflussreichste Wissenschaftsorganisator der Jahrhundertwende, der Theologe Adolf Harnack, 1905 in seiner bekannten Schrift „Vom Großbetrieb der Wissenschaft", davon aus, dass viele Nationen Großes in der Wissenschaft leisteten. Er setzte sich vehement für einen internationalen Studenten- und Professorenaustausch ein, da die Universitäten in allen Kulturländern jeweils spezifisch nationale Züge trügen – als „Ergebnis des Volkscharakters und der Geschichte".[33] Ein verstärkter Austausch zwischen den unterschiedlichen nationalen

---

31 Rudolf Schiefer, Weltgeltung und nationale Verführung. Die deutschsprachige Mediävistik vom ausgehenden 19. Jahrhundert bis 1918, in: Peter Moraw / Rudolf Schiefer (Hg.), Die deutschsprachige Mediävistik im 20. Jahrhundert, Ostfildern 2005, S. 39 – 61, zit. S. 39. Schiefer stellt die These auf, dass die moderne Mediävistik und Geschichtsforschung, d. h. die Ausrichtung auf Quellenkunde und Quellenerschließung sowie die Abkehr von literarischen Formen der Geschichtsschreibung zugunsten des methodisch kontrollierten Umgangs mit konkreten Belegen sich in Deutschland zwar nicht früher, „gewiß aber nachhaltiger vollzogen als anderwärts." (S. 40) Der hervorstechende Zug der deutschen Mediävistik sei ihre starke institutionelle Durchformung, verbunden mit einem ausgeprägten Hang zur Planmäßigkeit und systematischen Erschließung der Quellen (S. 41).
32 Siehe Harnack, Zur kaiserlichen Botschaft (Denkschrift), bes. S. 44 – 52. Die deutschen Naturwissenschaften seien ins Hintertreffen geraten, da anders als im Ausland, keine außeruniversitären Forschungsinstitute eingerichtet worden waren.
33 Harnack betrachtete den internationalen Professoren- und Studentenaustausch als eine zentrale Facette des Großbetriebs Wissenschaft. Adolf Harnack, Vom Großbetrieb der Wissenschaft, in: Preußische Jahrbücher 119 (1905), S. 193 – 201, zit. S. 196. Oft werden von dieser Schrift nur ihr schlagwortträchtiger Titel und die auf den ersten Seiten ausgeführten Bemerkungen zur Notwendigkeit arbeitsteiligen Arbeitens in der Wissenschaft zitiert, während sich die Hauptintention des Textes eigentlich auf die Implementierung eines internationalen Universitätsaustauschs bezieht. Anders bei Bernhard vom Brocke, der u. a. mit dem Verweis auf den in diesem Text geforderten deutsch-amerikanischen Professorenaustauschs schlussfolgert, dass Adolf von Harnack damit das Ziel einer „Weltgeltung der deutschen Wissenschaft" praktisch zu verwirklichen suchte. Bernhard vom Brocke, Preußische Hochschulpolitik im 19. und 20. Jahrhundert. Kaiserreich und Weimarer Republik, in: Werner Buchholz (Hg.), Die Univer-

Systemen würde die eigenen Schwächen und Stärken deutlicher vor Augen führen, den deutschen Universitäten und der deutschen Wissenschaft neue Impulse geben und sie somit konkurrenzfähig machen sowie ferner der Völkerverständigung dienen.[34] Auch andere Professoren, so der Philologe Hermann Diels warben für den amerikanischen und europäischen Studenten- und Professorenaustausch. War es vor hundert Jahren Aufgabe des Volkes und der Universitäten, vor allem Deutsche zu werden und das Deutschtum zu pflegen, so

„tritt jetzt zu der alten Aufgabe, die nicht verkürzt werden darf, eine neue und schwerere hinzu: die Verbindungen mit dem Ausland zu pflegen und aus nationalem Interesse sich international auszubilden."[35]

Trotz der Hinweise auf die internationale Bedeutung der deutschen Universitäten und der für die Jahrhundertwende als charakteristisch betonten internationalen und transnationalen Verflechtungen der Wissenschaft verwendeten die Zeitgenossen des Kaiserreichs den Topos „Weltgeltung deutscher Wissenschaft" nicht. Nach ersten begriffsgeschichtlichen Recherchen taucht dieses Schlagwort in der Universitätsdiskussion erst nach dem Ersten Weltkrieg auf.[36] Der Verweis auf die „Weltgeltung" deutscher Wissenschaft in der Zeit des Kaiserreichs ist eine nachträgliche Zuschreibung und Deutung, die – so die These – bis heute als Krisen- und Legitimationsstrategie fungiert. Das Signum „Weltgeltung deutscher Wissenschaft" scheint erst aufzutauchen, als mit dem Ende des Ersten Weltkriegs und dem Versailler Vertrag vom Verlust deutscher Weltgeltung die Rede ist. Der Begriff der Weltgeltung wurde aus dem politischen Kontext übernommen, wo er auch erst nach dem Ersten Weltkrieg gebräuchlich wurde. Nach dem Grimmschen Deutschen Wörterbuch wird unter dem Begriff „„geltung in der welt, internationales ansehen', insbeson-

---

sität Greifswald und die deutsche Hochschullandschaft im 19. Jahrhundert, Stuttgart 2004, S. 39.
34 Harnack, Großbetrieb (wie Anm. 33), S. 198.
35 Hermann Diels, Internationale Aufgaben der Universität. Rede zur Gedächtnisfeier des Stifters der Berliner Universität König Friedrich Wilhelm III in der Aula am 3. August 1906, Berlin 1906, S. 3–38; zit. S. 37.
36 Es wurden kursorisch Universitätsreden gesichtet, deren Titel die Beschäftigung mit der grundsätzlichen Lage der Universitäten oder Fragen der Internationalität von Wissenschaft und Universität vermuten ließ. Auch wurden einschlägige universitätsgeschichtliche Darstellungen um 1900 auf eine Verwendung des Topos durchgesehen. Auch in der umfangreichen Darstellung zur Situation der einzelnen deutschen Universitäten und zur Entwicklung der verschiedenen Fachdisziplinen an deutschen Universitäten, die von Lexis anlässlich der Weltausstellung in St. Louis angefertigt wurde, finden sich weder der Topos noch eine allzu überschwängliche Beschreibung der deutschen Leistungen. Siehe Wilhelm Lexis, Das Unterrichtswesen im Deutschen Reich, 3 Bde., Berlin 1904. In den Lexikonartikeln im Brockhaus (Jg. 1868, 1887, 1897, 1898, 1908, 1935) oder in Meyers Lexikon (Jg. 1872, 1897, 1930) taucht kein Verweis auf das Schlagwort „Weltgeltung deutscher Wissenschaft" auf. In Brockhaus' Conversations-Lexikon, Bd. 16, Leipzig 1887, S. 44, heißt es lediglich, dass die deutschen Universitäten „in den übrigen Kulturstaaten den Ruhm einer unvergleichlichen Einrichtung" genießen.

dere eines landes oder volkes" verstanden. Als erste Nennung des Begriffs
Weltgeltung wird auf die 1919 erschienenen Erinnerungen des Admiral Tirpitz
verwiesen.[37]

Die Beschreibung des deutschen Universitätssystems durch die Zeitgenossen um 1900 erscheint im Vergleich mit den retrospektiven Zuschrei-
bungen nach 1945 maßvoller. Die Verwendung von deutsch als Wissenschaftssprache und der internationale Erfolg deutscher wissenschaftlicher
Bücher, an denen viele der Nachgeborenen die deutsche wissenschaftliche
Weltgeltung festmachten, wurde von den Zeitgenossen differenzierter, pragmatischer und weniger emphatisch betrachtet. So stellte der Berliner Philologe
Hermann Diels 1906 fest, dass die „gleichberechtigte Anerkennung der drei
Hauptkultursprachen, des Deutschen, Englischen und Französischen, wie sie
sich von selbst auf dem Gebiete der Wissenschaft seit geraumer Zeit durchgesetzt hat", auch weiter beibehalten werden sollte (statt der Einführung neuer
Kunstsprachen wie Esperanto oder Volapük, für die sich u. a. auch bekannte
Naturwissenschaftler wie Wilhelm Ostwald oder William Ramsay einsetzten).[38] Er ging also keinesfalls von einer Vorherrschaft der deutschen Sprache
in der Wissenschaft aus, sondern setzte sie in eine Reihe mit den anderen
großen Kultursprachen französisch und englisch; diese „Gleichberechtigung"
wurde an sich schon als große Anerkennung und Symbol für den Aufstieg der
deutschen Wissenschaftsnation angesehen.

Der Terminus „Weltgeltung" taucht im Kontext von Universitätsreden und
in zeitgenössischen Schriften zu Universitäts- und Wissenschaftsfragen erstmals nach 1918 auf, wobei teilweise synonym von wissenschaftlicher und
„kultureller Weltgeltung" gesprochen wird. So erscheint einem Autor 1919
„unsere kulturelle Weltgeltung" gefährdet, da diese „an die wissenschaftliche
Freiheit unserer Universitäten und damit letzten Endes an ein gesundes …
Privatdozententum – gebunden ist". Mit dieser Argumentation wird dann die
Forderung nach einer massiven finanziellen Unterstützung der Privatdozenten verknüpft.[39] Gerade in der Anfangsphase der Weimarer Republik ist im

---

37 Weltgeltung, in: Jacob Grimm / Wilhelm Grimm, Deutsches Wörterbuch, Bd. 14, Leipzig 1955,
    S. 1584. Bei Tirpitz heißt es: „ohne Seemacht blieb die deutsche Weltgeltung wie ein Weichtier
    ohne Schale" (ebd.). Der Begriff taucht dann in den 1920er und 1930er Jahren in unterschied-
    lichen Kontexten auf – so etwa ist von „Weltgeltung deutscher Arbeit", von „Weltgeltung
    griechischer und italienischer Kunst" die Rede oder es wird, negativ gewendet, für die Zeit vor
    der Reformation ein Tiefstand „deutscher geister, politischer und wirtschaftlicher Weltgeltung"
    festgestellt.
38 Diels (wie Anm. 35), S. 36. Dieser „linguistische Dreibund" solle weitere Ausdehnung von der
    Wissenschaft auch auf andere Sphären der Kultur erlangen. Voraussetzung dafür sei die offizielle
    Gleichberechtigung von englisch und französisch im deutschen Schulunterricht. Erst wenn eine
    so erzogene Studentenschaft die Hörsäle fülle, könne es einen nachhaltigen Erfolg in einem
    internationalen Professorenaustausch geben: „Erst dann sind unsere Studierenden wirklich
    befähigt, ihre Ausbildung an unserer Universität im modernen Sinne abzurunden…" (S. 37).
39 P. F. Linke, Die Reform der Privatdozentur, in: Berliner Tagblatt (Morgen-Ausgabe), 4. 4. 1919,
    S. 2.

Zusammenhang mit der Verarmung deutscher Akademiker durch die Folgen des Weltkriegs und das Wegbrechen der Vermögen durch die Inflation pessimistisch von einem (drohenden) „Verlust der Weltgeltung deutscher Wissenschaft" die Rede.[40] Die vergangene oder bedrohte internationale Geltung deutscher Wissenschaft wird beschworen, wenn diese in der Gegenwart gefährdet erscheint, deren Kürzungen oder Einschränkungen drohen. Dies zeigt sich beispielsweise in der Argumentation Adolf von Harnacks, der 1919 angesichts von Forderungen nach universitärer Ausgliederung der theologischen Fakultäten ausführte, dass „die *internationale Bedeutung* keiner anderen Fakultät so groß ist wie die der evangelischen Theologie". Sie sei

„in bedeutend größerem Sinn und Umfang international als es die deutsche Philosophie und Geschichtsschreibung ist. Scherzend – aber es war im Ernst – sagte mir einmal ein Amerikaner, die deutschen wissenschaftlichen Exportartikel sind die Chemikalien und die Werke der protestantischen Theologie... Würden die evangelisch-theologischen Fakultäten in Deutschland aufgehoben, so würde sich, des bin ich gewiß, in weitesten Kreisen des Auslandes ein grenzenloses Erstaunen erheben über solch ein herostratisches Unternehmen."[41]

Der Topos „Weltgeltung deutscher Wissenschaft" ist teilweise, aber nicht nur, in einen Krisendiskurs der Weimarer Republik eingebunden. Er verweist strategisch auf Defizite und legitimiert Reformforderungen. Er ist motiviert durch den antizipierten und als selbstverständliche Forderung erachteten macht- und weltpolitischen Wiederaufstieg des Deutschen Reiches.[42] Interessanterweise wird die „Weltgeltung deutscher Wissenschaft" aber nicht nur als verloren oder bedroht angesehen, sondern sowohl während der Weimarer Republik und dann insbesondere in der Zeit des Nationalsozialismus für die jeweilige Gegenwart behauptet, also keineswegs nur auf das Kaiserreich bezogen. Der Topos „Weltgeltung deutscher Wissenschaft" fungiert quasi als Ersatz für die verloren gegangene weltpolitische Bedeutung, richtet das nationale Selbstbewusstsein wieder auf und bereitet den künftigen weltpoliti-

---

40 Rolf-Ulrich Kunze, Die Studienstiftung des deutschen Volkes seit 1925: Zur Geschichte der Hochbegabtenförderung in Deutschland, Berlin 2001, S. 102. Kunze zitiert eine Ansprache des Göttinger Geologieprofessors Hans Stille anlässlich der Einweihung des Göttinger Studentenhauses 1922, bei der dieser betonte: „Unsere auf der Wissenschaft beruhende Bildung war unsere Hauptwaffe im wirtschaftlichen Wettstreit der Völker. Diese Waffe müssen wir scharf halten, um so schärfer, als man uns die physischen Waffen zerschlagen hat." Hans Stille, Die Geschichte des Hauses und seiner Erwerbung, in: Das Studentenhaus Göttingen e. V. und seine Arbeit, Göttingen 1926, S. 1–11, zit. S. 2.

41 Adolf von Harnack, Die Bedeutung der theologischen Fakultäten (1919), in: ders., Erforschtes und Erlebtes, Gießen 1923, S. 199–217, zit. S. 207 f.

42 Vgl. zum Krisendiskurs der Weimarer Republik und die Notwendigkeit, diesen kritisch zu hinterfragen, den Beitrag von Jürgen John in diesem Band. Er stellt die plausible These auf, dass „Krise" als strategisches Argument zur Durchsetzung von Reformen und zur Revision der weltpolitischen Nachkriegsordnung diente.

schen Aufstieg wieder vor. Im Folgenden sollen hierfür einige Beispiele angeführt werden:

Unter dem Vorzeichen der Krise, aber auch des deutschen Wiederaufstiegs wurde in den 1920er Jahren die „Weltgeltung des deutschen wissenschaftlichen Schrifttums" diskutiert. Dabei interessierte zunächst die Frage, wie stark der wissenschaftliche Buchexport durch die Folgen des Ersten Weltkriegs beeinträchtigt worden sei und was getan werden könne, um „unserem Schrifttum Weltgeltung zu erhalten" bzw. diese zu erweitern. Dies galt als „Lebensfrage erster Ordnung, nachdem unsere politische Geltung nahezu vernichtet, unsere wirtschaftliche zum mindesten stark gestört ist".[43] Mit der internationalen Verbreitung wissenschaftlichen Schrifttums seien nämlich darüber hinausreichende ökonomische Effekte verbunden: der ausländische Mediziner oder Naturwissenschaftler, der deutsches wissenschaftliches Schrifttum schätze, werde auch deutsche Instrumente, Apparate, chemischpharmazeutische Präparate oder Krankenhauseinrichtungen kaufen. Auch drohe, wenn weniger deutsche wissenschaftliche Schriften gelesen würden und damit der Anreiz zum Lernen der deutschen Sprache geringer werde, ein Einbruch in der Zahl ausländischer Studierender in Deutschland. Dies habe wieder Rückwirkung auf die weltpolitische Geltung Deutschlands, leiste doch dieser Nachwuchs nach seiner Rückkehr ins Heimatland die beste Propaganda für deutsche Wissenschaft und Kultur.[44]

Die Experten errechneten, dass der Absatz wissenschaftlicher deutscher Werke im Ausland in den 1920er Jahren im Vergleich mit dem Vorkriegsjahr 1913 um ca. 43 % eingebrochen war – statt 150 000 dz Büchern wurden nur noch 84 000 dz im Durchschnitt der Jahre 1927 – 1930 exportiert. Allerdings wurde gleichzeitig festgehalten, dass der Wiederaufbau wesentlich rascher gelang als angenommen.[45] Um 1930 war die Weltgeltung des deutschen wissenschaftlichen Buches „nicht mehr dieselbe wie vor dreißig Jahren, aber sie ist noch bedeutend genug."[46] So machte um 1930 der Auslandsumsatz an der

43 Friedrich Oldenbourg, Zur Weltgeltung des deutschen wissenschaftlichen Schrifttums, Leipzig 1931, S. 3 – 24 (Sonderdruck aus dem Börsenblatt für den Deutschen Buchhandel Nr. 81, 1931), zit. S. 4.

44 Bruno Hauff, Die Aufgaben des wissenschaftlichen Verlags für die Weltgeltung des deutschen wissenschaftlichen Buches. Vortrag, gehalten von Bruno Hauff, Leipzig vor der Medizinischen Fakultät Frankfurt am Main anläßlich der Verleihung der Würde eines Doktors der Medizin honoris causa. Leipzig 1931, bes. S. 16. Hauff war Inhaber des Thieme-Verlags.

45 Ebd., S. 8 f. Weitere Zahlen zum internationalen Absatz wissenschaftlicher deutscher Bücher Gerhard Menz, Kulturpropaganda, in: Wort und Schrift im Kampfe um Deutschlands Weltgeltung. (= Deutsch-akademische Schriften. Hg. von der Schriftleitung der „Akademischen Blätter", Heft 14), Marburg 1926, S. 5 – 23.

46 Hauff (wie Anm. 44), S. 8. Die folgenden Zahlen nach Hauff, S. 8 – 13. Fast zwei Drittel der Ausfuhr entfielen 1913 auf die deutschen Sprachgebiete jenseits der deutschen Reichsgrenzen (d. h. Österreich und Habsburger Monarchie, Schweiz, Baltikum), wobei bis 1931 wieder ca. 60 % in diese Staaten bzw. die Nachfolgestaaten geliefert wurden, insbesondere nach Osteuropa, während die neuen südslawischen Staaten stärker auf französische Werke zurückgrif-

wissenschaftlichen deutschen Buchproduktion im Durchschnitt 30 – 40 % des Gesamtumsatzes – teilweise sogar bis zu 60 % – aus. Der absolute Rückgang des Absatzes im Ausland wurde dabei interessanterweise gar nicht so sehr auf die Kriegsfolgen, als auf allgemeine gesellschaftspolitische Veränderungen sowie sich ändernde wissenschaftliche Produktions- und Rezeptionsgewohnheiten zurückgeführt. Die neu entstandenen Nationalstaaten in Osteuropa oder auf dem Balkan seien nun bemüht – und dies habe sich schon in der Vorkriegszeit abgezeichnet –, ihre eigene wissenschaftliche Literatur zu produzieren oder durch Übersetzungen in gewissem Umfang unabhängig von der Einfuhr der Originale zu werden.[47] Dabei würden in Russland und Osteuropa, wenn nicht auf die Arbeiten einheimischer Wissenschaftler zurückgegriffen werden könne, vor allem deutsche Werke übersetzt; allerdings würden diese Übersetzungen dann nicht in Deutschland, sondern im Land selbst produziert. Eine Gefahr für den Absatz deutscher Schriften wird also nicht nur durch die Konkurrenz der etablierten Wissenschaftsnationen (und Siegermächte) England, Frankreich und jüngst die USA, sondern auch durch die neu aufstrebenden Nationen befürchtet.

Der gesunkene Absatz wird aber auch mit Defiziten der deutschen Wissenschaftsproduktion begründet[48]: Deutsche wissenschaftliche Werke seien im Ausland oft deshalb nicht mehr attraktiv, weil zu viele deutsche Monographien und Lehrbücher auf den Markt kämen – nicht zuletzt wegen des Publikationsdrucks, der auf den Privatdozenten laste. Die wissenschaftlichen Werke seien zudem zu umfangreich, stilistisch zu kompliziert geschrieben und didaktisch nicht gut aufgebaut. Als Voraussetzung für die wachsende Weltgeltung des deutschen wissenschaftliche Schrifttums wurde daher eine schärfere Kontrolle, eine Einschränkung des Angebots und eine leserfreundlichere Darstellung gefordert, d. h. der Appell zur Veränderung ging hier an die Wissenschaft selbst.

In der differenzierten Diskussion über den Absatzrückgang deutscher wissenschaftlicher Schriften in der Nachkriegszeit wird deutlich, dass trotz der Einbrüche letztlich noch nicht vom Ende der Weltgeltung des deutschen wissenschaftlichen Schrifttums ausgegangen wurde. Dass trotz widriger weltpolitischer Umstände auch für die Gegenwart an der Weltgeltung deutscher Wissenschaft festgehalten wurde, zeigen vor allem die Ende der Weimarer Republik und während der Zeit des Nationalsozialismus verfassten, meist

---

fen. Wie in der Vorkriegszeit gingen etwa zehn Prozent der Exporte nach Frankreich, England, Belgien, Italien. In Rußland, das vor dem Krieg und bis Mitte der 1920er Jahre mit ca. 7,5 % ein starker Abnehmer war, ging seit Beginn der 1930er Jahre durch die Einbeziehung des Buchhandels in das staatliche Monopolsystem der Verkauf auf 0,5 % zurück; dagegen konnte der Absatz in die USA sogar leicht gesteigert werden und kam auf 7,1 %, während der Absatz nach Südamerika deutlich rückläufig war. In Ostasien steigerte sich vor allem in Japan der Absatz deutscher wissenschaftlicher Bücher zwischen 1913 und 1931 von 0,9 auf 2,6 %.

47 Hauff (wie Anm. 44), S. 15.

48 Vgl. hierzu die Ausführungen von Oldenbourg (wie Anm. 43), S. 18 – 24.

dem national-konservativen oder völkisch-nationalsozialistischen Lager zu-
zurechnenden Publikationen. So geht der Physiker Abraham Esau 1932 in
seiner Jenaer Universitätsrede davon aus, dass der Versailler Frieden, das
Diktat „eines Schandvertrages, der uns in Ketten geschlagen hat" und der sich
„gegen die deutsche Weltgeltung und den deutschen Gedanken in der Welt",
gegen „deren vornehmlichste Exponenten Seeschifffahrt, Kolonien, Wissenschaft und Technik" richtete, sein Ziel nicht erreicht habe.[49] Zerstörung der
Weltgeltung heißt für Esau „Zurückwerfen des deutschen Gedankens hinter
die engen Landesgrenzen". Es sei den Feinden nicht gelungen, die Weltgeltung
der deutschen Wissenschaft und Technik zu vernichten:

„Wir können heute mit Genugtuung feststellen, daß es selbst den planmäßig vor-
bereiteten und ins Werk gesetzten Boykottbestrebungen und einer mit reichen
Mitteln ausgestatteten antideutschen Propaganda in allen Kulturländern der Welt
noch nicht gelungen ist, der deutschen Wissenschaft die Axt an die Wurzeln zu legen
und die Forschung zu unterbinden."[50]

Die Boykottmaßnahmen und die „geistigen Hochschutzzollmauern" hätten
nicht verhindern können,

„daß deutsche Forschungsergebnisse wie in früheren Zeiten über die Grenzen des
eigenen Landes hinweg Eingang und Aufnahme bei anderen Völkern gefunden
haben."[51]

Als Beleg für diese Behauptung verweist Esau auf die große Zahl der deutschen
Nobelpreisträger, auf die Expedition des Forschungsschiffes Meteor (1925–
1927), die Grönlandexpedition oder die wieder in Angriff genommenen
Ausgrabungen in Mesopotamien. Besondere Erfolge seien auf dem Gebiet der
Schiffsbautechnik, der Elektrizitäts- und Nachrichtentechnik sowie in der
Luftfahrttechnik erzielt worden. Gerade die Luftfahrttechnik habe „das An-
sehen Deutschlands im Ausland am stärksten befestigt" und nehme eine be-
herrschende Stellung in der Welt ein. Er kommt daher zu dem Schluss:
„Wissenschaft und Technik stehen heute noch, das können wir mit berech-
tigtem Stolze feststellen, ungebrochen und unbesiegt auf ihrem Platze wie
einst."[52]
    Eine wahre Konjunktur erfuhr der Topos der „Weltgeltung deutscher
Wissenschaft" in der Zeit des Nationalsozialismus.[53] Trotz der Beschränkungen

---

49 Abraham Esau, Der Vertrag von Versailles und die deutsche Weltgeltung. Rede bei der von der
   Universität Jena veranstalteten Feier des Jahrestages der Gründung des Deutschen Reiches
   gehalten am 18. Januar 1932, Jena 1932, S. 4.
50 Ebd., S. 15.
51 Ebd., S. 16.
52 Ebd.
53 Siehe z. B. Gustav Fochler-Hauke, Von der Weltgeltung deutscher Wissenschaft, in: ders. (Hg.),
   Die Wissenschaft im Lebenskampf des deutschen Volkes. Festschrift zum fünfzehnjährigen
   Bestehen der Deutschen Akademie am 5. Mai 1940, München 1940, S. 134–148; August Hauer,

des Versailler Vertrags hätten viele „fremdvölkische Wissenschaftler von Rang und Charakter", so Gustav Fochler-Hauke 1940 anlässlich des fünfzehnjährigen Bestehens der Deutschen Akademie, die Verbindungen zur deutschen Wissenschaft nicht abreißen lassen. Die deutsche Wissenschaft hätte zudem „aus sich heraus" so große Leistungen vollbracht, dass schließlich auch andere Völker sich gezwungen sahen, die Verbindungen von sich aus wieder aufzunehmen.[54] Die „Weltgeltung deutscher Wissenschaft" wurde an verschiedenen Punkten festgemacht und keineswegs waren damit vordringlich, wie heute oft unreflektiert angenommen, die Erfolge in der Grundlagenforschung das primäre oder gar dominante Beurteilungskriterium. Folgende Argumente wurden angeführt[55]:

1. Wissenschaftliche Weltgeltung wurde ganz häufig zunächst sehr konkret mit dem internationalen wissenschaftlichen Austausch und transnationalen Wissenschaftsbeziehungen in eins gesetzt. So galt der Anteil der ausländischen Studierenden in Deutschland als ein wichtiges Kriterium. Die internationale Wertschätzung wurde an der hohen Zahl deutschstämmiger Professoren an ausländischen Universitäten sowie an der Gründung deutscher wissenschaftlicher Einrichtungen im Ausland im 19. und frühen 20. Jahrhundert festgemacht. Genannt wurden hier z. B. die Gründung der deutschen Universität in Dorpat, der deutschen Herder-Hochschule in Riga, der deutsch-chinesischen Hochschule in Tsingtau, der medizinisch-technischen Hochschule in Wusung oder die Reform der türkischen Universität in Istanbul (1915). Deutsche Gelehrte hätten großen Anteil am Aufbau der Technischen Hochschule und Universität in Athen (1837), der Universität in Sofia, der türkischen Landwirtschaftsschule oder verschiedener afrikanischer Universitäten gehabt, ebenso wie sich deutscher Einfluss in der Gründung der Johns Hopkins Universität in Baltimore (1876) gezeigt habe. Hervorgehoben wurde zudem der Anteil der deutschen

Die Weltgeltung der deutschen Tropenmedizin, Berlin 1936; Adalbert Ebner, Die Weltgeltung der deutschen Forstwirtschaft, in: Deutsche Kultur im Leben der Völker. Mitteilungen der Akademie zur wissenschaftlichen Erforschung und Pflege des Deutschtums 15 (1940), S. 78–95; Georg A. Löning, Das Reich und die Weltgeltung des deutschen Rechts (1942), Münster 1987.

54 Fochler-Hauke (wie Anm. 53), S. 135; zur Deutschen Akademie und Fochler-Hauke siehe Eckhard Michels, Von der deutschen Akademie zum Goethe-Institut: Sprach- und auswärtige Kulturpolitik, 1923–1960, München 2005.

55 Im Folgenden kann nicht der Tatsachengehalt dieser Fakten und Deutungen eruiert werden; es soll lediglich gezeigt werden, auf welchen verschiedenen Feldern „Weltgeltung von Wissenschaft" festgemacht wurde. Kriterien wie etwa der internationale Studenten- und Professorenaustausch, transnationale Wissenschaftsbeziehungen oder die Gründung deutscher Hochschulen und wissenschaftlichen Einrichtungen im Ausland wurden bereits in den Weimarer Jahren genannt. Spezifisch nationalsozialistisch ist allerdings der Verweis auf die deutschen Leistungen in der Rassenkunde und vermutlich auch die Betonung des Beitrags der Auslandsdeutschen an der Entwicklung wissenschaftlicher Einrichtungen im Ausland. Möglich ist auch, dass die Betonung deutschen wissenschaftlichen Einflusses in Osteuropa und Ostasien auch politischen Expansionserwartungen folgte.

Minderheiten, des „Auslandsdeutschtums", also der Sudeten- und Baltendeutschen, der Siebenbürgen oder der Deutschen in Südamerika, an der Entstehung der wissenschaftlichen Einrichtungen im jeweiligen Ausland.[56]

2. Mit „Weltgeltung" war weiterhin ganz konkret die Erforschung nichtdeutscher Regionen und Kulturen durch Deutsche seit der Frühen Neuzeit gemeint – von den frühen Entdeckungsreisen bis hin zu großen Unternehmungen der 1920er Jahre wie z. B. der Grönlandexpedition. Dabei wurden vor allem die Leistungen deutscher Gelehrter in der Erforschung Ost- und Südosteuropa sowie Asiens, insbesondere Chinas und Japans, betont.[57]

3. Selbstverständlich wurde als Indiz der Weltgeltung deutscher Wissenschaft – jetzt weniger überraschend – die große Zahl der deutschen Nobelpreisträger genannt; bis Ende der 1930er Jahre gingen die Hälfte der Chemie-, ein Drittel der Physik- und ein Fünftel der Medizinnobelpreise an deutsche Wissenschaftler.[58] Mit der Stiftung des Nobelpreises stand, so scheint es, ein einfaches, sehr öffentlichkeitswirksames und anschauliches Mittel zur Verfügung, wissenschaftliche Leistungen international zu vergleichen.

4. Wenn von der Weltgeltung deutscher Wissenschaft die Rede war, wurden meist folgende Disziplinen genannt: Chemie, Medizin (insbesondere Tropenmedizin) und Physik.[59] Besonders häufig wurde aber auch auf die Leistungen der technischen Disziplinen – so etwa der Luftfahrttechnik – verwiesen oder die deutsche Forstwissenschaft genannt. Tausende ausländischer Forstwissenschaftler seien in Deutschland ausgebildet worden und überall auf der Welt seien Aufforstungen durch deutsche Forstleute vorgenommen worden – so in Russland, Frankreich, Japan, China, Indien, Afrika, Südamerika.[60] Von den Geisteswissenschaften wurden vergleichende Sprachwissenschaften, Musikwissenschaft, Sinologie, Japanologie, Indologie, Orientalistik, Archäologie und Altertumskunde angeführt. Weltbedeutung hätten deutsche Geisteswissenschaften „gewollt oder ungewollt" durch ihren Anteil am „Erwachen der Völker des östlichen Mitteleuropas und Osteuropas" gehabt.[61]

---

56 Fochler-Hauke (wie Anm. 53), S. 138–141. Zu den deutschen Hochschulen und Bildungseinrichtungen im Ausland siehe auch Franz Schmidt / Otto Boelitz (Hg.), Aus deutscher Bildungsarbeit im Auslande. Erlebnisse und Erfahrungen in Selbstzeugnissen aus aller Welt. 2 Bde., Langensalza 1927.

57 Fochler-Hauke hob vor allem die Bedeutung deutscher Gelehrter in der Erforschung Ostasiens (Japan: Philipp Freiherr von Siebold, Edmund Nauman; China: Martin Martini, Ferdinand von Richthofen), Zentralasiens (Karl Ritter, Klaproth), Vorderindiens und des Himalaya (Gebrüder Schlagintweit), Südamerikas (Alexander von Humboldt), Afrikas (Barth, Overweg, Vogel, Nachtigal, Rohlfs, Schweinfurth, Mauch, Wißmann) sowie Australiens (Ludwig Leichhardt, Heinrich Müller) hervor (S. 141–145).

58 Fochler-Hauke (wie Anm. 53), S. 136.

59 Ebd., S. 145; Hauer, S. 4–31 (beide Anm. 53)

60 Fochler-Hauke, S. 143, siehe auch Ebner, S. 78–95 (beide Anm. 53).

61 Der deutsche Idealismus und die Romantik, Herder, Ranke und Grimm hätten durch ihre

5. Zurückgeführt wurde diese Weltgeltung meist auf die Verbindung von Forschung und Lehre an deutschen Universitäten, auf die Persönlichkeit des deutschen Professors, ferner auf das geistige Wirken Deutscher im Ausland sowie NS-typisch natürlich auch ganz allgemein auf das geistige Schaffen des deutschen Volkes.

Die gebräuchliche Verwendung des Topos „Weltgeltung deutscher Wissenschaft" im Nationalsozialismus beeinträchtigte oder diskreditierte keineswegs seine Schlagkraft nach 1945. Neu war jetzt aber, dass sich der Topos zeitlich nur mehr auf das 19. Jahrhundert bzw. das späte Kaiserreich bezog. Die glänzende Entwicklung im Kaiserreich wurde mit dem Niedergang der deutschen Universität konfrontiert, der sich als Folge des Ersten Weltkriegs seit der Weimarer Republik angebahnt und im Nationalsozialismus seinen Tiefpunkt erreicht habe. Typisch für die Verwendung des Topos in der hochschulpolitischen Diskussion war und ist bis heute, dass er meist nicht wirklich präzisiert oder mit Fakten belegt wird, sondern sehr nebulös, oberflächlich und unreflektiert gebraucht wird.

In den 1960er Jahren tauchte der Topos in der Hochschuldiskussion der BRD auf und diente der Kritik an der gegenwärtigen Universität und – ähnlich wie zu Beginn der 1920er Jahre – der mangelnden finanziellen Wissenschaftsförderung.[62] Die strahlende Wissenschafts- und Universitätslandschaft um 1900 wurde mit der defizitären Gegenwart verglichen und diente der Legitimation von anstehenden Reformen.[63] So zeichnete beispielsweise Georg Picht in seiner einflussreichen Studie „Die deutsche Bildungskatastrophe" folgendes Szenario:

„Eines der tragenden Fundamente jedes modernen Staates ist sein Bildungswesen. Niemand müsste das besser wissen als die Deutschen. Der Aufstieg Deutschlands in den Kreis der großen Kulturnationen wurde im 19. Jahrhundert durch den Ausbau der Universitäten und Schulen begründet. Bis zum Ersten Weltkrieg beruhte die politische Stellung Deutschlands, seine wirtschaftliche Blüte und die Entfaltung seiner Industrie auf seinem damals modernen Schulsystem und auf den Leistungen einer Wissenschaft, die Weltgeltung erlangt hatte. Wir zehren bis heute von diesem Kapital... Jetzt aber ist das Kapital verbraucht."[64]

Sprach- und Geschichtsforschungen das slawische Nationalbewusstsein geweckt und großen Einfluss auf die tschechische, slowakische, lettische, estnische und ukrainische Nationalbewegung gehabt. Fochler-Hauke (wie Anm. 53), S. 146 f.

62 So wird 1964 in einem Artikel in der Wochenzeitschrift DIE ZEIT argumentiert, dass vor allem die mangelnde Finanzierung, aber auch das Unvermögen der deutschen Wissenschaftler, ihre Forschungen einer breiteren Öffentlichkeit verständlich zu machen, dafür verantwortlich ist, „daß die deutsche Wissenschaft ihre Weltgeltung verloren hat." Hans Paul Bahrdt, Gelehrte müssen sich verständlich machen, in: DIE ZEIT, 13.3.1964, S. 10.

63 Wie und ob in der DDR auf diesen Topos rekurriert wurde, müsste ebenfalls untersucht werden.

64 Georg Picht, Die deutsche Bildungskatastrophe. Analyse und Dokumentation, Olten 1964, S. 16.

Auch heute ist wieder auf hochschulpolitischen Symposien, in wissenschaftspolitischen Ansprachen, Festreden oder in Zeitungsartikeln von
„Weltgeltung der deutschen Wissenschaft" die Rede, häufig im Zusammenhang mit der 2006 von der Bundesregierung gestarteten Exzellenzinitiative.[65]
Dabei wird in hochschulpolitischen Veranstaltungen in der typischen Krisenrhetorik einerseits der Verlust an Weltgeltung – vor allem als Auswirkung
des Nationalsozialismus – konstatiert;[66] andererseits wird der Topos, nun
wortwörtlich als Verpflichtung für die Zukunft begriffen und legitimiert
hochschulpolitische Förderstrategien wie die Exzellenzinitiative.[67]
     Interessant ist, dass die „Weltgeltung" deutscher Wissenschaft auch wieder
an der Verwendung von deutsch als Wissenschaftssprache festgemacht wird.[68]

---

65 Siehe z. B. Joachim Günther, Ende einer Weltgeltung. Exportschlager Geisteswissenschaften, in:
   Neue Züricher Zeitung, 16.2.2008. Bericht über eine vom Goethe-Institut und vom Kulturwis-
   senschaftlichen Institut Essen organisierte Tagung zum Thema „Made in Germany – Deutsche
   Geisteswissenschaften im Prozess der Internationalisierung". Mit der so genannten Exzellenzinitiative soll die Spitzenforschung an den Universitäten gefördert werden. Durch die
   Auslobung von Eliteuniversitäten, die in allen drei ausgeschriebenen Förderlinien erfolgreich
   sind, soll die Konkurrenz zwischen den deutschen Universitäten angekurbelt und ihre internationale Wettbewerbsfähigkeit in der Forschung gestärkt werden.

66 Diese Deutungen findet man gegenwärtig häufig in Festreden und politischen Ansprachen:
   „Das dritte Reich hat letztlich zum Verlust der Weltgeltung deutscher Wissenschaft geführt", so
   der baden-württembergische Kultusminister Peter Frankenberg in einer Rede anlässlich der
   Eröffnung des Konstanzer Wissenschaftsforums „Kreativität ohne Fesseln" am 19. 4. 1007 in der
   baden-württembergischen Landesvertretung in Berlin, S. 3. (http://mwk.baden-wuerttem-
   berg.de/uploads/ media/Min_Rede_Kreativitaet_ohne_Fesseln_19_04_07.pdf). Im rechten
   Lager wird der Verlust der Weltgeltung auf die „Amputationen", „die der braune Sozialismus mit
   der Vertreibung jüdischer Wissenschaftler nach 1933 und der rote Sozialismus mit der
   Knechtung der Literatur- und der Gängelung der Naturwissenschaftler" der Wissenschaft
   beibrachten, zurückgeführt. Als drittes habe „der rote Sozialismus der 68er" die Universitäten
   verwüstet und die Wissenschaft beschädigt mit dem Ergebnis, dass „seitdem Bürokratisierung
   und Reformitis ohne Ende und strahlendes Mittelmaß" vorgeherrscht habe. Gegenwärtig
   durchziehe aber durch die Exzellenzinitiative und den Mut zu Reformen ein neuer Wind die
   deutsche Hochschullandschaft und es stelle sich die Frage: „Knüpft Deutschland an die großen
   Zeiten an, wo deutsche Wissenschaft Weltgeltung hatte?" Michael Mann, Wissen schafft
   Wohlstand. Mehr Freiheit, mehr Wettbewerb: Der Forschungsstandort Deutschland im Auf-
   wind, in: Junge Freiheit, 13.5.2008. (http://www.online-jf.de/Single-News-Display.144+
   M50715d23de.0.html?&tx_dttnews %5Bpointer % %D=2).

67 So hieß es in einem Artikel der Neuen Züricher Zeitung nach der Verleihung des Exzellenz-
   Status an die TH Karlsruhe: „Der Aufstieg zur ‚Elite-Universität' hat an der Technischen
   Hochschule in Karlsruhe und bei den Forschern der Region für Auftrieb gesorgt. Voller Opti-
   mismus sieht man sich schon in Augenhöhe mit führenden Forschungseinrichtungen in den
   USA." Die Universitätsstadt Karlsruhe. Weltgeltung im Technologiebereich, in: Neue Züricher
   Zeitung, 6.11.2006.

68 So wurde laut Bericht der NZZ auf der Essener Tagung „Made in Germany – Deutsche Geisteswissenschaften im Prozess der Internationalisierung" vom Februar 2008 konstatiert, dass die
   „hohe Zeit der Weltgeltung der deutschen Geisteswissenschaften unwiederbringlich vorbei" sei.
   Der Bedeutungsverlust, etwa in China, Japan, England, Indien, Skandinavien und USA, sei allein
   schon daran ablesbar, „dass die Zahl derer, welche deutsche Bücher im Original lesen oder
   Kenntnisse deutscher Kunst und Literatur besitzen, spürbar abgenommen hat." Günther, in:

Es wird aber nicht analysiert, ob überhaupt, warum, bis wann, in welchen
Disziplinen und Räumen deutsch in der Vergangenheit die vorherrschende
Wissenschaftssprache war. Zudem wird monokausal angenommen, dass erst
die Erarbeitung bahnbrechender Ergebnisse in der Grundlagenforschung, die
dann auf Deutsch publiziert würden, Deutsch als Wissenschaftssprache wieder Auftrieb geben würde.[69] Diese in der Öffentlichkeit vielfach vertretene
monokausale Sichtweise verleitet vielleicht auch zu eindimensionalen Antworten. Sie erscheint naiv, kontrastiert man sie mit den differenzierten Analysen aus den 1920er Jahren, die deutlich machten, dass es nicht allein deutsche Forschungsleistungen in Chemie, Physik, Altertumswissenschaften oder
auch Luftfahrttechnik und Forstwissenschaften, sondern erst diese zusammen
mit den entsprechenden bildungs- und nationalpolitischen Voraussetzungen
waren, die in einer spezifischen historischen Situation die internationale
Reichweite von deutsch als Wissenschaftssprache bedingten – also z. B. die
frühe Ausdifferenzierung natur- und geisteswissenschaftlicher Disziplinen in
Deutschland im 19. Jahrhundert, die relative Rückständigkeit der osteuropäischen oder ostasiatischen Hochschullandschaft, die systematische deutsche Kultur- und Sprachpolitik im Ausland, die hohe Zahl ausländischer
Studierenden in Deutschland, die auch ökonomische und politische Gründe
hatte, die Erforschung ausländischer Regionen oder das Wirken deutscher
Wissenschaftler und Wissenschaftlerinnen im Ausland.

Diese Ausführungen sollten deutlich machen, dass eine gründliche Analyse
des Topos, eine Reflektion der kulturpolitischen und imperialistischen Prämissen, die mit dem Begriff verbunden sind sowie eine fundierte Untersuchung, was in welcher Zeit, in welchen Räumen und in welchen Disziplinen
denn unter „Weltgeltung deutscher Wissenschaft" verstanden wurde, noch
aussteht. Zu überlegen ist auch, was die Maßstäbe für diese Bewertung waren
oder sein sollen – die Wahrnehmung der Zeitgenossen, die Bewertung im
Ausland oder eine Ausrichtung an den Wissenschaftsentwicklungen, die sich
mittel- oder langfristig in den jeweiligen Disziplinen bzw. in der wissenschaftshistorischen Konstruktion durchsetzten. Ebenso sollten die häufig als
Beleg für die Weltgeltung angeführten Beschreibungen des deutschen Universitätssystems durch ausländische Beobachter quellenkritisch betrachtet wer-

---

NZZ, 16.2.2008. Wolfgang Frühwald führte 2001 aus, dass mit der Begründung der Weltgeltung
deutscher Naturwissenschaft durch Alexander von Humboldt in der ersten Hälfte des 19.
Jahrhunderts Deutsch für fast 100 Jahre zur Sprache der Naturwissenschaften geworden sei.
Wolfgang Frühwald, Der Friede der Welt. Aufgaben und Ziele von Wissenschafts-Stiftungen in
moderner Zeit. Rede auf der Jahresversammlung der Alexander von Humboldt-Stiftung, 14.6.
2001, Berlin (http://www.humboldt-foundation.de/de/netzwerk/veranstalt/hoersaal/2001_ber-
lin_01.htm). Siehe auch Helmut Glück, Deutsch als Wissenschaftssprache. Sprachfreies Denken
gibt es nicht, in: FAZ, 25.4.2008. Zu Deutsch als führender Wissenschaftssprache vor 1933 siehe
auch Mann, in: Junge Freiheit, 13.5.2008.
69 Siehe etwa Glück, in: FAZ 25.4.2008.

den, denn der Verweis auf das Vorbild Deutschland in der Universitätsdebatte war, wie neuere Untersuchungen hervorheben, häufig ein strategisches Argument.[70] Trotz der Bewunderung für die deutschen Forschungsleistungen im späten Kaiserreich übernahmen ausländische Universitäten nie in Gänze das deutsche Modell, sondern eigentlich meist nur sehr pragmatisch einzelne Bestandteile wie die Seminar- und Institutsgründungen, die sie ihren Bedürfnisse und ihrer Universitäts- und Lehrtradition anpassten.

Ein knappes Fazit

Die Entwicklung zur Forschungsuniversität, die maßgeblich von Deutschland aus durchgesetzt wurde, hing von vielen, materiellen und immateriellen Faktoren ab. Sie kann keineswegs nur auf die idealistische Universitätsidee zurückgeführt und auch nicht lediglich auf eine Erfolgsgeschichte verkürzt werden. Die Universitäten standen auch im Kaiserreich in der Kritik und zeigten neben den Modernisierungsleistungen – Durchsetzung des Forschungsimperativs, frühe Expansion, Spezialisierung und Ausdifferenzierung der Disziplinen, relative soziale Offenheit des Studiums, hoher Output an wissenschaftlichem Nachwuchs – gewaltige Defizite. Viele der im Kaiserreich schon angesprochenen bzw. aus der Rücksicht konzedierten Probleme der Universitäten sind heute nach wie vor aktuell: so die Finanzierungsnot und die Frage der wissenschaftlichen Schwerpunktbildung, die durch hierarchische und erstarrte Selbstverwaltungsstrukturen gebremste Innovationsfreude, die Überfüllung der Lehrveranstaltungen und ein zu langes Studium, die unsichere Situation des akademischen Nachwuchses, die Benachteiligung und Ausgrenzung von Frauen aus der Wissenschaft, die Überlastung der Professoren durch Lehre, Forschung und Selbstverwaltung, die Kritik an den nur an der Forschung interessierten Professoren und einer im Spezialistentum erstarrten, dem Bildungs- und Ausbildungsgedanken in keiner Weise genügenden Lehre.

Die formelhaft und ohne hinreichende Bezugnahme auf den spezifischen historischen Kontext für frühere Zeiten beschworene „Weltgeltung deutscher Wissenschaft"- heute wird damit meist das späte Kaiserreich oder nebulös das 19. Jahrhundert assoziiert, während die Zeitgenossen der späten Weimarer Republik und des Nationalsozialismus dies noch für ihre Gegenwart behaupteten – verstellt ebenso wie der seit dem frühen 20. Jahrhundert in der deutschen Universitätsdiskussion kaum wegzudenkende Rekurs auf die idealistischen Universitätsschriften und Humboldt neue Perspektiven – nicht nur in der Universitätsgeschichte, sondern auch in der hochschul- und wis-

---

70 Siehe die Argumente stringent zusammenfassend und mit weiteren Belegen: Bartz, Wissenschaftsrat (wie Anm. 5), S. 71; ferner die Beiträge im Sammelband Schwinges (Hg.), Humboldt International (wie Anm. 5).

senschaftspolitischen Diskussion. Es wäre sicher viel fruchtbarer – wissenschaftlich wie auch universitätspolitisch –, an gezielten und ganz konkreten Punkten in die Universitätsgeschichte zurückzuschauen. Das hieße auch, die vielbeschworene „Weltgeltung" deutscher Wissenschaft um 1900 nicht fortlaufend zu mystifizieren, sondern einmal tatsächlich zu analysieren und bei allen Erfolgen die zahlreichen Defizite der deutschen Universitäts- und Wissenschaftsentwicklung nicht auszublenden.

Gabriele Metzler

Deutschland in den internationalen Wissenschaftsbeziehungen, 1900 – 1930

Die internationalen Wissenschaftsbeziehungen in den ersten Jahrzehnten des 20. Jahrhunderts waren geprägt von dem spezifischen Spannungsverhältnis zwischen dem Internationalismus und den Nationalismen jener Zeit. Niemals zuvor hatte es solch intensiven Austausch über die Grenzen von Staaten hinweg gegeben, während zugleich nationale Rivalitäten sich intensivierten und die Konkurrenz zwischen Nationalstaaten das internationale Geschehen immer und zunehmend stärker – bis hin zum Ausbruch des Weltkriegs 1914 – mit bestimmte. Die Wissenschaften spielten hier eine ganz besondere Rolle. Denn auf der einen Seite folgten die Wissenschaftler einem universalistischen Ethos, dessen Wurzeln in die Antike zurückreichten und das spätestens seit Humanismus und Aufklärung als verbindende geistige Haltung bei den Mitgliedern der *res publica litterarum* fest verankert war.[1] Im Denken der Aufklärung diente die Wissenschaft dem Wohl der gesamten Menschheit, unterschiedliche politische oder religiöse Überzeugungen sollten die Zirkulation von Wissen nicht behindern. Hier bildete sich in Ansätzen das Objektivitätspostulat heraus, der durch seine sozialisatorische Wirkung die internationale Community weiter stabilisierte.[2] Die Geltungsansprüche wissenschaftlichen Wissens kannten keine Grenzen, wie dies Max Planck in seinem Postulat einer Deanthropomorphisierung naturwissenschaftlicher Erkenntnis geradezu paradigmatisch zum Ausdruck brachte.[3]

Andererseits waren die Wissenschaften auf vielfältigste Weisen eingebunden in das Projekt der Herausbildung moderner Territorialstaaten, was sich etwa im 17. Jahrhundert in den neugegründeten Akademien der Wissenschaften widerspiegelte. Im späten 19. Jahrhundert schließlich hatten die

1 Vgl. Thomas J. Schlereth, The Cosmopolitan Ideal in Enlightenment Thought. Its Form and Function in the Ideas of Franklin, Hume, and Voltaire, 1694 – 1790, Notre Dame / London 1977; Anne Goldgar, Impolite Learning. Conduct and Community in the Republic of Letters, 1680 – 1750, New Haven / London 1995.
2 Lorraine Daston, The Ideal and Reality of the Republic of Letters in the Enlightenment, in: Science in Context 4 (1991), S. 367 – 386, hier S. 369.
3 Max Planck zufolge boten etwa die Naturkonstanten – der Gravitation oder der Lichtgeschwindigkeit – die „Möglichkeit, Einheiten für Längen, Masse, Temperatur aufzustellen, welche ihre Bedeutung für alle Zeiten und für alle, auch außerirdische und außermenschliche Kulturen notwendig behalten müssen.", Max Planck, Physikalische Abhandlungen und Vorträge, 3 Bde., Braunschweig 1958, hier Bd. 3, S. 24 (1909).

Wissenschaften auf die eine oder andere Weise Anteil an der Entfaltung nationaler Machtstaatlichkeit: indem sie für die modernen Industrien Grund-
lagenwissen lieferten, wie etwa Chemie oder Physik; indem sie koloniale
Ansprüche legitimierten und Kolonialunternehmungen begleiteten, wie etwa
Geografie oder Tropenmedizin; oder indem sie den nationalen Machtstaat
historisch legitimierten und eine durch eine gemeinsame Kultur und Sprache
verbundene Gemeinschaft imaginierten, wie Staatswissenschaften, die Ge-
schichts- oder die Literaturwissenschaften. Wissenschaft und Staat standen
immer in einem engen Wechselverhältnis; sie bildeten in gewissem Sinne
„Ressourcen füreinander",[4] waren doch die Wissenschaften im Stadium ihrer
Differenzierung, Professionalisierung und ihrer Institutionalisierung an
Universitäten und in außeruniversitären Forschungseinrichtungen vermehrt
auf staatliche Unterstützung (Finanzierung) angewiesen, und basierte staat-
liches Handeln auf allen Feldern mehr und mehr auf wissenschaftlichem
Wissen, im unmittelbaren wie auch in einem indirekten Sinne.[5]
Die internationale Wissenschaft war deshalb nicht von der internationalen
Politik zu trennen. In den internationalen Beziehungen figurierten die Wissenschaften als eigenständige, nicht-staatliche Akteure, aber sie waren eben
immer auch verbunden mit staatlicher Politik und dementsprechend von den
Wechselfällen des internationalen Mächtesystems in der Ära der Nationalstaaten und der Weltkriege geprägt. Wie eng dieser Zusammenhang von der
Jahrhundertwende bis 1933 war, soll im Folgenden am deutschen Beispiel
eingehender erläutert werden. Wie agierten deutsche Wissenschaftler und
deutsche Wissenschaftsorganisationen im internationalen Umfeld, welche
Ziele verfolgten sie, welche Durchsetzungsstrategien wandten sie an? Wie
positionierten sie sich an den Schnittstellen von nationaler und internationaler Politik, welche Rolle wiesen sie sich nach innen und nach außen selbst
zu? Was wiederum bedeutete das Agieren der Deutschen für die internationale
scientific community und ihre Institutionen? Diese Fragen werden hier in drei
chronologisch aufeinanderfolgenden Kapiteln diskutiert, wobei sich der Erste
Weltkrieg als eine tiefe Zäsur, ja als ein Scharnier zwischen zwei unterschiedlichen Modi internationalen Handelns erweist.

---

4 Vgl. Mitchell Ash, Wissenschaft und Politik als Ressourcen füreinander, in: Rüdiger vom Bruch /
   Brigitte Kaderas (Hg.), Wissenschaften und Wissenschaftspolitik. Bestandsaufnahmen zu Formationen, Brüchen und Kontinuitäten im Deutschland des 20. Jahrhunderts, Wiesbaden 2002,
   S. 32–51.
5 Neben den genannten Beispielen wäre vor allem auch zu denken an die enge Beziehung zwischen
   den entstehenden modernen Sozialwissenschaften und der staatlichen Sozialpolitik, vgl. dazu
   Lutz Raphael, Die Verwissenschaftlichung des Sozialen als methodische und konzeptionelle
   Herausforderung für eine Sozialgeschichte des 20. Jahrhunderts, in: Geschichte und Gesellschaft
   22 (1996), S. 165–193.

I.

Die Jahre von der Jahrhundertwende bis zum Ausbruch des Ersten Weltkrieges waren ein „goldenes Zeitalter des Internationalismus" in den Wissenschaften.[6] Ihre intensiven Kontakte über die Grenzen der Nationalstaaten hinweg bildeten einen Teil der Globalisierung um 1900. Wie der globale Handel, so profitierte auch der wissenschaftliche Austausch von verbesserten Kommunikationsmöglichkeiten; die wachsenden Streckennetze der Eisenbahnen und die transatlantischen Dampfschifffahrtslinien wie auch die Telegraphenverbindungen erleichterten das Reisen, der globale Kommunikationsraum wurde enger. Dies wirkte sich ganz besonders auf den transatlantischen Austausch aus, rückten doch nun die US-amerikanischen Wissenschaften stärker als zuvor ins Blickfeld der Europäer und wurde ihnen in der internationalen *scientific community* mehr Aufmerksamkeit zuteil. Ein großer Teil der Kontakte von Wissenschaftlern ins Ausland erfolgte auf informeller Basis, Briefwechsel, Besuche und persönliche Gespräche waren die Medien, durch welche neue Forschungsergebnisse kommuniziert wurden. Dass man nun schneller und bequemer reisen konnte, dass neue Erkenntnisse rascher verbreitet werden konnten, förderte den wissenschaftlichen Austausch ganz gewiss.

Doch nicht nur die durch verkehrstechnische Innovationen mit herbeigeführte Zunahme der Kontakte unterschied die internationale Wissenschaft der Jahrhundertwende von derjenigen früherer Zeiten, sondern auch und vor allem der höhere Grad an Institutionalisierung, an Formalisierung und zugleich an Politisierung. Dies zeigte sich beispielsweise in der Zusammenarbeit zwischen den Akademien der Wissenschaften. Hatten sie in den Jahrhunderten zuvor immer Mitglieder aus dem Ausland in ihre Reihen aufgenommen und diesen ihre Publikationsserien für die Weiterverbreitung neuer Erkenntnisse geöffnet, so formalisierten die Akademien nun ihre Kontakte, indem sie sich 1900 zu einer Internationalen Assoziation der Akademien zusammenschlossen.[7] Ihr gehörten neben dem seit 1893 bestehenden „Kartell" der Akademien von Göttingen, Leipzig, München und Wien die Royal Society an sowie die Akademien von Berlin, St. Petersburg, Brüssel, Christiana (Oslo), Kopenhagen, Madrid, Paris (*Académie des Inscriptions et Belles-Lettres* und *Académie des Sciences morales et politiques*) und Stockholm; bis zum Kriegsausbruch 1914 wuchs die Zahl ihrer Mitglieder weiter. Damit wurde erstmals in der Geschichte der internationalen Wissenschaftsbeziehungen der Austausch über die Grenzen von Staaten hinweg auf einer breiteren Basis (und nicht nur für eine einzelne wissenschaftliche Disziplin) institutionalisiert. Die

---

6 Elisabeth Crawford, Nationalism and Internationalism in Science, 1880 – 1939. Four Studies of the Nobel Population, Cambridge 1992, S. 61.

7 Frank Greenaway, Science International: A History of the International Council of Scientific Unions, Cambridge 2006, S. 1 – 18.

Assoziation unterstützte größere Projekte, die nur in internationaler Kooperation zu bewältigen waren, etwa magnetische Messungen eines Breitenkrei-
ses, geologische Forschungen oder Wetterbeobachtung, aber auch bibliographische und enzyklopädische Unternehmungen. Auf diese Weise folgten die
Akademien dem allgemeinen Trend zur Internationalisierung, wie man in der
Preußischen Akademie mit Genugtuung festhielt: „Die Assoziation der Akademien", erklärte ihr Sekretär zum Leibniztag 1902,

„entspricht (…) jetzt der allgemeinen Weltlage. Jedes größere Unternehmen nimmt
heute einen internationalen Charakter an. (…) Jetzt sich dem verschließen, würde
den größten Rückschritt bedeuten."[8]

Zu Foren echten wissenschaftlichen Austausches wurden nun die in wachsender Zahl veranstalteten wissenschaftlichen Fachkongresse. Zunächst boten
die Weltausstellungen die Bühne, auf welcher der Fortschritt der Wissenschaften einer breiteren Öffentlichkeit vorgestellt werden konnte. Hierbei ging
es um Wissenschaftspopularisierung, vor allem aber auch um die Diffusion
neuer Erkenntnisse, um Klassifizierung und Systematisierung von Wissenschaften. Der von Hugo Münsterberg organisierte wissenschaftliche Kongress
anlässlich der Weltausstellung von St. Louis 1904 bildete den Höhepunkt
solcher Bemühungen, konnte freilich den vorhandenen Trend zu Spezial-
kongressen nicht mehr umkehren. Der Typus der internationalen Konferenz
einzelner Disziplinen setzte sich durch.[9] Den regelmäßigen, institutionali-
sierten Austausch in Form internationaler Wissenschaftskongresse kannten
um die Jahrhundertwende alle Disziplinen, von den Chemikern und Botani-
kern, die schon in den 1860er Jahren solche Veranstaltungen durchgeführt
hatten, bis zu den Historikern, die sich 1898 erstmals auf internationaler
Bühne versammelten.[10] Anlässlich solcher Zusammenkünfte wurden auch das
universalistische Ethos der Wissenschaften und die aufklärerische Überzeugung ihrer friedensstiftenden Kraft beschworen. So gab Ferdinand Rudio bei

---

8 Festrede des Vorsitzenden Sekretärs der Akademie, Waldeyer, zum Leibniztag, 3. Juli 1902, in:
   Sitzungsberichte der Preußischen Akademie der Wissenschaften, 1902, Nr. XXXIV, Berlin 1902,
   S. 783–788, hier S. 788.
9 Eckhardt Fuchs, Räume und Mechanismen der internationalen Wissenschaftskommunikation
   und Ideenzirkulation vor dem Ersten Weltkrieg, in: Internationales Archiv für Sozialgeschichte
   der deutschen Literatur 27 (2002), H. 1, S. 125–143, zu St. Louis und den Folgen S. 132 f.; ders.,
   Popularisierung, Standardisierung und Politisierung: Wissenschaft auf den Weltausstellungen
   des 19. Jahrhunderts, in: Franz Bosbach / John R. Davis (Hg.), Die Weltausstellung von 1851 und
   ihre Folgen – The Great Exhibition and Its Legacy, München 2002, S. 205–221.
10 Vgl. Anne Rasmussen, Jalons pour une histoire de congrès internationaux au XIXe siècle:
   Régulation scientifique et propagande intellectuelle, in: Relations internationales 62 (1990),
   S. 115–133; Claude Tapia / Jacques Taieb, Conférences et congrès internationaux de 1815 à 1913,
   in: Relations Internationales 5 (1976), S. 11–35. – zu den Historikern: Karl Dietrich Erdmann,
   Die Ökumene der Historiker. Geschichte der Internationalen Historikerkongresse und des
   Comité international des sciences historiques, Göttingen 1987, zum ersten internationalen
   Kongress 1898 in Den Haag S. 18 ff.

der Eröffnung des ersten internationalen Mathematiker-Kongresses in Zürich 1897 seiner Hoffnung Ausdruck:

„Möge das Werk, dessen Grundstein wir heute (…) legen, sich würdig den anderen großen internationalen Schöpfungen anreihen! Möge es im Verein mit diesen dazu beitragen, nicht nur die Gelehrten aller Nationen, sondern auch diese selbst zu vereinigen zu gemeinsamer Kulturarbeit!"[11]

Freilich gaben in der Regel nicht universalistische Ideale, sondern ganz pragmatische Erfordernisse den Ausschlag, wenn internationale Verständigung gesucht wurde. Denn besonders in den Naturwissenschaften wuchs die Notwendigkeit eines Austausches über Forschungspraktiken und der Vereinheitlichung von Nomenklaturen. Zu diesem Zweck entstanden internationale Fachverbände: 1897 gründeten sich das *International Committee on Atomic Weights*, 1900 die *International Commission on Photometry*, 1909 das *International Committee for the Publication of Annual Tables of Constants*, im Jahr darauf die *International Radium Standard Commission*.[12] Unverkennbar waren solche Bestrebungen Teil des Prozesses der Ausdifferenzierung und Professionalisierung naturwissenschaftlicher Disziplinen, deren Forschungspraktiken allgemein anerkannte Standards und Nomenklaturen forderten. Dieser Befund gilt gerade auch für die theoretische Physik, die sich um die Jahrhundertwende als eigenständige Teildisziplin zu formieren begann und die durch internationale Zusammenkünfte wie die seit 1911 regelmäßig veranstalteten Solvay-Konferenzen maßgeblich an Profil gewann. Denn hier kristallisierten sich die Themenfelder heraus, auf die sich die Mitglieder der internationalen *Community* festlegten und auf denen sie sich informell auf Forschungsprogramme verständigten.[13]

Als neue Medien der Kommunikation etablierten sich internationale Zeitschriften und gemeinsame Enzyklopädien. Ein besonders bemerkenswertes Unternehmen war „Die Enzyklopädie der mathematischen Wissenschaften mit Einschluss ihrer Anwendungen", welche deutsche Mathematiker und Akademien (Göttingen, Leipzig, München) federführend verantworteten, an der aber auch Autoren aus dem Ausland beteiligt waren. 1900 wurde zwischen den Verlagshäusern Teubner und Gauthier-Villiers eine französische Ausgabe vereinbart, die parallel zur deutschen entstand; französische Wissenschaftler

---

11 Ferdinand Rudio (Hg.), Verhandlungen des ersten internationalen Mathematiker-Kongresses in Zürich vom 9. bis 11. August 1897, Leipzig 1898, S. 37.

12 Crawford, Nationalism and Internationalism (wie Anm. 6), S. 40.

13 Dies wird aus den Programmen und Diskussionen der ersten Solvay-Konferenzen erkennbar: Paul Langevin / M. de Broglie (Hg.), La Théorie du Rayonnement et les Quanta. Rapports et Discussions de la Réunion tenue à Bruxelles, du 30 Octobre au 3 Novembre 1911, Paris 1912; La Structure de la Matière. Rapports et Discussions du Conseil de Physique tenu à Bruxelles, du 27 à 31 Octobre 1913, Paris 1921. Vgl. zu den Konferenzen auch: Gabriele Metzler, Internationale Wissenschaft und nationale Kultur. Deutsche Physiker in der internationalen Community 1900–1960, Göttingen 2000, S. 52–54.

überarbeiteten Texte der deutschen Ausgabe, die dann den jeweiligen deutschen Autoren nochmals zur Prüfung vorgelegt wurden – ein völlig innova-
tives Vorgehen bei internationalen Projekten.[14] In eine vergleichbare Richtung
wiesen internationale Editionsvorhaben, etwa die Edition der Schriften Le-
onhard Eulers.[15]

Eine Zunahme institutionalisierter Kooperationen lässt sich um die Jahrhundertwende auch für die Universitäten beobachten. Herausragendes Beispiel dafür ist der deutsch-amerikanische Professorenaustausch, der 1905
anlässlich eines Besuches Präsident Theodore Roosevelts in Deutschland
zwischen der Berliner Universität, Harvard und Columbia vereinbart wurde.[16]
Schon 1903 waren ein deutsch-amerikanischer Schüleraustausch, 1905 auch
ein Lehrer- und Studentenaustausch vorangegangen. Vor allem aber das
Professorenprogramm erregte Aufsehen, auch im Ausland: So schloss die
Sorbonne auf Initiative des Pariser Philosophieprofessors Emile Boutroux vier
Jahre später, 1909, mit den beiden US-amerikanischen Universitäten einen
ähnlichen Vertrag. Auch nach Lateinamerika intensivierten die Pariser Wissenschaftler gleichsam als Kompensation zum deutschen Vorsprung in
nordamerikanischen Kooperationen ihre Kontakte.[17]

Dieses Bild intensiver internationaler Kooperation in den Wissenschaften
sollte freilich nicht darüber hinwegtäuschen, dass man von einer echten Arbeitsteilung noch weit entfernt war.

Die grenzüberschreitende wissenschaftliche Kommunikation vollzog sich
nicht so bruchlos wie man annehmen könnte. So lässt sich angesichts ihrer
knappen Ressourcen und fehlender zentraler Organisation die Assoziation der
Akademien am ehesten als eine „internationale Clearingstelle für die wissenschaftliche Forschung"[18] charakterisieren, und dass obendrein die deutschen Akademien dominierten, gab immer wieder Anlass zu Rivalitäten und
Reibereien.

---

14 Jean Dhombres, Vicissitudes in Internationalisation: International Networks in Mathematics up
    until the 1920s, in: Christophe Charle / Jürgen Schriewer / Peter Wagner (Hg.), Transnational
    Intellectual Networks. Forms of Academic Knowledge and the Search for Cultural Identities,
    Frankfurt a. M. / New York 2004, S. 81 – 113, hier S. 108 – 110.
15 Ebd., S. 107.
16 Bernhard vom Brocke, Der deutsch-amerikanische Professorenaustausch: Preußische Wis-
    senschaftspolitik, internationale Wissenschaftsbeziehungen und die Anfänge einer deutschen
    auswärtigen Kulturpolitik vor dem Ersten Weltkrieg, in: Zeitschrift für Kulturaustausch 31
    (1981), S. 128 – 182.
17 Christophe Charle, The Intellectual Networks of Two Leading Universities: Paris and Berlin
    1890 – 1930, in: ders. / Schriewer / Wagner (Hg.), Transnational Intellectual Networks (wie
    Anm. 14), S. 401 – 450, hier S. 403 – 406.
18 Brigitte Schröder-Gudehus, International Cooperation and International Organisation: Ten-
    dencies Toward Centralisation in the First Half of the Twentieth Century, in: Frank Pfetsch (Hg.),
    Internationale Dimensionen in der Wissenschaft, Erlangen 1979, S. 61 – 86, hier S. 65. Vgl. auch
    dies., Division of Labor and the Common Good: The International Associations of Academies,
    1899 – 1914, in: Carl Gustaf Bernhard u. a. (Hg.), Science, Technology, and Society in the Time of
    Alfred Nobel, Oxford 1981, S. 3 – 20.

Auch wissenschaftliche Erkenntnisse setzten sich international noch vergleichsweise langsam durch, wie am Beispiel von Plancks Quantenhypothese, die im Ausland nur sehr langsam rezipiert wurde, deutlich wird.[19]

Vor allem aber waren wissenschaftliche Kontakte ins Ausland immer Teil der auswärtigen Kulturpolitik, die als Begriff seit 1908 geläufig wurde.[20] Dazu lässt sich der deutsch-amerikanische Professorenaustausch zählen, ebenso die Einrichtung von wissenschaftlichen Instituten im Ausland wie des Archäologischen Instituts in Rom und seiner Zweigstelle in Athen (1874), des Kunsthistorischen Instituts in Florenz (1902), hinzu zählen ließe sich auch die Zoologische Station in Neapel.[21] Die Institute waren aus dem Reichsetat finanziert und dem Auswärtigen Amt in Berlin unterstellt, die Station in Neapel erhielt „substantielle Subventionen".[22] Als Träger der auswärtigen Kulturpolitik erwies sich besonders das Bildungsbürgertum, das auf diesem Feld den Einfluss und die Deutungsmacht, die es in der deutschen Gesellschaft zu verlieren drohte, zu erneuern und zu stabilisieren suchte.[23] Ohne weiteres konnten die Bildungsbürger als Wissenschaftler ihre Ideale des wissenschaftlichen Universalismus mit ihrem Selbstverständnis als nationale Bildungseliten und „Kulturträger" verbinden.[24] Das Selbstbild, „Kulturträger" zu sein, war nicht allein bei den Geisteswissenschaftlern anzutreffen, sondern es war auch bei den Naturwissenschaftlern prominent vertreten, was die außerordentliche Wirkmächtigkeit dieses Bildes dokumentiert. Unter dem Einfluss neohumanistischer Bildungsideen, die sie für die Naturwissenschaften adaptierten, positionierten sich hier gerade die Physiker. Der um 1890 gebräuchliche Begriff der „klassischen Physik" unterstrich ganz bewusst die Analogie zur klassischen Philologie, was sich auch in der Forschungspraxis niederschlug.[25] Das Selbstverständnis als „Kulturträger" und Bildungselite des Kaiserreichs wurde schließlich durch die in dieser Zeit noch nahezu durchgängig zu beobachtende biographische Prägung durch das humanistische Gymnasium fest untermauert.

Nach außen waren die Wissenschaften fest eingebunden in die Machtkonkurrenz zwischen den Staaten, wie Adolf (von) Harnack 1909 formulierte:

---

19 Vgl. Edward U. Condon, Sixty Years of Quantum Physics, in: Spencer R. Weart / Melba Phillips (Hg.), History of Physics, New York 1985, S. 310–318.

20 Zuerst wurde dieser Begriff von Karl Lamprecht 1908 gebraucht, vom Brocke, Professorenaustausch (wie Anm. 16), S. 128 f.

21 Vgl. Karl Josef Partsch, Die Zoologische Station in Neapel, Göttingen 1980, S. 120.

22 Einen Überblick über die geförderten internationalen Wissenschaftsunternehmungen gibt Frank R. Pfetsch, Zur Entwicklung der Wissenschaftspolitik in Deutschland 1750–1914, Berlin 1974, S. 108 f.

23 Vgl. Rüdiger vom Bruch, Weltpolitik als Kulturmission. Auswärtige Kulturpolitik und Bildungsbürgertum in Deutschland am Vorabend des Ersten Weltkrieges, Paderborn u. a. 1982.

24 Fritz Ringer, Die Gelehrten. Der Niedergang der deutschen Mandarine 1890–1933, Stuttgart 1983; vom Bruch, Weltpolitik (wie Anm. 23).

25 Vgl. die Fallstudie von Matthias Dörries, Heinrich Kayser as Philologist of Physics, in: HSPS 26 (1995), S. 1–33.

„Man liest heute in den wissenschaftlichen Veröffentlichungen von deutschen, französischen, amerikanischen Forschungsergebnissen bzw. Forschern, was früher nicht in dem Maße der Fall war. Die Völker legen eben Wert darauf, jedem neuen Wissensfortschritt gleichsam das Ursprungszeugnis mit auf den Weg zu geben. Sie werden dabei in früher nie geübter Weise von ihrer Tagespresse unterstützt, in wohlerwogener Absicht. Wissen sie doch, dass nichts so sehr geeignet ist, für ein Volk auf der ganzen Welt zu werben und es als den führenden Kulturträger erscheinen zu lassen."[26]

Dass in den *scientific communities* „Wettläufe um Priorität ausgetragen und Maßstäbe der Qualitätsbeurteilung und Prestigezuteilung ausgebildet"[27] wurden, zeigt sich besonders deutlich am Beispiel der Nobelpreise. Elisabeth Crawford belegt ihre Deutung der Jahre vor dem Kriegsausbruch 1914 als „goldenes Zeitalter der internationalen Wissenschaft" mit dem Verweis auf den hohen Anteil an grenzüberschreitenden, Wissenschaftlern anderer Nationalität geltenden Vorschlägen für den jeweiligen Nobelpreis in Physik oder Chemie. In der Tat lag der Anteil der Nominierungen von Kandidaten, die nicht derselben Nationalität angehörten wie der Vorschlagende, vor 1914 signifikant höher als nach 1915. Man sollte dies freilich nicht nur als Ausweis einer funktionierenden internationalen *community* lesen. Denn die Nobelpreise formalisierten einerseits die Chancen, im internationalen Umfeld Prestige zu gewinnen, nicht nur für den einzelnen Wissenschaftler, so wichtig ihm das auch war, sondern zugleich für seine Nation. Spätestens seit die Curies 1903 ihren Preis erhalten hatten, fanden die Nobelpreise öffentlich große Beachtung und wurden weithin nicht nur als individuelle, sondern auch als nationale Auszeichnungen verstanden. Das Nominierungsverfahren brachte es andererseits mit sich, dass die Wissenschaftler internationale Kontakte pflegen sowie Reserven an internationaler Anerkennung besitzen und mobilisieren mussten, um die Auszeichnung zu erhalten. Dass die Preise rasch zum Spielball nationaler Rivalitäten werden würden, war vorauszusehen gewesen, so dass die Vergabe wohlweislich in die Hände der neutralen Schwedischen Akademie der Wissenschaften gelegt wurde.

Konkurrenz nach außen als eine leitende Vorstellung ließ das staatliche Engagement in der Forschungsförderung mit wachsen, je mehr die Wissenschaften als Machtressource eingeschätzt wurden. Es ist kein Zufall und auch nicht allein der sich entfaltenden Wissensgesellschaft zuzuschreiben, dass sich „Wissenschaftspolitik" – als Begriff 1900 erstmals belegt[28] – zu dieser Zeit als

26 Adolf von Harnack, Denkschrift, in: Fünfzig Jahre Kaiser-Wilhelm- und Max-Planck-Gesellschaft zur Förderung der Wissenschaften 1911–1961. Beiträge und Dokumente, hg. von der Generalverwaltung der Max-Planck-Gesellschaft zur Förderung der Wissenschaften, Göttingen 1961, S. 81–94, hier S. 81.

27 Jürgen Osterhammel, Die Verwandlung der Welt. Eine Geschichte des 19. Jahrhunderts, München 2009, S. 1170.

28 Bernhard vom Brocke, Die Kaiser-Wilhelm-Gesellschaft im Kaiserreich: Vorgeschichte, Gründung und Entwicklung bis zum Ausbruch des Ersten Weltkriegs, in: ders. / Rudolf Vierhaus

neues, eigenständiges Politikfeld etablierte. Hier waren professionelle Interessen der Wissenschaftler und nationale, staatliche Interessen auf das engste miteinander verklammert. Es entstanden wissenschaftliche Institutionen, die Anteil hatten an der ideellen Konstruktion nationaler Gemeinschaft, indem sie für die deutsche Nation verbindende und verbindliche Maße und Gewichte oder statistische Größen definierten,[29] was auch schon als Teil des „jetzt so lebhaft geführten Konkurrenzkampfes der Völker" gesehen wurde.[30] Nach außen ging es ihnen immer darum, „friedliche Siege aufs neue [zu] gewinnen", wie es in der einschlägigen Denkschrift Harnacks zum Projekt der Kaiser-Wilhelm-Gesellschaft hieß.

Wissenschaften spielten im imperialistischen Projekt eine herausgehobene Rolle, sie dienten dort einerseits der kognitiven Aneignung der Welt, wofür sich neue Disziplinen wie die Ethnologie und die Vergleichende Religionswissenschaft etablierten oder bestehende Disziplinen, wie die Geografie, als „imperiale Wissenschaft"[31] in den Dienst der Kolonialisierung nehmen ließen. Andererseits trugen sie die Zivilisierungsmission, als welche die koloniale Expansion immer auch verstanden wurde, entscheidend mit. Die exakten Wissenschaften unterfütterten mit ihren Unternehmungen imperialistische Politik[32] und dienten ihr als „flankierende Ergänzung".[33]

II.

Damit war der Anspruch auf „Weltgeltung" vielfältig untermauert; er gründete sich auf wissenschaftliche Leistungskraft, aber auch auf kulturelle Distinktion. So war der Weg in den „Krieg der Geister" nach 1914 vorgezeichnet. Dass der Erste Weltkrieg von den wissenschaftlichen Eliten des Kaiserreichs fast ausnahmslos als Kampf der „deutschen Kultur" gegen westliche „Zivilisation" verstanden wurde, markierte keinen Bruch zur vorherigen Entwicklung, sondern war deren Konsequenz; ebenso, dass das „August-Erlebnis" der inneren Einheit für die Wissenschaftler – als Bildungsbürger – im Zentrum ihrer Auseinandersetzung mit dem Geschehen stand.[34]

(Hg.), Forschung im Spannungsfeld von Politik und Gesellschaft. Geschichte und Struktur der Kaiser-Wilhelm- / Max-Planck-Gesellschaft, Stuttgart 1990, S. 17–162, hier S. 20.

29 Vgl. David Cahan, An Institute for an Empire. The Physikalisch-Technische Reichsanstalt, 1871–1918, Cambridge 1989.

30 Werner von Siemens in einem Brief von 1884, zit. nach Emil Warburg, Die Physikalisch-Technische Reichsanstalt in Charlottenburg, in: Internationale Wochenschrift für Wissenschaft, Kunst und Technik 1 (1907), S. 537–548, hier S. 540.

31 Osterhammel, Verwandlung der Welt (wie Anm. 27), S. 1164. – Zu den „Wissenschaften von anderen Zivilisationen" (Orientalistik, Ethnologie usw.) ebd., S. 1158 ff.

32 Vgl. Lewis Pyenson, Cultural Imperialism and Exact Sciences: German Expansion Overseas 1900–1930, in: History of Science 20 (1981), S. 1–43.

33 Vom Bruch, Weltpolitik (wie Anm. 23), S. 13.

34 Exemplarisch hierfür wäre Max Plancks Rede anlässlich der Stiftungsfeier der Berliner Uni-

Bekanntestes Zeugnis für den „Krieg der Geister", für den sich nun Wissenschaftler mobilisieren ließen oder vielmehr sich selbst mobilisierten, war
der von dem Schriftsteller Ludwig Fulda entworfene, von 93 namhaften
Hochschullehrern, Künstlern und Schriftstellern unterzeichnete Aufruf „An
die Kulturwelt!", der am 4. Oktober 1914 in allen großen deutschen Tages-
zeitungen erschien.[35] Auch wenn manche der Mitunterzeichner bald bereuten,
ihre Unterschrift unter das Manifest gesetzt zu haben,[36] sorgte dieses Dokument deutscher Selbstanmaßung dafür, dass die Wissenschaftler in die internationale Isolation gerieten. Tatsächlich schlug der Aufruf markante Töne
an: Gegen den Vorwurf, deutsche Truppen hätten die belgische Universitätsstadt Louvain zerstört, verwahrten sich die Unterzeichner energisch; statt
dessen bekannten sie sich zur Einheit von „deutschem Volk und deutschem
Heer" und behaupteten mit Nachdruck, allein Deutschland kämpfe in diesem
Krieg für die „europäische Zivilisation", gegen all jene, „die der Welt das
schmachvolle Schauspiel bieten, Mongolen und Neger auf die europäische
Rasse zu hetzen". Jedenfalls würden die Deutschen „als Kulturvolk" ohne
Frage „diesen Kampf zu Ende kämpfen". Nur wenige Tage später folgte ein
weiterer Aufruf, dieses Mal in deutscher, englischer, französischer, italieni-
scher und spanischer Sprache, unterzeichnet von nahezu der gesamten
Hochschullehrerschaft an den deutschen Universitäten, die bekannten:

„Unser Glaube ist, dass für die ganze Kultur Europas das Heil an dem Siege hängt, den
der deutsche ‚Militarismus' erkämpfen wird, die Manneszucht, die Treue, der Op-
fermut des einträchtigen deutschen Volkes."[37]

Gegenerklärungen aus dem Ausland ließen nicht lange auf sich warten. Die
Académie Française wies die deutschen Ansprüche schroff zurück und betonte in einem „mémoire des cent", dass „die intellektuelle Zukunft Europas"
keineswegs „von der deutschen Wissenschaft abhänge".[38]

---

versität am 3. August 1914 zu nennen, in: ders., Vorträge und Erinnerungen, Darmstadt 1965,
S. 81–94, bes. S. 81.

35 Vgl. ausführlich Jürgen von Ungern-Sternberg / Wolfgang von Ungern-Sternberg, Der Aufruf
›An die Kulturwelt!‹. Das Manifest der 93 und die Anfänge der Kriegspropaganda im Ersten
Weltkrieg, Stuttgart 1996; Bernhard vom Brocke, Wissenschaft und Militarismus. Der Aufruf
der 93 ›An die Kulturwelt!‹ und der Zusammenbruch der internationalen Gelehrtenrepublik im
Ersten Weltkrieg, in: William E. Calder III u. a. (Hg.), Wilamowitz nach 50 Jahren, Darmstadt
1985, S. 649–719.

36 So etwa Max Planck, der den Aufruf ohne Kenntnis des Textes unterzeichnet hatte; vgl. John L.
Heilbron, The Dilemmas of an Upright Man. Max Planck as Spokesman for German Science,
Berkeley u. a. 1986, S. 70. Siehe auch den Brief Max Plancks an Hendrik Antoon Lorentz,
15. März 1915, Archive for the History of Quantum Mechanics, University of California, Berkeley [im Folgenden: AHQP], Mf. LTZ 5.

37 Erklärung der Hochschullehrer des Deutschen Reiches, 16. Oktober 1914, zit. nach Hans Peter
Bleul, Deutschlands Bekenner. Professoren zwischen Kaiserreich und Diktatur, Bern u. a. 1968,
S. 76.

38 Wolfgang J. Mommsen, Wissenschaft, Krieg und die Berliner Akademie der Wissenschaften in

Kaum verwunderlich, zählte die internationale Wissenschaft, gerade in ihren institutionellen Ausprägungen, zu den ersten Opfern des Krieges. Die Kooperation zwischen den Akademien wurde eingestellt. Zwar war die Preußische Akademie der Wissenschaften zunächst darauf bedacht gewesen, sich aus dem „Krieg der Geister" herauszuhalten und hatte noch im Januar 1915 beschlossen, „dass bei einer öffentlichen Sitzung am Friedrichstage dieser französischen Beleidigung in keiner Weise gedacht werden sollte". Doch beteiligten sich etliche ihrer Mitglieder ungeachtet dessen an den öffentlichen Reden und Aufrufen oder traten der nationalistischen „Deutschen Gesellschaft 1914" bei. So blieb die Akademie

„oberflächlich gesehen (…) in den Fragen der deutschen Kriegspolitik eher gemäßigt und hielt sich in der zweiten Reihe; aber de facto verlieh sie den Propagandisten extremer Kriegsziele zusätzliches Ansehen und Legitimität".[39]

Besonders die Akademien in Paris und Brüssel gingen auf Konfrontation: So strich die *Académie Française* die Namen der Unterzeichner des „Aufrufs der 93" aus den Listen ihrer korrespondierenden Mitglieder, Wilamowitz-Moellendorf verlor auf Veranlassung des französischen Staatspräsidenten seinen Status als ordentliches Mitglied der *Académie des Inscriptions et Belles-Lettres*.[40] Besonders von französischer Seite wurden Diskussionen über unterschiedliche nationale Forschungsstile und Hierarchien in der Wissenschaft lanciert, mit dem markanten Fazit: „Scientia germanica est ancilla scientiae gallicae".[41] In Brüssel sprach man in der *Académie Royale de Belgique* wiederholt über einen Ausschluss ihrer deutschen Mitglieder (aus Gründen der „hygiene morale"),[42] rang sich dann aber erst 1919 dazu durch, alle Deutschen – unabhängig von ihrer Beteiligung am „Manifest der 93" – von ihren Mitgliederlisten zu streichen. Nachdem das Reich 1915 zum U-Boot- und Gas-Krieg übergegangen war, verschärfte auch die bis dahin zurückhaltende *Royal Society* ihren Ton gegenüber den deutschen Kollegen, kündigte ihnen die Mitgliedschaft während des Krieges jedoch nicht.[43]

den beiden Weltkriegen, in: Wolfram Fischer (Hg.), Die Preußische Akademie der Wissenschaften zu Berlin 1914–1945, Berlin 2000, S. 3–23, hier S. 4.

39 Mommsen, Wissenschaft (wie Anm. 38), S. 4.

40 Ungern-Sternberg / Ungern-Sternberg, „Aufruf an die Kulturwelt" (wie Anm. 35), S. 97.

41 Pierre Duhem, Quelques réflexions sur la science allemande, in: Revue des deux mondes 25 (1915), S. 657–686, hier S. 686. Duhem attestierte hier der deutschen Wissenschaft, v. a. Naturwissenschaften und Mathematik, einen Mangel an „esprit de finesse", was sie hinter der französischen Wissenschaft zurückfallen ließe. – Vgl. zu diesen Debatten auch Andreas Kleinert, Von der Science Allemande zur Deutschen Physik. Nationalismus und moderne Naturwissenschaft in Frankreich und Deutschland zwischen 1914 und 1940, in: Francia 6 (1978), S. 509–525.

42 Brigitte Schroeder-Gudehus, Les scientifiques et la paix. La communauté scientifique internationale au cours des années 20, Montreal 1978, S. 90.

43 Roy MacLeod, Der wissenschaftliche Internationalismus in der Krise. Die Akademien der Al-

Der Krieg ließ die Strukturen der Wissenschaftsorganisation nicht unberührt, im Gegenteil: Die seit dem 19. Jahrhundert im Gang befindlichen und eng miteinander verflochtenen Prozesse der „Verwissenschaftlichung des Militärs" und der Militarisierung der Wissenschaften intensivierten sich erheblich; das komplexe Beziehungsnetz zwischen Wissenschaft, Technik, Wirtschaft, Militär und Staat wurde noch engmaschiger geknüpft, wissenschaftliche Forschung wurde überall zu einem wichtigen Teil der Kriegsanstrengungen.[44] Schon am Tag der deutschen Kriegserklärung, am 3. August 1914, gründete die Pariser *Académie des Sciences* sechs Kommissionen, die über mögliche kriegsrelevante Anwendungen wissenschaftlichen Wissens berichten sollten. Die Mobilisierung der Wissenschaften erfolgte in mehreren Schritten, bis die 1915 geschaffene *Direction des Inventions intéressant la Défense Nationale* 1917 dem Kriegsministerium eingegliedert wurde. Sie bildete den Nukleus des späteren (1938 gegründeten) *Centre National de la recherche scientifique* (CNRS), der wichtigsten Institution zur Forschungsförderung in Frankreich. Auch in Großbritannien ging zunächst ein „Kriegsrat" aus der *Royal Society* hervor; 1915 gründete man den *Council for Scientific and Industrial Research*, im folgenden Jahr das *Department of Scientific and Industrial Research*. 1916 entstand in den USA der *National Research Council* zur Förderung kriegswichtiger Forschung. Im selben Jahr erfolgte in Deutschland die Gründung der Kaiser-Wilhelm-Stiftung für kriegstechnische Wissenschaft.[45] All dies waren „neuartige Institutionen" zur Förderung der Forschung, denen „gemeinsame Interessen der Wissenschaft, des Staates und des Militärs zugrunde lagen. Dies hatte langfristige Auswirkungen, denn die Erfordernisse des Krieges unterstrichen den ‚nationalen Wert' der Wissenschaft, was sie nicht nur näher an staatliche und militärische Instanzen heranrücken ließ", sondern auch das Verhältnis von Wissenschaft und Krieg nachhaltig neu bestimmte.[46]

Freilich lassen sich auch erste Ansätze der neuen Konturen internationaler Wissenschaft während des Weltkrieges erkennen. Amerikanische Wissen-

---

liierten und ihre Reaktion auf den Ersten Weltkrieg, in: Fischer (Hg.), Preußische Akademie, S. 317–349, hier S. 330.

44 Zitat aus: Helmuth Trischler, Die neue Räumlichkeit des Krieges: Wissenschaft und Technik im Ersten Weltkrieg, in: Berichte zur Wissenschaftsgeschichte 19 (1996), S. 95–103, hier S. 96. Vgl. auch Helmut Maier, Forschung als Waffe. Rüstungsforschung in der Kaiser-Wilhelm-Gesellschaft und das Kaiser-Wilhelm-Institut für Metallforschung 1900–1945 / 48, Göttingen 2007, 2 Bde., Bd. 1, S. 90 ff.; Dieter Martinetz, Der Gaskrieg 1914 / 18: Entwicklung, Herstellung und Einsatz chemischer Kampfstoffe. Das Zusammenwirken von militärischer Führung, Wissenschaft und Industrie, Bonn 1996; Willem Hackmann, Seek and Strike. Sonar, Anti-submarine Warfare and the Royal Navy, 1914–1954, London 1984; Guy Harcup, The War of Inventions. Scientific Developments, 1914–18, London 1988.

45 Sören Flachowsky, Von der Notgemeinschaft zum Reichsforschungsrat. Wissenschaftspolitik im Kontext von Autarkie, Aufrüstung und Krieg, Stuttgart 2008, S. 27–44; MacLeod, Wissenschaftlicher Internationalismus (wie Anm. 43), S. 331 ff.

46 Flachowsky, Notgemeinschaft (wie Anm. 45), S. 44.

schaftler suchten seit 1915 verstärkt die Kooperation mit ihren Kollegen in Großbritannien und Frankreich.[47] Wesentliche Impulse für eine engere Zusammenarbeit gab vor allem George Ellery Hale als Direktor des *National Research Council* und Leiter der NRC-Sektion für Foreign Relations, seit 1910 auch *Foreign Secretary* der *National Academy of Sciences*. Mit dem Kriegseintritt der USA erhielt diese Frage zusätzliche Relevanz; Ende 1917 wurde das *Research Information Committee* gegründet, das wissenschaftliche „Attachés" nach London und Paris entsandte.

In Abstimmung mit Emile Picard, dem Mathematiker und ständigen Sekretär der *Académie des Sciences*, und Arthur Schuster, dem Physiker und Sekretär der *Royal Society*, entwickelte Hale aus dem Blueprint des NRC Pläne für eine internationale Wissenschaftsorganisation. Im Oktober 1918, noch vor Kriegsende, versammelten sich in London Vertreter von neun Akademien aus Ländern der Entente, um sich über Fragen internationaler Wissenschaft für Friedenszeiten zu verständigen. Einen Monat später kamen bereits Abgesandte aus 47 Ländern, darunter nun auch aus zuvor ausgeschlossenen neutralen Staaten, in Paris zusammen und setzten ein Exekutivkomitee für die weitere konkrete Ausgestaltung der neuen Organisation ein, die dann, im Juli 1919, in Brüssel als *International Research Council* offiziell aus der Taufe gehoben wurde. In den Beratungen spielte auch die Frage eine Rolle, wie man künftig mit den deutschen Wissenschaftlern verfahren wolle. Hier hatte Picard schon früh unmissverständlich klar gemacht, dass auf französischer Seite an eine erneute Kooperation mit den Deutschen vorerst nicht zu denken sei.[48] Auch Hale, der lange für Verständnis für die Kollegen in Deutschland geworben hatte, sah das nun, bei Kriegsende, durchaus ähnlich.[49] In jedem Fall sollte deutschem Streben nach Hegemonie in der Wissenschaft der Boden entzogen werden; ausgeschlossen sollte sein, wie ein amerikanischer Wissenschaftler die Stimmung in Europa wiedergab,

„dass wir den Krieg im militärischen Sinne gewinnen, nur um uns dann mit der Dominanz deutschen Wissens und deutscher Wissenschaft konfrontiert zu sehen".[50]

---

47 Zum Folgenden: Greenaway, Science International (wie Anm. 7), S. 19 ff.; Eckhardt Fuchs, Wissenschaftsinternationalismus in Kriegs- und Krisenzeiten. Zur Rolle der USA bei der Reorganisation der internationalen *scientific community*, 1914–1925, in: Ralph Jessen / Jakob Vogel (Hg.), Wissenschaft und Nation in der europäischen Geschichte, Frankfurt a. M. 2002, S. 263–284, bes. S. 266–276.

48 Schreiben Emile Picards an George Ellery Hale, 22. Juli 1917; Hale Papers, California Institute of Technology, Pasadena, Box 47.

49 Vgl. Daniel J. Kevles, "Into Hostile Political Camps". The Reorganization of International Science in World War I, in: Isis 62 (1971), S. 47–60, hier S. 48.

50 "(…) possibility 'of winning the war in a military sense, only to find ourselves dominated by German knowledge and German science!'", G. A. Miller, Scientific Activity and the War, in: Science, 2. August 1918 (N.S. Bd. XLVIII), S. 117–118, Zitat S. 117.

Nach dem Einsatz deutscher Wissenschaftler für kriegswichtige Forschung
war ein Wiederanknüpfen an alte Kontakte für viele ihrer Kollegen aus den
Ländern der Entente vorerst undenkbar:

„The part German men of science have played in the initiation of gas attacks, and the
demand upon their government last autumn for the resumption of unrestricted
submarine warfare, must militate against the early establishment of cordial personal
relations with men in other countries whose relatives and friends have been the
victims of these methods or of others still more barbarous."[51]

Die sich abzeichnende Isolierung der deutschen Wissenschaftler von der internationalen Community korrespondierte indes aufs engste mit ihrer
Selbstisolierung. Zwar gab es durchaus Versuche, nach den erregten Be-
kenntnissen zu Kriegsbeginn im Laufe der Zeit wieder zu Besonnenheit zu
mahnen, wie sie insbesondere von Max Planck ausgingen. Er bekundete auch
weiterhin seine Loyalität zum deutschen Militär, verwies aber schon 1915
darauf, dass es

„gerade für die Gelehrten keine dringendere und keine schönere Aufgabe [gäbe], als
an rechter Stelle ihr Bestes einzusetzen, um der fortschreitenden Vergiftung des
Kampfes und der Vertiefung des Völkerhasses nach Kräften entgegenzutreten".[52]

Auch Albert Einstein mühte sich nach Kräften, „um die Kollegen aus den
verschiedenen Vaterländern zusammenzuhalten. Ist nicht das Häuflein em-
siger Denkmenschen", schrieb er 1915 an Paul Ehrenfest,

„unser einziges ,Vaterland', für das unsereiner etwas Ernsthaftes übrig hat? Sollten
auch *diese* Menschen Gesinnungen haben, die alleinige Funktion des Wohnortes
sind?"[53]

Doch mit diesen Auffassungen blieben sie in der Minderheit, und auch seinen
wachsenden Ruhm sah Einstein ambivalent: „Hier habe ich es zwar schön und
schwimme ganz ,oben'", ließ er einen Freund wissen, „aber allein, wie ein
Tropfen Öl auf dem Wasser, isoliert durch die Gesinnung und Lebensauffas-
sung."[54]

In der Tat: Die Mehrheit der deutschen Wissenschaftler fand sich nicht
bereit, an die internationalen Kontakte aus der Vorkriegszeit neu anzuknüpfen. Dafür wäre es notwendig gewesen, zumindest die Spitzen ihres kriegs-
propagandistischen Engagements zu kappen und namentlich den Aufruf „An
die Kulturwelt!" zu widerrufen. Ein von Einstein lancierter Vorstoß in diese

51 Memorandum on the Organization of International Science (G. E. Hale), 18. September 1917,
    zit. nach MacLeod, Wissenschaftlicher Internationalismus (wie Anm. 43), S. 338 Fn. 79.
52 Max Planck an Hendrik Antoon Lorentz, 15. März 1915, AHQP Mf. LTZ 5.
53 Albert Einstein an Paul Ehrenfest, o.D. (Poststempel vom 23. August 1915); Sources for the
    History of Quantum Physics [SHQP] Mf. 1. Hervorhebung im Original.
54 Albert Einstein an Hermann Zangger, o. D., vermutlich April 1917; zit. nach Albrecht Fölsing,
    Albert Einstein. Eine Biographie, Frankfurt a. M. 1993, S. 445.

Richtung blieb erfolglos, im Gegenteil würden, urteilte der Göttinger Mathematiker David Hilbert desillusioniert,

„solche Erklärungen (…) gleich Selbstdenunziationen sein, die bei all unseren Feinden in den Fakultäten große Freude hervorrufen würden. Selbst Ihr Name würde keinen Schutz gewähren, wirkt doch schon das Wort international auf unsere Kollegen, wenn sie sich in corpore fühlen, wie das rote Tuch".[55]

Weit mehr als diese beiden Stimmen entsprach eine Positionierung des Physikers Wilhelm Wien der Mehrheitsmeinung. „Ich habe jedenfalls die Absicht", verkündete er in einem Brief an einen schwedischen Kollegen,

„mich für absehbare Zeit von allen internationalen Veranstaltungen fern zu halten. Wir Deutschen können schließlich den wissenschaftlichen Belagerungszustand am ehesten aushalten und die Anregungen im eigenen Lande suchen."[56]

III.

Die deutsche Wissenschaft fand sich nach Kriegsende in einer außerordentlich schwierigen und bedrückenden Situation wieder. Viele der jüngeren Wissenschaftler hatten an der Front ihr Leben gelassen oder waren körperlich und seelisch versehrt zurückgekehrt; andere hatten den Verlust ihrer Söhne, anderer Verwandter oder Freunde zu beklagen. Die steigende Inflation lastete auf dem Alltag; gerade die Professoren als Beamte empfanden sie als Einschnitt in ihre private Lebensführung. Die Forschung selbst blieb davon nicht unberührt, brachte die Geldentwertung doch immense Probleme für die Forschungsfinanzierung mit sich. Die Förderung durch den Staat und privates Mäzenatentum gingen zurück, das Stiftungsvermögen mancher wissenschaftlicher Einrichtungen schmolz dahin.[57] Die „Not der deutschen Wissenschaft" und die „Not der geistigen Arbeiter" fielen in eins.[58] Außerordentlich erschwert war nun die wissenschaftliche Kommunikation mit dem Ausland: So ging etwa der Bestand ausländischer wissenschaftlicher Zeitschriften in der Preußischen Staatsbibliothek von 3240 (1914) auf 420 (1920) zurück.[59]

---

55 David Hilbert an Albert Einstein, 27. April 1918, zit. nach ebd., S. 466.

56 Wilhelm Wien an Prof. Oseen (Uppsala), 19. November 1915, zit. nach Wilhelm Wien, Aus dem Leben und Wirken eines Physikers, Leipzig 1930, S. 60.

57 Flachowsky, Notgemeinschaft (wie Anm. 45), S. 46; zur KWG vgl. Bernhard vom Brocke, Die Kaiser-Wilhelm-Gesellschaft in der Weimarer Republik, in: ders. / Vierhaus (Hg.), Forschung (wie Anm. 28), S. 197–355, hier S. 198 ff.

58 Georg Schreiber, Die Not der deutschen Wissenschaft und der geistigen Arbeiter, Leipzig 1923.

59 Jochen Kirchhoff, Wissenschaftsförderung und forschungspolitische Prioritäten der Notgemeinschaft der Deutschen Wissenschaft 1920–1932, Diss. München 2003 [Volltext unter URL: http://edoc.ub.uni-muenchen.de/7879/ (Zugriff am 13.5.2009)], S. 94. – Flachowsky, Notgemeinschaft (wie Anm. 45), S. 46, sieht einen Rückgang von 2200 (1914) auf 140 (1920).

Die Revolution von 1918 wurde von den wenigsten deutschen Wissenschaftlern emphatisch begrüßt, im Gegenteil verunsicherte sie viele noch zusätzlich, wenn der Umsturz nicht gleich rundheraus abgelehnt wurde. Dass die deutschen Professoren der Weimarer Republik mehrheitlich ablehnend gegenüberstanden, haben eine Reihe historischer Studien inzwischen belegt. Die mal feindliche, mal indifferente Distanz zur Republik wirkte sich auch aus auf die Diskussionen innerhalb wissenschaftlicher Disziplinen, besonders markant unter den Physikern;[60] die negative Haltung zur Republik konnte ohne weiteres auch die Beziehungen deutscher Wissenschaftler nach außen belasten. Den verlorenen Krieg, die Revolution und den Friedensschluss empfanden sie weithin als „nationales Elend" und eine tiefe Verletzung ihres „vaterländischen Gefühls".[61] Als zentraler Referenzpunkt ihres (wissenschafts-) politischen Denkens wirkte bei den meisten weiterhin die deutsche Nation, der deutsche Staat, mit dem sie sich identifizierten. Auf den starken Nationalstaat – und weit weniger auf die Republik – bezog sich auch das nun aktualisierte Narrativ von der „Weltgeltung" deutscher Wissenschaft.

Wissenschaft galt nun als „Ersatzmacht". Max Plancks Äußerungen vom November 1918 waren durchaus repräsentativ für die Selbstdeutung der meisten deutschen Wissenschaftler:

„Wenn die Feinde unserem Vaterland Wehr und Macht genommen haben, wenn im Inneren schwere Krisen hereingebrochen sind und vielleicht noch schwerere bevorstehen, eins hat uns noch kein äußerer und innerer Feind genommen: das ist die Stellung, welche die deutsche Wissenschaft in der Welt einnimmt."[62]

Die Rede von der Wissenschaft als „Ersatzmacht" schlug sich in der Wahl symbolischer Orte nieder, etwa darin, dass für die preußische Wissenschaftsverwaltung dem Generalsekretär der Kaiser-Wilhelm-Gesellschaft, Friedrich Glum, 1921 einige Räume im Berliner Stadtschloss der Hohenzollern angewiesen wurden. Nicht minder symbolträchtig war es, dass anstelle der üblichen Flottenpromenade des Kaisers und der Flottenpropaganda anlässlich der Kieler Woche nun vom preußischen Kultusministerium eine „Woche für Bildung und Kunst" an der Förde angeordnet wurde.[63] In einem ganz praktischen Sinne war Wissenschaft „Ersatzmacht", wenn es um die Schaffung

---

60 Vgl. Paul Forman, Scientific Internationalism and the Weimar Physicists: The Ideology and Its Manipulation in Germany after World War I, in: Isis 64 (1973), S. 151–180; ders., The Financial Support and Political Alignment of Physicists in Weimar Germany, in: Minerva 12 (1974), S. 39–66; ders., Weimar Culture, Causality, and Quantum Theory, 1918–1927: Adaption by German Physicists and Mathematicians to a Hostile Intellectual Environment. In: Historical Studies in the Physical Sciences 3 (1971), S. 1–115.

61 So der Wissenschaftspolitiker Friedrich Schmidt-Ott, Erlebtes und Erstrebtes 1860–1950, Wiesbaden 1952, S. 166.

62 Zit. nach vom Brocke, Die Kaiser-Wilhelm-Gesellschaft in der Weimarer Republik (wie Anm. 57), S. 203.

63 Kirchhoff, Wissenschaftsförderung (wie Anm. 59), S. 56.

neuer militärischer Ressourcen bzw. kognitiver Ressourcen für das Militär ging, wie dies etwa in der geheimen Zusammenarbeit zwischen Wissenschaft und Reichswehr[64] oder im neuen Gebiet der wehrwissenschaftlichen Forschung[65] zum Ausdruck kam.

Im Instrumentarium auswärtiger Kulturpolitik spielte die Wissenschaft in der Weimarer Republik eine wichtige Rolle, wie generell ein Bedeutungszuwachs von Kulturpolitik zu verzeichnen war, und zwar als „bewusste Einsetzung geistiger Werte im Dienste des Volkes und des Staates zur Festigung im Innern und zur Auseinandersetzung mit anderen Völkern nach außen."[66] Im Auswärtigen Amt wurde eigens eine Kulturpolitische Abteilung eingerichtet, um die auswärtige Kulturpolitik und Auslandspropaganda besser zu koordinieren.[67] Besonders forciert wurden von diesem Ministerium die Kontakte deutscher Gelehrter nach Russland, mit dem Ziel – ganz analog zur Rapallo-Politik der Weimarer Diplomatie –, auf diese Weise ein Gegengewicht zu den schlechten Beziehungen zu den Westmächten zu schaffen und Handlungsspielraum zurückzugewinnen.[68] Die deutsch-russischen Wissenschaftsbeziehungen der Folgezeit entwickelten sich auf einer Gratwanderung zwischen Annäherung und Kooperation (etwa in Form eines seit 1921 bestehenden Schriftenaustausches zwischen Bibliotheken und der St. Petersburger Akademie der Wissenschaften oder gemeinsamen wissenschaftlichen Unternehmungen wie der Pamir-Expedition von 1928[69]) auf der einen Seite, Abwehr bolschewistischer Beeinflussung, Kontaktsuche zu bürgerlichen, nicht-bolschewistischen Wissenschaftlern in Russland und Hilfe für russische Gelehrte im Exil auf der anderen Seite. Neben Kontakten nach Russland – „unter sorgfältiger Beachtung der mit dem Sowjet-Regime zusammenhängenden Umstände"[70] – wurden die Beziehungen zu Ungarn, Bulgarien und Spanien, zu Japan und China intensiviert. Auch die Auslandsinstitute in Italien und Griechenland wurden wieder eröffnet.

Bedeutend schwerer tat man sich indes mit „den Ländern der westlichen

---

64 Margit Szöllösi-Janze, Fritz Haber 1868–1934. Eine Biographie, München 1998, S. 447 ff.; Flachowsky, Notgemeinschaft (wie Anm. 45), S. 85–92.

65 Vgl. Frank Reichherzer, Die Geburt der „Wehrwissenschaften" aus der Erfahrung des Ersten Weltkriegs. In: Newsletter AK Militärgeschichte 11 (2006), Nr. 2, S. 15–21.

66 Carl Heinrich Becker, Kulturpolitische Aufgaben des Reiches, Leipzig 1919, hier nach ders., Internationale Wissenschaft und nationale Bildung. Ausgewählte Schriften, hg. von Guido Müller, Köln 1997, S. 224–263, hier S. 234.

67 Vgl. Kurt Doss, Das deutsche Auswärtige Amt im Übergang vom Kaiserreich zur Weimarer Republik. Die Schülersche Reform, Düsseldorf 1977.

68 Vgl. Kurt Düwell, Deutschlands auswärtige Kulturpolitik 1918–1932. Grundlinien und Dokumente, Köln 1976; Kirchhoff, Wissenschaftsförderung (wie Anm. 57), S. 122 ff.

69 Ebd., S. 121, 284–307.

70 Friedrich Heilbron, Hochschule und auswärtige Politik, in: Das Akademische Deutschland, Bd. 3: Die deutschen Hochschulen in ihren Beziehungen zur Gegenwartskultur, Berlin 1930, S. 143–152, hier S. 146.

Hochkultur".[71] Der Versailler Vertrag weckte auch in wissenschaftspolitischer Hinsicht starke Ressentiments in Deutschland. Er bildete aus deutscher Sicht die Basis für

„die Zerstörung des geistigen Weltbesitzes, den Deutschland dem Fleiße von Gelehrtengenerationen verdankte, und damit [der] Vertilgung eines wesentlichen Stückes unseres moralischen Ansehens".[72]

Die Kritik bezog sich auf den Verlust von chemischen Patenten, zunächst und vor allem indes auf die Bestimmungen zur Auslieferung von Kriegsverbrechern. Laut Artikel 227 bis 230 des Versailler Vertrags sollten neben dem Kaiser zahlreiche weitere Personen vor einen internationalen Gerichtshof gestellt werden. Davon wären, käme es soweit, möglicherweise auch deutsche Wissenschaftler betroffen, Namen wie Fritz Haber, Walter Nernst, Adolf von Baeyer oder Emil Fischer lagen nahe.[73] Scharfe Proteste aus den Reihen der deutschen Wissenschaft wie die von dem Berliner Historiker Eduard Meyer organisierte „Erklärung deutscher Hochschullehrer zur Auslieferungsfrage" ließen nicht lange auf sich warten. „Für Ehre, Wahrheit und Recht" wurde hier gestritten, für ein selbstbewusstes Deutschland nach Monaten der „armselige(n) Selbsterniedrigung",[74] die während der Verhandlungen über den Friedensvertrag ins Land gegangen waren. Gegen die Auslieferung verwahrte sich der Aufruf energisch. Meyer erkannte in solchen Äußerungen ein nationales Wiedererwachen. Als Rektor der Berliner Universität gab er 1920 den Studierenden mit auf den Weg,

„dass der nationale Geist wieder erwacht in Deutschland, das ist ein Zeichen, dass wir noch nicht ganz verloren sind. Es geht ein Wehen durch unser Volk, welches wieder von fernher erinnert an den herrlichsten Tag, den das deutsche Volk erlebt hat: an den 4. August des Jahres 1914. Etwas von der Stimmung dieser gewaltigen Zeit, die uns zu den größten Taten geführt hat, die die Weltgeschichte aufzuweisen hat, geht wieder durch die Gegenwart. Es ist wieder ein Aufatmen, ein Wiederbesinnen auf die nationale Pflicht und die nationale Würde, und der nationale Stolz, er muss wieder erwachen (...)".[75]

---

71 Ebd.
72 Ebd., S. 143.
73 Szöllösi-Janze, Haber (wie Anm. 64), S. 426–430, korrigiert die bisherige Forschung dahingehend, dass die Quellen keineswegs überzeugend belegen, Habers Name habe – oder derjenige eines der genannten Kollegen – auf einer Auslieferungsliste gestanden; vollständig klären kann sie diese Frage angesichts lückenhafter Überlieferung freilich nicht.
74 Eduard Meyer, Für Ehre, Wahrheit und Recht. Erklärung deutscher Hochschullehrer zur Auslieferungsfrage, Berlin 1919, S. 7.
75 Berliner Hochschul-Nachrichten, 16. Februar 1920, zit. nach Bernd Sösemann, „Der kühnste Entschluss führt am sichersten zum Ziel". Eduard Meyer und die Politik, in: William M. Calder III / Alexander Demandt (Hg.), Eduard Meyer. Leben und Leistung eines Universalhistorikers, Leiden / New York 1990, S. 446–483, hier S. 470.

Selbst an Hochschulen wie der Heidelberger Universität, die eher zu den liberalen Institutionen zählte und von deren Angehörigen niemand seine Unterschrift unter diese Erklärung setzte, klammerte man die Kriegsschuldfrage – und mit ihr die Frage des künftigen Verhältnisses zum Ausland – aus den Diskussionen weitgehend aus.[76]

Für die Wissenschaftler im Ausland war hinsichtlich ihrer Haltung gegenüber Deutschland gar nicht einmal die wissenschaftliche Forschung der Deutschen im Krieg von zentraler Bedeutung. Dass sich beispielsweise Fritz Haber mit dem Gaskrieg nicht kritisch auseinandersetzen mochte und statt dessen nur betonte, auch anderswo habe man entsprechende Forschungen betrieben,[77] war weniger ausschlaggebend als die symbolischen Attacken aus dem „Krieg der Geister". Bei den „Fachgenossen in Frankreich und Belgien", erklärte H. A. Lorentz die Situation,

„besteht allgemein, wie das auch natürlich ist, in größerem oder kleinerem Maße, ein Gefühl der Erbitterung gegen Deutschland; wenn das zum Ausdruck kommt, tritt immer wieder das unglückselige Manifest der 93 in den Vordergrund".[78]

Als zu Ende des Waffenganges den Deutschen signalisiert wurde, dass man sie in die internationale Wissenschaftlergemeinschaft wieder aufnehmen würde, wenn sie nur das unselige Manifest widerriefen, ging solch eine Forderung selbst den Besonneneren unter den deutschen Wissenschaftlern zu weit. Zwar habe der „Aufruf der 93" durchaus „grobe Mängel und Unrichtigkeiten" enthalten, schrieb Max Planck 1923 an Lorentz, aber ein Widerruf käme nicht in Anbetracht, denn

„heute haben sich die Verhältnisse (…) wesentlich geändert. Wir sind die Besiegten, Geschlagenen und, wie man wohl auch sagen darf, Gemarterten. In diesem Zustand uns noch ein weiteres Zugeständnis abverlangen, (…) heißt dem überwundenen Feind noch nachträglich eine Buße auferlegen, und zwar eine Buße, die noch härter ist als die der politischen und wirtschaftlichen Knechtung."[79]

Die Isolierung der deutschen Wissenschaft nach dem Ersten Weltkrieg war vor diesem Hintergrund deshalb zu einem guten Teil Selbstisolierung. Zu stolz, die politischen Irrtümer der Kriegszeit zu widerrufen, und zu selbstsicher, was die Bedeutung und die Stellung ihrer wissenschaftlichen Arbeit anging, wiesen die Deutschen Versöhnungsangebote schroff zurück.

Viele der deutschen Wissenschaftler glaubten, die Rückkehr zur internationalen Zusammenarbeit gar nicht forcieren zu müssen, „die Zeit wird schon

---

76 Christian Jansen, Professoren und Politik. Politisches Denken und Handeln der Heidelberger Hochschullehrer 1914–1935, Göttingen 1992, S. 153.
77 Fritz Haber, Zur Geschichte des Gaskrieges. Vortrag, gehalten vor dem Parlamentarischen Untersuchungsausschuß des Deutschen Reichstages am 1. Oktober 1923, in: ders., Fünf Vorträge aus den Jahren 1920–1923, Berlin 1924, S. 75–92.
78 H. A. Lorentz an Albert Einstein, 26. Juli 1919; SHQP LTZ Mf. 86.
79 Max Planck an H. A. Lorentz, 5. Dezember 1923; SHQP LTZ Mf. 9.

für uns arbeiten, wenn wir nur selber ordentlich arbeiten", schrieb Max Planck.[80] Bestärkt in ihrer Grundhaltung wurden die deutschen Wissenschaftler wie auch die deutsche Öffentlichkeit durch die Verleihung gleich dreier Nobelpreise im Jahre 1919: an Planck, der den Preis für 1918 entgegennahm, an Johannes Stark und Fritz Haber, was in der deutschen Presse geradezu euphorisch gefeiert wurde. „Welch ein deutscher Sieg!", jubelte eine Berliner Tageszeitung. „Ein Sieg deutschen Geistes und hinausleuchtend in Deutschlands Zukunft!"[81] Dass die Stockholmer Akademie der Wissenschaften deutsche Forscher ehrte, war einer anderen Zeitung „immerhin ein Trost in unserem Elend zu sehen, dass wenigstens die deutsche Wissenschaft in der Welt noch Geltung hat."[82]

Gegenüber den Westmächten scheute man auch vor offenen Provokationen nicht zurück. So entschied die Deutsche Physikalische Gesellschaft, den Physikertag 1923 im französisch besetzten Bonn abzuhalten. Wie schwierig sich die Beziehungen nach Westen gestalteten, belegt auch die deutsche Politik gegenüber den neu gegründeten Organisationen internationaler wissenschaftlicher Zusammenarbeit, vor allem dem 1921 auf französische Initiative unter dem Dach des Völkerbundes eingerichteten „Komitee für geistige Zusammenarbeit".[83] Den Vorsitz führte zunächst der französische Philosoph Henri Bergson, 1925–1927 H. A. Lorentz, danach der englische Altphilologe Gilbert Murray. Als einzigen Wissenschaftler aus Deutschland baten die Mitglieder des Komitees Albert Einstein um Mitwirkung. Dass Einstein selbst Sorgen äußerte, seine Teilnahme könnte die antisemitische Stimmung in Deutschland weiter anheizen,[84] zeugt von seiner schwierigen Position innerhalb der deutschen Gelehrtenschaft wie auch innerhalb der deutschen Gesellschaft, aber auch davon, wie stark die Vorbehalte gegenüber dem Völkerbund in Deutschland waren. Zugleich dokumentiert es die Sonderrolle, die Einstein als deutscher Professor in der internationalen Wissenschaft spielte, weshalb seine vielfältigen Reisen gerade auch ins westliche Ausland, Gastvorträge und -professuren keineswegs als repräsentativ für die deutsche Wissenschaft anzusehen sind.

Im Gegenteil, die Mehrheit der deutschen Wissenschaftler blieb gegenüber den Westmächten auf Distanz. Hier spielten zudem die in Deutschland neu gegründeten Institutionen der Wissenschaftsförderung eine wichtige Rolle, deren Vertreter nach einem einheitlichen Kurs der deutschen Wissenschaft

---

80 Max Planck an H. A. Lorentz, 5. Dezember 1923; SHQP LTZ Mf. 9.
81 Tägliche Rundschau, 15. November 1919.
82 Leipziger Neueste Nachrichten, 15. November 1919. – Ausführlich zu weiteren Reaktionen Gabriele Metzler, „Welch ein deutscher Sieg!" Die Nobelpreise von 1919 im Spannungsfeld von Wissenschaft, Gesellschaft und Politik, in: VfZ 44 (1996), S. 173–200.
83 Zur Vorgeschichte und Gründung: Margarete Rothbarth, Geistige Zusammenarbeit im Rahmen des Völkerbundes, Münster 1931, S. 24–36.
84 Siegfried Grundmann, Einsteins Akte. Einsteins Jahre in Deutschland aus der Sicht der deutschen Politik, Berlin u. a. 1997, S. 292 f.

gegenüber dem Ausland strebten. Für unvorteilhaft wurde empfunden, „wenn Freischärler vorzeitig und auf eigene Faust mit nicht immer zweckmäßiger Rüstung auf die Eroberung des internationalen Wissenschaftsmarkts auszogen" und einzelne deutsche Gelehrte außerhalb der Institutionen Einladungen etwa zu Kongressen im Ausland annahmen.[85] Der „Sachbearbeiter für Auslandsfragen" im Verband Deutscher Hochschulen, der Sinologe Otto Franke, gab die Marschroute vor,

„ganz in der Defensive zu bleiben, bis man begann, uns zu bitten, die zerrissene Gemeinschaft wieder aufzunehmen. Das erstrebte Ziel ließ sich mit Sicherheit erreichen, wenn die deutschen Gelehrten einig und fest blieben."[86]

Ein eigens aufgelegtes „Auslandsmerkblatt" des Verbandes warnte ausdrücklich davor, Annäherungsversuche an die Westmächte zu unternehmen und „deutsche Ehre und Würde zu opfern, nur um an wissenschaftliche Informationen zu gelangen".[87]

Die Konsequenzen dieser Strategie zeigten sich im Völkerbund ebenso wie im IRC. Unter dessen Dach wurden nun wissenschaftliche Unionen gegründet, in welchen sich die einzelnen Disziplinen repräsentiert sehen sollten. Als erste hob man im Frühjahr 1919 die Unionen für Astronomie sowie für Geodäsie und Geophysik aus der Taufe, Felder, auf denen internationale Kooperation aus Sicht der Forschung besonders geboten war. Weitere Disziplinen wie die Chemie, Physik oder Biologie folgten kurz darauf. Weder im IRC noch in den Unionen fanden sich in den ersten Nachkriegsjahren die erforderlichen Mehrheiten für eine Aufnahme von Vertretern der ehemaligen Mittelmächte.[88] Erst 1925 gab es erste Signale, dass man künftig zur Zusammenarbeit bereit sein könnte. Die niederländische Delegation mit dem unermüdlichen H. A. Lorentz brachte auf der dritten Vollversammlung des IRC in Brüssel eine Resolution zugunsten der deutschen Kollegen ein und beschwor den Geist internationaler Wissenschaft: Nun sei der Moment gekommen, da man der Wissenschaft ihren universalistischen Geist zurückgeben solle, ganz so, wie es dem Wesen der Wissenschaft entspreche; dies sei nun ohne weiter zu zögern zu verwirklichen.[89] Vorerst freilich war diesem Vorstoß kein Erfolg beschert, regte sich doch insbesondere aus den Reihen der belgischen und französischen Abordnungen nochmals heftiger Widerspruch, während in Großbri-

85 Heilbron, Hochschule und auswärtige Politik (wie Anm. 70), S. 145.
86 Otto Franke, Erinnerungen aus zwei Welten. Randglossen zur eigenen Lebensgeschichte, Berlin 1954, S. 166.
87 Mitteilungen des Verbandes Deutscher Hochschulen, Nr. 33, Sonderausgabe, Dezember 1923, zit. nach Schroeder-Gudehus, Les scientifiques et la paix (wie Anm. 42), Annex VI, S. 328.
88 Greenaway, Science International (wie Anm. 7), S. 22 – 29.
89 Ebd., S. 30.

tannien Stimmen zugunsten eines Endes des Boykotts gegen Deutschland immer lauter wurden.[90]

Im Jahr darauf trat Deutschland dem Völkerbund bei. Schon kurz zuvor hatte sich die Tür zum IRC vollends geöffnet, was deutsche Vertreter prinzipiell begrüßten, besonders, „dass der aufrichtige Wille zur Entpolitisierung und zu rein wissenschaftlicher Zusammenarbeit bei den früheren Kriegsgegnern besteht". Doch forderten sie nun, dass sie zur Mitarbeit im IRC offiziell eingeladen wurden; ihnen und den Kollegen aus Österreich sei jeweils ein Sitz im Exekutivkomitee des IRC einzuräumen, und deutsch sei als Verhandlungssprache zuzulassen.[91] Nur so könne die „führende internationale Bedeutung der deutschen Wissenschaft (…) angemessene Berücksichtigung" finden.[92] In einer internen Kommunikation an das Auswärtige Amt, das einen Beitritt gern gesehen hätte, erklärte der Hochschulverband, man wolle sich an einer „Kampforganisation" des Völkerbundes keineswegs beteiligen.[93] Die Vertreter der deutschen Wissenschaft waren offenkundig darauf aus, den Eintritt in den IRC zu ihren Bedingungen als einen Erfolg Deutschlands zu inszenieren, anstatt die Gelegenheit zu einem Zeichen der Aussöhnung mit den ehemaligen Kriegsgegnern zu nutzen.[94] Unter diesen Auspizien – weitere, in der Satzung des IRC liegende Gründe kamen hinzu – kam es nicht zu einem nationalen Beitritt Deutschlands zum IRC, und auch der 1931 gegründeten Nachfolgeorganisation, dem *International Council of Scientific Unions* (ICSU) schloss sich Deutschland als Staat nicht an.[95] Misstrauisch verfolgte man in den Reihen der deutschen Wissenschaft, ob nicht die Statuten von IRC bzw. ICSU zu ihrem Nachteil ausgelegt würden. Entgegenkommen seitens beider Organisationen wurde nach den Jahren des Ausschlusses erwartet. Der „Boykott" blieb im Gedächtnis verhaftet und dort eng mit dem Narrativ von der „Weltgeltung" verknüpft:

„In jedem Fall aber wird der mit so brutalen Mitteln unternommene Versuch, den Krieg nicht nur auf das Gebiet des Geistigen auszudehnen, sondern ihn ganz bewusst über den politischen Friedensschluss hinwegzutragen [gemeint sind die Querelen um den IRC-Beitritt] und die Zerstörung der wissenschaftlichen Weltstellung Deutsch-

---

90 A. G. Cock, Chauvinism and Internationalism in Science. The International Research Council, 1919–1926, in: Notes and Records of the Royal Society of London 37 (1983), S. 249–288.

91 Denkschrift der Preußischen Akademie der Wissenschaften, 19. März 1926; AHQP LTZ Mf. 9. Vgl. auch Cock, Chauvinism (wie Anm. 90), S. 267.

92 Heilbron, Hochschule und auswärtige Politik (wie Anm. 70), hier S. 145.

93 Erklärung des Hochschulverbandes an das Auswärtige Amt, 22. Juli 1926, zit. nach Schroeder-Gudehus, Les scientifiques et la paix (wie Anm. 42), S. 270. – Die Zusammenarbeit zwischen IRC und Völkerbund fand entgegen dieser Ploemik „fast nur auf dem Papier statt", Rothbarth, Geistige Zusammenarbeit (wie Anm. 83), S. 62.

94 Cock, Chauvinism (wie Anm. 90), S. 267.

95 Greenaway, Science International (wie Anm. 7), S. 40.

lands den politischen und wirtschaftlichen Ergebnissen des Krieges hinzuzufügen, bei der deutschen Wissenschaft auf lange hinaus unvergessen bleiben."[96]

Vergleichbare Schwierigkeiten traten zutage, als die Frage einer deutschen Mitgliedschaft in der 1919 gegründeten Internationalen Studentenkonföderation (*Confédération Internationale des Etudiants*, C.I.E.) anstand. Ein Beitritt des deutschen Studentenverbandes als Vollmitglied scheiterte daran, dass die deutschen Vertreter beanspruchten, auch als Repräsentanten der Universitäten Österreichs und Danzigs sowie der deutschen Hochschulen in der Tschechoslowakei anerkannt zu werden, zudem sollte Deutsch – neben Englisch und Französisch – Verhandlungssprache in der Konföderation werden. Über mehr als eine Arbeitsbeziehung gelangten die Kontakte zur C.I.E. nicht hinaus.[97]

Die Entspannungspolitik der Locarno-Ära und die Mitgliedschaft im Völkerbund führten gleichwohl Deutschland näher an die institutionalisierte internationale Wissenschaft heran. 1928 bildete sich die „Deutsche Kommission für geistige Zusammenarbeit", welche Voraussetzung für einen Beitritt zur „Völkerbundskommission für geistige Zusammenarbeit" war. Zu den bemerkenswertesten Unternehmungen, die die Kommission organisierte, zählte der Versuch, Forschung und Lehre im Bereich der internationalen Beziehungen auf europäischer Ebene zu koordinieren und sechzehn führende Institute auf diesem Gebiet – von der Berliner Hochschule für Politik über die *London School of Economics* bis zur *Ecole des Hautes Etudes Sociales* in Paris – miteinander zu vernetzen.[98] Ernst Jäckh, der Direktor der Hochschule für Politik, hatte neben anderen deutschen Gelehrten Gelegenheit, anlässlich der Genfer Sommerschule 1926 zu Fragen der internationalen Politik über „das neue Deutschland und seine Position in den internationalen Beziehungen" ein wissenschaftliches Referat zu halten.[99] Zu den Beratungen von Sachverständigen unter dem Dach des Völkerbunds wurden schon früher deutsche Experten hinzugezogen.[100]

Generell lässt sich bereits für die Zeit nach 1925 eine Zunahme der internationalen Aktivitäten deutscher Wissenschaftler beobachten. So waren etwa mit Hermann Reincke-Bloch aus Breslau und Karl Brandi aus Göttingen zwei deutsche Gelehrte an der ersten Generalversammlung des neu gegründeten

96 Heilbron, Hochschule und auswärtige Politik (wie Anm. 70), S. 145.

97 Georg Vogel, Student und Ausland, in: Das Akademische Deutschland, Bd. 3 (wie Anm. 70), S. 499–506.

98 Vgl. den Bericht Réunion des experts pour la coopération des Hautes Études internationales, Berlin, 22.–24. März 1928, in: Bulletin des relations universitaires, hg. vom Institut International de Coopération Intellectuelle, 4. Jg., H. 2, Paris 1928, S. 72–76.

99 Geneva School of International Studies, in: Bulletin des relations universitaires, hg. vom Institut International de Coopération Intellectuelle, 3. Jg., H. 6, Dezember 1926, S. 365–368.

100 Rothbarth, Geistige Zusammenarbeit, S. 64.

Internationalen Komitees für historische Wissenschaften 1925 beteiligt;[101] 1927 nahm auch wieder eine größere deutsche Delegation an der Solvay-Konferenz teil.[102] Die wachsende internationale Einbindung lässt sich ansatzweise auch quantifizieren: Von den 135 internationalen Kongressen zwischen 1922 und 1924 fanden 89 ohne Beteiligung deutscher Wissenschaftler statt, also rund zwei Drittel. 1925 waren Deutsche an der Hälfte der Kongresse beteiligt (68 insgesamt, davon 34 mit deutschen Teilnehmern), 1926 wiesen von 99 Zusammenkünften nur noch 17 keine Teilnahme aus Deutschland auf.[103] Auch die Zahl deutscher Studierender, die an einer ausländischen Hochschule immatrikuliert waren, stieg ab 1924 wieder an. Besonders dem Auswärtigen Amt lag viel daran, den Austausch mit ausländischen Universitäten zu fördern; entsprechend stark engagierte es sich bei der Gründung des Deutschen Akademischen Austauschdienstes (1925), der Alexander-von-Humboldt-Stiftung (1925), die Stipendien für ausländische Gaststudenten an deutschen Hochschulen vergab, sowie Deutscher Akademischer Auslandsstellen (ab 1927) zur Betreuung von Ausländern.[104] Namentlich für die Auslandsdeutschen bemühte man sich um Unterstützung, etwa durch die von der 1917 gegründeten Stuttgarter „Zentralstelle für die Bedürfnisse des Grenz- und Auslandsdeutschtums" ausgehenden Einrichtungen wie die „Deutsche Burse" in Marburg oder das „Deutsche Heim" in Berlin-Köpenick.[105] Durchaus bemerkenswert ist, dass der größte Teil der deutschen Studenten im Ausland Hochschulen in Frankreich besuchten, gefolgt von der Schweiz, Großbritannien und den USA.[106] Umgekehrt stammte die größte Gruppe der ausländischen Studierenden, die in Deutschland studierten, aus Polen, danach kamen Studenten aus Bulgarien, Danzig, und Österreich. Aus Frankreich stammte nur eine kleine Gruppe, ebenso aus Belgien oder England, den Staaten der Kriegsgegner von einst also.[107]

---

101 Bulletin des Relations Scientifiques, hg. vom Institut International de Coopération Intellectuelle, Jg. 1, Nr. 1, Juli 1926, S. 36 f.
102 Electrons et Photones. Rapports et Discussions du Cinquième Conseil de Physique tenue à Bruxelles du 24 au 29 Octobre 1927, Paris 1928.
103 Heilbron, Hochschule und auswärtige Politik (wie Anm. 70), S. 144.
104 Volkhard Laitenberger, Der DAAD von seinen Anfängen bis 1945, in: Peter Alter (Hg.), Spuren in die Zukunft. Der Deutsche Akademische Austauschdienst 1925–2000, Bd. 1: Der DAAD in der Zeit. Geschichte, Gegenwart und zukünftige Aufgaben – vierzehn Essays, Köln 2000, S. 20–49, hier S. 20–30.
105 Franke, Erinnerungen (wie Anm. 86), S. 161, 168; vgl. auch Fritz Wertheimer, Auslandsdeutsche Studierende an deutschen Hochschulen, in: Das Akademische Deutschland, Bd. 3 (wie Anm. 70), S. 517–522.
106 Walter Zimmermann, Das Auslandsstudium deutscher Studenten, in: Das Akademische Deutschland, Bd. 3 (wie Anm. 70), S. 507–516, hier S. 510.
107 Zahlen für das Sommersemester 1928: Polen 524, Bulgarien 448, Danzig 430, Österreich 388, England 72, Frankreich 26, Belgien 12. Der bei weitem größte Teil ausländischer Studierender in Deutschland war an der Berliner Universität immatrikuliert; Reinhold Schairer, Ausländische Studierende an deutschen Hochschulen, in: Das Akademische Deutschland, Bd. 3 (wie Anm. 70), S. 523–539, hier S. 526 f.

Während auf der institutionellen Ebene der internationalen Wissenschaft die Fronten zwischen Deutschland und dem Ausland, besonders den westlichen Ländern, lange verhärtet blieben, der Austausch eher schleppend wieder in Gang kam und erst um 1928 herum wieder florierte, lässt sich im informellen Bereich eine etwas andere Entwicklung beobachten. Nicht selten gelang es, im Privaten den Kontakt zu Kollegen wiederherzustellen, bisweilen war er während des Krieges gar nicht abgerissen. Eine besondere Rolle in der internationalen Community spielte beispielsweise Niels Bohr. An seinem Kopenhagener Institut konnten bereits 1920 mit Alfred Landé und James Franck zwei deutsche Wissenschaftler arbeiten; viele weitere folgten in den nächsten Jahren.[108] Auch gelang es, die deutschen Auslandsinstitute bald nach Kriegsende wieder zu begründen, die vor Ort jeweils mit Wissenschaftlern anderer Nationen zusammenarbeiteten; offenkundig gelang die Kooperation mit den vergleichbaren Instituten westlicher Länder, gemeinsame Unternehmungen, etwa archäologische Grabungen, oder der Schriftenaustausch auf fremdem Boden ohne Reibereien.[109] Deutsche Wissenschaftler wurden zu ausgiebigen Vortragsreisen eingeladen, die sie durchaus als Gelegenheit nutzten, im Ausland um Verständnis für die schwierige Situation Deutschlands zu werben. Dies galt für Geistes- und Sozialwissenschaftler ebenso wie für die dem Politischen ferner stehenden Naturwissenschaftler, wie etwa Arnold Sommerfelds Bericht über seine USA-Reise 1922/23 eindrücklich belegt.[110]

Dass ein deutscher Wissenschaftler bereits wenige Jahre nach Kriegsende in die USA eingeladen wurde, während die Kollegen in den westeuropäischen Ländern noch große Zurückhaltung gegenüber Deutschland zeigten und das Land von den formalen Institutionen der internationalen Wissenschaft ausgeschlossen war, ist kein Zufall. Die amerikanische Präsenz in der internationalen wissenschaftlichen Community verstärkte sich nach 1918 erheblich. Einerseits lässt sich dies auf die kognitive Dimension von Wissenschaft beziehen, gelang es doch amerikanischen Forschern, etwa auf dem Feld der Physik bedeutende Fortschritte zu erzielen oder auch in den Sozialwissenschaften wichtige Entwicklungen entscheidend mit anzustoßen. Andererseits verfügten die USA im Vergleich zu den nach langen Jahren des Krieges aus-

---

108 Vgl. das Gästebuch des Instituts: Udenlandske gaester på Universitets Institut for teoretisk Fysik, AHQP Mf. 35,2. Zum Hintergrund vgl. Peter Robertson, The Early Years. The Niels Bohr Institute 1921–30, Kopenhagen 1979.

109 Siehe etwa die Mitteilung des Direktors des Deutschen Archäologischen Instituts in Athen: „The activities of the German Archeological Institute at Athens have an entirely international basis. They are developing in close co-operation with the other foreign schools at Athens (American, British, French, Austrian), and with the Greek archeological service. Periodicals and reports on recent results of excavations are exchanged. Scholars of other nations come to meetings and to the conferences organized by the various schools and consequently there is also an oral exchange of ideas." Bulletin de l'Institut International de la Coopération Intellectuelle, 3 Jg., H. 2, März 1926, S. 70.

110 Arnold Sommerfeld, Amerikanische Eindrücke. Manuskript o.D. [1923], SHQP Mf. 23,6; über die Stationen der Reise berichtete auch Science 57 (1923), S. 20, 202, 230, 323.

gezehrten europäischen Ländern über finanzielle Ressourcen, die ihnen eine gewisse Sonderrolle ermöglichten. Insbesondere die großen US-amerikanischen Stiftungen intensivierten ihr Engagement in Europa erheblich. Dadurch spiegelte sich der Bedeutungszuwachs gerade der Rockefeller-Stiftung in der amerikanischen Wissenschaft auf internationaler Ebene exakt wider. Das *International Education Board* der Stiftung oder ihr *Natural Sciences*-Programm förderten Grundlagenforschung und gaben Stipendien, die den internationalen Austausch von Wissenschaftlern fördern sollten, zugleich aber immer auch den Nutzen für die amerikanische Wissenschaft im Blick hatten.[111] Amerikanischem Engagement verdankte sich schließlich auch, dass außerhalb Europas, im pazifischen Raum, die wissenschaftliche Kooperation sich in der Zwischenkriegszeit erheblich verstärkte und die Leitvorstellungen des wissenschaftlichen Internationalismus in der Region vermehrt Resonanz fanden.[112] Wie auf deutscher Seite die Wissenschaftsbeziehungen als Element auswärtiger Kulturpolitik der Republik aus der internationalen Isolation heraushelfen sollten, so bildete die Förderung internationaler wissenschaftlicher Kooperation auch auf Seiten der USA einen festen Bestandteil ihrer außenpolitischen Strategie, die auf Friedenssicherung durch verstärkte Zusammenarbeit auf nichtstaatlicher Ebene ausgerichtet war. Aus dem Prozess der kulturellen Amerikanisierung Europas lassen sich die Wissenschaften daher schwerlich ausklammern.[113]

Fazit

„Die Wissenschaft ist international", betonte Max Planck in seiner Bankettrede anlässlich der Nobelpreisverleihung 1919,

„das sehen wir heute zu unserer Freude, und wir spüren den Segen, der darin liegt, dass sie ein geistiges Band schlingt zwischen Männern, die sich im äußerlichen Leben in weiter Ferne gegenüberstehen, und dass eine wissenschaftliche Leistung bewertet wird ohne Rücksicht auf das Land, wo sie entstanden ist."[114]

---

111 Dazu grundlegend: Robert E. Kohler, Partners in Science. Foundations and Natural Scientists 1900–1945, Chicago 1991; ders., Science and Philanthropy: Wickliffe Rose and the International Education Board, in: Minerva 23 (1985), S. 75–95; G. W. Gray, Education on an International Scale. A History of the International Education Board 1923–1938, New York 1941; vgl. auch die Fallstudie zu einer Disziplin von Reinhard Siegmund-Schultze, Rockefeller and the Internationalization of Mathematics Between the Two World Wars. Documents and Studies for the Social History of Mathematics in the 20th Century, Basel u. a. 2001.
112 Vgl. Fuchs, Wissenschaftsinternationalismus (wie Anm. 47).
113 Damit wäre ein weiteres Argument gegen die These vom US-amerikanischen Isolationismus in der Zwischenkriegszeit formuliert, eine These, die bereits durch den Verweis auf die starke ökonomische Präsenz der USA in Europa widerlegt wurde. – Vgl. zuletzt zu den vielfältigen Ebenen von Amerikanisierung: Victoria de Grazia, Irresistible Empire. America's Advance through 20th-Century Europe, Cambridge, Mass. / London 2005.
114 Ansprache Max Plancks, in: Nobelstiftelsen Stockhom, Les Prix Nobel en 1919–1920, Stockholm 1922, S. 41.

In der Tat bestätigte die Schwedische Akademie der Wissenschaften ja gerade mit ihrer Entscheidung, den Nobelpreis an einen Wissenschaftler aus dem Land des Kriegsverlierers zu vergeben, das in der internationalen Politik isoliert war, Plancks Diktum. Wissenschaft war international, sie basierte auf dem grenzübergreifenden Austausch wissenschaftlicher Erkenntnisse, häufig auf informellen Wegen; daran hatte auch der Erste Weltkrieg nichts geändert. Dem internationalen wissenschaftlichen Verkehr schrieb man weiterhin friedensstiftende Wirkung zu, ganz so, wie es in das universalistische Ethos der Wissenschaftler seit der Aufklärung eingeschrieben war. À la longue durchaus plausibel wäre es, in der wachsenden Zahl internationaler Wissenschaftsorganisationen einen Beitrag zur Entstehung einer Weltgesellschaft zu sehen.[115] Freilich wurden die Institutionen internationaler Wissenschaft durch den Weltkrieg entscheidend transformiert. Dies deutet darauf hin, dass die Regeln und Funktionsweisen der internationalen *scientific community* komplexer waren als es Plancks emotionales Bekenntnis ausdrücken konnte.

Die vor dem Krieg sich abzeichnende Tendenz zur Fixierung der Wissenschaften auf Interessen, Prestige und Macht des eigenen Nationalstaates setzte sich fort, sie verstärkte sich sogar. Zwar nahm die Zahl internationaler Wissenschaftsverbände zu, doch ihre Arbeit stand bis 1925/26 noch ganz im Zeichen von Kriegsgegnerschaft, deutschem Revisionismus auf der einen und Isolierung und Bestrafung Deutschlands auf der anderen Seite. Diesen Institutionen als ‚INGO's‘[116] (*international nongovernmental organizations*) standen in jenen Jahren immer staatliche Akteure zur Seite, die sich einmischten, das Agieren von Wissenschaftlern auf internationaler Bühne maßgeblich mit bestimmten und nicht-staatliche Beziehungen als Funktionen staatlicher Interessen definierten. Zu einem der wichtigsten Instrumente staatlichen Handelns avancierte die auswärtige Kulturpolitik, die schon im ausgehenden 19. Jahrhundert als bildungsbürgerliches Projekt vorangetrieben worden war und nun, nach 1918, weiter an Bedeutung gewann. Die Beteiligung von Wissenschaftlern an diesem Politikfeld verstärkte sich, wobei ihr Engagement nur in Ausnahmefällen der Republik galt, sondern nach wie vor ganz auf den nationalen Staat und seine Positionierung im internationalen Umfeld bezogen war. Das dominierende Narrativ von Wissenschaft als „Ersatzmacht" verweist auf diesen Zusammenhang, besonders aber auch darauf, dass die Zwischenkriegszeit von einem Denken in den Kategorien nationaler Machtstaatlichkeit dominiert war, was die Wirkmächtigkeit der neuen internationalen Organisationen wie etwa des Völkerbundes empfindlich beschnitt.

115 Vgl. aus institutionalistischer Perspektive: Martha Finnemore, Norms, Culture, and World Politics. Insights from Sociology's Institutionalism, in: International Organization 1996, S. 325–347.

116 Die langfristige Entwicklung skizziert Evan Schofer, Science Associations in the International Sphere, 1875–1990: The Rationalization of Science and the Scientization of Society, in: John Boli / George M. Thomas (Hg.), Constructing World Culture. International Nongovernmental Organizations since 1875, Stanford 1999, S. 249–266.

In den Wissenschaften selbst wirkte sich die Frage der Einbindung oder Isolation in der internationalen *Community* in unterschiedlicher Weise aus. Zum einen war die internationale *Community* der Ort, wo die Professionalisierung, die Differenzierung von Wissenschaft vorangetrieben wurden, indem hier Nomenklaturen und wissenschaftliche Standards ausgehandelt wurden. Anerkennung aus dem Ausland, wie sie sich beispielsweise in den Nobelpreisen ausdrückte, aber auch in Mitgliedschaften in auswärtigen Akademien der Wissenschaften usw., wertete den Status eines Wissenschaftlers in seiner nationalen *Community* auf. Darüber, was als Erkenntnisfortschritt oder – heute würde man sagen: – „Spitzenforschung" anerkannt war, entschied immer auch der Erfolg, die Resonanz im internationalen Raum. Die Äußerungen deutscher Wissenschaftler nach dem Ersten Weltkrieg, sie seien auf internationale Kontakte nicht angewiesen, liest man wohl am besten als Autosuggestion. Zum anderen ließen sich mit dem Verweis auf den internationalen (Wissenschafts-) Wettbewerb, auf die Bedeutung von Wissenschaft als „Ersatzmacht" immer auch Ressourcen generieren, staatliche Wissenschaftspolitik in die Pflicht nehmen und die Öffentlichkeit mobilisieren, also professionelle Interessen von Wissenschaftlern durchsetzen. Daher erfassen Begriffe wie „Boykott" oder „Selbstisolierung" kaum das komplexe Wechselverhältnis zwischen innen und außen, zwischen nationalen und internationalen wissenschaftlichen *Communities*, das gegenüber einem idealistischen Internationalismus ganz in den Vordergrund trat und die sich verändernden Systeme der Wissensproduktion, -diffusion, -aneignung und -popularisierung ganz entscheidend mit prägte.

Sören Flachowsky

Krisenmanagement durch institutionalisierte Gemeinschaftsarbeit

Zur Kooperation von Wissenschaft, Industrie und Militär zwischen 1914 und 1933

Die Entstehung des militärisch-industriell-wissenschaftlichen Komplexes reicht in Deutschland bis ins Kaiserreich zurück. So war der Gedanke der wissenschaftsbasierten Stärkung der deutschen Wehr- und Wirtschaftskraft bereits in den Gründungsdiskurs der Physikalisch-Technischen Reichsanstalt (1887) eingeschrieben, an deren Errichtung der Chef des preußischen Generalstabes Helmuth von Moltke und der Industrielle Werner von Siemens maßgeblichen Anteil hatten.[1] Seit der Jahrhundertwende entwickelte sich dann ein breitgefächertes System rüstungsrelevanter Forschungseinrichtungen, die multivalente Kooperationsformen mit dem Militär und der Industrie begründeten.[2] Dies förderte nicht nur die Verwissenschaftlichung des Militärs, sondern umgekehrt auch eine zunehmende Militarisierung der Wissenschaft. Ausdruck dieser Entwicklung waren die Worte Adolf von Harnacks, der in seiner vielzitierten Denkschrift zur Gründung der Kaiser-Wilhelm-Gesellschaft im Jahr 1909 betonte, dass „Wehrkraft und Wissenschaft (...) die beiden starken Pfeiler der Größe Deutschlands" seien, die ständiger Pflege bedürfen.[3]

---

1 Die Errichtung der Physikalisch-Technischen Reichsanstalt in Berlin (PTR) wurde bereits seit 1872 von v. Moltke unterstützt. Daher waren Vertreter des Militärs nicht nur in die „konkreten Schritte zur Gründung" der PTR eingebunden, sondern gehörten auch zu ihrem Kuratorium. David Cahan, Meister der Messung. Die Physikalisch-Technische Reichsanstalt im Deutschen Kaiserreich, Weinheim 1992, S. 75 f., 80, 111. Im Gründungsdiskurs der PTR wurde zudem auf ihre Bedeutung für die „militärische und nautische Wissenschaft und Technik" verwiesen. Begründung der Vorschläge zur Errichtung einer „physikalisch-technischen Reichsanstalt" für die experimentelle Förderung der exakten Naturforschung und der Präzisionstechnik, 1887, Bundesarchiv (im folgenden BArch) Berlin, R 1501/ 116058, Bl. 74–115.

2 Vgl. Helmut Maier, Forschung als Waffe. Rüstungsforschung in der Kaiser-Wilhelm-Gesellschaft und das Kaiser-Wilhelm-Institut für Metallforschung 1900–1945/48, Göttingen 2007, S. 85–138; Sören Flachowsky, Von der Notgemeinschaft zum Reichsforschungsrat. Wissenschaftspolitik im Kontext von Autarkie, Aufrüstung und Krieg, Stuttgart 2008, S. 24–26. Für die Luftfahrt vgl. Helmuth Trischler, Luft- und Raumfahrtforschung in Deutschland 1900–1970. Politische Geschichte einer Wissenschaft, Frankfurt 1992. Für die Materialforschung vgl. Walter Ruske, 100 Jahre Materialprüfung in Berlin. Ein Beitrag zur Technikgeschichte, Berlin 1971; Wolfgang König, Wilhelm II. und die Moderne. Der Kaiser und die technisch-industrielle Welt. Paderborn 2007, S. 52–57, 68, 78.

3 So Adolf von Harnack in seiner Denkschrift zur Gründung der Kaiser-Wilhelm-Gesellschaft (KWG) im Jahr 1909. Christian Nottmeier, Adolf von Harnack und die deutsche Politik 1890–1930. Eine biographische Studie zum Verhältnis von Protestantismus, Wissenschaft und Politik,

Im Ersten Weltkrieg erreichte dieses Verhältnis eine neue qualitative Ebene. Denn vor dem Hintergrund der im August 1914 offen ausbrechenden „existentiellen Krise der nationalen Sicherheit"[4] wurden neue Wege der Forschungskoordination beschritten. Über sie – so die These dieses Beitrags – setzte sich nicht nur der Gedanke institutionsübergreifender Gemeinschaftsarbeit und interdisziplinärer Projektforschung durch, sondern vor allem das Ziel, die kriegs- und rüstungsrelevante Forschung durch zentrale Lenkungsgremien zu steuern. Diese in der Krisensituation des Ersten Weltkriegs etablierten Strukturen trugen Modellcharakter und prägten die deutsche Wissenschaftsorganisation über die Zäsuren von 1918 und 1933 hinaus langfristig.

Worin das qualitativ Neue bestand, wird im ersten Teil dieses Beitrags am Beispiel der 1914 gebildeten Kriegsrohstoffabteilung (KRA) und der 1916 gegründeten, in ihrer Bedeutung bisher meist unterschätzten, Kaiser-Wilhelm-Stiftung für kriegstechnische Wissenschaft (KWKW) skizziert. Besonderes Gewicht wird dabei auf die erstmals verwirklichte institutionalisierte Steuerung rüstungsrelevanter Forschung und die Organisation eines funktionierenden Problem- und Wissenstransfers zwischen den an der Stiftung beteiligten Ressorts gelegt. Im zweiten, sich auf die Weimarer Republik beziehenden, Teil richtet sich der Fokus vor allem auf die Notgemeinschaft der Deutschen Wissenschaft und ihre Gemeinschaftsarbeiten. Die Notgemeinschaft stand nicht nur in der Kontinuität der KWKW, sondern stellte eine in ihrer Bedeutung herausragende Antwort des nationalen Innovationssystems auf die als Krise empfundene Entwicklung nach 1918 dar.

1. Der Erste Weltkrieg

Schon im August 1914 wurde offensichtlich, dass Deutschland nur improvisiert in den Konflikt gegangen war.[5] Die Erwartung eines kurzen Krieges und die Absicht, schmerzhafte Eingriffe in das Wirtschaftsleben zu verhindern, führten schon in den ersten Monaten zu ernsthaften Versorgungsproblemen für den militärischen wie auch für den zivilen Bereich. Dem versuchte die Regierung durch die Errichtung der Kriegsrohstoffabteilung entgegenzusteuern, welche über verschiedene Gesellschaften die Rohstoffe bewirtschaf-

---

Tübingen 2004, S. 252; Rüdiger Hachtmann, Wissenschaftsmanagement im „Dritten Reich". Geschichte der Generalverwaltung der Kaiser-Wilhelm-Gesellschaft, Göttingen 2007, S. 88 f.

4 Helmuth Trischler, Die neue Räumlichkeit des Krieges. Wissenschaft und Technik im Ersten Weltkrieg, in: Berichte zur Wissenschaftsgeschichte 19 (1996), S. 95–103, hier S. 100.

5 Vgl. Lothar Burchardt, Friedenswirtschaft und Kriegsvorsorge. Deutschlands wirtschaftliche Rüstungsbestrebungen vor 1914, Boppard 1968, S. 242 ff.; Stig Förster, Der deutsche Generalstab und die Illusion des kurzen Krieges, 1871–1914. Metakritik eines Mythos, in: Militärgeschichtliche Mitteilungen 54 (1995), S. 61–95, hier S. 91 ff.

tete und an die Unternehmen verteilte.[6] Als weiteres Element der Wirtschaftslenkung kam es zu Verträgen zwischen Staat und Industrie, die der Wirtschaft staatliche Kredit- und Abnahmegarantien zusicherten, wenn sie sich bereiterklärte, die vom Staat benötigten kriegswichtigen Güter herzustellen.[7] Aufgrund der durch die britische Blockade versiegenden Rohstoffzufuhren konzentrierte sich die deutsche Wirtschaft zunehmend auf die Einsparung von Rohstoffen und den Ersatz natürlicher Materialien durch synthetische Stoffe.[8] Und diese Strategie hatte langfristige Auswirkungen. So brachte der Kriegsausschuss der deutschen Industrie vor dem Hintergrund der Blockade 1916 in einer „Denkschrift über die Rohstoffversorgung Deutschlands nach Friedensschluss" zum Ausdruck, dass die Lage des deutschen Marktes gegenüber dem Ausland dann am günstigsten sei,

„wenn wir bei dem Bezuge eines Rohstoffes überhaupt nicht auf das Ausland angewiesen sind, sondern ihn, wenn auch mit erhöhten Kosten, selbst gewinnen können oder dank der Fortschritte unserer heimischen Wissenschaft und Technik Ersatzstoffe herzustellen vermögen, die uns in die Lage setzen, auf den Bezug eines Rohstoffes zu verzichten."[9]

Mit diesem Wirtschaftskrieg ging auch eine „geistige Mobilmachung" von Ingenieuren, Wissenschaftlern und Gelehrten einher.[10] Viele von ihnen stell-

---

6 Vgl. dazu Artur Kessner, Ausnutzung und Veredelung deutscher Rohstoffe, Berlin 1921, S. 24 – 42; Wolfgang Michalka, Kriegsrohstoffbewirtschaftung, Walther Rathenau und die „kommende Wirtschaft", in: Ders. (Hg.), Der Erste Weltkrieg. Wirkung, Wahrnehmung, Analyse, München 1994, S. 485 – 505; Regina Roth, Staat und Wirtschaft im Ersten Weltkrieg. Kriegsgesellschaften als kriegswirtschaftliche Steuerungsinstrumente, Berlin 1997, S. 52 – 75, 103 – 156; Hans-Ulrich Wehler, Deutsche Gesellschaftsgeschichte, Bd. IV, Vom Beginn des Ersten Weltkrieges bis zur Gründung der beiden deutschen Staaten 1914 – 1949, München 2003, S. 47 – 64.

7 Beispielhaft dafür das Haber-Bosch-Verfahren zur Herstellung von Ammoniak und Salpetersäure zur Sprengstofferzeugung der BASF. Vgl. Margit Szöllösi-Janze, Fritz Haber 1868 – 1934. Eine Biographie, München 1998, S. 270 – 316; dies., Berater, Agent, Interessent? Fritz Haber, die BASF und die staatliche Stickstoffpolitik im Ersten Weltkrieg, in: Berichte zur Wissenschaftsgeschichte 19 (1996), S. 105 – 117.

8 Vgl. Ulrich Marsch, Zwischen Wissenschaft und Wirtschaft. Industrieforschung in Deutschland und Großbritannien 1880 – 1936, Paderborn 2000, S. 325 f.

9 Brief des Kriegsausschusses der deutschen Industrie (Berlin) an Reichskanzler Dr. Theobald von Bethmann Hollweg (mit anliegender, streng vertraulicher „Denkschrift über die Rohstoffversorgung Deutschlands nach Friedensschluss"), 2.10.1916, BArch Berlin, R 43/ 2427, Bl. 12 – 13.

10 Kurt Flasch, Die geistige Mobilmachung. Die deutschen Intellektuellen und der Erste Weltkrieg. Ein Versuch. Berlin 2000. Verwiesen sei in diesem Zusammenhang auf die Erklärung prominenter deutscher Wissenschaftler vom 3.10.1914 „An die Kulturwelt" oder die Flut öffentlicher Reden, Vorträge und Publikationen, die unmittelbar nach dem Kriegsausbruch entstanden und sich um eine Rechtfertigung der deutschen Kriegsanstrengungen bemühten. Wolfgang J. Mommsen, Wissenschaft, Krieg und die Berliner Akademie der Wissenschaften. Die Preußische Akademie der Wissenschaften in den beiden Weltkriegen, in: Wolfram Fischer (Hg.), Die Preußische Akademie der Wissenschaften zu Berlin 1914 – 1945, Berlin 2000, S. 3 – 23, hier S. 12; Bernhard vom Brocke, „Wissenschaft und Militarismus". Der Aufruf der 93 „An die Kulturwelt"

ten dem Staat ihre wissenschaftlichen Ressourcen bereitwillig für kriegs- und rüstungsrelevante Forschungen zur Verfügung.[11] Der am 27. Mai 1916 gegründete „Deutsche Verband Technisch-Wissenschaftlicher Vereine" etwa richtete neben einer „Vermittlungsstelle für wissenschaftlich-technische Untersuchungen" auch einen „Ausschuss für die Fragen der Stellung von Technikern im Heer und in der Marine" ein.[12]

Neben der unmittelbaren Rüstungsforschung, der Suche nach Austauschstoffen und Rohstoffsurrogaten spielte auch die wirtschaftswissenschaftliche Expertise zur effizienten Rohstoffnutzung und industriellen Rationalisierung eine wichtige Rolle.[13] Letzteres betraf vor allem die Massenfertigung von Rüstungsgütern. Als eine seiner „wehrtechnischen Aufgaben" betrachtete es beispielsweise der Verein Deutscher Ingenieure (VDI), in Kooperation mit der Feldzeugmeisterei „einen vorausschauenden Produktionsplan zur Ausführung zu bringen", der sich auf eine weitgehende Arbeitsteilung und die Zusammenfassung rüstungsrelevanter Fabriken gleicher Produktion konzentrierte.[14] Diese „Produktionsgemeinschaften" sollten eine „restlose, intensive Auswertung aller verfügbaren und geeigneten industriellen Kräfte für eine rasche und gewaltige Produktionsvermehrung" sicherstellen. Zu diesem Zweck wurde eine Bestandsaufnahme der elektrischen Maschinen und Werkzeugmaschinen durchgeführt, für deren Verteilung und Zuweisung der VDI über von ihm ins Leben gerufene „Maschinen-Ausgleichstellen der Heeresverwaltung" verantwortlich zeichnete. Die Mitarbeiter dieser Ausgleichstellen wurden vom Kriegsministerium auch bei der Stilllegung von Betrieben

---

und der Zusammenbruch der internationalen Gelehrtenrepublik im Ersten Weltkrieg, in: William M. Calder III. u. a. (Hg.), Wilamowitz nach 50 Jahren, Darmstadt 1985, S. 649–719.

11 Vgl. etwa Kurt Mendelssohn, Walther Nernst und seine Zeit. Aufstieg und Niedergang der deutschen Naturwissenschaften, Weinheim 1976, S. 112 f.; Volker R. Remmert, Offizier – Pazifist – Offizier: der Mathematiker Gustav Doetsch (1892–1977), in: Militärgeschichtliche Zeitschrift 59 (2000), S. 139–160, hier S. 140 f. Zur Surrogatforschung im Ersten Weltkrieg vgl. Szöllösi-Janze, Fritz Haber (wie Anm. 7), S. 270–316; Thomas Parke Hughes, Das „technologische Momentum" in der Geschichte. Zur Entwicklung des Hydrierverfahrens in Deutschland 1898–1933, in: Karin Hausen / Reinhard Rürup (Hg.), Moderne Technikgeschichte, Köln 1975, S. 358–383; Manfred Rasch, Geschichte des Kaiser-Wilhelm-Instituts für Kohlenforschung 1913–1943, Weinheim 1989, S. 63–100; Bernhard vom Brocke, Die Kaiser-Wilhelm-Gesellschaft in der Weimarer Republik. Ausbau zu einer gesamtdeutschen Forschungsorganisation (1918–1933), in: Rudolf Vierhaus / Bernhard vom Brocke (Hg.), Forschung im Spannungsfeld von Politik und Gesellschaft. Geschichte und Struktur der Kaiser-Wilhelm-/Max-Planck-Gesellschaft, Stuttgart 1990, S. 197–355, hier S. 207 f.

12 Rundschreiben des Deutschen Verbandes Technisch-Wissenschaftlicher Vereine, Oktober 1917, BArch Berlin, R 43/ 2265, Bl. 73–74.

13 Vgl. Mitchell G. Ash, Wissenschaft und Politik als Ressourcen füreinander, in: Rüdiger vom Bruch / Brigitte Kaderas (Hg.), Wissenschaften und Wissenschaftspolitik. Bestandsaufnahmen zu Formationen Brüchen und Kontinuitäten im Deutschland des 20. Jahrhunderts, Stuttgart 2002, S. 32–51, hier S. 37.

14 Bericht von Ing. Jos. Wilhelm Wolf (Wehrtechnische Arbeitsgemeinschaft, Arbeitskreis Berlin) als Beitrag zum Vortrag des Herrn Dr. Ude, 15.1.1943, BArch Berlin, DY 61/ 380, Bl. 87–92.

herangezogen, durch die Arbeitskräfte, Maschinen sowie Roh- und Werkstoffe für kriegswichtige Aufgaben freigemacht werden sollten. Im Rahmen des „Hindenburg-Programms" von 1916, wurden die Maschinen-Ausgleichstellen dem Chefingenieur des neu geschaffenen „Waffen- und Munitionsbeschaffungsamtes" (Wumba) unterstellt, das aus der bisherigen Feldzeugmeisterei hervorgegangen war. Damit erweiterte sich auch das Tätigkeitsprofil der Ausgleichstellen, die nun eigens für die Prüfung von Fabriken und Werkzeugen, die Beratung bei der Arbeitsvermittlung und die Anzeigenzensur so genannte „technische Bezirksdienststellen" einrichteten.[15]

Dass man bei der Frage der industriellen Rationalisierung aber auch gezielt auf Akademiker zurückgriff, wird am Beispiel des Berliner Ingenieur-Professors Friedrich Romberg (1871–1956) deutlich, der 1914 zum Leiter der Technischen Abteilung der Feldzeugmeisterei und 1916 zum „Chefingenieur" der Abteilung „R" (wie Romberg) des Wumba avancierte. Auf Weisung Rombergs wurde ein mehrere hundert Ingenieure umfassendes Fabrikaktionsbüro (Fabo) eingerichtet, um Konstruktionszeichnungen für Waffen und Munition auf die Anforderungen neuzeitlicher Massenproduktion umzustellen.[16] Da die deutsche Waffenindustrie nicht in der Lage war, den Heeresbedarf an Gewehren zu decken, entwickelte Romberg ein Verfahren zur Rationalisierung der Gewehrherstellung, wodurch sich der Produktionsindex innerhalb kürzester Zeit schlagartig erhöhte.[17] Und das „System Romberg" machte Schule, denn bereits im Jahr 1920 beauftragte das Heereswaffenamt ein privates Ingenieurbüro damit, diese Arbeiten entgegen den Versailler Bestimmungen fortzusetzen.[18]

Das Beispiel Rombergs verweist nicht nur auf das „wissenschaftliche Rückgrat der deutschen Industrie".[19] Es zeigt auch, dass sich in der Ausnahmesituation des Ersten Weltkrieges neue multilaterale Kooperationsverhältnisse der gesellschaftlichen Teilsysteme Wissenschaft, Industrie und Militär

---

15 Ebd.

16 Vgl. Thomas Wölker, Entstehung und Entwicklung des Deutschen Normenausschusses 1917 bis 1925, Berlin u. Köln 1992, S. 63–95. Zur Person Rombergs vgl. ebd., S. 284. Vgl. weiterhin Ernst Willi Hansen, Reichswehr und Industrie. Rüstungswirtschaftliche Zusammenarbeit und wirtschaftliche Mobilmachungsvorbereitungen 1923–1932, Boppard 1978, S. 44; Gerhard Engel u. a. (Hg.), Groß-Berliner Arbeiter- und Soldatenräte in der Revolution 1918/19. Dokumente der Vollversammlungen und des Vollzugsrates. Vom Ausbruch der Revolution bis zum 1. Reichsrätekongreß, Berlin 2002, S. 121 (Anm. 23).

17 Vgl. Ludwig Wurtzbacher, Die Versorgung des Heeres mit Waffen und Munition, in: Max Schwarte (Hg.), Die Organisation der Kriegführung, Teil 1, Die für den Kampf unmittelbar arbeitenden Organisationen, Leipzig 1927, S. 69–146, hier S. 96 f.; Lutz Budrass, Flugzeugindustrie und Luftrüstung in Deutschland 1918–1945, Düsseldorf 1998, S. 147. Vgl. auch Peter Berz, Die Schlacht im glatten und gekerbten Feld, in: Steffen Martus u. a. (Hg.), Schlachtfelder. Codierung von Gewalt im medialen Wandel, Berlin 2003, S. 265–284, hier S. 277.

18 Vgl. Hansen, Reichswehr (wie Anm. 16), S. 44.

19 O. Bechstein, Vom wissenschaftlichen Rückgrat der deutschen Industrie und unseres Wirtschaftslebens, in: Prometheus. Illustrierte Wochenschrift über die Fortschritte in Gewerbe, Industrie und Wissenschaft 30 (1918), Nr. 1522 vom 28.12.1918, S. 98–100.

herausbildeten, die meist institutionsübergreifenden Charakter trugen und vor allem langfristig wirkten.[20] Besonders deutlich wurde dies bei der Kriegsrohstoffabteilung. Auf Grund ihres Mobilisierungsauftrages strahlte die KRA in alle Bereiche der deutschen Kriegswirtschaft aus. Dabei etablierte sie über ihre Sektionen und Ausschüsse Strukturen, die in mancher Hinsicht als Vorbild für die nationalsozialistische Vierjahresplanorganisation gelten können.[21] Zwar unterlies man es 1914 noch, eine eigene Abteilung für „Forschung und Entwicklung" einzurichten, doch der von Helmut Maier unlängst betonte, „hybride Charakter" der KRA, deren Ausschüsse und Sektionen „gemischt zivil-militärisch geleitet wurden", bezog von Beginn an auch die wissenschaftlich-technische Fachkompetenz mit ein.[22]

Der schon lange vor 1914 als Mediator zwischen Industrie, Staat und Wissenschaft agierende Chemiker Emil Fischer etwa avancierte unmittelbar nach Kriegsbeginn zum Berater der Reichsleitung in chemisch-technischen Fragen und wirkte als Mitglied zahlreicher Kriegskommissionen innerhalb der KRA.[23] Gleiches galt für Fritz Haber, dessen Rolle als Mittler zwischen Industrie, Staat und Militär beim Aufbau der für Deutschlands Kriegsführung unentbehrlichen Salpeter- und Stickstoffindustrie von Margit Szöllösi-Janze eindrucksvoll beschrieben wurde.[24] Fischer und Haber bildeten keinesfalls eine Ausnahme, denn zahlreiche Abteilungen der KRA stützten sich auf Vertreter universitärer sowie außeruniversitärer Forschungsinstitute.[25] So leitete der Direktor des Elektrotechnischen Instituts der TH Dresden, Wilhelm Kübler, die Sektion Elektrizität der KRA und stieg 1917 sogar zum Reichskommissar für Elektrizität und Gas auf.[26] In der Chefsektion der KRA wirkten Nationalökonomen, die, wie der Hallenser Professor Kurt Wiedenfeld oder der in der statistischen Abteilung tätige Berliner Privatdozent Heinrich Voelcker, für wirtschaftswissenschaftliche Fragen verantwortlich zeichneten.[27] Besondere Beachtung verdient die 1915 vom Preußischen Kriegsminister Franz Gustav von Wandel ins Leben gerufene „Wissenschaftliche Kommission" der

20 Vgl. etwa die sehr anschaulichen Beispiele bi- und multilateraler Zusammenarbeit der Teilsysteme bei Margit Szöllösi-Janze, Der Wissenschaftler als Experte. Kooperationsverhältnisse von Staat, Militär, Wirtschaft und Wissenschaft, 1914–1933, in: Doris Kaufmann (Hg.), Geschichte der Kaiser-Wilhelm-Gesellschaft im Nationalsozialismus. Bestandsaufnahme und Perspektiven der Forschung, Göttingen 2000, S. 46–64, hier S. 50–54.
21 Vgl. Maier, Forschung (wie Anm. 2), S. 423 f.
22 Ebd., S. 153. Vgl. auch Roth, Staat (wie Anm. 6), S. 57–59.
23 Vgl. Arthur von Weinberg, Emil Fischers Tätigkeit während des Krieges, in: Die Naturwissenschaften 7 (1919), Heft 46, S. 868–873; Kurt Hoesch, Emil Fischer. Sein Leben und sein Werk (Berichte der deutschen Chemischen Gesellschaft, Sonderheft des 54. Jahrgangs), 1921, S. 188–192.
24 Vgl. Szöllösi-Janze, Fritz Haber (wie Anm. 7), S. 283–307; dies., Berater (wie Anm. 7), S. 105–117.
25 Vgl. dazu Geschäftsverteilung der Kriegs-Rohstoff-Abteilung des Kriegsministeriums während der Kriegsdauer, Oktober 1916, BArch Berlin, R 1501/ 118830, Bl. 169–192.
26 Vgl. Maier, Forschung (wie Anm. 2), S. 164 f.
27 Vgl. Roth, Staat (wie Anm. 6), S. 55 f., 58 f.

Kriegsrohstoffabteilung, die der Leitung des Berliner Agrarökonomen Max Sering unterstand.[28] Diese Kommission setzte sich zum größten Teil aus Hochschullehrern zusammen, deren Aufgabe zunächst darin bestand, die kriegswirtschaftliche Entwicklung zu beobachten, um nach dem Krieg den wirtschaftlichen Teil eines geplanten „Generalstabswerks" zu schreiben.[29] Dabei sollte „die deutsche Heereswirtschaft auf ihre Mängel hin wissenschaftlich untersucht und die Ergebnisse für die künftige Heeres- und Kriegsorganisation nutzbar gemacht werden".[30] Die Tätigkeit der Kommission blieb jedoch nicht nur auf die Rolle eines Beobachters beschränkt, sondern nahm in zunehmendem Maße Einfluss auf die Organisation der Bewirtschaftung und Beschaffung wie auch auf die Bedarfsplanung von Waffen und Munition.[31] Neben diesen „praktischen Wirtschaftsaufgaben" erstreckte sich die Tätigkeit der Kommission auf den Aufbau eines „volkswirtschaftlichen Nachrichtendienstes über das feindliche Ausland", die Organisation eines kriegswirtschaftlichen Erfahrungsaustauschs und die Vorbereitung und Durchführung statistischer Erhebungen.[32]

---

28 Sering hat zwischen 1914 und 1918 verschiedene Siedlungskonzepte für die eroberten Ostgebiete entworfen, die in einer Kontinuitätslinie zum nationalsozialistischen „Generalplan Ost" standen. Vgl. Irene Stoehr, Von Max Sering zu Konrad Meyer – ein »machtergreifender« Generationswechsel in der Agrar- und Siedlungswissenschaft, in: Susanne Heim (Hg.), Autarkie und Ostexpansion. Pflanzenzucht und Agrarforschung im Nationalsozialismus, Göttingen 2002, S. 57–90, hier S. 59.

29 Vgl. Roth, Staat (wie Anm. 6), S. 56. Zur Zusammensetzung der Wissenschaftlichen Kommission der KRA vgl. Geschäftsverteilung der Kriegs-Rohstoff-Abteilung des Kriegsministeriums während der Kriegsdauer, Oktober 1916, BArch Berlin, R 1501/ 118830, Bl. 169–192, hier Bl. 190 R; Geschäftsverteilungsplan des Kriegsministeriums, Juli 1918, BArch Berlin, R 1501/ 112451, Bl. 111–177, hier Bl. 155 f. Die endgültige Organisation des Kriegsamtes, in: Berliner Lokal-Anzeiger vom 7. 12. 1916 (in BArch Berlin, R 8034 II/ 7043, Bl. 36).

30 Brief des Präsidenten des Reichsarchivs an den Reichsminister des Innern, 4. 5. 1920, BArch Berlin, R 1501/ 108980, Bl. 2–3, hier Bl. 2.

31 Vgl. Roth, Staat (wie Anm. 6), S. 56. Darüber hinaus erstellte die Kommission offenbar auch Gutachten zu kriegswirtschaftlichen Fragestellungen, wie zum Beispiel im Hinblick auf die Ersatzstoff-Forschung. Vgl. Brief von Emil Fischer an Sering (Wissenschaftliche Kommission), 5. 4. 1917, Emil Fischer Papers, BANC MSS 71/95, The Bancroft Library, University of California, Berkeley, USA (Kopie im MPGA, X. Abt., Rep. 12, Filmnr. 18); Brief von Emil Fischer an Franz Fischer (KWI für Kohlenforschung, Mülheim), 5. 4. 1917, ebd.

32 Geschäftsverteilungsplan des Kriegsministeriums, Juli 1918, BArch Berlin, R 1501/ 112451, Bl. 111–177, hier Bl. 155 f. Die Ergebnisse der Wissenschaftlichen Kommission sollten nach dem Krieg in einem auf insgesamt acht Bände konzipierten und von Sering herausgegebenen Werk mit dem Titel „Die deutsche Kriegswirtschaft im Bereich der Heeresverwaltung 1914– 1918. Volkswirtschaftliche Untersuchungen der ehemaligen Mitglieder der Wissenschaftlichen Kommission des Preußischen Kriegsministeriums" erscheinen. Nachdem 1920 bereits vier Bände druckreif vorlagen, verständigten sich das Reichswirtschaftsministerium, das Reichsinnenministerium, das Reichsfinanzministerium, das Reichswehrministerium und das Auswärtige Amt 1922 darauf, die Veröffentlichung des Gesamtwerkes zu verhindern, da man befürchtete, das Werk könne der Entente Vorwände für eine verschärfte Kontrolle der deutschen Industrie oder eine Schädigung deutscher Interessen vor den internationalen Ausgleichsgerichten geben. Da Sering auf einer Veröffentlichung des Werkes bestand, drohten ihm Vertreter

Zwar bildete die sich vor allem auf Wirtschaftsfragen konzentrierende KRA eine wichtige Säule im Beziehungsgeflecht von Industrie, Wissenschaft und Militär, Probleme der unmittelbaren Rüstungsforschung wurden hier jedoch nicht koordiniert. In dieser Hinsicht kam der 1916 gegründeten Kaiser-Wilhelm-Stiftung für kriegstechnische Wissenschaft eine herausragende Bedeutung zu, denn mit ihr entstand erstmals eine übergeordnete, zentrale Instanz zur Steuerung der Rüstungsforschung.[33]

Die Stiftung ging auf eine Gemeinschaftsinitiative der chemischen Industrie, des preußischen Kultusministers Friedrich Schmidt-Ott und des Leiters des Kaiser-Wilhelm-Instituts für physikalische Chemie und Elektrochemie, Fritz Haber, zurück.[34] Sie war ein „wissenschaftspolitisches Resultat" des Hindenburg-Programms vom September 1916, das die deutsche Wirtschaft und Gesellschaft konsequent auf die Anforderungen des Krieges ausrichten sollte.[35] Als neuartige Plattform für den Problem- und Wissenstransfer gehörte es zu den Aufgaben der KWKW, bestehende Reibungsverluste bei der Koordinierung der Rüstungsforschung zu minimieren und die „Entwicklung der naturwissenschaftlichen und technischen Hilfsmittel der Kriegsführung" zu fördern.[36] Um die wissenschaftlich-militärische Kooperation zu systema-

des Reichswehrministeriums sogar mit dem Gesetz über den Verrat militärischer Geheimnisse (Strafgesetzbuch § 92). Das Werk erschien schließlich nicht, Sering und seine Mitarbeiter wurden dafür im Gegenzug finanziell entschädigt. Vgl. Vermerk des Reichswirtschaftsministeriums über die Besprechung betr. das Sering'sche Werk „Die deutsche Heereswirtschaft" am 21. Januar 1922, 26. 1. 1922, BArch Berlin, R 1501/ 108980, Bl. 17–23; Besprechung betreffend Veröffentlichungen der Wissenschaftlichen Kommission am 16.10.1922, ebd., Bl. 145–154; Brief von Prof. Dr. Robert Weyrauch (Stuttgart) an den Arbeits- und Ernährungsminister Keil, 9. 10. 1922, Bl. 156–157, hier Bl. 156. Rolf-Dieter Müller betont, dass die Kommission an der Veröffentlichung ihrer Untersuchungsergebnisse nicht nur aus Gründen der Geheimhaltung gehindert wurde, sondern auch wegen ihrer allzu kritischen Bemerkungen über das Waffen- und Munitionsbeschaffungswesen während des Krieges. Vgl. Rolf-Dieter Müller, Kriegführung, Rüstung und Wissenschaft. Zur Rolle des Militärs bei der Steuerung der Kriegstechnik unter besonderer Berücksichtigung des Heereswaffenamtes 1935–1945, in: Helmut Maier (Hg.), Rüstungsforschung im Nationalsozialismus. Organisation, Mobilisierung und Entgrenzung der Technikwissenschaften, Göttingen 2002, S. 52–71, hier S. 56.

33 Vgl. Jeffrey A. Johnson / Roy M. MacLeod, War Work an Scientific Self-Image. Pursuing Comparative Perspectives on German and Allied Scientists in the Great War, in: Rüdiger vom Bruch / Brigitte Kaderas (Hg.), Wissenschaften und Wissenschaftspolitik. Bestandsaufnahmen zu Formationen Brüchen und Kontinuitäten im Deutschland des 20. Jahrhunderts, Stuttgart 2002, S. 173 f.

34 Vgl. Manfred Rasch, Wissenschaft und Militär. Die Kaiser-Wilhelm-Stiftung für kriegstechnische Wissenschaft, in: Militärgeschichtliche Mitteilungen 49 (1991), S. 73–120.

35 Hachtmann, Wissenschaftsmanagement (wie Anm. 3), S. 91. Vgl. auch Kurt Jagow, Daten des Weltkrieges. Vorgeschichte und Verlauf bis Ende 1921, Leipzig 1922, S. 168.

36 Vermerk von Vizeadmiral Schrader (Reichsmarineamt), 15.12.1916, BA-MA, RM 3/ 9906, Bl. 286–289; Kaiser-Wilhelm-Stiftung für kriegstechnische Wissenschaft, in: Vorwärts, 13/ 14.1.1917 (BArch Berlin, R 8034 II/ 2546, Bl. 23); Eine Kaiser-Wilhelm-Stiftung für kriegstechnische Wissenschaft, in: Berliner Volkszeitung (?), 16.6.1918 (in BArch Berlin, R 8034 II/ 2546, Bl. 28).

tisieren, strebten Haber und Schmidt-Ott nach einer dauerhaften organisatorischen Lösung. Diese sollte auch in Friedenszeiten die Möglichkeit bieten, rüstungsrelevante Forschungen im Interesse des Heeres durchzuführen.[37]

Zur Steuerung der Forschungsarbeiten wurden innerhalb der Stiftung sechs Fachausschüsse gebildet und der Leitung angesehener Gelehrter unterstellt.[38] Die Themen wurden von Heer und Marine über das Kriegsministerium an die Vorsitzenden der Fachausschüsse geleitet.[39] Zur Koordination ihrer Arbeiten sollten letztere „Kenntnis von der Erfahrungen des Kriegsministeriums und Marineamtes auf dem betreffenden Gebiete" erhalten.[40] Auf dieser Grundlage vermittelten die Fachausschussvorsitzenden Projekte an die Ausschussmitglieder, die meist selbst ausgewiesene Wissenschaftler und durch zahlreiche Querverbünde mit Industrie und Militär verknüpft waren.[41] So gehörte das Mitglied des Fachausschusses I (chemische Rohstoffe), der Chemiker Alfred Stock, „als Vertreter der KWKW dem Rostschutz-Ausschuss der Artillerie-Prüfungs-Kommission" an.[42] Fritz Haber führte als Vorsitzender des KWKW-Fachausschusses II (Chemische Kampfstoffe) in seinem Institut nicht nur giftgas-chemische Forschungen durch, sondern leitete gleichzeitig die „Chemische Abteilung" des Allgemeinen Kriegsdepartments.[43] Der Leiter des Fachausschusses III (Physik) der KWKW, Walther

---

37 Vgl. Szöllösi-Janze, Fritz Haber (wie Anm. 7), S. 360; Ulrich Marsch, Vom privaten Verein zur staatlichen Finanzierung. Zum Antrags- und Evaluationssystem in Deutschland und Großbritannien, in: Matthias Dörries u. a. (Hg.), Wissenschaft zwischen Geld und Geist, Berlin 2001, S. 67–76, hier S. 74 f.

38 Welche Kriterien und Aufgaben die Leiter dieser Fachausschüsse erfüllen sollten, geht aus einem Schreiben Emil Fischers an das Direktoriumsmitglied der Firma Krupp, Dr. Ehrenberger, hervor: „Es handelt sich um einen Mann, der ein großes wissenschaftliches oder technisches Ansehen hat, unabhängig ist, Verständnis für praktische Dinge hat und von dem man auch annehmen könnte, dass er geneigt wäre, sich einer solchen Aufgabe zu unterziehen. Es ist keineswegs nötig, dass er Berufsgelehrter ist, er könnte ebenso gut privater oder industrieller Erfinder sein, nur dürfte er nicht mehr im Dienste einer einzelnen Firma stehen. (…) Es würde ihm zunächst die Aufgabe zufallen, die anderen Mitglieder des Ausschusses auszuwählen und dann eine dauerende Arbeit im Interesse von Heer und Marine zu organisieren. Die schon bestehenden militärischen Anstalten sollen keineswegs geschädigt, sondern in Form ihrer Vorstände oder Mitglieder an dem Ausschuss beteiligt werden." Brief von Fischer an Ehrenberger (Essen), 12.11.1916, Emil Fischer Papers, BANC MSS 71/95, The Bancroft Library, University of California, Berkeley, USA (Kopie im MPGA, X. Abt., Rep. 12, Filmnr. 17).

39 Im Februar 1917 verwies der Vorsitzende des Fachausschusses I der KWKW (chemische Rohstoffe), Emil Fischer, auf die „lange Wunschliste", die ihm vom Kriegsministerium zugegangen sei. Brief von Fischer an Carl Engler (Karlsruhe), 13.2.1917, ebd.

40 Protokoll der I. Sitzung des Fachausschusses I der KWKW, 16.6.1917, ebd., Filmnr. 3.

41 Beispielhaft dafür war Max Rudeloff (Leiter des Materialprüfungsamtes, Berlin), als Mitglied des Fachausschuss für Luftfahrt der KWKW. Vgl. Max Rudeloff, Das Preußische staatliche Materialprüfungsamt, seine Entstehung und Entwicklung. Berlin 1921, S. 14–16.

42 Brief von Emil Fischer an den Geschäftsführer der KWKW (Major Klotz), 17.10.1918, Emil Fischer Papers, BANC MSS 71/95, The Bancroft Library, University of California, Berkeley, USA (Kopie im MPGA, X. Abt., Rep 12, Filmnr. 19).

43 Bei seinen Arbeiten auf dem Gebiet des Gaskampfs und -schutzes konnte sich Haber auf eine Organisation stützen, die etwa 150 Wissenschaftler und 2.000 Hilfskräfte umfasste Vgl. Helmut

Nernst, arbeitete seit 1914 mit der Heeresleitung und der chemischen Indu-
strie an der Konstruktion neuer Gasgranaten und fungierte darüber hinaus als
„wissenschaftlicher Beirat" für ballistische Fragen direkt an der Front.[44]
Mitglieder des Fachausschusses V (Luftfahrt), wie etwa Ludwig Prandtl oder
Hans Reissner, gehörten der 1916 gebildeten „Auskunfts- und Verteilungs-
stelle für flugwissenschaftliche Arbeiten der Flugzeugmeisterei" an, die als
„Clearingstelle zwischen Forschung und Industrie" fungierte.[45] Über ihre
Mitglieder stellte die KWKW also nicht nur einen Querverbund zur Industrie
und den Streitkräften her, sondern sorgte zudem für eine Beschleunigung des
Problem- und Wissenstransfers innerhalb des Systems von Kriegsausschüssen
und militärisch relevanten Forschungs- und Entwicklungseinrichtungen.[46]
Gefördert wurde dies durch die relative Autonomie der KWKW, die ihr das
Kriegsministerium im Vertrauen auf das Problembewusstsein einer selbst-
mobilisierten Wissenschaft eingeräumt hatte. So brachte der Vorsitzende des
Fachausschusses I der KWKW im Februar 1917 gegenüber einem Kollegen
zum Ausdruck:

„Wir sind in diesem Ausschuss ganz unabhängig von den Verwaltungsorganen des
Kriegsministeriums und werden unsere Vorschläge direkt an den Kriegsminister
richten. Ich glaube, dass das mit stärkerem Nachdruck geschehen kann als in den
früheren Kommissionen, die durch die neue Einrichtung keineswegs überflüssig
werden, die aber mehr oder weniger abhängig sind von der betreffenden Abteilung
des Ministeriums, von der sie berufen wurden."[47]

Die streng geheimen Arbeiten der KWKW wurden von kriegswichtigen Fragestellungen bestimmt.[48] Sie zielten auf die Optimierung von Waffensystemen

---

Otto / Karl Schmiedel: Der erste Weltkrieg. Dokumente. Berlin (Ost), 1977, S. 157; Szöllösi-
Janze, Fritz Haber (wie Anm. 7), S. 270–272; Rudolf Hanslien, Die Militärapotheker, in: Max
Schwarte (Hg.), Die Organisation der Kriegführung, Teil 2: Die Organisationen für die Ver-
sorgung des Heeres, Leipzig 1927, S. 540–549, hier S. 548. Zu den Aufgaben Habers als Leiter der
„Chemischen Abteilung" im Kriegsministerium vgl. Geschäftsverteilungsplan des Kriegsmi-
nisteriums, Juli 1918, BArch Berlin, R 1501/ 112451, Bl. 111–177, hier Bl. 130 f.

44 Vgl. Brief von Emil Fischer an seinen Sohn Hermann, 12.11.1914, Emil Fischer Papers, BANC
MSS 71/95, The Bancroft Library, University of California, Berkeley, USA (Kopie im MPGA, X.
Abt., Rep. 12, Filmnr. 16); Brief von Fischer an Adolf von Harnack, 4.5.1917, ebd., Filmnr. 18;
Otto / Schmiedel, Der erste Weltkrieg (wie Anm. 43), S. 139 f., 229; Walther Nernst, Innere und
äussere Ballistik der Minenwerfer, in: Leipziger Illustrierte Zeitung vom 22.11.1917, S. 710;
Dietrich Stoltzenberg, Emil Fischer und die chemische Industrie. Sein Verhältnis zu Carl
Duisberg (Dahlemer Archivgespräche, Bd. 9), Berlin 2003, S. 24–42, hier S. 37; Johnson /
MacLeod, War Work (wie Anm. 33), S. 169–179, hier S. 171 f.

45 Vgl. Maier, Forschung (wie Anm. 2), S. 146 f.

46 Vgl. ebd., S. 147.

47 Brief von Emil Fischer an Carl Engler, 13.2.1917, Emil Fischer Papers, BANC MSS 71/95, The
Bancroft Library, University of California, Berkeley, USA (Kopie im MPGA, X. Abt., Rep. 12,
Filmnr. 17).

48 Jedem Mitglied wurden bei seinem Eintritt in die KWKW „Gesichtspunkte für die Behandlung

und die Verlängerung der dünnen Rohstoffdecke Deutschlands ab. Zu diesem Zweck wurden auf Anforderung der Stiftung auch Wissenschaftler vom Heeresdienst zurückgestellt.[49] So befasste sich beispielsweise der Münchener Physiker Arnold Sommerfeld – Mitglied des Fachausschusses III (Physik, umfassend Ballistik, Telefonie, Ziel- und Entfernungsbestimmung, Messwesen) der KWKW – im Auftrag der Verkehrs-Prüfungskommission, der Torpedoinspektion und der Artillerie-Prüfungs-Kommission mit Fragen der Kreiseltheorie, der theoretischen Behandlung günstiger Antennenformen und Problemen der Ballistik von Minenwerfern.[50] Max Rudeloff, Präsident des Preußischen Staatlichen Materialprüfungsamtes in Berlin-Dahlem, widmete sich als Mitglied des Fachausschusses V (Luftfahrt) im Auftrag der Inspektion der Luftschiffertruppen und der Luftschiffer-Rohstoffabteilung der Untersuchung dublierter Ballonstoffe, um zu einem einheitlichen Verfahren für die Prüfung derartiger Stoffe zu gelangen. Dass der von Rudeloff dazu angefertigte Bericht noch 1919 der Geheimhaltung unterlag, verweist auf die hohe Rüstungsrelevanz dieser Untersuchungen.[51] Der gleich in zwei Ausschüssen

---

geheimer Sachen" in die Hand gegeben. Vgl. etwa Brief von Emil Fischer an Franz Fischer (Mülheim), 25.5.1917, ebd., Filmnr. 18).

49 Vgl. Protokoll der I. Sitzung des Fachausschusses I der KWKW, 16.6.1917, ebd., Filmnr. 3); Brief von Albert Vögler an Reichsinnenminister Wilhelm Frick (mit Anlagen), 19.10.1933, BArch Berlin, R 1501/ 5328, Bl. 213–229, hier Bl. 215. Vgl. auch Rasch, Wissenschaft (wie Anm. 34); Wurtzbacher, Versorgung (wie Anm. 17), S. 88. Es finden sich zahlreiche Belege dafür, dass Mitglieder der KWKW im Ersten Weltkrieg in unmittelbar kriegs- und rüstungsrelevante Arbeiten eingebunden waren, was Rückschlüsse auf ihre Tätigkeit in der KWKW zulässt. Für Friedrich Schwerd, den Erfinder des 1915 eingeführten deutschen Stahlhelms, vgl. Ludwig Baer, Vom Stahlhelm zum Gefechtshelm. Eine Entwicklungsgeschichte von 1915 bis 1993 zusammengestellt in Wort und Bild mit Unterstützung der Firma Schuberth Helme, Braunschweig. Bd. 1 (1915–1945), Neu-Anspach 1994, S. 12–41; für Emil Fischer vgl. Weinberg, Tätigkeit (wie Anm. 23); für Walther Nernst vgl. Hans-Georg Bartel, Walther Nernst und Frederick Alexander Lindemann als militärische Forscher und Berater. Anmerkungen für eine Analyse ihres Verhaltens in den Weltkriegen, in: Wissenschaftliche Zeitschrift der Humboldt-Universität zu Berlin, Reihe Mathematik / Naturwissenschaften 41 (1992), Heft 4, S. 41–44, hier S. 41 f.; Lothar Burchardt, Die Kaiser-Wilhelm-Gesellschaft im Ersten Weltkrieg (1914–1918), in: Rudolf Vierhaus / Bernhard vom Brocke (Hg.), Forschung im Spannungsfeld von Politik und Gesellschaft. Geschichte und Struktur der Kaiser-Wilhelm- / Max-Planck-Gesellschaft, Stuttgart 1990, S. 163–196, hier S. 164; für Ludwig Prandtl vgl. Julius C. Rotta, Die Aerodynamische Versuchsanstalt in Göttingen, ein Werk Ludwig Prandtls. Ihre Geschichte von den Anfängen bis 1925, Göttingen 1990, S. 168–197; für Fritz Haber vgl. Szöllösi-Janze, Fritz Haber (wie Anm. 7), S. 256–408, für Franz Fischer, vgl. Rasch, Kaiser-Wilhelm-Institut (wie Anm. 11), S. 63–100, für Otto Poppenberg, Wilhelm Will, Emil Bergmann, Heinrich Müller-Breslau, Sebastian Finsterwalder, Hermann Hüllmann, Alexander Baumann und Hans Reissner vgl. Maier, Forschung (wie Anm. 2), S. 145–147.

50 Vgl. Michael Eckert / Karl Märker (Hg.), Arnold Sommerfeld. Wissenschaftlicher Briefwechsel, Bd. 1, 1892–1918, Berlin 2000, S. 568–591; Rasch, Wissenschaft (wie Anm. 34), S. 82, 99–102.

51 Vgl. Rudeloff, Materialprüfungsamt (wie Anm. 41), S. 16. Rudeloffs Mitarbeiter am Staatlichen Materialprüfungsamt, Oswald Bauer, untersuchte im Rahmen des Fachausschusses für Metallgewinnung und Metallbearbeitung der KWKW die metallurgischen Eigenschaften von Ei-

der KWKW tätige Berliner Hochschul-Professor Adolf Miethe – Vorstands-
mitglied des Deutschen Luftfahrerverbandes und des Kuratoriums der Na-
tional-Flugspende sowie Berater Kaiser Wilhelm II. – befasste sich neben
Fragen der Photochemie auch mit neuartigen Verfahren der militärischen
Luftbildfotographie, denen insbesondere im Stellungskrieg (z. B. bei der Ge-
ländebeurteilung oder der Aufklärung von Minenfeldern und gegnerischen
Stellungen) aber auch bei der Bekämpfung von Unterseeminen hohe strategische Bedeutung zukam.[52]

Die Arbeiten des von Emil Fischer geleiteten Fachausschusses I der KWKW
(Chemische Rohstoffe der Munitionserzeugung und für die Betriebsstoffe) er-
streckten sich in erster Linie auf Fragen der Surrogatforschung, wie etwa die
Entwicklung von „Ersatzstoffen auf photographischem Gebiet" (Kartenüber-
züge, Ersatz von Glycerin und Glykol in Hektographen), den Ersatz für die
Herstellung von Maschinengewehrpatronengurten und Ledertaschen für
Ferngläser oder die Prüfung von Ersatzstoffen für Maschinengewehröle.[53]
Darüber hinaus widmete man sich hier der Erzeugung leichter Kohlenwas-
serstoffe (Benzine), der Umwandlung von Braun- und Steinkohlenteer in
Schmieröl für U-Boote, der Schaffung von Rauchentwicklern und leicht ent-
flammbaren Kampfölen für Flammenwerfer sowie der Entwicklung von
Kaltleimen für die Rüstungsindustrie. Auf die zuletzt genannte Aufgabe
konzentrierte sich vor allem der Jenenser Ludwig Knorr, der im Ergebnis
seiner Untersuchungen praktische Vorschriften für die Bereitung einer ganzen
Reihe neuer Kaltleimpräparate ausarbeitete. Nach einem Gutachten der

---

sennäpfchen zur Herstellung von Infanteriepatronenhülsen. Vgl. ebd.; Rasch, Wissenschaft
(wie Anm. 34), S. 99 – 102.

52 Miethe war Mitglied des Fachausschusses V (Luftfahrt) und des Fachausschusses I (Chemische
Rohstoffe der Munitionserzeugung und für die Betriebsstoffe) der KWKW. Vgl. Rasch, Wis-
senschaft (wie Anm. 34), S. 99 – 102. Als Mitglied des Fachausschusses I der KWKW gehörte
Miethe auch einer Sonderkommission der Marine auf Sylt an, die sich mit der Frage „des
Aufsuchens und Unschädlichmachens von Unterseeminen" beschäftigte. Vgl. Protokoll der II.
Sitzung des Fachausschusses I der KWKW, 1.11.1917, Emil Fischer Papers, BANC MSS 71/95,
The Bancroft Library, University of California, Berkeley, USA (Kopie im MPGA, X. Abt., Rep. 12,
Filmnr. 3). Vgl. weiterhin König, Wilhelm II. (wie Anm. 2), S. 181; Adolf Miethe, Das Fliegerbild
als Aufklärungsmittel, in: Adolf Miethe (Hg.), Die Technik im zwanzigsten Jahrhundert, Bd. 5:
Bauingenieurwesen, Küstenbefeuerung, Luftbilderkundung, Braunschweig 1920, S. 261 – 317.
Zum Deutschen Luftfahrerverband, der „Zentralverwaltungsstelle für die gesamte Luftfahrt
Deutschlands", vgl. Meyers Großes Konversations-Lexikon (Bd. 24, Jahres-Supplement 1911 –
1912), Leipzig und Wien ⁶1913, S. 566.

53 Diese und die folgenden Beispiele finden sich in den Protokollen der I. und II. Sitzung des
Fachausschusses I der KWKW, 16.6.1917 und 1.11.1917, Emil Fischer Papers, BANC MSS 71/95,
The Bancroft Library, University of California, Berkeley, USA (Kopie im MPGA, X. Abt., Rep. 12,
Filmnr. 3). Da sich Fischers Ausschuss mit der Herstellung „harter Rüstungsgüter" befasste,
kam Ende 1917 auch der Gedanke auf, das unter der Leitung Rombergs stehende Fabrikati-
onsbüro (Fabo) in seinen KWKW-Ausschuss einzubauen. Vgl. Briefe von Fischer an den Geschäftsführer der KWKW, Major Klotz, und an Alois Riedler (Berlin), 20.12.1917, ebd., Filmnr. 18).

Luftfahrzeug-Gesellschaft in Charlottenburg, erwies sich eines der von Knorr untersuchten Präparate „den bisher bekannten Kaltleimen überlegen". Darüber hinaus enthielt dieses Präparat 30 Prozent weniger Casein als die bisherigen Kaltleimfabrikate, womit seine Verwendung nicht nur „eine Streckung des verfügbaren Caseins" bedeutete, sondern auch „die Durchführung des neuen, sehr erweiterten Flugzeug-Bauprogramms" förderte.

Die Arbeiten des Fachausschusses I der KWKW nahmen zum Teil auch bizarre Formen an. So unterrichtete Fischer die Mitglieder seines Ausschusses im Juni 1917 darüber, dass man im Kriegsministerium für die Leichenbeseitigung in neueren Festungswerken den „Einbau von Verbrennungsöfen" vorsehe, während man in älteren Anlagen „Kammern zur Konservierung der Leichen" einrichten wolle. Da im Stellungskrieg der „Verwesungsgeruch faulender menschlicher oder tierischer Leichen häufig den Aufenthalt im Schützengraben nahezu unmöglich" machte, widmeten sich Mitglieder des Fachausschusses der „Auffindung geeigneter Desodorierungsmittel". Wie Fischer den Anwesenden mitteilte, habe er sich bereits 1915 „mit Erfolg" um die Lösung dieses Problems bemüht. Dabei habe er festgestellt, dass eine „Lösung von schwefelsaurem Eisenoxyd, die zu niedrigem Preis und in sehr großer Menge erhältlich" sei, genüge, um „die Leiche oberflächlich damit zu bespritzen, um den Verwesungsgeruch sofort zu beseitigen". Dem Ingenieurkomitee des Wumba und der Medizinalabteilung des Kriegsministeriums habe man inzwischen Meldung erstattet. Letztere habe übrigens auch „volle Anerkennung" über die im Rahmen des Fachausschusses durchgeführte Entwicklung eines Membranfilters gezeigt, der sich unter anderem zur „Herstellung von keimfreien Trinkwasser im Felde" eigne.

Insbesondere die letzten Beispiele zeigen, dass die Arbeiten des Fachausschusses I der KWKW in enger Abstimmung mit den Militärbehörden erfolgten. Darüber hinaus erstreckten sich die Kooperationsverhältnisse auch auf die Industrie. Gerade in dieser Hinsicht profitierte die KWKW von der multifunktionalen Vernetzung ihrer Mitglieder, die ihre jeweiligen Fachausschüsse mit den verschiedensten staatlichen, militärischen und industriellen Ressorts verschalteten. Ein herausragendes Beispiel dafür war Emil Fischer, der über exzellente Verbindungen zur chemischen Industrie verfügte. Als im Rahmen seines KWKW-Fachausschusses das Problem der Herstellung synthetischen Kautschuks und der Entwicklung künstlicher Gerbstoffe zur Sprache kam, führte Fischer aus, dass sich bereits die Elberfelder Farbenfabriken und die BASF der Lösung dieser Fragen angenommen hätten und die Bearbeitung durch die KWKW daher unnötig sei. Während Fischer durch die Auslagerung von Forschungsprojekten aus seinem Fachausschuss Doppelarbeit verhinderte, bündelte er aus dem gleichen Grund umgekehrt auch Kompetenzen in der KWKW. So nahm er in das Arbeitsprogramm seines Ausschusses auch Fragen der „Streckung, Umarbeitung und künstlichen Darstellung von Nahrungsmitteln" auf, da er an der Entwicklung dieser Probleme als Vorsitzender des „Nährstoff-Ausschusses" beim Kriegsamt ein besonderes Interesse hatte. Auf diese Weise begegnete Fischer nicht nur dem Problem der unnötigen Doppelarbeit, sondern verschaltete die KWKW mit dem „Nährstoff-Ausschuss" und dem „Kriegsausschuss für Ersatzfutter". Unter Fischers Leitung widmete man sich hier vor allem der Umwandlung von Stroh in Futtermittel für Tiere, sogenanntes „Kraftstroh". Um eine fehlerhafte Herstellung dieses „Kraftstrohs" und eine dadurch hervorgerufene Gesundheitsgefährdung der Viehbestände zu verhindern, organisierte Fischer eine umfassende Kontrolle und Beaufsichtigung der Kraftfutterfabriken, die zum großen Teil durch Mitglieder des Fachausschusses I der KWKW erfolgte.[54]

Dass die Mittel der KWKW auch den Verbündeten Deutschlands zu Gute kamen, lässt sich abschließend am Beispiel des Fachausschusses V (Luftfahrt) zeigen, über den ein „sehr namhafter Zuschuss" in die Organisation und den Aufbau des kaiserlich-osmanischen Feldwetterdienstes floss. Im Auftrag des Leiters des deutschen Heereswetterdienstes und gleichzeitigen Mitglieds des Luftfahrtausschusses der KWKW, Hugo Hergesell, wurde „während des Krieges in der Türkei ein Netz von ca. 35 Beobachtungsstationen für den Heereswetterdienst eingerichtet, das im Wesentlichen vom Januar 1916 bis zum Zusammenbruch" tätig war.[55] Schließlich gingen von KWKW auch Impulse zur Neugründung von Forschungsinstituten aus. So etwa im Jahr 1917, als die KWG in Kooperation mit dem Verein Deutscher Eisenhüttenleute und dem Preußischen Kultusministerium das KWI für Eisenforschung gründeten, zu dessen Direktor der Leiter des Fachausschusses VI (Metallgewinnung und Metallbearbeitung) der KWKW, Fritz Wüst avancierte. Das neue Institut sollte sich in den folgenden Jahren zu einer Schnittstelle kriegsrelevanter Wissensproduktion auf dem Gebiet der Eisen- und Stahlforschung entwickeln.[56]

Diese Beispiele machen deutlich, dass die KWKW einen wissenschaftspolitisch „qualitativen Sprung" darstellte, da sie eine Form der Forschungsorganisation etablierte, für die es in Deutschland bis dahin kein Vorbild gab.[57] Während vorher eine dezentrale und eher punktuell organisierte Auftragsforschung zwischen einzelnen Wissenschaftlern, der Industrie und dem Mi-

---

54 Protokolle der I. und der II. Sitzung des Fachausschusses I der KWKW, 16. 6. 1917 und 1. 11. 1917, Emil Fischer Papers, BANC MSS 71/95, The Bancroft Library, University of California, Berkeley, USA (Kopie im MPGA, X. Abt., Rep. 12, Filmnr. 3)

55 Mit dieser Aufgabe betraute Hergesell Ludwig Weickmann, der nach dem Ersten Weltkrieg auch für die Bearbeitung und Veröffentlichung des Beobachtungsmaterials sorgte. Brief von Ludwig Weickmann (Hauptobservator an der Bayerischen Landeswetterwarte, München) an die Notgemeinschaft der Deutschen Wissenschaft, 10. 3. 1921, BArch Koblenz, R 73/ 16140 (unp.).

56 Vgl. Friedrich Schmidt-Ott, Erlebtes und Erstrebtes. 1860–1950, Wiesbaden 1952, S. 145; Marsch, Wissenschaft (wie Anm. 8), S. 339 ff.; Sören Flachowsky, „Alle Arbeit des Instituts dient mit leidenschaftlicher Hingabe der deutschen Rüstung." Das Kaiser-Wilhelm-Institut für Eisenforschung als interinstitutionelle Schnittstelle kriegsrelevanter Wissensproduktion 1917–1945, in: Helmut Maier (Hg.), Gemeinschaftsforschung, Bevollmächtigte und der Wissenstransfer. Die Rolle der Kaiser-Wilhelm-Gesellschaft im System kriegsrelevanter Forschung des Nationalsozialismus, Göttingen 2007, S. 153–214, hier S. 158–160.

57 Maier, Forschung (wie Anm. 2), S. 151.

litär dominierte, entstand mit der Kaiser-Wilhelm-Stiftung erstmals eine
Stelle zur Koordination von Forschungsprojekten, in der Vertreter aller drei
Teilsysteme rüstungsrelevante Probleme gemeinsam verhandelten. Das auf
diese Weise institutionalisierte Kooperationsverhältnis zwischen Wissenschaft und Militär hatte langfristige Auswirkungen, denn die kriegsrelevante
Bedeutung der Forschung, ließ sie nicht nur näher an staatliche und militärische Instanzen heranrücken, sondern führte darüber hinaus auch zu einer
„Enthemmung" im Verhältnis von Wissenschaft und moderner Kriegsführung.[58]

2. Die Weimarer Republik

Im Dezember 1920 klagte der Industrielle Carl Duisberg gegenüber dem
Historiker Dietrich Schäfer, er sehe „überall Not, Elend und Geldmangel". Dies
sei nicht nur die Folge des verlorenen Krieges, sondern ebenso auch der Revolution. Jetzt müsse man dafür „schwer büßen" und selbst die „Kinder und
Kindes-Kinder" hätten darunter noch zu „leiden".[59] Diese Zukunftsangst
Duisbergs macht deutlich, dass die Kriegsniederlage unter den meisten Vertretern der gesellschaftlichen Eliten für erhebliche Desorientierung sorgte und
ein Gefühl der Krise erzeugte.[60] Die gesellschaftlichen Teilsysteme Wissenschaft, Industrie und Militär befanden sich jedoch in ganz unterschiedlichen
Zwangslagen. Während die Armee die vom Versailler Vertrag „am härtesten
betroffene Institution" Deutschlands war[61], sah sich die Industrie trotz zum
Teil riesiger Kriegsgewinne anderen Problemen gegenüber. Dazu zählte vor
allem der kriegsbedingte Verlust der deutschen Dominanz am Weltmarkt wie
auch überproportional hohe Einbußen an Produktionsstätten infolge des
Friedensvertrages. Darüber hinaus plagten die deutsche Industrie weiterhin
eingeschränkte Rohstoffzufuhren und die Sorge eines anhaltenden alliierten
Wirtschaftskrieges.[62] Die „Erfolge einer Substitutionswirtschaft im Krieg"[63]
hatten daher langfristige Auswirkungen auf das deutsche Wirtschaftssystem,

---

58 Gabriele Metzler, Internationale Wissenschaft und nationale Kultur. Deutsche Physiker in der
    internationalen Community 1900–1960, Göttingen 2000, S. 91.
59 Brief von Prof. Dr. Carl Duisberg an Prof. Dr. Dietrich Schäfer, 8.12.1920, Staatsarchiv Bremen,
    Nachlass Dietrich Schäfer 7,21 Karton 2 (unp.). Ich danke Björn Hofmeister für eine Kopie
    dieses Schreibens.
60 Vgl. etwa Schmidt-Ott, Erlebtes (wie Anm. 57), S. 166.
61 Manfred Zeidler, Reichswehr und Rote Armee 1920–1933. Wege und Stationen einer unge-
    wöhnlichen Zusammenarbeit, München 1993, S. 33.
62 Vgl. Ludolf Herbst, Der Krieg und die Unternehmensstrategie deutscher Industrie-Konzerne in
    der Zwischenkriegszeit, in: Martin Broszat / Klaus Schwabe (Hg.), Die deutschen Eliten und der
    Weg in den Zweiten Weltkrieg, München, 1989, S. 72–133, hier S. 82–85.
63 Ulrich Marsch, Von der Syntheseindustrie zur Kriegswirtschaft. Brüche und Kontinuitäten in
    Wissenschaft und Politik, in: Helmut Maier (Hg.), Rüstungsforschung im Nationalsozialismus.
    Organisation, Mobilisierung und Entgrenzung der Technikwissenschaften, Göttingen 2002,
    S. 33–51, hier S. 33.

das sich zunehmend in einer „Wagenburg der Autarkie" verschanzte und sich
von den „internationalen Synergien" abkoppelte.[64]

Den Wissenschaftsbereich plagten andere Nöte. So war schon seit der
Jahrhundertwende ein säkularer Bedeutungsverlust der Hochschulen zu verzeichnen, der sich am deutlichsten in der Auslagerung von Forschungsbe-
reichen aus der Universität in industrielle und außeruniversitäre Einrichtungen niederschlug.[65] Die Revolution schuf zusätzliche Probleme. So büßten
die Professoren ihre alleinige Deutungshoheit in Hochschul- und Bildungs-
fragen ein. Hochschulpolitische Entscheidungen waren nun das Resultat politischer Auseinandersetzungen zwischen verschiedenen parlamentarischen
Interessengruppen und nicht mehr das Ergebnis vermeintlich objektiver und
unparteiischer Urteile einer obrigkeitsstaatlichen Bürokratie.[66] Schwerer
wogen jedoch die Folgen der Inflation, die nicht nur die Existenz vieler wissenschaftlicher Einrichtungen bedrohte, sondern zu einer wirklichen „Not der
deutschen Wissenschaft und der geistigen Arbeiter" führte.[67] Der von der
Entente verfügte internationale „Boykott der deutschen Wissenschaft" verstärkte dieses Krisengefühl zusätzlich.[68] Angesichts der, wie man einmütig

64 Ulrich Wengenroth, Die Flucht in den Käfig. Wissenschafts- und Innovationskultur in
   Deutschland 1900–1960, in: Rüdiger vom Bruch / Brigitte Kaderas (Hg.), Wissenschaften und
   Wissenschaftspolitik. Bestandsaufnahmen zu Formationen Brüchen und Kontinuitäten im
   Deutschland des 20. Jahrhunderts, Stuttgart 2002, S. 52–59, hier S. 53. Vgl. weiterhin Marsch,
   Syntheseindustrie (wie Anm. 63), S. 33; Margit Szöllösi-Janze, Wissensgesellschaft in
   Deutschland: Überlegungen zur Neubestimmung der deutschen Zeitgeschichte über Verwis-
   senschaftlichungsprozesse, in: Geschichte und Gesellschaft 30 (2004), S. 277–313, hier
   S. 301 f.; Helmuth Trischler, Nationales Sicherheitssystem – nationales Innovationssystem.
   Militärische Forschung und Technik in Deutschland in der Epoche der Weltkriege, in: Bruno
   Thoß / Hans-Erich Volkmann (Hg.), Erster Weltkrieg – Zweiter Weltkrieg. Ein Vergleich. Krieg,
   Kriegserlebnis, Kriegserfahrung in Deutschland, Paderborn 2002, S. 106–131, hier S. 119. L.
   Herbst geht davon aus, dass die Exportorientierung der Industrie einen Krieg als Expansi-
   onsmittel bis 1933 weitgehend ausschloss. Auch Hansen betont, dass die Großindustrie den
   Export vor die Rüstung stellte, das dies jedoch eine sich seit 1923 stetig intensivierende Ko-
   operation von Industrie und Militär zum Zwecke der Rüstung nicht ausschloss. Vgl. Herbst,
   Krieg (wie Anm. 62), S. 102, 123; Hansen, Reichswehr (wie Anm. 16), S. 76–78, 91–113, 137–
   139, 205–209.
65 Vgl. Margit Szöllösi-Janze, Naturwissenschaft und demokratische Praxis: Albert Einstein –
   Fritz Haber – Max Planck, in: Andreas Wirsching / Jürgen Eder (Hg.), Vernunftrepublikanismus
   in der Weimarer Republik. Politik, Literatur, Wissenschaft, Stuttgart 2008, S. 231–254, hier
   S. 233; Hachtmann, Wissenschaftsmanagement, S. 81.
66 Vgl. Ulf Hashagen, Walther von Dyck (1856–1934). Mathematik, Technik und Wissenschaftsorganisation an der TH München, Stuttgart 2003, S. 624.
67 Georg Schreiber, Die Not der deutschen Wissenschaft und der Geistigen Arbeiter, Leipzig 1923.
   Vgl. auch Ulrich Marsch, Notgemeinschaft der Deutschen Wissenschaft. Gründung und frühe
   Geschichte 1920–1925, Frankfurt am Main 1994, S. 39 f.; Helmuth Trischler / Rüdiger vom
   Bruch, Forschung für den Markt. Geschichte der Fraunhofer-Gesellschaft, München 1999, S. 22.
68 Vgl. Brigitte Schroeder-Gudehus, Internationale Wissenschaftsbeziehungen und auswärtige
   Kulturpolitik 1919–1933. Vom Boykott und Gegen-Boykott zu ihrer Wiederaufnahme, in: Ru-
   dolf Vierhaus / Bernhard vom Brocke (Hg.), Forschung im Spannungsfeld von Politik und
   Gesellschaft. Geschichte und Struktur der Kaiser-Wilhelm-/Max-Planck-Gesellschaft, Stuttgart

meinte, „ungerechten" Behandlung Deutschlands durch die Alliierten regte sich ein „aktualisiertes Nationalbewusstsein", das sich fast über die gesamte deutsche Gelehrtenwelt erstreckte.[69] Damit verband sich die „latente Disposition", den „Wiederaufstieg der deutschen Nation gegebenenfalls auch in einem neuen Kriege zu erzwingen".[70]

Vor diesem Hintergrund forderten führende Repräsentanten aus Politik, Wirtschaft und Forschung eine nachdrückliche Förderung der Wissenschaft, wovon man sich nicht zuletzt auch wirtschaftlich relevante Dividenden versprach. So betonte Reichsinnenminister Erich Koch-Weser im Oktober 1920 die Notwendigkeit, die Wissenschaft „wieder in den Sattel zu heben", denn sie allein bilde die Grundlage technisch-industriellen Fortschritts.[71] Nur durch eine umfassende Förderung von Wissenschaft und Technik, so ein Vertreter des Reichswirtschaftsministeriums im November 1923, könne man den Schwierigkeiten bei der Rohstoffeinfuhr begegnen und „die Abhängigkeit der deutschen Industrie vom Auslande" verringern.[72] Die Wissenschaft, so brachte es Duisberg 1931 auf den Punkt, sei einer der wesentlichen Faktoren für den Wiederaufstieg Deutschlands.[73] Hinter diesen und ähnlichen Worten stand die Überzeugung, dass die Wissenschaft die einzige Ressource war, in der das Deutsche Reich noch als Weltmacht gelten konnte.[74] Da die traditionellen deutschen Machtfaktoren Heer und Wirtschaft so nicht mehr zur Verfügung standen, geriet die Wissenschaft zum Machtersatz.[75]

Dies hatte verschiedene Initiativen zur Folge, die auf eine Förderung der Forschung hinausliefen und zum Teil bedeutende institutionelle Neuerungen

1990, S. 858–885, hier S. 859. Für die zeitgenössische Wahrnehmung vgl. zum Beispiel Karl Kerkhof, Der Krieg gegen die deutsche Wissenschaft. Eine Zusammenstellung von Kongreß-berichten und Zeitungsmeldungen, Wittenberg 1922; Georg Karo, Der Geistige Krieg gegen Deutschland, Halle ²1926.

69 Wolfgang Hardtwig, Die Preußische Akademie der Wissenschaften in der Weimarer Republik, in: Wolfram Fischer (Hg.), Die Preußische Akademie der Wissenschaften zu Berlin 1914–1945, Berlin 2000, S. 25–51, hier S. 43. Beispielhaft dafür die „Resolution der deutschen Universitäten gegen den Gewaltfrieden", die am 19.5.1919 vom Senat der Universität Göttingen vorgelegt wurde. Deutsche Universitäten gegen den Friedensvertrag, in: Neue Freie Presse, 29.5.1919 (BArch Berlin, R 8034 II/ 2525, Bl. 112); Deutsche technische Hochschulen gegen den Frie-densvertrag, in: Neue Freie Presse, 1.6.1919 (ebd., Bl. 115 f.).

70 Mommsen, Wissenschaft (wie Anm. 10), S. 13.

71 So Reichsinnenminister Erich Koch-Weser im Oktober 1920. Eine Kundgebung für die Not-gemeinschaft der Deutschen Wissenschaft, in: Internationale Monatsschrift für Wissenschaft Kunst und Technik 15 (1920), Heft 2, Sp. 98–134, hier Sp. 100. Vgl. auch Eduard Wildhagen / Friedrich Schmidt-Ott, Die Not der deutschen Wissenschaft, in: Internationale Monatsschrift für Wissenschaft, Kunst und Technik 15 (1920), Heft 1, S. 1–36, hier S. 3 f.

72 Brief des Reichswirtschaftsministers an den Reichsminister des Innern, 16.11.1923, BArch Berlin, R 43 I/ 814, Bl. 131.

73 Hachtmann, Wissenschaftsmanagement (wie Anm. 3), S. 104.

74 Vgl. ebd., S. 103.

75 Paul Forman, Die Naturforscherversammlung in Nauheim im September 1920. Eine Einführung in das Wissenschaftsleben der Weimarer Republik, in: Dieter Hoffmann / Mark Walker (Hg.), Physiker zwischen Autonomie und Anpassung, Weinheim 2007, S. 20–58, hier 34.

hervorbrachten. Vor allem der KWG gelang es mit Hilfe der Industrie und des Staates, sich durch zahlreiche, in vielen Fällen auch wehrwirtschaftlich motivierte, Institutsgründungen „krisenfest" zu machen und so eine Auflösung zu verhindern.[76] Neben den 1920 gegründeten Stifterverband trat eine Reihe kleinerer Stiftungen, die von der chemischen Industrie und der rheinischwestfälischen Schwerindustrie finanziert wurden.[77] Daneben entstanden eine Vielzahl lokaler und regionaler Unterstützungsfonds, Staats- und Reichsministerien sowie kleinerer Fördergesellschaften, die die „Expansionsdynamik des Innovationssystems" offenbarten und „ein multiplexes System der Forschungsförderung" etablierten.[78]

Während diese Stiftungen aber letztlich nur geringe Wirksamkeit entfalteten, entwickelte sich die Notgemeinschaft der Deutschen Wissenschaft zu einem wirklich tragenden Pfeiler der deutschen Forschungslandschaft. Ihre Gründung im Oktober 1920, ein spätes Produkt des „Systems Althoff"[79], markierte den vorläufigen Abschluss der institutionellen Ausdifferenzierung des deutschen Wissenschaftssystems.[80] Dabei erwies sie sich als behutsame

76 Hachtmann, Wissenschaftsmanagement (wie Anm. 3), S. 102 f. Vgl. auch Hansen, Reichswehr (wie Anm. 16), S. 28; Marsch, Syntheseindustrie (wie Anm. 63), S. 47. Die enge Verbindung der KWG zur Industrie wird auch durch die Zusammensetzung der Kuratorien der einzelnen Kaiser-Wilhelm-Institute belegt. Vgl. Adolf von Harnack, Handbuch der Kaiser-Wilhelm-Gesellschaft zur Förderung der Wissenschaften, Berlin 1928.

77 Bei diesen Stiftungen handelte es sich um die „Emil Fischer-Gesellschaft zur Förderung der chemischen Forschung", die „Adolf Bayer-Gesellschaft zur Sicherstellung der chemischen Literatur" und die „Justus Liebig-Gesellschaft zur Förderung des chemischen Unterrichts". Niederschrift über die gemeinschaftliche Sitzung der Verwaltungsräte des Liebig-Stipendiaten-Vereins und der Deutschen Gesellschaft zur Förderung des chemischen Unterrichts im Bibliothekszimmer des chemischen Staatslaboratoriums in München, 27.9.1920, BArch Berlin, R 1501/116321, Bl. 7-11. In die gleiche Richtung zielten die Bemühungen Duisbergs und Albert Vöglers bei der Gründung der „Helmholtz-Gesellschaft zur Förderung der physikalisch-technischen Forschung". Ähnlich wie im Bereich der Chemie wurde die Mittelvergabe hier von der Industrie kontrolliert und auf ihre Interessen abgestimmt. Vgl. Forman, Naturforscherversammlung (wie Anm. 75), S. 54; Die Helmholtz-Gesellschaft zur Förderung der physikalisch-technischen Forschung in zwanzig Jahren ihres Wirkens. Düsseldorf 1939; Winfried Schulze, Der Stifterverband für die Deutsche Wissenschaft 1920-1995, Berlin 1995, S. 63 f., 76 ff.; Maier, Forschung (wie Anm. 2), S. 227-234; Steffen Richter, Wirtschaft und Forschung. Ein historischer Überblick über die Förderung der Forschung durch die Wirtschaft in Deutschland, in: Technikgeschichte 46 (1979), Nr. 1, S. 20-44.

78 Helmut Maier, „Stiefkind" oder „Hätschelkind"? Rüstungsforschung und Mobilisierung der Wissenschaften bis 1945, in: Christoph Jahr (Hg.), Die Berliner Universität in der NS-Zeit, Bd. I: Strukturen und Personen, Stuttgart 2005, S. 99-114, hier S. 104.

79 Vgl. Sören Flachowsky / Peter Nötzoldt, Von der Notgemeinschaft der deutschen Wissenschaft zur Deutschen Forschungsgemeinschaft. Die „Gemeinschaftsarbeiten" der Notgemeinschaft 1924-1933, in: Marc Schalenberg / Peter Th. Walther (Hg.): „... immer im Forschen bleiben!" Rüdiger vom Bruch zum 60. Geburtstag, Stuttgart 2004, S. 157-177, hier S. 175.

80 Vgl. Margit Szöllösi-Janze, Die institutionelle Umgestaltung der Wissenschaftslandschaft im Übergang vom späten Kaiserreich zur Weimarer Republik, in: Rüdiger vom Bruch / Brigitte Kaderas (Hg.), Wissenschaften und Wissenschaftspolitik. Bestandsaufnahmen zu Formationen

und schonende Innovation, denn sie fügte sich in das bestehende System nahtlos ein, ohne andere Institutionen zu verdrängen. Gleichwohl verbarg sich hinter ihrem Selbstverwaltungscharakter auch der Versuch der zumeist monarchistischen und national-konservativen Professoren, für sich selbst ein institutionelles Refugium zu schaffen, in das die ungeliebte Republik nicht einzugreifen vermochte.

Die Notgemeinschaft war eine unmittelbare Antwort auf die inflationsbedingte Krise des deutschen Wissenschaftssystems. Sie ging auf eine Initiative von Haber und Schmidt-Ott zurück, die schon im Ersten Weltkrieg die KWKW gegründet hatten. So verwundert es nicht, dass sich die Notgemeinschaft sowohl in struktureller, wie auch inhaltlicher und programmatischer Hinsicht am Vorbild der Kaiser-Wilhelm-Stiftung für kriegstechnische Wissenschaft orientierte. Besonders deutlich wurde das bei dem von Schmidt-Ott seit 1924 entwickelten Programm nationaler Gemeinschaftsarbeiten. Den Hintergrund dafür bildeten die Folgen der Hyperinflation, welche die Existenz der Notgemeinschaft bedrohten. Dies führte zu der Überlegung, der bis dahin passiven Förderpolitik der Notgemeinschaft durch fächer- und institutionsübergreifende Gemeinschaftsarbeiten auf den Gebieten der „nationalen Wirtschaft, der Volksgesundheit und des Volkswohls" ein aktiveres Gepräge zu verleihen und gleichzeitig die Richtung der künftigen Wissenschaftsentwicklung zu bestimmen.[81] Dieser Plan entsprang nationalökonomischem Kalkül und sollte helfen, der wirtschaftlichen Entwicklung des Reiches durch neue, technologisch innovative Forschungsansätze wirksame Impulse zu verleihen.[82] Bei seiner Umsetzung bezog sich Schmidt-Ott auf seine wissenschaftsorganisatorischen Erfahrungen aus dem Ersten Weltkrieg. Denn er griff nicht nur auf das auf institutsübergreifende Zusammenarbeit ausgerichtete Fachausschusssystem der KWKW zurück, sondern rückte genau wie die Stiftung natur- und technikwissenschaftliche Aufgaben ins Zentrum der Forschungsförderung. Daher konzentrierten sich die Gemeinschaftsarbeiten – die nicht nur programmatische Schwerpunkte innerhalb der Forschung definierten, sondern ebenso als reichsweites Forum des Wissenstransfers dienten – auch auf anwendungsbezogene Problemstellungen sowie Fragen der

Brüchen und Kontinuitäten im Deutschland des 20. Jahrhunderts, Stuttgart 2002, S. 60–74, hier S. 70.

81 Flachowsky / Nötzoldt, Notgemeinschaft (wie Anm. 80), S. 158–167; Jochen Kirchhoff, Die forschungspolitischen Schwerpunktlegungen der Notgemeinschaft der Deutschen Wissenschaft 1925–1929 im transatlantischen Kontext. Überlegungen zur vergleichenden Geschichte der Wissenschaftsorganisation, in: Rüdiger vom Bruch / Eckart Henning (Hg.), Wissenschaftsfördernde Institutionen im Deutschland des 20. Jahrhunderts. Beiträge der gemeinsamen Tagung des Lehrstuhls für Wissenschaftsgeschichte an der Humboldt-Universität zu Berlin und des Archivs zur Geschichte der Max-Planck-Gesellschaft, 18.–20. Februar 1999, Berlin 1999, S. 70–86.

82 Vgl. Trischler / vom Bruch, Forschung (wie Anm. 68), S. 22; Maier, Stiefkind (wie Anm. 79), S. 105.

Autarkieforschung.[83] Die für die Zielfindung verantwortlichen Leiter dieser Gemeinschaftsprojekte entstammten genau jenem Netzwerk, das bereits während des Ersten Weltkrieges über die KWKW für eine Mobilisierung der Wissenschaften gesorgt hatte.[84]

Die praxisorientierte Perspektive der Gemeinschaftsarbeiten deckte sich mit den wehrwirtschaftlichen Überlegungen der Reichswehr, die sich bereits seit Anfang der zwanziger Jahre um eine Wiederbelebung der im Krieg erfolgreichen Kooperation zwischen Wissenschaft und Militär bemühte.[85] So erhob der Chef der Heeresleitung Hans von Seeckt bereits im Januar 1921 die Forderung, die Entwicklung der Waffentechnik unter Heranziehung von Wissenschaft und Industrie zu fördern, um für einen zukünftigen Krieg gerüstet zu sein.[86] Gleichzeitig bekämpfte von Seeckt pazifistische Gegenströmungen, die er, wie im Fall des Münchener Professors Ludwig Quidde, als „Gipfel nationaler Würdelosigkeit" brandmarkte und mit Zuchthaus bestrafen ließ.[87]

Im Rahmen ihrer Mobilmachungsvorbereitungen knüpfte die Reichswehr in den zwanziger Jahren wieder kontinuierlich Kontakte zu rüstungsrelevanten Unternehmen. Dass diese Beziehungen bis zum Beginn der dreißiger Jahre immer mehr Gestalt annahmen hing auch damit zusammen, dass so einflussreiche Industrielle, wie der Vorsitzende des Reichsverbandes der Deutschen Industrie und Leiter der I.G. Farben, Carl Duisberg, der Generaldirektor der Eisen- und Stahlwerke Hoesch A.G. in Dortmund, Friedrich Springorum, oder der Vorsitzende des Reichsverbandes der Automobil-Industrie, Robert Allmers, als „V-Männer" des Heereswaffenamtes (HWA) fungierten.[88] Gleichzeitig bemühte sich das HWA darum, auch Hochschulen und Forschungseinrichtungen für seine Zwecke „nutzbar zu machen".[89] So arbeiteten Wissenschaftler an verschiedenen Hochschulinstituten, im Reichsgesundheitsamt und der Geologischen Landesanstalt seit Mitte der 20er Jahre auf dem

---

83 Denkschrift Schmidt-Otts „zur Lage der Notgemeinschaft", August 1932, BArch Berlin, R 2, Nr. 12021 (unp.). Zu den Gemeinschaftsarbeiten vgl. Jochen Kirchhoff, Wissenschaftsförderung und forschungspolitische Prioritäten der Notgemeinschaft der Deutschen Wissenschaft 1920– 1932. Phil. Diss. München 2007 (pdf-Datei: http://edoc.ub.uni-muenchen.de/7870/), S. 156– 307, 329–358; Flachowsky, Notgemeinschaft (wie Anm. 2), S. 75–92; Flachowsky / Nötzoldt, Notgemeinschaft (wie Anm. 80), S. 157–177.
84 Vgl. Maier, Stiefkind (wie Anm. 79), S. 104.
85 Vgl. Hansen, Reichswehr (wie Anm. 16); Budrass, Flugzeugindustrie (wie Anm. 17).
86 Vgl. Zeidler, Reichswehr (wie Anm. 62), S. 38.
87 Brief des Chefs der Heeresleitung, Hans von Seeckt, an Prof. Dr. Ludwig Quidde (Deutsches Friedenskartell), 9.1.1924, BArch Berlin, R 43 I/ 511, Bl. 17. Zu Quidde vgl. Karl Holl, Ludwig Quidde (1858–1941). Eine Biographie, Düsseldorf 2007.
88 Liste [des HWA] der an der Tagung des Reichsverbandes der Deutschen Industrie teilnehmenden bedeutenden Industriellen, 3.9.1929, BArch-Militärarchiv Freiburg, RH 8-I/ 919 (unp.).
89 Erich Schumann, Wehrmacht und Forschung, in: Richard Donnevert (Hg.), Wehrmacht und Partei, Leipzig ²1939, S. 133–151, hier S. 135.

Gebiet der Kampfstoffforschung eng mit dem HWA zusammen.[90] Zur Gewinnung von Kraftstoffen und Schmierölen aus Kohle wurden im Auftrag des HWA Untersuchungen am Mineralöl- und Braunkohlenforschungs-Institut der TH Berlin und in den Kaiser-Wilhelm-Instituten für Kohlenforschung in Mühlheim und Breslau durchgeführt. Darüber hinaus unterhielten das Heer und die Marine Verbindungen zu den Kaiser-Wilhelm-Instituten für Eisenforschung in Düsseldorf, zum Kaiser-Wilhelm-Institut für Metallforschung in Berlin, zur Physikalisch-Technischen Reichsanstalt, zum Deutschen Normenausschuss, zum Deutschen Verband für die Materialprüfung der Technik sowie zu verschiedenen wissenschaftlich-technischen Vereinen, wie dem Verein Deutscher Ingenieure, dem Verein Deutscher Eisenhüttenleute oder dem Verein Deutscher Chemiker.[91] Im Jahr 1926 schloss die KWG einen „geheimen Staatsvertrag" mit der Reichswehr, der sich klar auf eine nach dem Versailler Vertrag illegale Rüstungsforschung bezog und über 1933 hinaus verbindlich blieb.[92] Dies traf auch für das Reichsverkehrsministerium zu, das nicht nur militärisch wichtige Untersuchungen, sondern auch die sie durchführenden Forschungsinstitute, wie etwa die Deutsche Versuchsanstalt für Luftfahrt (DVL), finanzierte.[93] Darüber hinaus wurden rüstungsrelevante Einrichtungen – wie das Militärversuchsamt – nach 1918 durch semantische

90 Hansen, Reichswehr (wie Anm. 16), S. 117. Während ein Großteil der wissenschaftlichen Bearbeiter im Dunkeln bleibt, sind die Verbindungen der Reichswehr zur Universität Göttingen nachgewiesen worden. In Göttingen arbeitete unter der Leitung von Gerhart Jander der spätere Präsident der Deutschen Forschungsgemeinschaft, Rudolf Mentzel, an geheimen Fragen auf dem Gebiet der Kampfstoffe. Vgl. Florian Schmaltz, Kampfstoff-Forschung im Nationalsozialismus. Zur Kooperation von Kaiser-Wilhelm-Instituten, Militär und Industrie, Göttingen 2005, S. 51–53; Alexander Neumann, „Ärzttum ist immer Kämpfertum." Die Heeressanitätsinspektion und das Amt „Chef des Wehrmachtsanitätswesens" im Zweiten Weltkrieg (1939–1945), Düsseldorf 2005, S. 274–277. Zu den an der TH Berlin für die Reichswehr tätigen Wissenschaftlern gehörte vermutlich auch Fritz Wirth, der seit 1925 mit Unterstützung der Regierung und der Heeresleitung Untersuchungen zum „Gasschutz für die Zivilbevölkerung" durchführte. Vgl. BArch Berlin, R 43 I/ 726.
91 Vgl. Vermerk des HWA betr. Reichsmittel für wissenschaftliche Forschungen, 21. 9. 1927, BArch-Militärarchiv Freiburg, RH 8-I/919 (unp.). Zum VDCh vgl. Vermerk von WaWi an die Zahlstelle WaA, 4. 4. 1931, ebd.
92 Maier, Forschung (wie Anm. 2), S. 266–283. Nach außen hin dementierte die KWG natürlich, sich mit rüstungsrelevanten Arbeiten zu befassen. Vgl. etwa den Artikel des Abteilungsleiters am KWI für physikalische Chemie und Elektrochemie, Herbert Freundlich, Die angebliche Kriegsarbeit der deutschen Wissenschaft, in: Berliner Tageblatt, 16. 12. 1924 (in BArch Berlin, R 8034 II/ 2546, Bl. 47); Deutschlands „Geheimrüstung". Wie man Beweise gegen uns sammelt, in: Vossische Zeitung, 2. 1. 1925 (BArch Berlin, R 8034 II/ 2546, Bl. 48).
93 Zur DVL, die maßgeblich vom RVM finanziert wurde, vgl. Budrass, Flugzeugindustrie (wie Anm. 17), S. 26, 227, 231 f.; Trischler, Luft- und Raumfahrtforschung (wie Anm. 2), S. 70–83, 142–167; Peter Bruders, Beiträge zur Geschichte der Deutschen Versuchsanstalt für Luft- und Raumfahrtforschung e. V. 1912–1962. Festschrift aus Anlaß des 50jährigen Bestehens der DVL im April 1962, Köln 1962; Bericht von Adolf Baeumker, Die Entwicklung der Luftfahrtforschung, 1.11.1935, Deutsche Forschungsanstalt für Luft- und Raumfahrt e.V., Göttingen, Historisches Archiv, A 1504, Baeumker, A., Schriftstellerei V, 1933 ff.

Eingriffe in die Amtsbezeichnung zivilisiert, standen dem Militär aber weiterhin zur Verfügung.[94] Die Kooperation von Industrie, Wissenschaft und Militär setzte sich somit über die Zäsur von 1918 hinweg kontinuierlich fort. Dies lässt sich auch am Beispiel der Notgemeinschaft zeigen, für deren umfassende staatliche Alimentierung sich das Reichswehrministerium spätestens seit 1927 aussprach. Gleichzeitig bemühte sich das Heereswaffenamt darum, Fachvertreter des Heeres in die Ausschüsse der Notgemeinschaft zu entsenden, um direkten Einfluss auf deren Arbeitsprogramm zu gewinnen.[95] Die utilitaristische Ausrichtung der Gemeinschaftsarbeiten bot der Reichswehr aber auch ohnedies vielfältige Anknüpfungsmöglichkeiten, so etwa für Forschungen über sparstoffarme Geschützstähle, ballistische Untersuchungen oder militärisch relevante Schallmessungen.[96] In der Poliklinik der Universität Königsberg führte man mit Unterstützung der Notgemeinschaft atemphysiologische Untersuchungen mit Gasmasken durch.[97] Die Frage der „Einwirkung des Gasmaskentragens auf den menschlichen Organismus" habe, so der Antragsteller Oskar Bruns gegenüber Schmidt-Ott, „außerordentlich hohe Bedeutung" für den zivilen (Feuerwehr) wie auch für den militärischen Bereich. Da diese Arbeiten in Kooperation mit Gasmaskenfabriken, wie etwa der Auergesellschaft, durchgeführt wurden, versprachen sich auch die Sachverständigen der Sanitäts-Inspektion des Reichswehrministeriums „viel Wertvolles" von den Untersuchungen der Königsberger Physiologen.[98] Aber nicht nur dem Heer kamen die von der Notgemeinschaft geförderten Arbeiten entgegen, auch die Marine und die Luftwaffe zogen ihrerseits Nutzen daraus. Im Rahmen der spektakulären „Meteor-Expedition" der Notgemeinschaft testete die Marine bei der Durchführung konventioneller Meßreihen auch „neue Echolote aus der U-Boot-Navigationstechnik".[99] Streng geheim waren

94 Dies traf etwa für die Chemisch-Technische Reichsanstalt zu, die 1920 aus dem Militärversuchsamt hervorging. Vgl. Maier, Stiefkind (wie Anm. 79), S. 103.
95 Brief des Reichswehrministeriums (HWA, Prüfwesen) an Wa. Stab, 23.8.1927, BArch-Militärarchiv Freiburg, RH 8-I, Nr. 919 (unp.). Vgl. auch Brief des Reichswehrministers an den Reichsminister des Innern, 21.10.1927, BArch Berlin, R 1501, Nr. 126761, Bl. 165–166.
96 Vgl. etwa Maier, Forschung (wie Anm. 2), S. 243–255; Flachowsky/Nötzoldt, Notgemeinschaft (wie Anm. 79), S. 157–177; Flachowsky, Notgemeinschaft (wie Anm. 2), S. 87–92.
97 Vgl. Brief des Direktors der medizinischen Universitäts-Poliklinik, Otto Bruns, an den Präsidenten der Notgemeinschaft, 4.11.1927, BArch Koblenz, R 73/16482 (unp.).
98 Der Bearbeiter war der DFG-Stipendiat Waldemar Quednau, der von der Notgemeinschaft in den Jahren 1927 und 1928 finanziert wurde und zudem eine Reisebeihilfe erhielt, um sich mit den Apparaturen und Arbeitsmethoden der Gasmaskenfabriken vertraut zu machen. Vgl. ebd.; Gutachten von General-Oberstabsarzt Schultzen für die Notgemeinschaft, 13.12.1927 (DFG-Eingangsstempel), ebd.; Bericht von Waldemar Quednau an den Präsidenten der Notgemeinschaft, 31.12.1927, ebd.
99 Kirchhoff, Wissenschaftsförderung (wie Anm. 83), S. 144 f. Vgl. weiterhin Notiz von Friedrich Schmidt-Ott für Staatssekretär Schulz (Reichsministerium des Innern), 26.1.1925, BArch Berlin, R 1501/116322, Bl. 86; Telegramm von Prof. Dr. Alfred Merz von Bord des „V.-S ‚Meteor'" (Buenos Aires), 27.5.1925, ebd., Bl. 197–200; Bericht über die Sitzung der Kommission für die

auch die von der Notgemeinschaft in Kooperation mit der Firma Junkers seit 1926 durchgeführten Entwicklungsarbeiten an einem Stratosphärenflugzeug, mit dem sich Junkers bei der Reichswehr um einen Höhenbomber bewerben wollte.[100] Genau wie die KWG und verschiedene Hochschulinstitute war die Notgemeinschaft also bereits vor 1933 in die geheimen Forschungen der Reichswehr involviert. Die Führung der Notgemeinschaft verschloss sich dieser Entwicklung nicht. Sie stand in dieser Hinsicht für den nationalkonservativen und revanchistischen Geist vieler bildungsbürgerlicher Eliten in der Weimarer Republik und einer auch in diesem Milieu verbreiteten Disposition zum Krieg. So brachte Schmidt-Ott 1934 zum Ausdruck, dass die Notgemeinschaft die von ihr vor 1933 angeregten und unterstützten Forschungsaufgaben „meist nicht offen in Beziehung zur Landesverteidigung" habe bringen können, „obwohl im Innern wohl alle Beteiligten bei sehr vielen Aufgaben das Empfinden gehabt" hätten, „dass neben der zivilen Zweckbestimmung das Motiv der Stärkung unserer Verteidigungskraft die führende Rolle" gespielt habe.[101] Die hinter diesen Worten stehenden weltanschaulichen Anknüpfungspunkte machten es der Notgemeinschaft nach 1933 problemlos möglich, ihre Gemeinschaftsarbeiten mit den von der NS-Regierung postulierten Plänen zur Errichtung eines autarken Wehrstaates zu verbinden. Welche Gefahren sich aus solchen Plänen ergeben konnten, hatte Carl von Ossietzky bereits zwei Jahre zuvor erkannt, als er in einem Artikel der „Weltbühne" weitblickend ausführte:

„Seit 1918 stand es niemals gut um Deutschland, wenn wir ‚aus eigener Kraft' und ‚allein' fertig werden wollten. Auch ohne törichte Experimente werden die nächsten Monate schwer genug werden. Die Autarkie führt die Kohlrübe im Wappen. Das stolze ‚Allein' heißt: allein verkümmern, allein verhungern. Der Reichskanzler mag nicht so groß sein wie sein Ruhm, aber er wird klug genug sein, um zu wissen, daß kein Staatsmann mehr dem Volke das grauenhafte Opfer einer selbstgeschaffenen Blockade auferlegen kann, die, wie Dreiundzwanzig, mit einer elenden und bedingungslosen Kapitulation enden muß. Der nächste verlorene Ruhrkrieg wird ganz Deutschland in Brand stecken."[102]

Vorbereitung der Deutschen Atlantischen Expedition auf dem Vermessungs- und Forschungsschiff Meteor (…) in den Räumen der Notgemeinschaft, 7. 10. 1925, ebd., Bl. 288 – 300.

100 Vgl. Sören Flachowsky, „Das größte Geheimnis der deutschen Technik". Die Entwicklung des Stratosphärenflugzeugs „Ju 49" im Spannungsfeld von Wissenschaft, Industrie und Militär (1926 – 1936), in: Dresdener Beiträge zur Geschichte der Technikwissenschaften 32 (2008), S. 3 – 32; Kirchhoff, Wissenschaftsförderung (wie Anm. 84), S. 266 – 279.

101 Brief Schmidt-Otts an das Reichsministerium des Innern und das Reichswehrministerium, 24. 3. 1934, BArch Berlin, R 1501, Nr. 126769/3, Bl. 266.

102 Carl von Ossietzky, Brünning und sein Ruhm, in: Die Weltbühne. Wochenschrift für Politik, Kunst und Wirtschaft 27 (1931), 4. August 1931, Nr. 31, S. 159 – 164, hier S. 164.

3. Zusammenfassung

Bereits vor 1914 etablierte sich in Deutschland ein komplexes Beziehungsgeflecht der gesellschaftlichen Teilsysteme Industrie, Wissenschaft und Militär. Im Ersten Weltkrieg wurde dieses Verhältnis intensiviert und institutionalisiert. Vor dem Hintergrund kriegswirtschaftlicher Problemlagen wurden
neue Wege der Forschungskoordination beschritten, über die sich institutsübergreifende Gemeinschaftsarbeit und interdisziplinäre Projektforschung
durchsetzten. Parallel dazu brachte der Erste Weltkrieg den Typus des modernen Wissenschaftsmanagers hervor, der gleichzeitig als Mediator zwischen
Industrie, Staat und Militär agierte.[103]

Vor allem die Gründung der Kaiser-Wilhelm-Stiftung für kriegstechnische
Wissenschaft bedeutete einen qualitativen Sprung in der Organisation der
Rüstungsforschung, denn mit ihr entstand erstmals eine „reichsweite Plattform des Problem- und Wissenstransfers finalisierter Forschung".[104] Mit
ihrem Fachausschusssystem und ihrer institutsübergreifenden Ausrichtung
avancierte die Stiftung zu einem Modell der künftigen deutschen Wissenschaftsorganisation, das auch in der Notgemeinschaft zum tragen kam.

Ebenso wie die KWKW waren die Notgemeinschaft und ihre Sonderkom-
missionen direkte Antworten auf kritische Zwangslagen. Dabei zeigt insbesondere das Beispiel der 1925 ins Leben gerufenen Gemeinschaftsarbeiten,
dass Wissenschaften und Wissenschaftspolitik Teil eines von der nationalis-
tisch geprägten bildungsbürgerlichen Elite mitgetragenen Revisionskurses
waren. Das sich von dem Erfahrungshorizont des Ersten Weltkrieges seit 1918
stetig intensivierende Kooperationsverhältnis von Wissenschaft, Industrie
und Militär spiegelte nicht nur das Selbstverständnis und die Praxis wissenschaftlicher Forschungsarbeit wider, sondern verweist auch darauf, dass alle
beteiligten Teilsysteme füreinander Ressourcen bereitstellten. Dieses sym-
biotische Verhältnis ermöglichte schließlich die weitgehend reibungslose Integration wissenschaftlicher Arbeiten in die von wehr- und rüstungswirt-
schaftlichen Gesichtspunkten dominierten Strukturen des NS-Regimes.[105]

---

103 Vgl. dazu Hachtmann, Wissenschaftsmanagement (wie Anm. 3), S. 23 – 26.
104 Maier, Stiefkind (wie Anm. 79), S. 102.
105 Moritz Epple, Rechnen, Messen, Führen. Kriegsforschung am Kaiser-Wilhelm-Institut für
    Strömungsforschung 1937 – 1945, in: Helmut Maier (Hg.), Rüstungsforschung im National-
    sozialismus. Organisation, Mobilisierung und Entgrenzung der Technikwissenschaften, Göt-
    tingen 2002, S. 305 – 356, hier S. 308.

Jürgen John

„Not deutscher Wissenschaft"?

Hochschulwandel, Universitätsidee und akademischer Krisendiskurs in der Weimarer Republik

I. Wahrnehmungen

„Von der Weltgeltung zur Not deutscher Wissenschaft?" lautet die fragende Titelformel dieses Themenblockes. Ohne Fragezeichen verwendet, suggeriert sie eine Glanzzeit deutscher Wissenschaft um 1900 und ihre Notzeit in der Weimarer Republik. Verkürzt und etwas salopp formuliert: In der Friedenszeit des Kaiserreiches ging es ihr gut, in der Nachkriegszeit der ersten deutschen Demokratie schlecht. Das selbstbewusste oder imperial gemeinte Bild von der „Weltgeltung deutscher Wissenschaft" betont ihre Leistungskraft, Innovationsfähigkeit und internationale Ausstrahlung vor dem Ersten Weltkrieg. Das mit dem „Krisen"-Begriff verbundene Bild von der „Not deutscher Wissenschaft" bezieht sich auf Isolation, Inflation, Wirtschafts-, Bildungs- und Hochschulkrisen nach dem Weltkrieg. Beide Bilder – so wird gemeinhin angenommen – seien Ausdruck ihrer Zeit und in ihr entstanden.

Für die Formel von der „Not" deutscher Wissenschaft, geistiger Arbeiter und akademischer Berufe trifft das zeitlich zweifellos zu. Sie avancierte nach 1918 zu einem griffigen und titelbildenden Schlagwort.[1] Die *Deutsche Forschungsgemeinschaft* trat 1920 nicht zufällig unter dem Namen *Notgemeinschaft der Deutschen Wissenschaft* ins Leben. Von „Krise" war aus verschiedenen Gründen die Rede. Das sollte dem Verlangen nach mehr Wissenschaftsförderung Nachdruck verleihen, umschrieb die kritische Lage der Wissenschaften „an einem Scheidepunkt"[2] oder diagnostizierte eine allgemeine Sinn- und Identitätskrise der Wissenschaften. Auch im europäischen Maßstab erschien die „Krisis der Wissenschaften" als „Ausdruck der radi-

1 Friedrich Schmidt-Ott, Die Not der deutschen Wissenschaft, in: Internationale Monatsschrift für Wissenschaft, Kunst und Technik 15 (1920), S. 1–36; Alfred Weber, Die Not der geistigen Arbeiter, München 1923; Georg Schreiber, Die Not der deutschen Wissenschaft und der geistigen Arbeiter. Geschehnisse und Gedanken zur Kulturpolitik des Deutschen Reiches, Leipzig 1923; Ludwig Niessen, Der Lebensraum für den geistigen Arbeiter. Ein Beitrag zur akademischen Berufsnot und zur studentischen Weltsolidarität (Deutschtum und Ausland 45), Münster 1931; Reinhold Schairer, Die akademische Berufsnot. Tatsachen und Auswege, Jena 1932.
2 Karl Bühler, Die Krise der Psychologie, Jena 1927.

kalen Lebenskrisis".[3] Das korrespondierte mit dem verbreiteten „Krisengefühl
der Intelligenz"[4] und mit philosophisch-kulturkritischen Diagnosen der
„geistigen Situation"[5] wie des „kulturellen Unbehagens und Leidens"[6] der Zeit.
Mit „Krisis" betitelten Bestandsaufnahmen der „brennendsten Probleme der
deutschen Gegenwart"[7] standen Therapievorschläge gegenüber, die auf Bildung als Ausweg aus der „Kulturkrise der Gegenwart" setzten.[8] Schon länger
zurückreichende, in der Weimarer Zeit beschleunigte Umgestaltungs- und
Umschichtungsprozesse, der Gestaltwandel der Akademiker, der „Niedergang
der Mandarine"[9] und die Auflösung des traditionellen Konnex von „Besitz und
Bildung" erschienen als „geistige Währungskrise",[10] der kulturelle Wandel
bereits als „Krisenjahre der klassischen Moderne".[11] Oft verbanden sich das
Krisenbewusstsein, die Furcht vor einem „Aufstand der Massen"[12] und die –
tatsächlichen oder befürchteten – Identitäts- und Prestigeeinbußen bil-
dungsbürgerlicher Eliten mit massiver Abwehr der angeblich „deutschem
Wesen" fremden und mit dem „Ludergeruch der Revolution" behafteten
Weimarer „Massendemokratie",[13] der „Massenkultur" und der kosmopoliti-

---

3 Edmund Husserl, Die Krisis der europäischen Wissenschaften und die transzendentale Phä-
   nomenologie. Eine Einleitung in die phänomenologische Philosophie (1935/36), hg. von Elisabeth Ströker, Hamburg ²1982, S. 1.
4 Frank Trommler, Verfall Weimars oder Verfall der Kultur? Zum Krisengefühl der Intelligenz um
   1930, in: Thomas Koebner (Hg.), Weimars Ende. Prognosen und Diagnosen in der deutschen
   Literatur und politischen Publizistik 1930–1933, Frankfurt a. M. 1982.
5 Karl Jaspers, Die geistige Situation der Zeit, Berlin ²1931; Ernst Robert Curtius, Deutscher Geist
   in Gefahr, ²Stuttgart 1933; vgl. auch Wolfgang Bialas, Zwischen geschichtsphilosophischer
   Distanzierung und politischer Nähe: Philosophische Diagnosen der Zeit um 1930, in: Lothar
   Ehrlich / Jürgen John (Hg.), Weimar 1930. Politik und Kultur im Vorfeld der NS-Diktatur, Köln
   1998, S. 47–72.
6 Sigmund Freud, Abriss der Psychoanalyse. Das Unbehagen in der Kultur (1930). Mit einer Rede
   von Thomas Mann als Nachwort, Frankfurt a. M. (o. J.), S. 63–129; J.(ohan) Huizinga, Im
   Schatten von Morgen. Eine Diagnose des kulturellen Leidens unserer Zeit, dt. von Werner Kaegi,
   Bern 1935.
7 Oscar Müller (Hg.), Krisis. Ein politisches Manifest, Weimar 1932, S. VII.
8 C(arl) H(einrich) Becker, Das Problem der Bildung in der Kulturkrise der Gegenwart, Leipzig
   1930.
9 Fritz Ringer, Die Gelehrten. Der Niedergang der deutschen Mandarine 1890–1933, dt. München
   1987.
10 Hartmut Titze, Hochschulen, in: Dieter Langewiesche / Heinz-Elmar Tenorth (Hg.), Handbuch
   der Deutschen Bildungsgeschichte, Bd. V: 1918–1945. Die Weimarer Republik und die nationalsozialistische Diktatur, München 1989, S. 209–240, hier S. 220–224.
11 Detlev J. K. Peukert, Die Weimarer Republik. Krisenjahre der Klassischen Moderne, Frankfurt
   a. M. 1987.
12 José Ortega y Gasset, Der Aufstand der Massen, Stuttgart 1931.
13 Kurt Sontheimer, Die deutschen Hochschullehrer in der Zeit der Weimarer Republik, in: Klaus
   Schwabe (Hg.), Deutsche Hochschullehrer als Elite 1815–1945 (Deutsche Führungsschichten in
   der Neuzeit 17), Boppard a. Rh. 1988, S. 215–246; Dieter Langewiesche, Die Eberhard-Karls-
   Universität Tübingen in der Weimarer Republik. Krisenerfahrungen und Distanz zur Demokratie an deutschen Universitäten, in: Zeitschrift für Württembergische Landesgeschichte 51
   (1992), S. 345–381; zum Verhältnis von Eliten und Demokratie vgl. auch Klaus-M. Kodalle

schen „kulturellen Moderne".[14] Die „Weimarer Kultur" der vermeintlich „goldenen zwanziger Jahre" blieb gerade im bildungsbürgerlichen Milieu eine „Kultur der Außenseiter".[15] Bis heute gelten die Weimarer Not- und Krisendiskurse – passend zum Deutungsmuster von der permanenten „Krise" der Weimarer Republik[16] – vielen Historikern als Belege für damalige Problemlagen. Dabei sticht der Kontrast zwischen der kulturgeschichtlichen Positivsicht auf die „goldenen zwanziger Jahre" und der wissenschaftsgeschichtlichen Negativsicht auf die Weimarer Zeit ins Auge.

Anders sieht es mit der ambivalenten Formel von der „Weltgeltung deutscher Wissenschaft" aus. Sie konnte den hohen Rang deutscher Wissenschaft, die „in der Welt etwas gilt", ausdrücken wie den „Willen zur Weltgeltung der Nation".[17] Dieses doppelsinnige Schlagwort entstammt nicht – wie man auf den ersten Blick vermuten könnte – der Zeit vor 1914, sondern den Krisendiskursen nach 1918.[18] In deren Kontext spielte es in nostalgischer, strategischer oder revisionistischer Absicht eine wichtige Rolle im Argumentationshaushalt gesellschaftlicher Eliten. Mit diesem Schlagwort ließ sich die einstige „Blütezeit" deutscher Wissenschaft gegen ihre derzeitige „Misere" stellen. Mit ihm drängten Wissenschaftler, Politiker, Militärs und Industrielle auf die Förderung der Wissenschaft und der Hochschulen, um den kriegsbedingten Rückstand gegenüber dem Ausland[19] zu überwinden. Mit ihm wandten sie sich gegen Spar- und Abbaupläne, die Deutschland international weiter ins Hintertreffen brächten. Denn – so wurde der preußische Kultusminister Konrad Haenisch (Sozialdemokratische Partei Deutschlands) 1920 in der Presse zitiert: „Das Land werde im großen Wettkampfe der Völker Sieger bleiben, das über die besten Schulen und Hochschulen verfüge."[20] Im gleichen

(Hg.), Der Ruf nach Eliten (Kritisches Jahrbuch der Philosophie. Beiheft 2/1999), Würzburg 2000.

14 Georg Bollenbeck, Bildung und Kultur. Glanz und Elend eines deutschen Deutungsmusters, Frankfurt a. M. [2]1996; ders., Tradition, Avantgarde, Reaktion. Deutsche Kontroversen um die kulturelle Moderne 1880–1945, Frankfurt a. M. 1999; ders. / Werner Köster (Hg.), Kulturelle Enteignung – die Moderne als Bedrohung, Wiesbaden 2004; ders., Eine Geschichte der Kulturkritik. Von J. J. Rousseau bis G. Anders, München 2007.

15 Peter Gay, Die Republik der Außenseiter. Geist und Kultur in der Weimarer Zeit 1918–1933, Frankfurt a. M. 1987; Bärbel Schrader / Jürgen Schebera, Die „goldenen" zwanziger Jahre. Kunst und Kultur der Weimarer Republik, Leipzig 1987; Manfred Görtemaker (Hg.), Weimar in Berlin. Porträt einer Epoche, Berlin 2002.

16 Moritz Föllmer / Rüdiger Graf (Hg.), Die „Krise" der Weimarer Republik. Zur Kritik eines Deutungsmusters, Frankfurt a. M. 2005.

17 Justus Wilhelm Hedemann, Die geistigen Strömungen in der heutigen Studentenschaft, in: Michael Doeberl u. a. (Hg.), Das Akademische Deutschland, 3 Bände, Berlin 1930/31, Bd. 3, S. 385–398, hier S. 394.

18 Vgl. den Beitrag von Sylvia Paletschek in diesem Band.

19 Zum „deutschen Rückstandssyndrom" vgl. Winfried Schulze, Der Stifterverband für die Deutsche Wissenschaft 1920–1995, Berlin 1995, S. 43 f.

20 Universitätsarchiv Halle (UAH), Rep. 6, Nr. 868 (Hallische Zeitung, 13. September 1920 zu

Jahr begann Friedrich Schmidt-Ott seine Begründung für eine *Notgemeinschaft der Deutschen Wissenschaft* mit den Worten: „Vor dem allgemeinen Zusammenbruche, der dem unglücklichen Kriege folgte, schien zunächst ein gewaltiger Faktor deutscher Weltgeltung unberührt geblieben zu sein: die deutsche Wissenschaft."[21] Und der Reichsinnenminister Erich Koch-Weser (Deutsche Demokratische Partei) erklärte auf dem von ihm als Kundgebung für die *Notgemeinschaft* veranstalteten Parlamentarischen Abend am 23. November 1920: „An uns ist es, die deutsche Wissenschaft(, um die uns die Welt beneidet,) wieder in den Sattel zu setzen; reiten wird sie dann schon können."[22]

Die Wissenschaft galt als „Ersatzmacht" nach dem verlorenen Krieg und als Waffe im „Kampf gegen Versailles". Sie sei – so die weit verbreitete Ansicht – „einer der wesentlichsten Faktoren für unseren Wiederaufstieg"[23] – „uns bleibt das Reich. ... uns bleiben die geistigen Kräfte" für den weltpolitischen Wiederaufstieg.[24] „Der militärischen Machtmittel beraubt, besitzt Deutschland nur noch zwei Waffen: die Industrie und die Wissenschaft", hieß es 1919 in einem Aufruf der deutschen Studentenschaft gegen die „Auslieferung der deutschen Wissenschaft an das Ausland".[25] 1932 behauptete der Jenaer Physiker Abraham Esau, die Siegermächte wollten mit Hilfe des Versailler Vertrages nun auch Wissenschaft und Technik als letzte noch verbliebene Garanten „deutscher Weltgeltung ... erdrosseln, denn dann erst würde ihr Sieg ein vollständiger und der deutsche Name restlos in der Welt ausgelöscht ... sein."[26]

Beide Bilder – das von der „Weltgeltung" wie das von der „Not" und „Krise" deutscher Wissenschaft – waren Ausdruck akademischer Diskurs- und Argumentationsstrategien nach 1918 und entsprechender Gestaltungs-, Reform- und Revisionsabsichten. Beide zählen zum diskursiven Bereich der Diagnosen und Therapien, Denk- und Deutungsmuster, die sich später auch historio-

---

Gerüchten über den Umbau der preußischen Hochschullandschaft und die Schließung mehrerer Universitäten).

21 Schmidt-Ott, Die Not (wie Anm. 1), S. 1.

22 Eine Kundgebung für die Notgemeinschaft der Deutschen Wissenschaft, in: Internationale Monatsschrift für Wissenschaft, Kunst und Technik 15 (1920), S. 98–133, hier S. 100.

23 Carl Duisberg in einer Rede am 28. Juni 1931 zum 75jährigen Bestehen des Vereins Deutscher Ingenieure (VDI) – zit. nach Rüdiger Hachtmann, Wissenschaftsmanagement im „Dritten Reich". Geschichte der Generalverwaltung der Kaiser-Wilhelm-Gesellschaft (Geschichte der Kaiser-Wilhelm-Gesellschaft im Nationalsozialismus 15/1,2), 2 Bände, Göttingen 2007, Bd. 1, S. 104.

24 Alexander Cartellieri, Deutschland in der Weltpolitik seit dem Frankfurter Frieden. Rede, gehalten bei der Feier der Universität Jena am 18. Januar 1923, Jena 1923, S. 22.

25 Abgedr. in: Jenaer Universitätszeitung, Wintersemester 1919/20, Nr. 6, 27. November 1919, S. 149.

26 Abraham Esau, Der Vertrag von Versailles und die deutsche Weltgeltung. Rede bei der von der Universität Jena veranstalteten Feier des Jahrestages der Gründung des Deutschen Reiches gehalten am 18. Januar 1932 (Jenaer Akademische Reden 14), Jena 1932, S. 15.

graphisch verlängerten und dabei jene Interpretationen beeinflussten, die sich allzu gutgläubig und ungeprüft auf damalige Urteile akademischer Wissens- und Deutungseliten[27] und ihrer prominenten „Gelehrten-Politiker"[28] verlie- ßen. Beide fanden so in gängige Vorstellungen Eingang, das „lange 19. Jahr- hundert" bis zum Ersten Weltkrieg[29] sei das eigentliche „Jahrhundert der deutschen Universität"[30] gewesen, deren „klassische Phase" mit der „Krise der Universitäten" im 20. Jahrhundert endete[31] oder – in anderer Lesart – deren bis heute anhaltende Erfolgsgeschichte nur durch die „Krisen der ersten Hälfte des 20. Jahrhunderts"[32] unterbrochen worden sei. Auf diese Weise wird die „Leidensgeschichte" deutscher Universitäten mit der Zeit der Weltkriege, der Weimarer Republik und des Nationalsozialismus – im östlichen Falle auch noch der Deutschen Demokratischen Republik (DDR) – verbunden, ihre „Erfolgsgeschichte" hingegen mit dem Mythos Humboldt,[33] mit dem 19. Jahrhundert, dem Kaiserreich und den daraus resultierenden Strukturen. Beide Bilder gehören so zum Kernbestand universitätsgeschichtlicher My- thologie, die bis heute die Chiffre „Universität" im kollektiven Gedächtnis und im Kanon nationaler „Erinnerungsorte"[34] prägt.

27 Ulrich Prehn, Deutungseliten – Wissenseliten. Zur historischen Analyse intellektueller Pro- zesse, in: Karl Christian Führer / Karen Hagemann / Birthe Kundrus (Hg.), Eliten im Wandel. Gesellschaftliche Führungsschichten im 19. und 20. Jahrhundert. Für Klaus Saul zum 65. Ge- burtstag, Münster 2004, S. 42–69.

28 Friedrich Meinecke, Drei Generationen deutscher Gelehrtenpolitik, in: Historische Zeitschrift 125 (1922), S. 248–283; vgl. auch Gangolf Hübinger, Gelehrte, Politik und Öffentlichkeit. Eine Intellektuellengeschichte, Göttingen 2006.

29 Franz J. Bauer, Das ‚lange' 19. Jahrhundert (1789–1917). Profil einer Epoche, Stuttgart 2004; Peter März, Der Erste Weltkrieg. Deutschland zwischen dem langen 19. Jahrhundert und dem kurzen 20. Jahrhundert, München 2004.

30 Dieter Langewiesche, Die Universität als Vordenker? Universität und Gesellschaft im 19. und frühen 20. Jahrhundert, in: Saeculum. Jahrbuch für Universitätsgeschichte 45 (1994), S. 316– 331, hier S. 316.

31 Peter Moraw, Aspekte und Dimensionen älterer deutscher Universitätsgeschichte, in: ders. / Volker Press (Hg.), Academica Gissensis. Beiträge zur älteren Gießener Universitätsgeschichte, Marburg 1982, S. 1–43.

32 Peter Baumgart (Hg.), Die Würzburger Universität in den Krisen der ersten Hälfte des 20. Jahrhunderts, Würzburg 2002.

33 Mitchell G. Ash (Hg.), Mythos Humboldt. Vergangenheit und Zukunft der deutschen Univer- sitäten, Wien 1999; Rainer Christoph Schwinges (Hg.), Humboldt international. Der Export des deutschen Universitätsmodells im 19. und 20. Jahrhundert (Veröffentlichungen der Gesellschaft für Universitäts- und Wissenschaftsgeschichte 3), Basel 2001; Sylvia Paletschek, Die Erfindung der Humboldt-Universität. Die Konstruktion der deutschen Universitätsidee in der ersten Hälfte des 20. Jahrhunderts, in: Historische Anthropologie 10 (2002), S. 183–205; Ulrich Sieg, Humboldts Erbe, in: ders. / Dietrich Korsch (Hg.), Die Idee der Universität heute (Academia Marburgensis. Beiträge zur Geschichte der Philipps-Universität Marburg 11), München 2005, S. 9–24.

34 Rüdiger vom Bruch, „Universität" – ein „deutscher Erinnerungsort"?, in: Jürgen John / Justus H. Ulbricht (Hg.), Jena. Ein nationaler Erinnerungsort?, Köln 2007, S. 93–99; in der Essay- sammlung von Etienne François / Hagen Schulze (Hg.), Deutsche Erinnerungsorte, 3 Bde.,

Neuere wissenschaftshistorische Forschungen insbesondere zur Kaiser-
Wilhelm-Gesellschaft (KWG) und zur Deutschen Forschungsgemeinschaft
(DFG) haben mit solchen – auch auf die außeruniversitären Forschungszentren übertragenen – Interpretationen einer Leidensgeschichte der Wissenschaft in der Weimarer Republik und unter dem nationalsozialistischen Regime schon längst aufgeräumt. Solche Interpretationen stehen auch quer zu
neueren Forschungen und methodologischen Überlegungen über die wachsende Rolle der Wissenschaften und Universitäten in der modernen Wissensgesellschaft des 20. Jahrhunderts.[35] In der von jeher stark traditions- und
jubiläumsbezogenen,[36] oft zudem mediävistisch, frühneuzeitlich und allein
geisteswissenschaftlich geprägten Universitätsgeschichtsschreibung halten
sie sich freilich umso hartnäckiger. Sie hat sich bis heute nicht von der Tendenz
freimachen können, die ältere Geschichte zu verklären und die Krisen-, Not-
und Problemlagen der Universitäten allein oder vorwiegend mit dem 20.
„Jahrhundert der Extreme"[37] zu verbinden. Andere und gegenläufige Entwicklungen werden der Leistungs-, Beharrungs- und Widerstandskraft der
„klassischen Universität" zugeschrieben, die sich im vermeintlich prinzipiellen Gegensatz zur Politik und zu den als „wissenschaftsfeindlich" einge-
stuften politischen Systemen des 20. Jahrhunderts behaupten konnte. „Auf
dem Weg in die Gegenwart" habe sich – so ein gängiges Urteil – die im
19. Jahrhundert „rechtsstaatlich und wertbeständig" geprägte deutsche Universität „trotz beider Diktaturen ihre Normierungskraft als Modell der Sym-
biose von Forschung und Lehre" bewahrt.[38] Die Notwendigkeit, die besonders
neuralgischen NS- und DDR-Perioden kritisch aufzuarbeiten, hat diesem

München 2001 gibt es zwar keinen eigenen Essay „Universität", wohl aber einen von Rudolf
Vierhaus verfassten Essay „Die Brüder Humboldt" (Bd. 3, S. 9 – 25).

35 Lutz Raphael, Die Verwissenschaftlichung des Sozialen als methodische und konzeptionelle
Herausforderung für eine Sozialgeschichte des 20. Jahrhunderts, in: Geschichte und Gesellschaft 22 (1996), S. 165 – 193; Margit Szöllösi-Janze, Wissensgesellschaft in Deutschland:
Überlegungen zur Neubestimmung der deutschen Zeitgeschichte über Verwissenschaftli-
chungsprozesse, ebenda 30 (2004), S. 277 – 313; Jürgen Reulecke / Volker Roelcke (Hg.), Wissenschaften im 20. Jahrhundert. Universitäten in der modernen Wissenschaftsgesellschaft,
Stuttgart 2008.

36 Notker Hammerstein, Jubiläumsschriften und Alltagsarbeit. Tendenzen bildungsgeschichtli-
cher Literatur, in: Historische Zeitschrift 236 (1983), S. 601 – 633; Winfried Müller, Erinnern an
die Gründung. Universitätsjubiläen, Universitätsgeschichte und die Entstehung der Jubilä-
umskultur in der frühen Neuzeit, in: Berichte zur Wissenschaftsgeschichte 21 (1998), S. 79 –
102; ders. (Hg.), Das historische Jubiläum. Genese, Ordnungsleistung und Inszenierungsge-
schichte eines institutionellen Mechanismus, Münster 2004; ders., Vom „papistischen Jubel-
jahr" zum historischen Jubiläum, in: Paul Münch (Hg.), Jubiläum, Jubiläum … Zur Geschichte
öffentlicher und privater Erinnerung, Essen 2005, S. 29 – 44.

37 Eric Hobsbawm, Das Zeitalter der Extreme. Weltgeschichte des 20. Jahrhunderts, München 1995.

38 Laetitia Boehm, Akademische Grade, in: Rainer Christoph Schwinges (Hg.), Examen, Titel,
Promotionen. Akademisches und staatliches Qualifikationswesen vom 13. bis zum 21. Jahr-
hundert (Veröffentlichungen der Gesellschaft für Universitäts- und Wissenschaftsgeschichte 7),
Basel 2007, S. 11 – 54 , hier S. 48.

Trend – gewollt oder ungewollt – Vorschub geleistet. Die Zeit der Weimarer Republik hielt man mit der Not- und Krisen-Metaphorik und mit der Formel „Von der Weltgeltung zur Not deutscher Wissenschaft" ohnehin für ausreichend charakterisiert. Sie erschien so als ein Glied in der Kette wissenschafts- und hochschulbedrängender politischer Systeme des 20. Jahrhunderts – und der republikdistanzierte bis demokratiefeindliche Krisendiskurs universitärer Eliten mehr oder weniger verständlich. Ansonsten interessierte sie vor allem als „Zwischenkriegszeit", als Zeit zwischen Kaiserreich und NS-Diktatur und als deren Vorgeschichte. So oder so wurde sie zu einem Stiefkind universitätsgeschichtlicher Forschungen.

Umso notwendiger ist es, sich ihr stärker zuzuwenden und die damals geprägten Formeln von der „Weltgeltung", „Not" und „Krise" deutscher Wissenschaft genauer zu prüfen statt sie weiter fortzuschreiben und fortlaufend zu mystifizieren. Sie spiegelten zwar reale Zustände wider, fungierten aber in erster Linie – so die These dieser vorwiegend diskursanalytisch[39] gestützten Überlegungen – als strategische Argumente. So gesehen, geht es nicht um die Weimarer Krisengeschichte der Universitäten, sondern um die Analyse des universitären Krisenbewusstseins. Es geht vor allem um die Motive, Zwecke und Absichten akademischer „Not"- und „Krisen"-Rhetorik. Was damals als „Not", „Krise" und „Niedergang" beklagt wurde, konnte mit entsprechenden Problemlagen zusammenhängen, aber ebenso Ausdruck dynamischer Wandlungsprozesse und erheblicher Verschiebungen im Wissenschafts-, Disziplin- und Hochschulgefüge sein. Es drückte dann das Bestreben aus, den Wissenschaften, Universitäten und Einzeldisziplinen ihren künftigen Platz in einer sich rasch wandelnden Wissensgesellschaft und Bildungslandschaft zu sichern. Nötig ist eine – bislang fehlende – systematische Analyse damaliger Not- und Krisendiskurse und ihrer Zusammenhänge mit den vom „Leitbild Humboldt" geprägten Debatten um „Idee", „Sinn" und „Reform" der Universität.[40] Krisenbewusstsein, Reformdenken, Wandlung, Wachstum und Dynamik stellten in der auf- und umbruchreichen Zeit nach 1918 keine prinzipiellen Gegensätze dar. Sie standen eher in komplementären Bezügen.

„Universität und Politik sind seit jeher eng verwoben. Ändert sich die

---

39 Siegfried Jäger, Kritische Diskursanalyse. Eine Einführung, Duisburg [2]1999; Achim Landwehr, Geschichte des Sagbaren. Einführung in die historische Diskursanalyse, Tübingen 2001.

40 Rüdiger vom Bruch, Universitätsreform als Antwort auf die Krise. Wilhelm von Humboldt und die Folgen, in: Sieg / Korsch, Die Idee (wie Anm. 33), S. 43–56; die Weimarer Debatten um „Not", „Krise", „Idee" und „Reform" der Bildung, Wissenschaften und Universitäten sind bislang nicht systematisch untersucht worden; Ansätze und Hinweise u. a. bei Konrad Jarausch, Die Not der geistigen Arbeiter: Akademiker in der Berufskrise 1918–1933, in: Werner Abelshauser (Hg.), Die Weimarer Republik als Wohlfahrtsstaat. Zum Verhältnis von Wirtschafts- und Sozialpolitik in der Industriegesellschaft (Vierteljahrsschrift für Sozial- und Wirtschaftsgeschichte. Beihefte 81), Stuttgart 1987, S. 280–299; Wolfgang Wittwer, Hochschulpolitik und Hochschulreform in Preußen 1918 bis 1933, in: Hartmut Boockmann / Kurt Jürgensen / Gerhard Stoltenberg (Hg.), Geschichte und Gegenwart. Festschrift für Karl Dietrich Erdmann, Neumünster 1980, S. 313–325; Paletschek, Die Erfindung (wie Anm. 33), S. 191–195 .

politische Landschaft, so ändert sich auch die Universität".[41] Dieser auf den
Umbau der heutigen europäischen Hochschullandschaft bezogene Gedanke
lässt sich cum grano salis auch auf die deutsche Politik- und Hochschullandschaft nach 1918 und auf die damaligen Debatten um „Krise", „Idee" und
„Reform" der Universität übertragen. Solche Debatten haben sich stets gerade
in Auf- und Umbruchszeiten verdichtet. Karl Jaspers' mehrfach publizierte
und für die jeweilige Situation „neu entworfene" Schrift über die „Idee der
Universität"[42] ist dafür ein anschauliches Beispiel. Sicher lassen sich die verschiedenen Umbruchssituationen und Wandlungsprozesse seit Beginn des 20.
Jahrhunderts nur bedingt miteinander vergleichen. Zwischen den Problemen
gegenwärtiger europäischer Hochschulintegration und der Situation nach
dem – auch und gerade für das „geistige Europa" verheerenden – Ersten
Weltkrieg scheinen Welten zu liegen. Die „deutschen Umbrüche" des 20.
Jahrhunderts[43] waren sehr verschieden gelagert und in unterschiedlichem
Maße von Brüchen, Kontinuitäten und Langzeittrends geprägt.[44] Ihre dis-
kursverdichtende Wirkung auf die Debatten um „Krise", „Idee" und „Reform"
der Universitäten steht aber außer Frage.

Von einer „ideenreichen Zeit zur Reform der Universitäten" ist mit Blick auf
die Hochschulreformdebatten nach 1945 gesprochen worden.[45] Die Fülle
entsprechender Schriften, Konzepte und Ideen nach 1918 zeigt, dass das in
gleichem Maße auch für die Weimarer Zeit gesagt werden könnte. Zwar fühlte
man sich nach dem Ersten Weltkrieg und dem Untergang des Kaiserreiches im
akademischen Milieu keineswegs wie nach dem Zweiten Weltkrieg und dem
NS-Regime genötigt, den Zustand der Hochschulen zu prüfen, nach ihrer
Mitschuld an der „deutschen Katastrophe"[46] zu fragen und gleichsam „akademische Vergangenheitsbewältigung" zu betreiben. Die während der Marburger Hochschulgespräche 1946 formulierte Einsicht „Unsere Diagnose der
Lage lautet also auf einen Notstand, der nicht bloß von außen wie eine zufällige
Störung die Wissenschaft gefährdet, sondern der gleich einer Krankheit in das

---

41 Dieter Langewiesche, Ende einer Lebensform. Welche Folgen hat der Umbau der europäischen
    Hochschullandschaft?, in: Süddeutsche Zeitung, 29. Dezember 2007.
42 Karl Jaspers, Die Idee der Universität, Berlin 1923; ders., Die Idee der Universität (Schriften der
    Universität Heidelberg 1), Berlin 1946; ders. / Kurt Rossmann, Die Idee der Universität. Für die
    gegenwärtige Situation entworfen, Berlin 1961.
43 Dietrich Papenfuß / Wolfgang Schieder (Hg.), Deutsche Umbrüche im 20. Jahrhundert, Köln
    2000.
44 Rüdiger vom Bruch / Brigitte Kaderas (Hg.), Wissenschaften und Wissenschaftspolitik. Be-
    standsaufnahmen zu Formationen, Brüchen und Kontinuitäten in Deutschland des 20. Jahr-
    hunderts, Wiesbaden 2002.
45 Notker Hammerstein, Eine ideenreiche Zeit zur Reform der Universitäten, in: Peter A. Döring
    (Hg.), Der Neubeginn im Wandel der Zeit. In memoriam Erwin Stein (1903–1992), Frankfurt
    a. M. 1995, S. 109–118; vgl. auch Andreas Franzmann / Barbara Wolbring (Hg.), Zwischen Idee
    und Zweckorientierung. Vorbilder und Motive von Hochschulreformen seit 1945 (Wissens-
    kultur und Gesellschaftlicher Wandel 21), Berlin 2007.
46 Friedrich Meinecke, Die deutsche Katastrophe. Betrachtungen und Erinnerungen, Wiesbaden
    ²1946.

Wesen der Wissenschaft reicht",[47] sucht man nach 1918 meist vergeblich. Sie blieb auch nach 1945 gegenüber den Mythen vom „rein gebliebenen Geist"[48] und von den „im Kern gesunden Hochschulen"[49] eine Minderheitsposition. Aber sie wurde immerhin ausgesprochen, während nach 1918 fast durchweg nur vom äußeren Notstand der Wissenschaft die Rede war. Die Lage der Universitäten stellte sich bei dem Kriegs- und Systemende 1918 keineswegs so dramatisch dar wie 1945, als der universitäre Lehr- und Forschungsbetrieb zeitweise ruhte und die Wiedereröffnung der Universitäten und ihre Zukunft ungewiss waren. Die Hochschuleliten sahen nach 1918 gar keinen Grund, sich kritisch mit der eigenen Vergangenheit, mit dem Weltkrieg und mit dem untergegangenen politischen System auseinanderzusetzen oder sich der Schuldfrage[50] zu stellen. Über Kriegsschuld sprachen sie nur abwehrend. Es lag ihnen fern, über eine Mitschuld der Wissenschaften am Weltkrieg nachzudenken. Und das politische System des Kaiserreiches stellten sie dem kritisierten „Weimarer System" – symbolisch am deutlichsten mit den universitären Reichsgründungsfeiern seit 1921/22[51] – eher im positiven Sinne entgegen. Nach 1945 wäre das in Bezug auf die NS-Vorgeschichte undenkbar gewesen. Aber auch die positiven Bezüge zu „Weimar" hielten sich nach 1945 in Grenzen. Zwar berief man sich nun auf „Idee und Geist der Universität" vor 1933, die sie über die NS-Zeit bewahrt habe. Doch das wurde – je mehr sich der „Weimar"-Bezug vom Vorbild zum Menetekel verschob und zum abgrenzenden historischen Argument wandelte – bald wieder von den früheren Negativklischees überdeckt.[52]

---

47 (Heinrich) Frick (Marburg), Auslandsbeziehungen, in: Marburger Hochschulgespräche 12. bis 15. Juni 1946. Referate und Diskussionen, Frankfurt a. M. 1947, S. 116–131, hier S. 122.

48 Jürgen John, Der Mythos vom „rein gebliebenen Geist": Denkmuster und Strategien des intellektuellen Neubeginns 1945, in: Uwe Hoßfeld / Tobias Kaiser / Heinz Mestrup (Hg.), Hochschule im Sozialismus. Studien zur Geschichte der Friedrich-Schiller-Universität Jena (1945–1990), Bd. 1, Köln 2007, S. 19–70.

49 Axel Schildt, Im Kern gesund? Die deutschen Hochschulen 1945, in: Helmut König / Wolfgang Kuhlmann / Klaus Schwabe (Hg.), Vertuschte Vergangenheit. Der Fall Schwerte und die NS-Vergangenheit der deutschen Hochschulen, München 1997, S. 223–240.

50 Karl Jaspers, Die Schuldfrage. Zur politischen Haftung Deutschlands, Neuausgabe München 1987 (zuerst 1946).

51 Als Fallstudien zu den auf Beschluss des VDH zum 50. Jahrestag der Reichsgründung 1921 an allen deutschen Universitäten seit 1922 jährlich zum 18. Januar in Distanz zu den republikanischen Gedenktagen durchgeführten Reichsgründungsfeiern vgl. Mathias Kotowski, Die öffentliche Universität. Veranstaltungskultur der Eberhard-Karls-Universität Tübingen in der Weimarer Republik, Stuttgart 1999; Jan Gerber, Die Reichsgründungsfeiern der Universität Halle-Wittenberg in der Zeit der Weimarer Republik, in: Hermann-J. Rupieper (Hg.), Beiträge zur Geschichte der Martin-Luther-Universität Halle-Wittenberg 1502–2002, Halle 2002, S. 407–431.

52 Christoph Gusy (Hg.), Weimars lange Schatten – „Weimar" als Argument nach 1945 (Interdisziplinäre Studien zu Recht und Staat 29), Baden-Baden 2003; Sebastian Ullrich, Der Weimar-Komplex. Das Scheitern der ersten deutschen Demokratie und die politische Kultur der frühen Bundesrepublik 1945–1959 (Hamburger Beiträge zur Sozial- und Zeitgeschichte 45), Göttingen 2009; in den Rektoratsreden zur Wiedereröffnung der Universitäten 1945/46 war der Weimar-

II. Realitäten

Der Vergleich der beiden Nachkriegs- und Umbruchszeiten verweist auf die Zusammenhänge von politischen Umbrüchen, Wissenschafts- und Hochschulwandel[53] wie auf die Notwendigkeit, die akademischen Not-, Krisen- und Reformdiskurse nach 1918 mit den tatsächlichen Vorgängen zu konfrontieren. Krisendiskurse waren stets – etwa in der „Zeitenwende" um 1900 – diskursive Begleitmusik massiver Umwälzungsprozesse. Sie verstärkten und verdichteten sich aber in der – sei es als dynamisch, sei es als instabil empfundenen – „umbruchsreichen Zeit" nach dem Ersten Weltkrieg.[54] Das wirft die Frage auf, ob die im Vergleich zur Zeit des Kaiserreiches deutlich verstärkten Weimarer Debatten um „Not", „Krise", „Idee" und „Reform" der Wissenschaften und Hochschulen Ausdruck größerer Problemlagen *oder* tiefer greifender Umwälzungsprozesse waren. Die Antwort setzt eine genaue Bilanz der Modernisierungsleistungen und -defizite des Kaiserreiches wie der Weimarer Republik voraus. In eine solche Bilanz sind auch die destruktiven oder mit Neuansätzen verbundenen Folgen des Weltkrieges und des Wissenschaftseinsatzes im Kriege einzubeziehen Eine solche Bestandsaufnahme muss die Problemlagen der Weimarer Zeit ebenso erfassen wie die mit der „institutionellen Umgestaltung der Wissenschaftslandschaft"[55] nach 1918 und mit den „neuen Aufgaben nach dem Kriege"[56] verbundenen Prozesse, Innovationen und Veränderungen.

Sie spiegelten sich in den voluminösen Bilanzen der „Leistungskraft deutscher Wissenschaft und Hochschulen" 1930/31 deutlich wider.[57] Gerade

---

Bezug durchweg negativ akzentuiert – vgl. Eike Wolgast, Die Wahrnehmung des Dritten Reiches in der unmittelbaren Nachkriegszeit (1945/46), Heidelberg 2001, S. 309.

53 Mitchell G. Ash, Wissenschaftswandlungen und politische Umbrüche im 20. Jahrhundert – was hatten sie miteinander zu tun?, in: Rüdiger vom Bruch / Uta Gerhardt / Aleksandra Pawliczek (Hg.), Kontinuitäten und Dikontinuitäten in der Wissenschaftsgeschichte des 20. Jahrhunderts, Stuttgart 2006, S. 19 – 37; vgl. auch Bruch / Kaderas, Wissenschaften (wie Anm. 44).

54 Christoph Führ, Die deutschen Hochschulen vor den Herausforderungen der neunziger Jahre. Zur geschichtlichen Entwicklung und zur Krise unseres Hochschulsystems, in: Deutscher Hochschulführer, Bd. I, Stuttgart 1992, S. LXXII-XCV, hier S. LXXV; zur Weltkriegszeit vgl. Trude Maurer (Hg.), Kollegen – Kommilitonen – Kämpfer. Europäische Universitäten im Ersten Weltkrieg, Stuttgart 2006.

55 Margit Szöllösi-Janze, Die institutionelle Umgestaltung der Wissenschaftslandschaft im Übergang vom späten Kaiserreich zur Weimarer Republik, in: Bruch / Kaderas, Wissenschaften (wie Anm. 44), S. 60 – 74.

56 Karl Griewank, Staat und Wissenschaft im Deutschen Reich. Zur Geschichte und Organisation der Wissenschaftspflege in Deutschland (Schriften zur deutschen Politik 17/18), Freiburg 1927, S. 38 – 52.

57 Gustav Abb (Hg.), Aus fünfzig Jahren deutscher Wissenschaft. Die Entwicklung ihrer Fachgebiete in Einzeldarstellungen, Berlin 1930; Ludolf Brauer / Albrecht Mendelssohn Bartholdy / Adolf Meyer (Hg.), Forschungsinstitute. Ihre Geschichte, Organisation und Ziele, 2 Bände, Hamburg 1930; Doeberl u. a., Das Akademische Deutschland (wie Anm. 17), 3 Bde.

der Um- und Zusammenbruch 1918 – hieß es dort – „rollte erneut die große Frage der Wissenschaft in Deutschland auf. Wenn alles wankte, was überkommen war", konnte die im Kaiserreich „politisch umfriedete und blühende" Wissenschaft davon nicht unberührt bleiben.[58] Und das habe an sie wie an die staatliche Pflege der Wissenschaften neue und höhere Anforderungen gestellt. In diesem Sinne machten viele Schriften auf den erhöhten Stellenwert der Wissenschaft in der Nachkriegsgesellschaft aufmerksam und drängten darauf, Wissenschaft und Hochschulen in neuen Dimensionen zu fördern und zu entwickeln.[59] Dieser Appell richtete sich an Reich und Länder, an die Industrie wie an die gesamte Gesellschaft, die den Wissenschaften und Hochschulen den Rücken stärken solle. Und er fand Gehör. Tatsächlich erfolgte in der Weimarer Zeit ein kräftiger Um- und Ausbau der Bildungs-, Wissenschafts- und Hochschullandschaft, des Wissenschafts-, Disziplin- und Institutionsgefüges sowie der staatlichen, privaten und wirtschaftlichen Förder-[60] und Finanzierungssysteme.[61] Die Weimarer Innovations- und Umgestaltungsdynamik binnen weniger Jahre sticht geradezu ins Auge. Viele der uns heute geläufigen Gremien und Institutionen entstammen dieser Zeit. Der Wissenschaftseinsatz während der NS-Zeit beruhte – bei aller Wissenschafts- und Ressourcenmobilisierung für den Krieg – in beträchtlichem Maße auf den vor 1933 gelegten Grundlagen und zehrte von dieser Substanz. Das alles kann hier freilich nur angedeutet, nicht ausgeführt werden.

Dem weltkriegsbedingten Zusammenbruch internationaler Wissenschaftskooperation und anfänglicher Isolation deutscher Wissenschaftler folgten in der Stresemann-, Locarno- und Völkerbundära die Wiederaufnahme „geistiger Zusammenarbeit" und die Reintegration deutscher Wis-

---

58 Werner Richter, Die Organisation der Wissenschaft in Deutschland, in: Brauer u. a., Forschungsinstitute (wie Anm. 57), Bd. 1, S. 1 – 12, hier S. 2.

59 Als markante Beispiele Schreiber, Die Not (wie Anm. 1); Griewank, Staat (wie Anm. 56).

60 Frank R. Pfetsch, Staatliche Wissenschaftsförderung in Deutschland 1870 – 1933, in: Rüdiger vom Bruch / Rainer A. Müller (Hg.), Formen außerstaatlicher Wissenschaftsförderung im 19. und 20. Jahrhundert. Deutschland im europäischen Vergleich (Vierteljahrsschrift für Sozial- und Wissenschaftsgeschichte. Beihefte 88), Stuttgart 1990, S. 113 – 138; Gerald D. Feldman, The Private Support of Science in Germany 1900 – 1933, ebenda, S. 87 – 111; ders., Industrie und Wissenschaft in Deutschland 1918 – 1933, in: Rudolf Vierhaus / Bernhard vom Brocke (Hg.), Forschung im Spannungsfeld von Politik und Gesellschaft. Geschichte und Struktur der Kaiser-Wilhelm-/Max-Planck-Gesellschaft, Stuttgart 1990, S. 657 – 672; Rüdiger vom Bruch / Eckart Henning (Hg.), Wissenschaftsfördernde Institutionen in Deutschland des 20. Jahrhunderts, Berlin 1999; Ulrich Marsch, Zwischen Wissenschaft und Wirtschaft. Industrieforschung in Deutschland und Großbritannien 1880 – 1936 (Veröffentlichungen des Deutschen Historischen Instituts London 47), Paderborn 2000.

61 Frank R. Pfetsch, Datenhandbuch zur Wissenschaftsentwicklung. Die staatliche Finanzierung der Wissenschaft in Deutschland 1850 – 1975 (Datenhandbücher für die historische Sozialforschung 1), Köln ²1985; Rainer Christoph Schwinges (Hg.), Finanzierung von Universität und Wissenschaft in Vergangenheit und Gegenwart (Veröffentlichungen der Gesellschaft für Universitäts- und Wissenschaftsgeschichte 6), Basel 2005.

senschaft.[62] Internationale Studentenhilfe und Studentenaustausch erreichten seit 1925 im Rahmen des *Weltstudentenwerkes* (1920/25: *Europäische Studentenhilfe*), der *Alexander von Humboldt-Stiftung* (1925), Akademischer Auslands- und Austauschstellen des Verbands Deutscher Hochschulen (VDH) und einzelner Hochschulen und schließlich der Dachorganisation des *Deutschen Akademischen Austauschdienstes* (1931) neue Strukturen und eine neue Qualität.[63] Vor dem Hintergrund technologischer Innovationen, wirtschaftlicher Rationalisierung, neuer Kultur- und Kommunikationstechniken und anhaltend enger Kooperation von Wissenschaft, Industrie und Militär[64] verstärkten und intensivierten sich Langzeittrends wissenschaftlichen Profilwandels zu Gunsten der Natur-, Technik- und Sozialwissenschaften, zunehmender universitärer Dienstleistungsfunktionen wie wachsender industrieller und außeruniversitärer Forschungskapazitäten. Deren im Kaiserreich entstandene Infrastruktur wurde verdichtet, um- und ausgebaut. Mit dem Aufbau einer Generalverwaltung unter dem umtriebigen Generalsekretär Friedrich Glum schuf sich die 1911 gegründete *Kaiser-Wilhelm-Gesellschaft* (KWG) seit 1918/22 ein wirkungsvolles, netzwerkbildendes Instrument des Wissenschaftsmanagements.[65] Und sie prosperierte kräftig in der Weimarer Zeit. Bis 1930 entstanden 24 neue Kaiser-Wilhelm-Institute.[66] Die Ausgaben staatlicher wie privater Wissenschafts- und Hochschulförderung stiegen in der zweiten Hälfte der 1920er Jahre – inflationsbereinigt – deutlich an. Nach einzelnen Vorläufern während des Weltkrieges bildeten nun alle Universitäten Fördergesellschaften, die ihnen neue Geldquellen erschlossen.[67] Vor allem setzten die Gründungen der *Notgemeinschaft der Deutschen Wissenschaft* (seit 1929

---

62 Vgl. den Beitrag von Gabriele Metzler in diesem Band sowie Georg Schreiber, Auslandsbeziehungen der deutschen Wissenschaft, in: Abb, Aus fünfzig Jahren (wie Anm. 57), S. 9 – 21; Margarete Rothbarth, Geistige Zusammenarbeit im Rahmen des Völkerbundes (Deutschtum und Ausland 44), Münster 1931; Brigitte Schroeder-Gudehus, Deutsche Wissenschaft und internationale Zusammenarbeit 1914 – 1928. Ein Beitrag zum Studium kultureller Beziehungen in politischen Krisenzeiten, Genf 1966; dies., International Cooperation and International Organisation: Tendencies Toward Centralisation in the First Half of the Twentieth Century, in: Frank R. Pfetsch (Hg.), Internationale Dimensionen in der Wissenschaft, Erlangen 1979, S, 61 – 86; dies., Internationale Wissenschaftsbeziehungen und auswärtige Kulturpolitik 1919 – 1933. Vom Boykott und Gegen-Boykott zu ihrer Wiederaufnahme, in: Vierhaus / vom Brocke, Forschung (wie Anm. 60), S. 858 – 885.

63 Reinhold Schairer, Die Studenten im internationalen Kulturleben. Beiträge zur Frage des Studiums in fremdem Lande (Deutschtum und Ausland 11), Münster 1927; Doeberl u. a., Das Akademische Deutschland (wie Anm. 17), Bd. 3, S. 507 – 542; Volkhard Laitenberger, Der DAAD von seinen Anfängen bis 1945, in: Peter Alter (Hg.), Spuren in die Zukunft. Der Deutsche Akademische Austauschdienst 1925 – 2000, Bd. 1, Köln 2000, S. 20 – 49.

64 Vgl. den Beitrag von Sören Flachowsky in diesem Band.

65 Hachtmann, Wissenschaftsmanagement (wie Anm. 23), Bd. 1, S. 138 – 140.

66 Ebenda, S. 102.

67 Dieter P. Herrmann, Freunde und Förderer. Ein Beitrag zur Geschichte der privaten Hochschul- und Wissenschaftsförderung in Deutschland, Bonn 1990.

Deutsche Forschungsgemeinschaft) und ihres *Stifterverbandes*[68] sowie der *Helmholtz-Gesellschaft* 1920 neue Zeichen. Sie waren zwar „aus der Not" der ersten Nachkriegsjahre und der Inflation geboren und wurden mit „Not"- Argumenten begründet. Doch erwiesen sie sich als zukunftsweisende Modelle und als Kerne neuer flexibler Förder- und Innovationssysteme. Das zeigten etwa die forschungspolitischen Prioritäten der *Notgemeinschaft* und die von ihr seit 1926 gezielt geförderten interdisziplinären Großforschungsprojekte.[69] Auch Raumforschung und Landesplanung entstammen der Weimarer Zeit.[70]

Die neuen Strukturen und Tendenzen kamen zwar auch den Universitäten zugute und sicherten deren Rolle als Forschungsuniversitäten, in erster Linie aber der außeruniversitären Forschung und den Technischen Hochschulen. Die Gewichte verschoben sie zu deren Gunsten und zu Lasten der universitären Geisteswissenschaften.[71] Das zeigte sich im Strukturwandel des Wissenschaftsstandortes Berlin[72] und an den Universitäten selber. Die in der Weimarer Zeit beschleunigten Wachstums- und Differenzierungsprozesse veränderten das universitäre Wissenschafts- und Disziplingefüge weit stärker als im Kaiserreich.[73] Die Zahl eigener Mathematisch-Naturwissenschaftlicher Abteilungen oder Fakultäten stieg rasch an. Weitaus häufiger als vor 1918 bildeten Rechts-, Staats-, Wirtschafts- und Sozialwissenschaften gemeinsame Fakultäten. Für die Philosophischen Fakultäten als „universitäre Herzen" des 19. Jahrhunderts bedeuteten diese Sezessionsvorgänge erhebliche Gewichts-,

68 Ulrich Marsch, Notgemeinschaft der Deutschen Wissenschaft. Gründung und frühe Geschichte 1920–1925, Frankfurt a. M. 1994; Notker Hammerstein, Die Deutsche Forschungsgemeinschaft in der Weimarer Republik und im Dritten Reich. Wissenschaftspolitik in Republik und Diktatur 1920–1945, München 1999; Sören Flachowsky, Von der Notgemeinschaft zum Reichsforschungsrat. Wissenschaftspolitik im Kontext von Autarkie, Aufrüstung und Krieg (Studien zur Geschichte der Deutschen Forschungsgemeinschaft 3), Stuttgart 2008; Schülze, Der Stifterverband (wie Anm. 19).

69 Jochen Kirchhoff, Die forschungspolitischen Schwerpunktsetzungen der Notgemeinschaft der Deutschen Wissenschaft 1925–1929 im transatlantischen Kontext. Überlegungen zur vergleichenden Geschichte der Wissenschaftsorganisation, in: vom Bruch / Henning, Wissenschaftsfördernde Institutionen (wie Anm. 60), S. 70–86; ders., Wissenschaftsförderung und forschungspolitische Prioritäten der Notgemeinschaft der Deutschen Wissenschaft 1920–1932, Diss. München 2003; Jürgen Kocka, Disziplinen und Interdisziplinarität, in: Reulecke / Roelcke, Wissenschaften (wie Anm. 35), S. 107–117; Friedemann Schmoll, Die Vermessung der Kultur. Der „Atlas der deutschen Volkskunde" und die ‚Deutsche Forschungsgemeinschaft 1928–1980 (Studien zur Geschichte der Deutschen Forschungsgemeinschaft 5), Stuttgart 2009.

70 Ariane Leendertz, Ordnung schaffen. Deutsche Raumplanung im 20. Jahrhundert (Beiträge zur Geschichte des 20. Jahrhunderts 7), Göttingen 2008.

71 Rüdiger vom Bruch, Langsamer Abschied von Humboldt? Etappen deutscher Universitätsgeschichte 1810–1945, in: Ash, Mythos Humboldt (wie Anm. 33), S. 29–57, hier S. 46.

72 Hubert Laitko, Zentrum, Magistrale und Fluchtpunkt. Der Wissenschaftsstandort Berlin im 20. Jahrhundert, in: Bruch / Henning, Wissenschaftsfördernde Institutionen (wie Anm. 60), S. 11–39.

73 Hartmut Titze, Datenhandbuch zur deutschen Bildungsgeschichte, Bd. I/2: Wachstum und Differenzierung der deutschen Universitäten 1830–1945, Göttingen 1995.

Status- und Prestigeeinbußen.[74] Die kräftig ausgebaute Erwachsenenbildung und die neue Volkshochschulbewegung nach dänischem Vorbild wirkten sich ebenfalls auf die Universitäten aus.[75] Die Studentenschaft erfuhr durch Bildungswachstum, zunehmendes Lehrer- und Frauenstudium und entsprechende soziale Öffnung für untere Mittelschichten einen deutlichen Strukturwandel.[76] Zudem mussten sich die Universitäten auf den Strukturwandel der Öffentlichkeit in der Demokratie einstellen und zu gleichsam „öffentlichen Universitäten" werden.[77]

Revolution und Republikgründung setzten die Universitäten unter Reformdruck und im Kaiserreich ungelöste Probleme – Privatdozenten- und Nichtordinarienfrage, erweiterter Hochschulzugang, studentische Vertretungs-, Selbstverwaltungs- und Mitbestimmungsrechte – auf die Tagesordnung. „Unmittelbar nach der Revolution", so schrieb der preußische Kultusminister Haenisch in seinem Hochschulreformerlass vom 17. Mai 1919, „wurden in allen Gauen Deutschlands Stimmen laut, die als Einleitung zum geistigen Wiederaufbau eine Reform unseres Hochschullebens forderten."[78] Doch kam es nur zu Teilreformen. Ein kompletter „Umbau der Universitäten"[79] war aus Sicht des universitären Establishments unnötig und unterblieb. Während die Studentenschaften und ihre neuen *Allgemeinen Studentenaus-*

---

74 Marita Baumgarten, Professoren und Universitäten im 19. Jahrhundert. Zur Sozialgeschichte deutscher Geistes- und Naturwissenschaftler (Kritische Studien zur Geschichtswissenschaft 121), Göttingen 1997; als Fallbeispiele vgl. Eckhard Wirbelauer (Hg.), Die Freiburger Philosophische Fakultät 1920–1960. Mitglieder – Strukturen – Vernetzungen (Freiburger Beiträge zur Wissenschafts- und Universitätsgeschichte NF 1), München 2006; Jürgen John / Rüdiger Stutz, Die Jenaer Universität 1918–1945, in: Traditionen – Brüche – Wandlungen. Die Universität Jena 1850–1995, Köln 2009, S. 270–587, hier S. 316–364.

75 Max Scheler, Die Wissensformen und die Gesellschaft. Probleme einer Soziologie des Wissens, Leipzig 1926 (Kapitel „Universität und Volkshochschule"), S. 489–537; Martha Friedenthal-Haase, Erwachsenenbildung im Prozeß der Akademisierung. Der staats- und sozialwissenschaftliche Beitrag zur Entstehung eines Fachgebiets an den Universitäten der Weimarer Republik unter besonderer Berücksichtigung des Beispiel Kölns, Frankfurt a. M. 1991; Bettina Irina Reimers, Die Neue Richtung der Erwachsenenbildung in Thüringen 1919–1933 (Geschichte und Erwachsenenbildung 16), Essen 2003.

76 Franz Eulenburg, Die sozialen Wirkungen der Währungsverhältnisse, in: Jahrbücher für Nationalökonomie und Statistik 122 (1924), S. 748–794, hier S. 78–780; Anna Siemsen, Der Strukturwandel in der Studentenschaft, in: Aufbau 2 (1929), S. 366–371; Jarausch, Die Not (wie Anm. 40); Hartmut Titze, Bildungskrisen und sozialer Wandel 1780–2000, in: Geschichte und Gesellschaft 30 (2004), S. 339–372; als Fallstudie vgl. Fenja Britt Mens, Zur „Not der geistigen Arbeiter": Die soziale und wirtschaftliche Lage von Studierenden in der Weimarer Republik am Beispiel Hamburgs (GDS-Archiv für Hochschul- und Studentengeschichte. Beiheft 12), Köln 2001.

77 Kotowski, Die öffentliche Universität (wie Anm. 51).

78 Im Anhang abgedr. bei C(arl) H(einrich) Becker, Gedanken zur Hochschulreform, Leipzig 1919, S. 67–70, hier S. 70.

79 So der Leiter des Jenaer Reformausschusses Justus Wilhelm Hedemann in seinen Notizen „Probleme aus dem Bereich der Universitätsreform" vom April 1919, in: Universitätsarchiv Jena (UAJ), Best. BA, Nr. 1842, Bl. 22, 23.

schüsse (AStA) staatlich anerkannt wurden und ein Teil der Nichtordinarien in die Fakultäten eintreten konnte, blieb die Lage der Privatdozenten prekär und das akademische Leben für sie – wie es Max Weber formulierte – „ein wilder Hazard".[80] Die im Kaiserreich „oligarchisch und aristokratisch gewordenen Strukturen"[81] blieben im Kern unangetastet. Wie die inneren Strukturen der Universitäten veränderte sich auch die Hochschullandschaft in begrenztem Maße. In Preußen entstanden seit 1925 Pädagogische Akademien. Mit den neuen städtischen Universitäten Köln und Hamburg 1919 wuchs die Zahl der reichsdeutschen Universitäten auf 23 (davon zwölf preußische). Neben der *Deutschen Studentenschaft* (1919)[82] und dem *Verband Deutscher Hochschulen* (1920)[83] entstanden Dach- und Interessenverbände der Assistenten, mittleren Beamten und Hochschulangestellten. Die *Wirtschaftshilfe der Deutschen Studentenschaft* (1921, seit 1929: *Deutsches Studentenwerk*) und die *Studienstiftung des Deutschen Volkes* (1925) boten neue Fürsorge-, Selbsthilfe- und Förderformen für unbemittelte und für besonders begabte Studierende.[84]

Der knappe Überblick zeigt einen beträchtlichen Um- und Ausbau der Wissenschafts- und Hochschullandschaft in der Weimarer Zeit mit zahlreichen Neuansätzen, neuen Institutionen und Strukturen. Allerdings hatten die

80 Max Weber, Wissenschaft als Beruf (1917/19), in: Max Weber Gesamtausgabe, Bd. 17, hg. von Wolfgang J. Mommsen und Horst Baier, Tübingen 1992, S. 70–111, hier S. 79; vgl. auch Martin Schmeiser, Akademischer Hasard. Das Berufsschicksal des Professors und das Schicksal der deutschen Universität 1870–1920. Eine verstehend soziologische Untersuchung, Stuttgart 1994.

81 Gedanken des Ausschusses der Nichtordinarien in Jena zur Universitätsreform vom 17. Februar 1919, in: UAJ, Best. BA, Nr. 1842, Bl. 19; vgl. auch Rüdiger vom Bruch, Universitätsreform als soziale Bewegung. Zur Nicht-Ordinarienfrage im späten deutschen Kaiserreich, in: Geschichte und Gesellschaft 10 (1984), S. 72–91.

82 Hellmut Volkmann, Die Deutsche Studentenschaft in ihrer Entwicklung seit 1919, Leipzig 1925; Friedrich Schulze / Paul Ssymank, Das deutsche Studententum von den ältesten Zeiten bis zur Gegenwart 1931, München ⁴1932, S. 463–492; Konrad H. Jarausch, Deutsche Studenten 1800–1970, Frankfurt a. M. 1984, S. 117–127, Uwe Rohwedder, Zwischen Selbsthilfe und „politischem Mandat". Zur Geschichte der verfassten Studentenschaft in Deutschland, in: Jahrbuch für Universitätsgeschichte 8 (2005), S. 235–243; nach dem preußischen Studentenrechtskonflikt entstand 1928 ein *Deutscher Studentenverband* als neue Dachorganisation der (Minderheit der) republikanisch gesinnten Studentenschaften, während die auf völkischen Positionen beharrenden Studentenschaften der Deutsche Studentenschaft (DSt) in Preußen und anderen Ländern ihre staatliche Anerkennung verloren.

83 Eckhard Oberdörfer, Der Verband der Deutschen Hochschulen in der Weimarer Republik, in: Karl Strobel (Hg.), Die deutsche Universität im 20. Jahrhundert. Die Entwicklung einer Institution zwischen Tradition, Autonomie, historischen und sozialen Rahmenbedingungen, Vierow bei Greifswald 1994, S. 69–86; Franz J. Bauer, Geschichte des Deutschen Hochschulverbandes, München 2000.

84 Wilhelm Schlink / Reinhold Schairer, Die Studentische Wirtschaftshilfe, in: Doeberl u. a., Das Akademische Deutschland (wie Anm. 17), Bd. 3, S. 451–484; Reinhold Schairer, Das erste Jahnzehnt des Deutschen Studentenwerkes (1921–1932), in: Deutsches Studentenwerk 1921–1961. Festschrift zum vierzigjährigen Bestehen, Bonn 1961, S. 42–62; Rolf-Ulrich Kunze, Wissenschafts- durch „Hochbegabten"-Förderung? Die Studienstiftung des deutschen Volkes zwischen sozial- und individualemanzipatorischer Begabtenförderung von 1925 bis heute, in: vom Bruch / Henning, Wissenschaftsfördernde Institutionen (wie Anm. 60), S. 119–134.

Universitäten daran geringeren Anteil als die außeruniversitären Wissenschaftsbereiche. Insgesamt aber steht die Fülle der Neuansätze quer zum
wohlfeilen Bild einer durchgängigen Not-, Leidens- oder Verfallszeit,[85] ohne
damit die gravierenden Problemlagen vor allem der Anfangs- und Endjahre
der Weimarer Republik – von der Inflation bis zur Weltwirtschaftskrise, vom
Kapp-Lüttwitz-Putsch bis zur Weimarer Staatskrise – klein reden zu wollen.
Die aufgelisteten Neuansätze verweisen auf die Weimarer Chancen freiheitli-
cher Modernisierung, neuer wissenschaftsethischer Wertesysteme, friedfer-
tiger Neugestaltung und gleichberechtigter internationaler Wissenschaftskooperation, auf kräftige Potentiale „intellektuellen Aufbruchs"[86] und auf ein
flexibles – seit Mitte der 1920er Jahre wieder international vernetztes – Innovationssystem. Nötig ist eine faire Bilanz der Weimarer Neuansätze und
Problemlagen sowie des Erbes des Kaiserreiches und des Weltkrieges, um den
„historischen Ort Weimars" in der Wissenschafts- und Universitätsgeschichte
exakt bestimmen zu können. Eine solche Bilanz könnte helfen, dieser oft
pejorativ beurteilten ersten demokratischen Phase deutscher Wissenschafts-
und Universitätsgeschichte, die bislang eher im Schatten der auf Kaiserreich
und NS-Zeit konzentrierten Forschungen blieb, gerecht zu werden, ihr aus
ihrem Aschenputteldasein zu helfen und ihr das Odium einer bloßen „Zwi-
schenzeit" zwischen Weltkriegen, Kaiserreich und NS-Diktatur zu nehmen.
Dafür könnten jene neueren Ansätze in der „Weimar"-Historiographie hilfreich sein, die sich von der jahrzehntelange gepflegten Negativsicht auf diese
ungeliebte „Republik auf Zeit"[87] mit ihrer „improvisierten Demokratie"[88]
freimachen. Diese Neuansätze betonen die Chancen der Weimarer Republik
und den Wert ihrer Verfassung.[89] Sie sehen das Kriegsende, den revolutionären Aufbruch 1918[90] und die Gründungskompromisse 1919 als Voraussetzungen und nicht als belastende „Geburtsmakel" der Weimarer Demokratie an.
Und sie fragen nach den damit verbundenen strukturellen Chancen der
„Hochschule in der (Weimarer) Demokratie"[91] statt nur dem überwiegend

---

85 Die Weimarer Zeit sei die „Zeit des Verfalls der Wissenschaft" gewesen – so der neue Obmann
    der Reichsarbeitsgemeinschaft für Raumforschung (RAG) Paul Ritterbusch in seinem Geleit-
    wort zum RAG-Kriegsforschungsprogramm, in: Raumforschung und Raumordnung 4 (1940),
    S. 145.
86 Reinhard Blomert, Intellektuelle im Aufbruch. Karl Mannheim, Alfred Weber, Norbert Elias und
    die Heidelberger Sozialwissenschaften der Zwischenkriegszeit, München 1999.
87 Wolfgang Ruge, Weimar – Republik auf Zeit, Berlin 1980.
88 Theodor Eschenburg, Die Republik von Weimar. Die improvisierte Demokratie, München 1985.
89 Justus H. Ulbricht (Hg.), Weimar 1919. Chancen einer Republik, Köln 2009; Die Weimarer
    Verfassung – Wert und Wirkung für die Demokratie, Erfurt 2009.
90 1918. Aufbruch in die Weimarer Republik= Die Zeit. Geschichte (2008), Nr. 3
91 Wolfgang Nitsch / Uta Gerhardt / Claus Offe / Ulrich K. Preuß, Hochschule in der Demokratie.
    Kritische Beiträge zur Erbschaft und Reform der deutschen Universität, Berlin 1965; für die
    Weimarer Zeit ließ sich bisher kein solcher Titel ermitteln.

republikdistanzierten Diskurs der Weimarer Hochschuleliten über „Hochschule und Staat"[92] zu folgen.

III. Denk- und Argumentationsmuster

Der Überblick über die Weimarer Umgestaltungsprozesse und der offenkundige Widerspruch zwischen ihrer Realität und Wahrnehmung bestätigen einen bereits formulierten Grundeindruck: Die Not- und Krisendiskurse waren keineswegs nur Ausdruck der Weimarer Problemlagen und entsprechender Not- und Krisenerfahrungen. Wie die Debatten um Idee und Reform der Universität spiegelten sie tief greifende – zum Teil schon länger zurückreichende und nach 1918 beschleunigte – Umgestaltungsprozesse mit entsprechenden Interessenkonflikten, „Wertkollisionen",[93] Gewinner- und Verlierergruppen wider. Und sie griffen selbst in diese Prozesse ein. „Not" und „Krise" fungierten dabei als strategische Argumente. Diese Diskurse sind als aufschlussreiche Symptome ihrer Zeit ernst zu nehmen. Sie sollten aber nicht ungeprüft oder affirmativ übernommen, sondern kritisch analysiert werden. Sie sind dabei nach ihren Denk- und Argumentationsmustern, nach ihren Strukturen, Konstellationen, Kontexten und Trägern, nach deren Interessen, Motiven und Absichten wie nach ihren Zusammenhängen mit den Debatten um „Idee", „Sinn" und „Reform" der Universität zu befragen Die folgenden Überlegungen greifen einige dieser Aspekte auf, ohne damit einer noch fehlenden systematischen Analyse vorgreifen zu wollen.

Das Deutungsmuster „Krise"

Die häufige Verwendung des Begriffes „Krise" im akademischen Milieu war Teil eines allgemeinen – oft gegen „Weimar" gerichteten – Krisen-Diskurses. Das verbreitete Krisenbewusstsein, das Empfinden, eine umfassende „Kulturkrise" zu erleben und die geradezu inflationäre Beschreibung und Beschwörung politischer, wirtschaftlicher und geistiger Krisenzustände führten

---

92 Als charakteristische Beispiele vgl. Günther Holstein, Hochschule und Staat, in: Doeberl u. a., Das Akademische Deutschland (wie Anm. 17), Bd. 3, S. 127–162; Rudolf Smend, Hochschule und Parteien, ebenda, S. 153–162; als Beispiele positiven und vernunftrepublikanischen „Weimar"-Bezugs vgl. Wilhelm Kahl, Friedrich Meinecke, Gustav Radbruch, Die deutschen Universitäten und der heutige Staat. Referate, erstattet auf der Weimarer Tagung deutscher Hochschullehrer am 23. und 24. April 1926 (Recht und Staat in Geschichte und Gegenwart 44), Tübingen 1926; Gerhard Kessler, Hochschule und Staat, in: Müller, Krisis (wie Anm. 7), S. 277–284

93 Gangolf Hübinger, Wertkollisionen im frühen 20. Jahrhundert. Die Kompetenz der Geisteswissenschaften zur Deutung sozialer Wirklichkeit, in: vom Bruch / Kaderas, Wissenschaften (wie Anm. 44), S. 75–83.

zu einer regelrechten „Kultivierung der Krise", zu einer „Kultur der Krise" mit
sehr ambivalenten Zügen. Der historiographische Rückgriff auf solche Krisendiskurse der Weimarer Zeit ließ das Schlagwort „Krise" zu einem zentralen
Deutungs- und Interpretationsmuster werden,[94] zu einem „magischen Begriff" und „Erklärungsersatz", der die Wahrnehmung der ersten deutschen
Demokratie im öffentlichen Bewusstsein bis heute prägt. Es wurde geradezu
Mode, sich abfällig über sie zu äußern. Und manche tun das auch heute noch
mit unverhohlener Häme.[95] Solch pejorative Sichtweisen übertrugen sich auf
die Wissenschafts- und Universitätsgeschichte. Während die Weimarer Kulturgeschichte oft als „Aufbruch in die Moderne"[96] überzeichnet oder als
„goldene zwanziger Jahre" mystifiziert wurde, trifft für die Universitätsgeschichte jener Jahre eher das Gegenteil zu. Die pejorative Wahrnehmung der
Weimarer Republik und die Missachtung ihrer wissenschaftlichen Moderni-
sierungs- und Aufbauleistungen hingen – und hängen – zweifellos mit ihrem
frühzeitigen und tragischen Ende zusammen, das nach 1945 als „Menetekel
Weimar" erschien. Sie lassen sich aber auch aus der Suggestionskraft und
Anschlussfähigkeit des Schlagwortes „Krise" erklären.

Dem hatte ein schon länger zurückreichender Bedeutungswandel des Begriffes „Krise" zu einem Alltagsschlagwort den Boden bereitet.[97] Das aus dem
Griechischen stammende Wort „Krisis" bedeutete ursprünglich „Entschei-
dung/entscheidende Wendung". Es wurde in diesem Sinne vor allem im juristischen, theologischen, medizinischen und militärischen Bereich verwendet und forderte harte Alternativen heraus: Recht oder Unrecht, Heil oder
Verdammnis, Leben oder Tod, Sieg oder Niederlage. Später drang der Begriff
„Krise" in andere Bereiche des geistigen und gesellschaftlichen Lebens vor.
Und er fand in die Alltagssprache Eingang. Dabei wandelte er sich zu einem
häufig verwendeten Schlagwort mit sehr unterschiedlichen, oft changieren-
den und verschwimmenden Bedeutungen. Der Sprachgebrauch reichte nun
von der ursprünglichen Bedeutung über die Bezeichnung von Wendepunkten
in langfristigen Transformationsprozessen oder kurzfristigen Problemsitua-
tionen bis zur Umschreibung widriger Umstände, kritischer, kranker und
schlechter Zustände, von Not, Tiefstand und Niedergang. Der inflationäre
Gebrauch des zunehmend unbestimmten Schlagwortes wurde selbst zu einem
– im weitesten Sinne des nun vieldeutig gewordenen Begriffes – „Krisen"-
Symptom. In diesem Sinne wirkte es auf die Redeweisen tonangebender

---

94 Föllmer / Graf, Die „Krise" (wie Anm. 16).

95 Als krasses Beispiel Hans Magnus Enzensberger, Hammerstein oder Der Eigensinn. Eine
    deutsche Geschichte, Frankfurt a. M. 2008, S. 31 unter der Überschrift „Die Schrecken der
    Weimarer Republik": „Die Weimarer Republik war von Anfang an eine Fehlgeburt."

96 August Nitschke / Gerhard A. Ritter / Detlev J. K. Peukert / Rüdiger vom Bruch (Hg.), Jahr-
    hundertwende. Der Aufbruch in die Moderne 1880–1930, 2 Bde., Reinbek bei Hamburg 1990.

97 Reinhart Koselleck, Krise, in: Otto Brunner / Werner Conze / Reinhart Koselleck (Hg.), Ge-
    schichtliche Grundbegriffe. Historisches Lexikon zur politisch-sozialen Sprache in Deutsch-
    land, Bd. 3, Stuttgart 1982, S. 617–650.

„Deutungseliten" aus den Geistes-, Human-, Sozial- und Wirtschaftswissenschaften zurück, für die „Krise" zu einem weithin anschlussfähigen Schlüsselbegriff wurde. Diese Anschlussfähigkeit beruhte gerade auf der Unschärfe
dieses Begriffes und auf seiner Kopplung mit dem „Not"-Begriff. „Krise" und
„Not" erschienen dann gleichsam synonym. Damit waren dann meist äußere,
die Wissenschaften bedrängende Notlagen gemeint, seltener innere „Sinn-
krisen" der Wissenschaften. Noterfahrungen und Krisenwahrnehmungen
deckten sich keineswegs.

So schillernd wie das Schlagwort „Krise" waren seine Bedeutungsinhalte im
akademischen Krisendiskurs der Weimarer Zeit. Und sein Gebrauch verband
sich mit sehr verschiedenen Motiven und Absichten. Man sprach von politischen, wirtschaftlichen und geistigen Krisen, von „Überproduktions-" und
„Reinigungskrisen", von „Sinn-", „Zerfalls-", „Aufbau-"[98] und „Wendekri-
sen", von denen eine Wende zum Guten oder zum Schlechten ausgehen
könne.[99] „German Crisis" nannte der US-amerikanische Journalist Hubert
Renfro Knickerbocker 1932 in diesem Sinne seinen Deutschland-Report,
dessen deutsche Ausgabe den Titel „Deutschland so oder so?" trug.[100] „Kritik
und Krise" – hieß es 1927 in einer bereits erwähnten Streitschrift für die
„geisteswissenschaftliche Psychologie" – treffen sich in dem griechischen
Wort „ich scheide"; nur durch die Kritik naturwissenschaftlicher Tendenzen
in der empirischen Psychologie könne das Fachgebiet seine innere Krise
überwinden.[101] Es gab nostalgische wie zukunftsgerichtete, pessimistische wie
optimistische Krisen-, Wende- und Ordnungsvorstellungen.[102] Von „Not" und
„Krise" sprachen Innovationsgegner, Erfolglose und Verlierer der Moderni-
sierungs- und Wandlungsprozesse der 1920er Jahre, aber auch die Erfolgreichen und Gewinner, um so noch mehr für sich herauszuschlagen. Dabei wurde
das Not- und Krisen-Argument im positiven wie im negativen Sinne verwendet: negativ, um die politischen Entscheidungsträger zu kritisierten; positiv, um an sie zu appellieren, Wissenschaften und Hochschulen zu fördern.
In diesem Sinne avancierte es neben den Denkmustern von der „Ersatzmacht
Wissenschaft", von der „Weltgeltung deutscher Wissenschaft" und vom

---

98 Bühler: Die Krise (wie Anm. 2), S. 1.

99 Müller, Krisis (wie Anm. 7).

100 Hubert R. Knickerbocker, Deutschland so oder so?, Berlin 1932; vgl. auch Carmen Müller,
    Weimar im Blick der USA. Amerikanische Auslandskorrespondenten und öffentliche Meinung
    zwischen Perzeption und Realität, Münster 1997, S. 124–135.

101 Bühler, Die Krise (wie Anm. 2), Vorwort, S. V; der Wiener Philosophieprofessor argumentierte
    hier wie schon vor dem Kriege Wilhelm Wundt, Die Psychologie im Kampf ums Dasein, Leipzig
    ²1913.

102 Rüdiger Graf, Die Zukunft der Weimarer Republik. Krisen und Zukunftsaneignungen in
    Deutschland 1918–1933 (Ordnungssysteme. Studien zur Ideengeschichte der Neuzeit 24),
    München 2008; ders., Optimismus und Pessimismus in der Krise – der politisch-kulturelle
    Diskurs in der Weimarer Republik, in: Wolfgang Hardtwig (Hg.), Ordnungen in der Krise. Zur
    politischen Kulturgeschichte Deutschlands 1900–1933 (Ordnungssysteme. Studien zur
    Ideengeschichte der Neuzeit 22), München 2007, S. 115–140.

„Rückstand gegenüber dem Ausland" zum Kernargument für den Ausbau staatlicher Wissenschafts- und Hochschulförderung. Dem neuen Staat Wohlgesinnte wollten so und mit dem Verweis auf die „neuen Aufgaben" Wissenschaft und „geistiger Arbeit" helfen und sie in ein positives Verhältnis zum Weimarer Staat bringen.[103] Das Not- und Krisen-Argument wurde aber auch – mit steigender Tendenz – gegen die Weimarer Demokratie gerichtet, der man die „geistige Not der Zeit"[104] anlastete.

Zeitlich unterstreicht der Gebrauch des Not- und Krisen-Argumentes im akademischen Diskurs einen aus der allgemeinen wie aus der wirtschafts- und kulturgeschichtlichen Periodisierung der Weimarer Republik gewohnten Befund. Die Not- und Krisen-Diskurse verdichteten sich in den Anfangs- und Schlussphasen der Weimarer Republik. Die wichtigen, mit beiden Begriffen operierenden Schriften erschienen in diesen Zeiten.[105] In den Anfangsjahren nahmen sie dabei auf die Inflation und andere Kriegsfolgen – seltener auf die politischen Krisen dieser Zeit – Bezug, seit 1930 dann auf die Weimarer Staatskrise, die allgemeine „Kulturkrise" und die „Überfüllungskrise" der Hochschulen. Die zwischen 1925 und 1930 erschienenen maßgeblichen Publikationen[106] kamen meist ohne die Schlagworte „Not" und „Krise" aus. Sie verwendeten eher die Begriffe „Stabilisierung" (bezogen auf Währung und internationale Beziehungen) und „Neuaufbau" (bezogen auf Wissenschafts- und Hochschulförderung).[107] Auch für die Geschichte der akademischen Krisendiskurse erweist sich das Jahr 1930 als Zäsur und Schlüsseljahr.[108]

Krisen-, Vernunft- und Revisionsdenken

So ambivalent wie das Deutungsmuster „Krise" stellen sich die Denk- und Verhaltensmuster akademischer Krisendiskurse dar. Sie waren in vieler Hinsicht gespalten und alles andere als homogen. So schieden sich die Geister im weltbürgerlichen oder nationalen Denken wie an der Haltung zur äußeren und inneren Nachkriegsordnung – und damit an der Bereitschaft oder Nichtbereitschaft, die Weltkriegs- und Revolutionsergebnisse zu akzeptieren. Vernünftig denkende, einsichtige und verständigungsbereite Gruppen stellten sich selbst dann auf den Boden der neuen Tatsachen, wenn sie ihre mentale und habituelle Sozialisation im Kaiserreich nicht verhehlten. Der Historiker

---

103 Weber, Die Not; Schreiber, Die Not (beide wie Anm. 1); Griewank, Staat (wie Anm. 56).

104 Max Wundt, Rudolf Eucken. Rede, gehalten bei der Eucken-Gedächtnisfeier der Universität Jena am 9. Januar 1927 (Schriften aus dem Euckenkreis 22), Langensalza 1927, S. 37.

105 Vgl. Anm. 1.

106 Griewank, Staat (wie Anm. 56); Abb, Aus fünfzig Jahren; Brauer u. a., Forschungsinstitute (beide wie Anm. 57); Doeberl u. a., Das Akademische Deutschland (wie Anm. 17).

107 Griewank, Staat (wie Anm. 56), S. 65–81.

108 Hans Mommsen, Das Jahr 1930 als Zäsur in der deutschen Entwicklung der Zwischenkriegszeit, in: Ehrlich / John, Weimar 1930 (wie Anm. 5), S. 1–13.

Friedrich Meinecke brachte diese Denkhaltung im Januar 1919 mit dem häufig
zitierten Satz auf den Punkt: „Ich bleibe, der Vergangenheit zugewandt,
Herzensmonarchist und werde, der Zukunft zugewandt, Vernunftrepublikaner."[109] Jetzt müsse man nach vorn denken und sich allen Tendenzen mon-
archistischer Reaktion widersetzen. Das hieß für ihn auch, sich von engstirnig
nationalem Denken freizumachen und sich auf den Boden der neuen „Weltverfassung" zu stellen. Die Weimarer Demokratie beruhe auf dem Zusammenhang von „Reichsverfassung und Weltverfassung". Die „Hochflut des
Nationalismus" hingegen bedrohe „das Wesen der Weimarer Verfassung".[110]
Damit traf Meinecke einen Nerv der damals mit dem „Krisen"-Begriff um-
schriebenen Probleme und des genuin antidemokratischen, ab- und aus-
grenzenden „nationalen" Denkens.[111] Mehr oder weniger gut gemeinte Konzepte für eine „nationale Demokratie"[112] mit entsprechender „Geistesaristo-
kratie"[113] erwiesen sich keineswegs als demokratiestabilisierend. Allerdings
fand Meineckes Position weder bei seiner Wissenschaftlergeneration noch bei
der jüngeren Generation, die 1919 erst am Beginn ihrer wissenschaftlich-
akademischen Karriere stand, größeren Rückhalt. „Vernunftrepublikanische"
Positionen waren im akademischen Milieu nicht mehrheitsfähig, obwohl das
Schlagwort aus diesem Milieu kam und mit Carl Heinrich Becker ein „ver-
nunftrepublikanisch" gesinnter prominenter Hochschullehrer bis 1930 als
preußischer Staatssekretär und Kultusminister wirkte.[114] Dem *Weimarer Kreis
verfassungstreuer Hochschullehrer* (1926)[115] schlossen sich nur wenige Pro-

109 Friedrich Meinecke, Verfassung und Verwaltung der deutschen Republik, in: ders., Politische
    Schriften und Reden, hg. von Georg Kotowski, Darmstadt ⁴1979, S. 280–296, hier S. 281.
110 Friedrich Meinecke, Reichsverfassung und Weltverfassung (Rede auf der Verfassungsfeier des
    Deutschen Studentenverbandes am 23. Juli 1931 in Berlin), abgedr. in: Ralf Poscher (Hg.), Der
    Verfassungstag. Reden deutscher Gelehrter zur Feier der Weimarer Reichsverfassung, Baden-
    Baden 1999, S. 231–235, Zitat S. 233.
111 Kurt Sontheimer, Antidemokratisches Denken in der Weimarer Republik. Die politischen
    Ideen des deutschen Nationalismus zwischen 1918 und 1933, München ³1992.
112 Carl Bilfinger, Nationale Demokratie als Grundlage der Weimarer Verfassung (Rede zur Ver-
    fassungsfeier der Universität Halle-Wittenberg am 24. Juli 1929), in: Poscher, Der Verfas-
    sungstag (wie Anm. 110), S. 91–101. Der Staats- und Verwaltungsrechtler trat 1933 der Na-
    tionalsozialistischen Deutschen Arbeiterpartei (NSDAP) bei.
113 Friedrich Glum, Das geheime Deutschland. Die Aristokratie der demokratischen Gesinnung,
    Berlin 1930.
114 Béatrice Bonniot, Die Republik, eine „Notlösung"? Der preußische Kultusminister Carl
    Heinrich Becker im Dienste des Weimarer Staates (1918–1933), in: Andreas Wirsching /
    Jürgen Edler (Hg.), Vernunftrepublikanismus in der Weimarer Republik. Politik, Literatur,
    Wissenschaft (Wissenschaftliche Reihe Stiftung Bundespräsident-Theodor-Heuss-Haus 9),
    Stuttgart 2008, S. 299–309; vgl. auch Guido Müller, Weltpolitische Bildung und akademische
    Reform. Carl Heinrich Beckers Wissenschafts- und Hochschulpolitik 1909–1930, Köln 1991;
    Bernhard vom Brocke, Preußische Hochschulpolitik im 19. und 20. Jahrhundert. Kaiserreich
    und Weimarer Republik, in: Werner Buchholz (Hg.), Die Universität Greifswald und die
    deutsche Hochschullandschaft im 19. und 20. Jahrhundert, Stuttgart 2004, S. 27–56.
115 Kahl u. a., Die deutschen Universitäten (wie Anm. 92); Herbert Döhring, Der Weimarer Kreis.

fessoren an. Konzepte „geistiger Reichseinheit" und Hochschulreform auf republikanischer Grundlage,[116] „geistiger Tätigkeit für das Werden einer neuen deutschen Demokratie"[117] und eines positiven Verhältnisses von „Hochschule und Staat"[118] blieben Minderheitspositionen.

Ihnen stand mehrheitlich eine doppelte Fundamentalopposition gegenüber, die sich mit dem „Krisen"-Argument politisch gegen die Nachkriegsordnung und hochschulpolitisch gegen unliebsame Neuerungen wandte. Ihr Krisen-Denken wurde von der Semantik der Nichtakzeptanz geprägt. Die Bereitschaft, sich auf die neuen Verhältnisse in Deutschland und in Europa einzustellen, kontrastierte von Anfang an mit der Absicht, die Weimarer Demokratie und die internationale Nachkriegsordnung – das „System von Weimar" und das „System von Versailles" – zu überwinden. Diese Haltung war gerade in der gesellschaftlichen Mitte vermeintlich staatstragender Schichten und Eliten sehr verbreitet. Viele fühlten sich von den neuen Verhältnissen bedrängt, in Status und Privilegien bedroht oder führten die Not- und Problemlagen der Nachkriegszeit auf die Weimarer Republik zurück. Sie machten so die Erben für die Kriegsfolgen haftbar, nicht die Verursacher. Die Revolution und die Massendemokratie seien schuld an der Nachkriegsmisere, an der „geistigen Krise", an der „Not deutscher Wissenschaft" und an der eigenen prekären Lage. Obwohl die soziale Stellung der Beamten und beamteten Hochschullehrer von der Inflation nicht gefährdet, sondern im Vergleich zu den „freien Berufen" gestärkt wurde,[119] glaubten sie sich existenzbedroht. Ihre im Kaiserreich eher unkritische Haltung gegenüber dem Staat wendete sich nun antigouvernemental. Verantwortlich machten sie zudem den Versailler Vertrag, die äußere Lage Deutschlands nach dem Kriege und den „geistigen Krieg", den das Ausland gegen Deutschland und die deutsche Wissenschaft führe.[120] All das lasteten die Hochschuleliten auch dem „Weimarer System" an, das nicht einmal „unsere Ehre … zu wahren gewußt" habe.[121]

„Weimar" und „Versailles" erschienen so als Ursachen der Not- und Krisenlagen nach dem Weltkrieg. Hinzu kamen bereits auf einen „Neuordnungskrieg" ausgerichtete Lehren militärischer, bürokratischer, wirtschaftlicher und wissenschaftlicher Eliten aus dem verlorenen Krieg. Er sei unge-

---

Studien zum politischen Bewußtsein verfassungstreuer Hochschullehrer in der Weimarer Republik, Meisenheim (Glan) 1975.

116 C(arl) H(einrich) Becker, Kulturpolitische Aufgaben des Reiches, Leipzig 1919; ders., Gedanken (wie Anm. 78).

117 Scheler, Die Wissensformen (wie Anm. 75) S. 523.

118 Kessler, Hochschule und Staat (wie Anm. 92).

119 Eulenburg, Die sozialen Wirkungen (wie Anm. 76), S. 775 f.

120 Georg Karo, Der geistige Krieg gegen Deutschland, Halle ²1926; Karl Kerkhof, Der Krieg gegen die deutsche Wissenschaft. Eine Zusammenstellung von Kongreßberichten und Zeitungsmeldungen, Wittenberg 1921.

121 Für Ehre, Wahrheit und Recht. Erklärung deutscher Hochschullehrer zur Auslieferungsfrage, Berlin 1919, S. 3.

nügend vorbereitet, halbherzig geführt und deshalb verloren worden. Für einen „Krieg der Zukunft" brauche man Entschlossenheit und einen „starken Staat" ohne innere Opposition. Wie das „System von Versailles" müsse deshalb auch das liberale und schwache „System von Weimar" überwunden werden. Auf diese Weise wurde der erste Weltkrieg zum „Lernort" für den zweiten.[122] Alles in allem verbanden sich Not- und Krisen-Denken, auf „Volk" und „Raum" fixiertes Wissenschafts- und „Neuordnungs"-Denken,[123] „nationale" und „völkische" Denkmuster,[124] das Denken in den Kategorien eines „starken Staates" oder von „Lebensräumen im Kampf der Kulturen"[125] mit der Nichtakzeptanz der Kriegs- und Revolutionsergebnisse zum – auf die „Systeme" von Weimar und Versailles bezogenen – „systemverändernden" Denken. Dabei erwiesen sich universitäre Eliten keineswegs nur als Rezipienten, sondern als Produzenten solcher Ideen – gegen den von Ernst Troeltsch noch einmal ausdrücklich bekräftigten Rat Max Webers, die Universitätsprofessoren sollten ihre „Wissenschaft als Beruf" ausüben statt „Propheten" und Sinnstifter zu spielen.[126]

Die widersprüchlichen Haltungen zur Nachkriegsordnung bewirkten auch ein ambivalentes Verhältnis zur internationalen Wissenschaftskooperation. Von einer „Oekumene des Geistes"[127] und von „geistiger Weltgemeinschaft" konnte schon vor dem Zusammenbruch internationaler Wissenschaftskooperation 1914 kaum die Rede sein. Trotz programmatischer Bekenntnisse zu „wissenschaftlichem Austausch", zu „Humanität und Verbrüderung der

---

122 Lutz Niethammer, Von der Zwangsarbeit im Dritten Reich zur Stiftung „Erinnerung, Verantwortung und Zukunft", in: Michael Jansen / Günter Saathoff (Hg.), „Gemeinsame Verantwortung und moralische Pflicht". Abschlußbericht zu den Auszahlungsprogrammen der Stiftung „Erinnerung, Verantwortung und Zukunft", Göttingen 2007, S, 13–84, hier S. 16.

123 Isabel Heinemann / Patrick Wagner (Hg.), Wissenschaft – Planung – Vertreibung. Neuordnungskonzepte und Umsiedlungspolitik im 20. Jahrhundert (Studien zur Geschichte der Deutschen Forschungsgemeinschaft 1), Stuttgart 2006.

124 Christian Jansen, „Deutsches Wesen", „deutsche Seele", „deutscher Geist". Der Volkscharakter als nationales Identifikationsmuster im Gelehrtenmilieu, in: Reinhard Blömert / Helmut Kuzmics / Annette Treibel (Hg.), Transformationen des Wir-Gefühls. Studien zum nationalen Habitus, Frankfurt a. M. 1993, S. 199–278; Stefan Breuer, Die Völkischen in Deutschland. Kaiserreich und Weimarer Republik, Darmstadt 2008.

125 Klaus Hildebrand, Der Weg in den Zweiten Weltkrieg. Betrachtungen über den Kampf der Kulturen in der Zwischenkriegszeit des 20. Jahrhunderts, in: Thomas Stamm-Kuhlmann / Jürgen Elvert / Birgit Aschmann / Jens Hohensee (Hg.), Geschichtsbilder. Festschrift für Michael Salewski (Historische Mitteilungen im Auftrage der Ranke-Gesellschaft 47), Wiesbaden 2003, S. 97–105; zum Begriff vgl. auch Heinrich Schmitthenner, Lebensräume im Kampf der Kulturen, Berlin 1938.

126 Weber, Wissenschaft (wie Anm. 80), S. 105; Ernst Troeltsch, Die Revolution in der Wissenschaft. Eine Besprechung von Erich von Kahlers Schrift gegen Max Weber „Der Beruf der Wissenschaft" und der Gegenschrift von Artur Salz „Für die Wissenschaft gegen die Gebildeten unter ihren Verächtern" (1921), in: Ernst Troeltsch Lesebuch. Ausgewählte Texte, hg. von Friedemann Voigt, Tübingen 2003, S. 315–346.

127 Frick, Auslandsbeziehungen (wie Anm. 47), S. 131.

Völker"[128] als „Aufgabe(n) des neuen Jahrhunderts"[129] überlagerten nationale Denkmuster und Wissenschaftskulturen die internationale Dimension der Wissenschaft oder verliehen ihr Züge eines kulturellen Imperialismus.[130] Der Weltkrieg, der Kriegsnationalismus und die Folgen der „geistigen Schützengräben" verschärften das Problem. Nach Kriegende bemühte man sich zwar, die Wissenschaftskooperation zwischen den einstigen Kriegsgegnern wieder in Gang zu bringen. Doch beherrschte das nationale Denken weiterhin das Wissenschaftsdenken. „Alle Wissenschaft ist stark vom Nationalen her bestimmt", hieß es 1930.[131] Der Abbruch der internationalen wissenschaftlichen Beziehungen durch den Krieg – so eine keineswegs singuläre Stimme – habe angesichts der „überragenden Bedeutung des deutschen Geisteslebens" nur der „geistigen Internationale" geschadet.[132] Das „Vaterlandsgewissen" müsse gegen das „Weltgewissen" gestellt werden, lautete das Credo des völkischen Kerns der im Weltkrieg gegründeten *Deutschen Philosophischen Gesellschaft*,[133] der zugleich den Weimarer Staat als „undeutsch von der Wurzel bis zum Gipfel"[134] und als Inkarnation „nationaler Unfreiheit"[135] bekämpfte. Die Konsequenzen solch „nationaler" Denkmuster waren Konzepte einer „Deutschen Wissenschaft",[136] Autarkiedenken und die „Flucht in den Käfig" der Selbstisolation.[137]

---

128 Adolf Harnack, Vom Großbetrieb der Wissenschaft, in: Preußische Jahrbücher 119 (1905), S. 193–201, hier S. 198; vgl. zu dieser Schrift auch den Beitrag von Sylvia Paletschek in diesem Band.

129 Hermann Diels, Internationale Aufgaben der Universität. Rede zur Gedächtnisfeier des Stifters der Berliner Universität König Friedrich Wilhelm III. in der Aula am 3. August 1906, Berlin 1906, S. 37.

130 Pfetsch, Internationale Dimensionen (wie Anm. 62); Gabriele Metzler, Internationale Wissenschaft und nationale Kultur. Deutsche Physiker in der internationalen Community 1900–1960, Göttingen 2000; Ralph Jessen / Jakob Vogel (Hg.), Wissenschaft und Nation in der europäischen Geschichte, Frankfurt a. M. 2002.

131 Schreiber, Auslandsbeziehungen (wie Anm. 62), S. 9.

132 Walter Grüner, Die Universität Jena während des Weltkrieges und der Revolution bis zum Sommer 1920. Ein Beitrag zur allgemeinen Geschichte der Universität Jena (Beiträge zur Geschichte der Universität Jena 5), Jena 1934, S. 111.

133 Hermann Schwarz, Weltgewissen oder Vaterlandsgewissen (Schriften zur politischen Bildung X/4), Langensalza ²1926 (erweiterter Text eines Vortrages vom 20. Mai 1918); ders., Ethik der Vaterlandsliebe (Schriften zur politischen Bildung X/1), Langensalza ²1926; wie Max Wundt (Jena, dann Tübingen) und Bruno Bauch (Jena) gehörte Schwarz (Greifswald) zu den völkischen Programmatikern der Deutschen Philosophischen Gesellschaft – vgl. auch Christian Tilitzki, Die deutsche Universitätsphilosophie in der Weimarer Republik und im Dritten Reich, Teil 1, Berlin 2002.

134 Max Wundt, Vom Geist unserer Zeit, München 1920, S. 130.

135 Bruno Bauch, Nationale Freiheit (Schriften zur politischen Bildung X/9), Langensalza 1931.

136 Pierangelo Schiera, Das Politische der „Deutschen Wissenschaft", in: Christoph König / Eberhard Lämmert (Hg.), Konkurrenten in der Fakultät. Kultur, Wissen und Universität um 1900, Frankfurt a. M. 1999, S. 163–180; Ulrich Sieg, Komplexitätsreduktion. „Deutsche Wissenschaft" in den Geisteswissenschaften zwischen 1900 und 1945, in: Reulecke / Roelcke, Wissenschaften (wie Anm. 35), S. 189–204.

Andere Therapie- und Entwicklungskonzepte setzten auf „kulturelle Demobilmachung",[138] ideelle Annäherung und „geistige Zusammenarbeit"[139] als
Auswege aus der kriegsbedingten Krise internationaler Kultur- und Wissenschaftskooperation, auf ein neues „Leitbild Europa",[140] auf „dritte Wege"
zwischen West und Ost[141] oder auf den „Mythos Amerika". Der beherrschte
allerdings vor allem die Wirtschafts-, Technik- und Rationalisierungsdiskur-
se. Vielen erschien „Amerika" eher als Symbol kulturellen Verfalls und als
Krisensymptom. Es diente ihnen so als kulturkritisches Abwehr-Argument.[142]
Allerdings trugen auch die auf „Deutschtum und Ausland",[143] transnationale
Kooperation und grenzüberschreitende Großraumforschung gerichteten
Konzepte und Gremien ein Janusgesicht. Sie waren im Kontext auswärtiger
Kulturpolitik der Stresemann- und Locarnoära in erheblichem Maße in Pro-
gramme der auf die Revision vor allem der Ostgrenzen gerichteten „Mittel-
europa-" und „Revisionsforschungen" eingebunden. Wie etwa die *Leipziger
Stiftung für deutsche Volks- und Kulturbodenforschung* (1923/26)[144] oder die
Deutsche Akademie für die deutsche Sprache im Ausland (1923/25) – Vorläufer
des heutigen *Goethe-Instituts* – stellten sie so Bindeglieder zwischen kultur-
imperialistischer „Weltpolitik" vor 1914 und völkischer „Neuordnungs"-Po-
litik nach 1933 dar.

137 Ulrich Wengenroth, Die Flucht in den Käfig: Wissenschafts- und Innovationskultur in
   Deutschland 1900–1960, in: vom Bruch / Kaderas, Wissenschaften (wie Anm. 44), S. 52–59.
138 John Horne, Kulturelle Demobilmachung 1919–1939. Ein sinnvoller historischer Begriff?, in:
   Wolfgang Hardtwig (Hg.), Politische Kulturgeschichte der Zwischenkriegszeit 1919–1939
   (Geschichte und Gesellschaft. Sonderheft 21), Göttingen 2005, S. 129–150.
139 Rothbarth, Geistige Zusammenarbeit (wie Anm. 62); Reinhold Schairer / Conrad Hofmann
   (Hg.), Die Universitätsideale der Kulturvölker, Leipzig 1925.
140 Jürgen Elvert / Jürgen Nielsen-Sikora (Hg.), Leitbild Europa? Europabilder und ihre Wir-
   kungen in der Neuzeit (Historische Mitteilungen im Auftrage der Ranke-Gesellschaft 74),
   Stuttgart 2009; Peter Krüger, Der Europagedanke in der Weimarer Republik: Locarno als
   Kristallisationspunkt und Impuls, in: Jac Bosmans (Hg.), Europapolitik. Europabewegung und
   Europapolitik in den Niederlanden und in Deutschland seit dem Ersten Weltkrieg (Nieder-
   lande-Studien 10), Münster 1996, S. 15–32.
141 Alfons Paquet, Rom oder Moskau. Sieben Aufsätze, München 1923; Friedrich Dessauer,
   Deutscher Weg seit 1918. Rede zur Verfassungs- und Befreiungsfeier der Universität Frankfurt,
   gehalten am 26. Juli 1930 (Frankfurter Universitätsreden 34), Frankfurt a. M. 1930, S. 10.
142 Alf Lüdtke / Inge Marßolek / Adelheid v. Saldern (Hg.), Amerikanisierung. Traum oder Alptraum im Deutschland des 20. Jahrhunderts (Transatlantische Studien 6), Stuttgart 1996.
143 So der Titel der von Georg Schreiber für das *Deutsche Institut für Auslandkunde* herausgegebenen Schriftenreihe.
144 Michael Fahlbusch, „Wo der deutsche … ist, ist Deutschland!" Die Stiftung für deutsche Volks-
   und Kulturbodenforschung in Leipzig 1920–1933, Bochum 1994; Ingo Haar, Leipziger Stiftung
   für deutsche Volks- und Kulturbodenforschung, in: ders. / Michael Fahlbusch (Hg.), Handbuch der völkischen Wissenschaften. Personen – Institutionen – Forschungsprogramme –
   Stiftungen, München 2008, S. 374–382.

„Kultureller Unitarismus"

Krisendiskurse waren Gestaltungs- wie Abwehrdiskurse. Sie dienten dazu, Interessen durchzusetzen oder solchen Interessen zuwiderlaufende Prozesse und Maßnahmen abzuwehren. Wenn es um Wissenschafts- und Hochschulförderung ging, verwendeten die akademischen Eliten das Krisen- oder Not-Argument durchweg zu gestaltenden Zwecken. Adressiert wurde es an die Wirtschaft, vor allem aber an den Staat. Denn der war per Verfassung verpflichtet, Kunst, Wissenschaft und Lehre zu schützen und zu pflegen. „Der Staat gewährt ihnen Schutz und nimmt an ihrer Pflege teil", hieß es im Artikel 142 der Weimarer Reichsverfassung; Bildung solle „im Geiste des deutschen Volkstums und der Völkerversöhnung" erfolgen (Artikel 148). Nun war das Reich kein Zentral-, sondern ein Bundesstaat. Die Bildungs- und Kulturhoheit lag bei den Ländern. In ihre Kompetenz fielen Schul- und Hochschulaufsicht, Wissenschafts-, Bildungs- und Kulturpflege. Die Appelle, im Sinne des staatlichen Bildungsauftrages Wissenschaft und Hochschulen zu fördern, richteten sich deshalb an die laut Verfassung dafür in erster Linie zuständigen Länder, aber auch an das Reich. Es müsse sich aus „wirtschaftlicher wie kulturpolitischer Notwendigkeit" stärker engagieren.[145]

Dabei konnte auf andere Politikfelder und Lebensbereiche verwiesen werden, in denen das Reich stärker als vor 1918 agierte. Denn es war in seiner neuen republikanischen Gestalt erheblich zentralistischer als im Kaiserreich. Aus dem Widerstreit unitarischer und föderalistischer Tendenzen entstand im Zuge der Weimarer Gründungskompromisse ein „unitarischer Bundesstaat"[146] mit deutlich ausgebauten Reichskompetenzen. Das Reich-Länder-Verhältnis verschob sich zugunsten des Reiches. Das betraf die Kultur-, Bildungs- und Hochschulpolitik in freilich geringerem Maße als die Wirtschafts-, Finanz- und Sozialpolitik. Der Bildungsföderalismus wurde formell nicht angetastet. Auf „einheitliche Ausgestaltung des Schul- und Hochschulwesens", „Bildungseinheit" und ein Reichskulturamt zielende Pläne blieben unverwirklicht, die Beschlüsse der Reichsschulkonferenz 1920 unverbindlich.[147] Nur in begrenztem Maße übte Preußen ersatzweise Richtlinien-Kompetenzen aus. Doch wuchsen in der Weimarer Zeit die kultur-, bildungs-, wissenschafts- und hochschulpolitischen Aufgaben und Aktivitäten des Reiches. Es entstanden neue wissenschaftliche Reichsanstalten. Die Reichsanteile an der Wissen-

---

145 Griewank , Staat (wie Anm. 56), S. 82 f.
146 Jürgen John, „Unitarischer Bundesstaat", „Reichsreform" und „Reichs-Neugliederung" in der Weimarer Republik, in: ders. (Hg.), „Mitteldeutschland". Begriff. Geschichte. Konstrukt, Rudolstadt 2001, S. 297 – 375.
147 Becker, Kulturpolitische Aufgaben (wie Anm. 116); Die Reichsschulkonferenz 1920. Ihre Vorgeschichte und Vorbereitung und ihre Verhandlungen. Amtlicher Bericht, erstattet vom Reichsministerium des Innern, Leipzig 1921.

schaftsfinanzierung stiegen.[148] Das Reichsinnenministerium gehörte 1920 zu den Geburtshelfern der *Notgemeinschaft der Deutschen Wissenschaft*. Anstelle des gescheiterten Reichskulturamtes setzte es 1920 einen „Reichskunstwart" genannten Kulturbeauftragten ein.[149] Das Reich-Länder-Verhältnis verschob sich auch im Kultur- und Bildungssektor. Und damit gewann der heute – zum Teil mit historischen Argumenten[150] – so heftig geführte Streit um die Vorzüge oder Gefahren des „Bildungszentralismus" bzw. um Fluch oder Segen des „Bildungsföderalismus" erstmals schärfere Konturen.

Wie in den gesamten „Reichsreform"-Debatten der Weimarer Zeit überwogen dabei die unitarischen Positionen. Das Hochschulwesen brauche den finanziellen Rückhalt des Reiches und möglichst den „Einheitsstaat"; die Länder seien auch in wissenschafts- und hochschulpolitischen Fragen überfordert.[151] Die dem Reich per Verfassung zugeschriebene kulturpolitische Kompetenz reiche nicht aus. „Kultureller Unitarismus" sei nötig.[152] Auch der neue Hochschulverband strebe möglichst „einheitliche Verhältnisse" an, argumentierte der Jenaer Reformausschuss-Vorsitzende Justus Wilhelm Hedemann in seiner Hochschulreform-Denkschrift vom April 1920; und die Studentenschaft betone in sogar noch schärferer Weise den „zentralistischen Gedanken".[153] Der mit der Reichsreform- und Rationalisierungseuphorie der 1920er Jahre eng verbundene Ruf nach „Vereinfachung und Vereinheitlichung der Verwaltung" kam aus Wirtschafts- wie aus Hochschulkreisen.[154] Das spätere hämische Urteil nationalsozialistischer Bildungspolitiker, die „föderalistische Novemberrepublik" habe auf dem Gebiet des Hochschulwesens

---

148 Bernhard vom Brocke, Universitäts- und Wissenschaftsfinanzierung im 19./20. Jahrhundert, in: Schwinges, Finanzierung (wie Anm. 61) S. 343–462.

149 Annegret Heffen, Der Reichskunstwart – Kunstpolitik in den Jahren 1920–1933. Zu den Bemühungen um eine offizielle Reichskunstpolitik in der Weimarer Republik, Essen 1986; Winfried Speitkamp, „Erziehung zur Nation". Reichskunstwart, Kulturpolitik und Identitätsstiftung im Staat von Weimar, in: Helmut Berding (Hg.), Nationales Bewußtsein und kollektive Identität (Studien zur Entwicklung kollektiven Bewußtseins in der Neuzeit 2), Frankfurt a. M. 1994, S. 541–580; Reichskunstwart war von 1920 bis 1933 der zuvor als Erfurter Museumsdirektor tätige Edwin Redslob – vgl. Christian Welzbacher, Edwin Redslob. Biografie eines unverbesserlichen Idealisten, Berlin 2009.

150 Der Weimarer „Bildungszentralismus" habe die im Kaiserreich so segensreiche „föderative Konkurrenz der Universitäten" erheblich gestört – so Notker Hammerstein, So klein mit Doktorhut. Die Vielstaaterei war ein Segen für die deutsche Universität, in: Frankfurter Allgemeine Zeitung, 30. Dezember 2005.

151 Rudolf Hübner, Widerstände gegen den Einheitsstaat. Rede bei der von der Universität Jena veranstalteten Feier des Jahrestages der Gründung des Deutschen Reiches gehalten am 18. Januar 1929 (Jenaer Akademische Reden 7), Jena 1929.

152 Protokoll der Deutschen Hochschulkonferenz in Coburg vom 8. bis 10. September 1919 zur Denkschrift von Becker, Kulturpolitische Aufgaben (wie Anm. 116), in: UAJ, Best. C, Nr. 96, Bl. 4–6.

153 UAJ, Best. C, Nr. 19/1, Bl. 169.

154 Max Fleischmann, Verfassungserbgut von Reich zu Reich (Recht und Staat in Geschichte und Gegenwart 55), Tübingen 1928 (Rede zur Reichsgründungsfeier der Universität Halle-Wittenberg am 18. Januar 1928).

kein einziges Reichsgesetz zustande gebracht,[155] hätte auch den akademischen Krisen- und Reform-Diskursen der Weimarer Zeit entstammen können.

„Krise" und „Idee" der Universität

Als Abwehr-Argument spielte der Krisen-Begriff im akademischen Diskurs vor allem dann eine markante Rolle, wenn es darum ging, Strukturen, Disziplinen, Status und Privilegien gegen als bedrohlich empfundene Absichten und Prozesse zu verteidigen. Mit dem Schlagwort von der „Krise der Universität"[156] ließen sich viele solcher Tendenzen umschreiben: die Konkurrenz Technischer Hochschulen und außeruniversitärer Forschungsinstitute, unliebsame Dienstleistungsfunktionen für die Gesellschaft oder Lehraufgaben, die sich nicht am Ideal der „Bildung durch Wissenschaft" ausrichteten, sondern für Berufe aller Gesellschaftsbereiche ausbildeten. Um den Platz der Universität als Kerninstitution der Wissensgesellschaft zu verteidigen, beschworen die universitären Eliten die „Idee der Universität" und verwiesen dabei auf Humboldt, auf die Bildungsideale des „deutschen Idealismus" und auf den Grundsatz der „Einheit von Forschung und Lehre", den allein die Universität verbürgen könne.[157] Zwar hatte sich die Praxis im universitären „Großbetrieb der Wissenschaft" schon längst von diesem Grundsatz entfernt. Er war bereits zu einer Lebenslüge der Universitäten geworden. Doch hielten sie unverdrossen an ihm fest, zumal sie auf ihren anhaltend guten Ruf im Ausland[158] verweisen konnten. Und sie verteidigten den mit „Humboldt" assoziierten Gedanken der „Forschungsuniversität" entschieden gegen die Konkurrenz der außeruniversitären Forschungsinstitute, die ihrerseits das „Harnack-Prinzip"[159] gegen den Symbolnamen „Humboldt" und die ihm zugeschriebene Ideenwelt stellten. In diesem Diskursgeflecht wurden „Humboldt" – bzw. das, was man ihm zuschrieb – zur Ideologie derjenigen Gruppen, die ihren relativ privilegierten Status im Wissenschafts- und Gesellschaftsgefüge sichern wollten. „Humboldt" avancierte gleichsam zur Allzweckwaffe akademischer Krisen- und Abwehrdiskurse.

Das galt auch für das in der Weimarer Republik besonders heikle Verhältnis von „Hochschule und Staat" und für die damit verbundenen Not- und Krisendiskurse. Mit „Humboldt" konnte man auf staatliche Wissenschafts- und

155 Hans Huber, Der Aufbau des deutschen Hochschulwesens, Gräfenhainichen 1939, S. 12.
156 Erhard Stölting / Uwe Schimank (Hg.), Die Krise der Universitäten (Leviathan. Zeitschrift für Sozialwissenschaft. Sonderheft 20/2001), Wiesbaden 2001.
157 Paletschek, Die Erfindung (wie Anm. 33).
158 Abraham Flexner, Die Universitäten in Amerika, England, Deutschland, Berlin 1932; Schwinges, Humboldt international (wie Anm. 33).
159 Rudolf Vierhaus, Bemerkungen zum sogenannten Harnack-Prinzip. Mythos und Realität, in: Bernhard vom Brocke / Hubert Laitko (Hg.), Die Kaiser-Wilhelm-/Max-Planck-Gesellschaft und ihre Institute. Studien zu ihrer Geschichte: Das Harnack-Prinzip, Berlin 1996, S. 129–139.

Hochschulförderung pochen, um die „Not der Wissenschaft" zu beheben und ihre „Krise" zu überwinden. Mit diesem Symbolnamen ließen sich aber auch unliebsame Staatseingriffe abwehren. Das Zauberwort hieß dann „Hochschulautonomie". Mit diesem Begriff operierten die Hochschulen unter jedem politischen System.[160] In der Weimarer Demokratie kultivierten sie es aber in besonderem Maße. Sie verbanden es dabei mit dem Kampfbegriff „Politik", um in der Pose „unpolitischer Wissenschaft" gegen politische Bürokratien aufzutreten oder sich in dieser Pose selbst – in der Regel dann gegen die Demokratie – zu politisieren.[161] Inhaltlich verband sich das Prinzip der „Hochschulautonomie" mit dem Gedanken „akademischer Selbstverwaltung". Er spielte in den Debatten um das Verhältnis von „Hochschule und Staat" eine ebenso zentrale Rolle wie in den Hochschulreformdebatten. Dabei ging es den universitären Eliten vor allem um die „Sicherung und Erweiterung der Selbstverwaltung",[162] um so im Kaiserreich mit seinem recht autoritären und weit über Preußen hinaus wirkenden „System Althoff" verlorenes Terrain zurück zu gewinnen und die Universitäten gegen Eingriffe der neuen Staatsgewalt „sicher zu stellen".[163]

Wenn die tonangebenden Gruppen in den Philosophischen Fakultäten von der „Krise der Universität" sprachen, dann meinten sie vor allem die „Krise der Geisteswissenschaften" bzw. die Gefahren, die den Geisteswissenschaften inner- wie außerhalb des Wissenschaftsgefüges drohten und die man nach dem Motto „Die Krise der Geisteswissenschaften ist die Krise der Universität" als Gefahren für die Gesamtuniversität ansah oder ausgab. Vor allem die Fachvertreter der Philosophie machten sich zu Wortführern dieses Krisendiskurses. Denn sie verstanden ihr Fachgebiet als ideellen Kern der Universitäten. Und sie sahen sich selbst in der Rolle gesellschaftlich eingreifender Denker, ethisch-politischer Ideengeber und geistiger Mentoren der anderen Fächer, die aus ihrer Sicht in die „Krise" gerieten, wenn sie ihre philosophische Ausrichtung aufgaben und sich aus der Bindung an die Philosophie – und damit an die „Mandarine" der Universitätsphilosophie[164] – lösten. Von der

---

160 Günter Grünthal, Hochschulautonomie und Verwaltung in historischer Sicht, in: Ramona Myrrhe (Hg.), Geschichte als Beruf. Demokratie und Diktatur. Protestantismus und politische Kultur. Festschrift für Klaus Erich Pollmann, Halle 2005, S. 149–160.

161 Sabine Marquardt, Polis contra Polemos. Politik als Kampfbegriff der Weimarer Republik (Münstersche Historische Forschungen 11), Köln 1997; Fritz Stern, Die politischen Folgen des unpolitischen Deutschen, in: Michael Stürmer (Hg.), Das kaiserliche Deutschland. Politik und Gesellschaft 1870–1918, Düsseldorf 1977, S. 168–186 (zuerst 1960); Dirk van Laak, Alternative oder Attitüde? Agenturen des Unpolitischen im 20. Jahrhundert, in: Monika Gibas / Rüdiger Stutz / Justus H. Ulbricht (Hg.), Couragierte Wissenschaft, Jena 2007, S. 15–24.

162 Hochschulreform-Denkschrift des Rektors der Münchner Universität vom 31. August 1919, in: UAJ, Best. BA, Nr. 1842, Bl. 124 a-c, hier Bl. 124a.

163 Notizen Justus Wilhelm Hedemanns zur Universitätsreform vom April 1919, in: UAJ, Best. BA, Nr. 1842, Bl. 22.

164 Das Standardwerk von Tilitzki, Die deutsche Universitätsphilosophie (wie Anm. 133) spart die hier behandelten Aspekte freilich aus; Tilitzki vertritt offen apologetisch-geschichtsrevisio-

„Krise der Geisteswissenschaften" und der philosophisch verbürgten „universitas literarum"[165] war in diesem Sinne bei der Ausgründung Mathematisch-Naturwissenschaftlicher Fakultäten aus dem Bestand der bisherigen Philosophischen Fakultäten und bei anderen Sezessions- und Differenzierungsprozessen ebenso die Rede wie bei der Abwehr moderner empirischer Sozialwissenschaften oder wissenschaftlicher Pädagogik. All das gefährde den „Geist der Universität" und beschleunige ihren „Zerfall in Fachschulen".[166] Das Deutungsmuster „Krise der Geisteswissenschaften" nahm – zumal die Geisteswissenschaften von den Weimarer Ausbautendenzen durchaus profitierten – geradezu Züge einer Selbstsuggestion und mitunter geradezu apokalyptische Züge an, wenn damit bereits der „Tod der Universität" prognostiziert wurde.[167]

Von der „Krise der Universität", von „Verfall", „Überfremdung", „Überschwemmung", „Überfüllung", von „Studentenproletariat" und „Bildungswahn"[168] war vor allem dann die Rede, wenn es darum ging, Chancengleichheit, soziale Öffnung, Emanzipationstendenzen, Bildungswachstum und „Volksbildung" abzuwehren und Bildungsprivilegien zu verteidigen, wenn man Studierende aus „Unterschichten", weibliche Konkurrenz, Volksschullehrer, „Linke", „minderwertige" Ausländer und Juden möglichst von den Hochschulen fernhalten wollte.[169] Der geistige Kampf um das Frauenstudium,

nistische Positionen, die von den Thesen seines Lehrers Ernst Nolte geprägt sind; vgl. auch Norbert J. Schürgers, Politische Philosophie in der Weimarer Republik. Staatsverständnis zwischen Führerdemokratie und bürokratischem Sozialismus, Stuttgart 1985.

165 Max Wundt: Der Sinn der Universität im deutschen Idealismus (Öffentliche Vorträge der Universität Tübingen im Wintersemester 1932/33), Stuttgart 1933.

166 Sondergutachten vom 2. August 1924 gegen die Teilung der Jenaer Philosophischen Fakultät und die Gründung einer eigenen Mathematisch-Naturwissenschaftlichen Fakultät, in: UAJ, Best. BA, Nr. 96, Bl. 81–82.

167 Zur aktuellen Auseinandersetzung mit solchen Denkmustern vgl. Peter Strohschneider, Die Universität lebt: Frankfurter Allgemeine Zeitung, 30. Oktober 2006; Ulrich Herbert, Kontrollierte Verwahrlosung, in: Die Zeit, 30. August 2007.

168 Wilhelm Hartnacke, Bildungswahn – Volkstod! Vortrag gehalten am 17. Februar 1932 im Auditorium Maximum der Universität München für die Deutsche Gesellschaft für Rassenhygiene, München 1932; der Dresdner Stadtschulrat Hartnacke wurde noch 1933 sächsischer Kultusminister.

169 Vgl. auch Wolfgang Keim, Chancengleichheit im Bildungswesen. Ideal der Weimarer Verfassung – politischer Auftrag heute, in: Die Weimarer Verfassung (wie Anm. 89) und zum dafür paradigmatischen „Thüringer Hochschulkonflikt" 1921–1924 John/Stutz, Die Jenaer Universität (wie Anm. 74), S. 316–364 und den damit verbundenen Schriftwechsel Justus Wilhelm Hedemanns mit dem VDH-Vorsitzenden 1923/24, in: Bundesarchiv (BArch), Best. 8088, Nr. 556; zur weiblichen Konkurrenz vgl. Claudia Huerkamp, Weibliche Konkurrenz auf den akademischen Arbeitsmärkten. Zu einigen Ursachen und Hintergründen der bürgerlich-akademischen „Krise" in den 1920er Jahren, in: Klaus Tenfelde / Hans-Ulrich Wehler (Hg.), Wege zur Geschichte des Bürgertums (Bürgertum. Beiträge zur europäischen Gesellschaftsgeschichte 8), Göttingen 1994, S. 273–288; Stefanie Marggraf, Sonderkonditionen. Habilitationen von Frauen in der Weimarer Republik und im Nationalsozialismus an den Universitäten Berlin und Jena, in: Feministische Studien (2002), Heft 1, S. 40–56; Annette Vogt, Wissen-

um Promotionen, Habilitationen und Berufungen von Frauen ist dafür ebenso ein Lehrstück wie die endlosen Debatten um das akademische Volksschullehrerstudium. Machten sich die einen im Kontext der Weltwirtschaftskrise tatsächlich Gedanken über die Berufschancen der wachsenden Zahl von Studierenden,[170] so sahen andere in der „Hochschulüberfüllung" vor allem ein willkommenes Agitationsfeld gegen „Überfremdung" der Hochschulen durch Frauen, Ausländer und Juden[171] – ein Diskurs, an den dann die nationalsozialistische Zulassungspolitik nach 1933 fast nahtlos anknüpfen konnte. Den Bildungsartikel 148 der Weimarer Reichsverfassung interpretierte man in solch abwehrenden Krisendiskursen ohnehin eher im Geiste „deutschen Volkstums" als der „Völkerversöhnung". Plädoyers für ein umfassendes Bildungsprogramm mit universitär gestützten Volkshochschulen und entsprechend veränderter Rolle der Universitäten[172] oder für Bildung als Ausweg aus der „Kulturkrise der Gegenwart"[173] blieben Minderheitspositionen. Bildungswachstum und Fächerdifferenzierung – so das kulturpessimistisch getönte, auch aus späteren Krisendiskursen vertraute Mehrheitsargument – seien keine Lösungskonzepte, sondern Ursachen der „Krise".

In diesem Kontext gewannen die Debatten um „Krise", „Reform", „Wesen", „Wert", „Sinn" und „Idee der Universität" in der Weimarer Zeit eine neue Dimension, an die dann nach 1945 wieder angeknüpft wurde.[174] In der Regel richteten sich die Therapien zur Heilung diagnostizierter Krisenzustände an den neuhumanistischen Bildungsidealen, an der klassischen deutschen Universitätsidee und am „Mythos Humboldt" aus. Allerdings unterschieden sich die Vorschläge zur Problemlösung. Eduard Spranger und Karl Jaspers wollten Studentenzahlen und Bildungswachstum eindämmen; denn das gefährde die Kernaufgaben der Universität.[175] Carl Heinrich Becker setzte auf die Förderung neuer Fächer und auf die Mitbestimmung der Studierenden und Nichtordinarien. Er wollte die Hochschulen strukturell und mental demokratiefähig machen und setzte sich deshalb für Hochschulreformen ein, obwohl er die Universitäten im Kern für gesund hielt.[176] Deshalb schritt Becker

schaftlerinnen an deutschen Universitäten (1900–1945). Von der Ausnahme zur Normalität?, in: Schwinges, Examen (wie Anm. 38), S. 707–730.

170 Schairer, Die akademische Berufsnot (wie Anm. 1).

171 Christian Zinßner, Zur gegenwärtigen Hochschulkrise, in: Die Jenaer Studentenschaft 4 (Sommersemester 1929), Nr. 3, 23. Juli 1929, S. 44–46; Horst Schneble, Gedanken zur Überfüllung der Hochschulen, ebenda, S. 48 f.

172 Scheler, Die Wissensformen (wie Anm. 75).

173 Becker, Das Problem (wie Anm. 8).

174 Paletschek, Die Erfindung (wie Anm. 33); Franzmann / Wolbring, Zwischen Idee (wie Anm. 45).

175 Jaspers, Die Idee (wie Anm. 42); Eduard Spranger: Über Gefährdung und Erneuerung der deutschen Universität, in: Die Erziehung 5 (1929/30), S. 513–526; ders., Das Wesen der deutschen Universität, in: Doeberl u. a., Das Akademische Deutschland (wie Anm. 17), Bd. 3, S. 1–38.

176 Becker, Gedanken (wie Anm. 78); ders., Vom Wesen der deutschen Universität, Leipzig 1925.

1927 auch vehement gegen die mehrheitlich völkischen Positionen der Studentenschaften ein, ohne sich tatsächlich durchsetzen zu können. Die unmittelbar nach 1918 veröffentlichten Schriften zur „Idee" und „Reform" der Universität waren von der Standortsuche im revolutionären Umbruch geprägt, die späten von der Standortsuche in einer befürchteten allgemeinen „Kulturkrise". Entschiedene Umbaupläne blieben im akademischen Milieu Ausnahmen. Die deutsche Universität als „geistiges Zentrum der Nation",[177] als „geistige Führerin des Volkes"[178] und als Ort der „Berührung des gereiften Alters mit der aufwärts steigenden Jugend"[179] sei „im Kern gesund".[180] Hochschulreformen müssten die normative Idee und den „inneren Lebens- und Wesenskern" der Universität bewahren. Es bestehe „kein Grund, den alten stolzen Bau vollständig einzureißen und an seiner Stelle einen Neubau zu errichten".[181]

IV. Versuch eines Fazits

Als Fazit könnte man – auch mit Blick auf andere Umbruchs- und Transformationsprozesse – formulieren: Im Wandel nach 1918 erwiesen sich die Universitäten als strukturkonservativ. Auf den revolutionsbedingten Systemwechsel 1918/19 reagierten sie mit vorsichtig anpassenden Reformen. Eine gesellschaftliche Initiativrolle übten sie – anders als 1848 und wie 1989 im ostdeutschen Teilstaat DDR – nicht aus. Gegenüber dem neuen demokratischen System und den Transformationsprozessen nach 1918 verhielten sie sich überwiegend distanziert und ablehnend. Das prägte auch die universitären Not-, Krisen- und Reformdebatten der Weimarer Zeit. Sie waren Ausdruck, Sub- und Begleittext sehr verschiedener Vorgänge, Konstellationen, Interessen, Abwehr- und Gestaltungsabsichten. Es griffe zu kurz, sie nur mit den Problem- und Notlagen der Weimarer Zeit in Verbindung zu bringen. Sie spiegelten auch die massiven Innovationen, Wandlungen und Verschiebungen in der Wissenschaftslandschaft und -kultur wider, die weit über das Vorkriegsmaß hinausgingen, den Reformstau teilweise abbauten und die vor 1914 erst in Ansätzen erkennbaren säkularen Trends deutlich verstärkten. Ihre Argumentations-, Denk- und Deutungsmuster unterschieden sich nicht von

177 Wilhelm Rein, Freistudentenschaft, in: Gerhard Anschütz u. a. (Hg.), Handbuch der Politik, Bd. 5: Der Weg in die Zukunft, ³Berlin 1922, S. 482–491, hier S. 491.

178 Gottlob Linck, Über Wesen und Wert der Universität. Rede gehalten zur Feier der akademischen Preisverteilung am 19. Juni 1920 in der Stadtkirche zu Jena vom Rektor der Universität, Jena 1920, S. 22.

179 Justus Wilhelm Hedemann, Das bürgerliche Recht und die neue Zeit. Rede gehalten bei Gelegenheit der akademischen Preisverteilung in Jena am 21. Juni 1919, Jena 1919, S. 5.

180 Otto Scheel, Die deutschen Universitäten von ihren Anfängen bis zur Gegenwart in: Doeberl u. a., Das akademische Deutschland (wie Anm. 17), Bd. 1, S. 54–66, hier S. 61.

181 Hochschulreform-Denkschrift des Rektors der Münchner Universität vom 31. August 1919, in: UAJ, Best. BA, Nr. 1842, Bl. 124 a-c, hier, Bl. 124 a.

früheren Krisen- und Reformdiskursen, wohl aber ihre Dichte und Intensität. Weit stärker als in der Vorkriegszeit wurde „Krise" nach dem Kriege zum strategischen Argument.

Kunst und Wissenschaft verstanden sich gerade in der „Zwischenkriegszeit" als Seismographen kultureller Krisen und kulturellen Wandels. Das Krisenbewusstsein der Gegenwart – schrieb der niederländische Kulturhistoriker und -kritiker Johan(n) Huizinga 1935 – sei im Unterschied zum älteren Krisenbewusstsein wissenschaftlich fundiert. Vor allem sei es nicht rückwärtsgewandt, sondern zukunftsgerichtet. Selbst „wenn die nächste Zukunft als ein in Nebel gehüllter Abgrund gähnt" – das schrieb Huizinga bereits unter dem Eindruck der Vorgänge im nationalsozialistischen Deutschland – „wir können nicht zurück, wir müssen da hindurch".[182] Auch die aus dem „Geist der Krise"[183] heraus argumentierenden universitären Reform-, Gestaltungs- oder Abwehrdiskurse der Weimarer Zeit waren – ob sie nun die „Not geistiger Arbeit und deutscher Wissenschaft" oder den „Mythos Humboldt" und die „Idee der Universität" beschworen – allenfalls rhetorisch retrospektiv, tatsächlich aber prospektiv gemeint.

Das lässt sich auch für das Verhältnis von „Hochschule und Demokratie" feststellen, das zu den dunkelsten Kapiteln der hier untersuchten Diskurse gehört. Sie richteten sich in erheblichem Maße gegen die Weimarer Demokratie. Zwar idealisierte das Gros der universitären Eliten das Kaiserreich. Das „System von Weimar" wollte man in der Regel aber nicht restaurativ, sondern durch einen neuen „starken Staat" überwinden. Der „Geist der Universität" stand mehrheitlich politisch rechts im antidemokratischen Lager und wirkte so auf die „deutsche Zukunft" hin. Das konstatierten Protagonisten des „völkischen Wandels" damals mit Genugtuung.[184] Die wenigen Demokraten und Vernunftrepublikaner des universitären Milieus machten solches Denken später für die „deutsche Katastrophe" mitverantwortlich.[185] Auch zeitweise an deutschen Universitäten wirkende ausländische kritische Beobachter teilten

---

182 Huizinga, Im Schatten (wie Anm. 6), S. 18 f.

183 Den ein Verfechter des „Mythos Humboldt" für die Zeit nach 1945 in Abrede stellte: „Seit 1945 ruht nicht der Ruf nach einer Umgestaltung der deutschen Universität, aber nicht aus dem Geist der Krise heraus, sondern unter Rückbesinnung auf die Idee der klassischen deutschen Universität" – Ernst Anrich, Die Idee der deutschen Universität. Die fünf Grundschriften aus der Zeit ihrer Neubegründung durch klassischen Idealismus und romantischen Realismus, Darmstadt 1956, S. VI.

184 Der Geist der Ernst Moritz Arndt-Universität Greifswald, Greifswald 1933; Herausgeber dieses Sammelbandes war Hermann Schwarz (vgl. Anm. 133).

185 Meinecke, Die deutsche Katastrophe (wie Anm. 46); Levin Ludwig Schücking, Selbstbildnis und dichterisches Schaffen. Aus dem Nachlass hg. von Ulf Morgenstern (Veröffentlichungen der Literaturkommission für Westfalen 29), Bielefeld 2008, S. 342. Der Anglist, Pazifist und Demokrat Schücking wirkte seit 1925 in Leipzig, war in der NS-Zeit isoliert und schrieb seine hier erstmals veröffentlichten Erinnerungen 1945/46.

diesen Grundeindruck: „The universities were far from being democratic".[186]
Ein Staat – so der im Kaiserreich sozialisierte Gründer des Kieler Instituts für
Weltwirtschaft Bernhard Harms in seiner Berliner Antrittsrede nach zwei-
jährigem Auslandsaufenthalt – brauche den Rückhalt der geistigen Eliten. Das
lehre das Schicksal der Weimarer Republik, der dieser Rückhalt gerade dann
versagt wurde als sie seiner am meisten bedurfte. Das dürfe dem 1933 er-
richteten neuen „nationalen Staat" nicht passieren. Deshalb appellierte Harms
an Studenten und Professoren, sich hinter die „Zeitenwende" von 1933 und
den nationalsozialistischen Staat zu stellen.[187]

---

186 S. D. Stirk, German universities – throug english eyes, London 1946, S. 26. Stirk war 1930/35
   Englisch-Lektor an der Universität Breslau.
187 Bernhard Harms, Universitäten, Professoren und Studenten in der Zeitenwende. Vornehmlich
   vom Standpunkt der Staatswissenschaften, Jena 1936, v. a. S. 22 f.

II. Zwischen Autonomieverlust und Selbstmobilisierung (1930 – 1945)

Michael Grüttner / Rüdiger Hachtmann

Wissenschaften und Wissenschaftler unter dem Nationalsozialismus

Selbstbilder, Praxis und Ressourcenmobilisierung

Die Universitäts- und Wissenschaftsgeschichte der NS-Diktatur war in Ost und West lange Zeit ein eher tabuisiertes Thema und ist erst seit den 1990er Jahren intensiv erforscht worden. Gegenüber älteren, apologetisch gestimmten Interpretationen, die davon ausgingen, dass die Universitäten und die außeruniversitären Forschungseinrichtungen, wie die Kaiser-Wilhelm-Gesellschaft, im Kern „gesund" geblieben seien, hat die neuere Forschung ganz überwiegend deutlich gemacht, dass die Beziehungen zwischen dem nationalsozialistischen Regime und der Wissenschaft sehr viel enger waren, als lange Zeit angenommen wurde. Im Gegensatz zur weit verbreiteten Überzeugung, dass „wahre" Wissenschaft nur in einer Demokratie gedeihen könne, hat sich herausgestellt, dass die nationalsozialistische Diktatur trotz antiintellektueller Ressentiments wissenschaftliches Expertenwissen für ihre Zwecke genutzt hat und die Forschung allein schon deshalb zu fördern bereit war, weil sich die maßgeblichen Entscheidungsträger des Regimes der Tatsache bewusst waren, dass die geplanten Kriege nur auf Basis moderner Wissenschaften zu führen waren. Daran änderte auch die paradoxe Konstellation nichts, dass das Regime auf der einen Seite die Wissenschaft für seine kriegerischen Ziele mobilisierte, gleichzeitig aber durch die Vertreibung zahlreicher hoch qualifizierter Wissenschaftler auch das militärisch-wissenschaftliche Potential der Alliierten stärkte (Manhattan Project). Gegen die Behauptung der älteren NS-Forschung, der Nationalsozialismus sei wissenschaftsfeindlich gewesen, spricht nicht zuletzt die Tatsache, dass die materiellen Aufwendungen für die wissenschaftliche Forschung nach 1933 gestiegen sind. Diese Resultate der neueren historischen Forschung werfen wiederum eine ganze Reihe von Fragen auf, die für unterschiedliche Institutionen in den folgenden Beiträgen intensiver diskutiert werden.

Vor 1933 standen die meisten Hochschullehrer und Wissenschaftler der Weimarer Republik distanziert gegenüber, aber nur wenige waren Mitglieder der NSDAP. Nach der nationalsozialistischen Machtübernahme änderte sich dieses Bild. Zahlreiche Wissenschaftler begrüßten den „nationalen Aufbruch", den das Reichskabinett Hitler versprach. Viele von ihnen exponierten sich auch aktiv auf Seiten des Regimes. Wer waren diese nationalsozialistischen Wissenschaftler? Michael Grüttner versucht in seinem Beitrag, diese Frage durch ein Kollektivporträt von mehr als 100 Hochschullehrern zu be-

antworten, die an den Universitäten als politische Aktivisten das neue Regime
repräsentierten. Grüttners Untersuchung zeigt, dass die Repräsentanten der
NSDAP an den Universitäten nicht mit den nationalkonservativen Sprechern
der Professorenschaft identisch waren, die während der Weimarer Republik
das Gesicht der deutschen Hochschulen geprägt hatten. Vielmehr handelte es
um Angehörige einer neuen, jüngeren Generation, die politisch bislang kaum
hervorgetreten waren. Diese politischen Aktivisten rekrutierten sich haupt-
sächlich aus dem wissenschaftlichen Nachwuchs. Sie gehörten damit zu jenen
Wissenschaftlern, die von der „Machtergreifung" in erheblichem Maße profitierten, weil ihre bis dahin ungewöhnlich schlechten Karrierechancen sich
durch die Massenentlassungen der Jahre 1933 – 1935 stark verbesserten. Unter
ihnen dominierten Mediziner und Naturwissenschaftler, also gerade Angehörige von Fächern, die traditionell als unpolitisch gelten. Die Studie zeigt
weiter, daß politischer Aktivismus im NS-Sinne allein noch kein Garant für
eine universitäre Karriere war. Dahinter stand die Tatsache, dass seit etwa 1936
bei Berufungen und Beförderungen akademisch-meritokratische Kriterien
wieder an Bedeutung gewannen. Dieser Tatbestand wird auch in den anderen
Beiträgen über die Förderpraxis der DFG sowie die Rekrutierungspraxis von
Forschern für die KWG als die Organisation der deutschen Spitzenwis-
senschaften hervorgehoben.

Der von Grüttner akzentuierte Tatbestand, dass vor allem der Hoch-
schullehrernachwuchs sich – aufgrund politischer Überzeugungen, aber
auch nicht selten aus profanen Karrieremotiven heraus – dem Nationalsozialismus zuwandte, wird ähnlich von Patrick Wagner hervorgehoben. In
seinem Überblick über die Geschichte der Deutschen Forschungsgemeinschaft und des 1937 gegründeten Reichsforschungsrates argumentiert
Wagner, dass es sich bei den Auseinandersetzungen innerhalb dieser Institutionen nach 1933 im Wesentlichen um Generationskonflikte zwischen den
noch spätwilhelminischen Ordinarien und einer jüngeren Wissenschaftlergeneration handelte. In späteren Jahren verlor dieser Konflikt aber an Bedeutung.

Wagner betont außerdem, dass die große Mehrheit der Hochschullehrer
wie der Forscher an außeruniversitären Einrichtungen den „nationalen
Aufbruch" des Reichskabinetts Hitler ab Anfang 1933 begrüßte und oft
genug – ungeachtet mancher Vorbehalte – als die Verwirklichung der eigenen politischen Überzeugungen betrachtete. Aus einer nationalistischen
Grundhaltung heraus waren diese Wissenschaftler gewillt, das Regime in
seinem Bestreben zu unterstützen, den „Wiederaufstieg Deutschlands"
voranzutreiben. Ihre Bereitschaft dazu wuchs in dem Maße, wie sich her-
auskristallisierte, dass ein solcher „Wiederaufstieg" in den dreißiger Jahren
auch tatsächlich stattfand. Wagner und ebenso Rüdiger Hachtmann ziehen
einen längeren zeitlichen Bogen und können so zeigen, dass die Bereitschaft,
durch die Bereitstellung wissenschaftlichen Expertenwissens aktiv an der
Aufrüstung mitzuwirken, nicht erst 1933 einsetzte, sondern ein Kontinuum

war, das vor dem Hintergrund des verlorenen Ersten Weltkrieges bereits die Weimarer Republik durchzog.

Hachtmann hebt in seinem Beitrag hervor, dass die vergleichsweise privilegierte Behandlung, die außeruniversitäre Institutionen wie die Kaiser-Wilhelm-Gesellschaft im „Dritten Reich" erfuhren, ebenso wie die bevorzugte Ressourcenmobilisierung zugunsten vor allem der Technik- und Naturwissenschaften gleichfalls einen säkularen Trend markieren. Vor dem Hintergrund der Aufrüstungsbestrebungen der nationalsozialistischen Diktatur, die lange vor dem September 1939 einsetzten, war diese doppelte Ressourcenverschiebung während der NS-Zeit freilich besonders ausgeprägt. Im Anschluss an neuere Untersuchungen argumentiert Hachtmann, dass die wissenschaftspolitische und –institutionelle Zersplitterung ab 1934 durch gleichzeitige Tendenzen zur „Verreichlichung" und Zentralisierung sowie durch elastische interinstitutionelle, oft informelle Querverbünde konterkariert wurde.

Die klassischen politischen Daten – insbesondere die systematische Vertreibung von Wissenschaftler, die nach den NS-Rassekriterien als jüdisch klassifiziert wurden – prägten zwar auch die Wissenschaftsentwicklung. Auffällig ist indes die hohe Bedeutung weiterer Einschnitte, etwa der Jahre 1936/37, als mit der Verkündung des „Vierjahresplanes" im September 1936 und der Gründung des Reichsforschungsrates Anfang 1937 die forcierte Aufrüstung auch in der Forschung eingeleitet wurde. Fast stärker als der Kriegsbeginn im September 1939 beeinflusste der Überfall auf die Sowjetunion Mitte 1941 Selbstverständnis und Praxis der Wissenschaften: Verbliebene Hemmschwellen verschwanden, das Expansionsstreben auch der wissenschaftlichen Institutionen des Deutschen Reiches kulminierte schließlich in regelrechten Raubzügen. Die Plünderung von Ressourcen traf die europäischen Nationen freilich nicht unterschiedslos; sie geschah abgestuft nach dem NS-typischen Prinzip des „rassistischen Raumes", der zwischen angeblich minderwertigen Völkern im Osten und Südosten Europas sowie "rassisch verwandten" und deshalb besser zu behandelnden Nationen im Westen unterschied. Nach ähnlichen Kriterien wurden auch Konzepte für eine institutionelle Neuformierung der wissenschaftlichen Landschaft Europas nach einem unterstellten nationalsozialistischen „Endsieg" entwickelt und im Krieg ansatzweise bereits umgesetzt.

Eine auf die Jahre 1933 bis 1945 verinselte Betrachtung der Wissenschaftsgeschichte läuft Gefahr, Entwicklungen als NS-spezifisch zu deklarieren, die tatsächlich lange zuvor zu beobachten waren. Erst die Einbettung der zwölf Jahre der nationalsozialistischen Diktatur in die Geschichte des 20. Jahrhunderts erlaubt es, die Eigentümlichkeiten wissenschaftlicher Entwicklungen unter dem Nationalsozialismus herauszuarbeiten. Ein weiterer, mindestens ebenso wichtiger Ansatz, NS-Spezifika herauszuschälen, besteht im internationalen Vergleich. Carola Sachse und Mark Walker referieren Ergebnisse eines transnational angelegten, größeren Untersuchungsprojektes und kommen zu auf den ersten Blick überraschenden Ergebnissen: So zeigten sich die Wissenschaftler in allen Krieg führenden Staaten bereit, den Krieg als Chance zu nutzen, die eigenen professionellen Interessen zu Geltung zu bringen, indem sie ihre eigenen Forschungsschwerpunkte mit der militärischen Nachfrage abstimmten. Darüber hinaus war in allen untersuchten Ländern, auch in den demokratischen Staaten, unter den Bedingungen des Krieges die Bereitschaft der Wissenschaftler groß, Menschen, die als Feinde oder soziale Außenseiter wahrgenommen wurden, zu Objekten moralisch fragwürdiger medizinischer Experimente zu machen, um wissenschaftliche Probleme zu lösen und den „eigenen" Soldaten, der „eigenen" Bevölkerung Verluste zu ersparen. Die zentrale Differenz zwischen einer nationalsozialistischen und einer demokratischen Praxis, so führen Sachse und Walker aus, bestand vor allem darin, dass in demokratischen Ländern wie den USA zumindest im Nachhinein eine Überprüfung und gewisse Kontrolle solcher Experimente möglich war – während es unter dem Nationalsozialismus – und auch in Japan bis 1945 – keinerlei gesellschaftliche Kontrollmechanismen mehr gab.

All dies wirft Schlaglichter auf Forschung wie Lehre: Sachse/Walker und ebenso Hachtmann resümieren ihre Beiträge damit, dass die Wissenschaften keine immanenten Mechanismen besitzen, die eine Indienststellung für menschenverachtende, diktatorische Herrschaftssysteme unmöglich machen. Die professionellen Interessen der Akteure an den Hochschulen wie in den außeruniversitären Forschungseinrichtungen waren in der Regel so elastisch, dass sie sich sehr unterschiedlichen politischen Zielen anpassen konnten.

Die hier abgedruckten Beiträge resümieren Ergebnisse der jüngeren Forschungen zur Wissenschaftsgeschichte des „Dritten Reiches". Sie setzen Schlaglichter. Wichtige Aspekte sind weiter zu diskutieren, etwa die Frage nach den Wandlungen der Leitbegriffe und Deutungsmuster zwischen 1933 und 1945 und ebenso vor 1933 und nach 1945. Dasselbe gilt für Paradigmenkämpfe in einzelnen Disziplinen und die Frage, inwieweit Methoden- und Theorienstreits politisch induziert oder aber wissenschaftsimmanent angelegt waren und ob sie in vergleichbarer Form auch auf internationalen Bühnen zu beobachten waren. Ebenso lässt sich erst auf Basis weiterer Studien zu einzelnen Universitäten und Technischen Hochschulen der Frage systematischer nachgehen, wie effizient die Ausrichtung der Hochschulen auf den Krieg gewesen ist. Bislang vorliegende Untersuchungen für einzelne Hochschulen deuten zudem darauf hin, dass die Zahl der Lehrstühle zwischen 1933 und 1945 eher zurückging. Lässt sich dies verallgemeinern? Wenn ja: Welche Fächer waren davon besonders betroffen?

Auch die Beziehungen zwischen Hochschulen und außeruniversitären Forschungseinrichtungen, einschließlich der hier nicht weiter berücksichtigten Industrieforschung, sind bisher eher selten in den Focus der Wissenschaftsgeschichte der NS-Diktatur geraten. Dabei drängt sich eine Reihe von Fragen geradezu auf: Inwieweit kam es zu einer verstärkten institutionellen und ebenso personellen Verkoppelung von universitärer und außeruniversitärer Forschung, z. B. über die in den 1930er Jahren entstandenen Vierjahresplan-Institute? Hier sollten neben interinstitutionellen Kooperationsstrukturen formeller Art, auch informelle Netzwerke auf lokaler und mittlerer Ebene (den NSDAP-Gauen) wie auf Reichsebene genauer in den Blick genommen werden. Dabei ist es sinnvoll, auch die Jahrzehnte vor 1933 und nach 1945 vergleichend einzubeziehen. Auch in dieser Hinsicht wollen die folgenden Beiträge Anstöße bieten.

Michael Grüttner

Nationalsozialistische Wissenschaftler: ein Kollektivporträt[1]

Unmittelbar nach der Machtübernahme der Nationalsozialisten im Jahre 1933 begann eine grundlegende Umgestaltung der deutschen Hochschulen. Bereits im Sommer und Herbst 1933 kam es zu zahlreichen Entlassungen jüdischer oder politisch unliebsamer Hochschullehrer. Diesen Entlassungen, die sich in den folgenden Jahren fortsetzten, fielen fast 20 Prozent des Lehrkörpers zum Opfer.[2] Noch im Herbst 1933 wurde auch das traditionelle System universitärer Selbstverwaltung weitgehend zugunsten des „Führerprinzips" liquidiert. Zum „Führer" der Universität avancierte der Rektor, der fortan nicht mehr von seinen Kollegen gewählt, sondern vom Ministerium ernannt wurde. Etwa zur selben Zeit begann die Einrichtung neuer Lehrstühle in Fächern, die den Nationalsozialisten besonders am Herzen lagen: Eugenik und Rassenhygiene, Wehrwissenschaft und Kriegsgeschichte, Volkskunde und Vorgeschichte.

Die Universitäten waren indes kein passives Objekt einer diktatorischen Politik. Ihre Gleichschaltung erfolgte keineswegs nur von außen, durch Verordnungen der neuen nationalsozialistischen Kultusminister, sondern auch von innen. Anfangs spielten dabei vor allem die Studenten eine zentrale Rolle. Der 1926 gegründete *Nationalsozialistische Deutsche Studentenbund* war schon zu Beginn der 1930er Jahre zur dominanten Kraft unter den Studierenden geworden und übernahm 1931 folgerichtig auch die Kontrolle des Dachverbandes *Deutsche Studentenschaft*. Im Sommer 1933 entwickelten sich die nationalsozialistischen Studenten zum Motor der Gleichschaltung. Sie stellten Schwarze Listen zusammen, organisierten den Boykott unliebsamer Professoren und ließen keinen Zweifel an ihrer Entschlossenheit, die Nazifizierung der Hochschulen voranzutreiben.

Aber auch zahlreiche Hochschullehrer schlossen sich dem Nationalsozialismus an. Während der Weimarer Republik hatten die maßgeblichen Sprecher der Professoren immer wieder die Notwendigkeit betont, gegenüber der Politik die Eigenständigkeit der Universitäten zu bewahren. Noch am Vorabend der nationalsozialistischen Machtübernahme, im Dezember 1932,

1 Eine erste Fassung dieses Beitrags erschien auf Italienisch in: Università e accademie negli anni del Fascismo e del Nazismo. Atti del convegno internazionale (Torino, 11–13 maggio 2005). Hg. von Pier Giorgio Zumino, Florenz 2008, S. 77–94. Für die kritische Lektüre des Textes danke ich Dagmar Pöpping und Rüdiger Hachtmann.
2 Vgl. Michael Grüttner / Sven Kinas, Die Vertreibung von Wissenschaftlern aus den deutschen Universitäten 1933–1945, in: Vierteljahrshefte für Zeitgeschichte 55 (2007), S. 123–186.

lehnte die deutsche Rektorenkonferenz in einer einstimmigen Erklärung das „Hineintragen der Parteipolitik in die Hochschule grundsätzlich ab".[3] Seit dem Frühjahr 1933 schienen diese Grundsätze allerdings in Vergessenheit geraten zu sein. Im Sommersemester 1933 waren an einigen Universitäten schon etwa 20 % des Lehrkörpers Mitglieder der NSDAP.[4] In den folgenden Jahren wuchs die Zahl der Parteimitglieder weiter, so dass am Ende des Dritten Reiches schätzungsweise zwei Drittel aller Hochschullehrer der NSDAP angehörten. Diese massive Hinwendung zur NSDAP überrascht angesichts der antiintellektuellen Tendenzen der Partei, die schon vor 1933 keinen Hehl daraus gemacht hatte, dass sie nicht gewillt war, die Autonomie der Universitäten zu respektieren.

Vor diesem Hintergrund beschäftigt sich der vorliegende Text mit der Frage, wer die nationalsozialistischen Hochschullehrer waren, die zwischen 1933 und 1945 an den deutschen Universitäten aktiv gewesen sind. Hier besteht allerdings die Schwierigkeit, zu differenzieren zwischen den „wirklichen" Nationalsozialisten auf der einen Seite und denjenigen, die nur formelle Mitglieder der nationalsozialistischen Partei waren. In einer totalitären Diktatur gibt es unterschiedliche Gründe, der herrschenden Partei beizutreten. Die Übereinstimmung mit den ideologischen Zielen dieser Partei ist nur einer dieser Gründe. Die deutschen Hochschulen waren (und sind ganz überwiegend) staatliche Einrichtungen. Jeder Hochschullehrer befand sich daher seit 1933 in einem direkten Abhängigkeitsverhältnis zum nationalsozialistischen Staat. Vor allem Nachwuchskräfte, die nicht über einen Lehrstuhl verfügten, standen unter erheblichem Druck, ihre „politische Zuverlässigkeit" unter Beweis zu stellen, wenn sie reüssieren wollten. Die Mitgliedschaft in der NSDAP sagt daher für sich genommen nur wenig aus über den politischen Standort. Auch ein Mann wie Kurt Huber, der 1943 als Angehöriger der Widerstandsgruppe „Weiße Rose" hingerichtet wurde, war bei seiner Verhaftung Mitglied der NSDAP.[5]

Meine Untersuchung konzentriert sich daher auf eine Gruppe von Wissenschaftlern, die während des Dritten Reiches aktiv im Sinne des Regimes tätig war, indem sie hochschulpolitische Führungsaufgaben für die NSDAP übernahm. Genauer gesagt handelt es sich um zwei Gruppen: 1. um die Vertrauensleute der NSDAP an den Universitäten und 2. um die Dozentenbundführer und Gaudozentenbundführer des *Nationalsozialistischen Deutschen Dozentenbundes* (NSDDB). Die Vertrauensleute der NSDAP waren die Re-

3 Niederschrift über die 22. außerordentliche außeramtliche Rektorenkonferenz am 4. Dezember 1932 in Halle, in: Geheimes Staatsarchiv Berlin Rep. 76 Va Sekt.1 Tit. XVIII No. 16 Bd. IX Bl. 106.

4 Rainer Hering, Der „unpolitische" Professor? Parteimitgliedschaften Hamburger Hochschullehrer in der Weimarer Republik und im „Dritten Reich", in: Hochschulalltag im „Dritten Reich". Die Hamburger Universität 1933–1945, hg. von Eckart Krause u. a., Berlin / Hamburg 1991, Teil I, S. 92 f., 100.

5 Vgl. Rosemarie Schumann, Leidenschaft und Leidensweg. Kurt Huber im Widerspruch zum Nationalsozialismus, Düsseldorf 2007.

präsentanten der 1934 gegründeten *Hochschulkommission der NSDAP* an den einzelnen Hochschulen. Da die Hochschulkommission im Wesentlichen von Medizinern geführt wurde, waren die Vertrauensleute ausschließlich Angehörige der Medizinischen Fakultäten. Die Hochschulkommission und ihre Vertrauensleute haben in den ersten Jahren der Diktatur vor allem bei Personalfragen eine wichtige Rolle gespielt. Sie sorgten 1934/35 bei Stellenbesetzungen dafür, dass die Lehrstühle der entlassenen Professoren durch Kandidaten besetzt wurden, die dem Nationalsozialismus zumindest nahe standen. Ab 1935 verlor die Hochschulkommission allerdings weitgehend an Bedeutung und wurde schließlich durch den NSDDB ersetzt. Die Dozentenbundführer und Gaudozentenbundführer waren die lokalen und regionalen Führer des NSDDB an den damals 23 deutschen Universitäten. Ihre Hauptaufgabe bestand darin, politische Beurteilungen zu erstellen, die bei Personalentscheidungen aller Art – bei Berufungen, bei der Einstellung von Assistenten, aber z. B. auch bei der Genehmigung von Auslandsreisen – benötigt wurden. Darüber hinaus spielten viele Dozentenbundführer auch in der Leitung der Universitäten eine wichtige Rolle.

Grundlage meiner Überlegungen ist die Analyse der Lebensläufe aller mir bekannten Vertrauensleute, Dozentenbundführer und Gaudozentenbundführer, die zwischen 1934 und 1945 an den 23 deutschen Universitäten aktiv gewesen sind. Es handelt sich dabei um insgesamt 93 Dozentenbundführer bzw. Gaudozentenbundführer sowie um 24 Vertrauensleute der NSDAP. Beide Gruppen sind weitgehend vollständig erfasst. Ausgenommen sind lediglich einige wenige Personen, die diese Ämter nur kurzzeitig und provisorisch innehatten. Da neun Vertrauensleute gleichzeitig auch Dozentenbundführer waren, ergibt sich eine Gruppe von insgesamt 108 Personen. Diese 108 Personen repräsentierten im Wesentlichen die NSDAP an den deutschen Universitäten. Ihre Lebensläufe sind in einem Biographischen Lexikon veröffentlicht, das die empirische Grundlage der vorliegenden Studie bildet.[6]

Im Folgenden werde ich ein Kollektivporträt dieser 108 politischen Aktivisten erstellen und mich dabei auf fünf Aspekte konzentrieren: 1. akademischer Status und wissenschaftliche Qualifikation, 2. die Mitgliedschaft in politischen Organisationen, 3. Generationszugehörigkeit, 4. die Fachzugehörigkeit, 5. die soziale Herkunft und 6. die akademische Karriere nach 1933. Normalerweise müsste eine solche Untersuchung auch auf die Geschlechtszugehörigkeit eingehen. An dieser Stelle reicht aber die Feststellung, dass alle 108 Personen Männer waren. Dem entsprach im Großen und Ganzen die Zusammensetzung des gesamten Lehrkörpers der deutschen Universitäten. Im Wintersemester 1932/33, kurz bevor die Nationalsozialisten die

---

6 Vgl. Michael Grüttner, Biographisches Lexikon zur nationalsozialistischen Wissenschaftspolitik, Heidelberg 2004.

Macht übernahmen, waren unter den insgesamt 6.140 Hochschullehrern der deutschen Universitäten nur 74 Frauen (1,2 %).[7]

1. Akademischer Status und wissenschaftliche Qualifikation

In älteren Berichten von Zeitzeugen findet sich häufiger die Behauptung, die Nationalsozialisten an den Universitäten seien „von außen" gekommen, also nicht aus dem Lehrkörper selber hervorgegangen.[8] Beispiele solcher Karrieren gibt es auch unter den 108 Personen der Untersuchungsgruppe. Ein solcher Fall war etwa der Thüringer Gaudozentenbundführer und langjährige Rektor der Universität Jena, Karl Astel.[9] Astel, der bis 1933 Sportarzt in München war, erhielt 1934 einen Lehrstuhl an der Universität Jena, obwohl er – von seiner Dissertation abgesehen – keine wissenschaftlichen Publikationen vorweisen konnte. Der Göttinger Dozentenbundführer Eugen Mattiat war noch nicht einmal promoviert, als er 1938 in Göttingen auf einen Lehrstuhl für Volkskunde berufen wurde. Da Mattiat bis 1933 als Pastor tätig gewesen war, musste er nach seiner Berufung zunächst einmal für ein Semester beurlaubt werden, um sich in sein Fachgebiet einarbeiten zu können.[10]

Wenn Personen wie Astel oder Mattiat trotz fehlender wissenschaftlicher Leistungen akademische Karrieren machten, dann lag dies ganz offensichtlich an der Rückendeckung, die sie aus dem politischen Raum erhielten. Bei Karl Astels Berufung nach Jena machte sich die langjährige Freundschaft mit dem NSDAP-Gauleiter von Thüringen, Fritz Sauckel, bezahlt, der ihn im Sommer 1933 nach Jena holte. Beide kannten sich bereits seit den 1920er Jahren aus dem *Deutschvölkischen Schutz- und Trutzbund.* Eugen Mattiat verdankte seine Berufung nach Göttingen, bei der die Fakultät überhaupt nicht konsultiert wurde, der Fürsorge des Reichserziehungsministeriums, in dem er einige Jahre lang als Referent tätig gewesen war.

Allerdings erweist sich bei genauerem Hinsehen die Zahl jener Wissenschaftler, die ihre Professur im Wesentlichen politischer Protektion verdankten, als relativ gering. Von den 108 Personen der Untersuchungsgruppe konnten die meisten durchaus die üblichen akademischen Qualifikations-

---

7 Vgl. Statistisches Jahrbuch für das Deutsche Reich, 52, 1933, Berlin 1933, S. 524.

8 Kritisch dazu: Wolfgang Fritz Haug, Der hilflose Antifaschismus. Zur Kritik der Vorlesungsreihen über Wissenschaft und NS an deutschen Universitäten, 3. überarbeitete Auflage, Frankfurt/M. 1970, S. 88 f.

9 Zu Astel vgl. Paul Weindling, „Mustergau" Thüringen: Rassenhygiene zwischen Ideologie und Machtpolitik, in: „Kämpferische Wissenschaft". Studien zur Universität Jena im Nationalsozialismus, hg. von Uwe Hoßfeld u. a., Köln 2003, S. 1012 ff., und die Personalakte in: Universitätsarchiv Jena D 53.

10 Vgl. Rolf Wilhelm Brednich, Volkskunde – die völkische Wissenschaft von Blut und Boden, in: Die Universität Göttingen unter dem Nationalsozialismus, hg. von Heinrich Becker u. a., 2. erweiterte Auflage, München 1998, S. 492 f.

nachweise (Promotion und Habilitation) vorweisen. Der Blick auf die Biographien der Untersuchungsgruppe ergibt Folgendes: Von den 108 Hochschulfunktionären der NSDAP waren nur 13 nicht habilitiert. 95 waren promoviert und habilitiert, und die meisten von ihnen, genau 67 Personen, hatten
ihre Habilitation bereits vor 1933 abgeschlossen. Weitere 28 habilitierten sich
in der Zeit der nationalsozialistischen Diktatur. Die aktiven Nationalsozialisten waren also nicht nach der Machtübernahme „von außen" in die Universitäten eingedrungen, sondern hatten in ihrer großen Mehrheit schon
während der Weimarer Republik an einer deutschen Universität gearbeitet.

Dieser Lehrkörper war vor und nach 1933 durch starke interne Hierarchien
geprägt.[11] Besondere Bedeutung besaß die Differenz zwischen ordentlichen
Professoren (Ordinarien) auf der einen Seite und den Nichtordinarien auf der
anderen. Zu den Nichtordinarien gehörten insbesondere die Privatdozenten
und die nichtbeamteten außerordentlichen Professoren. Privatdozenten hatten als habilitierte Wissenschaftler das Recht und die Pflicht, regelmäßig
Lehrveranstaltungen anzubieten, ohne dass damit ein festes Einkommen
verbunden war. Etwa fünf bis sechs Jahre nach der Habilitation konnten die
Privatdozenten in der Regel mit ihrer Ernennung zum nichtbeamteten außerordentlichen Professor rechnen. Ihr unsicherer Status veränderte sich
dadurch nicht. Privatdozenten und nichtbeamtete Professoren stellten den
Kreis der Anwärter für eine ordentliche Professur d. h. für einen Lehrstuhl. Die
ordentlichen Professoren oder Ordinarien bildeten die eigentliche Kern-
gruppe des Lehrkörpers. Sie dominierten die wichtigsten Universitätsgremi-
en, die Fakultäten ebenso wie die Universitätssenate, und entschieden dadurch
über Berufungen oder Habilitationen. Rektoren und Dekane stammten ausschließlich aus ihren Reihen. Neben den Ordinarien existierte noch eine
zweite kleinere Gruppe von beamteten Hochschullehrern, die planmäßigen
außerordentlichen Professoren. Im Gegensatz zu den Privatdozenten und
nichtbeamteten außerordentlichen Professoren hatten sie eine Lebenszeit-
stellung mit festem Einkommen. Ihr Verdienst und ihr hochschulpolitischer
Einfluss waren jedoch deutlich geringer als der der Ordinarien. Nicht zum
eigentlichen Lehrkörper gehörten die Assistenten, die in der Regel einen Ordinarius in Lehre und Forschung unterstützten und daneben an ihrer Dissertation oder ihrer Habilitationsschrift arbeiteten.

Ein Blick auf die Gruppe der 108 NSDAP-Funktionäre zeigt, dass fast keiner
von ihnen zu Beginn der nationalsozialistischen Diktatur über einen planmäßigen Lehrstuhl verfügte. Nur fünf der insgesamt 108 Personen hatten im
Winter 1932/33 den Status eines Ordinarius. Die Masse der späteren NS-
Aktivisten kann zwei verschiedenen Gruppen zugeordnet werden: Zum einen
handelte es sich um eine Gruppe von etwa 25 jüngeren wissenschaftlichen

11 Zur Binnenstruktur der deutschen Universitäten vor 1933 vgl. Abraham Flexner, Universities:
American, English, German, New York 1930, S. 305 ff.; Arnold Köttgen, Deutsches Universi-
tätsrecht, Tübingen 1933.

Nachwuchskräften, die 1932 überwiegend als Assistenten tätig waren. Die zweite, bei weitem größte Gruppe – insgesamt 60 Personen – bestand aus Privatdozenten und nichtbeamteten außerordentlichen Professoren. Es handelte sich also um Wissenschaftler, die zwar habilitiert waren, aber keinen Lehrstuhl hatten und die materiell oft unter eher kärglichen Bedingungen lebten. Kurz, die meisten Wissenschaftler, die nach 1933 an den Universitäten politische Führungspositionen übernahmen, befanden sich Anfang 1933 in einer Art Wartestellung, ohne zu wissen, wie lange das Warten dauern würde und ob es jemals von Erfolg gekrönt sein würde.

2. Mitgliedschaft in politischen Organisationen

Im Gegensatz zu den Studenten blieben die Hochschullehrer bis 1933 weitgehend auf Distanz zur NSDAP. Nur wenige Hochschullehrer sind der Partei schon vor 1933 beigetreten.[12] Dafür gab es verschiedene Gründe: den Antiintellektualismus der NSDAP, das plebejische Profil der Partei, das Wissen, dass die Nationalsozialisten die Autonomie der Hochschulen nicht respektieren würden, aber auch die Angst vor beruflichen Nachteilen, denn die Mitgliedschaft in der NSDAP war in verschiedenen Ländern, insbesondere in Preußen, für Beamte verboten. Der Berliner Physiker Friedrich Möglich, der im Juli 1932 Mitglied der NSDAP wurde, stellte rückblickend fest, dass der Nationalsozialismus zu diesem Zeitpunkt „in den Reihen der deutschen Dozentenschaft noch indiskutabel war und man nichts als Spott und Hohn erntete."[13] Diese Einstellung änderte sich im Frühjahr 1933, als auch zahlreiche Hochschullehrer der NSDAP beitraten.

Zu jenen Wissenschaftlern, die sich der Partei anschlossen, gehörten auch die 108 Personen der Untersuchungsgruppe. Interessant ist in diesem Zusammenhang vor allem das Eintrittsdatum. Hier liegt die Vermutung nahe, dass gerade in dieser Gruppe, die zum Führungspersonal der nationalsozialistischen Diktatur gehörte, die Zahl der „Alten Kämpfer", die der Partei schon vor 1933 beigetreten waren, besonders groß gewesen sein muss. Wer erst 1933 oder später Parteimitglied geworden war, sah sich nicht selten dem Verdacht ausgesetzt, ein politisch unglaubwürdiger Opportunist zu sein. Tatsächlich

---

12 Zahlen für einzelne Universitäten in: „… treu und fest hinter dem Führer". Die Anfänge des Nationalsozialismus an der Universität Tübingen 1926–1934, Tübingen 1983, S. 22; Rainer Hering, Der „unpolitische" Professor? (wie Anm. 4), S. 88 ff.; Christian Jansen, Professoren und Politik. Politisches Denken und Handeln der Heidelberger Hochschullehrer 1914–1935, Göttingen 1992, S. 300; Hans-Paul Höpfner, Die Universität Bonn im Dritten Reich, Bonn 1999, S. 7. Etwas höhere Zahlen bei: Michael Parak, Hochschule und Wissenschaft in zwei deutschen Diktaturen, Köln, 2004, S. 71 f.

13 Zit. in: Dieter Hoffmann / Mark Walker, Der Physiker Friedrich Möglich (1902–1957) – ein Antifaschist?, in: Naturwissenschaft und Technik in der DDR, hg. von Dieter Hoffmann und Kristie Macrakis, Berlin, 1997, S. 362.

sind von den 108 Parteifunktionären aber nur 42 – also nicht einmal 40 % – der NSDAP schon vor der Machtübernahme beigetreten. Die meisten – insgesamt 50 Personen – entschlossen sich erst 1933 zur Mitgliedschaft in der NSDAP. Der Rest folgte in den kommenden Jahren, überwiegend 1937. Offenkundig verfügte die NSDAP unter den Hochschullehrern nicht über ein ausreichendes Reservoir an „alten Kämpfern", um daraus die wichtigsten Führungspositionen besetzen zu können.

Daraus ergibt sich die Frage, wo die nationalsozialistischen Wissenschaftsfunktionäre politisch gestanden hatten, bevor sie sich der NSDAP zuwandten? Die meisten Wissenschaftler der Untersuchungsgruppe hatten sich vor dem Beitritt zur NSDAP nicht politisch exponiert. Nur 32 der 108 untersuchten Personen gehörten zuvor bereits einer anderen politischen Partei oder Organisation an. Allein zehn davon waren ehemalige Mitglieder der nationalistischen *Deutschnationalen Volkspartei* (DNVP). Fünf Wissenschaftler waren frühere Mitglieder des *Stahlhelm, Bund der Frontsoldaten*, vier hatten dem *Alldeutschen Verband* angehört. Andere Wissenschaftler waren zuvor Mitglieder der liberalkonservativen *Deutschen Volkspartei* (DVP) gewesen, einige gehörten zu Beginn der 1920er Jahre einem der zahlreichen paramilitärischen Bünde an (*Bund Oberland, Reichsflagge, Bund Wiking* etc.).

3. Generationszugehörigkeit

Aus der Tatsache, dass die Angehörigen der Untersuchungsgruppe ganz überwiegend zum wissenschaftlichen Nachwuchs und zu den nicht etablierten Hochschullehrern gehörten, ergibt sich bereits die Schlussfolgerung, dass sie mehrheitlich relativ jung waren. Die meisten der 108 untersuchten Personen wurden kurz vor der Jahrhundertwende geboren. Als Hitler Anfang 1933 zum Reichskanzler ernannt wurde, lag ihr statistisches Durchschnittsalter bei 36. Sie gehörten damit zu einer Generation von Akademikern, die in der scheinbaren Sekurität des Kaiserreichs aufgewachsen waren und mehrheitlich in sehr jungen Jahren, oft als Freiwillige, am Ersten Weltkrieg teilgenommen hatten. Von den 108 Personen der Untersuchungsgruppe waren immerhin 68 (63,0 %) Kriegsteilnehmer des Ersten Weltkrieges. Fast alle beendeten das Studium erst nach dem Krieg, so dass ihre persönliche Unsicherheit über die eigene berufliche Zukunft mit dem dramatischen Verlust an bürgerlicher Sekurität zusammenfiel, der sich in diesen Jahren vollzog – bedingt vor allem durch den Ausgang des Ersten Weltkrieges, den Verlust der in Kriegsanleihen angelegten Ersparnisse und durch die Inflation.[14]
Diese eigentümliche Mischung von existentieller Unsicherheit und poli-

---

14 Dazu als zeitgenössische Analyse: Martin Dibelius über die Zerstörung der Bürgerlichkeit. Ein Vortrag im Heidelberger Marianne-Weber-Kreis 1932, hg. von Friedrich Wilhelm Graf, in: Zeitschrift für Neuere Theologiegeschichte, 4, 1997, S. 114–153.

tisch-ökonomischer Krise wiederholte sich Anfang der 1930er Jahre auf dem Höhepunkt der Weltwirtschaftskrise. Diejenigen Wissenschaftler, die inzwischen promoviert und habilitiert waren, mussten nun erkennen, dass ein völlig überfüllter akademischer Arbeitsmarkt ihre Chancen, irgendwann einen Lehrstuhl zu erhalten, ganz erheblich reduziert hatte.

Am Ende der Weimarer Republik verfügte nicht einmal die Hälfte der an den deutschen Universitäten lehrenden Hochschullehrer über einen Lehrstuhl. Die überwiegende Mehrheit des Lehrkörpers bestand aus habilitierten Nachwuchskräften, die vielfach in ungesicherten Verhältnissen lebten. 1931 standen den 1.721 Ordinarien 1.364 Privatdozenten und 1.301 nichtbeamtete außerordentliche Professoren gegenüber (Tabelle 1). Mithin kamen auf zwei Ordinarien drei habilitierte Nachwuchswissenschaftler, die von der Hoffnung zehrten, irgendwann einmal ein Ordinariat zu erhalten, obwohl die statistische Wahrscheinlichkeit, dieses Ziel zu erreichen, gering war.

Tabelle 1: Der Lehrkörper an den deutschen Universitäten nach Statusgruppen und Fachrichtungen, 1931.

Fachrichtung	Ordinarien (ohne Emeriti)		planm. a. o. Prof.		nichtbeamt. a. o. Prof.		Priv. Doz.		Zusammen	
	abs.	in %	abs.	in %	abs.	in %	abs.	in %	abs.	in %
Geisteswissenschaften	423	43,1	63	6,4	221	22,5	274	27,9	981	100
Medizin	400	23,6	65	3,8	700	41,2	532	31,3	1.697	100
Rechtswissenschaft	190	67,6	11	3,9	24	8,5	56	19,9	281	100
Naturwissenschaften	349	35,5	54	5,5	266	27,1	314	31,9	983	100
Theologie	200	63,1	6	1,9	37	11,7	74	23,3	317	100
Andere Fächer	159	45,5	23	6,6	53	15,2	114	32,7	349	100
Zusammen	*1.721*	*37,3*	*222*	*4,8*	*1.301*	*28,2*	*1.364*	*29,6*	*4.608*	*100*

Quelle: Christian von Ferber, Die Entwicklung des Lehrkörpers der deutschen Universitäten und Hochschulen 1864–1954, Göttingen 1956, 195 ff.; eigene Berechnungen.

Etwas günstiger wird das Bild, wenn man die beamteten Professoren (Ordinarien und planmäßige Extraordinarien) den nichtbeamteten Hochschullehrern (Privatdozenten und nichtbeamtete a. o. Professoren) gegenüber stellt.[15] Dann ergibt sich ein Verhältnis von 1.943 planmäßigen Professoren zu 2.665 habilitierten Wissenschaftlern ohne Lehrstuhl. Auf 100 planmäßige

15 Die folgenden Zahlenangaben wurden aufgrund der in Tabelle 1 gesammelten Daten errechnet. Unberücksichtigt bleiben hier die Honorarprofessoren und Lehrbeauftragte, da die Lehre für sie in der Regel nur eine Nebentätigkeit war.

Professoren kamen demnach 137 habilitierte Wissenschaftler, die auf einen Lehrstuhl hofften. Allerdings variierten die Karrierechancen der Nachwuchswissenschaftler je nach Fachrichtung ganz erheblich wie Tabelle 1 zeigt: Fast hoffnungslos war die Lage des Nachwuchses insbesondere an den Medizinischen Fakultäten. Dort standen 100 beamtete Professoren 265 habilitierten Nachwuchswissenschaftlern ohne Lehrstuhl gegenüber. Ein erheblicher Überhang an habilitierten Nichtordinarien und entsprechend schlechte Karrierechancen bestimmten auch die Situation in den naturwissenschaftlichen Fächern. Hier lag das Verhältnis von beamteten und nichtbeamteten Hochschullehrern bei 100 zu 144. Sehr viel günstiger war die Lage des wissenschaftlichen Nachwuchses dagegen an den Theologischen und Juristischen Fakultäten, die traditionell versuchten, die Zahl der Habilitationen am Bedarf auszurichten.[16] Bei den Theologen kamen 54 nichtbeamtete Hochschullehrer auf 100 beamtete Professoren; an den Rechtswissenschaftlichen Fakultäten betrug das Verhältnis beider Gruppen 40 zu 100. Eine mittlere Position nahmen die Geisteswissenschaften ein. Dort trafen 100 etablierte Professoren mit Lehrstühlen auf 102 nichtetablierte Nachwuchswissenschaftler.

In ihre großen Mehrheit waren die Wissenschaftsfunktionäre des NS-Regimes also, nicht identisch mit den überwiegend nationalkonservativen Sprechern der Professorenschaft, die in der Weimarer Republik das öffentliche Bild der deutschen „Mandarine" geprägt hatten.[17] Vielmehr handelte es sich auch in politischer Hinsicht um eine neue Generation, die vor 1933 kaum in Erscheinung getreten war.

Auffällig ist nun, dass gerade diese jüngere Generation von Wissenschaftlern, deren Lage Anfang der 1930er Jahre nahezu hoffnungslos schien, am stärksten von den Massenentlassungen der Nationalsozialisten profitiert hat: Mit der Vertreibung von fast 20 % des Lehrkörpers der deutschen Universitäten durch das Nazi-Regime eröffnete sich für Assistenten, Privatdozenten und nichtbeamtete Professoren eine zweite Karrierechance, die viele von ihnen entschlossen genutzt haben.

4. Fachzugehörigkeit

Welche Fachgebiete vertraten die nationalsozialistischen Hochschulfunktionäre und inwiefern unterschieden sie sich dabei von dem Gros der deutschen Hochschullehrer? Material zur Beantwortung dieser Frage liefert die Tabelle 2. Da Vertrauensleute der NSDAP ausschließlich an den Medizinischen Fakultäten ernannt worden waren, bleiben sie an dieser Stelle unberücksichtigt, weil

16 Carl Heinrich Becker, Gedanken zur Hochschulreform, Leipzig 1919, S. 40 f.; Otto Lubarsch, Zur Frage der Hochschulreform, Wiesbaden 1919, S. 24.
17 Fritz K. Ringer, Die Gelehrten. Der Niedergang der deutschen Mandarine 1890–1933, Stuttgart 1983.

sonst ein verzerrtes Bild entstehen würde. Die folgende Tabelle beschränkt sich daher auf die 93 Dozentenbundführer und Gaudozentenbundführer und vergleicht deren Fachzugehörigkeit mit der fachlichen Struktur des gesamten Lehrkörpers der deutschen Universitäten.

Tabelle 2: Gaudozentenbundführer und Dozentenbundführer im Vergleich mit dem gesamten Lehrkörper der Universitäten nach Fachgebieten.

Fachgebiete	Gaudozentenbund-führer und Dozenten-bundführer		Lehrkörper aller deutschen Universitä-ten (1938)	
	absolut	In %	absolut	In %
Theologie	–	0,0	370	6,8
Rechtswissenschaft	3	3,2	326	6,0
Medizin	43	46,2	1.604	29,4
Geisteswissenschaften	15	16,1	1.400	25,7
Naturwissenschaften	22	23,7	1.120	20,5
Wirtschaftswissenschaften	2	2,2	211	3,9
Tiermedizin	1	1,1	93	1,7
Andere Fachgebiete	7	7,5	329	6,0
Zusammen	*93*	*100,0*	*5453*	*100,0*

Angaben zum gesamten Lehrkörper (1938) nach: Christian von Ferber, Die Entwicklung des Lehrkörpers der deutschen Universitäten 1864–1954, Göttingen, 1956, S. 195 ff.; eigene Berechnungen.

Beim Blick auf die Tabelle 2 fällt zunächst auf, dass unter den Dozentenbundführern keine Theologen waren, obwohl viele evangelische Theologen sich 1933 dem Nationalsozialismus mit beträchtlichem Enthusiasmus zugewandt hatten.[18] Die Erklärung liegt in der zunehmend kirchenfeindlichen Politik des Nationalsozialismus, in deren Folge Theologen politisch immer stärker marginalisiert und schließlich ganz aus der NSDAP herausgedrängt wurden. Seit 1938/39 war die Auflösung der Theologischen Fakultäten unter den Wissenschaftspolitikern der Partei beschlossene Sache, obwohl die vollständige Durchführung dieses Beschlusses schließlich auf die Nachkriegszeit verschoben wurde.[19]

---

18 Zur Evangelischen Theologie im Jahre 1933 vgl. Klaus Scholder, Die Kirchen und das Dritte Reich, Bd. I, Frankfurt a. M. 1977, S. 525 ff.; Robert P. Ericksen, Theologen unter Hitler. Das Bündnis zwischen evangelischer Dogmatik und Nationalsozialismus, München / Wien 1986.

Die Erwartung liegt nahe, dass die Hochschulfunktionäre der Partei vor allem in den politiknahen Fächern zuhause waren, insbesondere also in den Geisteswissenschaften. Diese Annahme ist jedoch falsch, wie Tabelle 2 zeigt. Tatsächlich waren Geisteswissenschaftler mit einem Anteil von 16,1 % unter den Dozentenbundführern deutlich unterrepräsentiert, da mehr als ein Viertel aller Hochschullehrer in den geisteswissenschaftlichen Fächern lehrte. Unterrepräsentiert waren auch die Juristen.

Stark überrepräsentiert unter den Dozentenbundführern waren dagegen vor allem Mediziner. 46,2 % aller Dozentenbundführer lehrten an den Medizinischen Fakultäten, während der Anteil der Mediziner am Lehrkörper der Universitäten nur bei 29,4 % lag. Diese Dominanz der Mediziner unter den politisch aktiven Hochschullehrern wird auch durch diverse Lokalstudien bestätigt.[20] Ebenfalls überrepräsentiert, wenn auch weniger eindeutig, waren die Naturwissenschaftler.

Die Dozentenbundführer kamen also in erster Linie aus den als politikfern geltenden Fächern. Mediziner und Naturwissenschaftler zusammen stellten rund 70 % aller Dozentenbundführer, aber nur 50 % des Lehrkörpers der Universitäten wie Tabelle 2 zeigt. Für diesen Befund sehe ich zwei unterschiedliche Erklärungsmöglichkeiten, die nicht im Widerspruch zueinander stehen: Zum einen waren, wie bereits ausgeführt, gerade in den medizinischen und naturwissenschaftlichen Fächern die Karrierechancen des wissenschaftlichen Nachwuchses Anfang der 1930er Jahre besonders schlecht. Diese schwierige Situation hat sicherlich manchen jüngeren Wissenschaftler gerade in diesen Disziplinen besonders motiviert, die eigene Karriere auch auf der politischen Ebene voranzutreiben. Eine zweite mögliche Erklärung liegt darin, dass Mediziner und Naturwissenschaftler im Gegensatz zu manchen Geisteswissenschaftlern den Nationalsozialismus nicht als wirkliche Einengung ihrer wissenschaftlichen Freiheit empfunden haben. In den Medizinischen Fakultäten führte der Nationalsozialismus in erster Linie zur Durchsetzung eugenischer Konzepte, die sich auf breiter Front in Forschung und Lehre etablierten.[21] Von einem Großteil der deutschen Mediziner wurde diese Entwicklung nicht als wissenschaftsfremde Einmischung gesehen, sondern durchaus wohlwollend akzeptiert. Der NS-Staat erschien hier als Förderer

19 Vgl. Eike Wolgast, Nationalsozialistische Hochschulpolitik und die evangelisch-theologischen Fakultäten, in: Theologische Fakultäten im Nationalsozialismus, hg. von Leonore Siegele-Wenschkewitz und Carsten Nicolaisen, Göttingen 1993, S. 45–79.
20 Vgl. Geoffrey J. Giles, Students and National Socialism in Germany, Princeton 1985, S. 161 f.; Peter Chroust, Gießener Universität und Faschismus. Studenten und Hochschullehrer 1918–1945, Münster, 1994, Bd. I, S. 297 f.; Jansen, Professoren und Politik (wie Anm. 12), S. 245 ff.; Helmut Heiber, Universität unterm Hakenkreuz, Teil II: Die Kapitulation der Hohen Schulen, Bd. 2, München, 1994, S. 110 f. (Leipzig), 594 f. (Frankfurt), 700 f. (Münster).
21 Zur Geschichte der Eugenik in Deutschland vgl. Peter Weingart u. a., Rasse, Blut und Gene. Geschichte der Eugenik in Deutschland, Frankfurt a. M. 1988; Paul Weindling, Health, Race, and German Politics between National Unification and Nazism 1870–1945, Cambridge 1989; Robert N. Proctor, Racial Hygiene. Medicine under the Nazis, Cambridge/Mass. 1988.

besonders moderner Ideen, die schon vor 1933 an den Universitäten präsent gewesen waren und auch international als neues, viel versprechendes Paradigma galten, wie ein Blick in die 1929 publizierte 14. Auflage der Encyclopædia Britannica zeigt.[22] Dagegen wurde die Übernahme der nationalsozialistischen Rassenideologie von vielen Geisteswissenschaftlern offenbar durchaus als ein Problem angesehen. Jedenfalls zeigen die internen Lageberichte des Sicherheitsdienstes der SS, dass die Anpassungsbereitschaft der Geisteswissenschaftler in diesem Bereich deutlich hinter den Erwartungen des Regimes zurückgeblieben ist.[23]

5. Soziale Herkunft

Die vorliegenden Informationen zur sozialen Herkunft der deutschen Hochschullehrer Anfang der 1930er Jahre sind in Tabelle 3 zusammengefasst. Daraus geht hervor, dass mehr als 60 % der deutschen Hochschullehrer sich aus den Eliten rekrutierten. Dabei dominierte eindeutig die Herkunft aus dem Bürgertum, während die Kinder von Großgrundbesitzern oder Offizieren zahlenmäßig keine bedeutsame Rolle spielten. Die bei weitem größte Gruppe bildeten mit 46,9 % die Kinder des Bildungsbürgertums, deren Väter selber eine akademische Ausbildung durchlaufen hatten. Die Arbeiterschaft war als Herkunftsmilieu fast überhaupt nicht vertreten (1 %). Weit größere Bedeutung hatten dagegen die Mittelschichten, aus denen sich ein Drittel aller Hochschullehrer rekrutierte.

Tabelle 3 bietet nun die Möglichkeit, die Informationen, die uns für die Gesamtheit der Hochschullehrer vorliegen, mit den Angaben zur sozialen Herkunft jener 108 Wissenschaftler zu vergleichen, die als NSDAP-Funktionäre an den deutschen Universitäten tätig waren. Dieser Vergleich ergibt keine fundamentalen Differenzen. Wie ihre Berufskollegen kamen auch die nationalsozialistischen Parteifunktionäre unter den Hochschullehrern mehrheitlich aus dem Bildungs- und Besitzbürgertum; nur relativ wenige entstammten den Unterschichten. Allerdings findet sich eine bürgerliche Herkunft unter den Parteifunktionären (50,9 %) seltener als unter den Hochschullehrern insgesamt (58,6 %). Andererseits waren die Söhne von kleinen oder mittleren Beamten und Angestellten, von Handwerkern und Ladenbesitzern unter den Hochschulfunktionären der NSDAP deutlich überrepräsentiert. Dies ist wenig

---

22 Vgl. „Eugenics", in: The Encyclopædia Britannica, 14th edition, Band 8, London / New York 1929, S. 806–809.

23 Vgl. Germanistik in den Planspielen des Sicherheitsdienstes der SS. Ein Dokument aus der Frühgeschichte der SD-Forschung, hg. von Gerd Simon, Teil 1, Tübingen 1998; Joachim Lerchenmueller, Die Geschichtswissenschaft in den Planungen des Sicherheitsdienstes der SS, Bonn 2001.

überraschend, denn wir wissen seit langem aus diversen Untersuchungen, dass Angehörige der „neuen" und „alten" Mittelschichten unter den Anhängern der Nationalsozialisten eine besonders große Rolle gespielt haben.[24] Der Anteil der Arbeiterkinder unter den Hochschulfunktionären der NSDAP war mit 5,6 % ebenfalls höher als im gesamten Lehrkörper (1 %).

Zusammengefasst lässt sich festhalten: Die Hochschulfunktionäre der NSDAP unterschieden sich in der sozialen Herkunft nicht grundlegend von der Masse ihrer Kollegen. Allerdings waren soziale Aufsteiger aus universitätsfernen Schichten in ihren Reihen stärker vertreten als im gesamten Lehrkörper der Universitäten.

Tabelle 3: Die soziale Herkunft des Lehrkörpers der deutschen wissenschaftlichen Hochschulen und der Hochschulfunktionäre der NSDAP.

Beruf des Vaters	Lehrkörper der Hochschulen im Winter 1931/32		Hochschulfunktionäre der NSDAP	
	Absolut	In %	Absolut	In %
Hochschullehrer und Wissenschaftler	527	12,4	3	2,8
Lehrer an höheren Schulen	245	5,8	5	4,6
Höhere Beamte	258	6,1	21	19,4
Richter und Rechtsanwälte	236	5,5	4	3,7
Ärzte	320	7,5	6	5,6
Pfarrer und Kirchenbeamte	240	5,6	5	4,6
Andere akademische Berufe	173	4,0	3	2,8
Bildungsbürgertum insgesamt	*1.999*	*46,9*	*47*	*43,5*
Fabrikanten	236	5,5	6	5,6
Großkaufleute	122	2,9	1	0,9
Leitende Angestellte	140	3,3	1	0.9
Besitzbürgertum insgesamt	*498*	*11,7*	*8*	*7,4*
Großgrundbesitzer und Domänenpächter	48	1,1	2	1,9
Offiziere	83	2,0	1	0,9

24 Vgl. Jürgen W. Falter, Hitlers Wähler, München 1991, S. 285 ff.

(Fortsetzung)

Beruf des Vaters	Lehrkörper der Hochschulen im Winter 1931/32		Hochschulfunktionäre der NSDAP	
Handwerker und Kleingewerbe	129	3,0	8	7,4
Kaufleute	605	14,2	6	5,6
Mittlere/untere Beamte und Angestellte	289	6,8	13	12,0
Lehrer	216	5,1	12	11,1
Bauern	164	3,9	3	2,8
Mittelschichten insgesamt	*1.403*	*33,0*	*42*	*38,9*
Arbeiter und Werkmeister	44	1,0	6	5,6
Sonstige	183	4,3	2	1,9
Zusammen	*4.258*	*100,0*	*108*	*100,0*

Quellen: Lehrkörper im Winter 1931/32 nach: Christian von Ferber, Die Entwicklung des Lehrkörpers der deutschen Universitäten und Hochschulen 1864–1954, Göttingen 1956, S. 147; eigene Berechnungen.

6. Karriere nach 1933

Hat der politische Einsatz für das Nazi-Regime sich ausgezahlt oder nicht? Der einfachste Weg, um dies zu überprüfen, ist ein genauerer Blick auf die akademische Karriere dieser Personen zwischen 1933 und 1945. Um die Sache etwas zu vereinfachen, beschränke ich mich im Folgenden auf die Frage: Wie viele Personen der Untersuchungsgruppe haben in den zwölf Jahren des Dritten Reiches einen ordentlichen Lehrstuhl, ein Ordinariat, erhalten?

Hier ergibt sich das folgende Bild: Von den 103 Personen, die im Wintersemester 1932/33 noch kein Ordinariat hatten, erhielten 69 bis Kriegsende einen ordentlichen Lehrstuhl, also etwa zwei Drittel. Die Akten zeigen, dass der politische Einsatz für das Regime diesen beruflichen Aufstieg in einer Reihe von Fällen sehr erleichtert oder beschleunigt hat. Der habilitierte Internist Hanns Löhr beispielsweise erhielt 1934 einen Lehrstuhl an der Universität Kiel, obwohl sein Name auf der Vorschlagsliste der Medizinischen Fakultät überhaupt nicht genannt worden war. Aber Löhr war nicht nur Parteimitglied seit 1931, sondern auch langjähriger Kreisleiter der NSDAP – politische Gesichtspunkte, die für das Ministerium schwer genug wogen, um ihn auch gegen den Willen der Fakultät zum ordentlichen Professor zu ernennen.[25] Ähnlich gelagert war der Fall des Frankfurter Dozentenbundführers

---

25 Vgl. Heiber, Universität unterm Hakenkreuz (wie Anm. 20), S. 399 ff.

Heinrich Cordes, eines Chemikers, der 1941 aufgrund seiner politischen Verdienste auf ein Ordinariat in Braunschweig berufen wurde, obwohl die Fakultät sich gegen ihn ausgesprochen hatte.[26] Ein dritter Fall: Der Pädiater Hans Knauer, ebenfalls ein Parteigenosse von 1931, wurde 1934 zum ordentlichen Professor an die Universität Bonn berufen und zum Direktor der Universitätskinderklinik ernannt. Auch sein Name hatte nicht auf der Berufungsliste der Medizinischen Fakultät Bonn gestanden. Vielmehr verdankte Knauer das Ordinariat im Wesentlichen dem Einsatz der Hochschulkommission der NSDAP, für die er als Vertrauensmann in Breslau tätig war. Später erwies Knauer sich allerdings auch in den Augen vieler Nationalsozialisten als Fehlbesetzung, so dass er 1943 nach langjährigen Konflikten aus dem Staatsdienst entlassen wurde.[27]

Politischer Aktivismus im Sinne des Nazi-Regimes war der akademischen Laufbahn bis 1945 also durchaus förderlich. Er garantierte aber keineswegs eine steile Karriere. Diese Erfahrung machte eine zweite – deutlich kleinere – Gruppe von 34 Personen, die trotz ihres politischen Einsatzes bis 1945 keinen Lehrstuhl erhielten. Ausschlaggebend für die enttäuschten Karrierehoffnungen dieser zweiten Gruppe war ein um 1936 einsetzender hochschulpolitischer Kurswechsel. Zunehmend vertraten die nationalsozialistischen Hochschulpolitiker nun die Ansicht, dass eine Personalpolitik, die primär an politischen und nicht an akademischen Kriterien orientiert war, die Leistungsfähigkeit der Wissenschaft schädigte und damit auch ihren Gebrauchswert für das politische System. Der Leiter des Rassenpolitischen Amtes der NSDAP, Walter Gross, gelangte 1936 in einer internen Denkschrift zu der Erkenntnis, die Partei habe bislang einen „unzweckmäßigen Weg gewählt". Es sei nicht möglich, „durch Ministeriumsbeschluss aus einem braven alten Kämpfer, der aus äußeren und inneren Gründen wissenschaftlich eine Null ist, plötzlich einen Träger deutscher Wissenschaft herzustellen". Keinesfalls könne „eine Minderleistung durch politische Zuverlässigkeit aufgehoben" werden, weil „sonst die Gesamtleistung des nationalsozialistischen Regimes auf diesem Fachgebiet leiden muss."[28] Anders formuliert: Die Hochschulpolitiker des Nazi-Regimes wurden sich zunehmend der Tatsache bewusst, dass Wissenschaftler nicht nur (potentielle) Produzenten von Ideologie waren, sondern dass sie auch über ein Expertenwissen verfügten, das für einen modernen Industriestaat unverzichtbar war. Ganz besonders galt dies natürlich für einen Industriestaat, der dabei war, einen neuen Krieg anzuzetteln.

Nicht alle Wissenschaftspolitiker der NSDAP teilten diese Auffassung.

26 Vgl. Ute Deichmann, Flüchten, Mitmachen, Vergessen. Chemiker und Biochemiker in der NS-Zeit, Weinheim 2001, S. 218 ff.

27 Vgl. Ralf Forsbach, Ein einsamer Nationalsozialist. Der Bonner Pädiater Hans Knauer (1895–1952), in: Universitäten und Hochschulen im Nationalsozialismus und in der frühen Nachkriegszeit, hg. von Karen Bayer u. a., Stuttgart 2004, S. 167–181.

28 Walter Groß, Betrifft „Entpolitisierung" von Wissenschaft und Hochschule, 20.10.1936, in: Bundesarchiv Berlin NS 38/3636.

Gleichwohl gewannen ab 1936/37 fachliche gegenüber politischen Gesichtspunkten wieder stärker an Gewicht. Seit 1937 wurde diese Linie auch von dem
neuen Amtschef des Reichserziehungsministeriums, Otto Wacker, vertreten.
Im April 1937 registrierte ein Funktionär der Reichsstudentenführung: „Die
derzeitige Berufungspolitik des REM geht davon aus, dass der erste Gesichtspunkt die fachliche Leistung ist, dass eine Berufung nur auf Grund
politischer Zuverlässigkeit nicht in Frage kommt."[29]
Dementsprechend wurde den Vorschlägen der Fakultäten in Berufungsverfahren wieder größere Bedeutung eingeräumt als in den ersten Jahren nationalsozialistischer Herrschaft.[30] Dies hat sich in manchen Fällen offenbar zu
Lasten derjenigen ausgewirkt, die gehofft hatten, primär auf politischem Wege
zu reüssieren.

Resümee

Die Untersuchung hat gezeigt, dass die aktiven Nationalsozialisten sich
überwiegend aus dem wissenschaftlichen Nachwuchs und aus den Reihen der
nicht etablierten Hochschullehrer rekrutierten. Unter ihnen überwogen Mediziner und Naturwissenschaftler, während Geisteswissenschaftler, Juristen
und Theologen unterrepräsentiert blieben. Diese Wissenschaftler waren
mehrheitlich vor 1933 nicht als Nationalsozialisten hervorgetreten, sondern
schlossen sich der Partei erst an, nachdem diese bereits an die Macht gekommen war. Die meisten von ihnen hatten Anfang der 1930er Jahre gute
Gründe gehabt, sich als eine „verlorene Generation" zu fühlen, denn die
Karrierechancen des wissenschaftlichen Nachwuchses waren gerade in der
Medizin und in den Naturwissenschaften denkbar schlecht. Vor diesem
Hintergrund erschien die nationalsozialistische Machtübernahme wie eine
„zweite Chance", die plötzlich neue Perspektiven eröffnete.

Man könnte angesichts dieses Befundes zu dem Ergebnis kommen, dass wir
es hier überwiegend mit einer Gruppe von Opportunisten zu tun haben, die
sich dem Nazi-Regime aus Karrieregründen an den Hals geworfen haben. Ein
solcher Befund wäre nicht falsch, aber er wäre noch keine wirklich befriedi-
gende Antwort auf die anfangs gestellte Frage. Zwei weitere Aspekte müssen
zusätzlich berücksichtigt werden:

Zum einen gehörten die Nationalsozialisten, deren Biographien hier genauer untersucht wurden, ganz überwiegend zu einer Generation, die nach
1918 in einer Atmosphäre antidemokratischer Gesinnung, nationalistischer
Emotionen und antisemitischer Ressentiments studiert hatte. Unter dem
Eindruck der Kriegsniederlage, der Revolution und des Versailler Vertrages

29 Fritz Kubach an den Reichsstudentenführer, 12.4.1937 (Durchschr.), in: Bundesarchiv Berlin
   NS 38/3714.
30 Vgl. Notker Hammerstein, Die Johann Wolfgang Goethe-Universität Frankfurt am Main, Bd. 1,
   Neuwied / Frankfurt a. M. 1989, S. 420.

dominierten in der Studentenschaft der frühen Weimarer Republik völkisch ausgerichtete Gruppierungen wie der *Hochschulring Deutscher Art* sowie eine Vielzahl studentischer Korporationen, die oft schon im Kaiserreich beschlossen hatten, keine jüdischen Mitglieder aufzunehmen. Eine mindestens skeptische, meist aber dezidiert ablehnende Haltung gegenüber der Weimarer Republik gehörte in diesem Milieu zur geistigen Grundausstattung.[31] Gewiss führten solche biographischen Prägungen nicht notwendigerweise zum Nationalsozialismus; sie begründeten aber gemeinsame Überzeugungen, die nach der „Machtergreifung" den Weg in das nationalsozialistische Lager oftmals erheblich erleichtert haben.

Zum anderen ergibt ein Blick auf die politischen Beurteilungen, die diese Wissenschaftsfunktionäre zwischen 1933 und 1945 über ihre Kollegen geschrieben haben – Beurteilungen, die manchmal entscheidend waren für den Erfolg oder das Scheitern akademischer Karrieren – in aller Regel der Eindruck, dass diese Gutachten durchaus mit voller Überzeugung verfasst worden sind.[32] Darauf lässt sich die Schlussfolgerung ziehen, dass einer manchmal zunächst äußeren Anpassung durch den Eintritt in die nationalsozialistische Partei in vielen Fällen offenkundig eine innere Anpassung gefolgt ist. Für die meisten Menschen ist es schwierig, Dinge zu tun und zu sagen, die nicht der eigenen Überzeugung entsprechen. Der einfachste Weg, um diesem Problem zu entgehen, besteht darin, auch innerlich die Überzeugung anzunehmen, die nach außen hin bereits vertreten wird. Paul Parin hat diesen Prozess, der nicht nur in Diktaturen stattfindet, mit den Begriffen der Psychoanalyse beschrieben: „Um den Zwang nicht zu spüren, nimmt man ihn ins Ich herein; das falsche Ideal folgt nach, ergänzt das falsche Bewusstsein. Das Ich ist entlastet. Man ist nicht mehr allein, Ängsten ausgesetzt, und die Abwehr gegen frühkindliche Wünsche nach Geborgenheit und Zugehörigkeit ist entspannt. Man ist Rollenträger, nimmt teil an einer Institution, einer Gruppe. Was an Autonomie verloren ging, wird wettgemacht durch neue Arten von Befriedigung, die die Rolle bietet."[33]

Eine solche Entwicklung, die offensichtlich in zahllosen Fällen stattgefunden hat, wurde im nationalsozialistischen Deutschland wesentlich erleichtert durch die scheinbaren oder tatsächlichen Erfolge des Regimes zwischen 1933 und 1940: die relativ rasche Überwindung der Weltwirtschaftskrise, die innenpolitische Stabilisierung durch eine Mischung von Repression und Integration und schließlich die faktische Annullierung des Versailler Vertrages.

---

31 Zur Studentenschaft der 1920er Jahre vgl. Konrad Jarausch, Deutsche Studenten 1800–1970, Frankfurt a. M. 1984, S. 117 ff.; Ulrich Herbert, „Generation der Sachlichkeit". Die völkische Studentenbewegung der frühen zwanziger Jahre in Deutschland, in: Zivilisation und Barbarei. Die widersprüchlichen Potentiale der Moderne. Detlev Peukert zum Gedenken, hg. von Frank Bajohr u. a., Hamburg 1991, S. 115–144.

32 Solche Gutachten finden sich in verschiedenen Archiven, u. a. in: Universitätsarchiv Jena U V Bd. 11–30.

33 Paul Parin, Der Widerspruch im Subjekt, Frankfurt a. M. 1978, S. 117 f.

Carola Sachse / Mark Walker

Naturwissenschaften, Krieg und Systemverbrechen

Die Kaiser-Wilhelm-Gesellschaft im internationalen Vergleich 1933 – 1945

„Der Vergleich ist die Wurzel allen Übels", warnte uns schon Schopenhauer in seinen Aphorismen zur Lebensweisheit. Er lässt nicht nur Glück spendende Momente und Sinneseindrücke fade werden. Der Vergleich scheint auf der entgegengesetzten Seite menschenmöglicher Erfahrungen auch geeignet, das Übel der modernen Geschichte schlechthin, die singulären nationalsozialistischen Menschheitsverbrechen, zu verharmlosen. Längst jedoch sind die aufgeregten Debatten des Historikerstreits verklungen; vielmehr rangierte nach 1989 – flankiert durch den Aufstieg der vergleichenden Gesellschaftsgeschichte – der Diktaturenvergleich ganz oben auf der zeithistorischen Agenda.[1] Erst recht kommen die gegenwärtigen Anstrengungen um eine integrative europäische Geschichte des 20. Jahrhunderts auch dann nicht ohne System- und Diktaturvergleiche aus, wenn sie globalhistorische oder transnationale Perspektiven bevorzugen.[2] Seither ist die Einbeziehung des NS-Regimes in historisch-politische Systemvergleiche oder einzelner seiner sozialen, ökonomischen oder militärischen Aspekte in internationale Partialvergleiche kein Skandalon mehr. Es ist ein oft genutzter Ansatz zur Präzisierung der Spezifika der NS-Gewaltherrschaft einerseits und zum Verständnis der noch immer virulenten Ambiguität der Moderne zwischen Zivilisation und Barbarei andererseits;[3] in jüngster Zeit nutzen vor allem Untersuchungen

---

1 Grundlegend: Heinz-Gerhard Haupt / Jürgen Kocka (Hg.), Geschichte und Vergleich, Ansätze und Ergebnisse international vergleichender Geschichtsschreibung, Frankfurt a. Main 1996; Jürgen Osterhammel, Sozialgeschichte im Zivilisationsvergleich. Zu künftigen Möglichkeiten komparativer Geschichtswissenschaft, in: Geschichte und Gesellschaft 22 (1996), S. 143 – 164; Hartmut Kaelble, Der historische Vergleich. Eine Einführung zum 19. und 20. Jahrhundert, Frankfurt a. M. 1999; ders. / Jürgen Schriewer (Hg.), Diskurse und Entwicklungspfade. Der Gesellschaftsvergleich in den Geschichts- und Sozialwissenschaften, Frankfurt a. M. 1999. Zur Kontroverse um die Vergleichbarkeit des Nationalsozialismus: „Historikerstreit": Die Dokumentation der Kontroverse um die Einzigartigkeit der nationalsozialistischen Judenvernichtung, München 1987.

2 Vgl. etwa die Beiträge von Jost Dülffer, Zeitgeschichte in Europa – oder europäische Zeitgeschichte?, in: Aus Politik und Zeitgeschehen, Beilage zur Wochenzeitung Das Parlament, 2005, B 1 – 2, S. 18 – 26 und Konrad H. Jarausch, Zeitgeschichte zwischen Nation und Europa. Eine transnationale Herausforderung, in: ebd., 2004, B 39, S. 3 – 10. S. a. Hartmut Kaelble, Europäische Geschichte aus westeuropäischer Sicht?, in: Gunilla Budde u. a. (Hg.), Transnationale Geschichte. Themen, Tendenzen und Theorien, Göttingen 2006, S. 105 – 116 und Manfred Hildermeier, Osteuropa als Gegenstand vergleichender Geschichte, in: ebd., S. 117 – 136.

3 Als Überblick: Detlev Schmiechen-Ackermann, Diktaturen im Vergleich, Darmstadt 2002; vgl.

zur Vergangenheits- und Erinnerungspolitik nach 1945 die Chancen des multinationalen und transfergeschichtlichen Vergleichs europäischer Länder.[4]

Für die Wissenschaftsgeschichte gilt dies jedoch noch nicht in gleicher Weise: Zwar sind seit Ende der 1970er Jahre fortlaufend Studien über die Entwicklung verschiedener Disziplinen und Institutionen, über spektakuläre Forschungsprogramme sowie die Forschungs- und Entwicklungspolitik im Nationalsozialismus erschienen.[5] Lange Zeit aber scheuten sich offensichtlich Wissenschaftshistorikerinnen und -historiker, eine nationale *scientific community* in internationale Vergleiche einzubeziehen, die nicht davor zurückgeschreckt war, biomedizinische Labore direkt neben den Gaskammern von Auschwitz zu betreiben und Sklavenarbeiter bei der Entwicklung von „Wunderwaffen" der Hochtechnologie zu Tode zu schinden.[6] Eine Ausnahme

auch Günther Heydemann / Heinrich Oberreuther (Hg.), Diktaturen in Deutschland – Vergleichsaspekte. Strukturen, Institutionen und Verhaltensweisen, Bonn 2003.

4 Paradigmatisch etwa das Schlusskapitel von Tony Judt, Geschichte Europas von 1945 bis zur Gegenwart, Frankfurt a. M. 2005, S. 931 – 966. Vgl. auch Carola Sachse / Edgar Wolfrum, Stürzende Denkmäler. Nationale Selbstbilder postdiktatorischer Gesellschaften in Europa – Einleitung, in: Regina Fritz / diess. (Hg.), Nationen und ihre Selbstbilder. Postdiktatorische Gesellschaften in Europa, Göttingen 2008, S. 7 – 35.

5 Ein Spektrum dieser Arbeiten bieten die Sammelbände von Monika Renneberg / Mark Walker (Hg.), Science, Technology, and National Socialism, Cambridge 1994; Christoph Meinel / Peter Voswinckel (Hg.), Medizin, Naturwissenschaft, Technik und Nationalsozialismus. Kontinuitäten und Diskontinuitäten, Stuttgart 1994; Margit Szöllösi-Janze (Hg.), Science in the Third Reich, Oxford 2001; Dieter Hoffmann / Mark Walker (Hg.), Physiker zwischen Autonomie und Anpassung – Die DPG im Dritten Reich, Weinheim 2007; Doris Kaufmann (Hg.), Geschichte der KWG im Nationalsozialismus. Bestandsaufnahmen und Perspektiven der Forschung, 2 Bde., Göttingen 2000 sowie die 16 weiteren Bände in der von Reinhard Rürup und Wolfgang Schieder herausgegebenen Reihe „Geschichte der Kaiser-Wilhelm-Gesellschaft im Nationalsozialismus", Göttingen 2002 – 2008; Rüdiger vom Bruch / Brigitte Kaderas (Hg.), Wissenschaften und Wissenschaftspolitik. Bestandsaufnahmen zu Formationen, Brüchen und Kontinuitäten im Deutschland des 20. Jahrhunderts, Stuttgart 2002 sowie die Bände, die seit 2006 in den von Rüdiger vom Bruch und Ulrich Herbert herausgegebenen Reihen „Beiträge" bzw. „Studien zur Geschichte der Deutschen Forschungsgemeinschaft", Stuttgart 2006 ff. erscheinen.

6 Als einer der ersten hat Fritz K. Ringer, Education and Society in Modern Europe, Bloomington 1979 den Vergleich für die Wissensgeschichte genutzt, vgl. auch ders., Eine vergleichende Geschichte des Wissens, in: Kaelble / Schriewer (wie Anm. 1), S. 271 – 290 und Christophe Charle, Historischer Vergleich der Intellektuellen in Europa. Einige methodische Fragen und Forschungsvorschläge, in: ebd., S. 377 – 400. Jonathan Harwood, Styles of Scientific Thought. The German Genetics Community 1900 – 1933, Chicago 1993, nutzte die US-amerikanische Genetik als Folie für seine Geschichte der Genetik in Deutschland bis 1933. Zur ansonsten verbreiteten Zurückhaltung gegenüber der Einbeziehung des Nationalsozialismus in internationale wissenschaftshistorische Vergleiche: Mark Walker, Introduction: science and technology, in: ders. (Hg.), Science and Technology. A Comparative History, London 2003, S. 1 – 16, der in diesem Zusammenhang insbesondere auf die Arbeiten von Charles C. Gillispie verweist. Der zitierte Band enthält zwei Beiträge, die jeweils einen Aspekt der Wissenschaft im Nationalsozialismus in einen binationalen Vergleich einbeziehen: Paul Josephson / Thomas Zeller, The transformation of nature under Hitler and Stalin, in: ebd., S. 124 – 155 und Burghard Ciesla / Helmuth Trischler, Legitimation through use: rocket and aeronautic research in the Third Reich and the U.S.A., in: ebd., S. 156 – 185, sowie zwei Beiträge, die allgemeinere Fragen des Verhältnisses von Wissen-

von dieser Beobachtung stellen die schon seit einigen Jahren betriebenen Untersuchungen zur internationalen Eugenik-Bewegung sowie einzelne vergleichende Studien zu Eugenik und Rassenhygiene in der ersten Hälfte des 20. Jahrhunderts dar.[7] Gleichwohl trafen Historiker, die sich mit den Entwicklungen in anderen naturwissenschaftlichen Disziplinen und gerade auch in der Technologie im „Dritten Reich" befassten, in ihren Bewertungen immer wieder implizit vergleichende Aussagen: Die deutsche Wissenschaft sei in den Jahren zwischen 1933 und 1945 – wegen des Primats der Politik, der Wissenschaftsfeindlichkeit bzw. des innovationshemmenden Autarkiepostulats des Regimes oder der Ideologisierung der Wissenschaft – zurückgefallen und habe den internationalen Anschluss verpasst.[8] Beide Teilaussagen, sowohl der behauptete politische Kausalnexus als auch die Abwertung der wissenschaftlichen Leistungen in Deutschland im Vergleich zum Ausland, werden inzwischen sowohl von ihren Grundannahmen und Methoden als auch von den historischen Befunden her in Zweifel gezogen und differenziert.[9] Es war

schaft und Ideologie international vergleichend unter Einbeziehung des Nationalsozialismus behandeln: Yakov M. Rabkin / Elena Z. Mirskaya, Science and totalitarianism: lessons for the twenty-first century, in: ebd., S. 17–24 und Michael Gordin u. a., „Ideologically correct" science, in: ebd., S. 35–65. Demgegenüber versammelt der Band von Dietrich Beyrau (Hg.), Im Dschungel der Macht: Intellektuelle Professionen unter Stalin und Hitler, Göttingen 2000, zwar Studien zum Nationalsozialismus und Stalinismus, enthält aber über die Einleitung des Herausgebers hinaus nur einen explizit vergleichenden Beitrag von Hans-Walter Schmuhl, Rassenhygiene in Deutschland – Eugenik in der Sowjetunion. Ein Vergleich, in: ebd., S. 360–377.

7 Marc B. Adams, Toward a Comparative History of Eugenics, in: ders. (Hg.), The Wellborn Science: Eugenics in Germany, France, Brazil, and Russia, New York 1990; Stefan Kühl, Die Internationale der Rassisten. Aufstieg und Niedergang der internationalen Bewegung für Eugenik und Rassenhygiene im 20. Jahrhundert, Frankfurt a. M. 1997. Neuerdings liegen auch erste Studien für Osteuropa vor: Marius Turda / Paul Weindling (Hg.), Blood and Homeland: Eugenics and Racial Nationalism in Central and Southeast Europe, 1900–1940, Budapest 2007, vgl. darin inbes. die synthetisierenden Artikel von Aristotle A. Kallis: Racial and Biomedical Totalitarianism in Interwar Europe, in: ebd., S. 389–415, und Roger Griffin, Tunnel Visions and Mysterious Trees: Modernist Projects of National and Racial Regeneration, 1880–1939, in: ebd., S. 417–456. Grundsätzlich zum Vergleich in der Medizingeschichte: Lutz Sauerteig, Vergleich: Ein Königsweg auch für die Medizingeschichte? Methodologische Fragen komparativen Forschens, in: Norbert Paul / Thomas Schlich (Hg.), Medizingeschichte: Aufgaben, Probleme, Perspektiven, Frankfurt a. M. 1998, S. 266–291.

8 Paradigmatisch für diese These: Ulrich Wengenroth, Die Flucht in den Käfig: Wissenschafts- und Innovationskultur in Deutschland 1900–1960, in: vom Bruch / Kaderas (wie Anm. 5), S. 52–59. Vgl. dazu auch die Kontroverse zwischen Helmuth Trischler, Wachstum – Systemnähe – Ausdifferenzierung. Großforschung im Nationalsozialismus, in: ebd., S. 241–252 und Helmut Maier, „Unideologische Normalwissenschaft" oder Rüstungsforschung? Wandlungen naturwissenschaftlich-technologischer Forschung und Entwicklung im „Dritten Reich", in: ebd., S. 253–262.

9 Vgl. dazu: Helmut Maier, Einleitung, in: ders. (Hg.), Rüstungsforschung im Nationalsozialismus. Organisation, Mobilisierung und Entgrenzung der Technikwissenschaften, Göttingen 2002, S. 7–29 und ders., Forschung als Waffe. Rüstungsforschung in der Kaiser-Wilhelm-Gesellschaft und das Kaiser-Wilhelm-Institut für Metallforschung 1900–1945/48, 2 Bde., Göttingen 2007, Bd. 1, S. 51–63; Susanne Heim, Kalorien, Kautschuk und Karrieren. Pflanzenzüchtung und landwirtschaftliche Forschung in Kaiser-Wilhelm-Instituten 1933–1945, Göttingen 2003, S. 12 f.

also längst an der Zeit, das Verhältnis von Wissenschaft und Politik im „Dritten Reich" systematisch und international zu vergleichen, um etwaige Spezifika bestimmen zu können.

Das Forschungsprogramms zur Geschichte der Kaiser-Wilhelm-Gesellschaft (KWG) im Nationalsozialismus, das von 1999 bis 2005 im Rahmen einer von der Max-Planck-Gesellschaft (MPG) eingerichteten Präsidentenkommission und unter dem Vorsitz zweier unabhängiger Historiker, Reinhard Rürup und Wolfgang Schieder, in Berlin durchgeführt wurde, bot einen geeigneten Rahmen für einen solchen internationalen Vergleich.[10] Zum einen war es hier möglich, eine große und international zusammengesetzte Gruppe von Wissenschaftshistorikern und -historikerinnen in einem produktiven virtuellen Netzwerk zu koordinieren, das sich in zwei Arbeitstagungen miteinander abstimmte, vor allem aber per e-mail über drei Kontinente hinweg kooperierte. Zum anderen aber war im Fall der KWG ein internationaler Vergleich inhaltlich geboten, versprach er doch neue Argumente in einem alten Streit: In der polarisierten öffentlichen Debatte wurde die KWG häufig an den entgegengesetzten Polen, die die Ambivalenz der Moderne markieren, verortet: Für die einen war sie der Hort, der mit dem Kaiser-Wilhelm-Institut (KWI) für Anthropologie, menschliche Erblehre und Eugenik die wissenschaftliche Leitzentrale der NS-Rassenpolitik beherbergte.[11] Für die anderen

---

10 Der damalige MPG-Präsident, Hubert Markl, setzte diese Präsidentenkommission 1997 ein. Das Forschungsprogramm nahm 1999 unter der Leitung von zunächst Doris Kaufmann, dann Carola Sachse (2000–2003), Susanne Heim (2004–2005) und Rüdiger Hachtmann (2005–2006) seine Arbeit auf. An den Forschungsarbeiten waren über dreißig wissenschaftliche Mitarbeiter/innen und internationale Gastwissenschaftler/innen beteiligt. Die Abschlusskonferenz fand im März 2005 in Berlin statt. Die Ergebnisse sind publiziert in der 17-bändigen von Reinhard Rürup und Wolfgang Schieder herausgegebenen Reihe „Geschichte der Kaiser-Wilhelm-Gesellschaft im Nationalsozialismus", Göttingen 2000–2008, sowie in den 28 Heften der von den jeweiligen Projektleiter/innen herausgegebenen Reihe „Ergebnisse. Vorabdrucke aus dem Forschungsprogramm ‚Geschichte der Kaiser-Wilhelm-Gesellschaft'", Berlin 2000–2006 (im Folgenden zitiert als „Ergebnisse. Nr.").

11 Vgl. hierzu insbesondere Ernst Klee, Augen aus Auschwitz, in: Die Zeit vom 27.1.2000; ders., Deutsche Medizin im Dritten Reich. Karrieren vor und nach 1945, Frankfurt a. M. 2001, S. 348–378; Benoît Massin, Mengele, die Zwillingsforschung und die „Auschwitz-Dahlem Connection", in: Carola Sachse (Hg.), Die Verbindung nach Auschwitz. Biowissenschaften und Menschenversuche an Kaiser-Wilhelm-Instituten. Dokumentation eines Symposiums, Göttingen 2003, S. 201–254, hier bes. S. 236–240; Angelika Ebbinghaus / Karl Heinz Roth, Von der Rockefeller Foundation zur Kaiser-Wilhelm-/Max-Planck-Gesellschaft. Adolf Butenandt als Biochemiker und Wissenschaftspolitiker des 20. Jahrhunderts, in: Zeitschrift für Geschichtswissenschaft 50 (2002), S. 389–418. Vgl. auch Benno Müller-Hill, Tödliche Wissenschaft. Die Aussonderung von Juden, Zigeunern und Geisteskranken 1933–1945, Reinbek 1984; ders., Das Blut von Auschwitz und das Schweigen der Gelehrten, in: Kaufmann (wie Anm. 5), S. 189–227; Robert N. Proctor, Adolf Butenandt (1903–1995). Nobelpreisträger, Nationalsozialist und MPG-Präsident. Ein erster Blick in den Nachlass, Ergebnisse 2, Berlin 2000. Kritisch dazu: Wolfgang Schieder / Achim Trunk, Einleitung, in: diess. (Hg.), Adolf Butenandt und die Kaiser-Wilhelm-Gesellschaft. Wissenschaft, Industrie und Politik im „Dritten Reich", Göttingen 2004, S. 7–22, hier S. 8–12; vgl. auch die Beiträge von Wolfgang Schieder, Spitzenforschung und Politik. Adolf

war sie die – trotz des einen oder anderen braunen Fleckens – erfolgreich gegen die NS-Ideologie verteidigte Bastion der wissenschaftlichen Freiheit, Autonomie und Rationalität.[12]

Vor diesem Hintergrund reichte es nicht, Erkenntnisfortschritte gegen Versäumnisse zu bilanzieren und einen etwaigen „Modernisierungseffekt" des Nationalsozialismus zu bestimmen. Vielmehr galt es, das Ausmaß, die Formen und die Folgen der Vereinnahmung von Natur-, Bio- und Technikwissenschaften durch das NS-Regime zu vergleichen mit den Interaktionsformen von Wissenschaft und Politik in den anderen Krieg führenden Ländern. Es ging aber noch um mehr: Zurecht hat der australische Wissenschaftshistoriker Roy MacLeod bezogen auf den pazifischen Kriegsschauplatz vorgeschlagen, die Geschichte von Wissenschaft und Krieg als *„parallel, often intersecting, and mutually dependent activities, rather than opposing narratives"* zu lesen.[13] Demnach muss auch umgekehrt gefragt werden, in welchem Ausmaß und mit welchen epistemologischen Konsequenzen Wissenschaftler und ihre Institutionen die im Krieg gebotenen Chancen für ihre professionellen Interessen nutzten.[14] Sei es, dass sie von der verstärkten politischen und militärischen Nachfrage nach wissenschaftlichem Wissen auf den Gebieten der Waffentechnologien, der Militärmedizin und der biowissenschaftlichen Herrschaftstechniken profitierten. Sei es, dass sie die infolge der kriegerischen Expansion erweiterte Ressourcenbasis für sich zu nutzen wussten.

Im Folgenden werden wir die Ergebnisse des bereits genannten international vergleichenden Projekts zusammenfassen, das wir in den Jahren 2001

Butenandt in der Weimarer Republik und im „Dritten Reich" in: ebd., S. 23 – 77, und Achim Trunk, Rassenforschung und Biochemie. Ein Projekt – und die Frage nach dem Beitrag Butenandts, in: ebd., S. 247 – 285; Hans-Walter Schmuhl, Grenzüberschreitungen. Das Kaiser-Wilhelm-Institut für Anthropologie, menschliche Erblehre und Eugenik 1917 – 1945. Göttingen 2005, S. 476 – 478.

12 Dies gilt zu allererst für die Selbstdarstellungen der MPG, denen Kristie Macrakis in gewisser Weise folgte: Kristie Macrakis, Surviving the Swastika. Scientific Research in Nazi German, New York 1993 und dies., ,Surviving the Swastika'. Revisited. The Kaiser-Wilhelm-Gesellschaft and Science Policy in Nazi Germany, in: Kaufmann (wie Anm. 5), S. 586 – 599. Vgl. Helmuth Albrecht / Armin Herrmann, Die Kaiser-Wilhelm-Gesellschaft im Dritten Reich, in: Rudolf Vierhaus / Bernhard vom Brocke (Hg.), Forschung im Spannungsfeld von Wissenschaft, Politik und Gesellschaft – Geschichte und Struktur der Kaiser-Wilhelm-/Max-Planck-Gesellschaft, Stuttgart 1990, S. 356 – 406. Dagegen jetzt Rüdiger Hachtmann, Wissenschaftsmanagement im „Dritten Reich". Geschichte der Generalverwaltung der Kaiser-Wilhelm-Gesellschaft, 2 Bde., Göttingen 2007; Carola Sachse, What Research, to what End? The Rockefeller Foundation and the Max Planck Gesellschaft in the Early Cold War, in: Central European History 42 (2009), S. 97 – 141.

13 Roy MacLeod, Introduction, in: ders. (Hg.), Science and the Pacific War: Science and Survival in the Pacific, 1939 – 1945, Dordrecht 2000, S. 1 – 9, hier S. 1 – 2; zum Zusammenhang von Wissenschaft und Krieg s. a. Mitchell Ash, Wissenschaft – Krieg – Modernität: Einführende Bemerkungen, in: Berichte zur Wissenschaftsgeschichte 19 (1996), S. 69 – 75; und jetzt Maier, Forschung als Waffe (wie Anm. 9), S. 21 – 51.

14 Vgl. dazu etwa Paul Foreman / José Sanchez-Ron (Hg.), National Military Establishments and the Advancement of Science and Technology, Dordrecht 1996.

bis 2003 im Rahmen des KWG-Forschungsprogramms organisiert haben. Daran waren über dreißig Kolleginnen und Kollegen aus acht Ländern beteiligt, die sich in zehn Forschungsteams gruppierten. In jedem Team waren ein Experte für die KWG sowie bis zu drei Spezialisten für wissenschaftliche Einrichtungen in verschiedenen anderen Ländern versammelt. In die insgesamt zehn sektoralen Vergleiche, die 2005 publiziert wurden, waren je fünfmal die USA und die Sowjetunion, dreimal Japan und je einmal Frankreich, Italien und die Schweiz einbezogen.[15] Ein Grundproblem stellte sich allen Teams: In keinem der anderen Länder gab es eine der KWG entsprechende, auf Natur-, Bio- und Technikwissenschaft konzentrierte, mit einem Mix aus öffentlichen, industriellen und privaten Geldern finanzierte Organisation, die mit dem Anspruch auf Autonomie ihre Forschungsprojekte selbst definierte und zugleich eine repräsentative Funktion für das nationale Wissenschaftssystem ausübte. Es mussten also zuerst konkrete Gegenstandsbereiche definiert werden, anhand derer die KWG und ihre Wissenschaftler als Akteure im Spannungsfeld von Wissenschaft und Politik im „Dritten Reich" untersucht werden konnten. Zweitens mussten in ein oder zwei anderen Ländern funktionsäquivalente Strukturen, Institutionen, Forschergruppen oder Milieus gefunden werden, die sich für den jeweils beabsichtigten Partialvergleich eigneten.[16]

Noch bevor wir die auf unterschiedliche Fragestellungen fokussierten Ergebnisse der zehn vorliegenden Studien detaillierter vorstellen, lassen sich einige allen Studien gemeinsame Befunde formulieren: *Erstens* konnte keinem der Krieg führenden Länder, die in unseren Vergleich einbezogen waren, eine grundsätzlich wissenschaftsfeindliche Haltung bescheinigt werden – auch nicht dem NS-Regime. Alle Staaten – einschließlich der NS-Diktatur – waren willens und in der Lage, Forscher oder Forschergruppen, wissenschaftliche Projekte und Institutionen mindestens in dem Maße zu unterstützen, wie sie sie als ihren Kriegszielen förderlich erachteten.[17] *Zweitens* waren überall Wissenschaftler und wissenschaftliche Institutionen bereit, sich in ihrer Arbeit auf die kriegerischen Erfordernisse ihres Landes einzustellen und

---

15 Carola Sachse / Mark Walker (Hg.), Politics and Science in Wartime. Comparative International Perspectives on the Kaiser Wilhelm Institutes, Osiris 20 (2005).

16 Zur „funktionalen Äquivalenz" als Ansatzpunkt interkultureller Vergleiche siehe Jürgen Schriewer, Vergleich und Erklärung zwischen Kausalität und Komplexität, in: Kaelble / Schriewer (wie Anm. 1), S. 53–102, hier bes. S. 89–93.

17 Die sympathische, aber leider kontrafaktische Vorstellung, dass demokratische Gesellschaften wie vor allem die USA besser in der Lage seien, den wissenschaftlichen Fortschritt zu fördern und daher grundsätzlich totalitären Staaten überlegen seien, geht zurück auf den 1938 verfassten Text von Robert Merton, Science and the Social Order, in: ders. (Hg.), The Sociology of Science: Theoretical and Empirical Investigations, Chicago 1973, S. 254–266. Vannevar Bush übernahm diese Vorstellung in sein im Juli 1945 verfasstes wissenschaftspolitisches Programm für die USA im beginnenden Kalten Krieg: Vannevar Bush, Science, the Endless Frontier: A Report to the President for Postwar Scientific Research, Washington 1960. Vgl. Mark Walker, Introduction (wie Anm. 6).

größtmöglichen wissenschaftlichen und professionellen Nutzen aus den kriegerischen Bedingungen zu ziehen.[18] Diese Bedingungen beinhalteten, *drittens*, in jedem Fall eine – von Land zu Land unterschiedlich reglementierte – Einschränkung dessen, was das Teilsystem Wissenschaft sonst in den vermeintlich normalen Friedenszeiten als unverzichtbare Essentials seiner Funktionstüchtigkeit einfordert: Autonomie, offener Diskurs und freie internationale Kommunikation.[19] *Viertens* bestätigte sich, dass vergleichende Wissenschaftsgeschichte immer auch Beziehungsgeschichte sein muss. Zum einen war das internationale wissenschaftliche Kooperations- und Kommunikationsnetz in der ersten Hälfte des 20. Jahrhunderts längst ausgebaut.[20] Zum anderen waren fast alle in den Vergleich einbezogenen Länder in den Krieg involviert. In dem Maße, wie Wissenschaft für kriegerische Zwecke in Anspruch genommen wurde bzw. sich selbst dafür zur Verfügung stellte, wurden aus international kommunizierenden Kollegen Kriegsgegner oder -verbündete.

Die Ergebnisse unseres Vergleichsprojekts lassen sich in vier Thesen bündeln, und zwar zur Frage der Mobilisierung der Rüstungsforschung (1), zum politischen Handeln von Wissenschaftlern und von intermediären wissenschaftlichen Institutionen (2), zur epistemologischen Wechselwirkung zwischen Politik und Wissenschaft in Kriegszeiten (3) und schließlich zur Spezifik des Nationalsozialismus und der Rolle der KWG (4).

---

18 Insofern bestätigte sich auch im internationalen Maßstab, was Mitchell Ash für das Verhältnis von Wissenschaft und Politik im „Dritten Reich" als These der wechselseitigen Mobilisierung von Ressourcen postuliert hat: Mitchell Ash, Wissenschaft und Politik als Ressourcen füreinander, in: vom Bruch / Kaderas (wie Anm. 5), S. 32–51. Im internationalen Vergleich von Universitäten in diktatorischen Staaten zeigt sich ein ähnliches Ergebnis: Michael Grüttner, Schlussüberlegungen: Universität und Diktatur, in: John Connelly / ders. (Hg.), Zwischen Autonomie und Anpassung: Universitäten in den Diktaturen des 20. Jahrhunderts, Paderborn 2003, S. 266–276.

19 Zur Alltäglichkeit von militärischer, sicherheitspolitischer und industrieller Geheimhaltung bzw. verwertungspolitischem Patentschutz als Rahmenbedingung naturwissenschaftlicher und technologischer Forschung im 20. Jahrhundert vgl. Ronald E. Doel / Thomas Söderquist (Hg.), The Historiography of Contemporary Science, Technology, and Medicine. Writing recent science, London 2006, insbes. die Beiträge von John Krige, The politics of phosphoros-32: a Cold War fable based on fact, in: ebd., S. 153–171, und Michael Aaron Dennis, Secrecy and science revisited: from politics to historical practice and back, in: ebd., S. 172–184.

20 Internationale Fachverbände, Kongresse, Zeitschriften und *reward systems* mit der jährlichen Nobelpreisverleihung an der Spitze zeugen davon ebenso wie die zunehmende, nationale und kontinentale Grenzen überschreitende Mobilität von Wissenschaftlern. Vgl. Ralph Jessen / Jacob Vogel (Hg.), Wissenschaft und Nation in der europäischen Geschichte, Frankfurt a. M. 2003.

1. Mobilisierung der Rüstungsforschung

Darlegungen zur Rüstungsforschung im Zweiten Weltkrieg folgen meist einem geheimen Lehrplan: So wie es „die Amis" gemacht haben, war es richtig, schließlich konnten sie die Atombombe einsetzen und den Krieg gewinnen. Die fragwürdige Chronologie dieser Reihung wird ebenso wenig diskutiert wie der behauptete Ursache-Wirkungskonnex von Forschungsorganisation und Kriegserfolg. Das zentrale Management des RADAR- und des Atomwaffenprojekts durch das OSRD (*Office of Strategic Research and Development*) gilt noch immer als Goldstandard militärisch-effizienter Wissenschaftsmobilisierung; am Grad der Übereinstimmung mit diesem Modell werden dann die Mobilisierungsanstrengungen anderer Länder gemessen.

Demgegenüber sind sich moderne sozialwissenschaftliche Theorien, die heute oft systemtheoretische und evolutionstheoretische Ansätze verschränken, in einem einig: In einem komplexen systemischen Kontext sind Ursachen und Wirkungen nicht mehr linear oder gar voraussagbar zuzuordnen. An die Stelle des hypothetisch-deduktiven Kausalprinzips ist die funktionale Perspektive gerückt. Sie fragt, wie Jürgen Schriewer es ausbuchstabiert hat, danach, was das zu erklärende soziale Phänomen zur Lösung eines gesellschaftlichen Problems beiträgt und wie ihm das in funktional äquivalenter Weise gelingt wie einem divergent ausgeprägtem Phänomen bei einer analogen Problemstellung in einem anderen gesellschaftlichen System.[21] Systematische bi- oder multinationale Vergleiche solcher funktional äquivalenter Problemlösungen liegen noch kaum vor.[22] Mit Blick auf die Mobilisierung von Wissenschaft für den Krieg ist an Funktionsäquivalente zu denken wie die Vernetzung verschiedener Disziplinen und Forschungseinrichtungen für die Lösung eines bestimmten Problemkomplexes, die Gewährleistung der richtigen Balance zwischen wissenschaftlicher Kommunikation und Geheimhaltung sowie die Koordination von Forschung, Entwicklung, Produktion und Militärbedarf.

In unserem Vergleichsprojekt haben die Teams um Helmut Maier und Walter Grunden diese Fragen mit Blick auf NS-Deutschland, die Sowjetunion und Japan bearbeitet; sie kamen zu folgenden Ergebnissen:[23] Im deutschen

---

21 Schriewer, Vergleich (wie Anm. 16), S. 93. Der Vergleich dient, wie Jürgen Schriewer zusammenfasst, der „empirisch gestützten Erschließung eines funktional organisierten Äquivalenzbereichs alternativer Möglichkeiten des Bewirkens von Wirkungen".

22 Auch die vorangehend zitierten Sammelbände (Connelly / Grüttner; Turda / Weindling; Beyrau; Adams) enthalten zumeist nur uninationale Einzelstudien zu verschiedenen Ländern, wobei der Vergleich den Einleitungen oder Schlussbemerkungen der Herausgeber bzw. Kommentatoren überlassen bleibt.

23 Walter E. Grunden u. a., Wartime Research: A Comparative Overview of Science Mobilization in National Socialist Germany, Japan, and the Soviet Union, in: Sachse / Walker (wie Anm. 15), S. 79–106; an diesem Team waren Yutaka Kawamura, Eduard Kolchinsky, Helmuth Maier und

Fall gab es spätestens seit 1936 und anknüpfend an die Erfahrungen des Ersten Weltkriegs in großer Zahl dezentral organisierte, innovative und oft erfolgreiche Formen der Vernetzung, der Koordination von Forschung, Produktion und Ressourcen sowie des Informationsaustauschs. Zuletzt waren dies die Speerschen Arbeits- und Erfahrungsgemeinschaften. Institute, Forschergruppen, einzelne Wissenschaftler und führende Repräsentanten der KWG waren daran von Beginn an, auf allen Ebenen und oft initiativ beteiligt. In der Sowjetunion war wissenschaftliche Forschung längst zentral in der Akademie der Wissenschaften organisiert und stark auf die Bedürfnisse des Militärs ausgerichtet. Dennoch wurden nach Kriegsbeginn Forschungskomitees in den verschiedenen Apparaten des Staates, der Industrie und des Militärs eingerichtet, die für eine effektive Nutzung der sowjetischen Forschungspotentiale sorgen sollten. Dort übernahmen sowjetische Akademiewissenschaftler eine ähnliche Rolle wie die KWG-Wissenschaftler bei der Abstimmung wissenschaftlicher Projekte und ihrer Erfordernisse mit den Bedürfnissen der Industrie und des Militärs. In Japan schließlich scheinen weder Vernetzung noch Zentralisierung gelungen zu sein. Zwar wurden zivile Wissenschaftler gelegentlich vom Militär zu Rate gezogen; im Kern aber blieb der akademische Sektor unberührt von den Erfordernissen des Krieges. Die technologische Unterlegenheit im Vergleich mit den Waffensystemen der Alliierten wurde spät registriert. Auch danach scheiterten alle Anläufe, waffentechnologische Forschung und Entwicklung zu koordinieren, am Widerstand der konkurrierenden Militärzweige und Ministerien sowie nicht zuletzt am Misstrauen der Militärs gegenüber zivilen Akademikern. Dennoch konnte Japan den pazifischen Krieg noch drei Monate länger weiterführen als Deutschland den europäischen Krieg. Insofern stellt sich die Frage, welche Bedeutung dem Umfang und dem Modus der Mobilisierung von Wissenschaft für den Kriegsverlauf überhaupt zukam und in welchem Verhältnis die Wissenschaftsmobilisierung zu anderen Faktoren stand.

2. Wissenschaftler und intermediäre wissenschaftliche Institutionen als politische Akteure

Strukturalistische Ansätze zur Analyse des NS-Herrschaftssystems, an die ein solcher Vergleich funktionaler Äquivalenzen notwendigerweise anschließt, sind in den letzten Jahren mehrfach in die Kritik geraten.[24] Allzu leicht werden

---

Masakatsu Yamazaki beteiligt; die Koordination lag bei Helmut Maier. Walter E. Grunden u. a., Wartime Nuclear Weapons Research in Germany and Japan, in: Sachse / Walker (wie Anm. 15), S. 107–130; an diesem Team waren Mark Walker und Masakatsu Yamazaki beteiligt; die Koordination lag bei Walter E. Grunden.

24 Vgl. dazu die Auseinandersetzung zwischen Martin Broszat und Saul Friedländer: Martin Broszat, Was heißt „Historisierung" des Nationalsozialismus?, in: Historische Zeitschrift 247

dabei die individuell zu verantwortenden Handlungen und Entscheidungen
der beteiligten Akteure als nur dem Gesamtsystem zuzuordnende Maßnahmen von Funktionsträgern vernachlässigt.[25] Tatsächlich haben wir in unserem
Projekt auch nach nationalen Besonderheiten und transnationalen Gemeinsamkeiten im Verhalten der wissenschaftlichen Akteure beim Umgang mit
ähnlichen wissenschaftspolitischen Problemen gefragt.

Im Vergleich der US-amerikanischen *National Academy of Science*, des
japanischen *Riken*-Instituts und der sowjetischen Akademie der Wissenschaften mit der KWG ließ sich die Rolle dieser Institutionen als genuine
Mediatoren zwischen den gesellschaftlichen Sphären der Wissenschaft einerseits, der Politik, des Staates und des Militärs andererseits präzisieren. Das
Team um Richard Beyler hat die stalinistischen Säuberungen und die politischen Verfolgungen der MacCarthy-Ära mit der primär antijüdischen
„Gleichschaltung" nach 1933 und den Entnazifizierungen nach 1945 verglichen.[26] Hier zeigte sich, dass die Akademien in den USA und der Sowjetunion
den Angriff auf ihre Hoheit über die akademischen Inklusions- und Exklu-
sionsregeln ebenso wie die KWG hinnahmen. Vielmehr exekutierten alle Institutionen die politischen Zumutungen mehr oder minder weisungsgemäß
und sorgten allenfalls für eine soziale Abfederung. Sie trugen indessen, wie die
Beispiele aus der Rüstungsforschung zeigen, durchweg erfolgreich dazu bei,
die Kooperation zwischen den Wissenschaftlern und den politischen Ent-
scheidungsträgern bzw. den militärischen oder industriellen Auftraggebern
im beiderseitigen Interesse zu optimieren. Wissenschaftler konnten von der
intermediären Moderation ihrer Institution profitieren, weil sie ihre Interessen als Wissenschaftler bündelten, was deren Durchsetzungschancen ver-
größerte und ihr Gewicht gegenüber den anderen Akteuren verstärkte. Staat
und Militär profitierten davon, weil die wissenschaftlichen Organisationen
besser als jene selbst als direkte Nachfrager die Potenzen des wissenschaftlichen Systems für politische, wirtschaftliche und militärische Zwecke verfügbar machen konnten. Offensichtlich war das Handeln wissenschaftlicher Organisationen in allen politischen Systemen funktional auf die beiderseitig
optimale Allokation wissenschaftlicher und politischer Interessen beschränkt,

(1988), S. 1–14; Saul Friedländer, Ist der Nationalsozialismus Geschichte?, in: Freibeuter 36
(1988), S. 33–52; Klaus-Dietmar Henke / Claudio Natoli (Hg.), Mit dem Pathos der Nüch-
ternheit. Martin Broszat, das Institut für Zeitgeschichte und die Erforschung des Nationalsozialismus; Frankfurt a. M. 1991. Letztlich war dies auch der Kern der Debatte um Daniel J.
Goldhagen, Hitlers willige Vollstrecker. Ganz gewöhnliche Deutsche und der Holocaust, Berlin
1996; Hans Mommsen, Schuld der Gleichgültigen. Die Deutschen und der Holocaust. Eine
Antwort auf Daniel J. Goldhagen, in: Süddeutsche Zeitung, Nr. 166 vom 20./21.7.1995
25 Eine umfangreiche historiographische Auseinandersetzung mit der bundesdeutschen NS-
Forschung wurde vorgelegt von Nicolas Berg, Der Holocaust und die westdeutschen Historiker.
Erforschung und Erinnerung, Göttingen 2003.
26 Richard Beyler u. a., Purges in Comparative Perspective: Rules for Exclusion and Inclusion in
the Scientific Community under Political Pressure, in: Sachse / Walker (wie Anm. 15), S. 23–48.
An dem Team waren außerdem Alexei Kojevnikov und Jessica Wang beteiligt.

und zwar unabhängig davon, ob die politischen und militärischen Interessen sich auf die Bekämpfung oder aber auf die Verfolgung verbrecherischer Ziele richteten. Was heißt das aber generell für die Möglichkeiten institutionellen Handelns wissenschaftlicher Organisationen? Kommt es „nur" darauf an, die immanente Trägheit von Institutionen zu überwinden, damit sie die politische und gesellschaftliche Tragweite ihres Handelns erkennen und in ihre Entscheidungen einbeziehen? Wie könnte dies Trägheitsmoment überwunden werden? Oder ist bereits die Annahme eines politisch verantwortlichen, über die intermediäre Funktion hinaus reichenden institutionellen Handelns eine unrealistische Wunschvorstellung?

Die Gruppe um Ron Doel hat die Bemühungen von Wissenschaftlern untersucht, während des Stalinismus, des NS-Regimes und der McCarthy-Ära internationale Fachkongresse in ihren Ländern durchzuführen.[27] Ein markantes Ergebnis ihrer Untersuchungen war, dass einzelne Wissenschaftler oder nationale *scientific communities* sich durchaus nachdrücklich, wenn auch meist nicht erfolgreich, gegen die politischen Zumutungen ihrer Regierungen wehrten, nämlich wenn sie die Grundfesten ihres wissenschaftlichen Selbstverständnisses bedroht sahen. Dahinter stand der Tatbestand, dass Wissenschaftler spätestens seit dem Ausgang des 19. Jahrhunderts in internationalen Netzwerken verbunden sind, wo sie die transnationalen Standards für wissenschaftliche Exzellenz, Anerkennung und Prestige aushandeln, ihre Themen und Methoden universal angleichen und ihre professionellen Kompetitionskämpfe austragen. Die Verteidigung dieser ihrer internationalen Foren ließe sich als Beispiel von Eigensinn lesen.[28] Genauer betrachtet handelte es sich um professionellen Eigensinn, der unter Kriegsbedingungen *nolens volens* eine oppositionelle Note erhielt. In seinem Vergleich intellektueller Professionen unter Hitler und Stalin hat Dietrich Beyrau gerade in diesem professionellen Eigensinn eine stets latente und in Diktaturen besonders leicht zu züchtende Amoralität erkannt, die auch hier relevant wurde.[29]

27 Ronald E. Doel u. a., National States and International Science: A Comparative History of International Science Congresses in Hitler's Germany, Stalin's Russia, and Cold War United States, in: Sachse / Walker (wie Anm. 15), S. 49–76. Zu diesem Team gehörten auch Dieter Hoffmann und Nikolai Krementsov.

28 Die Fallbeispiele bildeten ein Kongress für angewandte Mechanik, den der Direktor des Kaiser-Wilhelm-Instituts für Strömungsforschung, Ludwig Prandtl, 1938 nach Deutschland holen wollte, der für 1937 in Moskau geplante Genetik-Kongress sowie die Auseinandersetzungen um die Teilnahme von rotchinesischen Delegationen an einigen Kongressen, die in den 1950er Jahren in den USA durchgeführt werden sollten.

29 Beyrau (wie Anm. 6), S. 31–34.

3. Epistemologische Wechselwirkungen zwischen Politik und Wissenschaft in Kriegszeiten

Wechselwirkungen zwischen Wissenschaft und Politik lassen sich zunächst als Austausch von Ware gegen Geld beschreiben: Die Politik stellt Finanzen und Infrastruktur bereit; die Wissenschaft liefert Expertise in vielfältigster Form: Gutachten, Beratung, Fachpersonal für beliebige politische Problemlagen bzw. neue oder verbesserte Technologien für Verkehrs-, Versorgungs-, Energie-, Gesundheits- oder Waffensysteme. Dass die wissenschaftlich bereitgestellten Güter Veränderungen in den sozialen Lebenswelten, den politischen und militärischen Strategien hervorrufen können (und sollen), liegt auf der Hand. Weniger offensichtlich ist, in welcher Weise die politische Nachfrage oder die Aussicht auf vermehrte Ressourcen die wissenschaftliche Angebotsseite, also die Fragestellungen, Methoden und Ergebnispräsentationen, verändern können. Dies geschieht weniger durch den Oktroi von Ideologien als durch wechselseitige Anpassungsleistungen der wissenschaftlichen und politischen Akteure.[30] Hierzu zwei Beispiele:

Führende Mathematiker in Deutschland und Italien bemühten sich frühzeitig und unabhängig von ihren zum Teil divergenten politischen Haltungen um Zusammenarbeit mit dem nationalsozialistischen bzw. dem faschistischen Regime.[31] Bereits der Erste Weltkrieg hatte der mathematischen Kriegsforschung im Zuge des neuartigen Gaskriegs und der ersten Luftwaffeneinsätze einen unvorhergesehenen Aufschwung verschafft. Angetrieben von diesen professionellen Erfolgen machten die beteiligten Mathematiker ihren neuen Regierungen klar, welchen Beitrag ihre Disziplin und die eigenen Forschungsinstitute in den bevorstehenden Kriegen zu leisten vermochten. Sie boten mathematische Dienstleistungen an, die im militärischen und industriellen Alltag von Ingenieuren praktisch eingesetzt werden konnten, sei es bei der Lösung konkreter Einzelprobleme, sei es in Form wiederholt anwendbarer algorithmisch-numerischer Verfahren. Diese wiederum trugen, wie das Team um Moritz Epple gezeigt hat, dazu bei, die angewandte Mathematik disziplinär auszudifferenzieren und als fortgeschrittene Variante außeruniversitärer Auftragsforschung zu institutionalisieren. Im Fall Ludwig Prandtls und seines KWI für Strömungsforschung musste das ursprüngliche Forschungsdesign nur geringfügig modifiziert werden. Die ihn interessierenden wissenschaftlichen Fragestellungen – etwa die mathematische Darstellung aerodynamischer Turbulenzphänomene – konnte er auch im Rahmen militärischer Forschungsaufträge weiterverfolgen. Diese epistemologische

---

30 Vgl. Ash, Wissenschaft und Politik (wie Anm. 18).

31 Moritz Epple u. a., Aerodynamics and Mathematics in National Socialist Germany and Fascist Italy: A Comparison of Research Institutes, in: Sachse / Walker (wie Anm. 15), S. 131–158. An dem Team waren des weiteren Andreas Karachalios und Volker R. Remmert beteiligt.

Plastizität ließ nicht nur die – sowieso stets willkürliche – Grenze zwischen „reiner" und „angewandter" Forschung verschwimmen. Sie machte es auch jenen Wissenschaftlern leicht, sich mit der garstigen Politik einzulassen, die sich eigentlich selbst gern als „reine Grundlagenforscher" präsentierten.

Ein zweites Beispiel sind die Menschenexperimente. Sie gelten zu Recht als ebenso paradigmatisch für das Verhältnis von Wissenschaft und Politik im Zweiten Weltkrieg wie die Atombombe. Das Team um Susan Lederer hat an Beispielen aus der KWG, aus den USA und Japan die Pfade untersucht, auf denen Wissenschaftler in fragwürdige Menschenversuche quasi hineinglitten.[32] Zum einen trieb die innerwissenschaftliche Dynamik der Experimentalmedizin den Menschenversuch aus sich hervor.[33] In den 1930er Jahren wurde er an vielen Standorten der modernen Biomedizin als wissenschaftliche Notwendigkeit gesehen und eingefordert. Diese Forderung ließ sich umso leichter durchsetzen, als es während des Krieges darum ging, akute militärmedizinische Probleme rasch – und deshalb auf dem verkürzten Weg des vorgezogenen Humanexperiments – zu lösen. Zum anderen verschafften die professionellen Netzwerke, die von den Universitäten oder den Kaiser-Wilhelm-Instituten bis in die japanischen oder nationalsozialistischen Konzentrationslager reichten, neue Möglichkeiten. Schließlich begünstigte der Krieg eine Ablösung der auf den individuellen Patienten gerichteten medizinischen Ethik durch einen nach Freund und Feind unterscheidenden patriotischen Ehrenkodex. Japanische und deutsche Experimentatoren fühlten sich legitimiert, zugunsten der „eigenen" Soldaten andere zu Feinden erklärte Menschen als Versuchsobjekte zu benutzen. Im Fall von Otmar von Verschuer und seinem Kollegen Hans Nachtsheim am KWI für Anthropologie wissen wir, dass sie sich durch die Möglichkeit, auf menschliche Versuchsobjekte zugreifen zu können, auch zu neuen erbpathologischen Projekten bzw. zu Weiterentwicklungen ihrer Experimentalanordnungen anregen ließen, die unter anderen Umständen nicht möglich gewesen oder gar nicht erst ersonnen worden wären.[34] Zwar gehörten auch in den USA Versuchspersonen in der

---

32 Gerhard Baader u. a., Pathways to Human Experimentation, 1933–1945: Germany, Japan, and the United States, in: Sachse / Walker (wie Anm. 15), S. 205–231. An dem Team, das von Susan Lederer koordiniert wurde, waren außerdem Morris Low, Florian Schmaltz und Alexander v. Schwerin beteiligt.

33 Vgl. Gerhard Baader, Auf dem Weg zum Menschenversuch im Nationalsozialismus. Historische Vorbedingungen und der Beitrag der Kaiser-Wilhelm-Institute, in: Sachse, Verbindung nach Auschwitz (wie Anm. 11), S. 105–157. Stärker als die KWG war im Übrigen das Robert-Koch-Institut an verbrecherischen Menschenversuchen im „Dritten Reich" beteiligt. Vgl. Annette Hinz-Wessels, Das Robert-Koch-Institut im Nationalsozialismus, Berlin 2008. Zu Menschenversuchen im internationalen Kontext des 20. Jahrhunderts vgl. Wolfgang U. Eckart (Hg.), Man, Medicine, and the State. The Human Body as an Object of Government Sponsored Medical Research in the 20th Century, Stuttgart 2006.

34 Alexander v. Schwerin, Experimentalisierung des Menschen. Der Genetiker Hans Nachtsheim und die vergleichende Erbpathologie 1920–1945, Göttingen 2004, S. 281–320; Schmuhl, Grenzüberschreitungen (wie Anm. 11), S. 313–521.

Regel marginalisierten Gruppen an; vor allem wurden verurteilte Straftäter herangezogen. Aber nur in diesem Fall fand sich das gelegentliche Beispiel eines patriotischen Konsenses zwischen Experimentator und Versuchsperson, wenn diese ihre Einwilligung als eine Art Wiedergutmachung am Vaterland betrachtete. Nur im amerikanischen Fall blieb dank einer demokratischen Öffentlichkeit die Experimentalmedizin unter einer, wenn auch lückenhaften und zumeist erst nachträglichen öffentlichen Kontrolle.

In allen untersuchten Fällen waren Wissenschaftler eher geneigt, die humanexperimentellen Möglichkeiten, die die jeweiligen politischen Kontexte ihnen boten, auszuschöpfen, als von sich aus auf vielversprechende, aber unethische Experimentalanordnungen zu verzichten. Die Besonderheit der Regime in Deutschland und Japan lag nicht darin, dass sie ihre Wissenschaftler gezwungen hätten, verbrecherische Menschenversuche durchzuführen. Sie unterschieden sich vom demokratischen System der USA durch die Außerkraftsetzung ethisch-moralischer Regeln, die Aussetzung von Kontrollen und das Ausmaß der unethischen Möglichkeiten, die sie ihren Wissenschaftlern einräumten oder gezielt bereitstellten. Der Ehrgeiz allzu vieler Wissenschaftler reichte als Motivation aus, alle gegebenen Möglichkeiten, die in der Logik ihrer wissenschaftlichen Denkbewegungen und Suchstrategien sinnvoll erschienen, auch tatsächlich auszuprobieren.

4. Spezifik des Nationalsozialismus und die Rolle der Kaiser-Wilhelm-Gesellschaft

Was machte nun die Spezifik im Verhältnis von Politik und Wissenschaft im NS aus? Nach unserem Dafürhalten war es die durch keinerlei gesellschaftliche Kontrolle gebremste Dynamik, in der sich politisches Verbrechertum und eine wissenschaftliche Energie, die gleichermaßen auf Erkenntnis wie auf Umsetzung drängte, gegenseitig antrieben. Sie zeigte sich am deutlichsten im Verhältnis von Rassenpolitik und Rassenforschung, deren prominenteste deutsche Forschungsstätten die beiden Berliner KWI für Anthropologie bzw. für Hirnforschung sowie die Deutsche Forschungsanstalt für Psychiatrie, ebenfalls ein KWI, in München waren. Zwar gab es in den USA, der Sowjetunion und in der Schweiz sehr wohl Forschungseinrichtungen mit verblüffend ähnlichen eugenischen, genetischen und erbpathologischen Forschungsansätzen, die die Teams um Garland Allen und Volker Roelcke untersucht haben.[35] Doch nirgendwo sonst war das Ausmaß der Übereinstimmung von

---

35   Mark B. Adams u. a., Human Heredity and Politics: A Comparative International Study of the Eugenics Record Office at Cold Spring Harbor (United States), the Kaiser Wilhelm Institute for Anthropology, Human Heredity, and Eugenics (Germany) and the Maxim Gorky Medical Genetics Institute (USSR), in: Sachse / Walker (wie Anm. 15), S. 232 – 262. An dem Team waren auch Sheila Faith Weiss und Garland E. Allen als Koordinator beteiligt. Hans Jacob Ritter /

Politik und Wissenschaft so groß und gleichzeitig gesellschaftlich so unangefochten wie im „Dritten Reich".

So verband das privat finanzierte US-amerikanische *Eugenic Record Office* des Carnegie Instituts in ähnlicher Weise wie das KWI für Anthropologie Forschung mit Politikberatung, Weiterbildung des Personals in der staatlichen Gesundheits- und Bevölkerungspolitik und populärwissenschaftlicher Propaganda. Aber es verfügte zu keiner Zeit über die wissenschaftliche Anerkennung und das internationale Renommee der Kollegen aus der KWG. Vielmehr wurde es von Fachkollegen im eigenen Land heftig kritisiert und verblieb in einer umstrittenen und zuletzt marginalisierten wissenschaftlichen Position. In der Sowjetunion wurden an dem staatlich finanzierten Maxim-Gorky-Institut ganz ähnliche medizinisch-genetische Forschungsrichtungen verfolgt wie von den ebenfalls staatlich alimentierten Berliner Rassenforschern; jedoch waren die Moskauer Genetiker gehalten, sich von „bourgeoiser" Eugenik fernzuhalten. Statt nach biologisch-genetisch basierten Rassenunterschieden zu suchen, sollten sie die Unhaltbarkeit genetischer Rassentheorien nachweisen. In der Schweiz wollte Carl Brugger, ein Schüler Ernst Rüdins, an dem enormen Auftrieb partizipieren, den die Münchner Erbpsychiatrie seines Lehrers im Zuge der NS-Zwangssterilisationen genommen hatte. Er wurde stattdessen aufgrund der vorherrschenden Skepsis gegenüber eugenischen Zwangsmaßnahmen und einer stets prekären Finanzierung gezwungen, sein Forschungsprogramm an die Interessen der möglichen Geldgeber aus Kreisen der privaten und kirchlichen Wohlfahrt anzupassen, seine erbpsychiatrisch-statistischen Methoden stärker mit somatischen Befunden zu korrelieren und sich insgesamt mehr an den Bedürfnissen einer eher individuell orientierten Fürsorge auszurichten. In diesen Vergleichen tritt deutlich hervor, dass alle Faktoren – die internationale Reputation der Berliner und Münchener Erbforschung, das wissenschaftliche Renommee der KWG, ein mächtiges rassenpolitisches Programm und die stetig steigende Nachfrage einer sich radikalisierenden Rassenpolitik nach wissenschaftlicher Expertise – zusammentreffen mussten. Nur ihre historisch einmalige Kontingenz konnte den verheerenden Erfolg des „faustischen Pakts" zwischen Wissenschaft und Politik in der NS-Rassenforschung bewirken.

Die national organisierten und alimentierten Wissenschaftssysteme des 20. Jahrhunderts verfügten offenbar über keine zuverlässigen systemspezifischen Schranken, die Kooperationen mit verbrecherischen Regimes als der eigenen *raison d'être* prinzipiell entgegenstehend verhindern könnten. Das professionelle Interesse kann eine systemische Grenze diktatorialer Herrschaft darstellen, vor allem wenn es den wissenschaftlichen Akteuren gelingt, deutlich zu machen, dass eine zu weit gehende politische Einschränkung ihrer Interessen das Herrschaftssystem selbst gefährden würde. Das professionelle

Volker Roelcke, Psychiatric Genetics in Munich and Basel between 1925 and 1945: Programs – Practices – Cooperative Arrangements, in: ebd., S. 263–288.

Interesse ist jedoch plastisch genug, um Bündnisse mit Regimes ohne Ansehen ihrer politischen Verfasstheit und moralischen Legitimation einzugehen. Aufgrund seiner latenten Amoralität verhindert es moralische Grenzüberschreitungen nicht – schon gar nicht solche, zu denen die wissenschaftliche Neugier die forschenden Subjekte verlockt.

Im „Dritten Reich" waren den Naturwissenschaften, sofern es ihren Protagonisten gelang, ihre professionellen Interessen als mit den politischen und militärischen Zielen des Regimes kompatibel darzustellen, wenig Grenzen gesetzt, und wenn doch, dann waren es eher solche der immer knappen Finanzmittel als ethische, rechtliche oder politische Schranken. Dies galt für die Biowissenschaften in gleicher Weise und erst recht, wenn sie sich am dominanten Rassenparadigma orientierten.

Die KWG agierte als Mediator zwischen den professionellen Interessen ihrer wissenschaftlichen Mitglieder einerseits und der von seinen kriegerisch-expansiven und rassenpolitischen Zielen definierten Nachfrage des NS-Regimes nach technologischer, agrar- und biowissenschaftlicher Expertise andererseits. Dies gilt in besonderer Weise für die enge Zusammenarbeit des Generalsekretärs der KWG, Ernst Telschow, mit dem Staatssekretär im Reichsernährungsministerium und Vizepräsidenten der KWG, Herbert Backe, die eine enorme Ausweitung der agrarwissenschaftlichen Forschung in der KWG zur Folge hatte.[36] Aber es zeigte sich auch in den zahlreichen Kooperationen in der Rüstungsforschung und nicht zuletzt in den diversen „kriegswichtigen" Forschungsprojekten, wie sie etwa der „Grundlagenforscher" und Nobelpreisträger Adolf Butenandt für sein KWI für Biochemie akquirierte.[37] Die KWG agierte gleichermaßen professionell – und in diesem Sinne amoralisch – wie erfolgreich. Die KWG als institutioneller Akteur bzw. einzelne führende Repräsentanten zeigten dem Regime – wie z. B. bei der Zurückweisung der „deutschen Physik" oder der Lockerung der Geheimhaltung – gelegentlich Grenzen auf, deren Überschreitung das Herrschaftssystem eher gefährdet, als ihm genutzt hätte. Nicht zuletzt deshalb war die KWG bis in die letzten Kriegswochen hinein ein in hohem Maße funktionstüchtiger und verlässlicher Partner des NS-Regimes an der militärischen ebenso wie an der rassenpolitischen Front.

---

36 Vgl. Heim (wie Anm. 9), S. 23–124. Zu Telschow vgl. auch Hachtmann (wie Anm. 12), S. 633– 649, 687 ff.

37 Vgl. Maier, Forschung (wie Anm. 9); Bernd Gausemeier, Natürliche Ordnungen und politische Allianzen. Biologische und biochemische Forschung an Kaiser-Wilhelm-Instituten 1933–1945, Göttingen 2005, S. 255–285.

Patrick Wagner

Forschungsförderung auf der Basis eines nationalistischen Konsenses

Die Deutsche Forschungsgemeinschaft am Ende der Weimarer Republik und im Nationalsozialismus[1]

Am 9. Mai 1933 zog sich der bisherige Vizepräsident der Deutschen Forschungsgemeinschaft (DFG), Fritz Haber, aus deren Gremien zurück, weil er erkannt hatte, dass seine jüdische Herkunft über kurz oder lang zur Vertreibung aus seinen wissenschaftspolitischen Ämtern führen würde. Walther von Dyck, Mathematiker und wie Haber DFG-Vizepräsident, kommentierte den Rückzug des Nobelpreisträgers, der 1920 einer der Gründungsväter der Deutschen Forschungsgemeinschaft gewesen war, mit der Bemerkung, er habe schon Habers Wahl in sein Amt für falsch gehalten.[2] DFG-Präsident Friedrich Schmitt-Ott äußerte sich nicht zu Habers Demission und teilte stattdessen dem Reichsinnenministerium drei Tage später mit, dass die Forschungsgemeinschaft ihre einzige nicht „arische" Angestellte inzwischen entlassen habe. Ab Juni 1933 versagte das DFG-Präsidium aus eigener Initiative Stipendienanträgen jüdischer Wissenschaftler die Bewilligung – drei Monate, bevor es vom Reichsinnenministerium zu einem solchen Handeln aufgefordert wurde.[3]

Aus unserer heutigen Sicht wie aus der zeitgenössischen Sicht jenes knappen Fünftels deutscher Hochschullehrer, die ab 1933 wegen ihrer Klassifikation als „Juden" oder wegen ihrer demokratischen Gesinnung von den Universitäten und aus der DFG vertrieben wurden, offenbarte sich hier ein tiefer Einschnitt. Doch die große Mehrheit der Professorenschaft und somit der damaligen DFG-Klientel empfand diese Zäsur damals keineswegs in dieser Weise: Vielmehr begrüßte sie den Sieg des „nationalen Lagers" und sah in ihm die Verwirklichung der eigenen politischen Grundposition, auch wenn ihr manche Erscheinungsformen des neuen Regimes vielleicht als degoutant erscheinen mochten. Von der Warte des Frühjahrs 1933 aus gesehen fühlten sich die meisten im Rahmen der DFG aktiven Wissenschaftler – neben den Angehörigen ihres Präsidiums und ihres Hauptausschusses vor allem die Mit-

---

1 Der Einfachheit halber spreche ich – von einigen spezifischen Ausnahmen abgesehen – im Folgenden stets von der Deutschen Forschungsgemeinschaft (DFG), obwohl sich dieser Name für die bisherige „Notgemeinschaft der Deutschen Wissenschaft" nach mehreren Anläufen erst 1935 endgültig durchsetzte.

2 Vgl. Margit Szöllösi-Janze, Fritz Haber 1868–1934. Eine Biographie, München 1998, S. 556.

3 Vgl. Sören Flachowsky, Von der Notgemeinschaft zum Reichsforschungsrat. Wissenschaftspolitik im Kontext von Autarkie, Aufrüstung und Krieg, Stuttgart 2008 (= Studien zur Geschichte der Deutschen Forschungsgemeinschaft 3), S. 111 ff und Lothar Mertens, „Nur politisch Würdige". Die DFG-Forschungsförderung im Dritten Reich 1933–1937, Berlin 2004, S. 60 ff.

glieder der Fachausschüsse, alles zusammen knapp 200 Professoren – in jener Grundausrichtung bestätigt, die sie der Deutschen Forschungsgemeinschaft bis dahin gegeben hatten.

Zum einen hatten sie die 1920 als *Notgemeinschaft der Deutschen Wissenschaft* gegründete DFG als einen sozialen Raum eingerichtet, in dem sie möglichst viel Distanz gegenüber dem von ihnen zumeist ungeliebten demokratischen Staat bewahren wollten. Letztlich war die Notgemeinschaft von Anfang an ein Reservat autoritärer Ordinarien in der Republik gewesen. Dass mit Schmitt-Ott der letzte königlich-preußische Kultusminister als ihr Präsident amtierte, war nur folgerichtig. Die sogenannte „Krise der Notgemeinschaft" von 1929, als sozialdemokratische Politiker die Förderung explizit antisemitischer und nationalsozialistischer Wissenschaftler zum Anlass genommen hatten, eine Mitsprache der Politik in den Gremien der aus Reichsmitteln finanzierten DFG durchzusetzen, hatte im antirepublikanischen Affekt der meisten DFG-Funktionäre ihren eigentliche Ursache gehabt, diesen aber zugleich noch einmal bestärkt.[4]

Zum anderen hatte die DFG seit Mitte der zwanziger Jahre in den meisten Disziplinen bewusst Förderschwerpunkte gebildet, die der Verwirklichung nationalistischer Politik dienen sollten. Im Bereich der Medizin, der Natur- und Technikwissenschaften konzentrierte man sich auf solche Themenfelder, die, so ein Mediziner 1929 im Hauptausschuss, dem „Konkurrenzkampf mit dem Ausland und mit Amerika" dienten.[5] Forschungen zur Substitution natürlicher Ausgangsstoffe durch synthetische Produkte sollten primär die Wettbewerbsfähigkeit der deutschen Wirtschaft auf dem Weltmarkt erhöhen, indem sie deren Devisenbedarf für Rohstoffimporte reduzieren halfen. Im Hintergrund aber wirkten auch Erfahrungen des Ersten Weltkrieges mit, während dessen sich ab 1920 in der DFG führende Personen in der *Kaiser-Wilhelm-Stiftung für kriegstechnische Wissenschaft* engagiert hatten.[6] Wenn etwa der Obmann der DFG-Kommission für Metallforschung, Rudolf Schenck, 1926 in einer Denkschrift „die politische Bedeutung der wissenschaftlichen Arbeit" hervorhob und es als die zentrale Aufgabe von Forschung bezeichnete, das deutsche Volk, „dem missgünstige und feindselige Nachbarn kaum das Lebensnotwendige gönnen, (…) von der Außenwelt unabhängig zu machen", dann schwangen auch Konzepte einer für den Kriegsfall anzustrebenden Autarkie mit.[7] Die DFG unterstützte zudem die geheime Rüstungsforschung der Reichswehr.[8]

---

4 Vgl. Flachowsky, Notgemeinschaft (wie Anm. 3), S. 94–102 und Notker Hammerstein, Die Deutsche Forschungsgemeinschaft in der Weimarer Republik und im Dritten Reich. Wissenschaftspolitik in Republik und Diktatur, München 1999, S. 77–84.
5 Notizen zum Protokoll des Hauptausschusses vom 6.1.1926, in: Bundesarchiv Koblenz (BAK), R 73/89
6 Vgl. Flachowsky, Notgemeinschaft (wie Anm. 3), S. 40–44.
7 (Rudolf Schenk), Denkschrift über Metallforschung, in: Deutsche Forschung, Heft 2 (1928), S, 26–37, hier S. 27.

In den Geisteswissenschaften forcierte die Deutsche Forschungsgemeinschaft ab Mitte der zwanziger Jahre eine Hinwendung zu solchen Forschungen, welche „die Besinnung auf die Kräfte unseres Volkstums" vorantreiben sollten.[9] Gefördert wurde, wer im deutschen Volk sowohl den Gegenstand des Forschens als auch den eigentlichen Adressaten des Schreibens wie schließlich auch den letztgültigen Wertbezug seines wissenschaftlichen Tuns erkannte. Nach *innen* galt es, anhand des jeweiligen disziplinären Gegenstandes – Sprache, Geschichte, Kultur – ein vor dem Einbruch der Moderne zu verortendes „unverfälschtes" Deutschtum zu rekonstruieren und es der gegenwärtigen Nation als Orientierungsideal für eine neue „Volkswerdung" vor Augen zu führen. Das seit 1928 von der DFG nicht nur finanzierte, sondern auch weitgehend organisierte Großprojekt des *Atlas der deutschen Volkskunde* mit seinen 37 Landesstellen und über 20.000 ehrenamtlichen Mitarbeitern bildete das Gravitationszentrum dieser Förderpolitik. Die deutsche Volkskultur, die hier dokumentiert wurde, war eine einseitig bäuerliche, vormoderne, von der Existenz ethnischer oder religiöser Minderheiten „bereinigte". Friedrich Schmitt-Ott begründete den Start des Projektes 1928 damit, man wolle den Deutschen ihre „volkstümlichen Eigenheiten" bewusst machen.[10] Durch diese Eigenheiten bilde das deutsche Volk, so verkündete im Jahr darauf einer der wichtigsten Akteure des *Atlas*, Adolf Spamer, „eine Einheit, die sich gemeinsam volkstumsmäßig stark abhebt von fremdstämmigen Nachbarn."[11] Und sein Kollege Walter Steller ergänzte ebenfalls 1929, der *Atlas* solle den Deutschen der Gegenwart ihre vermeintlich „kosmopolitische Denkweise" austreiben und sie zur Besinnung „auf die Eigenart des angestammten Volkstums" anhalten.[12]

Nach *außen* galt es schon in den Jahren der Weimarer Republik das zu betreiben, was Frank-Rutger Hausmann für die NS-Zeit „antagonistische Wissenschaft" genannt hat. In deren Zentrum stand der Versuch, deutsche Dominanzansprüche in Europa mit historischen und kulturkundlichen Studien zu untermauern und das geistige Profil potentieller Kriegsgegner wissenschaftlich zu vermessen. Die Deutsche Forschungsgemeinschaft förderte solche Forschung ab Ende der zwanziger Jahre immer massiver, die Volks- und Kulturbodenforschung in den ost- wie westeuropäischen Nachbarstaaten etwa sollte den Nachweis erbringen, dass deren Grenzgebiete letztlich deutsch

---

8 Vgl. Flachowsky, Notgemeinschaft (wie Anm. 3), S. 75–92.

9 Denkschrift „Zur Lage der Notgemeinschaft" vom August 1932, zit. nach Friedemann Schmoll, Die Vermessung der Kultur. Der „Atlas der deutschen Volkskunde" und die Deutsche Forschungsgemeinschaft 1928–1989, Stuttgart 2009 (= Studien zur Geschichte der Deutschen Forschungsgemeinschaft 5), S. 25.

10 Friedrich Schmidt-Ott, Zur Einführung, in: Deutsche Volkskunde, Berlin 1928 (= Deutsche Forschung 6, S. 5 f, hier S. 5. Zum Atlas der deutschen Volkskunde vgl. Schmoll, Vermessung (wie Anm. 9).

11 Zit. nach Schmoll, Vermessung (wie Anm. 9), S. 30.

12 Zit. nach ebd., S. 13.

seien. Es gehe, so der DFG-Bericht für 1930/31 um „die Verteidigung des gegenwärtigen und zukünftigen Raumes für das deutsche Volk".[13] Ein Teil dieser Forschungen war darauf angelegt, den Gebietsverlusten infolge des Versailler Friedensvertrags durch den Nachweis historischer Bindungen der betreffenden Regionen an Deutschland jede Legitimität abzusprechen. Andere von der DFG geförderte Arbeiten gingen jedoch weit darüber hinaus, indem sie die „deutsche" Prägung solcher südosteuropäischer und baltischer Regionen zu demonstrieren suchten, die auch vor 1914 nicht zum Deutschen Reich gehört hatten.[14]

Obwohl die Mehrheit der 1933 im Rahmen der DFG wissenschaftspolitisch aktiven Ordinarien also überzeugt sein durfte, das neue Regime werde sie als Brüder im antirepublikanischen und nationalistischen Geiste anerkennen, geriet die DFG in den Strudel jener Machtkämpfe um Machtpositionen, Einflusssphären und wissenschaftspolitische Konzepte, welche das wissenschaftliche Feld während der ersten drei Jahre des NS-Regimes generell prägten. Im Juni 1934 musste Friedrich Schmitt-Ott die DFG-Präsidentschaft an den Physiker, wissenschaftspolitischen Radauantisemiten und „alten Kämpfer" Johannes Stark übergeben, der seinerseits zwei Jahre später dem Chemiker Rudolf Mentzel zu weichen hatte.[15]

Abstrahiert man ein wenig vom Wortgetöse und von den persönlichen Überspanntheiten vieler Akteure, ihren Bemühungen um Netzwerkbildungen und Intrigen zur Beförderung individueller Vorteile, so ging es in diesen Machtkämpfen in und um die DFG wie ebenso in und um viele Hochschulen wesentlich um einen Generationskonflikt. Die DFG wie die Universitäten wurden Anfang 1933 noch immer vom Typus des spätwilhelminischen Ordinarius beherrscht. Der DFG-Hauptausschuss hatte sich schon 1927 anlässlich der Kritik jüngerer Professoren selbstbewusst als „Hindenburgfront des Alters" bezeichnet.[16] Um 1933 lag der Altersdurchschnitt der meisten Gremien der Forschungsgemeinschaft tatsächlich deutlich über 60 Jahren. Betrachtet man dagegen die Führungsspitze der DFG und des 1937 neu gegründeten Reichsforschungsrates (RFR), so fällt eine deutliche Verjüngung ins Auge. Von den 18 zwischen 1937 und 1942 ernannten Fachspartenleitern des Reichsforschungsrates waren acht zwischen 1891 und 1899 sowie fünf zwischen 1900 und 1907 geboren. DFG-Präsident Rudolf Mentzel selbst, der ab 1937 zugleich

---

13 Zehnter Bericht der Notgemeinschaft der Deutschen Wissenschaft (Deutsche Forschungsgemeinschaft). Umfassend ihre Tätigkeit vom 1. April 1930 bis zum 31. März 1931, Berlin 1931, S. 91.

14 Vgl. etwa das in der Hauptausschuss-Liste 4/1929–30 in: BAK, R 73/110 f, fol. 265 beschriebene Projekt des ungarischen Wissenschaftlers Heinrich Schmidt. Hier ging es um Forschungen in Ungarn, Jugoslawien und Rumänien die der Fachausschuss als „wissenschaftlich und auch nationalpolitisch von großer Bedeutung" klassifizierte.

15 Vgl. Flachowsky, Notgemeinschaft (wie Anm. 3), S. 163–167 und 188–203 sowie Hammerstein, Forschungsgemeinschaft (wie Anm. 4), S. 110–118 und 185–205.

16 Protokoll des Hauptausschusses vom 12.11.1927, in: BAK, R 73/92, fol. 20.

die Geschäfte des RFR führte, war im Jahr 1900 geboren worden, seit 1925 Mitglied der NSDAP und seit 1932 SS-Führer. Er bildete den Mittelpunkt eines Netzes junger, hochgradig politisierter, zugleich aber pragmatisch auf Effektivität bedachter NS-Wissenschaftler, die sich teilweise aus der gemeinsamen „Kampfzeit" in Göttingen kannten.[17]

Während ihres Aufstieges stilisierten sich diese jungen Wissenschaftler und „alten Kämpfer" zwar als kompromisslose Gegner der aus ihrer Sicht „spießbürgerlichen" Ordinarienkultur und legitimierten ihre Karriereansprüche mit ihrer schon vor 1933 unter Beweis gestellten Rolle als Protagonisten einer nationalsozialistischen „kämpfenden Wissenschaft". Doch zumindest für die im Kontext der DFG Aktiven dieser Alterskohorte gilt: Sobald sie sich einigermaßen sicher etabliert hatten, suchten sie in der Regel einen *modus vivendi* mit den älteren Kollegen, der auf dem generationenübergreifenden Konsens aufbaute, dass es das primäre Ziel deutscher Wissenschaftler sein müsse, einen möglichst effektiven Beitrag zur erfolgreichen Kriegführung der Nation zu leisten. Sowohl im Interesse größtmöglicher Effizienz, aber auch als Anpassung an die Normen der älteren Ordinarien, hielten die neuen Führungskräfte der Forschungsgemeinschaft und des Reichsforschungsrates zwischen 1937 und 1945 an einigen Elementen der traditionellen *corporate identity* der DFG fest.

Erstens insistierte die DFG auch unter Mentzel darauf, von ihr für seriös erklärte Wissenschaft und politische Agitation voneinander zu unterscheiden. So lehnte es Mentzel beispielsweise 1939 trotz mehrfacher Bitten des Propagandaministeriums ab, den Druck eines Buches „deutsche(r) und außerdeutsche(r) Fachleute gegen die bolschewistische Wissenschaft" zu fördern, weil der Band wissenschaftlichen Ansprüchen nicht genüge und es nicht Aufgabe der DFG sei, „politische Streitschriften zu finanzieren".[18] Gerade weil die DFG hier symbolisch eine Art von Eigengesetzlichkeit von Wissenschaft wahrte, konnte sie zugleich als Quelle akademischer Reputation auch der „kämpfenden Wissenschaft" fungieren: Sowohl das *Ahnenerbe* als auch das *Wannseeinstitut* der SS waren nicht so sehr auf die ihnen von der DFG bewilligten Gelder angewiesen als auf den quasi mit diesen zusammen überwiesenen Status als Institutionen „echter" Forschung.[19]

Zweitens hielt der Reichsforschungsrat, der ab 1937 von der DFG die Förderung der naturwissenschaftlichen, medizinischen und ingenieurwissenschaftlichen Forschung übernahm, in Personal und Organisation aber mit ihr verwoben blieb, an einer normativen Hierarchisierung von Grundlagenfor-

---

17 Vgl. Flachowsky, Notgemeinschaft (wie Anm. 3), S. 148–154 sowie die Kurzbiographien der Fachspartenleiter auf der diesem Buch beigefügten CD.

18 Zit. nach Corinna R. Unger, Ostforschung in Westdeutschland. Die Erforschung des europäischen Ostens und die Deutsche Forschungsgemeinschaft, 1945–1975, Stuttgart 2007 (= Studien zur Geschichte der Deutschen Forschungsgemeinschaft 1), S. 62.

19 Zur Finanzierung beider Institutionen durch DFG und RFR vgl. ebenda, S. 70 f und Flachowsky, Notgemeinschaft (wie Anm. 3), S. 153 f, 289 f sowie 421 ff.

schung, Zweckforschung und technischer Entwicklung fest.[20] Damit vermittelte der RFR seiner Klientel die Gewissheit, dass sie als von ihm geförderte
Wissenschaftler der eigentlichen Elite des wissenschaftlichen Feldes, nämlich
der Gruppe der Grundlagenforscher, zuzurechnen seien. Noch im November
1944 forderte die RFR-Geschäftsstelle beispielsweise einen Antragsteller dazu
auf, die „Grenzen der reinen Forschung" zu beachten und nur diese vom RFR,
technische Entwicklungsarbeiten an Waffensystemen aber durch die Wehrmacht finanzieren zu lassen.[21] Diese Grenzziehung war rein symbolisch. Innerhalb der umfangreichen und komplexen Forschungsprogramme, die der
RFR während des Zweiten Weltkrieges finanzierte und die auf die Fortent-
wicklung von Rüstungstechnologie zielten, war eine Unterscheidung von
Grundlagenforschung, Zweckforschung und technischer Entwicklung nicht
ernsthaft möglich. Dass man es dennoch – eben rein symbolisch – immer
wieder tat, sagt letztlich vor allem etwas darüber aus, wie sich die betreffenden
Wissenschaftler selbst sehen wollten, unabhängig davon, was sie gerade
konkret taten – eben als Grundlagenforscher.[22] DFG wie RFR taten das ihnen
Mögliche für den Erhalt dieses normativen Selbstbildes.

Drittens erkannten auch die hochgradig politisierten Spitzenfunktionäre
von RFR und DFG im Grundsatz an, dass die Effizienz von Forschungsförderung gewinne, wenn die Förderentscheidungen nicht von außerfachlichen
Instanzen getroffen würden, sondern im Wege des *Peer Review* zustande
kämen. Die Mehrheit der Fachspartenleiter des Reichsforschungsrates bestand daher aus in ihren jeweiligen Fächern als Leitfiguren bereits seit langem
anerkannten Professoren vom Chirurgen Ferdinand Sauerbruch über den
theoretischen Physiker Walther Gerlach, der es nach 1949 zum liberalen Vizepräsidenten der neuen DFG bringen sollte, bis zu Erwin Marx, der bis in die
sechziger Jahre hinein der von der DFG am meisten geförderte Elektrotech-
niker bleiben würde. Wo es ihnen nötig erschien, holten die Fachgruppenleiter
auch weiterhin Gutachten zu einzelnen Projekten ein; sofern sie sich selbst für
hinreichend kompetent hielten, gutachteten und entschieden sie in einer
Person. Gemessen an den nach 1945 auch in (West-) Deutschland etablierten
Regeln kann hier selbstverständlich nicht von einem „echten" *Peer Review* die
Rede sein. Allerdings: Diesen Regeln hätte auch das von der DFG bis 1933
praktizierte Begutachtungsverfahren nicht entsprochen. In der Regel hatte die
Forschungsgemeinschaft vor 1933 zu jedem Antrag nur ein einziges Gutachten
eingeholt und auf dessen Grundlage hatte DFG-Präsident Schmitt-Ott weit-
gehend autokratisch entschieden. Die Gutachter waren zumeist durch

---

20 Zur Organisation von DFG und RFR ab 1937 vgl. ebd., passim.
21 Vgl. das Schreiben des Leiters der Kriegswirtschaftsstelle des RFR, Georg Graue, an Professor
   Friedrich Gladenbeck vom 13.11.1944, in: Bundesarchiv Berlin (BAB), R 26 III/744.
22 Zur Unterscheidung von Grundlagen- und Zweckforschern (nicht: Grundlagen- und Zweckforschung!) und ihrer Bedeutung vgl. Norman W. Storer, Kritische Aspekte der sozialen
   Struktur der Wissenschaft, in: Peter Weingart (Hg.), Wissenschaftssoziologie, Band 1 Frankfurt
   am Main 1974, S. 85–120, hier S. 91–100.

„Wahlen" in ihre Funktionen gelangt, bei denen sie – vom DFG-Präsidium nominiert – jeweils die einzigen Kandidaten für ihre Position gewesen waren. Gemessen an dieser Tradition des *Peer Review* könnte man das ab 1937 vom Reichsforschungsrat praktizierte Verfahren denn doch als *Peer Review* – und zwar als ein solches nach dem „Führerprinzip" beschreiben.[23]

All dies war möglich, weil zwischen allen miteinander konkurrierenden Fraktionen, Seilschaften, Generationen und Wissenschaftlertypen ein solider Grundkonsens darüber bestand, dass die von der DFG beziehungsweise vom Reichsforschungsrat zu fördernde Forschung dem deutschen Sieg im Zweiten Weltkrieg zu dienen habe. Dies lag ganz in der Kontinuität der DFG-Politik vor 1933 und so hat denn auch Friedrich Schmitt-Ott 1934 noch vor seinem erzwungenen Abgang die „wertvolle(n) Dienste" betont, welche die DFG „der Heeresleitung" (…) für ihre geheimen Aufgaben (…) leisten" könne.[24] Seit der Verkündung des ersten Vierjahresplanes im Jahr 1936, setzten die DFG und der 1937 gegründete Reichsforschungsrat zunehmend den Akzent auf solche Forschungsprojekte, die der Rüstung und der Autarkiewirtschaft dienen konnten, die die deutschen Kriegsziele zu legitimieren vermochten – man denke an den von Frank-Rutger Hausmann rekonstruierten *Kriegseinsatz der Geisteswissenschaften* ab 1940 – oder die (ab 1939) Wissen für die Besatzungsherrschaft in Osteuropa bereitstellten. Sören Flachowsky hat in seiner Dissertation eindrucksvoll vorgeführt, wie umfassend der Reichsforschungsrat Rüstungsforschung finanziert, koordiniert und damit partiell organisiert hat.[25]

Eines der wichtigsten und finanziell umfangreichsten der von der DFG während des Krieges geförderten Projekte war das Programm interdisziplinärer Begleitforschung zum so genannten *Generalplan Ost*. Dieser im Juni 1942 von dem Berliner Professor für Agrarwissenschaften Konrad Meyer für Heinrich Himmler entwickelte Plan sah die „Germanisierung" Polens und großer Teile der Sowjetunion vor. Um Platz für fünf Millionen deutsche Siedler zu schaffen, sollte ein Großteil der slawischen Bevölkerung „verschwinden", sei es durch Vertreibung, durch Hungertod oder Ermordung. Das germanisierte Osteuropa sollte Standort einer modernen Hochleistungslandwirtschaft werden. Dazu aber sollten erst einmal seine großen Städte (und ihre Bewoh-

---

23 Zur Wahl der Fachausschüsse, der Begutachtungs- und Entscheidungspraxis der DFG in der Weimarer Republik vgl. die Darstellung, die Gustav Radbruch in der Sitzung des Hauptausschusses am 12. 4. 1930 gab, S. 14 f des Protokolls in BAK, R 73/100, die Notiz über das Gespräch einiger Präsidiumsmitglieder vom 21. 2. 1930, in: BAK, R 73/72, fol. 209–213 sowie allgemein die Sachakten zu den Fachausschüssen BAK, R 73/122 bis 130. Die Begutachtungs- und Entscheidungspraxis des RFR untersucht Flachowsky, Notgemeinschaft (wie Anm. 3), S. 235–238 und 251 ff.

24 Zit. nach ebd., S. 165.

25 Vgl. ebenda, passim sowie Frank-Rutger Hausmann, „Deutsche Geisteswissenschaft" im Zweiten Weltkrieg. Die „Aktion Ritterbusch" (1940–1945), Dresden 1998 (= Schriften zur Wissenschafts- und Universitätsgeschichte 1).

ner) verschwinden und die Industrien aufgelöst werden. Das Schicksal der jüdischen Bevölkerung Osteuropas wurde nur indirekt thematisiert: Alle demographischen Berechnungen gingen von der Voraussetzung aus, dass es keine Juden mehr geben werde.

Der *Generalplan Ost* basierte auf einem Forschungsprogramm, das Meyer, einer der Göttinger Kameraden Mentzels und Leiter der Fachsparte Agrarwissenschaften des *Reichsforschungsrates*, organisierte und das die DFG finanzierte. Beteiligt waren Wirtschaftswissenschaftler, Geographen, Raumplaner, Landwirtschaftsexperten, Historiker etc. Die DFG stellte über 500.000 Reichsmark bereit, aber sie trat keineswegs als Initiatorin oder treibende Kraft auf. Schon wenige Tage nach dem deutschen Überfall auf Polen im September 1939 hatten Wissenschaftler der unterschiedlichsten Disziplinen in großer Zahl von sich aus begonnen, das Regime mit Denkschriften zu bombardieren, wie Osteuropa wissenschaftlich exakt zu germanisieren sei. Konrad Meyer und die DFG kanalisierten und bündelten solche Initiativen, aber sie mussten sie nicht erst stimulieren.[26]

Hier wird ein Muster erkennbar, das für DFG wie Reichsforschungsrat generalisiert werden kann. Beide Institutionen boten den hier engagierten Forschern förderliche Rahmenbedingungen und Dienstleistungen – von der Finanzierung über die Freistellung von Forschern vom Kriegsdienst bis zur Beschaffung von Rohstoffen. Im Sinne des NS-Regimes *initiativ* aber wurden in aller Regel die Wissenschaftler selbst, die dann die Möglichkeiten von DFG und RFR für sich zu nutzen wussten. Deren eigentliche Leistung für den Nationalsozialismus bestand darin, den Hochschulforschern einen Freiraum bereitzustellen, in dem sie ihre Kreativität und ihre Bereitschaft zum Engagement für das Regime und seine Kriegsziele verwirklichen konnten. Und zwar in der Atmosphäre einer auf das Wissenschaftliche *begrenzten* Meinungsfreiheit bei gleichzeitiger Akzeptanz des politischen Grundkurses. Dazu bedurfte es nicht mehr (aber auch nicht weniger) als einiger finanzieller, materieller und personeller Ressourcen sowie eines gewissen Schutzes der in diesem Sinne für das Regime aktiven Wissenschaftler gegen störende Interventionen selbsternannter Glaubenswächter *des* Nationalsozialismus. Daher gehörte Rudolf Mentzel zu jenen NS-Wissenschaftspolitikern, welche die modernen, sprich: effektiven Physiker um Werner Heisenberg gegen die Protagonisten der *Deutschen Physik* stützten. Wenn die politische Spitze von DFG und Reichsforschungsrat im Gegenzug von den Wissenschaftlern erwartete, den ihnen gewährten Freiraum gemäß der Grundsätze des „Führerprinzips" zu verwalten, so war damit zum einen die Erwartung verbunden,

---

26 Vgl. Isabel Heinemann, Wissenschaft und Homogenisierungsplanungen für Osteuropa. Konrad Meyer, der „Generalplan Ost" und die Deutsche Forschungsgemeinschaft, in: dies./Patrick Wagner (Hg.), Wissenschaft – Planung – Vertreibung. Neuordnungskonzepte und Umsiedlungspolitik im 20. Jahrhundert, Stuttgart 2006 (= Beiträge zur Geschichte der Deutschen Forschungsgemeinschaft 1), S. 45–72.

hierdurch die Effektivität von Forschung im Sinne einer kurzfristigen Kampagnenfähigkeit für konkrete Ziele zu erhöhen. Zum anderen diente die Implantation dieses allgemeinen Organisationsprinzips des NS-Staates in die Forschung der strukturellen Einbindung der Wissenschaftler in das nationalsozialistische Herrschaftssystem. Der Mentalität des durchschnittlichen deutschen Ordinarius von 1940 war ein solch autoritäres Prinzip nicht völlig fremd, im Binnenverhältnis der Wissenschaften wurde das Führerprinzip gleichwohl an ältere Normen des professoralen Komments angepasst. Daher galten den Professoren nach 1945 im Rückblick zwar die Führungsansprüche eines Rudolf Mentzel als inakzeptables Hereinregieren des NS-Regimes in die Wissenschaft. Aber jene autoritären Führungsstile, die Fachspartenleiter wie Walther Gerlach in den letzten Kriegsjahren praktiziert hatten, wurden retrospektiv als „energisches" Handeln im Interesse der Forschung positiv bewertet.

Nach ihrer Neugründung im Jahr 1949 hat sich die Deutsche Forschungsgemeinschaft über Jahrzehnte nicht öffentlich transparent mit ihrer NS-Vergangenheit auseinander gesetzt, präsent und informell handlungsleitend war sie gleichwohl stets. So wehrte sich erstens die DFG-Spitze während der fünfziger Jahre zäh gegen die Versuche von Wissenschaftlern, die wegen ihrer NS-Vergangenheit ihre Hochschulstellen verloren hatten, Einfluss in den Gutachterausschüssen zu erlangen.[27] Mit der fortschreitenden Wiedereinstellung dieser Professoren an den Universitäten wurde dies freilich für die DFG immer mehr zum Windmühlenkampf à la Don Quichotte. Ab Mitte der fünfziger Jahre begnügte man sich daher damit, solche Wissenschaftler zumindest aus jenen Gremien herauszuhalten, die als politisch brisant galten. So sortierte der zuständige Referent Carl-Heinz Schiel vor der Gründung der DFG-Kommission für Ostforschung im Jahr 1957 mehrere vorgeschlagene Kommissionsmitglieder als „ehemals tiefbraun" aus.[28]

Zweitens etablierten Spitzengremien wie Gutachter eine abstrakte, d. h. eben nicht konkret gegen den Nationalsozialismus gezielte, allgemeine Politikferne als Kriterium seriöser Forschung. Politisches Engagement in jedweder Richtung führte nun, so ein Gutachten von 1952, zu dem Schluss, der Antragsteller habe „die Unabhängigkeit eines selbständigen wissenschaftlichen Urteils aufgegeben".[29] Hiermit verbunden war eine geradezu inbrünstige Ideologisierung der „reinen", sprich Grundlagenforschung, deren Verve sich nur dann erschließt, wenn man sie als implizite Distanzierung von den Erfahrungen der NS-Zeit betrachtet, die es aber zugleich einigen vor 1945 Aktiven erlaubte, an die damaligen symbolischen Grenzziehungen zwischen Grundlagen- und Zweckforschung apologetisch anzuknüpfen.

---

27 Vgl. den kontroversen Briefwechsel zwischen der DFG und dem „Notverband amtsverdrängter Hochschullehrer" aus den Jahren 1951 bis 1955, in: BAK, Film 1790 K.

28 Zit. nach Unger, Ostforschung, S. 289.

29 Hauptausschussliste 45/1952, S. 28, in: BAK, B 227/142.

Drittens schließlich schwang die Auseinandersetzung mit der NS-Vergangenheit der Fachkollegen im Rahmen des Begutachtungsverfahrens immer wieder mit – hier fand eine Art zweite, fachinterne Entnazifizierung statt. In den Geisteswissenschaften etwa bemühten sich die Gutachter, seriöse Wissenschaftler vermeintlich sauber von „völkischen Dilettanten" zu unterscheiden. So scheiterte 1953 der Historiker Friedrich Wagner mit seinem Projekt „Europa und der fränkische Geist" an Gutachtern, die hier „das typische Produkt einer Sorte von politisch-völkischer ‚Geistesgeschichte'" identifizierten, „die in ihrem gedanklichen Wirrwarr nur verheerend wirken könne".[30] Neben der Exklusion im Einzelfall ging es in den fünfziger Jahren vor allem darum, ein Bild der jeweiligen Fachgeschichte intern verbindlich zu machen, das durch die Gleichsetzung von Nationalsozialismus und Dilettantismus weitere Reflektionen über das Verhältnis seriöser Wissenschaft zum NS-Regime als obsolet erscheinen ließ.

In vielen Fällen aber fand die „Vergangenheitspolitik" so gut getarnt zwischen den Zeilen statt, dass sie heute nur noch schwer zu rekonstruieren ist. So ist etwa in den Gutachten über Anträge Konrad Meyers, die dieser bei der DFG einreichte, nachdem er 1956 Professor für Landesplanung in Hannover geworden war, nie von seiner Vergangenheit als Fachspartenleiter des RFR oder Koordinator des Forschungsprogramms zum *Generalplan Ost* die Rede. Wusste man hierüber in der „neuen" DFG nichts? Keineswegs, man wusste vielmehr genau Bescheid, fahndete doch die Geschäftsstelle schon am Beginn der fünfziger Jahre bei Meyer und einigen seiner früheren Mitarbeiter nach Rechenmaschinen, die ihnen vor 1945 von der DFG für ihre Forschungen zum *Generalplan Ost* überlassen worden waren.[31] Wenn man also bei der DFG über Meyers Vergangenheit Bescheid wusste – erklärt das dann vielleicht, warum Meyer nur noch ein einziges Mal mit einem bei der DFG eingereichten Antrag erfolgreich war, obwohl er sich am Ende der fünfziger Jahre als einer der wichtigsten bundesdeutschen Raumplaner reetabliert hatte? Es wäre angenehm, es so deuten zu können; die Akten freilich schweigen.

---

30 Hauptausschussliste 94/1953, S. 38, in: BAK, B 227/140.
31 Vgl. Meyers Förderakte in: DFG-Archiv, Me 149. Zur Suche der DFG nach Rechenmaschinen der Mitarbeiter der *Generalplans Ost* vgl. das Schreiben des früheren Meyer-Mitarbeiters Herbert Morgen an die DFG-Geschäftsstelle vom 15. 10. 1952, in: DFG-Archiv, Mo 20, fol. 5326.

Rüdiger Hachtmann

Die Wissenschaftslandschaft zwischen 1930 und 1949

Profilbildung und Ressourcenverschiebung

Die Strukturen wie die Ressourcenkonstellationen in der Wissenschaftslandschaft 1930 bis 1945 sind wesentlich durch vier Aspekte charakterisiert: (1.) durch den Primat der Kriegsrelevanz, (2.) durch eine institutionelle, vorgeblich polykratische Zersplitterung der reichsdeutschen Wissenschaftslandschaft – die ihrerseits den Hintergrund für das von der älteren Historiographie aufgestellte Diktum der vermeintlichen Ineffizienz der Forschung während des „Dritten Reiches" abgab – , (3.) durch eine doppelte Ressourcenverschiebung innerhalb des Gesamtkomplexes der Wissenschaften und (4.) durch die Expansion der reichsdeutschen Wissenschaften auf dem Rücken der Wehrmacht ab 1938.

I.

Wie die Wirtschaft folgte auch die Wissenschaft während des „Dritten Reiches" in erster Linie dem Primat der Kriegsrelevanz und Aufrüstung.[1] Allen hohen NS-Funktionsträgern, selbst den borniertesten Nazis, war bewusst, dass man Kriege in der Moderne nur mit moderner Wirtschaft, modernem Technologie und eben moderner Wissenschaft würde führen können.

Die Phase der Systemetablierung mit ihren politisch-ideologischen Wirren, die zunächst auch in die Wissenschaften und die Wissenschaftspolitik hineinreichten, endete nach relativ kurzer Zeit. Ideologisierte Wissenschaftskonzepte traten ab Ende 1934, spätestens mit der Verabschiedung des Vierjahresplan im September 1936 infolge einer auf Effizienz bedachten pragmatischen Wissenschaftspolitik unter bellizistischen Vorzeichen zurück. Der Abgang des prominenten „Deutschen Physikers" und Nobelpreisträgers Johannes Stark, ein früher Hitler-Anhänger und eingefleischter Antisemit, von den wissenschaftspolitischen Bühnen des „Dritten Reiches" steht hier exem-

---

1 Zum Verhältnis von Krieg bzw. Militär und Wissenschaften im 19. und 20. Jahrhundert allgemein (mit Betonung des Ersten Weltkrieges als einer Epochenschwelle, die eine nachhaltige und bis 1945 andauernde ‚Bellizisierung' der deutschen Wissenschaften im Gefolge hatte) vgl. jetzt Rüdiger Hachtmann, „Rauher Krieg" und „friedliche Forschung"? Zur Militarisierung der Wissenschaften und zu Verwissenschaftlichung des Krieges im 19. und 20. Jahrhundert, in: Matthias Berg / Jens Thiel / Peter Walther (Hg.), Mit Feder und Schwert. Militär und Wissenschaft – Wissenschaftler und Krieg, Stuttgart 2009, S. 25 – 56, sowie die Beiträge der Sektion I in diesem Band. Für kritische Anmerkungen zum vorliegenden Beitrag danke ich Michael Grüttner.

plarisch. Der vor allem auf die Natur- und Technikwissenschaften – weniger
dagegen auf die ideologienahen Geistes- und Kulturwissenschaften – bezogene Pragmatismus schloss auch die so genannte Grundlagenforschung ein,
da den maßgeblichen NS-Funktionsträgern der enge Zusammenhang zwischen den (elastischen) Kategorien „Grundlagenforschung" und „angewandter Forschung" bewusst war und die Wissenschaftler ihrerseits selbst den
engen Konnex zwischen beiden betonten.[2]

Zwischen den NS-Funktionsträgern und der überwiegenden Mehrheit der
Wissenschaftler bestand über den Primat der Rüstungs- und Kriegsrelevanz
Einigkeit. Der von den Nationalsozialisten 1933 im Konsens mit der tradi-
tionellen Rechten in Gang gesetzte „nationale Aufbruch" und die damit einhergehende „Wiederwehrhaftmachung" stießen auf Zustimmung in breiten
Kreisen der Wissenschaftler und Hochschullehrer. Die außenpolitischen
Ambitionen des Regimes, die schon früh erkennbar über eine bloße Revision
des Versailler Vertrages hinausgingen und die „Neuordnung" mindestens
Mitteleuropas ins Auge fassten, enthusiasmierten und führten vielfach zu
einer hochgradigen – durch den harschen Antisemitismus des Regimes wenig
gedämpften – Selbstmobilisierung der reichsdeutschen Wissenschaftler.[3]

Die Bereitschaft der Wissenschaftler, aus nationalistischen Motiven heraus
Energie und Tatkraft in den Dienst der „Wiederwehrhaftmachung" und eines
erneuten Griffs zur Weltmacht zu stellen, verweist auf starke Kontinuitäten.
Das Gros der renommierten Forscher war im Spätwilhelminismus und durch
den Ersten Weltkrieg sozialisiert, nach 1918 zumeist deutschnational orien-

---

2 So erklärte Planck Ende September 1933, dass gerade die Arbeiten an den auf die Grundlagenforschung konzentrierten Instituten der KWG entgegen den Vorurteilen einer schlecht infor-
   mierten Öffentlichkeit „nicht rein akademischen Zwecken dienen, sondern [die Forscher] immer
   die Frage nach der praktischen Verwertbarkeit der Untersuchungen im Auge behalten". Auch für
   die in der KWG institutionalisierte Spitzenforschung gelte: „die Gelehrten der Institute sind die
   Schrittmacher der Praxis", so Präsident der KWG, der damit artikulierte, was innerhalb der
   Wissenschaftsgesellschaft Konsens war. Nach: WITEKO (Korrespondenz für Wissenschaft,
   Technik und Kultur, Berlin-Charlottenburg) vom 26. Sept. 1933, in: Archiv der Max-Planck-
   Gesellschaft (MPG-Archiv), Abt. I, Rep. 1A, Nr. 777. Knapp eineinhalb Jahre später, im März
   1935, formulierte Planck – nun mit deutlich kritischerem Akzent –, dass „die Weltanschauung des
   Forschers stets auf die Richtung seiner wissenschaftlichen Arbeit mitbestimmend einwirkt" – die
   Annahme, Grundlagenforschung lasse sich aus dem politischen Kontext herausdefinieren und
   von ihrer Anwendung trennen mithin naiv sei. Max Planck, Die Physik im Kampf um die
   Weltanschauung (1935), in: ders., Vorträge und Erinnerungen, 11. Auflage, Darmstadt 1979 (EA
   1949), S. 285–300, Zitat: S. 285 f. Zum Hintergrund vgl. Rüdiger Hachtmann, Anpassung und
   Nonkonformität. Zur politischen Positionierung Max Plancks während der NS-Zeit, in: Monika
   Gibas / Rüdiger Stutz / Justus H. Ulbricht (Hg.), Couragierte Wissenschaft. Fs. für Jürgen John
   zum 65. Geburtstag, Jena 2007, S. 25–43.
3 Vgl. exemplarisch: Rüdiger Hachtmann, Wissenschaftsmanagement im „Dritten Reich". Die
   Generalverwaltung der Kaiser-Wilhelm-Gesellschaft, 2 Bde., Göttingen 2007, sowie die in: ders.,
   Wissenschaftsgeschichte in der ersten Hälfte des 20. Jahrhunderts – Anmerkungen zu einigen
   Neuerscheinungen, in: Archiv für Sozialgeschichte, Bd. XLIII/2008, S. 539–606, besprochenen
   Titel zur neueren Wissenschafts- und Universitätsgeschichte, außerdem die Beiträge von Patrick
   Wagner und Michael Grüttner im vorliegenden Band.

tiert und ihre Bereitschaft zur Rüstungsforschung bereits während der Weimarer Republik hoch. Die Beteiligung beispielsweise so ziemlich aller einschlägigen Kaiser-Wilhelm-Institute ab Mitte bzw. Ende der zwanziger Jahre an der ‚schwarzen‘, d. h. nach den Bestimmungen des Versailler Vertrages strikt illegalen Rüstungsforschung steht hier exemplarisch.[4]

Das Jahr 1933 markiert in dieser Hinsicht mithin keinen so starken Bruch, wie man zunächst annehmen möchte. Mit der NS-Machtergreifung gestaltete sich die Orientierung auf Rüstung, Krieg und ebenso rassistische Paradigmen allerdings – und kaum verwunderlich – eindeutig. Politische wie moralisch-ethische Barrieren wurden abgeräumt, nicht nur mit Blick auf den Rassismus. Auch der Primat der Kriegsforschung musste nun nicht mehr kaschiert werden. Die Prioritätensetzung auf Kriegsrelevanz und Autarkiepolitik wiederum hatte zu Folge, dass es zu einer Verschiebung der Ressourcen *zwischen den einzelnen Disziplinen* kam. Protegiert wurden vor allem die Natur- und Technikwissenschaften sowie die Agrarwissenschaften, die medizinischen Disziplinen nur bis etwa 1939,[5] während die Geistes- und Kulturwissenschaften mit symptomatischen Ausnahmen tendenziell vernachlässigt wurden.

II.

Die ältere historische Forschung hat gern von einer polykratisch bedingten Zersplitterung der Wissenschaften im „Dritten Reich" gesprochen, die deren vorgebliche Ineffizienz mitbedingt habe. Abgesehen davon, dass das Konzept

---

4 Vgl. Helmut Maier, Forschung als Waffe. Rüstungsforschung in der Kaiser-Wilhelm-Gesellschaft und das KWI für Metallforschung 1900 – 1945/48, Göttingen 2007, Bd. 1, S. 266 – 283, 544 – 547; Florian Schmaltz, Kampfstoff-Forschung im Nationalsozialismus. Zur Kooperation von Kaiser-Wilhelm-Instituten, Militär und Industrie, Göttingen 2005, S. 192 – 220; Hachtmann, Wissenschaftsmanagement, Bd. 1, S. 113 ff.; Burghard Ciesla, Das Heereswaffenamt und die KWG im „Dritten Reich". Die militärischen Forschungsbeziehungen zwischen 1918 und 1945, in: Helmut Maier (Hg.), Gemeinschaftsforschung, Bevollmächtigte und der Wissenstransfer. Die Rolle der Kaiser-Wilhelm-Gesellschaft im System kriegsrelevanter Forschung des Nationalsozialismus, Göttingen 2007, S. 32 – 76, bes. 41 ff.; Sören Flachowsky, „Alle Arbeit des Instituts dient mit leidenschaftlicher Hingabe der deutschen Rüstung". Das Kaiser-Wilhelm-Institut für Eisenforschung als interinstitutionelle Schnittstelle kriegsrelevanter Wissensproduktion 1917 – 1945, in: ebd., S. 153 – 214, bes. S. 163 – 168 (und die dort jeweils genannte ältere Literatur) sowie den Beitrag von Flachowsky im vorliegenden Band.
5 Vgl. exemplarisch für die KWG, Rüdiger Hachtmann, Die Kaiser-Wilhelm-Gesellschaft 1933 bis 1945. Politik und Selbstverständnis einer Großforschungseinrichtung, in: Vierteljahrshefte für Zeitgeschichte, 56/2008, Heft 1, S. 19 – 52, S. 31 f. (Tabelle 2). In welchen Dimensionen die agrarwissenschaftliche Forschung während des „Dritten Reiches" privilegiert gefördert wurde, lässt sich – neben der Gründung und dem Ausbau entsprechender KWG-Institute – auch an der Förderpraxis des RFR bzw. der DFG ablesen. 1928 gingen lediglich knapp zehn Prozent der DFG-Zuwendungen an biologische und agrarwissenschaftliche Forschungsprojekte; bis 1943 vervierfachte sich dieser Anteil fast, auf 38 %. Nach: Sören Flachowsky, Von der Notgemeinschaft zum Reichsforschungsrat. Wissenschaftspolitik im Kontext von Autarkie, Aufrüstung und Krieg, Stuttgart 2008, S. 377 f.

„Polykratie" auf mehr zielt als auf institutionelle Zersplitterung und Kompetenzkonkurrenz,[6] war die traditionell föderal strukturierte reichsdeutsche Wissenschaftslandschaft institutionell tatsächlich bereits lange vor 1933 vielfältig aufgefächert, zum großen Ärger der Protagonisten.[7] Damit war auch Ressourcenkonkurrenz lange vor 1933 konstitutiv für Wissenschaftsmanagement und -politik geworden.[8]

Nach 1933 beförderte insbesondere der Auf- und Ausbau der Teilstreitkräfte sowie die Implementierung von Sonderkommissaren die wissenschaftspolitische und wissenschaftsinstitutionelle Zersplitterung. Diese Zersplitterung wurde allerdings durch gleichzeitige Verreichlichungsbestrebungen konterkariert, Bestrebungen, die mit der Implementierung des Reichserziehungsministeriums 1934 begannen und, wie namentlich die Geschichte des Reichsforschungsrates ab 1937 bzw. 1942 zeigt,[9] keineswegs erfolglos waren. Relativiert wird das Diktum vom Verschleiß an Ressourcen durch institutionelle Zersplitterung außerdem durch zahlreiche, bisher nur teilweise erforschte innerwissenschaftliche, interinstitutionelle, formalisierte oder

---

6 Vgl. hierzu sowie zur Kritik der älteren historischen Forschung, die angesichts eines unausgesprochenen normativen Bezugs auf den Idealtypus ‚bürgerlicher Anstaltsstaat' nur „Zerfall", „Auflösung", „Ineffizienz" usw. der NS-Herrschaft konstatieren kann: Rüdiger Hachtmann, ‚Neue Staatlichkeit' im NS-System – Überlegungen zu einer systematischen Theorie des NS-Herrschaftssystems und ihrer Anwendung auf die mittlere Ebene der Gaue, in: Jürgen John / Horst Möller / Thomas Schaarschmidt (Hg.), Die NS-Gaue – regionale Mittelinstanzen im zentralistischen ‚Führerstaat'?, München 2007, S. 56–79; ders., Elastisch, dynamisch und von katastrophaler Effizienz – Anmerkungen zur Neuen Staatlichkeit des Nationalsozialismus, in: Wolfgang Seibel / Sven Reichardt (Hg.), Prekäre Organisationen: das Beispiel der nationalsozialistischen Verwaltungen, erscheint 2010.

7 So sprach beispielsweise der politisch sehr einflussreiche langjährige Direktor des Kaiser-Wilhelm-Instituts für Züchtungsforschung in einem längeren Artikel in der Vossischen Zeitung vom 29. Juli 1930 verärgert von einem „Wirrwarr und der Planlosigkeit auf dem Gebiete der landwirtschaftlichen Forschung".

8 Dass die Vielfalt – realer oder potientieller – finanzieller Träger und Geldgeber auch erhebliche Vorteile haben konnte, ist für die KWG exemplarisch skizziert in: Hachtmann, Wissenschaftsmanagement (wie Anm. 3), bes. Bd. 1, S. 232 ff.

9 Vgl. die bahnbrechende Studie von: Flachowsky, Von der Notgemeinschaft zum Reichsforschungsrat (wie Anm. 5), S. 232–487. In den älteren, teilweise auf den apologetischen Erinnerungen der Zeitgenossen basierende Studien wird dagegen eine weitgehende Erfolgslosigkeit des RFR suggeriert: Kurt Zierold, Forschungsförderung in drei Epochen. Deutsche Forschungsgemeinschaft. Geschichte, Arbeitsweise, Kommentar, Wiesbaden 1968, S. 215–272, bes. S. 252 f., 255, 269. 272; Notker Hammerstein, Die Deutsche Forschungsgemeinschaft in der Weimarer Republik und im Dritten Reich. Wissenschaftsgeschichte in Republik und Diktatur 1920–1945, München 1999, S. 205–546, z. B. S. 543 f.; Lothar Mertens, „Nur politisch Würdige". Die DFG-Forschungsförderung im „Dritten Reich" 1933–1937, Berlin 2004, bes. S. 127, sowie (ohne Kenntnis der Arbeit von Flachowsky) ders., Reichsforschungsrat, in: Ingo Haar / Michael Fahlbusch (Hg.), Handbuch zur Geschichte der völkischen Wissenschaften, München 2008, S. 527–531, bes. S. 527 f.

auch informelle, ausgesprochen elastische „Querverbünde", also Arbeitsgemeinschaften, die Krauch'schen „Akademien" usw.[10]

Vorgebliche institutionelle Zersplitterung und Kompetenzkonkurrenz
habe, so hat die ältere NS-Forschung außerdem gern kolportiert, zu „Doppelarbeit" und damit zu erheblichen Reibungsverlusten und Ressourcenver-
schwendungen geführt. Dieses Diktum übersieht, dass „Doppelarbeit" auch
funktional sein kann, nämlich dann, wenn es um unterschiedliche methodische Zugänge auch unter denselben Zielstellungen geht. Das der ökonomischen Sphäre entlehnte Prinzip der Konkurrenz, das während des „Dritten
Reiches" in die politisch-exekutive Sphäre implementiert wurde (Doppel-
spitze, Sonderkommissare etc.) und auch Wissenschaft und Forschung prägte,
wirkte im Gegenteil oft hochgradig stimulierend und erklärt wesentlich Dynamik sowie Mobilisierungsfähigkeit des NS-Regimes und seiner Teilbereiche
– nicht zuletzt eben der Wissenschaft und Forschung. Wenn das NS-Regime ab
1939 fast sechs Jahre lang gegen weit überlegene militärische und wirtschaftliche Gegner bestehen konnte, dann ist dies auch auf eine zumindest in
größeren Teilbereichen entgegen traditioneller Legende leistungsfähige
reichsdeutsche Wissenschaft und Wissenschaftsorganisation zurückzuführen.

III.

Wissenschaft ist nicht gleich Wissenschaft, sondern disziplinär und institutionell zu unterscheiden. Vor allem ab 1936 kam es zu teilweise gravierenden
Verschiebungen im reichsdeutschen Wissenschaftsgefüge, und zwar vor allem
auf zwei Ebenen:

Zum einen wurden ganz offensichtlich materielle Ressourcen von den
Hochschulen in die *außeruniversitären* Forschungseinrichtungen gelenkt. Der
Rückgang der Studentenzahlen und ebenso der allerdings sehr viel schwä-
chere Rückgang der Zahl der Dozenten sind ein unübersehbares Indiz für die
stiefmütterliche Behandlung der Universitäten (wobei hier freilich auch der
Studentenstau der vorausgegangenen Weltwirtschaftskrise sowie die guten
Arbeits- und Verdienstmöglichkeiten nicht-akademischer Schulabgänger ab
1935 zu berücksichtigen sind).[11] Auf der anderen Seite wurden außeruniversitäre Wissenschaftseinrichtungen in einem Umfang mit Geldern ausgestattet,
von denen vor 1933 kaum jemand zu träumen gewagt hatte. Wenige Zahlen
müssen hier genügen: Der Etat der KWG lag 1943 um 66 % über dem Niveau
von 1929 (also dem letzten Jahr der auch für die Forschung Goldenen Zwan-

<hr>

10 Vgl. die Beiträge in: Maier (Hg.), Gemeinschaftsforschung (wie Anm. 4), sowie ders., Forschung
    als Waffe (wie Anm. 4).
11 Vgl. Konrad Jarausch, Deutsche Studenten 1800–1970, Frankfurt a. M. 1984, S. 129–140,
    178 ff.; Michael Grüttner, Studenten im Dritten Reich, Paderborn 1995, S. 21 f., 101–109, 487–
    493.

ziger Jahre), der der DFG um 94 % (einen Göringschen Sonderfonds von 50
Mio. RM ab 1943 noch gar nicht eingerechnet). Noch stärker stiegen die Etats
besonders militärnaher Einrichtungen wie der Chemisch-technischen
Reichsanstalt (bis 1920: Militärisches Versuchsamt). Zwischen 1930 und 1938
erhöhte sich der Etat dieser anwendungsorientierten Forschungseinrichtung
um 148 %, also um das Zweieinhalbfache.[12] Oft noch dynamischer entwickelte
sich die Industrieforschung.[13] Sie war angesichts ausgelasteter Produktions-
kapazitäten sowie einer rasch eintretenden hohen Profitabilität insbesondere
der mittelbar oder unmittelbar in die Aufrüstung involvierten Industrien finanziell oft opulent ausgestattet und konnte erfolgreich gerade auch renommierte Forscher aus den Technischen Hochschulen, Universitäten sowie selbst
den einschlägigen Kaiser-Wilhelm-Instituten abwerben.[14]

Außerdem kam es parallel dazu, vor allem ab 1936/37, zur bereits angedeuteten Verschiebung der Ressourcen zwischen den einzelnen Disziplinen –
weg von den Geistes- und Kulturwissenschaften, hin vor allem zu den Natur-,
Technik- und Agrarwissenschaften. Diese unter dem NS-Regime vorgenommene Umprofilierung der reichsdeutschen Forschungslandschaft ordnet sich
freilich in langfristige Trends ein und weist Züge genereller „Modernisierung"
auf (wobei hier ein normativ nicht aufgeladenen Begriff von „Modernität"
vorausgesetzt wird, einer, der – im Sinne etwa Detlev Peukerts – die Verwerfungen und Ambivalenzen der Moderne einschließt). Diese mit der oft vor-
züglichen Ausstattung außeruniversitärer Institutionen scharf kontrastierende relative Vernachlässigung der Universitäten sowie vor allem eine Sicht,
die Geistes- und Kulturwissenschaften als irrelevanten Luxus betrachtet und
stattdessen die Natur-, Technik-, Bio- und Agrarwissenschaften in den Vordergrund rückt, charakterisiert jedenfalls nicht nur die Zeit des Nationalsozialismus.

Nach 1945 kam es – in Reaktion auf die Zeit der NS-Diktatur und die Rolle

12 Vgl. im Einzelnen: Hachtmann, Wissenschaftsmanagement (wie Anm. 3), Bd. 1, S. 191–258;
    ders., Der Ertrag eines erfolgreichen Wissenschaftsmanagements. Die Etatentwicklung wich-
    tiger Kaiser-Wilhelm-Institute 1929 bis 1944, in: Maier (Hg.), Gemeinschaftsforschung, S. 561–
    598; Flachowsky, Von der Notgemeinschaft zum Reichsforschungsrat (wie Anm. 5), bes. S. 374–
    390.
13 Vgl. z. B. Lutz Budraß, Flugzeugindustrie und Luftrüstung in Deutschland 1918–1945, Düs-
    seldorf 1998, S.531 (Tab. 40); Burghard Weiss, Rüstungsforschung am Forschungsinstitut der
    Allgemeinen Elektricitäts-Gesellschaft bis 1945, in: Helmut Maier (Hg.), Rüstungsforschung im
    Nationalsozialismus. Organisation, Mobilisierung und Entgrenzung der Technikwissenschaf-
    ten, Göttingen 2002, S. 109–141, bes. S.123; Andreas Zilt, Rüstungsforschung in der west-
    deutschen Stahlindustrie. Das Beispiel der Vereinigten Stahlwerke AG und Kohle- und Eisen-
    forschung GmbH, in: ebd., S. 183–213, bes. S.194 f., 203 f. Raymond G. Stokes, Von der I.G.
    Farbenindustrie AG bis zur Neugründung der BASF (1925–1952), in: Werner Abelshauser
    (Hg.), Die BASF. Eine Unternehmensgeschichte, München 2002, S. 221–358, hier: S.245, 292 f.
    Bei Siemens stiegen die Aufwendungen für die Forschung zwischen 1928/29 und 1942/43 um
    165,3 % (Siemens-Schuckert-Werke) bzw. 258,1 % (Siemens & Halske). Vgl. Hachtmann,
    Wissenschaftsmanagement (wie Anm. 3), Bd. 1, S. 201.
14 Vgl. exemplarisch: Maier, Forschung als Waffe (wie Anm. 4), S. 316–321.

vieler Technik- und Naturwissenschaftler für die deutsche Kriegführung – an den Universitäten zu einer Renaissance der Geistes- und Kulturwissenschaften, allerdings nur vorübergehend. So wurden Technische Hochschulen sukzessive zu Technischen Universitäten, zu „universitas humanitatis" gemacht, indem ihnen geisteswissenschaftliche Fachbereiche implementiert wurden, in der retrospektiv sicherlich naiv anmutenden Hoffnung, die spezialistische Engführung einer rein fachwissenschaftlichen Ausbildung zu konterkarieren und auf diese Weise die pflichteifrigen, vermeintlich unpolitischen, vom Nationalsozialismus angeblich lediglich instrumentalisierten Techniker und Naturwissenschaftler gegen Anfechtungen wie die zwischen 1933 und 1945 immunisieren zu können. Den Vorreiter machten die Briten, die die TH Charlottenburg 1946 zur Technischen Universität erweiterten, indem sie darauf drangen, dass an dieser Technischen Hochschule eine Philosophische Fakultät aus der Taufe gehoben wurde, in der erklärten Absicht, künftige Studenten der vor allem durch ihre 1935 gegründete Wehrtechnische Fakultät in besonderem Maße diskreditierten Berlin-Charlottenburger Hochschule neben der spezialwissenschaftlichen Ausbildung an einer „an den Normen des Friedens, der Demokratie und einer humanistisch geprägten Kultur zu orientieren".[15] Inzwischen hat sich der oben angedeutete Trend erneut durchgesetzt: Seit den neunziger Jahren nun wird die TU Berlin gründlich ‚modernisiert' und die geisteswissenschaftliche Fakultät weitgehend abgewickelt, darunter nicht zuletzt ihr jahrzehntelang florierendes Geschichtsinstitut.

IV.

Ganz so eindeutig, wie man manchmal glauben möchte, scheint der Trend einer sukzessiven Verdrängung der Geistes- und Sozialwissenschaften allerdings selbst während des „Dritten Reiches" nicht gewesen zu sein. Spätestens ab 1939 durften sogar die Kulturwissenschaften auf Ressourcenerweiterung hoffen, von den Sozialwissenschaften, die sich z. B. im Namen der „Raumplanung" in den Dienst der Neuordnung Europas gestellt hatten, ganz zu schweigen.[16] So konnte etwa das kunsthistorische Institut der Universität

---

15 Vgl. Reinhard Rürup Die Geschichte der Technischen Universität Berlin 1879–1979. Grundzüge und Probleme ihrer Geschichte, in: ders. (Hg.), Wissenschaft und Gesellschaft. Beiträge zur Geschichte der Technischen Universität Berlin 1879–1979, 2 Bde., Berlin 1979, S. 3–47, hier bes. S. 30–34, Zitat: S. 33. Die anderen bundesdeutschen THs folgten dem Schritt der TU Berlin, geistes- und kulturwissenschaftliche Fakultäten zu generieren und sich in „Technische Universität" oder „Universität" umzubenennen, erst zwanzig Jahre später.

16 Als besonders förderungswürdig galten die am „Generalplan Ost" und vergleichbaren Planungen für „Bevölkerungsverschiebungen" direkt oder indirekt beteiligten Forschungseinrichtungen und Wissenschaftler. Auch hier ist auf Kontinuitäten hinzuweisen. So befürwortete Konrad Meyer – der Hauptverantwortliche für den berüchtigten „Generalplan Ost", der ab 1956 seine Karriere auf einen Lehrstuhl für Landesplanung an der TH Hannover fortsetzen durfte – 1959 in Expertisen für die EWG erneut „planmäßige ‚Absiedlungs- und Peulierungsmaßnah-

Wien umfangreiche zusätzliche Ressourcen mobilisieren, nachdem dessen führende Vertreter für die „Südostarbeit" im Donauraum der ehemaligen K.u.K.-Monarchie einen (wie sich der damals prominente Kunsthistoriker Hans Sedlmeyr Anfang 1941 freute:) „prompt bewilligten" Vierjahresplan über die Jahre 1939 bis 1943 für den „Vorstoß der deutschen Wissenschaft" gegen die „Vorherrschaft" der „am Balkan lange führenden französischen Kunstgeschichte" aufgelegt hatten.[17] Selbst die Geistes- und Kulturwissenschaften konnten also offensichtlich hoffen, auf dem Rücken der Wehrmacht von der Besetzung Europas und längerfristig vor allem von den gigantischbarbarischen Neuordnungs-Plänen der Diktatur, die immer auch die kulturelle oder „geistige" Hegemonie eines völkisch-rassistisch verstandenen Deutschlands einschlossen, zu profitieren.

Noch mehr gilt dies freilich für die Natur-, Technik- und Agrarwissenschaften. Hier kam ab 1938 eine auf Dauer angelegte Strategie zum Tragen, die sich auf folgende Formel reduzieren lässt: ‚Die Wehrmacht verschafft uns – also der reichsdeutschen Wissenschaft – mit ihren Eroberungen Zugriff auf materielle wie personelle Ressourcen, auf wissenschaftliches Kapital, im Ausland; wir wiederum verschaffen der Wehrmacht mit den auf diese Weise erweiterten wissenschaftlichen Ressourcen einen Rüstungsvorsprung (‚Rüstung' ganz weit gefasst), der die deutsche Herrschaft mindestens in Europa perpetuiert.'[18]

Am Beispiel der KWG[19] lässt sich zeigen, dass dieses Konzept nicht folgenlos blieb und sich die deutsche Wissenschaftslandschaft vor dem Hintergrund dieses wissenschaftsimperialistischen Konzeptes nach einer Art Metropole-Peripherie-Modell auch tatsächlich organisatorisch neu zu formieren

men'" zwecks „Verwirklichung der ‚neuen Ordnung' Europas", nun allerdings nicht mehr (offen) rassistisch grundiert. Ihre bis 1945 ausgearbeiteten Raumordnungsentwürfe deklarierten Meyer u. a. retrospektiv zu „reinen Grundlagenforschungen" um. Vgl. Isabel Heinemann, Wissenschaft und Homogenisierungsplanungen für Osteuropa. Konrad Meyer, der „Generalplan Ost" und die Deutsche Forschungsgemeinschaft, in: dies. / Patrick Wagner, Einleitung zu: Wissenschaft – Planung – Vertreibung. Neuordnungskonzepte und Umsiedlungspolitik im 20. Jahrhundert, Stuttgart 2006, S. 45–72, Zitate: S. 65 f., 71.

17 Hans H. Aurenhammer, Hans Sedlmeyr und die Kunstgeschichte an der Universität Wien 1938 – 1945, in: Kunst und Politik. Jahrbuch der Guernica-Gesellschaft, Band 5/2003. Schwerpunkt: Kunstgeschichte an den Universitäten im Nationalsozialismus, hg. von Jutta Held / Martin Papenbrock, S. 161–194, hier: S. 166.

18 Die Formulierung ist von mir. Sie fasst entsprechende zeitgenössische Anschauungen etwa von Rudolf Mentzel, dem Chef des Amtes Wissenschaft im „Reichsministerium für Erziehung, Volksbildung und Wissenschaft" und (ab 1936) DFG-Präsidenten sowie Ordinarius für Wehrchemie an der TH Berlin-Charlottenburg, oder von Hubert Meth zusammen, einem Vertrauten des auch wissenschaftspolitisch einflussreichen Chefs des Reichsamtes für Wirtschaftsausbau, Generalbevollmächtigten für Sonderfragen der chemischen Erzeugung und (ab 1940) Vorstandsvorsitzenden der I.G. Farbenindustrie Carl Krauch. Vgl. im einzelnen Hachtmann, Wissenschaftsmanagement (wie Anm. 3), Bd. 2, bes. S. 871, 963–967.

19 Vom ‚Beispiel KWG' wird hier gesprochen, weil ähnliches auch für andere Forschungsinstitutionen zu vermuten steht.

begann. Die ‚allgemeine' Grundlagenforschung sollte nach dem Willen der Führungsspitze der KWG in Berlin-Dahlem sowie anderen Standorten des Altreichs, als dem Kern des geplanten, ‚neugeordneten' nationalsozialistischen Europas, verbleiben. 1938 traten neben Berlin außerdem Wien und (jedenfalls mit Blick auf die KWG:) Prag als weitere, künftige Wissenschaftsmetropolen hinzu. In der europäischen ‚Peripherie' sollten lediglich regionenbezogene Forschungseinrichtungen angesiedelt werden, in erster Linie agrarwissenschaftliche und biologische Institute, die die wissenschaftliche Grundlage für die ökonomische Ausnutzung der jeweils landestypischen Fauna und Flora legen oder sich, gleichfalls unter dem Gesichtspunkt ökonomisch optimaler Verwertung, regional spezifischen geologischen Problemen widmen sollten (z. B. Kohle- und Silikatforschung).[20] Dieses Konzept ließ sich problemlos mit den wirtschaftsimperialistischen Prämissen des NS-Regimes verzahnen, die „Großdeutschland" als den hochindustriellen Kern des künftigen nationalsozialistischen Europas vorsahen und vor allem den Ländern Osteuropas den Status von Agrarkolonien zuwiesen.

Dem angedeuteten Metropole-Peripherie-Modell korrespondierten drei Grundformen der institutionellen Expansion deutscher Wissenschaften, die sich am vom NS-Regime vorgegebenen Konzept des ‚rassistischen Raumes' orientierten und ebenfalls für die KWG exemplifizieren lassen. Den ersten Typus nenne ich ‚*einvernehmliche Expansion*', weil diese Variante der organisatorischen Ausdehnung auf einer alles in allem gleichberechtigten Kooperation mit den Wissenschaftlern und ‚ihren' Instituten in den jeweiligen Zielregionen basierte. Praktiziert wurde diese Variante der ‚freundlichen Übernahme' vor allem in Österreich seit Mitte 1938.[21] Der zweite Typus organisatorischer Ausdehnung kann als ‚*entwicklungspolitische Expansion*' bezeichnet werden. Auch er setzte grundsätzlich auf Einvernehmen, ging jedoch zugleich von einem wissenschaftlichen Rückstand der Zielländer aus und war als eine Art forschungspolitische Entwicklungshilfe konzipiert. Geographisch richtete sich diese Variante der Expansion auf die mit der NS-Diktatur verbündeten und von ihr abhängigen Staaten vor allem in Südosteuropa; zeitlich begann sie grob im Frühjahr 1939. Die dritte Variante schließlich lässt sich als ‚*aggressive Expansion*' kennzeichnen. Sie behandelte Wissenschaftler wie Forschungseinrichtungen als Ressourcen, über die man frei verfügen konnten (ohne Interessen und Wünsche der betroffenen Forscher zu berücksichtigen) und wurde vor allem in den unmittelbar von nationalsozialistischen Funktionsträgern, der Wehrmacht oder der SS beherrschten Gebieten praktiziert. Sie begann im September 1939 und schob

---

20 Hierzu und zum folgenden ausführlich: Hachtmann, Wissenschaftsmanagement (wie Anm. 3), Bd. 2, S. 764–778, 963–995.

21 Dies bezieht sich selbstredend nicht auf die entlassenen Wissenschaftler und Hochschullehrer, deren Zahl gerade in Österreich teilweise sehr hoch lag, an der Universität Wien z. B. bei gut vierzig Prozent.

sich mit dem Überfall auf die Sowjetunion zunehmend in den Vordergrund,
ohne die beiden anderen Varianten gänzlich zu verdrängen.

Dem hier nur angedeuteten Metropole-Peripherie-Modell und ebenso die
drei Grundformen der institutionellen Expansion lag das vom NS-Regime
vorgegebenen Konzept des ‚rassischen Raumes' zugrunde. An diesem Konzept
orientierte sich auch die ab 1939 praktizierte wissenschaftliche Beutepolitik,
eine spezifische Form nationalsozialistischer ‚Ressourcenmobilisierung', die
freilich gewisse Vorläufer in einer entsprechenden Praxis bereits während des
Ersten Weltkrieges besitzt.[22] Während sich reichsdeutsche Forschungsinstitutionen und Akteure im Westen Europas vergleichsweise zurückhaltend
verhielten,[23] agierte man im Osten Europas – der von, in nationalsozialistischer Perspektive minderwertigen und hassenswerten Nationen besiedelt war
– sowie ab Sommer 1943 in Italien von Anfang an enthemmt. Die neuere
Forschung hat diese rassistisch grundierte, selektive Praxis räuberischer
Ressourcenaneignung durch eine Fülle von Beispielen belegt.[24] Ab Mitte 1942
sank zwar allmählich die Hemmschwelle für „Sicherstellungen" (wie der Raub
von Patenten, wissenschaftlichen Apparaten etc. in den zeitgenössischen
Schriftwechseln euphemistisch umschrieben wurde) auch im Westen Europas,

---

22 Vgl. exemplarisch Christoph Roolf, Dinosaurier-Sklette als Kriegsziel: Kulturraubplanungen,
    Besatzungspolitik und die deutsche Paläontologie in Belgien im Ersten Weltkrieg, in: Beiträge
    zur Wissenschaftsgeschichte 27/2004, S. 5–26.
23 Dies lässt sich nicht nur für die KWG, sondern auch z. B. für die Aerodynamischen Versuchs-
    anstalt (AVA) nachweisen. Vgl. Florian Schmaltz, Nationaal Luchtfaartlaboratorium (NLL) in
    Amsterdam under German occupation during World War II, in: Ad Maas / Hans Hoojimaijers
    (Ed.), Scientific Research in World War II. What Scientists did in the war, London / New York
    2009, S. 147–182. Der AVA, die 1933 80 Beschäftigte zählte, im April 1937 aus dem Wissen-
    schaftsverbund der KWG gelöst wurde, gehörten 1940 mehr als 700 Mitarbeiter an. Sie kon-
    trollierte neben der Amsterdamer NLL zwei aerodynamische Forschungseinrichtungen in
    Frankreich und etablierte darüber hinaus Filial-Institute in den Alpen nahe Kufstein (Öster-
    reich), in Prag („Protektorat Böhmen und Mähren") sowie in Finse (Norwegen). Schmaltz zeigt
    exemplarisch für die NLL, dass sich die AVA bei den westlichen Instituten mit einer indirekten
    ökonomischen Kontrolle begnügte bzw. diese durch rechtsstaatlich korrekte Verträge, ohne
    offen ökonomische Übervorteilung, an sich band, während sie umgekehrt die Einrichtungen
    des Ende 1941 besetzten Aerodynamischen Instituts in Charkow bis Anfang 1943 in das
    württembergische Ummendorf abtransportieren ließ.
24 Vgl. (ohne Anspruch auf Vollständigkeit:) Susanne Heim, Kalorien, Kautschuk, Karrieren.
    Pflanzenzüchtung und landwirtschaftliche Forschung in Kaiser-Wilhelm-Instituten 1933–
    1945, Göttingen 2004, S. 45–49, 89 ff., 227 ff., 232 ff.; Florian Schmaltz, Kampfstoff-Forschung
    im Nationalsozialismus. Zur Kooperation von Kaiser-Wilhelm-Instituten, Militär und Industrie,
    Göttingen 2005, S. 178–187; Flachowsky, Von der Notgemeinschaft zum Reichsforschungsrat
    (wie Anm. 5), S. 426 ff.; Hachtmann, Wissenschaftsmanagement (wie Anm. 3), Bd. 2, S. 979–
    990; Heiko Stoff, „Eine zentrale Arbeitsstätte mit nationalen Zielen". Wilhelm Eitel und das
    Kaiser-Wilhelm-Institut für Silikatforschung, 1926–1945, in: Maier (Hg.), Gemeinschaftsfor-
    schung (wie Anm. 4), S. 503–560, hier: S. 551 ff. Zur Beteiligung von Geisteswissenschaftlern
    an der Plünderung von Archiven, Bibliotheken, Museen und Kunstsammlungen in den okku-
    pierten Gebieten vgl. als Überblick (mit weiterführender Literatur) Jan Eckel, Deutsche Geis-
    teswissenschaften 1870–1970. Institutionelle Entwicklungen, Forschungskonzeptionen,
    Selbstwahrnehmung, in: Neue Politische Literatur, 51/2006, S. 353–395, hier: S. 378 f.

etwa in den Niederlanden, in Belgien und Frankreich. Die entsprechenden „Auskämmaktionen" blieben jedoch selbst in den letzten Kriegsjahren und im signifikanten Unterschied vor allem zu den besetzten sowjetischen Gebieten sowie zu Polen nur „punktuell" (Sören Flachowsky).[25]

V.

Zum Abschluss einige Thesen und Überlegungen für künftige Forschungen: ‚Profilbildung' und ‚Ressourcenverschiebungen' müssen durch harte Daten nachgewiesen werden. Eine möglichste flächendeckende Finanz- bzw. besser: Finanzierungsgeschichte der Forschung, aber auch der Ausstattung der Lehrstühle usw. würde genaueren Aufschluss über die konkreten Dimensionen der hier angedeuteten Umprofilierungen in Forschung und Lehre geben. Bisher ist dies vor allem für die KWG, die DFG bzw. den Reichsforschungsrat, in Ansätzen außerdem für die Preußische Akademie der Wissenschaften geschehen. Auffällig ist, dass sich fast alle Studien zu den Universitäten vor solchen Untersuchungen bisher gedrückt haben,[26] eine angesichts oft schlampiger Buchführung, schwarzer Kassen und anderer Faktoren, die allein die Zusammenstellung valider Daten erheblich erschweren, gewiss verständliche Zurückhaltung, die jedoch aufgegeben werden muss, wenn man substantielle Antworten auf die Frage nach den materiellen Ressourcenumschichtungen gewinnen will.

Trotz einiger spannender Arbeiten bleibt außerdem die Vernetzung der Hochschulen und ihrer Akteure ein Forschungsdesiderat. Der Begriff Vernetzung zielt auf mehrere Ebenen:

- auf die bereits erwähnte und von Helmut Maier, Sören Flachowsky und anderen zu Recht ins Zentrum gerückte wissenschaftliche Vernetzung durch interinstitutionelle und oft auch inter- (bzw. besser: transdisziplinäre) Verflechtung in Arbeitsgemeinschaften, Akademien usw.,
- auf die nicht nur aufgrund starker personeller Fluktuation engen Beziehungen zwischen unabhängiger, sowohl universitärer als auch außeruniversitärer Forschung einerseits und industrieller, d. h. auf unmittelbare Anwendung und profitable Verwertung abzielende, mithin abhängige Forschung andererseits,
- auf die (im hier interessierenden Zeitraum besonders wichtig): immer engere Verfilzung zwischen den Forschungseinrichtungen wie Protagonisten der Wissenschaft und ‚der Politik', also den einschlägigen Institu-

---

25 Vgl. Flachowsky, Von der Notgemeinschaft zum Reichsforschungsrat (wie Anm. 5), S. 411–415, 426–432, Zitat: S. 414; Hachtmann, Wissenschaftsmanagement (wie Anm. 3), Bd. 2, S. 990.

26 Eine rühmliche Ausnahme ist: Traditionen – Brüche – Wandlungen. Die Universität Jena 1850–1995, hg. von der Senatskommission zur Aufarbeitung der Jenaer Universitätsgeschichte im 20. Jahrhundert, Köln / Weimar / Wien 2009, für die NS-Zeit bes. S. 311–316, 561 ff.

tionen des Regimes und den maßgeblichen politischen Entscheidungsträ-
gern – Vernetzungen, die insbesondere auf der *informellen* Ebene während
des „Dritten Reiches" gegenüber den vorausgegangenen, durch die Tradition des „Systems Althoff" geprägten Jahrzehnte noch an Bedeutung gewannen, da Politik im NS-Herrschaftssystem stark personalistisch geprägt
war, allerdings zunehmend an anderen als den gewohnten Orten stattfand.

Zu denken ist in diesem Zusammenhang außerdem an die vielfältigen Vernetzungen der Hochschulen wie der außeruniversitären Forschungseinrichtungen in die Gesellschaft hinein. Neben einer – nach Adressatenkreisen ab-
gestuften – Öffentlichkeitsarbeit sind dabei die zahlreichen Honoratioren-
klubs und Herrengesellschaften wie der 1907 gegründete „Aero-Club von
Deutschland", der 1864 gegründete „Club von Berlin" sowie zahlreiche weitere
alte wie neue Knotenpunkte elitärer Netzwerke[27] konkret ins Auge zu fassen,
die nach 1933 zu zentralen Informationsbörsen[28] und Kommunikationszen-
tren wurden. Diese von der NS-Forschung bisher weitgehend ignorierten
Knotenpunkte elitärer Netzwerke waren von hoher Bedeutung für die vor
allem ab 1936 immer stärkere Verzahnung der wissenschaftlichen, politischen, militärischen und industriellen Teilsysteme zu einem Gesamtkomplex,
der eine Unterscheidung in einzelne Teilsysteme im Krieg kaum mehr möglich
machte. Und sie waren auch verantwortlich für die Umschichtung profan-
materieller Ressourcen, denn die wurden im „Dritten Reich" tatsächlich ja
immer stärker informell – und oft buchstäblich – ‚verschoben'.

Schließlich (das knüpft daran an, geht jedoch gleichzeitig über die Wissenschaftsgeschichte im engeren Sinne hinaus:) wäre die Verbürgerlichung
des Nationalsozialismus an der Macht zu untersuchen.[29] Alte und neue Eliten

27 Vgl. (mit Blick auf die KWG): Hachtmann, Wissenschaftsmanagement (wie Anm. 3), bes. Bd. 1,
    S. 138–173, 485 ff.; Bd. 2, S. 711–719; ders., Vernetzung um jeden Preis: Alltagshandeln der
    Generalverwaltung der Kaiser-Wilhelm-Gesellschaft im „Dritten Reich", in: Maier (Hg.), Ge-
    meinschaftsforschung (wie Anm. 4), S. 77–152, bes. S. 98–110, 117–120, 144–152.

28 Hier kann nur darauf hingewiesen werden, dass die Ressource ‚Information' während des
    „Dritten Reiches", das keine ‚normalen' Öffentlichkeiten und frei zugänglichen Informations-
    flüsse kannte, und ein unverstellter und schneller Zugang zu dieser Ressource ‚Information'
    ganz allgemein enorm an Bedeutung gewann. Auch deswegen ist der Stellenwert der genannten
    Klubs, aber auch der weniger formalisierter ‚Herrenabende' und ‚Männerfreundschaften' gar
    nicht zu überschätzen.

29 Vgl. allgemein dazu die aufschlussreichen Bemerkungen von: Ulrich Herbert, Wer waren die
    Nationalsozialisten? Typologien des politischen Verhaltens im NS-Staat, in: Gerhard Hirschfeld
    / Tobias Jersak (Hg.), Karrieren im Nationalsozialismus. Funktionseliten zwischen Mitwirkung
    und Distanz, Frankfurt a. M. / New York 2004, S. 17–42. Selbst innerhalb der engeren Führung
    der Deutschen Arbeitsfront – als einer NS-Massenorganisation, der ein dezidiert proletarischer
    Ruf vorausging – lag der Anteil der bürgerlich bzw. mittelständisch geprägten Funktionsträger
    bei achtzig bis neunzig Prozent. Auffällig ist der ausgeprägt akademische Hintergrund und hier
    wiederum die hohe Zahl der Promovierten namentlich unter den mächtigen Leitern der Berliner
    DAF-Zentralämter. Vgl. Rüdiger Hachtmann, Kleinbürgerlicher Schmerbauch und breite bür-
    gerliche Brust – zur sozialen Zusammensetzung der Führungselite der Deutschen Arbeitsfront,
    erscheint in: Festschrift für Michael Schneider, Bonn 2009.

kommunizierten nicht nur; sie verschmolzen tendenziell miteinander.[30] Dies wird deshalb leicht übersehen, weil in den Jahrzehnten nach 1945 das exkulpatorische Konstrukt des „echten" oder „wirklichen Nationalsozialisten" den Blick getrübt hat. Tatsächlich beherrschte der rabaukenhafte NS-Funktionär, der sich habituell vom meist großbürgerlichen, distinktionsbewussten Wissenschaftler und Hochschullehrer diametral unterschied, bestenfalls bis Mitte 1934 das Feld. Danach begannen NS-Funktionäre mit besseren, oft feinen Manieren und Liebe für die deutsche Hochkultur das Feld jedenfalls der Wissenschaftspolitik zu beherrschen. Sie besaßen zudem meist wissenschaftliche Meriten – sowie umgekehrt zahlreiche der namhaften Wissenschaftler und Hochschullehrer zusätzliche wissenschaftspolitische und Management-Funktionen übernahmen. So wenig wie es Sinn macht, für das „Dritte Reich" generell Herrschaft und Gesellschaft schroff einander gegenüber zu stellen, so wenig sinnvoll ist es, den Wissenschaftskomplex unter dem Nationalsozialismus in eigentlich gutwillige, aber etwas weltfremde und leicht zu beeindruckende Wissenschaftseliten einerseits und böse NS-Funktionäre andererseits auseinanderzudividieren. „Das war der Nationalsozialismus", hat Hans Mommsen auf dem Historikertag 1998 seinem Bruder und anderen zugerufen, als diese mit Blick auf die deutsche Historikerzunft und deren Engagement für den Nationalsozialismus immer noch von „Verstrickung" und ähnlichem sprechen wollten. Dieses Diktum ist auch und gerade für die Geschichte der Hochschulen und Forschungseinrichtungen ernst zu nehmen.

---

30 Auf dieses (von der neueren NS-Forschung bisher viel zu wenig berücksichtigte) Phänomen hat bereits Neumann in seiner 1942 bzw. 1944 verfassten, bahnbrechenden Studie hingewiesen: Franz L., Behemoth. Struktur und Praxis des Nationalsozialismus 1933–1944, Frankfurt a. M. 1977, hier: S. 659 ff.

III. Tradition und Modernisierungsversuche im deutsch-deutschen Vergleich (1945–1990)

Matthias Middell

Ähnlichkeiten und Unterschiede im Vergleich der deutschen Wissenschaftssysteme nach 1945

Während die Hochschullandschaften der beiden deutschen Nachkriegsgesellschaften stark aufeinander bezogen waren, viele Verflechtungen zueinander und Referenzen aufeinander aufwiesen und durch die Konkurrenz der politischen Systeme, in denen sie existierten, geprägt waren, hat die historische Forschung die Herausforderung, die darin liegt, mehr als nur scharf kontrastierende Vergleiche und damit komplexere Verflechtungsgeschichten der Universitäten und ihrer Rahmenbedingungen in der Bundesrepublik und in der DDR zu liefern, nur zögerlich in Angriff genommen. Tatsächlich stößt eine solche Vorgehensweise auf eine Reihe substantieller Schwierigkeiten.

Der zeitliche Abstand zu einer stark bewertenden komparatistischen Grundierung der Evaluierung ostdeutscher Institute und Hochschullehrer ist noch vergleichsweise gering. Die Erschließung des Archivmaterials besonders in den ostdeutschen Hochschulen und Instituten hat zwar für zahlreiche Standorte bemerkenswerte Fortschritte gemacht, steht aber hinsichtlich der Verallgemeinerung noch weitgehend am Anfang. Ausnahmen wie Ralph Jessens Studie zu den Hochschullehrern und zur Berufungspolitik in der Ulbricht-Ära zeigen zugleich, dass die Archivzugangsbeschränkungen eine komplette Analyse erschweren und damit auch übergreifende Periodisierung des Gesamtzeitraums 1945–90 und daraus folgende Narrative besonders strittig erscheinen lassen.

So ist die Untersuchung der bundesdeutschen Nachkriegsgesellschaft und der kulturellen Verschiebungen in den 1950er bis 1970er Jahren erst im letzten Jahrfünft auf breiter Front in Gang gekommen und bietet nun für den Vergleich eine befriedigendere Basis. Jubiläen einzelner Hochschulen haben die Erschließung wichtigen Materials stimuliert, aber vor allem die breiter angelegten Studien zur Geschichte der Deutschen Forschungsgemeinschaft, der Kaiser-Wilhelm-Gesellschaft (im Übergang zur MPG), zu den Einrichtungen der Großforschung und zur Berliner Akademie haben diese Grundlage erheblich verbessert.

Zugleich hat sich die allgemeine Debatte zu den Möglichkeiten und Grenzen eines Vergleichs beider deutscher Staaten und Gesellschaften inzwischen inhaltlich versachlicht und methodisch verfeinert. Die unhaltbare Position einer Verweigerung des Vergleichs ist faktisch überwunden, während gleichzeitig die empirisch geschärfte Sensibilität für die Vielfalt der Vergleichsdimensionen zugenommen hat.

Wir sind allerdings noch weit entfernt von einer von Streit freigestellten Interpretation der deutschen Universitätsgeschichte der Nachkriegszeit. Dies hat nicht zuletzt mit den aktuellen Transformationsprozessen in den Hochschulen zu tun, die implizit oder explizit auf Erfolge oder Versäumnisse, Deformationen und bewahrenswerte Strukturen der vorangegangenen Periode verweisen. Wo die Mittelvergabe in einer Exzellenzinitiative dem Motto „Stärken stärken" folgt, ist die Suche nach nützlichen Traditionen vorprogrammiert. Zugleich wirkt der Druck zur Formulierung neuer Strategien für die Organisation der akademischen Lehre, zur Profilbildung und Spezialisierung in der Forschung, zur Verknüpfung mit anderen Einrichtungen am Ort und in der Region so massiv, dass ihm notwendigerweise auch Narrative entspringen müssen, die sich scharf von der Vergangenheit abgrenzen.

Allerorten nun bemerkte Versäumnisse lassen sich nicht mehr allein und vorrangig auf Deformationen während der NS-Herrschaft und durch den verlorenen Krieg zurückführen, sondern sind offenkundig Produkt der Nachkriegsentwicklung. Wie allerdings Schuld und Verursachung verteilt sind, bleibt strittig: Die einen klagen über die immer weiter aufgehende Schere der finanziellen Unterausstattung und die allgemeine Vernachlässigung von Bildung und Forschung bis zum PISA-Schock, die anderen verweisen dagegen auf fehlende Bereitschaft der Universitäten, die verfügbaren Mittel sinnvoll zu nutzen und die Kriterien rationalen Verhaltens auch auf die Selbststeuerung anzuwenden.

Als Maßstab hat sich dabei das Modell gut dotierter nordamerikanischer Forschungsuniversitäten etabliert – und nur am Rande hört man von deren Anleihen beim deutschen Hochschulwesen der vorletzten Jahrhundertwende, vom Zusammenhang zwischen globaler Hegemonialstellung und Erfolg eines Wissenschaftssystems, das nicht unmaßgeblich von einem Mechanismus lebt, der anderswo als brain drain gescholten wird. Übersehen wird auch häufiger, dass das USA-Hochschulwesen keineswegs nur aus privaten Eliteuniversitäten besteht; eine tatsächlich komparatistische Erfassung internationaler Hochschulentwicklung nach 1945 kommt gerade erst in Gang und entzieht der Bildung neuer Leitmythen hoffentlich die Plausibilität.

Dabei ist erstaunlicherweise inzwischen sogar ein gewisser Vorsprung bei der vergleichenden Einordnung ostmitteleuropäischer Hochschulpolitik zu verzeichnen, während die West-West-Vergleiche (zwischen den Besatzungszonen, aber vor allem zwischen der Bundesrepublik und anderen westlichen Demokratien) noch Desiderata sind.

Hinsichtlich der Hochschulentwicklung der DDR konkurriert in der gegenwärtigen Literatur eine komplette Verfallsgeschichte („Untergang auf Raten" eines von Anfang an illegitimen und dysfunktionalen Systems) mit der Vorstellung einer Zweiteilung in einen Aufstieg (bis etwa Mitte der 1960er Jahre) und eine lange finale Krise (seit der Hochschulreform). Eine dritte Variante versucht weiter zu differenzieren. Dabei geht es um die Frage, ob die (zweifellos mühselige, widersprüchliche und alles andere als konfliktfreie)

Etablierung/Durchsetzung einer eigenständigen Wissenschafts- und Hochschullandschaft gelungen sei. Allerdings kann wohl erst ab Ende der 1950er Jahre von einem in der DDR geformten wissenschaftlichen Nachwuchs und der vollen Durchsetzung der akademischen Macht jener Professoren, die nach 1945 neu berufen worden sind, ausgegangen werden. Wichtiger war vielleicht noch: Erst der Mauerbau 1961 beendete die Wirkungsmacht des gesamtdeutschen Akademikermarktes, den die SED bis dahin in ihren Entscheidungen zur (häufig brüsk wechselnden) Disziplinierung und Privilegierung ostdeutscher Wissenschaftler ständig zu berücksichtigen hatte. Von diesem Ausgangspunkt, so das Argument, entfaltete sich ein Wissenschaftssystem auf seinen eigenen Grundlagen. Was dies genau bedeutete, ist allerdings in der Forschung bislang weder empirisch hinreichend differenziert geklärt noch kategorial präzise genug bestimmt. Stärker bearbeitet ist dann dagegen die Geschichte jener Krisenphänomene, die direkt in den Zusammenbruch und Legitimationsverlust des ostdeutschen Hochschulsystems führten.

Die folgenden Beiträge führen empirisch fundierte Arbeiten zu vergleichenden Fragestellungen zusammen und versuchen den bisher existierenden Bias zwischen den weitgehend isoliert diskutierten West- und Ostentwicklungen überwinden zu helfen. Dabei verdankt sich manches der Vorbereitung aktuell bevorstehender Universitätsjubiläen, anderes einem eher gesellschaftsgeschichtlich ausgerichteten Interesse an der doppelt verflochtenen deutschen Teilungsgeschichte. Dass man dabei noch kaum auf etabliertes, handbuchartig vorrätiges Wissen zurückgreifen kann, macht zugleich ihren Reiz und ihr intellektuelles Risiko aus. Es kann mithin auch ein Experimentieren mit verschiedenen Varianten des Vergleichs beobachtet werden.

Wir haben uns dabei auf einige besonders umstrittene Punkte konzentriert. Zunächst geht es im Beitrag von Mitchell Ash um den Doppeleffekt der Konstruktion – verschiedenartiger – Kontinuitäten und der Betonung von Differenz in den Neuanfängen der Besatzungszonen und an einzelnen Wissenschaftsstandorten nach 1945.

In der Forschung dominierte lange ein Blick, der die gravierenden Unterschiede der Hochschulentwicklung in Ost und West zurück projizierte auf die ersten Jahre nach dem Ende des Krieges, während andererseits – nicht zuletzt angeregt durch die zunehmende Archivöffnung, den Einfluss der Exilforschung und das erneuerte Interesse an der Geschichte von Institutionen – in der letzten Dekade eine Reihe von Studien zu einzelnen Hochschulen und zur Politik in den verschiedenen Besatzungszonen vorgelegt worden ist, die den Vergleich zwischen den Interventionen der Alliierten und den Spielräumen, die sich den Hochschulleitungen bzw. anderen herausragenden Akteuren in den Universitäten boten, möglich machen. Weder der Grad der Entnazifizierung noch die Rehabilitierung der vertriebenen Wissenschaftler folgen allzu simplen Trennlinien entlang der Grenzen der Besatzungszonen. Ash argumentiert für eine Verknüpfung der Betrachtungsebene der Besatzungszonen bzw. deutschen Teilstaaten mit jener der transnationalen und globalen Verände-

rungen und jener der lokalen Ausprägungen. Die Frage nach dem Wesen oder
Charakter der Universität lässt sich, so könnte man die zugrunde liegende
These des Autors zusammenfassen, nicht allein in den Parametern des nationalen Wissenschaftssystems beantworten. Allerdings blieb in beiden
deutschen Staaten der Primat (national-)staatlicher Finanzierung der
Grundlagenforschung bis zum Ende des 20. Jahrhunderts weithin unwidersprochen, woraus sich ein beträchtlicher Einfluss staatlicher Bürokratien auf
die Gestalt des Wissenschaftssystems ergab. Erst in jüngster Zeit beabsichtigt
der Wissenschaftsrat das Verhältnis von nationaler und europäischer Forschungsförderung sowie das bislang uneingeschränkt anerkannte Subsidia-
ritätsprinzip zu problematisieren und deutet damit einen fundamentalen
Wandel in der von Ash in den Mittelpunkt gerückten Konstellation von
Transnationalem, Nationalem und Lokalem an.

Anschließend fokussiert Tobias Kaiser auf die Reformperiode der 1960er
Jahre in der DDR, versucht sie aber sowohl diachron in die Geschichte der
vorangegangenen Hochschulreformen als auch synchron in die internationale
Planungseuphorie in der Systemkonkurrenz einzuordnen. Er geht den Reformbemühungen zwischen 1945 und 1969 nach und fragt, was in beiden
deutschen Staaten „Reform" bedeutete, was den Handlungsbedarf auslöste
und inwiefern die beiden „Reformen" wechselseitig Bezug aufeinander (sowie
auf ausländische Vorbilder im transatlantischen Raum bzw. sowjetischen
Einflussbereich) nahmen. Es geht dabei gleichermaßen um Akteure wie um
strukturelle Konsequenzen der Reformen, ihre Einbindung in eine breitere
Umgestaltung des Bildungssystems und das Verhältnis von lokalen Reform-
impulsen und staatlichen Interventionen.

Die zugrunde liegende Schärfung der Selbstbeobachtung der Hochschulen
wie des gesamten Bildungssystems ordnet sich in einen internationalen Trend
ein, bei dem westliche Planungseuphorie auf die östliche Überzeugung stieß,
man könne dem gesamten Bildungswesen durch planmäßige Umgestaltung
seine Inkohärenzen nehmen. Hintergrund war in beiden Fällen die durch den
Wirtschaftsaufschwung genährte Überzeugung, dass einerseits ein Ausbau
des Bildungswesens notwendig für die Bewältigung neuer technischer und
sozialer Herausforderungen sei und andererseits längerfristig hinreichende
Mittel für Um- und Ausbau verfügbar seien. Der Vergleich dieser Transformationen, die häufig auf international zirkulierende Muster zurückgriffen,
wird jedoch dadurch erheblich komplexer, dass die Veränderungen der
Hochschulen mit politischen Krisen zusammentrafen. Diese Krise mobilisierte Schüler, Studenten und junge Wissenschaftler auf besondere Weise,
auch wenn sich Umfang und Erfolg des Engagements in West und Ost dramatisch unterschieden.

Ralph Jessen beschäftigt sich mit den Folgen des Übergangs zur sog.
Massenausbildung und der chronischen Unterfinanzierung der Universitäten.
Er unterstreicht die grundsätzlichen Unterschiede zwischen ost- und west-
deutschen Hochschulen, die sich auf den Durchherrschungsanspruch der SED

und die Verpflichtung auf die Ideologie des Marxismus-Leninismus zurückführen lassen, er betont aber auch die Ähnlichkeiten in den Vorstellungen über den einzuschlagenden Weg einer Anpassung der Universitäten an die Bedürfnisse der Bildungsexpansion. Für die Periodisierung ergibt sich daraus die interessante Überlegung, dass in den 1960er Jahren deutlich mehr solche Gemeinsamkeiten zu beobachten gewesen seien, während der Vorrat an analogen Zielstellungen und Problemlagen in den 70er und 80er Jahren langsam aufgezehrt wurde. Vor dem Hintergrund der Übereinstimmungen der 60er Jahre beschreibt Jessen einen Entfremdungsprozess, bei dem die Verabschiedung einer „Reform aus einem Guss" auf unterschiedlichen Wegen erfolgte und verschiedene Konsequenzen zeitigte. Im Osten die anvisierte Öffnung der Universitäten unterblieb und diese zu extrem zugangsbeschränkten Eliteanstalten mutierten (mit immer besser werdenden Betreuungsrelationen). Dieser Prozess wurde aber mit dem Wechsel von Ulbricht zu Honecker insoweit konterkariert, als die Aufwertung der Technokratie zugunsten einer Sozialpolitik für die nivellierte Arbeitergesellschaft mindestens verlangsamt wurde und die Investitionen in die Infrastruktur von Forschung und akademischer Bildung eingeschränkt wurden. Dagegen wandelten sich die Hochschulen im Westen gerade in den 1970er Jahren zu Orten einer massiven Bildungsexpansion mit durchaus beträchtlichen Investitionen in neue Hochschulbauten, aber eine chronische Unterfinanzierung für das eigentlich benötigte Personal.

Zu den Ähnlichkeiten gehörte auch, dass von teilweise völlig verschiedenen Ausgangspunkten her verschiedene Akteure in beiden deutschen Staaten in den 1960er Jahren eine Politisierung der Universitäten unternahmen, die zur Konfrontation nicht nur mit anderen Gruppen innerhalb der Hochschulen, sondern auch mit älteren Traditionen der Universitäten führten. Dabei gilt es den Unterschied zwischen „Politisierung von unten" und „Politisierung von oben" im Blick zu behalten, aber gleichermaßen stellt sich aus heutiger Sicht die Frage, welche längerfristigen Folgen dies tatsächlich für die Wandlung der Hochschulen hatte. Lässt sich vor diesem Hintergrund die Phase nach den scharfen Auseinandersetzungen der späten 1960er und frühen 1970er Jahren als eine der „Restabilisierung" bzw. gar der „Stagnation" beschreiben, oder sind vielmehr grundlegende und auch Innovation verheißende Wandlungen des Wissenschaftssystems auszumachen, die darauf hindeuten, dass sich die Hochschulen auf eine mehr und mehr transnationale Umwelt der grenzüberschreitenden Kooperation einzustellen versuchten, aber teilweise durch Ressourcenschwäche und politische Unterdrückung (im Osten) bzw. durch die Auslagerung besonders innovationsträchtiger Elemente und eine Überlastung durch einen (niemals untertunnelten) Studentenberg (in der Bundesrepublik) daran gehindert wurden? In beiden deutschen Gesellschaften gab es in der gleichen Zeit auch Bemühungen, die traditionellen Hierarchien in den Hochschulen in Frage zu stellen bzw. zu schleifen, allerdings konnten die Kontexte nicht unterschiedlicher sein, so dass sich mit den Umgestaltungen

der Hochschulorganisation einerseits Demokratisierungstendenzen in der
Selbstverwaltung und andererseits eine weitere Schwächung der Selbstver-
waltungskräfte verbanden.

Schließlich wendet sich Matthias Middell dem Topos von der „Auswanderung der Forschung aus der Universität" zu und stellt seine empirische
Grundierung in Frage. Außeruniversitäre Forschung hat eine durchaus lange
Tradition und ihre Betrachtung muss zunächst die KWG/ MPG, aber auch die
verschiedenen Akademien als Gelehrtengesellschaften mit angelagerten Forschungsvorhaben betrachten. In den 1960/70er Jahren wird dies angesichts
neuer technologischer Erfordernisse, die im Systemwettstreit noch hinsichtlich ihrer strategischen Bedeutung akzentuiert werden, als unzureichend
empfunden. Während in der Bundesrepublik eine Reihe von Großforschungseinrichtungen entstanden, verwandelte die DDR die frühere Akademie in eine Art Forschungskombinat, dem Leitfunktion gegenüber allen übrigen Forschungseinrichtungen zugesprochen wurde. Während der Vorwurf,
die Hochschulen seien nicht mehr der zentrale Ort international wettbe-
werbsfähiger Forschung gewesen, gegenüber den DDR-Universitäten unmittelbar nach 1990 formuliert worden ist, wurde zuletzt in der Auseinandersetzung um die Exzellenzinitiative des Bundes Ähnliches für die ge-
samtdeutsche Hochschullandschaft und deren Verhältnis etwa zu den Max-
Planck-Instituten geäußert, aber zugleich eine Rücknahme der Auslagerung
von innovativer Forschung aus den Hochschulen propagiert. Eine heftige
Auseinandersetzung Anfang der 1990er Jahre um die Bildung von außeruniversitären Instituten in den Geisteswissenschaften hat ebenso auf das prekäre
Verhältnis hingewiesen wie die nicht abreißende Folge von Neujustierungen
der Forschungsförderinstrumente wie SFB und Forschergruppen durch die
DFG, die den Hochschulen eine Anpassung an externe Erfordernisse und
Konkurrenzen erlauben sollen. Eine vergleichende Reflexion des seit den
1960er Jahren zunehmende Bedeutung gewinnenden Verhältnisses von Uni-
versitäten und außeruniversitären Instituten unter den Stichworten von
Konkurrenz, Komplementarität und Kooperation leitet direkt zur folgenden
Sektion über aktuelle Kontroversen über.

Mitchell G. Ash

Konstruierte Kontinuitäten und divergierende Neuanfänge nach 1945

Was ist eine Universität, und was sollte sie eigentlich sein? Diese Frage hat jetzt unter anderem infolge der Diskussion um den so genannten „Bologna-Prozess" wieder Eingang in die tagespolitische Diskussion gefunden. Sie wurde auch nach 1945 mehrfach gestellt. Wie sie nicht allein in programmatischen Reden, sondern auch und vor allem in konkreten hochschulpolitischen Maßnahmen sowie in den Handlungen bestimmter Einzelakteure beantwortet wurde, soll Gegenstand der folgenden Bemerkungen sein. Ich möchte versuchen, eine Art Einführung in diesen Themenkreis darzulegen. Dabei möchte ich nach variierenden Blickwinkeln verfahren, und zwar auf drei Ebenen: (1) weltweite Transformationen mit transnationalen Dimensionen; (2) „West/ Ost", oder die Folgen des beginnenden Kalten Krieges in den Besatzungszonen bzw. den beiden deutschen Staaten, wie sie sich über mehrere Jahre herausgeschält haben; (3) lokale Unterschiede der verschiedensten Art, wie sie sich schon 1945 zu zeigen begannen. Die hier vorgenommene Trennung der Perspektiven geschieht allein aus analytischen Gründen. Dass die Entwicklungen auf diesen Ebenen nicht etwa nacheinander verliefen, sondern vielmehr mit- und ineinander verwickelt waren, sollte von vornherein klar sein; wie diese Verschränkungen der Ebenen im Einzelfall genau darzustellen ist, kann hier nur gelegentlich angedeutet werden.

Teil I. Weltweite Transformationen mit transnationalen Dimensionen

Nach dem Ende des Zweiten Weltkrieges, beginnend aber bereits vor 1945, fand eine gewaltige Umverteilung wissenschaftlicher und technischer Ressourcen statt, die ganz offensichtlich mit bedeutenden politischen Umwälzungen einherging. Die Auswirkungen dieser Umverteilung waren keineswegs auf den deutschsprachigen Raum begrenzt, sondern erstreckten sich auf ganz Europa einschließlich der Sowjetunion sowie auf die USA. Beziehen wir Ereignisse wie die Machtübernahme der Kommunisten in China und das Ende der britischen Kolonialherrschaft in Indien – beides 1948 – und ihre Folgen mit ein, so muss wohl von weltweiten Transformationen die Rede sein. Zu den bald sichtbaren Folgen gehörte eine nochmalige Beschleunigung der Verschiebung des internationalen Gleichgewichts im Hochschul- und Wissenschaftsbereich, die im ersten Drittel des 20. Jahrhunderts begonnen und sich durch die Vertreibungen tausender als Juden definierter Wissenschaftler im Nationalsozialismus bereits einmal beschleunigt hatte.

Die transnationalen wie deutsch-deutschen Dimensionen dieser Transformationsprozesse sind keineswegs zu leugnen. Am sichtbarsten sind diese anhand der Migrationsbewegungen von Wissenschaftlern; mit diesen gingen zuweilen, aber keinesfalls notwendigerweise, Bewegungen von Gerätschaften und Forschungspraktiken einher. Bleiben wir vorerst bei den Wissenschaftlermigrationen, so erreichte die internationale Elitenzirkulation im Wissenschaftsbereich durch die Ereignisse der unmittelbaren Nachkriegszeit rein quantitativ gesehen, aber auch in qualitativer Hinsicht neue Dimensionen. Darunter sind mindestens fünf Migrationsbewegungen zu nennen, von denen nur die ersten beiden gut erforscht sind:

1. die schon bekannten Aktionen der Westalliierten wie die ALSOS-Mission, die Operationen „Overcast" und „Paperclip", sowie britische T-Force-Operationen;[1]
2. die Mitnahme weiterer Wissenschaftler mitsamt ihrer Forscherteams und Apparate durch Aktionen der Sowjets;[2]
3. die Wanderung hunderter Hochschullehrer von Ost nach West im Zuge (a) der Vertreibung der deutschen Bevölkerung aus dem östlichen Europa bzw. den ehemaligen Ostprovinzen des Deutschen Reiches[3] sowie (b) der politischen Verfolgungen bzw. des politischen Druckes, die sowohl gegen Antikommunisten als auch Vertreter abweichender Auffassungen des Sozialismus bereits vor der Gründung der DDR begannen;[4]
4. der bislang noch kaum zur Kenntnis genommene Brain-Drain der späten 1940er und frühen 1950er Jahre, in dessen Rahmen eine noch unbekannte, aber mit Sicherheit nicht kleine Anzahl junger Absolventen mangels Ar-

---

1 Samuel A. Goudsmit, ALSOS, New York 1947; Tom Bower, The Paperclip Conspiracy. The battle for the spoils and secrets of Nazi Germany. London 1987; Burghard Ciesla, Das ‚Project Paperclip' – deutsche Naturwissenschaftler und Techniker in den USA (1946–1952), in: Jürgen Kocka (Hg.), Historische DDR-Forschung, Berlin 1993, S. 287–302; Matthias Judt / Burghard Ciesla (Hg.), Technology Transfer out of Germany, Amsterdam 1996; Christoph Mick, Forschen für die Siegermächte. Deutsche Naturwissenschaftler und Rüstungsingenieure nach dem Zweiten Weltkrieg, in: Dietrich Pappenfuß / Wolfgang Schieder (Hg.), Deutsche Umbrüche im 20. Jahrhundert, Köln 2000, S. 429–446; Ders., Forschen für Stalin. Deutsche Fachleute in der sowjetischen Rüstungsindustrie 1945–1958. München 2000.

2 Ulrich Albrecht / Andreas Heinemann-Gruder / Arend Wellmann, Die Spezialisten. Deutsche Naturwissenschaftler und Techniker in der Sowjetunion nach 1945, Berlin 1992; Burghard Ciesla, Der Spezialistentransfer in die UdSSR und seine Auswirkungen in der SBZ und DDR, Aus Politik und Zeitgeschichte. Beilage zur Wochenzeitung Das Parlament, B 49–50, 3. Dezember 1993, S. 24–31; Mick, Forschen für die Siegermächte (wie Anm. 1).

3 Diese scheinbar quantitative Angabe kann nur eine Vermutung sein, denn es gibt im krassen Gegensatz zur Unzahl der Publikationen über die Vertreibung der Deutschen im Allgemeinen noch keinen Überblick über die Wissenschaftler unter ihnen.

4 Ilko-Sascha Kowalczuk, Geist im Dienste der Macht. Hochschulpolitik in der SBZ/DDR, 1945–1961, Berlin 2003.

beitsmöglichkeiten aus Deutschland auswanderten und vornehmlich in den USA u. a. auch als Wissenschaftler Karriere machten;[5] und schließlich
5. die parallel hierzu stattfindende, quantitativ weitaus geringere Remigration ehemals von den Nazis vertriebener Wissenschaftler.[6]

Erinnern wir uns daran, dass die damals so genannten „Intellektuelle Reparationen"[7] der Westalliierten wie auch die Aktionen der Sowjets die Mitnahme nicht allein von Forschern, sondern auch von Gerätschaften, Unterlagen, Patenten u. ä. umfassten, so wird überdeutlich, warum es hier sehr wohl am Platze ist, nicht allein von Migrationen, sondern auch von einer Umgestaltung von Ressourcenkonstellationen zu sprechen. Gelegentlich nahm das recht grobe Züge an. Aus der späteren sowjetischen Besatzungszone (SBZ) nahmen die Amerikaner z. B. schon im Sommer 1945 mehr als hundert Chemiker und andere Naturwissenschaftler aus den Universitäten in Halle und Leipzig zwangsweise mit, damit sie nicht in die Hände der heranrückenden Sowjettruppen fallen konnten.[8] Ebenso dramatisch und für die Wissenschaftsgeschichte der DDR von tief greifender Wirkung war die Demontage ganzer Forschungsanlagen bzw. die Abführung ganzer Forscherteams mitsamt technischer Belegschaften durch sowjetische Kräfte. Im Sommer 1945 gingen zahlreiche Angehörige von Kaiser-Wilhelm-Instituten in Berlin und Umgebung, darunter der Physicochemiker Peter Adolf Thiessen, mitsamt ihren vorhandenen Apparaturen und ausgestattet mit gültigen Arbeitsverträgen, in

5 Über diese Wanderungsbewegung gibt es meines Wissens bislang lediglich anekdotenhafte Zeugnisse: Hier liegt eine noch ungenutzte Chance einer transnationalen Wissenschaftsgeschichtsschreibung vor.

6 Zur Remigration der von den Nationalsozialisten vertriebenen Wissenschaftler gibt es inzwischen einige z. T. sehr detaillierte Einzelstudien, aber noch keinen umfassenden Überblick. Zur Einführung vgl. Claus-Dieter Krohn (Hg.), Handbuch der deutschsprachigen Emigration 1933–1945, Darmstadt 1998, Teil IV; Mitchell G. Ash, Remigration, Wissenschaftswandlung, Wissenstransfer – Grundsätzliche Überlegungen. Beitrag zur Sektion „Chancen und Grenzen von Remigration und Fach-Transfer in deutschen Geistes- und Sozialwissenschaften nach 1945", 47. Deutscher Historikertag Dresden, 3. Oktober 2008. Als monographische Einzelstudien sind u. a. zu nennen: Anikó Szabó, Vertreibung, Rückkehr, Wiedergutmachung. Göttinger Hochschullehrer im Schatten des Nationalsozialismus. Göttingen 2000; Michael Schüring, Minervas verstoßene Kinder. Vertriebne Wissenschaftler und die Vergangenheitspolitik der Max-Planck-Gesellschaft, Göttingen 2006.

7 Zum Ursprung des Terminus „intellektuelle Reparationen" und zur Geschichte der damit beschriebenen Aktionen siehe nach wie vor John Gimbel, Science, Technology and Reparations: Exploitation and Plunder in Postwar Germany, Stanford 1990. Vgl. Burghard Ciesla, „Intellektuelle Reparationen" der SBZ an die alliierten Siegermächte?, in: Christoph Buchheim (Hg.), Wirtschaftliche Folgelasten des Krieges in der SBZ/DDR, Baden-Baden 1995, S. 70–109.

8 Universitätsarchiv Halle, Rep. 6, Nr. 2638; Hermann-Joseph Rupieper, Wiederaufbau und Umstrukturierung der Universität, 1945–1949, in: Gunnar Berg / Heinz-Hermann Hartwich (Hg.), Martin-Luther-Universität. Von der Gründung bis zur Neugestaltung nach zwei Diktaturen, Opladen 1994, insbes. S. 100; Hans-Uwe Feige, Vor dem Abzug: Brain Drain. Die Zwangsevakuierung von Angehörigen der Universität Leipzig durch die US Army und ihre Folgen, Deutschlandarchiv, 24 (1991), S. 1302–1313.

die Sowjetunion; in einer einzigen, vom sowjetischen Geheimdienst NKWD organisierten Aktion im Oktober 1946 wurden dann mehr als 1900 ‚Spezialisten' – Forscher und technisches Personal – vor allem aus der Flugzeugindustrie mitgenommen.[9] Nicht allein im Falle Thiessens, dessen Institut im ‚Dritten Reich' zum NS-Musterbetrieb geworden war, könnte man dies – mit bewusster Ironie – auch eine Art Entnazifizierung ohne Verfahren nennen. Allerdings kamen zeitgenössischen Zahlenangaben zufolge lediglich 3,3 Prozent dieser ‚Spezialisten' direkt aus wissenschaftlichen Forschungsinstitutionen.[10] Dies lag wohl daran, dass viele Naturwissenschaftler und Technikforscher schon während des Krieges in die Forschungseinrichtungen der Rüstungsindustrie gedrängt worden waren und deshalb in der Statistik als Angehörige der Industrie geführt wurden.

Trotz der oben zitierten, in den USA gängigen Rede von „intellektuellen Reparationen" gingen diese Transferleistungen mangels eines Friedensvertrags weitgehend im rechtsfreien Raum vonstatten.[11] Mir scheint aber die von John Gimbel stammende Umschreibung dieses Vorgangs als „Ausbeutung und Plünderung" zu wenig Rücksicht darauf zu nehmen, dass viele deutsche ‚Spezialisten' freiwillig gingen, weil sie sich im Vergleich zur Situation in den zerbombten und vom Hunger bedrohten deutschen Städten bessere Arbeitsmöglichkeiten versprachen. Der alliierte Griff nach den deutschen Wissenschaftlern und Technikern basierte im Grunde auf einer Vorannahme, die ich an anderer Stelle mit dem Namen „technokratische Unschuld" umschrieben habe.[12] Weil Wissenschaft universelle Validität habe und Technik ein neutrales

---

9 Siehe z. B. Bericht über den Stand der KWG-Institute, 14.6.1945, sowie Bericht über Gründung, Aufbau, Organisation und Organe der Kaiser-Wilhelm-Gesellschaft (und) ... über den Stand der Dahlemer Institute vor und nach dem Zusammenbruch sowie über ihren nach dem Zus. (sic!) erfolgten Wiederaufbau, 15.9.1947. Beides im Archiv der Berlin-Brandenburg Akademie der Wissenschaften, Bestand Akademieleitung, Band 405. Vgl. hierzu erstmals K. Macrakis, Surviving the Swastika: Scientific Research in Nazi Germany, New York 1993, Epilogue. Zur Gesamtproblematik siehe Rainer Karlsch, Allein bezahlt? Die Reparationsleistungen der SBZ/DDR 1945–1953, Berlin 1993. Albrecht u. a., Die Spezialisten (wie Anm. 2), geben eine Anzahl von 2370 ihnen bekannten deutschen Naturwissenschaftlern und Technikern an, die zwischen 1945 und 1959 in der UdSSR tätig waren (S. 178). Davon seien 84 Prozent (also 1990) allein im Oktober 1946 in die Sowjetunion gegangen bzw. gebracht worden (S. 181).
10 Zit. n. Ciesla, Der Spezialistentransfer in die UdSSR (wie Anm. 2), S. 26–27.
11 Gimbel, Science, Technology, and Reparations (wie Anm. 7). Zur juristischen Seite der Problematik siehe Jörg Fisch, Reparationen nach dem Zweiten Weltkrieg, München 1992, insbes. S. 213–214; Ders., Reparations and Intellectual Property, in: Judt / Ciesla, Technology Transfer (wie Anm. 1), S. 11–26.
12 Mitchell G. Ash, Wissenschaftswandel in Zeiten politischer Umwälzungen. Entwicklungen, Verwicklungen, Abwicklungen, in: NTM – Internationale Zeitschrift für Geschichte der Naturwissenschaften, Technik und Medizin, N.S. 3 (1995), 1–21, hier: S. 14; ders., Verordnete Umbrüche, Konstruierte Kontinuitäten: Zur Entnazifizierung von Wissenschaftlern und Wissenschaften nach 1945, in: Zeitschrift für Geschichtswissenschaft, 43 (1995), S. 903–923, hier: S. 923. Albrecht u. a., Die Spezialisten (wie Anm. 2, S. 17), sprechen ähnlich von einem ‚apolitischen Technizismus' seitens der ‚Spezialisten', der ermöglichte, dass sie sich „erstaunlich bruchlos" in die Forschungs- und Entwicklungsarbeit der von ihnen vorher bekämpften Alli-

Werkzeug sei – so diese meist unausgesprochene Annahme –, können sich Wissenschaftler und Techniker über sich selbst und können andere über sie wie auch über die von ihnen entwickelten Apparate wie eine Art beliebig verwendbares Kapital verfügen. Interessanterweise erstreckte sich diese Annahme allerdings nicht auf die Hochschulpolitik, wie bald zu sehen sein wird.

Gewichtige Teile dieser weltweiten Transformationsprozesse sind auch ohne Wissens- oder Wissenschaftlertransfer vonstatten gegangen bzw. von diesen nicht direkt verursacht worden. Vor allem in den USA, aber nicht nur dort, werden aus der engen Zusammenarbeit von Wissenschaft und Militär im Zweiten Weltkrieg weitgehende Lehren bezogen. In den USA ist infolge dessen nichts Geringeres als eine forschungs- und hochschulpolitische Revolution geschehen. Erstmals in der Geschichte dieses Landes tritt nun der Staat als leitende Forschungsförderungsinstanz in Erscheinung. Den Gedankenanstoß hierzu gab bekanntlich das als Gutachten für Franklin Roosevelt entstandene Buch von Vannevar Bush, *Science: The Endless Frontier*. Fortschritte in Medizin und Gesundheit, in der Wirtschaft sowie nicht zuletzt in der Landesverteidigung beruhen allesamt auf neuem Wissen und dessen praktischen Anwendungen, so lautete das Argument:

„Without scientific progress no amount of achievement in other directions can insure our health, prosperity, and security as a nation in the modern world."[13]

Die Schlussfolgerung war für Bush eindeutig. Hier muss der Staat endlich die führende Rolle übernehmen, die er bislang der Wirtschaft und den großen Stiftungen überlassen hatte:

„We have no national policy for science. The Government has only begun to utilize science in the Nation's welfare. There is no body within the government charged with formulating or executing a national science policy… Science has been in the wings. It should be brought to center stage – for in it lies much of our hope for the future."[14]

Der Vorstoß war keinesfalls unumstritten, doch zwei Institutionen und ein Gesetz stehen für die Erfolge, die schließlich erzielt wurden. Die Institutionen sind erstens die *Atomic Energy Commission* (AEC), gegründet 1946, die für zivile und militärische Nutzung der Atomkraft und damit für eine riesige Palette von Forschungsvorhaben, die mit Radioaktivität zu tun hatten und noch immer zu tun haben zuständig sein sollte, und zweitens die *National*

ierten einfügen könnten. Dass diese Einstellung aber auch von den jeweiligen Arbeitgebern geteilt wurde, liegt auf der Hand; sowohl für die sowjetischen als auch für die amerikanischen Militärbehörden und Geheimdienste spielte die NS-Vergangenheit der deutschen Wissenschaftler und Techniker keine Rolle, „wenn die Qualifikation der betreffenden Person selbst genutzt werden konnte und damit keinesfalls in die Hände der konkurrierenden Alliierten fallen sollte" (ebd., S. 45).

13 Vannevar Bush, Science, the endless Frontier. A Report to the President on a Program for Postwar Scientific Research, Juli 1945. Washington 1945, S. 5.

14 Ebd., S. 12.

Science Foundation (NSF), gegründet 1950, die bis heute die zentrale Förderungsinstanz für zivile Forschung in den Naturwissenschaften ist. Das Gesetz ist das so genannte *GI Bill*, eigentlich „Servicemen's Readjustment Act" von 1944, welches die Grundlage einer bevorzugten Behandlung von Kriegsveteranen in vielen Gesellschaftsbereichen, darunter auch an den Universitäten, sicherstellte. So entstanden infolge des intensiven Kriegseinsatzes von Wissenschaftlern in mehreren Bereichen und verstärkt durch die Entstehung des so genannten „National Security State" im Kalten Krieg neue Formen der Forschungsförderung, der Wissenschaftsorganisation und auch neue Forschungsfragen.[15]

Die Folgen von alledem für die US-amerikanischen Hochschulen waren weitreichender und vielfacher Natur, auch wenn es in diesem Bereich weiterhin keine nationale Linie und daher keine Hochschulpolitik der USA im strengen Sinne gegeben hat. Unter diesen Folgerungen greife ich der Kürze halber nur fünf heraus:

1. Ein regelrechter Ansturm neuer, von der *GI Bill* geförderter Studierender – zwischen 1944 und 1951 waren es schon 2,3 Millionen, die Förderungen erhielten[16] –, darunter viele, die älter und emotional reifer waren, als Studienanfänger bis dahin zu sein pflegten. Das war ein bedeutender Schritt auf dem Weg zur Massenuniversität; die demographische Schwelle hierzu überschritt die USA weit früher als jedes andere Land der Welt.
2. Ein Strukturwandel im Verhältnis von Forschung und Lehre, insbesondere an denjenigen Institutionen, die am stärksten in den Genuss der Forschungsaufträge aus den jetzt reichlich fließenden Quellen der Militärbudgets kamen.[17] In Extremfällen wurden Einrichtungen wie das *Jet Propulsion Laboratory* am *California Institute of Technology* oder das später so genannte *Lawrence Livermore Laboratory* an der University of California/ Berkeley zwar als (An-)Institute ihrer Universitäten geführt, waren aber faktisch eigenständige Einrichtungen, deren Mitarbeiter nur dann in die Lehre eingebunden waren, wenn sie gleichzeitig auch als Mitglieder der jeweiligen natur- und technischwissenschaftlichen Departments fungierten. Aber auch an anderen Forschungsuniversitäten begann die Förderung auch der zivilen Einrichtungen des Staates wie der NSF im Laufe der 1950er Jahre stärker zu werden als die bis dahin dominanten Privatmittel der

---

15 Siehe z. B. Stuart Leslie, The Cold War and American Science, New York 1993; Daniel Kevles, Cold War and Hot Physics. Science, security and the American state 1945–1956, in: Historical Studies in the Physical Sciences, 20:2 (1990), S. 239–264.

16 Daniel Schugurensky, History of Education. Selected Moments of the Twentieth Century (1944). http://www.oise.utoronto.ca/research/edu20/moments/1944gibill.html Download 7. März 2009.

17 Stuart W. Leslie, Science and Politics in Cold War America, in: Margaret C. Jacob (Hg.), The Politics of Western Science, Atlantic Highlands, NJ 1994, S. 199–233; Allan A. Needell, Preparing for the space Age. University-based research, 1946–1957, in: HSPS, 18:1 (1987), S. 89–110; Paul Forman, Behind quantum electronics: National security as basis for physical research in the United States 1940–1960, in: HSPS, 18:1 (1987), S. 149–229.

großen Stiftungen – mit allmählich sichtbaren Folgen u. a. für die Finanzierung der Dissertation und der Post-Doc-Ausbildung.

3. Eine tendenzielle Gewichtsverschiebung im institutionellen Machtgefüge der universitären wie der außeruniversitären Forschung zugunsten der Natur- und Technikwissenschaften, ohne dass die Lebens-, Sozial- und Geisteswissenschaften völlig außer Acht geblieben wären. Im Gegenteil: Die stärkste Förderung der Grundlagenforschung in der Genetik zu jener Zeit kam aus der AEC,[18] und die 1950er Jahre gelten bis heute wegen der verstärkten staatlichen Unterstützung als goldenes Zeitalter der „Behavioral and Social Sciences".

4. Eine parallel verlaufende, während der 1950er Jahre gegenüber früheren Anfängen in den 1920er Jahren ungleich stärkere Internationalisierung mittels akademischer Austauschprogramme wie dem Fulbright-Programm.[19]

5. Eine verstärkte politische Überwachung der Wissenschaft bzw. von Wissenschaftlern, vor allem aber nicht nur in Bereichen, die mit Atomwaffen zu tun hatten. Die politischen Kosten dieser zunehmenden Anbindung der Hochschulen an die Bundesregierung wurden schon in den späten 1940er und frühen 1950er Jahren offenkundig. So wurden die ersten Versuche der Organisation einer Bewegung verantwortungsbewusster Wissenschaftler (z. B. in der *Union of Concerned Scientists*) im Kontext des Kalten Krieges durch immer schärfere Sicherheitsvorkehrungen, erzwungene Treueschwüre (*loyalty oaths*) und Verhöre vor Kongressausschüssen zunehmend eingeengt, und mehrere einzelne Wissenschaftler verloren wegen obskurer Verdächtigungen oder ihrer Weigerung, Treueerklärungen zu unterschreiben, ihre Stellen.[20]

Parallel zu alledem und z. T. mit Bezug darauf fand eine grundlegende Wandlung auf diesem Felde auch in der Sowjetunion statt. Das sowjetische Atomprojekt gilt als wichtigstes Beispiel einer forcierten Rüstungsforschung im großen Stil, die ab 1945 unter der Ägide der Geheimdienste betrieben wurde.[21] Dass dabei, wie auch im Falle der USA, deutsche Forschungsteams in

---

18 John Beatty, Genetics in the Atomic Age. The Atomic Bomb Casualty Commission, 1947–1956, in: Keith R. Benson / Jane Maienschein / Ronald Rainger (Hg.), The Expansion of American Biology, New Brunswick 1991, S. 284–324.

19 Zur Rolle des Fulbight-Programms siehe u. v. a. Karl-Heinz Füssl, Deutsch-amerikanischer Kulturaustausch im 20. Jahrhundert. Bildung – Wissenschaft – Politik, Frankfurt a. M. 2004.

20 Zum politischen Aktivismus von Wissenschaftlern und die Folgen vgl. Jessica Wang, American Science in an Age of Anxiety. Science, Anti-Communism and the Cold War, Chapel Hill 1999; Dies., Scientists and the Problem of the Public in Cold War America, in: Science and Civil Society (Osiris, Bd. 17), Chicago 2002, S. 323–347.

21 David Holloway, Stalin and the Bomb. The Soviet Union and Atomic Energy, 1939–1956, New Haven 1994; Alexei B. Kojevnikov, Stalin's Great Science. The Times and Adventures of Soviet Physicists, London 2004.

bedeutende Rüstungsprojekte einbezogen wurden, ist hinreichend bekannt,[22] doch ihre Bedeutung allzu hoch zu hängen hieße eine Art verqueren Nationalstolz überstrapazieren zu wollen. Wichtiger ist der Hinweis, dass diese technowissenschaftlichen Bemühungen mit einer intensivierten Bestrebung, mehrere Wissenschaften nach stalinistischem Muster „auf Linie" zu bringen, keinesfalls als Alternative zueinander, sondern *gleichzeitig* verliefen. Die bekannten Fälle des Lyssenkoismus und des Pawlowismus mögen hier der Kürze halber für viele andere stehen,[23] doch waren sie keineswegs allein. Der zentrale Punkt für diese Diskussion ist es, dass nicht nur die forcierte „Parteilichkeit" auch bestimmter Naturwissenschaften, sondern diese *und* die gezielte Mobilisierung anderer Forschungsrichtungen und Disziplinen im Dienste der technowissenschaftlichen Waffenforschung *zusammen genommen* das Eigentümliche der Wissenschaftspolitik der späten Stalinära ausmachen.[24]

Interessanterweise scheinen diese Wandlungen zwar Folgen für die inhaltliche Gestaltung vieler Disziplinen, nach dem derzeitigen Stand der Forschung aber kaum solche für die Grundlagen der sowjetischen Hochschulpolitik gehabt zu haben.[25] Diese Grundlagen stalinistischer Hochschulpolitik waren nämlich bereits seit den 1930er Jahren sichtbar: die Ausrichtung der Ausbildung auf die planbare Produktion von eng ausgerichteten Fachkräften, die man schon damals „Spezialisten" nannte; die Verlagerung großer Teile dieser Ausbildung von den Universitäten hin zu weitaus enger gedachten

---

22 Vgl. hierzu exemplarisch Michael Neufeld, Die Rakete und das Reich. Wernher von Braun, Peenemünde und der Anfang des Raketenzeitalters, Brandenburg 1997 (Neuaufl. Berlin 2000), sowie Ders., Von Braun. Dreamer of Space, Engineer of War, New York 2007.

23 Zum Lyssenkoismus siehe u. v. a. Nikolai Krementsov, Stalinist Science, Princeton 1997; Alexei Kojevnikov, Dialoge über Macht und Wissen, in: Dietrich Beyrau (Hg.), Im Dschungel der Macht. Intellektuelle Professionen unter Stalin und Hitler, Göttingen 2000, S. 45 – 64; Niels Roll-Hansen, Wishful Science: The Persistence of T. D. Lyssenko's Agrobiology in the Politics of Science, in: Michael D. Gordin / Karl Hall / Alexei Kojevnikov (Hg.), Intelligentsia Science. The Russian Century, 1860 – 1960 (Osiris, Bd. 23), Chicago 2008, S. 166 – 188. Zum Pawlowismus siehe Torsten Rüting, Pawlow und der neue Mensch. Diskurse über Disziplinierung im Sowjetrussland. München 2002.

24 Kojevnikov, Stalin's Great Science (wie Anm. 21), Kap. 8.

25 Zum Folgenden vgl. Loren Graham, Science in the Soviet Union: A Brief History, Cambridge 1993; Krementsov, Stalinist Science (wie Anm. 23); Michael David-Fox/György Péteri (Hg.), Academia in Upheaval. Origins, Transfers and Transformations of the Communist Academic Regime in Russia and East Central Europe. Westport CT 2000; John Connelly, Captive University: The Sovietization of East German, Czech and Polish Higher Education, 1945 – 1956. Chapel Hill 2000, Kap. 2. Allerdings muss zweierlei hierzu gesagt werden: Während sich Universitäts- wie Wissenschaftshistoriker eingehend mit den Entwicklungen der 1920er Jahre und den Folgen des so genannten „Großen Bruchs" zur Einrichtung des stalinistischen Regimes in den frühen 1930er Jahren befasst haben, hat sich die bisherige Forschung zur Wissenschaftsgeschichte der Sowjetunion nach 1945 weitestgehend auf die Akademien der Wissenschaften konzentriert und dem Geschehen an den Hochschulen in den 1940er und 1950er Jahren wenig bis gar keine Aufmerksamkeit geschenkt. Wie Connelly anmerkt, macht es dieses Forschungsdefizit nicht leicht, die Konturen eben jenes „sowjetischen Modells" tatsächlich auszumachen, an dem man sich im östlichen Europa orientiert haben soll.

Fachschulen und die Konzentration der Ausbildung von Spitzenkräften wie auch Geisteswissenschaftlern auf einige wenige Vorzeigeeinrichtungen wie die Lomonossow-Universität in Moskau sowie die Leningrader Universität; und die verpflichtende weltanschauliche Schulung aller Fachkräfte, nicht nur an den Parteihochschulen, denn „Die Kaderfrage entscheidet alles!", wie Stalin schon 1935 – allerdings wohl nicht mit Bezug auf Wissenschafts- oder Hochschulpolitik! – gesagt haben soll.[26]

Auch im übrigen Europa gab es in den ersten Nachkriegsjahren mehrfache Überlegungen und Reformbemühungen. Diese können hier aus Platzgründen nicht besprochen werden, doch scheint es nicht unangebracht, gegenüber der in der Literatur auf den Einfluss der Hegemonialmächte reduzierten Perspektive (Stichwort „Amerikanisierung" bzw. „Sowjetisierung") zugunsten eines dezidierten Hinweises auf die eigenständigen Traditionen der west- wie auch der osteuropäischen Universitäten Skepsis anzumelden, auch wenn der Kontext des Kalten Krieges hier mit bestimmend wirkte.[27]

Teil II. West/Ost – Von den vier Besatzungszonen zu den beiden deutschen Staaten, oder: die Folgen der Anfänge des Kalten Krieges

Dass das Geschehen im besetzten Deutschland mit diesen transnationalen Wandlungen im Forschungspolitischen wie im hochschulpolitischen Bereich verbunden waren, ist bereits angedeutet worden. Von kausalen Beziehungen im strengen Sinne zwischen der transnationalen Ebene und der Situation in den vier Besatzungszonen bzw. den beiden deutschen Staaten in ihren ersten Jahren zu sprechen, scheint jedoch bestenfalls punktuell möglich zu sein. Eine derartige Verbindungsebene stellt die Migration vieler entlassener Wissenschaftler von einer Besatzungszone in eine andere dar. Eine Zahl soll zeigen, wie weit das gehen konnte: Von den Lehrenden an der Berliner Universität im Wintersemester 1944 unterrichteten dort 1948 nur noch zehn Prozent.[28] Weder die oben erwähnten Mitnahmen durch die Alliierten – die ohnehin, wie bereits erwähnt, mehrheitlich außerhalb der Universitäten geschahen – noch die Entnazifizierung allein reichen aus, um diesen riesigen Personalwechsel zu erklären.

---

26 Zit. n. John Connelly, Humboldt im Staatsdienst. Universitäten in der Sowjetischen Besatzungszone und der DDR, in: Mitchell G. Ash (Hg.), Mythos Humboldt. Vergangenheit und Zukunft der deutschen Universitäten, Wien 1999, S. 80 – 104.

27 John Krige, American Hegemony and the Postwar Reconstruction of Science in Europe. Cambridge 2006. Die Eigenheiten dieser Entwicklungen, beispielsweise in Großbritannien und Frankreich, werden erst in den letzten Jahren herausgearbeitet, ihre Verbindungen miteinander allerdings noch nicht.

28 Michael Hubenstorf / Peter Th. Walter, Politische Bedingungen und allgemeine Veränderungen des Berliner Wissenschaftsbetriebes 1920 bis 1950, in: Wolfram Fischer u. a. (Hg.), Exodus von Wissenschaften aus Berlin, Berlin 1994, S. 67 ff.

Einer der Gründe dafür, warum ein echter Vergleich der Entwicklungen in den vier Besatzungszonen bzw. in den beiden deutschen Staaten in den unmittelbaren Nachkriegsjahren noch immer aussteht, ist der unterschiedliche Stand der Literatur: Während wir inzwischen über mehrere größere Überblicksdarstellungen der Hochschulgeschichte der SBZ und der frühen DDR[29] und eine ausgezeichnete vergleichende Studie der Hochschulpolitik und der Universitäten in drei kommunistischen Ländern (der DDR, Polen und der Tschechoslowakei)[30] verfügen, gibt es lediglich eine vergleichende Studie der Hochschulpolitik in den westlichen Besatzungszonen[31] und noch keinen historischen Vergleich der Hochschulen der Bundesrepublik mit denen anderer westeuropäischer Länder in der unmittelbaren Nachkriegszeit.

In den vier Besatzungszonen bzw. den beiden deutschen Staaten selbst ist diese Zeit geprägt von Spannungsverhältnissen verschiedenster Art. Am Fundamentalsten war zu Beginn das Dilemma Entnazifizierung *oder* Wiederaufbau. Zunächst dachte man offenbar, dass das Erstere eine Voraussetzung für das Andere sei; erst danach entschied man sich aufgrund der Realitäten vor Ort für das Zweite auf Kosten des Ersten. Allerdings wurde dieses wie andere Dilemmata der Zeit erst im Laufe der Besatzungs- bzw. der Gründungsjahre der beiden deutschen Staaten überhaupt sichtbar. Unter anderem deshalb ist zu betonen, dass die hochschul- und wissenschaftspolitischen Verhältnisse, die Mitte der 1950er Jahre in beiden deutschen Staaten Gestalt angenommen hatten, im Jahre 1945 nirgends vorherzusehen oder gar so geplant gewesen sind. Im Folgenden soll die Diskussion in zwei Phasen grob unterteilt werden: Die Entnazifizierung unter Besatzungsherrschaft; und die Hochschulpolitik West und Ost im Zeichen des Kalten Kriegs bzw. nach Einrichtung der beiden deutschen Staaten.

A. Zur Entnazifizierung und Hochschulpolitik in der Besatzungszeit

Hochschul- und wissenschaftspolitische Zielsetzungen der Alliierten gab es zunächst eher verschiedene, z. T. einander entgegengesetzte. So galt z. B. der vielfach zitierte Befehl JCS 1067 (Mai 1945), der ein Verbot militärischer sowie militärisch anwendbarer Forschung, eine Konfiszierung militärischer oder militärisch verwendbarer Güter sowie übrigens auch eine Schließung aller höheren Bildungseinrichtungen verfügen sollte, vorerst nur in der amerika-

---

29 Ralph Jessen, Akademische Elite und Kommunistische Diktatur. Die ostdeutsche Hochschullehrerschaft in der Ulbricht-Ära, Göttingen 1999; Kowalczuk, Geist im Dienste der Macht (wie Anm. 4). Teile des Buches von Gunilla-Friederike Budde, Frauen der Intelligenz. Akademikerinnen in der DDR, 1945 bis 1975, Göttingen 2003, sind hier ebenfalls zu nennen.
30 Connelly, Captive University (wie Anm. 25).
31 Corine Defrance, Les Alliès occidentaux et les universités allemandes 1945–1949, Paris 2000.

nischen Zone.[32] Einig schienen sich alle vier Besatzungsmächte darüber zu sein, dass die Hochschulen schnell wieder zu eröffnen und *auch* bzw. gar *zuerst* zu entnazifizieren seien. Beide Ziele sind vor allem aus sicherheitspolitischen Erwägungen abgeleitet worden; diese verzahnten sich zunächst mit dem Wunsch der zuständigen Hochschuloffiziere, mittels Personalmaßnahmen eine grundlegende kulturelle Wandlung im Inneren zu erzielen. Deshalb sollte in vielen Fällen eine rigorose Entnazifizierung zunächst zur Bedingung einer Wiedereröffnung gemacht werden. Trotzdem geschah die Wiedereröffnung überall *vor* Abschluss der Entnazifizierung. Als Begründung dafür wurde unter anderen die Notwendigkeit angegeben, die aus dem Krieg bzw. der Kriegsgefangenschaft wiederkehrende Jugend abzufangen. Zugleich machten vor allem die Sicherheitsdienste der Besatzungsmächte die Notwendigkeit geltend, Naziprofessoren möglichst vollständig zu entfernen, um die Gefahr einer ideologischen Korrumpierung eben dieser Jugend im Vorfeld abzuwenden. Wer denn eigentlich als „Naziprofessor" einzustufen sei, blieb jedoch vielfach ungeklärt und mehrfach umstritten, was Raum für Verhandlungen vor Ort zu lassen schien.

Hinzu kamen bald pragmatische Überlegungen, wie sie an die Besatzungsoffiziere mit Nachdruck herangetragen wurden. Allen voran kamen dann die Mediziner; das Wort „Seuchengefahr", verbunden mit dem Hinweis auf den dringenden Bedarf an Ärzten für die darnieder liegende Gesundheitsfürsorge und dem Plädoyer für eine Ausnahmeregelung in ihrer Fakultät, scheint in den Akten dieser Zeit fast allgegenwärtig zu sein. Auch aus anderen Gründen argumentierten viele für einen weniger „schematischen" bzw. für einen „differenzierten" Umgang mit der Entnazifizierung. Dieses Hin und Her brachte ein Auf und Ab von Säuberungswellen mit sich. Nach einer ersten Säuberungswelle vom Herbst 1945 bis zum Frühjahr 1946 folgte eine zweite ab Herbst 1946, vorangetrieben in den westlichen Zonen durch negative Medienberichte in England, Frankreich oder den USA.

Seitens der Bildungs- und Hochschuloffiziere insbesondere der amerikanischen und britischen Besatzungszonen spielte der „Re-education"-Gedanke vom Anbeginn an eine Rolle. Doch die Umsetzbarkeit dieses Gedankens wurde bekanntlich selbst dort, wo er die Politik in diesem Bereich bestimmen sollte, sehr bald konterkariert durch eine Übertragung der Verantwortung für die Verwaltung an die Hochschulleitungen selbst und für die Entnazifizierung an die deutschen Behörden vor Ort. So kann mit David Phillips von einem Paradox des Umerziehungsgedankens selbst gesprochen werden, dessen sich wenigstens die Bildungs- und Hochschuloffiziere langsam bewusst geworden sind. Demokratie kann nur durch eigene Ausübung erlernt und nicht von oben verordnet werden, das wusste man; doch lässt man die Betroffenen diese Angelegenheiten tatsächlich selbst regeln, so wird das Nahe liegende getan, die

---

32 David Cassidy, Controlling German science I: United States and allied forces in Germany, 1945–1947, in: Historical Studies in the Physical and Biological Sciences, 24:2 (1994), S. 197–236.

ehemaligen Kollegen werden berufen und die Entnazifizierung damit tendenziell zurückgenommen.[33]

Somit wurde das oben genannte zentrale Dilemma Entnazifizierung *oder*
Wiederaufbau in verhältnismäßig kurzer Zeit – spätestens bis 1947 – zugunsten des zweiten Pols entschieden, und zwar in allen vier Besatzungszonen,
wenngleich die unterschiedliche Gewichtung der beiden Zielsetzungen in den
jeweiligen Zonen sowie auch die unterschiedlichen Definitionen dessen, was
„Entnazifizierung" und was „Wiederaufbau" heißen sollte, nicht zu leugnen
sind. Zwar wird „Entnazifizierung" bis heute in der Forschung meist im engeren Sinne als personelle Säuberung begriffen. Doch war diese Säuberung in
allen Besatzungszonen nie Selbstzweck, sondern immer Mittel zum Zweck: Im
Westen als erster Schritt der „Umerziehung" bzw. vor allem in der französischen Zone zunächst als Vorstufe zum Strukturwandel wenigstens im Hochschulbereich,[34] in der sowjetischen Zone zusammen mit der Bodenreform und
sonstigen Enteignungen als erste Schritte zu einem gesamtgesellschaftlichen
Strukturwandel. Hier hatte offenbar ein politisches Kriterium den Vorrang bei
der personellen Ressourcenauslese, doch auch dieses konnte – zuweilen sogar
auf ausdrücklichen Geheiß der Sowjets – sehr flexibel gehandhabt werden. So
wurde der Entnazifizierungsfragebogen des Physikers Friedrich Möglich trotz
seiner früheren, keineswegs nur formellen NSDAP-Mitgliedschaft mit dem
lapidaren Vermerk auf einem Klebezettel, „Auf Anordnung der SMAD als
entlastet zu betrachten" ad acta gelegt.[35]

Was das Endergebnis der Entnazifizierung als personelle Säuberung be-
trifft, so muss die Beurteilung noch immer vorläufig bleiben, da zuverlässige
Zahlen für alle Universitäten nicht vorhanden sind.[36] Nach der bisherigen
Forschung sind Unterschiede weniger zwischen „Strenge" im Osten und

---

33 David Phillips, German Universities after the Surrender: British Occupation Policy and the
Control of Higher Education, Oxford 1983; Ders., The rekindling of cultural and intellectual life
in the universities of occupied Germany with particular reference to the British Zone, in:
Gabriele Clemens (Hg.), Kulturpolitik im besetzten Deutschland 1945–1949, Stuttgart 1994,
S. 102–116.

34 Stefan Zauner, Erziehung und Kulturmission. Frankreichs Bildungspolitik in Deutschland
1945–1949, München 1994.

35 Ash, Verordnete Umbrüche, konstruierte Kontinuitäten (wie Anm. 12). Zur Karriere Möglichs
siehe Dieter Hoffmann / Mark Walker, Der Physiker Friedrich Möglich – ein Antifaschist? In:
Dieter Hoffmann / Kristie Mackrakis (Hg.), Naturwissenschaft und Technik in der DDR, Berlin
1997, S. 361–381.

36 In letzter Zeit sind weitere Berichte für einzelne Universitäten erschienen, z. B.: Silke Seemann,
Die politischen Säuberungen des Lehrkörpers der Freiburger Universität nach dem Ende des
Zweiten Weltkriegs (1945–1957), Freiburg 2002; Sylvia Paletschek, Entnazifizierung und Universitätsentwicklung in der Nachkriegszeit am Beispiel der Universität Tübingen, in: Rüdiger
vom Bruch / Brigitte Kaderas (Hg.), Wissenschaften und Wissenschaftspolitik – Bestandsaufnahmen zu Formationen, Brüchen und Kontinuitäten im Deutschland des 20. Jahrhunderts,
Stuttgart 2002, S. 393–408. Die letzte Arbeit enthält umfassende bibliographische Angaben
sowie eine sehr brauchbare Zusammenfassung der Desiderata eines noch immer ausstehenden
Vergleichs auf diesem Gebiet. Siehe Teil III.

„Milde" im Westen zu konstatieren, wie so lange behauptet wurde, als zwischen den vergleichsweise „strengen" Amerikanern und Sowjets und den „laschen" Briten und Franzosen. Ebenfalls hierher gehört, dass sich Endgültigkeit nicht so schnell herstellen ließ, weil so viele Kollegen nicht entlassen blieben, sondern ihre Wiedereinstellung betrieben, oder suchten und fanden andere Stellen in einer anderen Besatzungszone bzw. später in einem der beiden deutschen Staaten. Nach einem Bericht aus dem Jahr 1950 wurden insgesamt 4289 Akademiker infolge der Entnazifizierung allein im Hochschulbereich entlassen; von den 3479, die sich im Mai 1950 in Deutschland befanden, waren mehr als ein Drittel (1301 oder 37,4 Prozent) zu diesem Zeitpunkt schon rehabilitiert.[37] Gleichwohl wurden nicht alle unterschiedslos wieder aufgenommen. Wer entlassen blieb und warum, ist ein Thema für sich.

Nach 1950 erhöhte sich die Zahl der Wiedereingestellten beträchtlich, und zwar in beiden deutschen Staaten. In der Bundesrepublik geschah dies bekanntlich vor allem im Rahmen der Wiederaufnahme entlassener Staatsdiener nach der Verabschiedung des Art. 131 des Grundgesetzes. In der DDR fehlte diese Maßnahme, trotzdem war der Anteil ehemaliger NSDAP-Mitglieder unter den Professoren der DDR im Jahre 1954 mit 28,4 Prozent in etwa so hoch wie der schon Ende der vierziger Jahre erreichte Anteil in den westlichen Zonen – und auch so hoch wie der der SED-Mitglieder (28,7 Prozent).[38] Allerdings war die Anzahl der Stellen an den sechs Universitäten auf DDR-Gebiet seit 1945 radikal verringert worden, womit die Zahl der wieder integrierten ehemaligen NSDAP-Mitglieder kleiner ausfiel als in der Bundesrepublik. Staatstragend wurden diese Kollegen allemal; Robert Havemann nannte sie sogar die loyalsten Diener des SED-Staates.

Nach Abtritt der Hauptverantwortung für die personelle Säuberung an die Deutschen in den jeweiligen Besatzungszonen und insbesondere nach dem offiziellen Ende der Entnazifizierung 1948 gestaltete sich das genannte Dilemma der Hochschul- und Wissenschaftspolitik in den beiden deutschen Staaten neu. Nun ging es um die konkrete Bedeutung bzw. Ausdeutung des Wortes „Wiederaufbau". Im Hochschulbereich wie in anderen Gesellschaftsbereichen auch hieß das Dilemma nun: Neuanfang oder Restauration? Hier

---

37 Stifterverband der deutschen Wissenschaft, Forschung heißt Arbeit und Brot, Stuttgart 1950, S. 17. Die Angaben dieser offensichtlich politisch zweckgebundenen Streitschrift beruhen immerhin auf der bislang umfangreichsten Datenerhebung zum Thema.

38 Ralph Jessen, Professoren im Sozialismus. Aspekte des Strukturwandels der Hochschullehrerschaft in der Ulbricht-Ära, in: Hartmut Kaelble u. a. (Hg.), Sozialgeschichte der DDR. Stuttgart 1994, S. 241. Leider fehlt in dieser Statistik eine Angabe darüber, wie viele Doppelzählungen vorliegen, d. h. wie viele der SED-Mitglieder zugleich ehemalige NSDAP-Mitglieder waren. Auch hinsichtlich der Disziplinzugehörigkeit ist eine Differenzierung nötig; so sind die Zahlen der ehemaligen NSDAP-Mitglieder weitaus höher für die Natur- und Technikwissenschaften und insbesondere für die Medizin als die für die so genannten „Gesellschaftswissenschaften". Die Gründe dafür werden sogleich besprochen.

erhalten die Worte meines Beitragstitels „divergierende Neuanfänge" ihren inhaltlichen Sinn.

B. In der frühen Bundesrepublik, oder: Bonn war doch nicht Weimar

Bereits während der Gründung der Bundesrepublik schälte sich das Verhältnis von Bund und Ländern als Drehachse von zentraler Bedeutung für die politische Realverfassung und auch für die Hochschul- und Wissenschaftspolitik heraus. Die hochschulpolitische Bedeutung des so genannten „Blauen Gutachtens" in diesem Geflecht wurde in der Literatur schon mehrfach betont. Bereits in diesem 1947 erstellten Papier der Rektorenkonferenz der westdeutschen Länder, aus der die Westdeutsche Rektorenkonferenz hervorging, zitierten die Autoren sinngemäß eine Aussage des Orientalisten und Hochschulreformers Karl Heinrich Becker aus den frühen 1920er Jahren dahingehend, dass die deutschen Universitäten „im Kern gesund" seien und deshalb, außer der Entfernung der offenkundig unqualifizierten ehemaligen Nazis, keiner grundlegenden Reform bedurften. Konkret ging es darum, „den gesunden Kern der Tradition den Notwendigkeiten unserer Zeit dienstbar zu machen".[39] Gemünzt war die Aussage allerdings im Wesentlichen eher auf die Hochschulverfassungen denn auf einzelne Professoren. Wichtig in diesem Zusammenhang ist es, dass es sich dabei um eine Vertretung der Länder gehandelt hat.

Diese Gruppierung war auch 1946 Adressat des Bemühens britischer Offiziere für Rückrufe emigrierter Hochschullehrer – wohlgemerkt infolge eines kritischen Artikels im englischen *Manchester Guardian*. In der Folge luden Universitätsleitungen in der britischen Zone ihre vertriebenen Kollegen tatsächlich dazu ein, zurückzukehren und wenigstens ihre alten Rechte als Fakultätsmitglieder, im Falle der Philosophischen Fakultät in Köln sogar ihre alten Stellen wieder wahrzunehmen. Dies geschah jedoch in dieser Form in keiner anderen Zone; wegen eines mangelnden *follow up* der Besatzungsbehörde blieb auch diese Initiative ohne durchschlagende Bedeutung.[40] Eine

---

39 Studienausschuss für Hochschulreform (Hg.), Gutachten zur Hochschulreform. Hamburg 1948, zit. n. Konrad Jarausch, Universitäten in der Bundesrepublik Deutschland – Aspekte eines akademischen Sonderwegs, in: Ash (Hg.), Mythos Humboldt, S. 58–79; vgl. Axel Schildt, Im Kern gesund? Die deutschen Hochschulen 1945, in: Helmut König u. a. (Hg.), Vertuschte Vergangenheit. Der Fall Schwerte und die NS-Vergangenheit der deutschen Hochschulen. München 1997, S. 223–240. Die zitierte Aussage stellt allerdings lediglich eine Fortschreibung der Tendenz mehrerer Stellungnahmen einzelner Fakultäten und Senate seit Ende des Krieges dar.

40 Anikó Szabo, Verordnete Rückberufungen. Die Hochschulkonferenzen und die Diskussion um die emigrierten Hochschullehrer, in: Marlis Buchholz / Claus Füllberg-Stolberg / Hans-Dieter Schmid (Hg.), Nationalsozialismus und Region. Festschrift für Herbert Obenaus zum 65. Geburtstag, Bielefeld 1996, S. 339–352; Marita Krauss, Heimkehr in ein fremdes Land. Geschichte der Remigration nach 1945, München 2001, S. 74. Umfassend hierzu Ulrike Cieslok, Eine

weitere Ländervertretung, die erste Konferenz der Ministerpräsidenten der westdeutschen Länder in München 1947, hat den wohl wichtigsten Rückruf an die Emigranten insgesamt, nicht allein an die Hochschullehrer, gerichtet. Dadurch, dass mit dem Auszug der ostdeutschen Delegation vor dem Ende der Konferenz die deutsche Teilung besiegelt wurde, verloren dieser und andere Beschlüsse der Konferenz an Bedeutung.[41] Bereits hier kann eine Verzahnung der Länder- mit der lokalen Ebene festgestellt werden. Lange bevor mit dem Königsteiner Abkommen im März 1949 das föderale Prinzip als Verfassungsprinzip festgezurrt wurde, lagen die Universitäten auf lokaler Ebene bereits vor 1948 in den Händen der Korporation der ordentlichen Professoren; der beständige Druck, in diese Richtung fortzufahren, blieb auf regionaler und Länderebene nicht ohne Wirkung.

Diese Restaurierung wurde in erster Linie „von unten", d. h. von den lokalen und regionalen Eliten, vorangetrieben (siehe unten Teil III), doch wurde sie weder von den westlichen Besatzungsmächten noch von der politischen Führung der frühen Bundesrepublik ernsthaft in Frage gestellt – war doch die Dezentralisierung vom Anfang an deklariertes Ziel auch der Politik der Alliierten, und nicht nur im Bildungsbereich.[42] Eine konkrete strukturelle Auswirkung des Trends war, dass die Bildungs- und Wissenschaftsminister der Länder sich dazu veranlasst sahen, um prestigeträchtige Berufungen zu gewährleisten, für jeden Ordinarius eine gewisse Infrastruktur für die Forschung, darunter subalterne Positionen wie Assistenten- und Sekretariatsstellen, Bibliothekare bzw. Mechaniker usw. – sowie geeignet scheinende Räumlichkeiten, bereitzustellen, sofern die Wirtschaftslage dies zuzulassen schien. Prestige schien aber eher durch den Erhalt bzw. die Rückberufung schon anerkannter Größen als durch riskante Berufungen jüngerer Kräfte zu gewinnen. Die Folgen für die Forschung an den Universitäten waren zwei sich ergänzende Entwicklungen: die mühsame Wiederherstellung früherer Ressourcenensembles und älterer Forschungsprogramme, die ich an anderer Stelle „konstruierte Kontinuitäten" genannt habe;[43] und die dadurch mit bedingte Tendenz, Änderungen in diesem Machtgefüge – einer seit dem Kaiserreich bestehenden Tradition folgend –, lediglich durch Hinzufügungen, wie z. B. später in Form der Schwerpunktprogramme der DFG, zuzulassen, ohne die Dominanz der Korporation der Ordinarien ernsthaft infrage zu stellen.

Schon lange bevor das erst später so genannte „deutsche Wirtschaftwunder" zu greifen begann, begannen die verwickelten Neuverhandlungen des

---

schwierige Rückkehr. Emigranten an nordrhein-westfälischen Hochschulen, in: Exil und Remigration. Jahrbuch für Exilforschung 9, München 1991, S. 115–127.

41 Krauss, Heimkehr in ein fremdes Land (wie Anm. 40), S. 75.

42 Manfred Heinemann, Emigranten, Remigranten und ihr Beitrag zur Erneuerung von Schul- und Hochschulverfassungen nach 1945, in: Claus-Dieter Krohn / Martin Schumacher (Hg.), Exil und Neuordnung. Beiträge zur verfassungspolitischen Entwicklung in Deutschland nach 1945, Düsseldorf (Jahr), S. 377–400, hier: S. 381.

43 Ash, Verordnete Umbrüche, konstruierte Kontinuitäten (wie Anm. 12).

Verhältnisses von Bund und Ländern, die ihre Auswirkung auf die wissenschaftspolitischen Strukturen nicht verfehlten. Im wissenschaftspolitischen Bereich bedeutete die Neuverhandlung des Bund-Länder-Verhältnisses nach der Gründung der Bundesrepublik ebenfalls eine Neuverhandlung der respektiven Rollen der universitären und der außeruniversitären Forschung. Die Zuständigkeit der Länder für die Belange der Bildungs- und auch der Wissenschaftspolitik wurde wieder festgelegt in bewusster Reaktion auf die Zentralisierungsbewegung der NS-Zeit. Für Wissenschaftler wie die Physiker Werner Heisenberg und Max von Laue wie andere auch war jedoch gerade das Fehlen einer zentral koordinierten Wissenschafts- und Forschungspolitik das wesentliche Defizit jener Zeit. Allerdings wurde ihr 1948 gestarteter Versuch, einen solchen zentralen, durch den Bund zu finanzierenden Deutschen Forschungsrat (DFR) zunächst als Beratungsgremium zu schaffen, durch die Länder blockiert; stattdessen wurde eine Version des DFR als Senat 1951 in die Struktur der neu gegründeten DFG eingefügt.[44] Dabei blieb das Prinzip der Förderungsentscheidung über Fachausschüsse, das seit Gründung der Notgemeinschaft der deutschen Wissenschaft in den frühen 1920er Jahren bestimmend war, in den Statuten unverändert. Solche korporatistischen Organisationsmuster fanden sich in der frühen Bundesrepublik bekanntermaßen immer wieder, und nicht nur in diesem Politikfeld.

Neben der neu strukturierten DFG betraten aber auch zwei außeruniversitäre Akteure die Bühne. Bereits bekannt war die neu benannte Max-Planck-Gesellschaft, gegründet zunächst nur in der britischen Besatzungszone als Nachfolgerin der Kaiser-Wilhelm-Gesellschaft; nach schwierigen Verhandlungen u. a. auch unter den Alliierten konnten die Institute, die sich in den anderen westlichen Zonen befanden, der Göttinger Zentrale in den späten 1940er und frühen 1950er Jahren angegliedert werden.[45] Neu hingegen war die Fraunhofer-Gesellschaft, gegründet am 26. April 1949 und gewidmet der Förderung angewandter bzw. technologieorientierter Forschung. Zunächst entstanden als Allianz von Industrie und Ländern in Bayern, später in Baden-Württemberg, finanzierte sie sich vor allem durch Vertragsforschung, die zunehmend aus dem Verteidigungsministerium vergeben wurde. Doch erst

---

44 Für diese oft erzählte Geschichte siehe u. v. a. Michael Eckert, Primacy doomed to failure: Heisenberg's Role as scientific advisor for nuclear policy in the FRG, in: Historical Studies in the Physical and Biological Sciences, 21:1 (1990), S. 29 – 58, sowie Cathryn Carson, New models for science in politics: Heisenberg in West Germany, in: Historical Studies in the Physical and Biological Sciences, 30:1 (1999), S. 115 – 171 und die dort zitierte Literatur. Karin Orth, Das Förderprofil der Deutschen Forschungsgemeinschaft 1949 – 1969, in: Berichte zur Wissenschaftsgeschichte 27 (2004), S. 261 – 283, spricht u. a. deshalb zu Recht von einer „Neugründung" und nicht von einer Wiedereröffnung oder Fortsetzung der DFG der NS-Zeit; ihre Monographie zum Thema erscheint in Kürze.

45 Otto G. Oexle, Wie in Göttingen die Max-Planck-Gesellschaft entstand, in: Max-Planck-Gesellschaft Jahrbuch (1994), S. 43 – 60; Rüdiger Hachtmann, Wissenschaftsmanagement im „Dritten Reich". Geschichte der Generalverwaltung der Kaiser-Wilhelm-Gesellschaft, Göttingen 2007, inbes. S. 20.

1954 wurden eigene Institute der Gesellschaft gegründet und erst in den späten 1960er Jahren übernahm der Bund das Gros der Finanzierung.[46]

Trotz des Scheiterns des DFR wurde der Bedarf an forschungspolitischer Koordination auf Bundesebene (bzw. unter den Ländern) erkannt, weshalb weitere Verhandlungen zur Entwicklung von Mechanismen, die für alle Beteiligten akzeptabel sein könnten, einsetzten. Eine Folge dieser Verhandlungen war die Gründung des Wissenschaftsrats 1957 als dualer Vermittler zwischen Bund und Ländern einerseits und zwischen Universitäten und außeruniversitären Forschungsinstituten andererseits.[47] Der Wissenschaftsrat war von Anfang an die Art konsultative, auf Konsens bedachte Körperschaft, die man in fast allen Bereichen der westdeutschen Gesellschaft inzwischen kannte. Ihm sprach man formal nur beratende Wirkung zu, doch sein Rat erhielt zunehmend Gewicht gerade deshalb, weil die Empfehlungen per Konsens zustande kamen.

Zusammenfassend lässt sich sagen, dass die universitäre Forschung auf Bundesebene mangels eines zuständigen Bundesministeriums zu jener Zeit vor allem durch die DFG repräsentiert war. Ansonsten hielten die Bildungs- und Wissenschaftsministerien der Länder, vertreten durch die Kultusministerkonferenz (KMK), aber ständig flankiert bzw. unter Druck gesetzt durch die Westdeutsche Rektorenkonferenz, wieder die Richtlinienkompetenz der Hochschulpolitik selbst in der Hand. Das waren ideale Bedingungen für die Wiederherstellung der Herrschaft der Ordinarien. Eine Beantwortung der Frage, ob die Universität eine Lehranstalt oder eine Forschungsinstitution sein sollte, schien nicht mehr nötig; ein Hinweis auf die Einheit von Lehre und Forschung sollte Antwort genug sein.

Die Folgen dieser institutionellen Entwicklungen für die konkrete Gestaltung des Universitätsstudiums sind noch nicht systematisch erforscht worden. So bleibt die Aussage Christian Oehlers von vor zwanzig Jahren noch im Raum stehen:

„Nach 1945 gab es in vielen Studiengängen keine Studienordnungen, in dem Sinn, dass Berufsanforderungen, Ausbildungsziele, Lehrpläne, Leistungsnachweise und Wahlmöglichkeiten im Studienaufbau hinreichend aufeinander bezogen worden wären, um daraus in zeitlicher Abfolge einen Studienplan mit zumutbaren Arbeitsbelastung im Rahmen einer vertretbaren Gesamtstudiendauer aufzubauen."[48]

Zuständig für die Feststellung der Berufseignung blieb daher weitestgehend der Staat bzw. dieser im Verbund mit der Wirtschaft bzw. mit den Kirchen. Das an vielen Universitäten in unterschiedlicher Form, zunächst mit Unterstüt-

---

46 Helmuth Trischler / Rüdiger vom Bruch, Forschung für den Markt. Geschichte der Fraunhofer-Gesellschaft, München 1999.

47 Olaf Bartz, Der Wissenschaftsrat. Entwicklungslinien der Wissenschaftspolitik in der Bundesrepublik Deutschland, 1957–2007, Stuttgart 2007.

48 Christoph Oehler, Hochschulentwicklung in der Bundesrepublik Deutschland seit 1945, Frankfurt a. M. 1989, S. 63.

zung der westlichen Besatzungsmächte, bald eingerichtete, bewusst als Gegengewicht zur Spezialausbildung gedachte „Studium generale" kann als eine Art versuchte Antwort auf das Spezialistentum angesehen werden, war aber nirgends verpflichtend.

Von immer größerer Bedeutung für Lehrende wie Studierende waren internationale Austauschprogramme wie das Fulbright-Programm und die kleineren Programme Englands und Frankreichs.[49] Zunehmend attraktiv wurden sie im Verlauf der 1950er Jahre ohne Zweifel, verpflichtend für alle Studierende waren sie aber ebenso wenig wie das Studium generale. Nach der zitierten Studie von Oehlers studierten in den 1950er Jahren maximal zehn Prozent im Ausland. Auch wenn dies im Vergleich zu heute eine Neid erregende Prozentzahl ist, stellt sie angesichts der weitaus geringeren Gesamtzahl der Studierenden im Vergleich zur heutigen keine allzu beeindruckende Größe dar. Auch hier, wie im Falle der bereits erwähnten Reaktion der westdeutschen Professoren auf den Vorschlag britischer Besatzungsoffiziere, die Rückholung ihrer von den Nazis vertriebenen Kollegen zu erwägen, ist eine Doppelbödigkeit des Freiheitsbegriffs festzuhalten; so oder so konnte die Provinzialität frei gewählt werden.

Versuche innovativer Neugründungen am Rande dieses Gesamtgeschehens sind wenigstens in den unmittelbaren Nachkriegsjahren nicht zu leugnen, sie hatten jedoch bestenfalls gemischten Erfolg. Als Beispiele wären zu nennen:

1. Die Deutsche Forschungshochschule Berlin-Dahlem, die in der bisherigen Literatur zu oft als Teil der Vorgeschichte der Freien Universität Berlin dargestellt wird.[50] Tatsächlich ging sie auf Reformüberlegungen des emigrierten Pädagogen und Schulreformers Fritz Karsen zurück, der als Besatzungsoffizier der Amerikaner nach Berlin zurückkehrte.[51] Kern seiner Initiative war eine Reform der Postgraduiertenausbildung auf Grundlage der in Dahlem noch erhaltenen Reste einiger Kaiser-Wilhelm-Institute – es sollte ein „deutsches Oxford" mit den entsprechenden Unterrichtsformen entstehen. Diese Bemühungen wurden jahrelang mitgetragen von den drei unter amerikanischer Besatzung stehenden Ländern und können daher als Vorreiter der gemeinsamen Bund-Länder-Finanzierung auf diesem Gebiet betrachtet werden. Sie wurden jedoch von den Universitäten mit Argusaugen betrachtet und schließlich zu Fall gebracht.

2. Die 1948 aus Protesten gegen die Sowjetisierung der Studentenschaft an der

---

49 Zur Rolle des Fulbright-Programms vgl. u. a. Füssl, Deutsch-amerikanischer Kulturaustausch (wie Anm. 19); Marita Krauss, „Gedankenaustausch über Probleme und Methode der Forschung". Transatlantische Gastprofessuren aus Emigrantenkreisen in Westdeutschland nach 1945, in: Berichte zur Wissenschaftsgeschichte, 29 (2006), S. 243–259.

50 Sigward Lönnendonker, Freie Universität Berlin. Gründung einer politischen Universität, Berlin 1988; James F. Tent, Die Freie Universität Berlin, Berlin 1988.

51 Heinemann, Emigranten, Remigranten (wie Anm. 42), S. 397. Die folgenden Erkenntnisse entstammen eigener Aktenforschung zu diesem Thema.

Universität in Mitte hervorgegangene Freie Universität Berlin. In dieses Symbol der Freiheit auf der Insel Westberlin flossen tatsächlich neben reichlichen Förderungen amerikanische Ideen ein, und die Lehre wurde wenigstens in einigen Fächern wie der Politikwissenschaft von Remigranten mit getragen. Die Reformuniversität, die sie werden sollte, wurde sie trotzdem nicht.[52]

3. Die Universitäten in Mainz und Saarbrücken sowie die Verwaltungshochschule in Speyer, alle in der französischen Besatzungszone. Mit diesen überaus beachtlichen Initiativen verfolgten der zuständige Hochschuloffizier Raymond Schmittlein und seine deutschen Mitstreiter hehre Ziele. Vor dem regionalpolitischen Hintergrund der Stärkung eines eigenständigen linkrheinischen Gebiets versuchte man Aspekte des französischen Universitätssystems, darunter die Zugänglichkeit zur Professur für pädagogisch und wissenschaftlich qualifizierte Lehrer auch ohne Habilitation. Daraus wurden aber binnen weniger Jahre in Mainz und Saarbrücken gewöhnliche Regionaluniversitäten.[53]

C. In der SBZ und der frühen DDR

In der Sowjetischen Besatzungszone war wie in den westlichen Zonen zunächst an jedem Universitätsstandort mit einem komplexen Geflecht umzugehen; hier wie dort standen die Professoren und ihre Vertreter nicht nur den Vertretern der Besatzungsmacht – das waren sowohl Orts- und Regionalkommandeuren als auch später Hochschuloffizieren –, sondern auch lokalen wie regionalen Politikern mit ihren jeweils eigenen Interessen und Auffassungen sowie später auch noch den Vertretern der im Herbst 1945 gegründeten Deutschen Zentralverwaltung für Volksbildung (DVV) gegenüber.[54] Hinzu kamen so genannte, aus Überlebenden der Konzentrationslager und anderen bestehenden „Antifa"-Gruppen, die einen grundlegenden Wandel der

52 Tent, Freie Universität Berlin (wie Anm. 50). Für andere Reformbestrebungen der frühen Nachkriegsjahre vgl. die Beiträge im ersten Teil des Bandes von Andreas Franzmann und Barbara Wolbring (Hg.), Zwischen Idee und Zweckorientierung. Vorbilder und Motive der Hochschulreformen seit 1945. Berlin 2007.

53 Stefan Zauner, Die Johannes Gutenberg-Universität als 'Université Rhénane'. Zur Wiedergründung der Mainzer Hochschule 1946 im Kontext der französischen Besatzungspolitik, in: Berichte zur Wissenschaftsgeschichte, 2 (1998), S. 123–142. Weiter noch geht Corinne Defrance, Die Franzosen und die Wiedereröffnung der Mainzer Universität, 1945–1949, in: Clemens (Hg.), Kulturpolitik im besetzten Deutschland (wie Anm. 33), S. 117–130. Eigentlicher Hintergrund war ihrer Meinung nach der Wunsch, das linksrheinische Gebiet in ein eigenes Land abzuzweigen, das auf längere Zeit unter französischer Kuratel stehen sollte. Diese Idee wurde zwar bald fallen gelassen, gleichwohl blieb die Neugründung bestehen.

54 Eine dichte Beschreibung eines solchen Geflechtes liefert Jürgen John, Die Jenaer Universität im Jahre 1945, in: ders. / Volker Wahl / Len Arnold (Hg.), Die Wiedereröffnung der Universität Jena 1945. Dokumente und Festschrift, Rudolstadt / Jena 1998, S. 12–74.

politischen Verhältnisse herbeiwünschten.[55] Somit scheinen lokale Variati-
onsmöglichkeiten und Handlungsspielräume wenigstens am Anfang der Besatzung, aber z. T. auch danach möglich gewesen zu sein. Die unterschiedlichen Ergebnisse der Entnazifizierung an den sechs Universitäten der SBZ
mögen ein Indiz hierfür sein.[56] Auch in der SBZ gab es ab Januar 1947 Konferenzen der Volksbildungsministerien der Länder, die bis zur Abschaffung
der Länder und auch für eine Zeit lang danach regelmäßig tagten. Nach der
Analyse von Michael Parak war eine Vereinheitlichung der Hochschulpolitik
in Sachsen erst Ende der 1940er bzw. Anfang der 1950er Jahre wirksam.[57] Die
genannten Konferenzen wurden zwar von der DVV einberufen, waren von
dieser aber trotz großer Mühe doch nicht einheitlich zu lenken, weil die DVV
kein Kontroll- oder Durchgriffsrecht besaß. Dieses behielten der SMAD bzw.
die Regionalkommandanturen für sich; manchmal war es seitens der DVV
nicht leicht, herauszubekommen, was der „große Bruder" eigentlich wollte.
Gleichwohl zeichnet sich im Vergleich zur Entwicklung in den westlichen
Zonen und der frühen Bundesrepublik ein grundsätzlich anderes Bild; während im Westen die eingangs schon sichtbare und von den Alliierten befürwortete Dezentralisierung bewusst beibehalten wurde und in das föderale
System der Bundesrepublik mündete, zeigte der Pfeil in der SBZ sehr bald in
Richtung Zentralisierung der Herrschaft in den Händen der SED in Zusam-
menarbeit mit der SMAD.

Die Entwicklung der Hochschul- und Wissenschaftspolitik in den ersten
Jahren der DDR kann als zweigleisige Fahrt beschrieben werden. Auf der einen
Seite verstand und akzeptierte die SED-Führung das Diktum Stalins, dass „die
Kaderfrage alles entscheidet". Imperativ blieb vom Anfang an die Herstellung
der Vorherrschaft der Partei in allen Bereichen der Gesellschaft und Kultur, die
Wissenschaft nicht ausgenommen. Intendiert war im Grunde ein zweifacher
Produktivismus: (1) auf der einen Seite die Herstellung der Rahmenbedin-
gungen für die Heranbildung, sprich: Produktion hoch qualifizierter und
ideologisch loyaler Kader und damit, so nahm man an, die Herstellung
ideologischer Kohärenz auch in diesem Bereich der Gesellschaft, und zwar
auch in den „harten" Wissenschaften; (2) auf der anderen Seite die planbare
Ankurbelung der Produktion von Gütern auch wissenschaftlich-technischer
Art mittels der durchgehenden Einführung der Planwirtschaft auch in der
Organisation der Hochschulen und Forschungsinstitutionen. Was das Erstere
betrifft, hatte die SED bereits während der Besatzung so genannte Arbeiter-
und Bauernfakultäten (ABF) eingerichtet und – teils unter Druck der SMAD –
Maßnahmen zur Erhöhung des Frauenanteils unter den Studierenden ergrif-

---

55 Wolfgang Matthias Schwiedrzik, Das ‚Antifa'-Intermezzo. Der Kampf um die Universität Leipzig
   in den Jahren 1945–1948. Zit. n. John, Die Jenaer Universität (wie Anm. 54), S. 38, Anm. 82. Eine
   vergleichbare Gruppierung gab es auch in Halle.
56 Siehe Teil III.
57 Michael Parak, Hochschule und Wissenschaft in zwei deutschen Diktaturen. Elitenaustausch in
   sächsischen Hochschulen 1933–1952, Köln / Weimar / Wien 2004.

fen.[58] Beide Produktivismen hatten dasselbe Ziel: das Bildungsprivileg des Bürgertums längerfristig zu brechen und damit eine so genannte neue, „sozialistische Intelligenz" zu schaffen. Gleichzeitig war der SED-Führung aber klar, dass wenigstens kurz- und mittelfristig eine Zusammenarbeit mit parteilosen „bürgerlichen" Wissenschaftlern, darunter auch, wie oben beschrieben, ehemaligen NSDAP-Mitgliedern, aus pragmatischen Gründen notwendig sein würde.

Von zentraler Bedeutung für die Wissenschaftsentwicklung in der SBZ und der frühen DDR war also das grundsätzliche Dilemma, einerseits die Zusammenarbeit mit „bürgerlichen" Wissenschaftlern fördern zu müssen, andererseits aber ein weitgehend, wenn nicht zur Gänze aus der Sowjetunion importiertes Muster der Wissenschaftsorganisation und -planung durchzusetzen sowie den ideologischen Alleinvertretungsanspruch des Marxismus-Leninismus in möglichst vielen Kulturbereichen aufrechtzuerhalten. Aus dem Versuch, mit diesem Dilemma umzugehen, entstand sogar eine doppelte Zweigleisigkeit in struktur- wie in personalpolitischen Fragen. Sowohl im Hinblick auf das Verhältnis der Universitäten zur neu aufgestellten Akademie der Wissenschaften als auch im Hinblick auf das Verhältnis von Natur-, Medizin- und Technikwissenschaften zu den so genannten „Gesellschaftswissenschaften" kann jeweils von zweigleisigen Fahrten gesprochen werden.

Man begegnete der ersten Herausforderung auf der organisatorischen Ebene mit der Umgestaltung der Akademie der Wissenschaften unter Hinzuziehung der auf dem Territorium der DDR befindlichen ehemaligen Kaiser-Wilhelm-Institute zur primären Forschungseinrichtung der DDR, im Wesentlichen nach sowjetischem Vorbild, aber offenbar auch nach Plänen des früheren Reichsforschungsrates,[59] sowie mit der offenen Privilegierung der Akademiemitglieder durch Sonderlebensmittelkarten, Wohnungszuweisungen und hoch dotierte Einzelverträge. In einer Rede bei der 250-Jahr-Feier der Akademie der Wissenschaften 1950 schien DDR-Bildungsminister Paul Wandel – ehemals Chef der DVV – den Spitzenforschern unter ihnen sogar weitergehende Einflusschancen zu verheißen, indem er von „einer beherrschenden Rolle" der Wissenschaft im modernen Staate sprach.[60]

Eine ähnliche Privilegierung der Naturwissenschaften und Medizin an den Hochschulen auf der Grundlage eines objektivistischen Ressourcendenkens setzte sich ebenfalls durch. In einer 1950 im Zentralkomitee der SED gehaltenen Grundsatzrede stellte Ernst Hoffmann fest, man sei

58 Kowalczuk, Geist im Dienste der Macht (wie Anm. 4); Budde, Frauen der Intelligenz (wie Anm. 29).

59 Peter Nötzold, Die Deutsche Akademie der Wissenschaften zu Berlin in Gesellschaft und Politik. Gelehrtengesellschaft und Großorganisation außeruniversitärer Forschung 1946–1972, in Jürgen Kocka (Hg.), Die Berliner Akademien der Wissenschaften im geteilten Deutschland 1945–1990, Berlin 2002, S. 39–80.

60 Zit. in Joseph Naas, Bericht über die Arbeit der Akademie der Wissenschaften, in: Jahrbuch der Berliner Akademie der Wissenschaften, 1950–1951, S. 48.

„nicht der Auffassung, dass wir das fachliche Wissen der bürgerlichen Professoren unserer Hochschulen unausgenutzt lassen sollten. ... Wenn wir also (z. B.) einen Mediziner haben, der zwar ab und zu dreckige Bemerkungen von sich gibt, der sonst ein völlig konservativer Mensch ist, der aber auf der anderen Seite wirklich alles daransetzt, unseren Studenten sein medizinisches Fachwissen zu vermitteln, dann können wir auch über diese reaktionären oder sonstigen Ausfälle dieser Herren hinwegsehen, vorausgesetzt, dass es sich nicht um bewusst organisierte Agenten handelt."[61]

Diese Linie sollte sich spätestens infolge der III. Hochschulkonferenz der SED 1958 zugunsten einer verstärkten Arbeit der Parteiorganisationen an den Hochschulen ändern, die zum verstärkten Druck auf die „bürgerlichen" Wissenschaftler führte.

Vor allem war es aber die Akademie der Wissenschaften, die als Einrichtung der Spitzenforschung mit gesamtdeutschem Vertretungsanspruch und damit als Konkurrentin zur MPG in der Bundesrepublik begriffen und ausgestattet wurde. Schließlich bestand zu jener Zeit noch ein „freier" Markt in diesem Bereich. Wollte die Wissenschafts- und Staatsführung der SED das vorhandene wissenschaftliche Humankapital behalten und für sich arbeiten lassen, musste sie, solange die Grenze noch offen blieb, mit Spitzenforschern in Dauerverhandlungen treten, während diese mit dem gewichtigen Pfund eines möglichen oder tatsächlichen Gegenangebotes aus dem Westen durchaus zu wuchern wussten. Auch diese Spitzenforscher konnten sich der Umstellung des Wissenschaftsbereichs auf die Erfordernisse der Planwirtschaft nicht ganz entziehen, doch war es ihnen trotzdem möglich, eigenständige Macht- und Einflussbereiche vor allem in der dem Ministerpräsidenten und weder einem Staatsministerium noch der SED direkt unterstellten Akademie aufzubauen.[62] Im Jahre 1957 wurden mit der Gründung des Rates der Forschungsinstitute der Akademie sowie des Forschungsrates der DDR Mittel gefunden, einer zwar nicht genauso wie im Westen, aber wohl schon korporatistisch organisierten Elite wesentlichen Einfluss auf die Planung und Lenkung der Grundlagenforschung zu gewähren. Dabei waren Rückkehrer aus der Sowjetunion wie Peter Adolf Thiessen und Max Steenbeck führend – zwei ehemalige Nazis, sozusagen „bereinigt" durch zehn Jahre im sozialistischen Mutterland, an der Spitze der DDR-Wissenschaft angelangt.[63]

Die durchgehende Umstellung auf Planung und Lenkung, das heißt auf eine politische Durchherrschung von Wirtschaft und Wissenschaft, war an den

---

61 Stiftung Zentrales Parteiarchiv im Bundesarchiv, Berlin (SAPMO), NL 182–933, Bl. 11–12.

62 Beschluss über Maßnahmen zur Förderung des naturwissenschaftlich-technischen Fortschritts in der DDR. Gesetzesblatt der Deutschen Demokratischen Republik, Teil I Nr. 63, 30. Juli 1955, S. 521.

63 Ciesla, Der Spezialistentransfer in die UdSSR (wie Anm. 2); Agnes Tandler, Geplante Zukunft. Wissenschaftler und Wissenschaftspolitik in der DDR 1955–1971, Florenz 1997.

Hochschulen weitaus wirksamer.[64] Zwar wurden Gremien universitärer Selbstverwaltung nominell beibehalten und ihre Kommunikation mit dem Ende der 1940er Jahre eingerichteten Staatssekretariat für Hoch- und Fachschulwesen unter der Leitung des Physikers und SED-Loyalisten Gerhard Harig aufrechterhalten. Am eigentlichen Hebel der Entscheidungen, vor allem im Studienwesen, saß aber die Leitung der Parteiorganisation, die über das neu eingeführte Amt des Studiendekans in der Hochschulleitung vertreten war und die ihre Tätigkeit wiederum mit der zuständigen Abteilung im Zentralkomitee der SED koordinierte.

Doch auch an den Hochschulen schälte sich jedenfalls in den frühen 1950er Jahren anscheinend eine Zweiteilung zwischen Medizin-, Technik- und Naturwissenschaften als Spezialistenschmieden und Sozial- und Geisteswissenschaften als Träger parteilicher Wissenschaft heraus. Beides verstand man als Ressourcen für den Aufbau des Sozialismus auf deutschem Boden. Aber im ersten Bereich war es immerhin noch möglich, kleine Imperien „bürgerlicher" Wissenschaft mittels Verbindungen eines Lehrstuhls an einer Universität und des damit zusammenhängenden Personals mit der Leitung eines Akademieinstitutes und dessen Personal aufzubauen. Dies stärkte die Ordinarien auch an den Universitäten, hinderte jedoch nicht die Einrichtung und zunehmende Kontrollfunktion der Parteigremien an den Hochschulen. So war die DDR keineswegs immun gegenüber den Ideologisierungskampagnen des Spätstalinismus, auch wenn der Lyssenkoismus an der Akademie wegen der Widerständigkeit des Pflanzengenetikers Hans Stubbe nicht ganz durchkam und der Pawlowismus in der Psychologie durch die lavierende Haltung Kurt Gottschaldts wenigstens in Berlin abgewehrt wurde.[65]

Noch erfolgreicher war die Neuorganisierung des Studiums. Wie John Connelly sehr treffend schreibt, bedeutete der Stalinismus im Alltag die Durchherrschung der Zeit.[66] Vor allem das war das Ziel der später so genannten „zweiten Hochschulreform", verkörpert vor allem im Hochschulgesetz vom 22. Februar 1951. Das Gesetz sah zentral gesteuerte Lehrpläne, ein einheitliches zehnmonatiges Studienjahr, den obligatorischen Vorlesungsbesuch und die Zwangsmitgliedschaft in Seminargruppen der Freien Deutschen Jugend (FDJ) sowie die verpflichtende Teilnahme am so genannten Marxistisch-Leninistischen Grundstudium (insgesamt 20 Prozent der Gesamtstudienzeit) vor. Letzteres ersetzte die früher eingeführten, damals noch nicht

---

64 Vgl. zum folgenden Ralph Jessen, Zwischen diktatorischer Kontrolle und Kollaboration: Die Universitäten in der SBZ / DDR, in: John Connolly / Michael Grüttner (Hg.), Zwischen Autonomie und Anpassung: Universitäten in den Diktaturen des 20. Jahrhunderts, Paderborn 2003, S. 229–263.

65 Für diese Fallbeispiele siehe u. a. Mitchell G. Ash, Wissenschaft, Politik und Modernität in der DDR – Ansätze zu einer Neubetrachtung, in: Karin Weisemann / Hans-Peter Kroener / Richard Toellner (Hg.), Wissenschaft und Politik – Genetik und Humangenetik in der DDR (1949–1989), Münster 1997, S. 1–26.

66 Zusammenfassend hierzu Connelly, Captive University (wie Anm. 25), S. 85–86.

verpflichtenden Kurse zu „gesellschaftlichen Problemen der Gegenwart".
Vergleichen wir das alles mit dem so gut wie gar nicht strukturierten Studium
und dem fakultativ gestellten „Studium generale" in der Bundesrepublik, so
kann der Kontrast nicht deutlicher sein. Darüber hinaus wurde in einigen
Fächern eine sowjetische Einrichtung, die Aspirantur – eine voll finanzierte
Anstellung für Doktoranden – eingeführt mit dem Ziel, die Produktion von
Fachkräften planbar zu machen sowie auch die Umstellung der sozialen Zu-
sammensetzung der Studentenschaft voranzutreiben.

Versuche innovativer Neugründungen sind in diesem Kontext und im
Unterschied zu den westlichen Zonen bzw. der frühen Bundesrepublik keinesfalls als Randerscheinungen, sondern vielmehr als zentrale Bestandteile
der neuen politischen Linie zu verstehen. So entstanden schon während der
Besatzungszeit Parteihochschulen und in der Folge Institutionen wie die
Verwaltungshochschule Potsdam sowie Landes- und forstwissenschaftliche
und medizinische Fachschulen wie auch solche für Transport, Finanz,
Schwermaschinenbau und Chemie.[67] Jeder Schultyp wurde einem der Ministerien, die Fachschulen den für den Wirtschaftsbereich jeweils zuständigen
Ministerium zugeordnet; die Absicht einer Schwächung des Monopols der
Universitäten auf die höhere Bildung sowie der Planbarkeit der Produktion
spezialisierter Fachkräfte wie des dazugehörigen, auf unmittelbare Anwendung bezogenen Fachwissens war unverkennbar. Zugleich bedeutete diese
Politik allerdings auch eine Verwässerung der zentralen Planungs- und Len-
kungskompetenz des Staatssekretariats. Das Primat der Technik bei alledem
war beispielsweise daran erkennbar, dass im Fünfjahresplan von 1953 fast ein
Drittel der staatlichen Hochschulausgaben für die neuen Fachschulen und die
TH Dresden vorgesehen war.[68]

D. Zwischenfazit

Aus diesen Kurzdarstellungen können drei Spannungsverhältnisse herausgeschält werden, die bis Mitte der 1950er Jahre sichtbar geworden waren, und
zwar in beiden deutschen Staaten.

Erstens: In keinem der beiden deutschen Staaten wurde jemals in Zweifel
gezogen, dass wissenschaftliche Grundlagenforschung, wie immer diese definiert wurde, im Wesentlichen vom Staat zu finanzieren sein sollte. So wurde
ein Grundprinzip der deutschen Forschungstradition in beiden Staaten, trotz
aller offensichtlichen Unterschiede in der politischen Ausrichtung, über-

---

67 Ebd., S. 87; Jessen, Zwischen diktatorischer Kontrolle (wie Anm. 64), sowie ausführlicher ders.,
    Akademische Elite und kommunistische Diktatur (wie Anm. 29).
68 Connelly, Captive University (wie Anm. 25). Nach dieser Darstellung war das alles nur zum Teil
    vom Sowjetsystem abgeschaut worden. Ohnehin war es für die SED-Leitung nicht immer leicht,
    sich Informationen über das Sowjetsystem zu verschaffen – „Von der Sowjetunion siegen lernen
    will gelernt sein", hieß es in einem späteren Witz dazu.

nommen. Dieses Faktum brachte eine Spannung zwischen der wenigstens nominell demokratischen Legitimierung von Forschung und universitärer Ausbildung einerseits (obwohl der Begriff „Demokratie" selbstredend jeweils sehr unterschiedlich gefasst wurde) und der Dominanz elitärer korporatistischer Strukturen zur tatsächlichen Entscheidungsfindung andererseits mit sich. Die sehr unterschiedlichen Formen, die die forschungspolitische Administration in den beiden deutschen Staaten einnahm, stellten zwei Wege dar, mit diesem Spannungsverhältnis umzugehen.

Zweitens: In Frage gestellt wurde nicht, ob Grundlagenforschung vom Staat zu finanzieren ist, sondern ob diese ausschließlich an Universitäten stattfinden sollte und auch, ob universitäre Forschung auf Grundlagenforschung begrenzt werden sollte. Die Antwort auf die erste Frage fiel in beiden deutschen Staaten überraschend ähnlich aus: In beiden wuchs der Bereich der außeruniversitären Forschung zwischen 1948 und 1990 enorm, obwohl die Forschungsarbeit in diesem Sektor im jeweiligen Staat sehr unterschiedlich organisiert war. Somit entstand eine Entkoppelung der Hochschul- von der Wissenschaftspolitik, deren Wurzeln bis ins Kaiserreich zurückreichten, die aber in der frühen DDR mit dem kräftigen Ausbau der Akademie der Wissenschaften und anderer außeruniversitären Forschungsinstitutionen erstmals für alle Beteiligten sichtbar wurde. Ein Ausdruck dieser Entkoppelung wurde auch in der frühen DDR sichtbar, nämlich die Trennung der Zuständigkeiten für die beiden Politikbereiche, in diesem Fall zwischen dem Staatssekretariat für Hoch- und Fachschulwesen einerseits und den vielen Ministerien bzw. dem Büro des Ministerpräsidenten andererseits, die für Auftragsforschung respektive für die Akademieinstitute zuständig waren. Eine durchaus vergleichbare Trennung geschah auch in der Bundesrepublik, wenngleich etwas später.

Drittens: Kommen wir endlich von der Wissenschaft als Forschung zum wissenschaftlichen Studium, so stellt sich ein weiteres Spannungsverhältnis bezüglich der sozialen Zusammensetzung der Studentenschaft heraus. Auf der einen Seite stand im Westen die Fortsetzung der Elitenbildung, die allerdings auch in der SBZ aus der Notwendigkeit des wirtschaftlichen Aufbaus heraus teilweise fortgesetzt wurde. Auf der anderen Seite stand der vorhandene und z. T. auch durchgesetzte Wille der SED zur Überwindung vererbter Bildungsprivilegien, die allerdings in der DDR zur Herausbildung einer neuen Elite der Kaderkinder neben den Nachkommen der früheren Bildungseliten führte.

Teil III: Die lokale Ebene

Seit mittlerweile mehr als zwanzig Jahren sind Studien über einzelne Universitäten bzw. Universitätsstandorte im Nationalsozialismus erschienen.[69] Einige wenige von diesen Arbeiten enthielten auch Hinweise oder Beiträge über die Entwicklungen nach 1945; nach der Jahrtausendwende sind nun Studien hinzugekommen, die sich diese Zeit gezielt vorgenommen haben.[70] Darunter befinden sich eine Reihe von Beiträgen aus den neuen Bundesländern, namentlich aus Halle, Leipzig und Jena.[71] Wenngleich noch lange nicht alle deutsche Universitäten behandelt worden sind, ist es nun doch möglich geworden, Gemeinsamkeiten und lokale Unterschiede ansatzweise herauszuarbeiten, und zwar auf einem Niveau jenseits der banalen Feststellung, dass es am jeweils anderen Ort eben doch anders war. Hier versuche ich der Kürze halber eine Liste der Möglichkeiten einer solchen Ausarbeitung zu formulieren, die eher ein Mischbild des Erarbeiteten und dem noch zu Erforschenden als eine Darbietung des Erreichten darstellt.

1. *Unterschiede der Bausubstanz.* Die gängigen Schilderungen beschreiben ausgebombte Städte und Universitätsgebäude und liegen damit im Falle der Großstädte Hamburg, Berlin, Frankfurt a. M. oder Köln sicherlich richtig; sie übersehen dabei aber die Tatsache, dass mehrere Universitäten wie Tübingen oder Göttingen praktisch unversehrt geblieben waren. Dass ihre Angehörigen auch deshalb zunächst versuchten, so zu tun, als wäre nichts weiter geschehen, wurde von Zeitgenossen durchaus wahrgenommen. Inwiefern solche Unterschiede bezüglich der vorhandenen Bausubstanz sich auf konkrete Entwicklungen und Abläufe der Nachkriegszeit auswirkten, ist bislang noch nicht systematisch untersucht worden.

2. *„Gründungs-" oder „Kerngruppen".* An fast allen Orten bildeten sich Gruppen weniger bis nicht belasteter Professoren (bzw. von solchen, die sich dafür hielten), die eine „Selbstreinigung" versuchten bzw. von den zuständigen Besatzungsoffizieren damit beauftragt wurden – und damit

---

69 Z. B.: Eckart Krause / Ludwig Huber / Holger Fischer (Hg.), Hochschulalltag im „Dritten Reich": Die Hamburger Universität 1933–1945, 3 Bde., Berlin / Hamburg 1991; Heinrich Becker / Hans-Joachim Dahms / Cornelia Wegeler (Hg.), Die Universität Göttingen unter dem Nationalsozialismus, München ²1998 (Erstaufl. 1987); Notker Hammerstein, Die Johann-Wolfgang-Goethe-Universität Frankfurt am Main. Von der Stiftungsuniversität zur staatlichen Hochschule, I, 1914–1950, Neuwied / Frankfurt a. M. 1989.

70 Z. B.: Hans-Paul Höpfner, Die Universität Bonn im Dritten Reich, Bonn 1999; Steven P. Remy, The Heidelberg Myth. The Nazification and Denazification of a German University, Cambridge, MA 2002; Seemann, Die politischen Säuberungen (wie Anm. 36).

71 John / Wahl / Arnold (Hg.), Die Wiedereröffnung der Universität Jena 1945 (wie Anm. 54) sowie die weiteren relevanten Bände der Reihe „Quellen und Beiträge zur Geschichte der Universität Jena"; Henrik Eberle, Die Martin-Luther-Universität Halle in der Zeit des Nationalsozialismus 1933–1945, Halle 2002; Parak, Hochschule und Wissenschaft (wie Anm. 57).

nicht nur aus der Sicht der Hochschuloffiziere rundweg scheiterten.[72] Die fachliche und altersmäßige Zusammensetzung dieser Gruppen war allerdings an den einzelnen Hochschulen unterschiedlich; auch hier gibt es in der Literatur sicher klingende Aussagen zu diesem Thema, während ein systematischer Vergleich noch aussteht.

3. Eine Art Untergröße der vorigen Fragestellung bilden *die ersten Rektoren.* Ihre Fach- und Generationszugehörigkeit sowie ihre konkreten Rollen als Vermittler zwischen den Fakultäten einerseits und zwischen der Professorenschaft bzw. den Universitätsangehörigen und den lokalen und Länderbehörden sowie der Besatzungsmacht andererseits ist neuerdings thematisiert worden. Hier liegen mehrere Einzelfalluntersuchungen, aber bislang nur eine vergleichende Studie vor;[73] diese befasst sich eingehend mit den öffentlichen Äußerungen der Rektoren (siehe unten), aber nicht mit ihrer konkreten Situation vor Ort.

4. Überall ergab sich ein Hin und Her zwischen zuweilen sehr selbstbewusst vorgetragenen *Ansprüchen der Professoren und Zielsetzungen der Besatzungsmächte* bzw. der für die Hochschulpolitik zuständigen Kultur- und Hochschuloffiziere. Die Verhandlungen waren z. T. äußerst verzwickt, zumal keine der „Seiten" eine Einheit unter sich bildete; so waren seitens der Professorenschaft bekanntlich Meinungs- und Richtungsverschiedenheiten endemisch und seitens der jeweiligen Besatzer nicht allein die Hochschuloffiziere, sondern u. v. a. auch örtliche oder Regionalkommandeure involviert. Nach Wiederherstellung der Länder wurden diese Verhandlungen zu einer dreiseitigen, wenn nicht sogar noch komplizierteren Angelegenheit, zumal lokale Politiker ebenso mitmischten. Eine Strukturanalyse solcher Verhandlungen wäre m. E. lohnend.

5. *Unterschiede der Ergebnisse der Entnazifizierung von Ort zu Ort* sind, wie oben schon fest gehalten, noch kaum bekannt, geschweige denn erklärt. Auffallend dabei ist eine bereits berichtete Diskrepanz der Ergebnisse der ersten Säuberungswelle in der SBZ; dabei verlor die Universität Berlin über 75 Prozent, die Universität Jena aber lediglich 55 Prozent ihrer Professoren, ein Ergebnis, das mit dem tatsächlichen Anteil ehemaliger NSDAP-Mitglieder an den jeweiligen Institutionen kaum übereinstimmen kann.[74]

---

72 Vgl. z. B. Seemann, Die politischen Säuberungen (wie Anm. 36), Kap. III; Remy, The Heidelberg Myth (wie Anm. 70).

73 Eike Wolgast, Die Wahrnehmung des Dritten Reiches in der unmittelbaren Nachkriegszeit (1945/46), Heidelberg 2001, Teil C. Unter vielen anderen widerlegt diese Untersuchung die Behauptung Axel Schildts in „Im Kern gesund"?, dass die Hälfte der Rektoren der unmittelbaren Nachkriegszeit bereits vor 1933 Rektoren waren; es war ein Drittel (S. 294).

74 Ash, Verordnete Umbrüche, konstruierte Kontinuitäten (wie Anm. 12), hier: S. 913, Connelly, Captive University (wie Anm. 25) und Jessen, Akademische Elite (wie Anm. 29), berichten ausführlich über die in der Tat sehr weitgehende Säuberung in der SBZ, gehen auf diese Unterschiede jedoch nicht ein.

6. *Das Timing und das Ausmaß der Rückkehr der Lehrenden.* Dass diese
   einmal entlassenen Hochschullehrer nicht alle entlassen blieben, wurde
   ebenfalls bereits festgestellt. Doch wir wissen noch zu wenig über das
   unterschiedliche Ausmaß oder das Timing der Wiedereinsetzung ehemaliger NSDAP-Mitglieder an den einzelnen Universitäten, im Westen wie im
   Osten. Wichtiger noch wäre es, herauszufinden, wie viele jeweils an denselben Orten wieder wirken durften und wie viele stattdessen anderswo
   hingingen. Weitaus wichtiger als solche Zahlen allein wären schließlich
   genauere Untersuchungen der Arbeit kollegialer Netzwerke vor Ort, die
   eine Wiedereinstellung ehemaliger NSDAP-Mitglieder überhaupt erst ermöglicht haben.[75]
7. Kultur- und politikgeschichtlich von großer Bedeutung ist die *Semantik des
   Übergangs.* Genauere Untersuchungen tun hier auf mehreren Ebenen Not:
   (a) Eine genauere Analyse der Sprache der Entnazifizierungsverfahren,
       vor allem der Semantik der Entlastung, scheint mir notwendig.[76] Als
       Eindruck der eigenen Aktenforschung sei wiedergegeben, dass hierbei
       der Umgang mit dem Wort „anständig" besondere Aufmerksamkeit
       verdienen würde. Der vielfache Gebrauch dieses Wortes als Entlas-
       tungsformel weckt in Nachhinein unheimliche Assoziationen mit dem
       Gebrauch desselben Wortes durch Heinrich Himmler in seiner be-
       rüchtigten Posener Rede!
   (b) Eine systematische Auslotung der Vieldeutigkeit gewisser, allseits
       gebrauchter Schlagworte wie „Freiheit" und „Demokratie". Ange-
       sichts der bekannten Tatsache, dass die Mehrheit der Professoren- wie
       der Studentenschaft vor 1933 keine Befürworter der Republik oder
       demokratischer Regierungen waren, scheint es ratsam, solche Termini
       auf ihren Gebrauchswert bzw. Funktionswandel nach 1945 sowie die
       mit ihrem Gebrauch verbundenen Forderungen nach Freiheit und
       Autonomie der Universität zu untersuchen und als kulturellen Code zu
       deuten. So gesehen meinte „Freiheit" in erster Linie die Selbstbe-
       stimmungsrechte und damit die institutionelle Vormacht der Ordi-
       narien. „Demokratie" meinte die Gleichheit der Stimmen innerhalb
       der Gremien der Ordinarienuniversität. Dass es andere Demokratie-
       auffassungen zu der Zeit gegeben hat, ist gut belegt. Konrad Jarausch
       hat bereits darauf hingewiesen, dass von einer Demokratisierung der
       Universitäten im oben zitierten „Blauen Gutachten" wie im „Schwal-

---

75 Das Extrem der in diesem Fall geheim gehaltenen Wirkung solcher Netzwerke ist wohl der „Fall
    Schneider-Schwerte" in Aachen. Vgl. hierzu Helmut König u. a. (Hg.), Vertuschte Vergangen-
    heit; Claus Leggewie, Von Schneider zu Schwerte. Vom ungewöhnlichen Leben eines Menschen,
    der aus der Geschichte lernen wollte, München / Wien 1998.
76 Zur Analyse des Falls Otmar von Verschuer in dieser und anderer Hinsicht siehe Carola Sachse,
    „Persilscheinkultur". Zum Umgang mit der NS-Vergangenheit in der Kaiser-Wilhelm-Gesellschaft
    / Max-Planck-Gesellschaft, in: Bernd Weisbrod (Hg.), Akademische Vergangenheitspolitik.
    Beiträge zur Wissenschaftskultur der Nachkriegszeit, Göttingen 2002, S. 217–246.

bacher Protokoll" die Rede ist;[77] was da gemeint war im Vergleich mit anderen Dokumenten von Hochschulangehörigen, in denen von „Demokratie" die Rede war, verdient eine genauere Betrachtung.

(c) Reflexive Semantiken: Lehren aus der bzw. Bezugnahme auf die Vergangenheit. Dass die oben geschilderte (Wieder)Herstellung korporatistischer Standesprivilegien im öffentlichen Diskurs als Lehre aus der politischen Bevormundung der Diktatur präsentiert wurde, ist oft genug ironisch vermerkt worden. In den Rektorenreden der Nachkriegszeit ist von der unmittelbaren Vergangenheit nur sehr ungenau, fast hilflos die Rede. Nur wenige wie Karl Jaspers in Heidelberg, Julius Ebbinghaus in Marburg oder – freilich von einem anderen politischen Standpunkt ausgehend – Günther Rienäcker in Rostock wagten es, mit dem vorherrschenden Standes(selbst-) bewusstsein zu brechen und ihre Kollegen daran zu erinnern, dass ihre Kollaboration mit dem Regime freiwilliger und oft genug weniger passiv gewesen war als sie sich im Nachhinein eingestehen wollten.[78]

(d) Zukunftssemantiken. Hier sind zeitlich orientierte Schlagworte wie „Wiedergeburt" und „Erneuerung" anzusiedeln. Damals wie auch später in den Jahren 1989 und 1990 kämpfen unterschiedliche Interessengruppen um den Gehalt grundlegender Begriffe. So forderte der Philosoph Karl Jaspers eine „geistige Erneuerung" der Universität durch eine Rückbesinnung auf die Grundwerte „Wissenschaft und Humanität" und nannte dies selbst eine „konservative Revolution".[79]

Aus der Erinnerung hat der Jurist Helmut Coing die Meinung vertreten, die auch in die Literatur Eingang gefunden hat:

„Fragt man nach den Zielen, die bei dem Wiederaufbau der Universitäten verfolgt wurden, so kann man sie dahin zusammenfassen, dass uns vorschwebte, die Verhältnisse der Weimarer Zeit wiederherzustellen. Es gab keine Tendenzen zu einer grundsätzlichen Umgestaltung der Hochschulen, weder in ihrer Verfassung noch in den Methoden der Ausbildung gegenüber dieser Weimarer Zeit".[80]

Das lag seiner Meinung nach daran, dass die führenden Professoren der Nachkriegszeit alle schon in den 1920er Jahren Professoren gewesen waren. Darüber hinaus war das Bild, das man sich von der deutschen Universität in

---

77 Jarausch, Universitäten in der Bundesrepublik (wie Anm. 39).

78 Zitate hierzu, mit besonders interessantem Material zum Gebrauch oder Vermeidung von Worten wie „Schuld" und „Scham": Wolgast, Die Wahrnehmung des Dritten Reiches (wie Anm. 73). Weiterführend Klaus Hentschel, Die Mentalität deutscher Physiker in der frühen Nachkriegszeit (1945 – 1949), Heidelberg 2005.

79 Karl Jaspers. Erneuerung der Universität. Reden und Schriften 1945/1946, Heidelberg 1986, hier: S. 100.

80 Helmut Coing, Der Wiederaufbau und die Rolle der Wissenschaft, in: ders. u. a., Wissenschaftsgeschichte seit 1900. 75 Jahre Universität Frankfurt, Frankfurt a. M. 1992, 85 – 99, hier: S. 86 f.

der Weimarer Zeit machte, durchaus positiv; sie war „im wesentlichen noch nach den Ideen Wilhelm von Humboldts und Althoffs gestaltet und hatte damals auch international einen guten Ruf genossen".[81] Demgegenüber steht der Befund von Eike Wolgast, dass der Rekurs auf Weimar in den Rektorenreden der unmittelbaren Nachkriegszeit eher negativ ausfiel und dass keine bedingungslose Rückkehr zu dieser Zeit gewünscht war.[82] Gemeint damit war freilich das Chaos der vielfachen Regierungswechsel, der wirtschaftlichen Verhältnisse und dergleichen. Von diesem Blickwinkel aus gesehen erscheinen lokale Unterschiede als Varianten einiger grundsätzlicher Themen der Nachkriegszeit.

Schlussbetrachtungen – welche „Kontinuitäten"?

Abschließend möchte ich nun umreißen, welche Bedeutung dieser sehr knapp formulierte Überblick für eine Interpretation der Universitätsgeschichte im deutschsprachigen Raum nach 1945 haben könnte.

Auf der personellen Ebene ist entgegen der üblichen starken Gewichtung der Kontinuitäten zweierlei zu betonen: Erstens sind Kontinuitäten *und* Wandlungen festzuhalten, und zweitens sind selbst die Kontinuitäten selten derart linear, wie das Wort „Kontinuität" suggeriert. Auf die vielen eingangs genannten Wanderungsbewegungen jener Zeit sei hier nochmals hingewiesen. Kurz gefasst, infolge der Entnazifizierung sowie dieser Wanderungsbewegungen befindet sich in den frühen 1950er Jahre nur eine Minderheit der Lehrenden an derselben Hochschule, an der sie am Ende der NS-Herrschaft war, und keineswegs alle Angehörigen dieser Minderheit blieben kontinuierlich im Amte. Was „Kontinuität" heißt, bedarf also einer weitaus genaueren Spezifizierung als es in der Literatur zu diesem Thema geschehen ist.

Auch für die Wandlungen institutioneller Strukturen in der frühen Nachkriegszeit gilt es die Frage: Welche Kontinuität? mit größerer Schärfe zu stellen als bisher. Ist damit eine Kontinuität von der NS-Zeit her oder eine Wiederanknüpfung an die Zeit vor 1933, also eine möglicherweise recht willkürlich *konstruierte* Kontinuität gemeint? Wie das oben wiedergegebene Zitat Gerhard Coings andeutet, lag eine bewusste Wahl der zweiten Option im wohl verstandenen Eigeninteresse vieler, wenn nicht aller Ordinarien im Westen. Dies erkannten allerdings sowohl die Studierenden als auch andere Interessierte an verschiedenen Orten sehr rasch. Betrachten wir die beiden, untereinander aber auch im Vergleich zum Nationalsozialismus sehr unterschiedlichen institutionellen Strukturen der Hochschul- und Wissenschaftspolitik einerseits und der Organisation der Universitäten, wenigstens in der DDR, andererseits, so kann alles zusammen nur sehr bedingt als „Kontinuität" be-

81 Ebd., S. 88.
82 Wolgast, Die Wahrnehmung des Dritten Reiches (wie Anm. 73), S. 309.

schrieben werden. Es mag stimmen, dass die Max-Planck-Gesellschaft als Nachfolgerin der Kaiser-Wilhelm-Gesellschaft wieder da war und dass viele der führenden Wissenschaftlerpersönlichkeiten im Westen sowie überraschend viele auch im Osten ältere Herren aus früheren Zeiten sind. Sie agierten jedoch in einer Hochschul- und wissenschaftspolitischen Landschaft, die sich auch in der Bundesrepublik von der der NS-Zeit oder gar der Zeit vor 1933 erheblich unterschied.

Gleichwohl – oder vielleicht gerade deswegen – setzte sich der relative Bedeutungsverlust deutschsprachiger Wissenschaft im internationalen Zusammenhang, der bereits vor 1933 begann, nach 1945 fort. Erinnern wir uns nun am Schluss an die transnationale Wissenschafts- und hochschulpolitische Situation, die im ersten Teil dieser Bemerkungen beschrieben wurden. Und erinnern wir uns im Kontrast dazu daran, dass und wie es möglich war, sowohl in der frühen Bundesrepublik als auch in der frühen DDR, wenngleich in unterschiedlichem Ausmaß und mit unterschiedlichen politischen Begründungen, nicht nur universitäre und wissenschaftliche Karrieren aus der Weimarer oder der NS-Zeit wieder neu zu konstruieren, sondern infolge dessen auch ältere Forschungsprogramme fast unverändert fortzusetzen. Tun wir das alles, so wird es zunehmend schwierig, die Ursachen des fortgesetzten relativen Bedeutungsverlustes deutschsprachiger Wissenschaft nach 1945 allein bei der Vertreibung der als Juden identifizierten Wissenschaftler im Nationalsozialismus zu suchen. Vielmehr kommen auch Gründe zum Vorschein, die im Geschehen der frühen Nachkriegszeit wurzeln, wie z. B.:

1. die Forschungsverbote der Alliierten von 1945 und 1946;
2. die vergleichsweise langsame Erholung der Wirtschaft in beiden Teilen Deutschlands im Vergleich zur Dominanz der USA, welche die Industrieforschung erheblich erschwerte;
3. bewusste forschungspolitische Weichenstellungen, z. B. die Entscheidung, die vertriebenen Wissenschaftler nur in wenigen Einzelfällen zurückzuholen, oder die Entscheidung für die Wiederherstellung der Ordinarienuniversität im Westen wie auch für die Fortsetzung der Entscheidungsstruktur der DFG als oberster Forschungsförderungsinstanz, die dieses zementieren half;
4. die Entscheidung in der DDR, ein rigides, planwirtschaftlich gelenktes System einzuführen, welches der freien Entfaltung wissenschaftlicher Kreativität längerfristig nicht dienlich sein konnte; und last but not least
5. die eben erwähnten, bewussten Entscheidungen der wieder eingesetzten Ordinarien, Direktoren an Max-Planck-Instituten oder Institutsleiter der Akademie der Wissenschaften in der DDR, alte, z. T. sogar sehr alte Forschungsprogramme lieber in rekonstruierter Form fortzusetzen als Neues anzugehen.

Tobias Kaiser

Planungseuphorie und Hochschulreform in der deutsch-deutschen Systemkonkurrenz

„Unsere Welt von morgen" heißt das Buch, das 1961 zur Jugendweihe in DDR überreicht wurde und dem durch ein Vorwort von Walter Ulbricht ein offizieller Charakter verliehen worden war.[1] Den Jugendlichen wurde beschrieben, wie sich der Alltag im Sozialismus in den nächsten 20 bis 25 Jahren weiterentwickeln werde. Alle Bereiche des Lebens seien durch weitgreifende Veränderungen betroffen. Völlig anderes als in der tristen realsozialistischen Realität präsentiere sich die Zukunft. Das vollautomatische Kaufhaus werde zum „Warenparadies":

„Ein umfangreicher und übersichtlich geordneter Komplex vollkommen ausgebildeter Spezialgeschäfte aller Art, in denen man alle Artikel findet, die es auf dem betreffenden Gebiet überhaupt gibt – auch in allen Größen."[2]

Die Waren würden dann auf unterirdischen Wegen direkt nach Hause gebracht. Beschreibungen der vollautomatischen Restaurants, der Privatflugzeuge der schwimmenden Urlaubsinsel folgen. Als dies spiegelt in popularisierter Form Denkstile eines fortschrittsgläubigen Technizismus wider. Die Begriffe „Wissenschaft" und „Technik" sind in diesem Buch allgegenwärtig. Propagiert wurde die Überzeugung, dass man sich „an der Schwelle eines neuen technischen Zeitalters"[3] befinde.

Folgerichtig ist auch ein Kapitel über die Universitäten vorhanden, das mit der programmatischen Überschrift „Wissenschaft für alle" aufmacht. Die „größte Universität der Welt, gleichzeitig am großzügigsten angelegt und ausgestattet", sei, so wird den Jugendlichen erklärt, „nicht etwa in einem der (kapitalistischen) ‚alten Kulturländer', sondern in Moskau, auf den Leninbergen" zu finden. Ein Foto zeigt die Moskauer Lomonossow-Universität.[4] Immer wieder spielen in dem Buch solche Ost-West-Vergleiche eine Rolle. In einer Synopse zu Wissenschaft und Universitäten wird einer linken Spalte „Bei uns …" rechts eine Spalte „… und im ‚Goldenen Westen'" gegenübergestellt.[5] Dabei wurden die Zitate, die unter anderem aus der Hochschulreformdis-

---

1 Karl Böhm / Rolf Dörge, Unsere Welt von morgen, Berlin 1961; vgl. Joachim Chowanski / Rolf Dreier, Die Jugendweihe. Eine Kulturgeschichte seit 1852, Berlin 2000, S. 104–107.
2 Böhm / Dörge (wie Anm. 1), S. 374.
3 Ebd., S. 46.
4 Ebd., S. 449.
5 Ebd., S. 450 f.

kussion der Bundesrepublik stammen, so zusammengestellt, dass als
Grundaussage ein positives Bild des DDR-Hochschulwesens einem Krisen-
szenario gegenübergestellt wird, welches das bundesdeutsche Pendant beschreibt. Die Systemauseinandersetzung und der systemische Vergleich waren
sehr präsent; es zeigt sich hier die populäre Reflexion einer Verbindung von
Planungseuphorie und Hochschulreform in der Systemkonferenz. In den
folgenden Ausführungen sollen dieses Spannungsverhältnis und das wechselseitige Wahrnehmen in Rhetorik und Praxis im Mittelpunkt stehen. Es stellt
sich die Frage nach den Wahrnehmungsmustern, nach dem Zusammenhang
von Planungs- und Reformdiskursen. Es wird dabei vor allem der Zeitraum
von Mitte der 1950er bis Mitte der 1970er Jahre von Interesse sein, insbesondere jedoch die Zeit nach dem Mauerbau, also die „dynamischen Zeiten"[6]
der 1960er Jahre. Das Bewusstsein vom technologischen Aufbruch und dem
daraus erwachsenen Steuerungs- und Handlungsbedarf war auf beiden Seiten
des Eisernen Vorhangs vorhanden. Diskussionen um Wissenschaft und
Fortschritt und die Reform des Hochschulwesens erwuchsen daraus etwa auch
in Großbritannien, Frankreich, Schweden und den Niederlande.[7] Wenn im
Folgenden die Situation in den beiden deutschen Staaten analysiert wird, so
handelt es sich gleichsam um eine Reflexion eines internationalen Phänomens.

Schaut man sich das Hochschulwesen in seiner strukturellen „Realgestalt"[8]
an, so erweist sich der Zeitraum Ende der 1960er Jahre als Phase entschei-
dender struktureller Veränderungen in beiden deutschen Staaten. Während zu
Beginn der Zeit der deutschen Zweistaatlichkeit noch lange Jahre eine Rhetorik des Gesamtdeutschen und der Internationalität der Wissenschaft vor-
herrschend war – auch und obwohl sich beide deutsche Staaten bereits auseinander bewegt hatten –, brachten die 1960er Jahre in vielfacher Hinsicht eine
Neuorientierung mit sich. Und am Ende ihrer Existenz besaß die DDR
schließlich ein Hochschulsystem, das sich in wesentlichen strukturellen und
inhaltlichen Punkten sowohl von der alten Ordinarienuniversität, aber auch
von dem System der Bundesrepublik unterschied. Statt Fakultäten und Instituten gab es Sektionen und Wissenschaftsbereiche, statt Berufungsverfahren Kaderentwicklungspläne. Inhaltlich fallen Spezialisierung und Praxis-
orientierung auf, auch die enge Verbindung zur Volkswirtschaft (und ein
gehöriges Maß an Pragmatismus und Improvisation). Institutionen wie der
„Gesellschaftliche Rat", der „Wissenschaftliche Rat", vor allem auch die enge
und wirkungsreiche Einbindung der Universitätsparteileitung oder der Ge-

---

6 Axel Schildt / Detlef Siegfried / Karl Christian Lammers (Hg.), Dynamische Zeiten. Die 60er Jahre
   in den beiden deutschen Gesellschaften, Hamburg 2000.
7 Wilfried Rudloff, Ansatzpunkte und Hindernisse der Hochschulreform in der Bundesrepublik
   der sechziger Jahre. Studienreform und Gesamthochschule, in: Jahrbuch für Universitätsgeschichte 8 (2005), S. 71.
8 Im Sinne von Sylvia Paletschek, Die permanente Erfindung einer Tradition. Die Universität
   Tübingen im Kaiserreich und in der Weimarer Republik, Stuttgart 2001.

werkschaft waren dem westdeutschen Beobachter ebenfalls fremd. Wenn dieser denn überhaupt etwas beobachten konnte und wollte, denn eine zunehmende Abschottung machte schon Spezialwissen erforderlich, um das DDR-Hochschulwesen zu kennen. In der Rhetorik wurde die Eigenständigkeit und Vorbildlichkeit der DDR, ihrer Wissenschaft und ihres Hochschulbildungskonzepts betont.

Im Folgenden soll diese Hochschulreformdiskussion im deutsch-deutschen Vergleich zunächst in einem längeren chronologischen Längsschnitt eingeordnet werden. In der Nachkriegszeit setzte sich, trotz einer durchaus bemerkenswerten Diskussion um die Reform des Hochschulwesens in den „ideenreichen Zeiten"[9] unmittelbar nach 1945, bald die von pragmatischen Grundannahmen beherrschte Position durch, den Zustand der Zeit vor 1933 zu rekonstruieren. Dieses Phänomen wird heute vielfach kritisch gesehen und mit dem Begriff Restauration der Ordinarienuniversität besetzt. Es ging einher mit einem Rekurs auf das Humboldtsche Ideal in Form eines rhetorischen „Mythos Humboldt".[10] In den westlichen Besatzungszonen und der frühen Bundesrepublik führte diese Grundkonstellation zu einem „Konsens über den Verzicht auf Hochschulreform"[11].

Der Unterschied zur Sowjetischen Besatzungszone war jedoch letztlich gar nicht so groß. Auch hier wurden bis zur Einführung einer zentralen, so genannten „Vorläufigen Arbeitsordnung"[12] im Mai 1949 an den einzelnen Universitäten die alten Statuten aus der Zeit vor 1933 wieder in Kraft gesetzt.[13] In der SBZ und der frühen DDR war man – ebenso wie im Westen – für den Aufbau eines funktionierenden Hochschulwesens auf die Arbeitskraft altgedienter Wissenschaftler angewiesen. Es wäre völlig falsch, von einer signifikanten Präsenz der SED unter den Hochschullehrern in der Anfangszeit der DDR auszugehen. Zwar gab es einen enormen Personalaustausch, aber neben wenigen Schnellaufsteigern wurden bewährte Fachkräfte reaktiviert. Dies führte etwa im Jenaer Fall dazu, dass der Altersdurchschnitt des Lehrkörpers im Rahmen der Entnazifizierung nicht etwa fiel, sondern von 50,1 auf 54,3 Jahre stieg, wobei ein großer Anteil der neu berufenen Hochschullehrer

---

9 Vgl. zu den verschiedenen hochschulpolitischen Positionen der unmittelbaren Nachkriegszeit mit exemplarischem Ansatz, aber auch allgemein vergleichender Perspektive: Oliver Lemuth, „Idee und Realität der Universität". Der Thüringer Hochschultag 1947 und die Hochschulreformdebatten der Nachkriegszeit, in: Uwe Hoßfeld / Tobias Kaiser / Heinz Mestrup (Hg.), Hochschule im Sozialismus. Studien zur Geschichte der Friedrich-Schiller-Universität Jena (1945–1990), Köln / Weimar / Wien 2007, Bd. 1, S. 119–137, hier S. 119.

10 Mitchell G. Ash (Hg.), Mythos Humboldt. Vergangenheit und Zukunft der deutschen Universitäten, Wien / Köln / Weimar 1999.

11 Olaf Bartz, Der Wissenschaftsrat. Entwicklungslinie der Wissenschaftspolitik in der Bundesrepublik Deutschland 1957–2007, Stuttgart 2007, S. 62.

12 Vgl. Siegfried Baske / Martha Engelbert (Hg.), Zwei Jahrzehnte Bildungspolitik in der Sowjetzone Deutschlands. Dokumente, Bd. 1: 1945 bis 1958, Heidelberg 1966, S. 115–122.

13 Vgl. Ilko-Sascha Kowalczuk, Geist im Dienste der Macht. Hochschulpolitik in der SBZ/DDR 1945 bis 1961. Berlin 2003, S. 130–135.

aus Posen oder Breslau gekommen war.[14] Auch in der Hochschullehrerschaft der SBZ und frühen DDR herrschte ein Konsens über die Nichtnotwendigkeit von Hochschulreformen vor. Die Grundsituation unterschied sich in den beiden sich auseinander entwickelnden Teilen Deutschlands also zunächst nicht.

Die Konstellation brach in den 1950er Jahren etwas auf, da sich in der DDR durch eine politisch gewollte Hochschulreform die Struktur der Universität und vor allem die Lehre massiv veränderten. Jahrespläne, obligatorisches Pflichtstudien in Russisch, Sport und den „gesellschaftswissenschaftlichen Grundlagen", aber auch Veränderungen in der Verwaltung speisten sich aus einem anderen Wissenschaftsverständnis – einem Verständnis, wonach Wissenschaft einem gesellschaftlichen Zweck zu dienen habe. Dieser Vorstellung lag ein dem Konzept des Historischen Materialismus immanenter Fortschrittsglaube zugrunde. Der damit einhergehende Wandel des nunmehr zentral von Berlin aus organisierten DDR-Universitätssystems kann jedoch nur als ein langfristiger und konfliktreicher Prozess beschrieben werden. In diesem Sinne kann man davon sprechen, dass in den sechziger Jahren an den ostdeutschen Universitäten eine gewisse Aufbauphase zum Ende kam, die als Ziel eine andersartige, „sozialistisch" genannte Universität haben sollte. Die alten – so genannten „bürgerlichen" – Ordinarien gingen nach und nach in den Ruhestand, wenn sie nicht die DDR über die bis 1961 mehr oder minder offene Grenze verlassen hatten.[15]

Die DDR auf dem Weg zur „Dritten Hochschulreform"

In der hier skizzierten diachronen Betrachtungsweise lässt sich also eine Auseinanderentwicklung der Hochschulreformdiskussionen feststellen. Die DDR-spezifische Tendenz zur „perfektionierten Kontrolle" ging dabei einher mit einem optimistischen Fortschrittsdenken und dem Glauben an das Gelingen einer technologischen Revolution, die in der Form einer „technokratischen Reform" daherkam und die – so die Hoffnung – zu einer Verbesserung der wirtschaftlichen Lage führen sollte, um damit dem Westen im System-

---

14 Jan Jeskow, Die Entnazifizierung des Lehrkörpers an der Universität Jena von 1945 bis 1948, in: Hoßfeld / Kaiser / Mestrup (Hg.), Hochschule im Sozialismus (wie Anm. 9), S. 74, 64 f. Vgl. Tobias Kaiser, Die konfliktreiche Transformation einer Traditionsuniversität. Die Friedrich-Schiller-Universität 1945–1968/69 auf dem Weg zu einer „sozialistischen Hochschule", in: Traditionen – Brüche – Wandlungen. Die Universität Jena 1850–1995, hg. von der Senatskommission zur Aufarbeitung der Jenaer Universitätsgeschichte im 20. Jahrhundert, Köln / Weimar / Wien 2009, S. 598–699, hier S. 605.

15 Die Bedeutung des Mauerbaus am 13. August 1961, der ja auch als „heimliches Gründungsdatum der DDR" bezeichnet worden ist, ist in diesem Zusammenhang – faktisch und psychologisch – nicht zu unterschätzen. Im Anschluss an Dietrich Staritz vgl. hierzu Ralph Jessen, Die „Entbürgerlichung" der Hochschullehrer in der DDR. Elitewechsel mit Hindernissen, in: hochschule ost 4 (1995), H. 3, S. 61–72, hier S. 70.

wettbewerb den Rang abzulaufen.[16] Der oben skizzierte diachrone Kontext der Hochschulreformen in der DDR korrespondierte also mit dem synchronen Kontext eines Fortschrittsoptimismus der späten Ulbricht-Zeit.[17] In der Tat sind die 1960er Jahre eben auch eine „Reformphase"[18] der ostdeutschen Universität, wobei die Veränderung der Hochschulen in der DDR nur ein Teil eines komplexes „Reformpakets"[19] war. Man hegte unter Walter Ulbricht die Hoffnung, mit einem ganzen Bündel von Reformen die Gesellschaft in der DDR „modernisieren" zu können. Es kam zu einer wesentlichen Akzentverschiebung im vorherrschenden Wissenschaftsbild. Die untrennbar enge Verbindung der Hochschul- mit der Wirtschaftspolitik erforderte neue Initiativen der Verbindung von Universitäts- und Industrieentwicklung.[20] Dieser technokratische Paradigmenwechsel vom „homo politicus" zum „homo oeconomicus"[21] veränderte die Idee der Universität.

Dahinter stand auch die Überzeugung, die Sowjetunion werde dem Westen in absehbarer Zeit voraus sein. Das Symbol des ersten Weltraumsatelliten vom Oktober 1957, im Westen als „Sputnik-Schock" wahrgenommen und bezeichnet, nährte solche Hoffnungen. Ganz offensichtlich konnte die DDR ohne eine Verbesserung der Effizienz des Wirtschaftssystems nicht vorankommen. Es ging darum, den westdeutschen Lebensstandard zu übertreffen, was von Walter Ulbricht auf dem V. Parteitag der SED im Juli 1958 mit dem berühmten Schlagwort „Überholen ohne einzuholen" versehen und zur Zielstellung erklärt worden war. Wirtschaftspolitische Debatten beherrschten in den Folgejahren die Diskussion und der Begriff der „Wissenschaftlich-technischen Revolution" geriet zum entscheidenden Schlagwort der Zeit. Dass 1963 das „Neue Ökonomische System der Planung und Leitung der Volkswirtschaft" (NÖS) verkündet wurde, hatte nun wiederum Auswirkungen auf die Universitäten, zumal explizit eine wissenschaftliche Herausforderung konstatiert und die Einheit von Wissenschaft und Praxis propagiert wurde. Vor allem

16 Beide zitierten Begriffe bei Ralph Jessen, Zwischen diktatorischer Kontrolle und Kollaboration. Die Universitäten in der SBZ/DDR, in: John Connelly / Michael Grüttner (Hg.), Zwischen Autonomie und Anpassung. Universitäten in den Diktaturen des 20. Jahrhunderts, Paderborn 2003, S. 229–263, hier: S. 255.

17 In diesem Sinne argumentiert Matthias Middell, 1968 in der DDR. Das Beispiel der Hochschulreform, in: Etienne François / Matthias Middell / Emanuel Terray / Dorothee Wierling (Hg.), 1968 – ein europäisches Jahr? (= Beiträge zur Universalgeschichte und vergleichenden Gesellschaftsforschung; 6), Leipzig 1997, S. 125–146, hier S. 132.

18 So die Einteilung bei Andreas Malycha, Wissenschaft und Politik in der DDR 1945 bis 1990. Ansätze zu einer Gesamtsicht, in: Clemens Burrichter / Gerald Diesener (Hg.), Reformzeiten und Wissenschaft, Leipzig 2005, S. 181–205, hier S. 191.

19 Hubert Laitko, Das Reformpaket der sechziger Jahre – wissenschaftspolitisches Finale der Ulbricht-Ära, in: Dieter Hoffmann / Kristie Macrakis (Hg.), Naturwissenschaft und Technik in der DDR, Berlin 1997, S. 35–57.

20 Vgl. hierzu Tobias Kaiser / Rüdiger Stutz / Uwe Hoßfeld, Modell- oder Sündenfall? Die Universität Jena und die „Dritte Hochschulreform", in: Jahrbuch für Universitätsgeschichte 8 (2005), S. 45–69.

21 Vgl. Dietrich Staritz, Geschichte der DDR, Frankfurt a. M. 1997, S. 212 f.

bedeutete dies die Forderung nach dem Ausbau von Universitäten und
Hochschulen. Der 1957 neu gegründete „Forschungsrat" der DDR und ihm
folgend der Ministerrat forderten eine Verdopplung des Lehrkörpers binnen
weniger Jahre.[22] Die Hochschulpolitik der SED stand im Spannungsfeld von
„Expansion und Effektivierung auf der einen, ideologische[r] Formierung und
soziale[r] Umgestaltung der Universität auf der anderen Seite"[23]. Eine besondere Note bekamen die Maßnahmen in der DDR deshalb, weil sie im
Nachhinein in einer Form präsentiert werden sollten, als seien sie von oben
nach unten durchgestellt worden. So wurde Walter Ulbricht selbst gerne als
Urheber genannt; er habe mit den auf dem VI. Parteitag der SED 1963 vorgetragenen „Grundsätzen des einheitlichen Bildungssystems" den Reform-
bedarf im Schul- und Hochschulbereich deutlich gemacht, die sich schließlich
auch im „Gesetz über das einheitliche sozialistische Bildungssystem" vom
Februar 1965 widerspiegelten.

Der Glaube an Wissenschaftlichkeit, Planbarkeit und Fortschritt beherrschte die Diskussion und führte zu einer Stärkung naturwissenschaftlich-
technischer Bereiche der Universität. Auf die Kybernetik als Regelkreistechnik
und den Bau von Rechenmaschinen wurden zeitweise sehr große Hoffnungen
gesetzt.[24] Aber auch die Planbarkeit gesellschaftlicher Prozesse rückte in
solcherart technokratische Denkschemata. Freilich waren die Anforderungen
(zum größten Teil) illusorisch, sollten doch in kürzester Zeit effektiv und
anwendungsorientiert neue Kader – etwa in Jena für ambitionierte Projekte im
Zeiss-Kombinat – ausgebildet werden. Der Unmut über „Feuerwehraufträge"
solcher Art führte zu weiteren Kurskorrekturen der Hochschulpolitik.[25] Diese
Diskussionen mündeten nahtlos in Überlegungen, die man im Nachhinein als
Vorbereitung der Dritten Hochschulreform interpretieren konnte und interpretiert hat.

Im Kontext der im Dezember 1965 veröffentlichten, im Laufe des Jahres
1966 an allen Hochschuleinrichtungen zur Diskussion[26] gestellten und im
Oktober 1966 verabschiedeten „Prinzipien zur weiteren Entwicklung der
Lehre und Forschung an den Hochschulen der Deutschen Demokratischen

---

22 Zur Gründung des Forschungsrats vgl. Agnes Charlotte Tandler, Geplante Zukunft. Wissen-
    schaftler und Wissenschaftspolitik in der DDR 1955–1971, Freiberg 2000, S. 79–84.
23 Ralph Jessen, Akademische Elite und kommunistische Diktatur. Die ostdeutsche Hochschul-
    lehrerschaft in der Ulbricht-Ära, Göttingen 1999, S. 103.
24 Vgl. Ralf Pulla, Messen – Steuern – Regeln. Automatisierungstechnik im Verbund von Industrie,
    Hochschule und Akademie der Wissenschaften in der DDR, in: Johannes Abele / Gerhard
    Barkleit / Thomas Hänseroth (Hg.), Innovationskulturen und Fortschrittserwartungen im ge-
    teilten Deutschland, Köln / Weimar / Wien 2001, S. 213–239.
25 Vgl. ausführlich Rüdiger Stutz / Tobias Kaiser / Uwe Hoßfeld, Von der „Universitas litterarum"
    zum „Kombinat der Wissenschaft". Jena als Experimentierfeld der sogenannten „Dritten
    Hochschulreform" 1968/1969, in: Hoßfeld / Kaiser / Mestrup (Hg.), Hochschule im Sozialismus
    (wie Anm. 9), S. 288–319, hier S. 294.
26 Der Begriff „Prinzipien-Diskussion" wurde wie selbstverständlich an allen Hochschulen der
    DDR gebraucht; ausführlich dokumentiert in BArch, DR 3/1. Schicht/3208.

Republik"[27], vollzog die SED-Führung eine kaum beachtete hochschulpolitische Kurskorrektur. Auf dem berühmt-berüchtigten 11. Plenum des Zentralkomitees der SED im Dezember 1965, dem so genannten „Kahlschlag-Plenum", waren Experimente des NÖS de facto zu Grabe getragen worden. Bildungspolitik lag nun nicht mehr in den Händen der Staatlichen Plankommission. Das Hochschulwesen sollte wieder Grundlagenprobleme lösen, die in einer langfristigen Perspektive für die technisch-ökonomische Entwicklung größere Bedeutung gewinnen würden.[28] Diese Maßnamen leiteten letztlich Ende der 1960er Jahre die umfassende so genannten „Dritte Hochschulreform" ein.

Die bundesdeutsche Hochschulreform

In der Bundesrepublik hielt der Konsens über die Nichtnotwendigkeit einer Hochschulreform länger an. Es waren jedoch ähnliche ökonomische Voraussetzungen und analoge fortschrittsoptimistische Prognosen, wie die schon beschriebenen, die auch in Westdeutschland einen Reformstau – je nach politischer Position – offenbarten und auch nur suggerierten. Statt von einer Wissenschaftlich-Technischen Revolution sprach man im Westteil Deutschlands um 1960 von einer Zweiten Industriellen Revolution.[29] Zudem war es die in DDR schon immer thematisierte Frage der Bildungsgerechtigkeit, also die Diskussion um die Öffnung der Hochschulen, die nun „die Phase der größten Dynamik in der bundesdeutschen Bildung und Wissenschaftspolitik überhaupt"[30] einläutete.

In den Diskussionen, die die „dynamischen Zeiten"[31] der 1960er Jahren begleiteten, wurden das Stichwort „Bildungskatastrophe"[32] und der Slogan „Bildung ist Bürgerrecht"[33] zu zentralen Denkfiguren. Die gleichnamigen Schriften von Georg Picht und Ralf Dahrendorf waren, wie Olaf Bartz in seiner Dissertation über den Wissenschaftsrat pointiert formuliert hat, „die publizistischen Startschüsse einer beispiellosen Bildungsexpansion".[34] Die Entwicklung ging – ganz typisch für die föderalistisch organisierte Bildungspo

27 Abgedruckt bei Otto Rühle, Idee und Gestalt der deutschen Universität. Tradition und Aufgabe, Berlin (Ost) 1966, S. 313–317.
28 Vgl. Stutz / Kaiser / Hoßfeld, „Universitas litterarum" (wie Anm. 25), S. 295.
29 Vgl. etwa Wilhelm Bittorf, Automation. Die zweite industrielle Revolution (= Lebendige Wirtschaft; 17), Darmstadt 1956; Leo Brandt, Die zweite industrielle Revolution. Macht und Möglichkeiten von Technik und Wissenschaft, München 1957.
30 Bartz, Wissenschaftsrat (wie Anm. 11), S. 80.
31 Vgl. Schildt / Siegfried / Lammers (Hg.), Dynamische Zeiten (wie Anm. 6).
32 Paradigmatisch hierzu das gleichnamige Buch des Heidelberger Philosophen Georg Picht aus dem Jahr 1964; vgl. Georg Picht, Die deutsche Bildungskatastrophe. Analyse und Dokumentation, Freiburg i. Br. 1964.
33 Vgl. Ralf Dahrendorf, Bildung ist Bürgerrecht. Plädoyer für eine aktive Bildungspolitik, Hamburg 1965.
34 Bartz, Wissenschaftsrat (wie Anm. 11), S. 80.

litik der Bundesrepublik – einher mit langen Debatten, in denen die unterschiedlichsten Positionen geäußert wurden und unterschiedliche Institutionen und Personen um Deutungshoheit rangen. Ein Beispiel für die lange Dauer der Entscheidungsprozesse ist der Entstehungsprozess des Hochschulrahmengesetzes: Es wurde 1969 angekündigt, aber erst 1976 realisiert.

Der Wissenschaftsrat wurde im Jahr 1957, also im gleichen Jahr wie der Forschungsrat der DDR, als Planungsinstitution gegründet. Ihm lag und liegt keine verbindliche Rechtsform zugrunde, vielmehr basiert seine Existenz auf einem Verwaltungsabkommen zwischen Bund und Ländern, was bedeutet, dass der Wissenschaftsrat keine direkten Machtmittel hat.[35] Er trat jedoch immer wieder durch verschiedene wichtige Initiativen in Erscheinung, von denen die „Empfehlungen zum Ausbau der Wissenschaftlichen Einrichtungen. Teil 1: Die Hochschulen"[36] (Ende 1960) und die „Empfehlungen zur Neuordnung des Studiums an den wissenschaftlichen Hochschulen"[37] (Mai 1966) am wirkungsmächtigsten wurden. Der Wissenschaftsrat war jedoch nur eine Stimme in einer seit den späten 1950er Jahren nicht mehr mundtot zu bekommenden Reformdiskussion. Die bundesrepublikanische Universität konstituierte sich in ihrem Ergebnis als „Gruppenuniversität" neu, wobei das bis heute maßgebliche Bundesverfassungsgerichtsurteil aus dem Jahr 1973 hierzu Entscheidendes regelte. Und allein die Tatsache, dass das Bundesverfassungsgericht angerufen werden musste, ist bezeichnend. Das Gericht entschied über ein letztlich nicht gelöstes politisches Problem des Aushandelns in einer komplexen Situation. Der Spiegel schrieb dazu:

„Sechs Verfassungsrichter in Karlsruhe erledigten letzte Woche, was Politiker in Bund und Ländern hätten bewerkstelligen müssen: Sie machten Hochschulpolitik, die für Hochschulen in der ganzen Republik verbindlich ist."[38]

Auf der einen Seite waren es die beharrlichen Autonomievorstellungen der Institution Universität und eines Teils ihrer professoralen Mitglieder mit der Vorstellung, an der Ordinarienuniversität festzuhalten. Auf der anderen Seiten wurden radikale Reformideen und Mitbestimmungsforderungen geäußert (Drittelparität und weitergehend), so dass das Bundesverfassungsgericht einen Ausgleich besorgen musste.

---

35 Vgl. hierzu jetzt umfassend ebd.
36 Vgl. ebd., S. 50 ff.
37 Ebd., S. 81.
38 Der Spiegel, 4. Juni 1973.

Gegenseitige deutsch-deutsche Wahrnehmung

Es seien in der DDR sowohl eine „Ökonomisierung" als auch eine „Versachlichung" zu erkennen, so meinten einige positiv gestimmte westdeutsche DDR-Forscher.[39] Andere optimistische westdeutsche Stimmen prognostizierten in der DDR sogar ein vorbildliches „Ausschalten des Konkurrenzgedankens" durch institutsübergreifende Lehre und Forschung.[40] Erkennbare Ergebnisse würden zwar erst auf längere Sicht eintreten, aber ein Ansatz zu „echten Reformen" sei durchaus gegeben.[41]

Bemerkenswert ist jedoch, dass auch in der DDR noch lange Zeit westliche Vorbilder diskutiert wurden. So wurde das amerikanische Departmentsystem in der DDR zeitweise sehr intensiv und durchaus positiv diskutiert. „Was heißt Department?", fragte etwa ein Leipziger Hochschullehrer 1964. Dieser Aufsatz, den Rüdiger Stutz jetzt wieder entdeckt hat, „wurde seiner großen Bedeutung wegen" gleich mehrfach in verschiedenen Fachzeitschriften abgedruckt.[42] Die amerikanische Departmentstruktur wird darin in den höchsten Tönen gelobt. Größere Einheit, flache Hierarchien, insgesamt ein „kollegiale[s], praktische[s] und nicht nur nominelle[s] Prinzip". Der Aufsatz berichtet von guten Erfahrungen auch in Westdeutschland und mündet in dem Plädoyer:

„Man sollte Überlegungen anstellen, ob nicht aus dem Departementbeispiel nutzbringende Formen auch bei uns entwickelt werden können, die wirklich einer hoch qualifizierten Forschung und Ausbildung dienen können, um den Studenten näher an die Ausbilder heranzubringen und sie zu selbständig denkenden wissenschaftlichen Kadern zu erziehen."[43]

In der so angestoßenen Diskussion wurde verschiedentlich betont, etwa vom stellvertretenden Vorsitzenden des Zentralvorstandes der Gewerkschaft Wissenschaft, dass das Department-System für die „sozialistische Gemeinschaftsarbeit", die sich ja „notwendig zur einzig möglichen Form fruchtbarer und effektiver wissenschaftlicher Arbeit" entwickeln werde, nutzbar gemacht werden könne.[44] Der Greifswalder Rektor Otto Rühle berichtete 1966 sehr freundlich von seinen „westdeutschen Kollegen", die er während einer Studienreise im Jahre 1965 an der TH München und der Universität Freiburg i. Br. aufgesucht hatte. Er wollte sich dort gemeinsam mit anderen ostdeutschen

39 Vgl. Kaiser / Stutz / Hoßfeld, Modell- oder Sündenfall? (wie Anm. 20), S. 48.
40 Wolfgang Buchow, Aktuelle Aspekte und Tendenzen der Hochschulreform in der DDR, in: Deutschland-Archiv 3 (1968), S. 239–254, hier S. 254.
41 Ebd.
42 Vgl. etwa Johannes Müller, Was heißt Department?, in: Forschung Lehre Praxis 11 (1964), Heft 12, S. 5. Der Aufsatz erschien zuvor in den Universitätszeitungen Leipzig und Berlin.
43 Ebd.
44 Berndt Musiolek, Wozu Department?, in: Forschung Lehre Praxis 11 (1964), Heft 12, S. 6 f.

Hochschulwissenschaftlern einen Überblick über die Vorteile und Defizite des amerikanischen Department-Systems für das Bildungswesen in der DDR verschaffen.[45] Es waren vor allem die Ideen des Physiknobelpreisträgers Rudolf Mößbauer, die diese Gruppe interessierte. Dieser hatte 1964 einen Ruf an die TU München genutzt, um das Departementsystem in Deutschland umzusetzen.[46]

Die Verschärfung der Diskussion und das Schlüsseljahr 1968

Wenige Jahre später wäre es in der DDR undenkbar gewesen, dass in frei zugänglichen Publikationen offen über die Vor- und Nachteile westlicher Modelle reflektiert worden wäre. Schon aus Prinzip durfte man im östlichen Teil Deutschlands bald keine US-amerikanischen oder westdeutschen Vorbilder mehr diskutieren. Die Debatte begann sich 1966 merklich zu verhärten. So plädierte der stellvertretende Staatssekretär für Hoch- und Fachschulwesen, Gregor Schirmer für eine scharfe Abgrenzung von amerikanischen und westdeutschen Leitbildern:

„Die Notwendigkeit einer Veränderung der Planung, Leitung und Organisation des Hochschulwesens entsteht in gewissem Maße in allen Industrieländern, da sie sich aus der Entwicklung der Produktivkräfte und der Wissenschaft selbst ergibt. Es ist aber falsch und politisch gefährlich, westliche Vorstellungen, z. B. ‚Department‘ (auch die Termini) kritiklos zu übernehmen oder gar auf neue Triebkräfte für eine internationale oder deutsche ‚Einheit der Wissenschaft‘ zu hoffen, die sich in den Fragen der Planung und Leitung über die gesellschaftlichen Gegensätze hinweg durchsetzen und zu irgendwelchen ‚Annäherungen‘ führen."[47]

Schirmer artikulierte hier die Stoßrichtung gegen ein international ausgerichtetes und gesamtdeutsch geprägtes Wissenschaftsverständnis – eine Richtung, die die Rhetorik und das Denken späterer Jahre beherrschen sollte. Die DDR ging einen eigenen Weg und konnte dies administrativ auch

45 Vgl. Rühle, Idee und Gestalt (wie Anm. 27), S. 278–282, hier S. 279. Auf die in der DDR relevanten Anstöße aus Westeuropa und der Bundesrepublik verweist auch Siegfried Prokop, Probleme der 3. Hochschulreform in der DDR. Unter besonderer Berücksichtigung der Einflüsse der Hochschulmodernisierung im Westen, in: Burrichter / Diesener, Reformzeiten und Wissenschaft (wie Anm. 18), S. 17–41, hier S. 18–22.

46 Mößbauer war als Professor für Physik am *California Institute of Technologie* tätig gewesen und wurde im Jahr 1964 an die TH München berufen mit der Zusage, positive Erfahrungen aus den USA auch in Bayern umsetzen zu können. Vgl. das grundsätzliche Statement Rudolf Ludwig Mössbauer, Strukturprobleme der deutschen Universität, Bremen 1965.

47 Gregor Schirmer [1966], in: UAJ, BC 13, Bl. 235. Vgl. dazu heute Gregor Schirmer, Gedanken zur III. Hochschulreform, in: Alma mater und moderne Gesellschaft. Hochschulpolitische Reformansätze in jüngerer und jüngster Zeit unter besonderer Berücksichtigung von Jenaer Erfahrungen aus den 50er und 70er Jahren, hg. vom Thüringer Forum für Bildung und Wissenschaft, Jena 2004, S. 27–44.

leichter umsetzen als staatliche Stellen in der föderalistisch organisierten und pluralistisch orientierten Bundesrepublik. Im Nachhinein wurde dieser Weg „Dritte Hochschulreform" benannt und damit eine zielgerichtete, planmäßige Umgestaltung des Hochschulwesens suggeriert. Die Vorstellung, dass es in der DDR drei Hochschulreformen gegeben habe, ist freilich vor allem nichts anderes als eine nachträgliche Konstruktion.[48] Erst mit der so genannten „Dritten Hochschulreform" 1968 wurde die Verfasstheit der DDR-Universität grundlegend geändert. Nun wurden an den DDR-Universitäten das traditionelle Fakultäts- und Institutssystem aufgehoben, ein neues Dienstrecht geschaffen, die akademischen Grade neu geordnet, ein zentralistisches Leitungsprinzip („Einzelleitung mit Kollektivberatung") vollends durchgesetzt und nicht zuletzt der schon vorher dominierende SED-Einfluss auf die Universitätsverfassung verfestigt. Selbst eingedenk der nationalsozialistischen „Säuberungen" des Jahres 1933 kann dieser Umgestaltungsprozess – hier ist Ralph Jessen zuzustimmen – als „wohl tiefster Strukturbruch in der Berufsgeschichte der deutschen Hochschullehrerschaft"[49] angesehen werden. Die Universitäten sollten nun zu „Großbetrieben der Wissenschaft" werden, wobei man große Hoffnungen auf „Planung" und „Prognose" setzte.[50] Ein weiteres Schlagwort hieß „Profilierung".[51] Darunter verstand man Konzentration der Universitäten und Hochschulen auf wenige langfristige Ausbildungs- und Forschungskomplexe, und zwar in enger Kooperation mit der Industrie vor Ort.[52]

1968 wurde zum entscheidenden Jahr der Hochschulreform stilisiert. Es geriet zudem in beiden Teilen Deutschlands zur Chiffre für Vieles und Verschiedenes. Die Reformdebatte im deutsch-deutschen Vergleich wurde natürlich mit ihr verbunden. „1968" führte in der Bundesrepublik dazu, dass der Diskurs erweitert wurde – thematisch und räumlich. Die Studenten trugen ihre Probleme auf die Straße und erweiterten den Diskursraum bis hin zur Systemfrage. In der DDR spielten die Studierenden keine wirkliche Rolle in

---

48 Als erste Hochschulreform wurden in dieser offiziellen DDR-Lesart die personalpolitischen Veränderungen im Zuge der Entnazifizierung bezeichnet, die als Beginn eines „antifaschistisch-demokratischen Neuanfangs" gesehen werden. Mit dem Begriff der „Zweiten Hochschulreform" werden die Maßnahmen um 1950 zusammengefasst, die Studium und Verwaltung veränderten, aber die Ordinarien schonten. Vgl. Art. „Drei Reformen in der Geschichte des Hochschulwesens der DDR", in: Das Hochschulwesen 17 (1969), Sonderheft 1969, S. 49–56, hier S. 49–51. Vgl. Tobias Kaiser: Hochschule im Sozialismus – die so genannte „Dritte Hochschulreform" (1968) in der DDR, in: Helmut G. Walther (Hg.): Wendepunkte in viereinhalb Jahrhunderten Jenaer Universitätsgeschichte (=Texte zum Jenaer Universitätsjubiläum), Jena 2010, S. 139–158, hier S. 139–142.

49 Jessen, Akademische Elite (wie Anm. 23), S. 103.

50 Vgl. Tandler, Geplante Zukunft (wie Anm. 22).

51 Vgl. Günter Bernhardt, Prognose und Profilierung. Zu einigen Grundproblemen in der Arbeit des Jahres 1968, in: Das Hochschulwesen 16 (1968), S. 75–85; Wolfgang Belke, Hochschullehrer müssen ökonomisch denken, in: Das Hochschulwesen 16 (1968), 332–340.

52 Vgl. Peter Fiedler / Gerhard Riege, Die Friedrich-Schiller-Universität Jena in der Hochschulreform, Jena 1969, S. 43.

der Diskussion. Zwar wurde in den FDJ-Gruppen diskutiert und nicht nur dort. Es gab sogar kybernetische Berechnungen, mit welcher Wahrscheinlichkeit solche Debatten zum Erfolg führen würden.[53] Aber diese Diskussionen und Modelle waren letztlich Inszenierungen. Matthias Middell verweist in diesem Zusammenhang auf eine Berliner Empfehlung an den Leipziger Rektor, wonach die bürokratischen Umständlichkeiten und Schwierigkeiten der Hochschulreform nicht öffentlich zu erörtern seien.[54] Diese erkennbare Inszenierung der „Dritten Hochschulreform" ist vor allem vor dem Hintergrund der deutsch-deutschen Systemkonkurrenz zu verstehen. Den Rektoren und meinungsführenden Hochschullehrern wurde zwar klarer Wein eingeschenkt, mit der geschönten Propaganda wurden aber nicht nur die Studierenden in der DDR abgefertigt, sondern auch die westdeutsche Hochschulöffentlichkeit versorgt. Nur um letztere erreichen zu können, äußerte Ulbricht zum Beispiel auch Kritik an einer nach außen gerichteten rhetorischen Überbetonung der Jenaer Universität als „Dienstleistungsbetrieb" für die Großindustrie. Dies dürfe man nicht offiziell so sagen, da diese Umfunktionierung einer Traditionsuniversität nicht gut wirken würde. Es war auch kein Zufall, dass eine so präsentierte und formulierte Position in einer Broschüre des Staatssekretariats für westdeutsche Fragen publik gemacht wurde.[55]

Der „Prager Herbst", also die bleierne Zeit nach der Niederschlagung des Prager Frühlings, führte dazu, dass missliebige Stimmen bei den Studierenden sehr genau registriert wurden. Wie wir heute wissen, haben die Hochschulabteilungen der Staatssicherheit in den 1960er einen bedeutenden Professionalisierungsschub durchgemacht.[56] Auf keinen Fall sollten ostdeutsche

---

53 Es gab Modelle, die den Erfolg der Studienreform mit Hilfe der elektronischen Datenverarbeitung und Wahrscheinlichkeitstheorie vorausbestimmen sollten. In Jena wurden von einer Stabsgruppe des Rektors in einem großformatigen Schema, dem „PERT-Netzwerk zur inhaltlichen Neugestaltung des Studiums", kleinteilig vierzig Reformschritte ausgemacht: Hierzu gehörten etwa die „Erarbeitung von Plänen für die Einführung moderner technischer Methoden für die Lehrveranstaltungen", die „Aufstellung optimaler Stundenpläne", die „Ausarbeitung eines Planes für laufende Veröffentlichungen zum Thema ‚Optimales Studium'", die Diskussionen in der FDJ-Arbeitsgruppe und vor allem eine ständige Erfolgskontrolle. Jeder Schritt wurde in einem Netzwerkplan fixiert, die statistische Wahrscheinlichkeit für sein Erreichen berechnet. Das Gesamtergebnis dieser Mathematisierung menschlichen Verhaltens lautete: Die Reform werde mit einer Wahrscheinlichkeit von 97,1 Prozent gelingen. PERT (*Program Evaluation and Review Technique*) stellt den Ablauf als eine Folge von Ereignissen dar. PERT-Diagramme stammen aus der Netzplantechnik. Man versucht damit, Abhängigkeiten im zeitlichen Ablauf von Projekten darzustellen. Original in: Universitätsarchiv Jena, M 770, Bl. 52 – 60.
54 Vgl. Middell, 1968 (wie Anm. 17), S. 135.
55 Vgl. Volkmar Stanke, Student und Studium in der DDR. Wie lösen Sozialisten Hochschulprobleme? (= Aus erster Hand), Berlin (Ost) ²1970, S. 52. Dieses Büchlein erschien in der Reihe „Aus erster Hand" des Staatssekretariats für westdeutsche Fragen. Man erhoffte sich, dass das Buch bei kritischen Hochschulreformen und Studierenden in der Bundesrepublik einen Werbeeffekt für die DDR erzeugen könnte.
56 Vgl. Katharina Lenski, Durchherrschter Raum? Staatssicherheit und Friedrich-Schiller-Universität: Strukturen, Handlungsfelder, Akteure, in: HiS (2007), S. 526 – 572.

Studierenden als kritische Köpfe in Erscheinung treten, insbesondere sollten keine systemischen Fragen gestellt werden.

Die westdeutschen Studierenden taten solches allerdings. Aus der Sicht der DDR-Funktionäre sollten sie dies in Bezug auf die bundesdeutsche Hochschullandschaft natürlich auch tun. Man versuchte, diese Gruppe der potentiellen Sympathisanten unter dem Stichwort „Hochschulreform als Klassenaufgabe" zu aktivieren. Dabei war der Weg nicht in erster Linie der, mit etablierten Kollegen auf der gemeinsamen Basis einer Diskussion über die Idee von Wissenschaft und Universität – und damit auf kollegialer Ebene – zu argumentieren. Der Glaube an diese Überlegenheit des eigenen Systems war innerhalb des harten Kerns der SED vorhanden. So prophezeite der Jenaer SED-Parteisekretär Kurt Pätzold, später einer der renommiertesten Zeithistoriker der DDR, bereits in den 1950er Jahren: „[D]er Tag wird kommen, an dem von den Werften Hamburgs und den Fördertürmen an der Ruhr unsere roten Fahnen wehen."[57] Der Sozialismus solle (in der DDR-Lesart) als Gesellschaftsform überzeugen.

Die Folge der beschriebenen Entwicklung war im Wesentlichen eine gegenseitige Abschottung zwischen Ost und West, die die Unkenntnis voneinander verschärfte. Es gelang der DDR – trotz direkten oder subtilen Einflusses auf die K-Gruppen – letztlich nicht, die „Achtundsechziger" von der realsozialistischen Staatsform oder von der DDR-Hochschulreform zu überzeugen. In der Bundesrepublik setze sich nolens volens die Massenuniversität durch, in der DDR die brave Universität der „Kinder des Systems".[58] Diese holzschnittartige Zuschreibung – und sie ist holzschnittartig! – kann inzwischen durch differenziertere Forschungen[59] relativiert werden; dennoch: Die DDR-Universitäten blieben von Grundsatzdiskussionen verschont, behielten ihre Gestalt, waren von personeller Kontinuität geprägt und hatten – dies ist der Hauptkritikpunkt – stets eine affirmative, legitimatorische Funktion gegenüber dem System inne. Da die DDR bald jedoch ihrer Fortschrittsutopien beraubt war, konnte die graue DDR keinen Reiz mehr auf Andersdenkende ausüben und setzte keine Impulse einer (Hochschul-)reform.

Ingesamt führt die Fragestellung nach der Verbindung von Hochschulreform und Planungsgedanken zur Formulierung einer Vielzahl von auffälligen

57 Kurt Pätzold auf der Delegiertenkonferenz vom 17. und 18.12.1955, zit. nach Heinz Mestrup, Zur Geschichte der SED-Parteiorganisation an der Friedrich-Schiller-Universität Jena. Probleme „politisch-ideologischer Überzeugungsarbeit" und strukturelle Fragen in den 1950er und 1960er Jahren, in: Hoßfeld / Kaiser / Mestrup (Hg.), Hochschule im Sozialismus (wie Anm. 9), S. 509.

58 Malte Sieber / Ronald Freytag, Kinder des Systems. DDR-Studenten vor, im und nach dem Herbst '89, Berlin 1993.

59 Vgl. Heinz Mestrup, Zur Geschichte der Friedrich-Schiller-Universität in der „Ära Honecker" – Zwischen Beharrung, Improvisation und Innovation, in: Hoßfeld / Kaiser / Mestrup (Hg.), Hochschule im Sozialismus (wie Anm. 9), S. 377 – 427. Gustav-Wilhelm Bathke, Und in Jene lebt sich's bene? Ein soziales Porträt von Studierenden an der Friedrich-Schiller-Universität Jena Ende der 1970er und 1980er Jahre, in: ebd., S. 955 – 1023.

Parallelen zwischen Ost und West. Entscheidende Unterschiede lagen jedoch in der Rolle des Staates und der Frage der Öffentlichkeit. Gerade die Planungseuphorie der 1960er Jahre, die damals in beiden Teilen Deutschlands zu verzeichnen war, wird heute – zu Recht – sehr kritisch gesehen. Unverkennbar mussten die dogmatischen Vorstellungen dann auch einem gewissen Pragmatismus weichen. Sie können als Phänomen einer Zeit gedeutet werden, die sich aufgrund der Systemauseinandersetzung zwischen Ost und West niemals weltanschauungsfrei konnotiert sein konnte.

Ralph Jessen

Massenausbildung, Unterfinanzierung und Stagnation

Ost- und Westdeutsche Universitäten in den siebziger und achtziger Jahren

Wie sehr unterschieden sich eigentlich Hochschulen und Hochschulpolitik in Ost- und Westdeutschland im Zeitalter der Teilung? Als sich Anfang der neunziger Jahre Wissenschaftspolitiker, Hochschulmanager, Evaluationsgremien und Berufungskommissionen an die Arbeit machten, um beide Hochschulsysteme zusammenzuführen, gingen sie ganz überwiegend von der Prämisse maximaler Differenz aus, die durch den Export des westlichen Modells in die neuen Bundesländer auszugleichen sei. Nachdem die Universitäten und Hochschulen in SBZ und DDR durch die Mühlen von drei kommunistischen Hochschulreformen gedreht worden waren, schien wenig übrig geblieben, was sie noch mit ihren westdeutschen Gegenstücken verband. Dass letztere den Maßstab für ein zukünftiges gesamtdeutsches Hochschulwesen abgeben müssten, stand für die überwiegend bundesrepublikanischen Transformationseliten jedenfalls fest. Auch wenn die meisten Akteure durchaus die Reformbedürftigkeit der westdeutschen Universitäten konzedierten, stellte außer einigen marginalisierten Kritikern kaum jemand ihre Modelltauglichkeit in Frage. Und in der Tat waren die Unterschiede zwischen beiden Seiten und die offensichtlichen Defizite der DDR-Universitäten ja mit Händen zu greifen: Wissenschaftsfreiheit und Hochschulautonomie waren stillgelegt, dem politischen Kontroll- und Steuerungsanspruch der SED entging keine Hochschulkarriere,[1] die ostdeutsche Studierendenquote lag weit unter der vergleichbarer westeuropäischer Industriegesellschaften, große Teile der Forschung waren an die außeruniversitären Großinstitute der Akademie der Wissenschaften ausgelagert worden, politische „Erziehungs"-Aufgaben hatten die Hochschullehre kontaminiert, die medizinischen, naturwissenschaftlichen und technischen Disziplinen litten unter dürftiger materieller Ausstattung und internationaler Isolation,[2] die Geistes- und Sozialwissenschaften hatten sich dem totalitären Paradigma des Marxismus-Leninismus unterzuordnen und waren von der internationalen Forschungsdis-

1 Vgl. Ilko-Sascha Kowalczuk, Geist im Dienste der Macht: Hochschulpolitik in der SBZ/DDR 1945 bis 1961, Berlin 2003; Andreas Malycha, Geplante Wissenschaft. Eine Quellenedition zur DDR-Wissenschaftsgeschichte 1945–1961, Berlin 2004; Ralph Jessen, Akademische Elite und kommunistische Diktatur. Die ostdeutsche Hochschullehrerschaft in der Ulbricht-Ära, Göttingen 1999.
2 Jens Niederhut, Wissenschaftsaustausch im Kalten Krieg: die ostdeutschen Naturwissenschaftler und der Westen, Köln 2007.

kussion weitgehend abgekoppelt – von Ausnahmen und Nischenexistenzen im Halbschatten immer abgesehen.[3] All dies wird kaum jemand ernsthaft bestreiten wollen. Auch braucht man sicherlich nicht lange darüber zu diskutieren, dass die politische Durchherrschung der ostdeutschen Universitäten und die Ideologisierung ganzer Disziplinen eine unmittelbare Konsequenz der kommunistischen Diktatur waren.

Allerdings würde man es sich zu einfach machen, wenn man die universitären Ost-West-Unterschiede, die 1990 aufeinander prallten, allein als Resultat eines seit 1945/49 kontinuierlich auseinanderstrebenden Entfremdungsprozesses deuten würde. Im folgenden Essay möchte ich vielmehr argumentiert, dass die ost- und westdeutsche Hochschulpolitik vor allem während der sechziger Jahren zahlreiche Gemeinsamkeiten aufwiesen. Experten und Wissenschaftspolitiker in Ost und West teilten in den Jahren nach dem Mauerbau eine ganze Reihe grundsätzlicher Vorstellungen über die anzustrebende Entwicklung des Hochschulwesens. Erst als diese Visionen Anfang der siebziger Jahre hüben wie drüben aus teils ähnlichen, teils unterschiedlichen Gründen aufgegeben wurden oder versandeten, nahmen die Differenzen während der siebziger und achtziger Jahre immer mehr zu. Die Fremdheit im Augenblick der Vereinigung speiste sich somit aus dem kumulativen Effekt zweier Entwicklungen: Erstens aus dem Gegensatz zwischen der ausgeprägten strukturellen und personellen Kontinuität im Westen und der stalinistischen Überformung der ostdeutschen Universitäten während der vierziger und fünfziger Jahre. Diese insgesamt recht gut erforschte Phase soll hier nicht weiter verfolgt werden. Zweitens aus den gegensätzlichen Konsequenzen, die das Scheitern recht ähnlicher Modernisierungshoffnungen in den siebziger und achtziger Jahren nach sich zog. Um diese zweite Phase der Entfremdung angemessen zu beschreiben, ist es zunächst erforderlich, einen Blick auf die sechziger Jahre zu werfen, in denen die Hochschulpolitik in Ost und West trotz sehr unterschiedlicher politischer Verhältnisse und institutioneller Voraussetzungen einem verblüffend ähnlichen „Modernisierungsparadigma" folgte, das hier wie dort zu vergleichbaren Lösungen bzw. Lösungskonzepten führte. Obwohl die entsprechenden Diskussionen im demokratischen Mehrebenensystem des bundesrepublikanischen Föderalismus natürlich ganz anders verliefen als in der zentralistischen SED-Diktatur, glichen sich die Themen, Instrumente und Ziele:

Charakteristisch für die Hochschuldebatten beider Staaten während der sechziger Jahre war *erstens* eine ausgesprochen funktionalistische Zukunftsorientierung: Es bestand ein systemübergreifender Konsens darüber, dass die Universitäten und Hochschulen tiefgreifend verändert werden müssten, damit

---

3 Vgl. für die Geschichtswissenschaft: Martin Sabrow, Das Diktat des Konsenses. Geschichtswissenschaft in der DDR 1949–1969, München 2001; Matthias Middell, Weltgeschichtsschreibung im Zeitalter der Verfachlichung und Professionalisierung. Das Leipziger Institut für Kultur- und Universalgeschichte 1890–1990, 3 Bde., Leipzig 2005.

ihre Lehr- und Forschungsleistungen den Anforderungen der „Wissenschaftlich-technischen Revolution" (Ost) bzw. der „Zweiten Industriellen Revolution" (West) gerecht werden könnten.[4] Dabei stand die Hochschul*lehre* im Vordergrund des Interesses, die immer stärker als hochspezialisierte wissenschaftliche „Ausbildung" und immer weniger als universalistische „Bildung" verstanden wurde. In der DDR hatte dieser professionalistische Utilitarismus schon seit Anfang der fünfziger Jahre das Pendant zum ideologischen Erziehungsauftrag gebildet, den die SED den Hochschulen aufbürden wollte. In der Bundesrepublik dagegen war dieser Abgesang an die alte Bildungsuniversität neu und durchaus umstritten, denn die Nachkriegsrestauration hatte ganz im Zeichen Humboldtscher Universitätsideale gestanden.[5]

Zweitens glichen sich Ost- und West hinsichtlich ihres bemerkenswerten Planungsoptimismus.[6] Die Hochschulentwicklung wurde als politisch planbar und steuerbar angesehen. Hauptakteure diese Planungen waren dabei nicht die Universitäten selbst, die durchgängig eine eher passive Rolle spielten, sondern staatliche Instanzen bzw. hybride Gremien wie der „Wissenschaftsrat" in der BRD bzw. der „Forschungsrat" in der DDR. Auch in diesem Fall kann man davon sprechen, dass sich die bundesrepublikanische Diskussion in eine Richtung bewegte, die von der östlichen Wissenschaftspolitik schon früher eingeschlagen worden war, wobei selbstverständlich die Unterschiede zwischen der minutiösen Forschungs- und Kaderplanung in der DDR und den weit lockerer gestrickten Planungskonzepten in der Bundesrepublik hervorzuheben sind.[7]

Mit der Vorstellung, dass Bildungsinstitutionen und Wissenschaftssystem

---

4 Vgl. das Sonderheft des Deutschland-Archivs: Wissenschaftlich-technische Revolution und industrieller Arbeitsprozeß 9 (1976); Leo Brandt, Die zweite industrielle Revolution, München 1957.

5 Ralph Jessen, Zwischen Bildungspathos und Spezialistentum. Werthaltungen und Identitätskonstruktionen der Hochschullehrerschaft in West- und Ostdeutschland nach 1945, in: Peter Hübner (Hg.), Eliten im Sozialismus. Beiträge zur Sozialgeschichte der DDR, Köln 1999, S. 361–380; Stefanie Lechner, Gesellschaftsbilder in der deutschen Hochschulpolitik. Das Beispiel des Wissenschaftsrates in den 1960er Jahren, in: Barbara Wolbring / Andreas Franzmann (Hg.), Zwischen Idee und Zweckorientierung. Vorbilder und Motive von Hochschulreformen seit 1945, Berlin 2007, S. 103–120.

6 Vgl. Christoph Oehler, Staatliche Hochschulplanung in Deutschland. Rationalität und Steuerung in der Hochschulpolitik, Neuwied 2000; Wilfried Rudloff, Bildungsplanung in den Jahren des Bildungsbooms, in: Matthias Frese / Julia Paulus / Karl Teppe (Hg.), Demokratisierung und gesellschaftlicher Aufbruch. Die sechziger Jahre als Wendezeit der Bundesrepublik, Paderborn u. a. 2005, S. 259–282.

7 Olaf Bartz, Wissenschaftsrat. Entwicklungslinien der Wissenschaftspolitik in der Bundesrepublik Deutschland 1957–2007, Stuttgart 2007; Agnes Charlotte Tandler, Geplante Zukunft. Wissenschaftler und Wissenschaftspolitik in der DDR 1955–1971, Freiberg 2000; Heinz-Gerhard Haupt / Jörg Requate (Hg.), Aufbruch in die Zukunft. Die 1960er Jahre zwischen Planungseuphorie und kulturellem Wandel. DDR, ČSSR und Bundesrepublik Deutschland im Vergleich, Weilerswist 2004.

einer rationalen, zielorientierten Planung zugänglich seien, war *drittens* die Vision der „großen Lösung" verbunden: Beide Seiten hegten die Hoffnung auf eine zweckorientierte Verzahnung aller Stufen des Bildungssystems in einem großen, koordinierten Planwerk. In der DDR schlug sich dies im „Gesetz über das einheitliche sozialistische Bildungssystem" (1965) sowie in der „III. Hochschulreform" und der „Akademiereform" Ende der sechziger Jahre nieder. In der Bundesrepublik sollten die verschiedenen Empfehlungen des Wissenschaftsrates, die Einrichtung des „Bildungsrates" und der „Bund-Länder-Kommission für Bildungsplanung" und schließlich der große „Bildungsgesamtplan" von 1973 einer ähnlich dimensionierten Gesamtlösung dienen.

Ein wesentliches Motiv für diese parallelen Bemühungen um ein leistungsfähigeres und stärker nutzenorientiertes Hochschulsystem entsprang – *viertens* – der Vorstellung, dass die Zahl der Hochschulabsolventen in Zukunft deutlich ansteigen müsse, um die internationale Wettbewerbsfähigkeit der Wirtschaft zu sichern. Hochschulpolitik war zum Gutteil Expansionspolitik: Alle Planer prognostizierten und begrüßten ein starkes und schnelles Wachstum der Studenten- und Absolventenzahlen. Dabei bewegten sich die Erwartungen in Ost und West in gleichen Dimensionen: Walter Ulbricht forderte 1967, dass sich die Menge der Studenten in der DDR bis 1980 um das 2,5-fache erhöhen sollte, was etwa 25 % eines Altersjahrgangs entsprochen hätte. Der westdeutsche Wissenschaftsrat prognostizierte 1969 für das Jahr 1980 ebenfalls 25–30 %.[8]

Fünftens ist hervorzuheben, dass beide deutsche Staaten die erstrebte Öffnung bzw. Expansion des Hochschulstudiums sowohl mit bürgerrechtlichen als auch mit bildungsökonomischen Argumenten begründeten, freilich mit interessanten Unterschieden im Detail. Als Ralf Dahrendorf Mitte der sechziger Jahre das „Bürgerrecht auf Bildung" einforderte, hatte die ostdeutsche Bildungspolitik den Höhepunkt der sozialen Gegenprivilegierung bereits überschritten.[9] In der SBZ/DDR war schon in den vierziger Jahren die „Brechung des bürgerlichen Bildungsprivilegs" propagiert und der Hochschulzugang bisher bildungsferner Schichten durch Vorstudienanstalten, Arbeiter-

8 Wolfgang Lambrecht, Neuparzellierung einer gesamten Hochschullandschaft. Die III. Hochschulreform in der DDR (1965–1971), in: die hochschule H 2, 2007, S. 171–189, hier S. 182; Siegfried Baske, Das Hochschulwesen, in: Christoph Führ / Carl-Ludwig Furck / Christa Berg (Hg.), Handbuch der deutschen Bildungsgeschichte: Band 6. 1945 bis zur Gegenwart. Zweiter Teilband. Deutsche Demokratische Republik und neue Bundesländer, München 1998, S. 202–228, hier: S. 212 f; Olaf Bartz, Wissenschaftsrat und Hochschulplanung. Leitbildwandel und Planungsprozesse in der Bundesrepublik Deutschland zwischen 1957 und 1975, Köln 2006, S. 169 f.

9 Ralf Dahrendorf, Bildung ist Bürgerrecht – Plädoyer für eine aktive Bildungspolitik, Hamburg 1965; Georg Picht, Die deutsche Bildungskatastrophe – Analyse und Dokumentation, Olten 1964; Hildegard Hamm-Brücher, Auf Kosten unserer Kinder? Wer tut was für unsere Schulen – Reise durch die pädagogischen Provinzen der Bundesrepublik und Berlin (=Die Zeit Bücher), Osnabrück 1965.

und-Bauern-Fakultäten und eine sozial selektive Immatrikulationspolitik massiv gefördert worden.[10] In den sechziger Jahren war dies schon weitgehend Geschichte. Statt dessen rückten in der DDR ökonomische Argumente ganz stark in den Vordergrund, die in ähnlicher Weise von westlichen Bildungs-ökonomen unter dem Schlagwort des „manpower demand" vertreten wurden und die sich im Westen mit der bürgerrechtlichen Begründung des „social demand"-Ansatzes einen Legitimitätswettbewerb lieferten.

Neben der Ausweitung und sozialen Öffnung des Studiums standen *sechstens* in der DDR wie der Bundesrepublik Reformen der Studienstruktur auf der hochschulpolitischen Agenda. Zeitgenossen des „Bologna"-Prozesses drängt sich bei der Sichtung der damaligen Debatte eine Art historisches Déjà-vu Erlebnis auf, denn die seinerzeitigen Überlegungen zur Straffung, Struk-turierung und Stufung des Studiums ähnelten in vielem dem, was seit 1999 unter dem Stichwort der Europäisierung des Hochschulstudiums umgesetzt wird. Die DDR implementierte Ende der sechziger Jahre die Stufenfolge von Grund-, Fach- und Forschungsstudium und stärkte die postgraduale Weiter-bildung. In der Bundesrepublik diskutierte man intensiv über Kurz- und Langstudiengänge sowie über weiterbildende „Kontaktstudien" nach dem Examen. In beiden Ländern sollte die Studiendauer verkürzt werden. Obwohl in der DDR seit den frühen fünfziger Jahren die „Verschulung" des Studiums immer mehr zugenommen hatte, hielt man auch in den sechziger Jahren am Ideal des „wissenschaftlich produktiven Studiums" fest.[11]

Siebtens kann man während der sechziger und frühen siebziger Jahren ost-westliche Gemeinsamkeiten in dem Bemühen erkennen, die traditionelle Machtposition der „Ordinarien" einzudämmen. Die Agitation der bundesre-publikanischen „68er" gegen die „Ordinarienuniversität" war ja nur die po-lemische Schaumkrone auf einer breiteren Welle des Unbehagens gegenüber der überkommenen sozialen Vermachtung des Hochschulbetriebs, die sich um die Figur des „ordentlichen Professors" kristallisierte. Auch wenn infor-melle Abhängigkeiten und Hierarchien in gewandelter Form weiterbestanden, wurde die Ordinarienposition durch die Einführung der Fachbereiche, der Präsidialverfassung und der „Gruppenuniversität", die Ausweitung des Mit-telbaus und die Reform der Besoldungsstruktur nicht unwesentlich ge-schwächt. In der DDR ging der Eingriff in das Machtfeld des „homo acade-micus" noch viel weiter,[12] weil sich die auch dort anzutreffende Kritik an verzopften Hierarchien mit den Herrschaftsinteressen des SED-Regimes überschnitt. Was mit der Durchstaatlichung der ostdeutschen Universitäten

10 Michael C. Schneider, Chancengleichheit oder Kaderauslese? Zu Intentionen, Traditionen und Wandel der Vorstudienanstalten und Arbeiter-und-Bauern-Fakultäten in der SBZ / DDR zwi-schen 1945 und 1952, in: Zschr. für Pädagogik 41, 1995, S. 959–983.

11 Wilfried Rudloff, Ansatzpunkte und Hindernisse der Hochschulreform in der Bundesrepublik der sechziger Jahre: Studienreform und Gesamthochschule, in: Jb. für Universitätsgeschichte 8 (2005), S. 71–90.

12 Zum Begriff: Pierre Bourdieu, Homo academicus, Frankfurt a. M. 1991.

Anfang der fünfziger Jahre begann, fand in der III. Hochschulreform Ende der sechziger Jahre seinen Abschluss: Die Hochschullehrertätigkeit war zum Laufbahnberuf geworden, alle Berufungen hingen vom Plazet der SED-Kaderplaner ab, die kleinen Fürstentümer der Institute gingen in den „Sektionen" unter der „Einzelleitung" eines von oben kontrollierten Direktors auf und die Habilitation, das traditionelle Machtmittel der Ordinarien zur Kontrolle der korporativen Selbstergänzung der Hochschullehrerschaft, wurde abgeschafft.

Auch hinsichtlich der inhaltlichen Ausgestaltung der Universitäten und Hochschulen lassen sich – *achtens* – in Ost- und Westdeutschland Strukturveränderungen erkennen, die in eine ähnliche Richtung wiesen. Ihr gemeinsamer Nenner bestand in dem Bemühen, die universalistische Allzuständigkeit der Universitäten durch inhaltliche Schwerpunktbildung zu begrenzen und zu einer stärkeren Koordination der Forschungsaktivitäten zu kommen. In der DDR schlug sich dies in einer sehr industrie- und anwendungsnahen „Profilierung" der Hochschulinstitute ab Ende der sechziger Jahre nieder, die im Idealfall zu einer engen Verzahnung des Lehr- und Forschungsprofils einer Hochschuleinrichtung mit den Bedürfnissen strukturbestimmender Industrien führen sollte. Zu dieser anwendungsorientierten Engführung gab es in der Bundesrepublik kein Pendant. Aber die Überlegungen, die der Wissenschaftsrat seit 1960 zur Einrichtung von „Schwerpunkten" und „Sondergebieten" der Forschung anstellte, zielten auf die Förderung kooperativer Forschungsstrukturen und die Definition von Forschungsfeldern jenseits der individuellen Interessen einzelner Ordinarien. Zunächst stieß dies auf wenig Resonanz, bis dann 1970 die ersten „Sonderforschungsbereiche" eingerichtet wurden.

Schließlich fällt *neuntens* auf, dass sich Ost wie West um die Aufwertung semiakademischer Ausbildungseinrichtungen und ihre Integration in das „tertiäre" Bildungssystem bemühten. Am deutlichsten lässt sich dieser Entdifferenzierungstrend sicherlich an der 1968 in der Bundesrepublik beschlossene Umwandlung der Ingenieurschulen und vergleichbarer Einrichtungen in „Fachhochschulen" und der fast gleichzeitigen Aufwertung etlicher ostdeutscher Ingenieurschulen zu „Ingenieurhochschulen" ablesen. Die Akademisierung der Lehrerausbildung und die Integration der Pädagogischen Hochschulen in die Universitäten wiesen in die gleiche Richtung, die auf ein möglichst homogenes und nur noch relativ flach nach funktionalen Kriterien hierarchisiertes Hochschulwesen zulief. Zur revolutionären Idee des westdeutschen „Wissenschaftsrates" von 1970, die „Gesamthochschule", in die sämtliche Hochschuleinrichtungen integriert werden sollten, zum Leitmodell der zukünftigen Hochschulentwicklung zu machen, gab es in der DDR allerdings keine Entsprechung.[13] In dieser Hinsicht war man im Osten konservativer.

---

13 Bartz, Wissenschaftsrat und Hochschulplanung (wie Anm. 8), S. 174 ff.

Freilich blieben nicht nur die Empfehlungen des Wissenschaftsrates von 1970 und der mühselig ausgehandelte „Bildungsgesamtplan" von 1973 Makulatur. In der ersten Hälfte der siebziger Jahre drehte sich in Ost und West der hochschulpolitische Wind. Beide Länder gaben das Projekt eines neuen grand designs der Universitäten und Hochschulen auf und setzten bestenfalls einzelne Elemente ihrer jeweiligen „Modernisierungs"-Projekte um. Nach einem Jahrzehnt hochfliegender Reformvisionen folgte in den siebziger und achtziger Jahren eine Phase, deren Kennzeichen Stagnation, Durchwursteln und inkrementalistische Anpassung sowie unintendierte Wechselwirkungen zwischen etablierten Universitätsstrukturen, erlahmenden politischen Steuerungsansprüchen, Ressourcenverknappung, geänderten Bildungsansprüchen und einer gewandelten Universitätskultur waren. Nachdem während der sechziger Jahre eine Art deutsch-deutsche Parallelevolution auf Basis einer diktatorisch verstaatlichten bzw. einer „humboldtianistisch"[14] restaurierten Universität stattfand, drifteten die Hochschulsysteme in Ost und West nach 1971 weiter auseinander als jemals zuvor.

In der DDR wuchsen die Universitäten und Hochschulen entgegen den Visionen der sechziger Jahre nicht zu Massenanstalten heran. Statt, wie von Ulbricht prognostiziert, ein Viertel eines Altersjahrganges auf akademische Berufe vorzubereiten, mutierten sie in gewisser Hinsicht zu sozialistischen Eliteuniversitäten. Dies lässt sich erstens daran ablesen, dass der Expansionskurs 1971 abgebrochen, die Zahl der Studienplätze massiv reduziert und Quote der Studierenden dauerhaft auf rd. zehn Prozent eines Altersjahrgangs eingefroren wurde. Damit befand sich die DDR zwar im Einklang mit anderen Ostblockländern, koppelte sich aber zugleich vom ungebrochenen Wachstumstrend aller westeuropäischen Länder ab. Da zweitens der Lehrkörper trotz stagnierender Studentenzahlen zwischen 1970 und 1989 um mehr als 80 % wuchs, hat sich die Betreuungsrelation kontinuierlich verbessert.[15] Drittens rekrutierten sich die ostdeutschen Studentinnen und Studenten in radikaler Umkehrung des Trends der fünfziger Jahre immer mehr aus der „sozialistischen Intelligenz", während der Anteil der Arbeiterkinder rapide fiel und sich dem kümmerlichen Ausgangswert Mitte der vierziger Jahre näherte. Die DDR-Universitäten der achtziger Jahre waren sozial weit exklusiver

---

14 Den „ismus" habe ich von Olaf Bartz entlehnt. Vgl. Olaf Bartz, Bundesrepublikanische Universitätsleitbilder. Blüte und Zerfall des Humboldtianismus, in: die hochschule H. 2, 2005, S. 99–113. Die Formulierung unterstreicht, dass es nicht um die Bewahrung oder Abschaffung „der Humboldtschen Universität" geht (die es in dieser Form nie gegeben hat), sondern um ein identitätsstiftendes Narrativ, das sich einer kanonisierten und mystifizierten Traditionskonstruktion bedient, mit der die Eigentümlichkeit der spezifisch deutschen „Idee der Universität" behauptet wird. Vgl. hierzu ausführlich: Mitchell Ash (Hg.), Mythos Humboldt. Vergangenheit und Zukunft der deutschen Universitäten, Wien 1999.

15 1970 (1989): 4621 (7516) Hochschullehrer + 16598 (31393) wissenschaftliche Mitarbeiter = 21219 (38900). Baske, Hochschulwesen, 1998, S. 223.

als die westdeutschen Universitäten.[16] Viertens vermittelten die Bindung des
Hochschulzugangs an politisches Wohlverhalten und die intensive ideologische Schulung im Grundstudium normative Orientierungen, die für die sys-
temkonforme Elitenrekrutierung erforderlich waren.[17] Mit „Massenausbildung" hatte all das nichts zu tun und man war sich dessen durchaus bewusst:
Noch in den Vereinigungswirren des Jahres 1990 war aus der Universität Jena
zu hören: "Wir wollen an unseren Hochschulen keine Zustände wie in den
Altbundesländern (z. B. Massenuniversität)."[18]

Während die Expansion der Universitäten in der DDR ausblieb, wurden die
vor allem mit der „III. Hochschulreform" eingeleiteten Strukturveränderungen der Hochschulorganisation und des Studienaufbaus weitgehend umgesetzt. An die Stelle der Fakultäten und Institute traten die Sektionen, die bis in
die sechziger Jahre z. T. noch relativ starke Stellung der Institutsdirektoren
wurde endgültig gebrochen, die Rekrutierung der Hochschullehrerschaft
immer effektiver in die politisch gesteuerte Kaderplanung integriert. Die in-
dustrienahe Profilierung konnte zumindest teilweise umgesetzt werden – die
Universität Jena und ihre Beziehungen zum VEB Carl Zeiss Jena ist ein pro-
minentes Beispiel. Aber obwohl diese strukturellen Veränderungen etwa
Anfang der siebziger Jahre abgeschlossen waren, blieben die Wirkungen
hinter den Erwartungen der Reformzeit zurück. Die erhoffte hocheffektive
Verzahnung der Hochschulbildung und -forschung mit der industriellen
Forschung und Entwicklung ließ jedenfalls auf sich warten.

In der Bundesrepublik verlief die Entwicklung fast entgegengesetzt: Während die strukturellen Reformen der Universität Anfang der siebziger Jahre
abgebrochen wurden, in inkonsequenten Halbheiten stecken blieben oder
allerlei unintendierte Konsequenzen zeitigten, vermehrte sich die Menge der
Studentinnen und Studenten rasant. Die bundesrepublikanischen Universitäten entwickelten sich in der Tat zu „Massenuniversitäten", ohne dies allerdings zu wollen und zu akzeptieren und ohne die strukturellen Konsequenzen
hieraus zu ziehen. Die Studierendenzahlen überschritten 1980 die Millio-
nenmarke und erreichten 1989 den Wert von 1,5 Mio. Die Quote kletterte in
der ersten Hälfte der achtziger Jahre auf 25 % der jeweiligen Alterskohorte und
strebte gegen Ende des Jahrzehnts dem 30 %-Wert zu. Dies entsprach ziemlich

---

16 Rainer Geißler; Thomas Meyer, Die Sozialstruktur Deutschlands. Zur gesellschaftlichen Entwicklung mit einer Bilanz zur Vereinigung, 4., überarb. Aufl., Wiesbaden 2006, S. 288 ff; Heike
   Solga, Auf dem Weg in eine klassenlose Gesellschaft? Klassenlagen und Mobilität zwischen
   Generationen in der DDR, Berlin 1995.
17 Wenn ich hier den Begriff der „Eliteuniversität" auf die DDR der siebziger und achtziger Jahre
   anwende, dann nicht in dem Sinne, wie er nach der Jahrhundertwende in der Bundesrepublik
   verwendet wurde, um Differenzierungsvorgänge im Universitätssystem zu beschreiben und zu
   stimulieren. Der Begriff soll vielmehr erstens den sozial selektiven Zugang zu den ostdeutschen
   Universitäten und zweitens deren Rolle bei der Rekrutierung der Funktionseliten der DDR
   hervorheben.
18 Personalrat Universität Jena, Wie ging es seit dem 12.12.90 weiter? (Ms. Flugblatt), Jena 1990. –
   http://zs.thulb.uni-jena.de/servlets/MCRFileNodeServlet/jportal_derivate_00038. (29.5.2008)

genau den Maximalzahlen, mit denen die Planer im Wissenschaftsrat Ende der sechziger Jahre gerechnet hatten. Sie waren allerdings davon ausgegangen, dass der Ausbau der Universitäten und die Aufstockung der finanziellen Mittel mit dieser Entwicklung Schritt halten würden. Dies war spätestens nach dem Ende des „Großen Booms" 1973 nicht mehr der Fall. Zwischen 1975 und 1990 haben sich die inflationsbereinigten Nettoausgaben für das westdeutsche Hochschulwesen bei stark wachsenden Studentenzahlen so gut wie nicht mehr erhöht, so dass sich der pro Studentin oder Student verfügbare Betrag in etwa halbierte. Die Parallelität von Expansion und Unterfinanzierung spiegelt neben der sich rapide verschlechternden Lage der öffentlichen Kassen die gleichzeitige Gültigkeit zweier sich eigentlich ausschließender hochschulpolitischer Prämissen wider: Einerseits wurde das seit Mitte der sechziger Jahre proklamierte Bürgerrecht auf Bildung nicht in Frage gestellt, sondern durch das Numerus-Clausus-Urteil des Bundesverfassungsgerichts von 1972 und den „Öffnungsbeschluss" der Ministerpräsidentenkonferenz von 1977 festgeschrieben. Andererseits gingen die Prognostiker der Kultusministerkonferenz bis 1989 davon aus, dass der Aufwärtstrend der Studierendenzahlen im wesentlichen demographische Gründe habe und spätestens dann, wenn die Generation der „Babyboomer" mit dem Diplom in der Hand verabschiedet worden wäre, in eine rasch fallende Kurve übergehen würde. Die Überlast der Hochschulen wäre demnach nur eine vorübergehende Durststrecke gewesen. Hinter dem berühmt-berüchtigten Projekt einer „Untertunnelung" des zeitweiligen „Studentenberges" stand letztlich die Vorstellung, es gäbe einen statischen Anteil akademisch „Begabter" in der jeweiligen Altersgruppe, der durch das gegebene Hochschulsystem im großen und ganzen ausgeschöpft werde. Gerade die Einlösung des „Bürgerrechts auf Bildung" führte diese konservative Prämisse allerdings ad absurdum: Immer mehr Jugendliche nahmen die erweiterten Bildungschancen war, drängten in die Gymnasien und – trotz einiger Schwankungen der Übertrittsquote – in die Hochschulen. Entsprechend doppeldeutig war die Botschaft der lauten Klagegesänge über die „Massenuniversität", die seit der zweiten Hälfte der siebziger Jahre landauf landab zu hören waren. Sie prangerten die Unterfinanzierung der Hochschulen an, waren aber auch Ausdruck einer elitären Aversion gegen die „Vermassung" der akademischen Bildung.[19] Dabei profitieren vor allem Aufsteiger aus den nicht-akademisch gebildeten Mittelschichten von der Expan-

---

19 Bezeichnend für diese bis heute anhaltende Aversion gegen die „Masse" ist der skandalöse Vergleich, den der Präsident der Humboldt-Universität in seiner Inaugurationsrede im Februar 2006 anstellte: „Vielleicht können auch wir heute auf eben diese Weise die zur bloßen Formel erstarrte, in braunen Universitäten zerstörte und in der Massenuniversität der siebziger Jahre abhanden gekommene akademische Freiheit wieder als einen zentralen Wert dieser Universität und nicht allein dieser Universität zurückerobern." (S. 12) Christoph Markschies, Berliner Universitätsreformer aus zweihundert Jahren. Rede zur Inauguration als Präsident der Humboldt-Universität zu Berlin 6. Februar 2006 Humboldt-Universität (Ms.), 2006. http://edoc.hu-berlin.de/humboldt-vl/151/markschies-christoph/PDF/markschies.pdf (29.5.2008).

sion der Hochschulen. Zwar stieg auch der Anteil von Studierenden aus der Arbeiterschaft und lag schließlich über dem an den ostdeutschen Universitäten, insgesamt aber hat die Expansion des tertiären Bildungssystems an der sozialen Ungleichverteilung des Hochschulzugangs nicht viel geändert. Anders sah es mit der geschlechtsspezifischen Ungleichheit aus. Frauen waren die großen Gewinnerinnen an den Universitäten der siebziger und achtziger Jahre – zumindest was ihren Anteil an den Studierenden angeht, der in der DDR schon Mitte der siebziger Jahre bei 50 % lag und in der Bundesrepublik Ende der achtziger Jahre immerhin die 40 %-Marke erreichte.

Dass die in den sechziger Jahren von Bildungsplanern und Hochschulpolitikern zur „Ausschöpfung der Begabungsreserven" und zur Sicherung des „Bürgerrechts auf Bildung" propagierte Expansion der Universitäten in den siebziger und achtziger Jahren von vielen Professoren als Vermassung beklagt wurde, zeigt die kaum gebrochene Attraktivität eines elitären Bildungsverständnisses, das die humboldtschen Universität beschwor und sich im Schutz dieser mystifizierten Gründungslegende dagegen sperrte, sich auf die Bedingungen einer radikal gewandelten Universität einzulassen. Neben politischen Ursachen, die noch anzusprechen sind, hat diese Haltung viel dazu beigetragen, dass die zwischen 1966 und 1973 in verschiedenen Varianten diskutierten Pläne zur Reorganisation des Studiums nicht umgesetzt wurden. Um die Studienstrukturen an die wachsenden Studentenzahlen anzupassen, hatte bereits der 1966 für das Land Baden-Württemberg vorgelegte Dahrendorfplan eine Differenzierung zwischen Kurz- und Langstudiengängen erwogen. Die Studienreformempfehlungen des Wissenschaftsrates vom gleichen Jahr sahen eine straff strukturierte Studieneingangsphase, selektive Zwischenprüfungen, eine zeitliche Begrenzung des Studiums und ein strukturiertes Aufbaustudium mit dem Ziel der Promotion vor. Auch über konsekutive Studienmodelle ist damals bereits ausgiebig gesprochen worden. Während die naturwissenschaftlichen und technischen Fächer diesen insgesamt ziemlich moderaten Strukturveränderungen aufgeschlossen gegenüberstanden, versteifte sich an den philosophischen Fakultäten der humboldtianistisch motivierte Widerstand. Die Klagen über Verschulung, „Examens-Dressur", drohendes Mittelmaß und die Züchtung eines „staatlich approbierten Banausentums" waren Legion und fanden bald auch politische Resonanz.[20] Letztlich blieb von den geplanten Studienstrukturreformen nicht viel mehr als die Einführung der obligatorischen Zwischenprüfungen und des Magisterexamens in den Geisteswissenschaften übrig. Eine angemessene Antwort auf die Öffnung der Universitäten war dies kaum.

Ein ähnliches Schicksal war dem hochambitionierten Projekt der integrierten Gesamthochschule beschieden, in der Universitäten und Fachhochschulen verschmolzen und in der unterschiedlich gestaffelte und untereinander durchlässige Studiengangprofile unter einem Dach angeboten werden

---

20 Bartz, Wissenschaftsrat und Hochschulplanung (wie Anm. 8), S. 115 ff.

sollten. Obwohl der Bildungsgesamtplan von 1973 und das Hochschulrahmengesetz von 1976 forderten, die „Gesamthochschulen" zur Regelhochschule zu erheben, kam das Vorhaben über isolierte Experimente in einzelnen Bundesländern (insbesondere in Nordrhein-Westfalen) nicht hinaus.[21] Einer der folgenreichsten, wenn auch nicht unbedingt einer der erfolgreichsten Aspekte der Hochschulstrukturreformen der späten sechziger, frühen siebziger Jahre war schließlich die Einführung der „Gruppenuniversität". Auch wenn das Bundesverfassungsgericht der Professorenschaft schon im Mai 1973 die Stimmenmehrheit in allen Fragen sicherte, bei denen Forschung und Lehre betroffen waren, wurde die Ordinarienautokratie doch deutlich eingeschränkt. Zur größeren Effektivität, Professionalität oder auch Legitimität der hochschulinternen Entscheidungsprozesse hat die Einführung der unterschiedlichen Wahlgremien auf Fachbereichs- und Universitätsebene vermutlich nicht viel beigetragen. Wichtige Entscheidungsprozesse verlagerten sich oft auf eine informelle Ebene, während die politisierten Gremien nicht selten zum Schauplatz turbulenter und kräftezehrenden Gefechte wurden, deren Ausgang wenig dazu beitrug, die Qualität der Universitäten zu verbessern.

Diese notwendigerweise sehr verkürzte Beschreibung einiger wichtiger Entwicklungen im Hochschulsystem der DDR und der Bundesrepublik während der siebziger und achtziger Jahre muss an dieser Stelle genügen, um den Grundtrend anzudeuten. Statt weiter in die Details zu gehen, möchte ich in sechs Thesen Ursachen und Konsequenzen dieses bemerkenswerten Kontrasts zwischen dem systemübergreifenden Modernisierungselan der sechziger Jahre und dem stagnativen Grundton der folgenden beiden Jahrzehnte ansprechen. Dabei soll die ost-west-vergleichende Perspektive beibehalten werden.

Erstens: Verteilungskonkurrenz zwischen Bildungs- und Sozialpolitik

Es ist evident, dass der hochschulpolitische Klimawandel Anfang der siebziger Jahre Teil jener allgemeinen ökonomischen und politischen Zäsur war, die Ost und West fast zur gleichen Zeit, wenn auch aus unterschiedlichen Gründen traf. In der DDR zog Honecker 1971 einen Schlussstrich unter Ulbrichts technikfixierte Zukunftsversprechen und setzte ganz auf die sozialpolitische Pazifizierung und Integration der DDR-Gesellschaft. Die Hochschulen waren hiervon aus zwei Gründen betroffen: Zum einen hatten sie in der Verteilungskonkurrenz zwischen Bildungs- und Sozialausgaben das Nachsehen, da das staatliche Wohnungsbauprogramm, die breitflächige Preissubventionierung, die neue Familienpolitik und all die anderen Ausgaben für die „Zweite Lohntüte" immer mehr Mittel banden, die folglich für Zwecke wie Hoch-

---

21 Thomas Finkenstaedt, Lehre und Studium, in: Ulrich Teichler (Hg.), Das Hochschulwesen in der Bundesrepublik Deutschland, Weinheim 1990, S. 153–177.

schulbau, Stipendien, Bibliotheken etc. nicht zur Verfügung standen. Dieser Verteilungskonflikt hat in den folgenden Jahren, als die globalen Rohstoffpreissteigerungen mit einiger Verzögerung auch die DDR erreichten und die Lage der Staatsfinanzen immer prekärer wurde, weiter zugenommen. Zum anderen stand hinter dem Herunterfahren der Studentenzahlen ein herrschafts- und gesellschaftspolitisches Kalkül. Während Ulbricht bereit gewesen war, die Rolle wissenschaftlich-technischer Experten aufzuwerten, ihr Prestige anzuheben und sie materiell besser zu stellen, setzte Honecker auf soziale Nivellierung und die symbolische Aufwertung der „Arbeiterklasse". Meine zugespitzten Bemerkungen zu den „Eliteuniversitäten" der DDR müssen daher deutlich relativiert werden: Zwar nahm die Exklusivität der Universitäten zu und blieb akademische Bildung ein künstlich knapp gehaltenes Gut, doch verschaffte dies den Akademikern in der „arbeiterlichen Gesellschaft"[22] weder besonders hohe Einkommen, noch außerordentliches Sozialprestige, noch Machtteilhabe. Paradoxerweise war gerade die „elitäre" Abschließung der Universität ein Indiz für ihre gesellschaftliche Marginalisierung in der Honecker Ära.

In der Bundesrepublik führten ruckartig steigende Sozialabgaben[23] und sinkende Staatseinnahmen nach dem wirtschaftlichen Einbruch von 1973/74 ebenfalls zu einer Umverteilung von Ressourcen zu Lasten der Hochschulen. Ab Anfang der siebziger Jahre rangierten also in Ost und West kurzfristige Sozialausgaben vor langfristigen Investitionen in zukünftiges „Humankapital".

Zweitens: Gegensätzliche bildungsökonomische Prämissen

Die bemerkenswerte ost-westliche Parallelverschiebung von den Bildungs- zu den Sozialausgaben hatte aufgrund der konträren bildungsökonomischen Philosophien beider Länder völlig unterschiedliche Konsequenzen für die Hochschulen.[24] Die DDR folgte strikt der Vorstellung, dass sich die Menge der Hochschulabsolventen am Arbeitskräftebedarf von Staat und Wirtschaft zu orientieren habe. Folglich wurden die Universitäten verriegelt, als die Prognostiker Anfang der siebziger Jahre die Planzahlen zusammenstrichen. In der Bundesrepublik sicherten Politik und Justiz dagegen das individuelle Bürgerrecht auf Bildung, ganz gleich, ob der Arbeitsmarkt die Absolventen abnehmen würde, und auch um den Preis einer Überlastung der „Massen-

22 Wolfgang Engler, Die Ostdeutschen als Avantgarde, Berlin 2002.
23 Das Sozialbudget der Bundesrepublik stieg von 86,2 Mrd. Euro 1970 auf 228,4 Mrd. Euro 1980. Der Anteil am BIP stieg von 24,5 % auf 29,8 %. http://www.sachverstaendigenrat-wirtschaft.de/index.php und http://www.sozialpolitik-aktuell.de/datensammlung/2/ab/abbII1a.pdf (18.8. 2009)
24 David P. Baker / Helmut Köhler / Manfred Stock, Socialist Ideology and the Contraction of Higher Education. Institutional Consequences of State Manpower and Education Planning in the Former East Germany, in: Comparative Education Review 51 (3), 2007, S. 353–377.

universitäten". Es gibt wahrscheinlich wenige historische Situationen, in denen man die gegensätzlichen Konsequenzen diktatorischer Arbeitskräfteplanung und individueller Bildungsrechte in so labormäßiger Reinheit beobachten kann, wie in den beiden deutschen Staaten während der siebziger und achtziger Jahre. Es kann m. E. kaum ein Zweifel daran bestehen, dass die westliche Entscheidung für eine Öffnung der Universitäten und für eine Individualisierung der Bildungsentscheidungen – trotz der sozialen Grenzen dieser Öffnung und trotz aller haarsträubenden Unzulänglichkeiten an den unterfinanzierten Universitäten – nicht nur aus einer demokratietheoretischen und bürgerrechtlichen Perspektive der erfolgreichere Weg war. Auch ökonomisch zahlten sich die individuellen „Bildungsinvestitionen" meist aus.[25] Und schließlich wird man den Einfluss des Bildungsbooms auf die Veränderung der Geschlechterrollen, den allgemeinen Wertewandel und die „postmoderne" Pluralisierung der bundesrepublikanischen Gesellschaft kaum überschätzen können.

Drittens: Utopieverlust

Beide deutsche Gesellschaften erlebten Anfang der siebziger Jahre auf je eigene Weise das Ende einer bis dahin sicher geglaubten Zukunft. Dieser Utopieverlust hatte gravierende Auswirkungen auf das Selbst- und Fremdverständnis der Universitäten. An den ostdeutschen Universitäten hatte in den vierziger und fünfziger Jahren eine konflikträchtige Dauerspannung zwischen dem überwiegend humboldtianistischen Selbstverständnis der noch stark bürgerlich geprägten Professorenschaft und der von außen aufgezwungenen revolutionären Mission („Stürmt die Festung Wissenschaft") geherrscht. In den sechziger Jahren gab es zumindest Ansätze eines gemeinsamen Nenners von Politik und Wissenschaft unter dem Leitmotiv der „Wissenschaftlich-Technischen-Revolution". Nach dem Zerfall dieser technokratischen Visionen, der Zerstörung aller verbliebenen Reste der traditionellen Universitätsstrukturen in der III. Hochschulreform und dem gleichzeitigen Ideologisierungsschub scheint in den siebziger und achtziger Jahren eine Art Identitätsvakuum geherrscht zu haben. Die Universitäten und Hochschulen arbeiteten als unauffällige Dienstleistungsbetriebe des Sozialismus – welche Rolle ein subkutan tradierter, „humanistisch" zurechtgestutzter Humboldt-Mythos vielleicht noch gespielt hat, wäre weiterer Nachforschungen wert.

In der Bundesrepublik war die nach 1945 hegemoniale „humboldtianistische" Leiterzählung in den Reformkatarakten der sechziger und frühen siebziger Jahre in die Defensive geraten und durch die visionäre Rhetorik von Modernisierung, Chancengerechtigkeit, Effizienz und Demokratisierung

---

25 Die Arbeitslosenraten von Hochschulabsolventen lagen stets signifikant unter dem Durchschnitt.

überdeckt worden. Mit dem Versanden des Reformelans nach 1973 hatten sich die Modernisierungsutopien verbraucht, ohne dass etwas Neues an ihre Stelle getreten wäre.[26] Obwohl die Expansion der Universitäten, die Erosion der Ordinarienmacht und die fortschreitende Spezialisierung des wissenschaftlichen Wissen dem heroischen Ideal von „Einsamkeit und Freiheit" längst jede Grundlage entzogen hatten, griff das universitäre Selbstverständigungsschrifttum auch in den siebziger und achtziger Jahren immer wieder auf die humboldtianistische Meistererzählung zurück. Die „Massenuniversität" wurde nicht akzeptiert und gestaltet, sondern beklagt und wenn möglich ignoriert.[27] Dabei stellte sich vor allem in den siebziger Jahren eine paradoxe Allianz aus studentischem Linksradikalismus und konservativer Gegenmobilisierung ein – man denke an den Bund Freiheit der Wissenschaft –, die zwar heftig aneinander gerieten, letztlich aber dem gleichen anachronistischen Universitätsideal verhaftet waren.[28]

Viertens: Steuerungsversagen des Staates

Aus der hochschulpolitischen Perspektive betrachtet, war die Stagnation der ost- und westdeutschen Universitäten während der siebziger und achtziger Jahre Ausdruck je systemspezifischer Formen des Steuerungsversagens. In der DDR handelte es sich wie in anderen Bereichen des SED-Staates um ein Steuerungsversagen durch Übersteuerung seitens eines „allmächtigen" monopolistischen Akteurs – in letzter Instanz: des Politbüros der SED. Die dezisionistische Festsetzung der Studentenzahlen, die starre Kaderbewirtschaftung, die weitgehende Stilllegung von Wettbewerbsprozessen, zentralistische Forschungsplanung, „Umprofilierungen" von oben, restriktiv gehandhabte internationale Kontakte, natürlich der ideologische Konformitätsdruck auf Studenten und Dozenten – all dies wirkte lähmend.

In der Bundesrepublik resultierten die wachsenden Steuerungsdefizite umgekehrt aus einer großen Vielfalt von Akteuren in einer immer komplizierter werdenden Mehrebenenkonstellation, in der sich die Zuständigkeiten der Akteure zudem im Laufe der Zeit veränderten. Solange ausreichende fi-

---

26 Vgl. Bartz, Universitätsleitbilder (wie Anm. 14); Konrad H. Jarausch, Forum „Hochschule und Studienreform": Amerika - Alptraum oder Vorbild?, in: H-Soz-u-Kult, 06.09.2002, http:// hsozkult.geschichte.hu-berlin.de/forum/id=204&type=diskussionen; ders., Das Humboldt-Syndrom: Die westdeutschen Universitäten 1945–1989. Ein akademischer Sonderweg?, in: Mitchell G. Ash (Hg.), Mythos Humboldt. Vergangenheit und Zukunft der deutschen Universitäten, Wien 1999, S. 58–79.

27 Vgl. David P. Baker / Gero Lenhardt, The Institutional Crisis of the German Research University, in: Higher Education Policy 21, 2008, S. 49–64.

28 Wolfgang Kraushaar, Fortschritt, Bildung und Demokratie. Die Massenuniversität im Zeichen der Gesellschaftskritik von 1968, in: Ulrich Sieg (Hg.), Die Idee der Universität heute, München 2005, S. 73–86. Vgl. auch das laufende Dissertationsprojekt von Svea Koischwitz (Köln) zur Geschichte des „Bundes Freiheit der Wissenschaft".

nanzielle Handlungsspielräume bestanden und der Modernisierungskonsens zwischen allen Beteiligten hielt, konnte das fragile Abstimmungsgeflecht zwischen Bund und Ländern sowie den verschiedenen Koordinations-, Planungs- und Beratungsgremien wie Wissenschaftsrat, Bildungsrat, Kultus- und Ministerpräsidentenkonferenz sowie der Bund-Länder-Kommission für Bildungsplanung funktionieren. Zu Beginn der siebziger Jahre waren allerdings nicht nur die finanziellen Ressourcen, sondern auch der Konsensvorrat, von dem der „kooperative Föderalismus" im Bereich der Hochschulpolitik bis dahin gezehrt hatte, aufgebraucht. Der 1973 verabschiedete Bildungsgesamtplan und das Hochschulrahmengesetz von 1976 blieben in ihren zukunftsorientierten, gestaltenden Teilen Makulatur. Die politische Polarisierung zwischen Union und SPD, die ideologisch-machtpolitische Aufladung aller bildungspolitischen Themen und die Ressourcen- und Zuständigkeitskonkurrenzen zwischen Bund und Ländern machten die Hochschulpolitik zu einem Paradebeispiel für die lähmende Wirkung der im Dschungel des bundesrepublikanischen Föderalismus lauernde „Politikverflechtungsfalle" (Fritz Scharpf).

Fünftens: Autonomieverlust und Autonomiepathologie in den Hochschulen

Die „Autonomie" der Hochschulen gehört zu den traditionellen Leitmotiven des professoralen Selbstverständnisses – oft ohne dass geklärt wird, was darunter im Einzelnen zu verstehen ist. Hier soll es – gewissermaßen als Pendant zur staatlichen Steuerung – um die Akteursqualität der Hochschulen und der Professoren bei der Entwicklung der Hochschulstrukturen, also um den Grad an Organisationsautonomie, gehen. Der Befund ähnelt dem der vierten These. In der DDR konnte seit den frühen fünfziger Jahren von Autonomie und Selbstverwaltung nicht mehr die Rede sein. Jede Form der Mitwirkung stand unter politischem Interventionsvorbehalt und an die Stelle kollegialer Gremien war spätestens mit der III. Hochschulreform – faktisch aber schon viel früher – die nur nach oben verantwortliche „Einzelleitung" getreten. Als selbständige Akteure spielten die Hochschulen keine Rolle.

In der Bundesrepublik behielten die Hochschullehrer dagegen auch nach Einführung der „Gruppen-," und „Gremienuniversität" ihre inneruniversitär dominierende Stellung. Auch wurden die korporativen Selbstverwaltungsstrukturen in gewandelter Form erhalten: Reihum aus dem Kreis der Professorenschaft gewählte Dekane und Rektoren (oder Präsidenten), „engere Fakultäten", Fachbereichsräte und Senate als Beratungs- und Entscheidungsgremien. Da die Universitäten allerdings weder über eigenen Ressourcen verfügten noch in zentralen Angelegenheiten wirklich „autonom" handeln konnten, sondern von staatlicher Finanzierung, der Hochschulgesetzgebung der Länder und den Berufungsentscheidungen der Ministerien abhingen, war

ihre Handlungsfähigkeit eng begrenzt. Dafür gewährten die Universitätsgremien und die grundgesetzlich garantierte Freiheit von Forschung und Lehre
erhebliche Autonomiespielräume nach innen. Deren Nutzung hatte in der
Praxis allerdings meist eine konservative Tendenz. Schon in der Hochphase
der Hochschulreformdebatten während der sechziger Jahre wurde immer
wieder Klage über die Veränderungsresistenz und Reformunfähigkeit der
Universitäten geführt. In den siebziger und achtziger Jahren hat sich daran
wenig geändert. In korporativ-kollegialen Gremien mit flachen Hierarchien
sind status quo bewahrende Negativkoalitionen oft die wahrscheinlichste
Lösung. Hochschulautonomie wurde in der Praxis meist strukturkonservierend genutzt. Das hat die stagnative Grundtendenz gefördert.

Sechstens: Unterdifferenzierung

Zu den Gemeinsamkeiten der Hochschulsysteme in Ost und West gehörte bis
in allerjüngste Zeit das Postulat der Gleichwertigkeit und Gleichrangigkeit
aller Einrichtungen eines Typs – alle Universitäten und alle (Fach-) Hochschulen sollten jeweils untereinander in einer Liga spielen. Ganz gleich, wie
man die jüngsten Bestrebungen zur Differenzierung des Hochschulwesens
beurteilen mag, kann man mit einiger Plausibilität behaupten, dass das
Leitbild eines homogenen „Hochschulsystems", das etatistisch verwaltet, aber
kaum einem innerinstitutionellen Wettbewerb ausgesetzt wurde, im Zeitalter
der „Massenuniversität" nicht eben dynamisierend gewirkt hat. Auch die
westdeutsche Hochschulautonomie hat eher dazu geführt, Konkurrenz, Vergleich und Evaluation zu bremsen als zu fördern. Es lässt sich allerdings seit
der ersten Hälfte der achtziger Jahre in beiden Ländern eine zögerliche Diskussion über die Differenzierung des Hochschulwesens und die Stärkung
kompetitiver Elemente beobachten. In der DDR konzentrierten sich diese
Überlegungen unter dem Stichwort „Intensivierung" auf das Problem der
Begabtenförderung. Obwohl das Wort „Elite" meist tabu blieb – nur elitäre
Sozialfossilien wie Manfred v. Ardenne warfen es gelegentlich in die Debatte –
ging es den Diskussionsteilnehmern letztlich darum, das egalitaristische
Dogma aufzubrechen und akademische Leistung durch die Tolerierung und
Förderung von Unterschieden zu stimulieren. Hierzu sollten die Studienpläne
stärker individualisiert, die Mobilität der Studenten gefördert und die leistungsorientierte Auslese im Spitzensport zum Vorbild genommen werden.[29]

---

29 Irmhild Rudolph, Hochschulbildung in der gesellschaftspolitischen Strategie der SED, in: G.-J.
    Glaeßner (Hg.), Die DDR in der Ära Honecker. Politik – Kultur – Gesellschaft, Opladen 1988,
    S. 544–562. Vgl. insbesondere die Schriften von Manfred Lötsch, z. B.: Manfred Lötsch, Sozialstruktur und Wirtschaftswachstum – Überlegungen zum Problem sozialer Triebkräfte des
    wissenschaftlich-technischen Fortschritts, in: Wirtschaftswissenschaft 29 (1981), S. 56–69;
    ders., Arbeiterklasse und Intelligenz in der Dialektik von wissenschaftlich-technischem, ökonomischem und sozialem Fortschritt, in: Dt. Zsch. f. Philosophie 33 (1985), S. 31–41.

Im politischen Raum stieß dies auf wenig Resonanz, so dass diese Vorstöße letztlich folgenlos blieben.

Auch in der Bundesrepublik begann die Diskussion um mehr Wettbewerb im Hochschulbereich etwa Mitte der achtziger Jahre. Der Wissenschaftsrat startete 1985 eine entsprechende Initiative, die in den Universitäten allerdings wenig Widerhall fand. Eine Studie des Max-Planck-Instituts für Bildungsforschung aus dem gleichen Jahr zeigte, dass die Mehrheit der befragten Soziologen, Politikwissenschaftler und Physiker „eine stärkere Differenzierung und Wettbewerbsorientierung der Hochschulen ablehnte", trotz der Tatsache, dass sich Gegner wie Befürworte eines stärkeren Wettbewerbs der Leistungsunterschiede zwischen einzelnen Instituten durchaus bewusst waren und die gleiche informelle Rangfolge der Universitäten vor Augen hatten. Während das Max-Planck-Institut für Bildungsforschung noch darauf verzichtet hatte, aus seinen Erhebungen eine Rangliste der Universitäten zu kompilieren, brach der „Spiegel" 1989 erstmals das Tabu und publizierte für 15 Fächer „Ranglisten der Lehrqualität".[30] Andere Zeitungen und Zeitschriften zogen in den folgenden Jahren nach. Dies war nicht nur der Startschuss zu einer neuen Hochschulreformdebatte, die unter den Schlagwörtern Wettbewerb und Differenzierung vor allem ab der zweiten Hälfte der neunziger Jahre Fahrt bekam, sondern auch die Premiere eines neuen hochschulpolitischen Akteurs. Mit ihren Rankings verließen die Massenmedien nämlich die Rolle des feuilletonistischen Begleiters und mutierten zusammen mit CHE und anderen hochschulpolitischen think tanks zu einem eigenständigen Machtfaktor der Universitätsentwicklung.

Welcher Ertrag ist nach diesem Parforceritt durch die deutsch-deutsche Hochschul(politik)geschichte festzuhalten? Zunächst einmal, dass die sehr gegensätzlichen Wege der ost- und westdeutschen Universitäten in den ersten anderthalb Nachkriegsjahrzehnten nicht ausschlossen, dass während der sechziger Jahren beiderseits der Mauer recht ähnliche Vorstellungen darüber herrschten, wie das Hochschulwesen strukturell weiterzuentwickeln sei. Als Konvergenzbewegung sollte man dies nicht deuten, denn der fundamentale Unterschied zwischen einer Universität mit verfassungsmäßig garantierter Lehr- und Forschungsfreiheit und einer Universität, die dem totalitären Steuerungsanspruch der SED-Führung ohne institutionelle Sicherung ausgesetzt war, wurde hiervon nicht berührt. Allerdings zeigt sich die Ähnlichkeit bestimmter Modernitäts- und Effizienzkonzepte. Auch glichen sich die Vorstellungen hinsichtlich der Zukunft der Industriegesellschaft, der wachsenden Bedeutung von Wissenschaft und Technik sowie des zunehmenden Bedarfs an wissenschaftlich qualifizierten Fachkräften. Befeuert durch „Sputnikschock", Atomeuphorie, die Anfänge internationaler Bildungsvergleiche und den in-

---

30 Jürgen Baumert u. a. (Hg.), Das Bildungswesen in der Bundesrepublik Deutschland. Strukturen und Entwicklung im Überblick, vollständig überab. u. erw. Aufl., Reinbek 1994, S. 680 f.

nerdeutschen Systemwettbewerb, gestützt auf die östliche Hoffnung, den Westen zu überholen, ohne ihn einzuholen, und die westliche Illusion, das Zeitalter immerwährender Prosperität sei angebrochen, begannen beide deutsche Staaten auf dem Scheitelpunkt der industriegesellschaftlichen Moderne an einem neuen „grand design" des Hochschulwesens zu feilen. Die vergleichende Untersuchung dieser Entwicklung verdient weitere Vertiefung: Welche Rolle spielte die wechselseitige Wahrnehmung der ost-westlichen Reformprojekte, welche Bedeutung kam internationalen Bildungsvergleichen zu und wieweit spiegeln sich in den Reformanliegen der sechziger und frühen siebziger Jahren strukturelle Probleme aus der gemeinsamen Erbschaft des traditionellen deutschen Hochschulsystems?

Signifikant für die siebziger und achtziger Jahre sind die unterschiedlichen Entwicklungen, die sich aus dem Scheitern des Modernisierungsparadigmas ergaben: Während das ostdeutsche Hochschulwesen erstarrte, in seiner Expansionsbewegung kräftig gebremst und auf das Maß zurechtgestutzt wurde, das zur Reproduktion einer loyalen Funktionselite erforderlich war, setzte das westdeutsche seinen kaum gesteuerten Wachstumskurs fort, umging aber tief greifende strukturelle Anpassungen und litt unter einer chronischen Unterfinanzierung, was sich zusammengenommen in immer schmerzlicheren Effizienzdefiziten niederschlug. Interessanterweise hing die Mittelverknappung in Ost *und* West damit zusammen, dass die Hochschulen der siebziger und achtziger Jahren in der Verteilungskonkurrenz mit sozialpolitischen Aufgaben das Nachsehen hatten – hier spiegelt sich die gemeinsame Traditionen eines rein staatlich finanzierten Hochschulwesens ebenso wider wie der hohe Stellenwert, der einer sozialpolitischen Integration der Gesellschaft in beiden Staaten zugemessen wurde. Für die sehr unterschiedlichen Konsequenzen, die dies für die Universitäten und Hochschulen in der DDR und der Bundesrepublik hatte, waren freilich Fundamentaldifferenzen des politischen Systems verantwortlich: Der Unterschied zwischen dem Prinzip der freien Berufswahl und einer bedarfsorientierten Kanalisierung des Studienzugangs; der Unterschied zwischen den lähmenden Auswirkungen diktatorischer Steuerung und den Defiziten eines überkomplex verflochtenen Föderalismus; der Unterschied zwischen den Folgen, die sich aus der Zerstörung der Hochschulautonomie ergaben, und den paralysierenden Konsequenzen korporativer Selbstverwaltungsansprüche, die den Anforderungen einer „Massenuniversität" immer weniger gerecht werden konnten.

Matthias Middell

Auszug der Forschung aus der Universität?

Unser Thema gehört zu den Dauerbrennern in den deutschen hochschulpolitischen Debatten und taucht mit einer gewissen Hartnäckigkeit seit Beginn
des 20. Jahrhunderts zumindest, wenn nicht schon zuvor beim Streit um die
großen Editionsvorhaben des 19. Jahrhunderts, immer wieder auf. Die
Gründung der Kaiser-Wilhelm-Gesellschaft wurde durch die Idee belebt, dass
industriell schnell verwertbare Forschung institutionell aus der Hochschule
heraus gelöst werden müsste, schon wegen ihres Bedarfes an Investitionen für
technisches Gerät, wegen ihres Bedarfes an eher einseitig ausgebildeten Spezialisten, deren auf Dauer gestellte Arbeitsteilung in einem speziellen räumlichen Zusammenhang den Erfolg garantiere, und wegen der Nähe zur Industrie oder zu anderen Gebieten der Nutzanwendung wie etwa den militärischen.

Die Gegenrede von Geisteswissenschaftlern wie Eduard Spranger[1] oder
Karl Lamprecht[2], die vor einem Ausbluten der Universitäten und vor den
fatalen intellektuellen Folgen eines auf die Spitze getriebenen Spezialisten-
tums warnten, blieb stumpf, denn sie beschränkte sich oft auf die Sicherung
von Sonderbedingungen für die eigenen Disziplinen. Lamprechts König-
Friedrich-August-Stiftung in Leipzig blieb mangels verfügbarer staatlicher
und privater Mittel auf die Sprach-, Kultur- und Geschichtswissenschaften
beschränkt.[3] Wir finden in dieser Debatte um 1910 bereits die Spuren eines
Topos, der uns achtzig Jahre später in den Reformdebatten der Altbundesre-
publik und der „Vereinigungskrise"[4] wieder begegnen soll: Die deutsche
Universität erscheint in diesem Diskurs als Refugium einer dem Humboldtschen Bildungsbegriff verpflichteten Geisteswissenschaft, während die Na-

1 Eduard Spranger, Über den Beruf unserer Zeit zur Universitätsgründung, in: Die Geisteswissenschaften 1 (1913), H. 1, S. 8–12.
2 Vgl. Karl Lamprecht, Die gegenwärtige Entwicklung der Wissenschaften, insbesondere der
Geisteswissenschaften, und der Gedanke der Universitäts-Reform, in: Rektorwechsel an der
Universität Leipzig am 31. Oktober 1910, Leipzig o. J. [1910], S. 15–36 sowie ders., Denkschrift
über Entwicklung, gegenwärtigen Stand und Zukunft des Königlich Sächsischen Instituts für
Kultur- und Universalgeschichte bei der Universität Leipzig [1914], in: Hans Schleier (Hg.), Karl
Lamprecht – Alternative zu Ranke. Schriften zur Geschichtstheorie, Leipzig 1988, S. 421–435.
3 Gerald Wiemers, Karl Lamprecht und die staatlichen Forschungsinstitute, in: Neues Archiv für
Sächsische Geschichte 64 (1993), S. 141–150.
4 Jürgen Kocka, Vereinigungskrise. Zur Geschichte der Gegenwart, Göttingen 1995.

turwissenschaften durch ihre Nähe zur Technik der außeruniversitären Organisationsform bedürften, oder diese jedenfalls mit einer gewissen Selbstverständlichkeit als akzeptabel gilt.[5] Diese Leitvorstellung ist bekanntlich weniger auf die Humboldtsche Epoche selbst zurückzuführen, als vielmehr eine „Erfindung" des neuhumanistischen Bildungsbürgertums im Zeitalter der Industrialisierung. In dieser Zeit waren angesichts der institutionellen und funktionalen Ausdifferenzierung der Wissenschaftssysteme seit den 1860er Jahren alle bestehenden Einrichtungen unter Reformdruck geraten, sowohl die Universitäten (nebst den aufkommenden Technischen Hochschulen) als auch die Akademien und schließlich auch die noch in spärlicher Zahl bestehenden außeruniversitären Forschungseinrichtungen. Angestammte Funktionen drifteten mit der Emanzipierung der Naturwissenschaften (und ihrem exponentiell wachsenden Mittelbedarf) von den Akademien weg, und neue Aufgaben fanden ihren Platz außerhalb der Mauern ehrwürdiger Gelehrsamkeit, so dass sich immer mehr der Eindruck eines mühsam (wenn auch mit aufwendigem Dekor) überlebenden Dinosauriers ergab. Die an den Akademien angesiedelten Editionsvorhaben und Sammlungstätigkeiten erhielten allerdings durchaus ebenfalls einen Zuwachs an Mitteln und Personal. In den Geisteswissenschaften entstand gerade in dieser Zeit der neue Typus des wissenschaftlichen Mitarbeiters in Kommissionen und Redaktionen, oft noch als Durchgangsstadium zu einer universitären Karriere, aber teilweise auch schon von dieser abgekoppelt.[6]

Der zwischen 1900 und 1914 ausgetragene Streit, ob Interdisziplinarität und Forschungsorientierung besser innerhalb oder außerhalb der Universitäten institutionell gebündelt werden sollten bzw. durch Adaptionen des französischen Modells der einzelnen Wirtschafts- und Technikbereichen gewidmeten Spezialschulen beantwortet werden könnte[7], hatte mit den Akade-

---

5 Rudolf Virchow, Die Gründung der Berliner Universität und der Übergang aus dem philosophischen in das naturwissenschaftliche Zeitalter. Rektoratsrede gehalten am 3. August 1893, in: Wilhelm Weischedel (Hg.), Idee und Wirklichkeit einer Universität. Dokumente zur Geschichte der Friedrich-Wilhelms-Universität zu Berlin, Berlin 1960, S. 416–427. Die Fortführung der Debatte seit dem ausgehenden 19. Jahrhundert allein bibliographisch zu verfolgen, würde die Grenzen eines Aufsatzes bei Weitem sprengen. Verwiesen sei auf Zusammenfassungen bei Günter Reuhl, Forschung und Entwicklung zwischen Politik und Markt. Die Steuerung von Forschung und Entwicklung in den USA, Japan und Europa, Ludwigsburg / Berlin 1994; Michael Gibbons, The New Production of Knowledge. The Dynamics of Research in Contemporary Societies, London / Thousand Oaks / New Delhi 1994.

6 Zur Datenlage für die Geschichtswissenschaft, die den größten Teil der Akademie-Projekte betrieb: Matthias Middell, Germany, in: Lutz Raphael / Ilaria Porciani (Hg.), Representations of the Past: National Histories in Europe: Institutions, Networks and Communities of National Historiography – An Atlas, London / New York 2010 (im Druck). Danach nahm die Zahl der permanent angestellten wissenschaftlichen Mitarbeiter zwischen 1875 und 1900 von neun auf 13 zu, während die Zahl der bestallten Professoren im gleichen Zeitraum von 54 auf 67 stieg. Wie sich leicht ersehen lässt, ist dies nur der Anfang eines neuen Phänomens, das im Laufe des 20. Jahrhunderts massiv zunahm.

7 Matthias Middell, Kompatibilität oder Diversität europäischer Wissenschaftssysteme – ein Blick

mien sehr wenig zu tun. Die Akademien sahen sich alsbald reduziert auf eine Soziabilitätsform bestimmter akademischer Kreise, die ihre kommunikative Funktion vor allem bei der Organisation von Widerstand gegen neue Entwicklungen entfaltete, und auf eine nicht zu unterschätzende Rolle bei der Verleihung von Prestige und direkten Zugangsrechten zur politischen Spitze des Landes. Indem die Berliner Akademie (anders als die anderen deutschen Akademien, die sich allein auf Kommissionen und historisch oder philologisch ausgerichtete editorische Langzeitprojekte konzentrierten) mehrfach versuchte, eigene Forschungsinstitute aufzubauen, beabsichtigte sie wohl der neuen Konkurrenz Paroli zu bieten, scheiterte damit allerdings.[8]

Die sprunghaft am Ende des 19. Jahrhunderts ansteigende Spezialisierung richtete sich gegen den Gedanken der Akademien als Treffpunkt aller Orientierungen. Während die Pariser Académie des Sciences sich die zahlreich aus dem Boden schießenden spezialisierten akademischen Gesellschaften als „Wartesäle für die Mitgliedschaft in der Akademie" hierarchisch nachordnete, die Royal Society in London selbst eine gewisse Unterteilung (z. B. ihrer Schriftenreihen) für sich akzeptierte, sonst aber gleichfalls gelassen auf ihr Erstgeburtsrecht verwies, reagierte die Preußische Akademie, indem sie eine Hüterrolle für die Einheit der Wissenschaften beanspruchte, die sie bald überfordern musste. Die Konfiguration des universitären Seminars trieb in Deutschland den Prozess der Professionalisierung und vor allem der Spezialisierung schneller und weiter voran, als dies vergleichbar im französischen oder englischen Wissenschaftssystem der Fall war. Aber gerade gegen diesen Trend, den ihre Mitglieder an den Universitäten an führender Stelle mit trugen, stemmte sich die Akademie verzweifelt. Die verlorene Einheit verlagerte sich immer mehr in die Homogenität des Habitus, der durch ähnliches (hohes) Alter, Zugehörigkeit zu einem dichten Netzwerk und gemeinsame Sozialisationserfahrungen stabilisiert wurde und in die beinahe zwanghaft behauptete Fortdauer einer Vision, die gleichzeitig erodierte.[9]

Nach dem Zweiten Weltkrieg setzte sich die Marginalisierung der Akademien in der Bundesrepublik fort, die an die Differenzierung zwischen Universität und Forschungsinstituten der Kaiser-Wilhelm-Gesellschaft (nun in der Max-Planck-Gesellschaft) anschloss und weitere dezentrale Einrichtungen in der Helmholtz-, Leibniz- und Fraunhofer-Gesellschaft schuf und lose bündelte. Der föderale Grundgedanke wurde dabei trotz der Zusammenfas-

---

auf die Transferprozesse im 19. Jahrhundert, in: Marc Schalenberg / Peter Walther (Hg.), „… immer im Forschen bleiben". Rüdiger vom Bruch zum 60. Geburtstag, Stuttgart 2004, S. 199–212.

8 Vgl. dazu Bernhard vom Brocke, Verschenkte Optionen. Die Herausforderung der Preußischen Akademie durch neue Organisationsformen der Forschung um 1900, in: Die Königlich Preußische Akademie der Wissenschaften zu Berlin im Kaiserreich, hg. von Jürgen Kocka unter Mitarbeit von Rainer Hohlfeld und Peter Th. Walter, Berlin 1999, S. 119–148.

9 Lorraine Daston, Die Akademien und die Einheit der Wissenschaften. Die Disziplinierung der Disziplinen, in: ebd., S. 61–84.

sung in Gemeinschaften, die durch den Bund mitfinanziert wurden, und trotz der Ressortforschung der Bundesministerien noch gestärkt – eine Nationalakademie als Konzentrationspunkt der Spitzenforschung blieb außer Betracht.[10] Die Regionalakademien blieben ungeachtet manch bemerkenswerter Leistung völlig am Rande des Wissenschaftssystems.

Mit der Fortführung der Forschungsförderung durch die Deutsche Forschungsgemeinschaft (vorher Notgemeinschaft)[11] und weitere Stiftungen[12] wurde der dezentrale, wettbewerbliche Charakter des bundesdeutschen Wissenschaftssystem konsolidiert[13]; die Idee einer Steuerung der Themen und des Ressourceneinsatzes (die in der Ressortforschung der Ministerien, die etwa die Hälfte der verfügbaren Mittel verteilt, durchaus eine wichtige Rolle spielt!) ist nur indirekt in diesem System durchsetzbar.[14] In gewisser Weise anders verhält es sich bei den Max-Planck-Instituten, deren Einrichtung dem sog. „Harnack-Prinzip" folgt, bei dem die Gesellschaft mit Hilfe internationaler Gutachter Thema und Direktor(in) des neu einzurichtenden Instituts festlegt, dann aber das Institut der Gestaltung durch die wissenschaftliche Leitung und dem internationalen Wettbewerb überlässt.

Die Grundzüge des bundesdeutschen Systems treffen international nicht immer nur auf Verständnis und einhellige Zustimmung, und zuweilen werden sie von ausländischen Beobachtern direkt in Verbindung gebracht mit der Ablehnung eines zentralistischen Modells durch die Wissenschaftspolitik unter dem Eindruck der Systemkonkurrenz. So argumentierten Ben Martin und John Irvine in ihrer international vergleichenden Studie über „Research Foresight" von 1989 zur vergleichsweise schwachen Ausprägung von „strategic research" und „formal foresight" in der Bundesrepublik folgendermaßen:

10 Für eine knappe Beschreibung der Grundzüge des deutschen Wissenschaftssystems vgl. Wolfgang Frühwald, Staatliche Forschung außerhalb der Universität – ein Problem und Varianten seiner Lösung, in: Jürgen Kocka (Hg.), Die Berliner Akademien der Wissenschaften im geteilten Deutschland 1945–1990, Berlin 2002, S. XIII-XXXII.

11 Vgl. die Buchreihen „Beiträge zur Geschichte der Deutschen Forschungsgemeinschaft" und „Studien zur Geschichte der Deutschen Forschungsgemeinschaft".

12 Winfried Schulze, Der Stifterverband für die Deutsche Wissenschaft 1920–1995, Essen 1995; Christian Jansen, Exzellenz weltweit. Die Alexander von Humboldt-Stiftung zwischen Wissenschaftsförderung und auswärtiger Kulturpolitik (1953–2003), Köln 2004; Rainer Nicolaysen, Der lange Weg zur Volkswagen Stiftung. Eine Gründungsgeschichte im Spannungsfeld von Politik, Wirtschaft und Wissenschaft, Göttingen 2002.

13 Valentin von Massow, Wissenschaft und Wissenschaftsförderung in der Bundesrepublik Deutschland, Bonn 1986.

14 Vgl. die Kritik an einem scheinbar allein bottom-up funktionierenden Themenfindungsprozess in: Internationale Kommission zur Systemevaluation der Deutschen Forschungsgemeinschaft und der Max-Planck-Gesellschaft, Forschungsförderung in Deutschland, Hannover 1999 sowie die entsprechende Replik der DFG, die darauf verweist, dass bestimmte Instrumente (etwa die Schwerpunktprogramme) durchaus Züge eines top-down-Modells aufweisen, aber die Entscheidung über die Themenwahl dabei immer in der Wissenschaft selbst lassen und weder der Politik noch der Wirtschaft übertragen.

„This can be explained in part through wider political factors, including the considerable post-war autonomy of basic research, the country's federal structure, and the Christian Democrat government's unwillingness to engage in any activitiy which might be construed as centralized long-term planning."[15]

Der Wissenschaftsrat versucht von Zeit zu Zeit durch Empfehlungen zur Situation in einzelnen Fächerkomplexen oder bestimmten institutionellen Zusammenhängen eine solche strategische Funktion wahrzunehmen, stößt dabei aber ebenso regelmäßig auf Skepsis und sieht sich in der Konkurrenz der Zuständigkeiten bei der Wirksamkeit solcher Empfehlungen stark eingeschränkt.[16]

Mithin: Das bundesdeutsche Wissenschaftssystem setzte die Tradition der Ausdifferenzierung universitätsferner (Groß-)Forschungseinrichtungen fort, koordinierte diese auch teilweise in gesamtstaatlichen Verbünden, war aber im Ganzen gekennzeichnet durch dezentrale Standortwahl, partiell wettbewerbliche Finanzierung und eine weitgehende bottom-up-Orientierung der Themenfindung und Prioritätensetzung. Während die Ressortforschung in die Verantwortung der Bundesministerien fiel, waren die meisten außeruniversitären Forschungseinrichtungen ebenso wie die verfügbaren Mittel für Forschungsanträge bei der DFG abhängig von komplexen Bund-Länder-Kompromissen und einer Verflechtung ihrer wissenschaftspolitischen Akteure, was jeder Zentralisierung – so sie denn überhaupt jemand angestrebt hätte – einen Riegel vorschob. Jedenfalls innerhalb der DFG kam den Universitäten über ihre Hochschullehrer als Antragsteller und Gutachter die entscheidende Rolle bei der Akquise und Verteilung von Ressourcen zu, so dass die Hochschulen lange Zeit als stärkste Säule der Forschung erschienen, auch wenn dies weder nach der Gesamtsumme der Mittel noch nach dem internationalen Prestige unzweifelhaft war. Die Akademien im Einzugsgebiet der Bundesrepublik wurden als Regionalakademien angesehen, ihnen waren wichtige Langzeitvorhaben vor allem im Bereich der Geisteswissenschaften anvertraut, die Finanzierung ihrer Forschungsprojekte schließlich durch ein Bund-Länder-Programm gesichert, aber eine nennenswerte Konkurrenz zu den Großforschungseinrichtungen bildeten sie nicht, während andererseits ihre Privilegien in einem System kaum in Gefahr gerieten, dass für die Geistes- und Sozialwissenschaften kaum außeruniversitäre Forschungsstrukturen vorsah. Mit dem Berliner Wissenschaftskolleg trat zwar Konkurrenz hinsichtlich der Gelehrtenkommunikation hinzu, mit dem Wissenschaftszentrum ebenfalls in Berlin eine starke Ergänzung der Max-Planck-Institute in den sozialwissenschaftlichen Disziplinen, aber insgesamt wurde die Überzeugung wenig erschüttert, dass die Geistes- und Sozialwissenschaften am Besten an den Universitäten verankert seien, auch wenn deren disziplinäre

---

15 Ben R. Martin / John Irvine, Research Foresight. Priority-Setting in Science, London 1989, S. 97.
16 Olaf Bartz, Der Wissenschaftsrat. Entwicklungslinien der Wissenschaftspolitik in der Bundesrepublik Deutschland 1957–2007, Stuttgart 2007.

Organisation mehr und mehr in die Kritik geriet und durch die Einrichtung von Sonderforschungsbereichen gelockert werden sollte.[17]

Man muss sich diesen Hintergrund vergegenwärtigen um zu verstehen, in welcher intellektuellen Konstellation die Bewertung der Akademie der Wissenschaften der DDR im Zuge des Vereinigungsprozesses stattfand. Während die Universitäten im sog. Beitrittsgebiet unter dem Verdacht fehlender Forschungsaktivität, ideologischer Verzerrung des Ausbildungsprozesses und mangelnder Internationalität standen, aber nicht unter dem der strukturellen Inkommensurabilität, verhielt es sich bei den Akademie-Instituten eher andersherum.

Den Hintergrund dafür bildeten die Veränderungen der Deutschen Akademie der Wissenschaften in der DDR. Hier war ein vor allem am Standort Berlin konzentriertes Bündel von Forschungsinstituten entstanden, dem im Wissenschaftssystem der DDR eine Leitfunktion zugewiesen war, die sich in überdurchschnittliche Ausstattung und eben jenes Setzen von Prioritäten auch für andere Teile des Innovationssystems übersetzte, dessen Fehlen für die Bundesrepublik beklagt wurde.

Der Vereinigungsprozess wurde in dieser Frage zu einem clash verschiedener Herangehensweisen an das Problem der außeruniversitären Forschung, und mit der Abwicklung von Instituten und Personal sowie der Verlagerung einzelner Institute an Universitäten, in die Max-Planck- oder Fraunhofer-Gesellschaft bzw. in die Verantwortung der Länder, setzte sich die Linie der Funktionsverarmung der Akademie ungeachtet manch produktiver Arbeitsgruppe wieder durch.

Hiervon bestimmt sich auch das heutige Selbstverständnis der Berlin-Brandenburgischen Akademie, in dem die lange Vorgeschichte nur noch wenig mobilisierende Attraktivität auszustrahlen scheint. Jürgen Kocka resümiert:

> „Die Akademie wurde 1992 neugegründet in Anknüpfung an ihre weiter zurückliegende Geschichte der ersten Hälfte dieses Jahrhunderts, einige Anstöße der kurzlebigen Akademie der Wissenschaften zu Berlin (1987 – 1990) aufnehmend, aber nur wenig von dem fortführend, was in der DDR dazugekommen war.“[18]

Erklärt sich diese Entscheidung allein aus dem Kräfteverhältnis während des Vereinigungsprozesses von 1990/92, auch wenn bei vielen ostdeutschen Akteuren die „vorsichtige Annäherung“[19] der späten 80er Jahre andere Hoffnungen geweckt hatte? Immerhin hatte der Berliner Senator George Turner mit dem Konzept „Zwei Akademien, zwei Konzepte, die jedoch gleichermaßen

---

17 Vgl. die Denkschrift Wolfgang Prinz / Peter Weingart (Hg.), Die sog. Geisteswissenschaften. Innenansichten, Frankfurt a. M. 1990.

18 Jürgen Kocka, Einleitung, in: Die Berliner Akademien (wie Anm. 10), S. XIII.

19 Hubert Laitko, Vorsichtige Annäherung. Akademisches vis-à-vis im Vorwende-Berlin, in: ebd., S. 309 – 338.

mit herkömmlichen Akademiestrukturen brechen"[20] zu Vermutungen Anlass gegeben, mit der Eröffnung der Akademie der Wissenschaften zu Berlin sei auch in der Bundesrepublik eine Debatte darüber angebrochen, wie dem status quo bald neue Elemente hinzugefügt werden könnten. Berlins Regierender Bürgermeister Eberhard Diepgen hatte die nach neuem Konzept agierende Westberliner Akademie – von manchen als Denkfabrik der bundesdeutschen Forschungsentwicklung imaginiert – ausdrücklich als einen Schritt zur Reform des Forschungs- und Innovationssystems gekennzeichnet.[21]

Allerdings kam es bekanntlich anders, und sowohl die Ostberliner Akademie als auch ihr West-Berliner Pendant verschwanden im Moment aussichtsreicher Annäherung und zaghaft beginnender Kooperationen von der Bildfläche. Hubert Laitko, der diesen Annäherungsprozess aus den Akten en détail rekonstruiert hat, schlussfolgert:

„Wäre die deutsche Vereinigung nach einem Modell vollzogen worden, das von der Parität der Seiten ausgeht, dann hätte die Beziehung der beiden Akademien den natürlichen Nukleus einer künftigen Berliner Akademielösung bilden können. Das tatsächlich gewählte Beitrittsmodell, das die Dominanz der westlichen Seite zur Grundlage nahm und auf einen rigorosen Elitewechsel im Osten setzte, hatte für Fusionsideen aller Art keine Verwendung und musste alle in der Zeit der deutschen Zweistaatlichkeit auf politischer Ebene oder durch politische Vermittlung erreichten deutsch-deutschen Annäherungen als unerwünschten Ballast beiseite schieben."[22]

So naheliegend dieses Resümee auch nach den noch 1988 und Anfang 1989 in den Akten zu beobachtenden Tendenzen einer Kooperation zwischen den beiden in Berlin ansässigen Akademien sein mag, so ergeben sich doch Zweifel, ob eine als Denkfabrik konzipierte Akademie mit interdisziplinären Arbeitsgruppen[23] und eine als zentrales Element eines staatlichen Innovationssystems konzipierte Akademie mit vergleichsweise großen Instituten so ohne weiteres zusammenpassten und vor allem sich in die Landschaft nach der Vereinigung gefügt hätten.

So verfiel das Wissenschaftssystem der DDR im Moment, da sich beinahe alle Welt zu seiner Evaluierung rüstete, einer fundamentalen Kritik: Die Auslagerung der Forschung an die Akademie-Institute habe die Universitäten zu reinen Lehranstalten verkommen lassen, die Reintegration der Forschung sei der erste Schritt und einzige Weg, sie zu sanieren, während gleichzeitig die Akademie-Institute ihre Funktion verlören – gewissermaßen ein Opfer zum Wohle des Ganzen.

---

20 Zit. ebd., S. 324.
21 In einer Rede über „Berlin im Kräftefeld der Ost-West-Beziehungen. Perspektiven für eine geteilte Stadt" vor der Deutschen Gesellschaft für Auswärtige Politik in Bonn am 8. Januar 1987.
22 Laitko, Vorsichtige Annäherung (wie Anm. 19), S. 335.
23 Wilhelm A Kewenig, Konzeption einer neuen Akademie der Wissenschaften zu Berlin, in: Jahrbuch der Akademie der Wissenschaften zu Berlin 1987, S. 185–192.

Streifen wir einige Argumente knapp, die in dieser Debatte benutzt wurden und die vielleicht erkennen lassen, welche speziellen Schranken sich für eine Auswanderung der Forschung aus den Universitäten in Deutschland erkennen lassen.

Natürlich hatte das Urteil über die Akademie-Institute mit einer spezifischen Art von Unkenntnis zu tun, für die man die westlichen Beobachter nicht schelten sollte, denn sie waren angesichts der weit getriebenen Abschottung des DDR-Wissenschaftssystems auf gelegentliche Eindrücke angewiesen, die entweder bei Besuchen an ostdeutschen Einrichtungen gesammelt wurden – und die kamen häufiger an den Akademie-Instituten zustande als bei den mehr und mehr unter Ressourcenmangel leidenden Hochschulen – oder sie entstammten den Berichten jener Reisenden, die als entsprechende „Kader" der besonderen Klassifizierung der Wissenschaftsverwaltung und des Sicherheitsapparates unterlagen – auch dies mit einem zahlenmäßigen Vorrang für die Berliner Akademie. Was an Nachrichten aus dem schwer zugänglichen Land drang, war gefiltert durch persönliche Erfahrung und vermittelte nicht notwendigerweise einen systemischen Überblick. Da Akademie-Institute und Hochschul-Sektionen kaum miteinander verflochten waren, stellten ihre Angehörigen teil irrige Vermutungen über den Arbeitsbereich des jeweils anderen an. Diese teilweise wenig zutreffenden Annahmen konnten nur dort reüssieren, wo sie auf eine entsprechende Vorurteilsstruktur trafen: Humboldts nur scheinbar generös ausgestellte Existenzberechtigung für Akademien – im Entwurf „Über die innere und äußere Organisation der höheren wissenschaftlichen Anstalten in Berlin" von 1809/10 – sah Akademien vorzugsweise blühen im Auslande „wo man die Wohltat deutscher Universitäten noch jetzt entbehrt" oder an Orten in Deutschland, die selbst keine Universität oder jedenfalls keine im Humboldtschen Sinne reformierte Anstalt der nötigen Verbindung von Forschung und Lehre aufwiesen. Die Akademien hatten also besonders dort eine Berechtigung, wo die Universitäten versagten und umgekehrt, wo die Universitäten zu reinen Lehranstalten nach dem von Humboldt wenig geschätzten französischen Muster der Spezialschulen mutiert waren. Unter diesen Umständen und nur dort mochte eine Akademie als Ausgleich notwendig erscheinen.

Auf diese Weise ist bereits die Existenz einer Akademie, die über umfängliche Ressourcen verfügt und sich mit einem wuchernden Ring von Forschungsinstituten umgibt, Zeichen einer krisenhaften Situation und Anlass für besorgte Intervention – jedenfalls aus der Perspektive des seit Anfang des 20. Jahrhunderts bei Gelegenheit noch jeder Krise des Wissenschaftssystems mobilisierten „Humboldt-Mythos". Die Besonderheit der Organisation außeruniversitärer Forschung in der DDR stieß also bei ihren westdeutschen Beobachtern auf eine massive kognitive Schranke, die nicht leicht zu überspringen war. Die Hoffnung, die vereinigungswillige ostdeutsche Wissenschaftler aufgrund vorheriger Gespräche mit ihren Kollegen aus der Bundesrepublik hatten, es käme zu einer Anerkennung ihres spezifischen Lösungsentwurfes übersah den Unterschied zwischen Anerkennung für ein fremdes, in vielem fernes Land, wie sie bis 1989 durchaus häufiger anzutreffen war, und Akzeptanz innerhalb des eigenen Wissenschaftssystems, wie sie ab 1990 notwendig gewesen wäre. Die koginitive Schranke wurde erst in diesem Moment vollwirksam.

Das Urteil über die schädliche Wirkung der Existenz einer forschungsstarken Akademie insbesondere auf die Geistes- und Sozialwissenschaften an den Universitäten hatte natürlich auch mit kompetitiven und budgetären Rücksichten zu tun, denn nur eine möglichst ungünstige Bewertung der ostdeutschen Hochschulen legitimierte deren teilweise Neubesetzung bei gleichzeitiger Reduzierung des Stellenplanes, während andersherum die Delegitimierung einer aus den Hochschulen ausgelagerten Forschung deren institutionelle Abwicklung leichter durchzusetzen half. Dies jedenfalls mutmaßten mehrheitlich die Betroffenen im Osten, während die Mitglieder entsprechender Begutachtungskommissionen aus dem Westen der nun wieder vereinigten Republik einen entsprechenden Verdacht weit von sich wiesen. So formuliert Wolfgang Frühwald gegen den Vorhalt, es habe eine „Entsowjetisierung des Wissenschaftssystems der DDR" gegeben, dass Aufgabe der Evaluationskommissionen der Akademie der Wissenschaften allein „die Prüfung von wissenschaftlicher Qualität und Effizienz der Institute auf der einen, und die Finanzierbarkeit auf der anderen Seite" gewesen sei.[24]

Dagegen verweist Fritz Klein, reaktivierter Direktor des Akademie-Instituts für Allgemeine Geschichte (IAG) ebenfalls aus einer Teilnehmerposition auf andere Zusammenhänge:

„In den Gesprächen im IAG – in anderen Instituten gab es auch unangenehmere Töne – traten die westdeutschen Evaluatoren nicht feindselig, verletzend oder arrogant auf, gingen aber wie selbstverständlich davon aus, dass das pluralistisch strukturierte, weltoffene Wissenschaftssystem der Bundesrepublik nicht nur besser als das der DDR gewesen war, sondern das fleckenlos gute, das Vorbild schlechthin, an dem allein unsere Arbeit zu messen war."[25]

Was sich hier bereits andeutet, ist nicht nur ein normativer Bias, sondern auch eine völlig unterschiedliche Erwartung an den Evaluationsprozess. Die einen erhofften sich eine mehr oder minder faire Bewertung ihrer bisherigen Arbeit und vorgestellten Planungen mit dem Ziel, bei positivem Ausgang eine institutionelle Kontinuität (bei voraussichtlich verringerter Stellenzahl) gesichert zu sehen. Die anderen sahen ihre Aufgabe darin, passfähige Elemente für ein bewährtes Wissenschaftssystem zu identifizieren.

---

24 Wolfgang Frühwald, Staatliche Forschung außerhalb der Universität – ein Problem und Varianten seiner Lösung, in: Jürgen Kocka / Peter Nötzoldt / Peter Th. Walther (Hg.), Die Berliner Akademien (wie Anm. 10), Berlin 2002, S. XXVI, Anm. 21.

25 Fritz Klein, Drinnen und Draußen. Ein Historiker in der DDR. Erinnerungen, Frankfurt a. M. 2000, S. 349.

Die politische Entscheidung über die Struktur war gefallen bevor es an die Bewertung der Einzelnen ging. Klein erinnert sich:

„Die Gespräche mit der Kommission fanden am 9. und 10. Oktober 1990 statt. Wenige Tage zuvor, am 3. Oktober, war der Vertrag zwischen der Bundesrepublik Deutschland und der Deutschen Demokratischen Republik über die Herstellung der Einheit Deutschlands in Kraft getreten. Artikel 38 dieses Einigungsvertrages, über Wissenschaft und Forschung, enthielt Bestimmungen über die Akademie der Wissenschaften der DDR, die unsere Lage entscheidend veränderten. Die Forschungsinstitute wurden von der Gelehrtengesellschaft getrennt, die so auf ihre traditionelle Aufgabenstellung reduziert wurde. Die Institute sollten, soweit sie nicht vorher aufgelöst oder umgewandelt wurden, ‚zunächst‘ bis zum 31. Dezember 1991 als Einrichtungen der Länder weiter bestehen, finanziert durch Mittel des Bundes und des jeweiligen Landes. Über eine Fortexistenz nach diesem Stichtag wurde nichts gesagt. Sehr wahrscheinlich schien sie nicht."[26]

Im Übrigen bleibt festzuhalten, dass sich nicht nur das bundesdeutsche Wissenschaftssystem durchgesetzt hatte, sondern dass auch die im März 1990 gewählte letzte Regierung der DDR keine Veranlassung sah, die Institute der AdW besonders zu verteidigen. Die Ost-CDU sah „keine neuen Menschen" bei der zwischenzeitlich erfolgten Wahl der Akademieleitung[27] und demzufolge keinen Grund einer Klientel, die sie nicht als die Ihre ansah, übermäßigen Schutz angedeihen zu lassen.

Als Niederlage musste das Ergebnis nicht nur der neugewählte Akademie-Präsident ansehen, sondern auch jene, die sich für eine Öffnung der bestehenden Strukturen in der Bundesrepublik einsetzen wollten und dabei erkennen mussten, dass der Vereinigungsprozess der denkbar schlechteste Zeitpunkt und das ostdeutsche Modell einer Verknüpfung von Gelehrtengesellschaft und Forschungsinstituten das am wenigsten attraktive Vorbild war.[28] Die Gründe dafür bleiben im Einzelnen zu eruieren.

Zunächst der Zeitpunkt: Bekanntlich spielte sich der revolutionäre Um-

---

26 Ebd., S. 350.

27 So der Vorsitzende es Ausschusses für Wissenschaft und Technik der Volkskammer, Dr. Weber, am 31. Mai, wie der Tagesspiegel am 2. Juni 1990 mitteilte. (Die Berliner Akademien [wie Anm. 10], S. 346).

28 So die Stellungnahme von Dieter Simon, 1989–1992 Vorsitzender des Wissenschaftsrates, an die Adresse von Horst Klinkmann, dem letzten AdW-Präsidenten: „Da Du Dich als Verlierer definiert hast … möchte ich wenigstens sagen, dass ich mich in diesem Zusammenhang auch als Verlierer definiere, denn wir haben diese Zukunft, die wir uns damals gemeinsam angefangen haben zu erträumen im Grunewald (bei ersten Gesprächen über den Umgang mit der Situation nach dem Herbst 1989 – M. M.), die haben wir ja gemeinsam verloren. Das muss schon klar sein. Wir haben sie verloren, weil wir einer Wahnidee angehangen haben, nämlich der Wahnidee, wir könnten es bewirken, dass das Wissenschaftssystem einen Sonderweg geht, einen Sonderweg, der anders ist als der Weg, den das politische und das Wirtschaftssystem gegangen sind. Das war unsere Illusion, und an der sind wir dann gemeinsam gescheitert." (Die Berliner Akademien [wie Anm. 10], S. 352).

bruch in der DDR und die anschließende Vereinigung der beiden deutschen Staaten in einem atemberaubenden Tempo ab. War dies für den revolutionären Beginn keineswegs verwunderlich, denn Revolutionen pflegen sich generell nicht an den Terminkalender zu halten, so war die folgende Eile dem Gefühl geschuldet, ein welthistorisch kaum erwartbares und jedenfalls nur für eine kurze Periode verfügbares Zeitfenster habe sich geöffnet, es bedürfe also besonderer Fortune und geringer Rücksichtnahme auf Details, um dieses zu nutzen. Hinzu kam eine Volkskammermehrheit und eine Regierung im Osten, die hin und her gerissen waren zwischen einer raschen Distanzierung von einem ungeliebten Staat samt seinen noch immer in zentralistischer Organisation verharrenden Subsystemen, den sie einem anderen Gesellschaftssystem verdankten und nicht weiter zu führen gedachten, und einem „normalen" Regierungsauftrag der Interessenvertretung des Wahlvolkes. Man kann das Paradoxon vielleicht so ausdrücken: Im Lande hatte eine sich teilweise erst jetzt formierende Opposition die Macht übernommen, wollte diese Macht aber möglichst schnell auf dem Wege der staatlichen Vereinigung wieder abgeben, nicht zuletzt, weil sie ein Roll back der alten Kräfte befürchtete und dessen Eindämmung in den Vordergrund ihrer Bemühungen stellte. Es nimmt nicht Wunder, dass auch das Wissenschaftssystem in den Kategorien dieser fundamentalen politischen Auseinandersetzung interpretiert und behandelt wurde.

Hinzu kam: Den mit dem östlichen Wissenschaftssystem vertrauten Akteuren, die nun Verantwortung übernahmen, war in großer Mehrheit weder die Struktur des Wissenschaftssystems der Bundesrepublik (und seiner komplexen Ressourcenverteilungsmechanismen) noch die Diskussionslage zu dessen Reform wirklich im Detail bekannt. Das Gefühl einer vollkommenen Unübersichtlichkeit artikulierte sich in Protesten gegen das Ausgeliefertsein an Entscheidungen, die anderswo getroffen wurden und dem Festhalten an vertrauten Strukturen. Die Vorschläge, die aus der verschwindenden DDR für eine Lösung des Problems außeruniversitärer Forschung und deren Platzierung im Wissenschaftssystem zu hören waren, reduzierten sich auf die vollständige Abkopplung von der Kontrolle durch den Apparat der SED, eine mehr oder minder weitgehende Reinigung der bestehenden Einrichtungen von jenen, die als Repräsentanten politischer Zumutungen angesehen wurden, auf die Suche nach einer adäquaten Weiterführung der Finanzierung und neuen Möglichkeiten der grenzüberschreitenden Kooperation sowie schließlich auf die Ausrichtung einzelner Akademie-Institute an neuen Fragestellungen (sei es im Bereich der Grundlagen-, der Industrieforschung oder der Politikberatung).

Die Sorge um die Unterbringung von zuletzt rund 23.000 Mitarbeitern stand für die neugewählten Direktoren, die ihre Funktion dem Vertrauen der Kolleginnen und Kollegen verdankten, verständlicherweise in vielen Diskussionen jener Monate des Umbruchs im Vordergrund. Demgegenüber waren jene Mitglieder der Gelehrtengesellschaft, die nicht zugleich in leitender

Funktion an einem Forschungsinstitut tätig waren, eher an einer Abspaltung der sozialen und strukturellen Probleme interessiert. Sie konnten sich auf eine lange Tradition der Trennung von Akademie im Sinne der Gelehrtengesellschaft und angelagerten Forschungsinstituten berufen und machten geltend, dass sie mit ihrem individuellen Prestige nicht für negative Begutachtungen der Institute gerade stehen wollten. Peter Nötzold hat die Akademiereform 1972 mit dem forcierten Rückzug der „ostdeutschen großen Gelehrten aus den Entscheidungspositionen" zugunsten neuer Mitglieder, die sich vor allem durch eine Verbundenheit mit der Staatspartei ausgezeichnet hätten, identifiziert.[29] Er gibt damit ein Echo des Wirtschaftshistorikers Jürgen Kuczynski, der 1992 grollte:

„Das schlimmste Ergebnis der Reform war, durch die Verballhornung des Leibnizschen Prinzips der Verbindung von Theorie und Praxis, das weitere Umsichgreifen und Ausbreiten der Mittelmäßigkeit, die zunehmende Konzentration auf die Lösung von Tagesaufgaben und damit das Brachlegen und Verkümmern wissenschaftlicher Kreativität, vor allem der Grundlagenforschung."[30]

Eine Verteidigung der Forschungsinstitute klingt anders, zumal die Vermutung nicht von der Hand zu weisen ist, dass Kuczynski sich selbst und die anderen Ordentlichen Mitglieder der Akademie bei dem Befund einer Ausbreitung von Mittelmäßigkeit nicht im Auge hatte. Wie bei der Erosion einer Gesellschaft im Zuge revolutionärer Veränderungen nicht anders zu erwarten, schlug die Stunde vielfältig sich überlagernder Entsolidarisierungstendenzen, die eine sachliche Analyse struktureller Verwerfungen und Alternativen nicht grade erleichterte.

Der historische Zeitpunkt und die Konstellation der besonderen Unsicherheit im Transformationsprozess der frühen 1990er Jahre führten unweigerlich dazu, dass das Problem der Akademie-Institute vorrangig unter dem Gesichtspunkt einer sozialen Abfederung ihrer Auflösung betrachtet wurde und als notwendiges Rückgängigmachen einer Fehlentscheidung der DDR-Wissenschaftspolitik.

Diese beiden Wahrnehmungen nährten wohl auch die Vorstellung von Universitäten, aus denen die Forschung ausgewandert sei und die demzufolge wieder in Stand gesetzt werden mussten, ihr angestammtes Terrain zurück zu erobern.

Lösen wir die Frage nach der Auswanderung der Forschung aus den Universitäten von der (natürlich damit verbundenen) Frage nach der individuellen Qualität der Hochschullehrer und des wissenschaftlichen Nachwuchses,

---

29 Peter Nötzoldt, Die Deutsche Akademie der Wissenschaften zu Berlin in Gesellschaft und Politik. Gelehrtengesellschaft und Großorganisation außeruniversitärer Forschung 1946–1972, in: Die Berliner Akademien (wie Anm. 10], S. 78.
30 Jürgen Kuczynski, Ein linientreuer Dissident, Berlin 1992, S. 157.

dann zeigt das DDR-Wissenschaftssystem mehrere Eigentümlichkeiten, die in die Betrachtung einzubeziehen sind:

Die SED hatte seit den 60er Jahren ein viergliedriges Innovationssystem geschaffen, dem die Hochschulen (wiederum ausdifferenziert in größere und kleinere „Voll"universitäten, Technische Hochschulen mit unterschiedlichem Fächerspektrum, Pädagogische Hochschulen und einige kleinere Spezialausbildungsstätten[31]), die Institute der AdW sowie weiterer Akademien[32], die partei- und organisationsnahen Hochschulen und Akademien sowie die Industrieforschung in Verantwortung der Kombinate zugehörten. Sie bezogen ihre Ressourcen für Forschung und Entwicklung alle aus dem Staatshaushalt, allerdings über verschiedene Kanäle der Planung und Ressourcenzuteilung. Daraus entwickelte sich kein Wettbewerb um die Mittel, sondern eher eine Versäulung, die vor allem dann, wenn die Mittel einer Säule für die Einlösung der Ansprüche nicht ausreichten, um kurzatmige Kampagnen der Erzwingung von Kooperation ergänzt wurde. Wissenschaftliche Räte für die Koordination der Forschungsaktivitäten im Inneren und Nationalkomitees für die Repräsentation bestimmter Fächer im Kontakt mit dem Ausland, vor allem bei Weltkongressen, moderierten zwischen den Säulen, hinzu traten die Beiräte des Staatssekretariats (später Ministeriums) für Hochschulwesen, die ebenfalls standortübergreifende Problemlösungen befördern sollten.

Das zentrale Ziel der Reform von Universitäten und Akademie Ende der 1960er Jahre war eine stärkere Ausrichtung an den Bedürfnissen der Wirtschaft. Es erwies sich jedoch, dass dafür geeignete Instrumente im Rahmen einer verschiedenen ZK-Machtbereichen und Ministerien zugeordneten Planungsbürokratie nicht zur Verfügung standen. Die zahllosen Appelle zur Zusammenarbeit zwischen Wirtschaft und Forschungseinrichtungen belegen eher die Vergeblichkeit des Bemühens. Eher eine Ausnahme bildet die Clusterbildung am Standort Jena, wo ein mächtiges Kombinat mit hohen Exportquoten in der Lage war, die Forschungsaktivitäten einer verhältnismäßig kleinen Universität auf seine Bedürfnisse auszurichten und damit an eine Tradition der Industrieforschung anzuschließen. Ähnliches lässt sich für Standorte wie Dresden, Karl-Marx-Stadt oder Magdeburg mit ihren Technischen Universitäten vermuten. Dabei lagen die Ausgaben für Forschung beträchtlich über den Einnahmen aus der Auftragsforschung, im Falle Jenas betrugen die Einnahmen, die zu rund 80 % aus der Vertragsforschung für die Industrie stammten, 1988 24,5 % der Gesamtausgaben der Universität und

31 Selbstverständlich verdiente das komplexe Problem der Medizin hier eine gesonderte Behandlung, da das Verhältnis von Ausbildung, Patientenbehandlung und Forschung oft nur institutionenübergreifend zu lösen war.

32 Für die Erziehungswissenschaften vgl. Andreas Malycha, Die Akademie der Pädagogischen Wissenschaften der DDR 1970–1990. Zur Geschichte einer Wissenschaftsinstitution im Kontext staatlicher Bildungspolitik, Leipzig 2008.

sanken 1989 auf 21,5 %.[33] Einerseits wuchs die Bedeutung der Industrieforschung, andererseits lässt die Bilanzierung der Kosten bei den Universitäten
und der Gewinne bei den Kombinaten, die die Forschungsergebnisse im
günstigsten Falle in devisenbringende Produkte übersetzten, keine Schluss-
folgerungen über die Effizienz der Forschungsaufwendungen zu. Dementsprechend reagierten Hochschulen entweder mit einer Intensivierung ihrer
Kooperation mit der Industrie (in der Hoffnung auf erhöhte Einnahmen) oder
mit einer hinhaltenden Verweigerung (angesichts der nicht absehbaren De-
ckung der Kosten aus dem Staatshaushalt). Die DDR-Wissenschaftspolitik hat
bis zu ihrem Ende offenkundig keinen über politische Forderungen hinaus-
gehenden Mechanismus entwickelt, um dieser Unentschiedenheit zu begegnen.

Die Deutsche Akademie der Wissenschaften erhielt schon 1946 (in Fortführung einer Praxis der Preußischen Akademie) das Recht, den Professo-
rentitel an „hervorragende Gelehrte" zu verleihen, hatte aber 1946 und 1956
darauf verzichtet, das ihr angebotene Promotionsrecht wahrzunehmen. Dies
änderte sich, als der Ministerrat der DAW 1963 – nach längerem Widerstand
aus den Universitäten – das Promotionsrecht zumindest für Themen, die
ausschließlich an der Akademie beforscht wurden, einräumte, und dann
gravierend ab 1969, als die AdW den Hochschulen bei der Verleihung der
Promotion A und B gleichgestellt wurde. Allerdings machten die AdW-Institute von dieser Prärogative nur sehr zögerlich Gebrauch, bis zum Ende der
DDR war der Prozentsatz der durchgeführten A-Promotionen kaum über zwei
Prozent aller entsprechenden Prüfungen im Lande gestiegen, bei den B-Pro-
motionen (also faktisch der Habilitation) dagegen auf rund zehn Prozent. Und
dies bei ca. 25 Prozent des Personalbestandes der Universitäten.[34] Abgesehen
von der Graduierungspraxis an den Akademien und Hochschulen der SED
und der anderen Organisationen, die sich mehrheitlich auf den Rekrutie-
rungsbedarf für den Funktionärsapparat bezog, blieb den Universitäten zwar
kein Monopol, aber eine starke Vormachtstellung bei der Ausbildung des
wissenschaftlichen Nachwuchses und der wissenschaftlichen Kontrolle über
die Standards für dessen Karriere. Von einem Auszug der Forschung aus den
Universitäten kann also, wenn man die Promotionen und Habilitations-
schriften als einen zentralen Bestandteil der Forschungsleistung einer Hochschule anzusehen geneigt ist, keine Rede sein.

Das Wissenschaftssystem der DDR war keine am Reißbrett entworfene
Landschaft von Forschungs- und Lehreinrichtungen, es unterlag nach 1945
zweifellos (wesentlich gesteuert über die Zulassungspraxis der SMAD) einem
nicht unbeträchtlichen Einfluss der Sowjetunion, seine weitere Ausgestaltung

---

33 Vgl. dazu Traditionen – Brüche – Wandlungen. Die Universität Jena 1850–1995, Köln / Weimar /
    Wien 2009, S. 719 ff.
34 Die Zahlen nach Ralph Jessen, Akademie, Universität und Wissenschaft als Beruf, in: Die
    Berliner Akademien (wie Anm. 10), S. 104.

entsprang aber vor allem der Entscheidung der SED, sich auf die überlieferten
Strukturen zu stützen und die „bürgerlichen Gelehrten" zur Mitarbeit beim
Wiederaufbau einzuladen. Hieraus ergaben sich Kompromisse und Konflikte
um das Verhältnis von Kontinuität und Diskontinuität, die insbesondere die
Wissenschaftspolitik der 1950er Jahre prägten. Die Reorganisation der vor
allem universitären Wissenschaftslandschaft vollzog sich eben als Wiederaufbau und trug nicht unbeträchtliche Züge einer Restauration der In-
stitutsstrukturen an den Hochschulen, wie sie bis 1945 existiert hatte. Daran
änderten auch die teilweise rabiaten Auseinandersetzungen unter dem
Stichwort „Sturm auf die Festung Wissenschaft" im Grunde wenig. Erst nach
dem Mauerbau von 1961 erhielt die DDR-Führung überhaupt eine hinreichende Gelegenheit, die bestehenden Strukturen zu reformieren. Dabei stand
aber nicht die Rücknahme der vorangegangenen Entscheidungen im Vordergrund, sondern die Entwicklung eines Bildungs- und Innovationssystems,
das sich an den Wissens-Bedürfnissen einer zunehmend technisierten
Volkswirtschaft und an der Expansion des Bildungssektors durch soziale
Öffnung und Nachfrage aus der Wirtschaft ausrichtete. Dabei zeigte sich jedoch, dass die knappen Ressourcen für den Anfang der 1960er Jahre noch
anvisierten Ausbau des Wissenschaftssystems bei weitem nicht ausreichten.
Die zuvor beobachtbare Dynamik des Ausbaus der Universitären schwächte
sich im Laufe der 1960er Jahre ab, die Studierendenzahlen stagnierten bis zur
Mitte der 1980er Jahre (durch eine rigide Zulassungspolitik sowohl zu den
Studiengängen, als auch schon zur vorgelagerten Stufe der Erweiterten
Oberschule, die den Hauptweg zur Zugangsberechtigung bildete). Trotzdem
wuchs der Personalbestand der Universitäten, so dass sich die Betreuungsrelationen gegenüber den extrem hohen Stundenbelastungen der 1950er Jahre
verbesserten und damit Forschungsaktivitäten an den Hochschulen verstärkt
möglich wurden. Gleichzeitig baute die SED die DAW zur Forschungsakade-
mie aus und schuf in wachsendem Maße Stellen für wissenschaftliche Mitarbeiter.

Die Wissenschaftspolitik der SED war ohne jeden Zweifel zentralistisch
ausgerichtet und gerade in den ersten beiden Jahrzehnten von einer hohen
Bereitschaft zur Intervention in einzelne Vorgänge gekennzeichnet, die zu
scharfen Konflikten führte. Nichtsdestotrotz nahm die Begrenzung solcher
Interventionsmöglichkeit im Laufe der Expansion des Wissenschaftssystems
zu. Eine der wichtigsten Begrenzungen für Strukturentscheidungen bildete
die Verfügung über ausreichenden Wohnraum. So scheiterten zahlreiche
Versuche der Verlagerung von Forschungsrichtungen und Lehrgebieten im
Zuge der III. Hochschulreform schlicht daran, dass den zur „Umsiedlung"
vorgesehenen Hochschullehrern und Mitarbeitern keine akzeptablen Um-
zugsbedingungen angeboten werden konnten.

Eines der am häufigsten gebrauchten Stichworte während der Reformen
der 1960er Jahre und auch bei Neujustierungen in den beiden Folgedekaden
war Interdisziplinarität. Der Zauber dieser Beschwörungsformel ergab sich

aus der verbreiteten Ahnung, dass die zu lösenden wissenschaftlichen Probleme nicht an den Grenzen etablierter Fächer halt machten, die keineswegs auf die DDR beschränkt war.[35] Die Hochschul- und die Akademiereform können auch als ein massives Aufbäumen gegen die Persistenz als hinderlich angesehener Strukturen, die auf reiche Tradition zurückgriffen und nach 1945 Stück für Stück von den neuen Eliten übernommen worden waren, interpretiert werden. Am Beispiel der Universität Leipzig lässt sich nachvollziehen, dass vor allem am Ende des Reformprozesses – nicht zuletzt unter dem Eindruck des Prager Frühlings – Ulbrichts Priorität für politische Stabilität mit denjenigen koalierte, die die alten disziplinären Grenzen nicht gefährdet sehen wollten.[36] Insgesamt gelang gerade nicht die angestrebte Bildung flexibler problemorientierter Strukturen, sondern die 1968 – 1972 gebildeten Sektionen an den Hochschulen und Institute an der AdW erwiesen sich als zementharte Gehäuse der Disziplinarität, die die interdisziplinären Ansprüche und das entsprechende Potential weitgehend lahm legten. Diesem Prozess unterlagen Universitäten und Akademie aus unterschiedlichen Dynamiken heraus gleichermaßen.Ist unter diesen Umständen der Auszug der Forschung aus den Universitäten überhaupt eine plausible Hypothese?

Mit der Zahl der Mitarbeiter im Bereich von knapp 23.000 und der Massierung am Standort Berlin hinterließen die Forschungskombinate der AdW einen großen Eindruck, zumal in der Bundesrepublik, wo sich mit dem Akademiegedanken lediglich die Idee jahrzehntelanger Forschung im Kontext von Editionen verband. Die Institute der AdW ruhten teilweise auf den DAW-Instituten der 1950er Jahre, die aber noch Max-Planck-Instituten vergleichbar, auf eine oder wenige Führungsfiguren zugeschnitten waren, die oft genug zugleich einen Lehrstuhl an einer Hochschule inne hatten. Im günstigsten Fall entstand hier schlicht zusätzliche Forschungskapazität und (privates Einkommen) für ambitionierte Vorhaben eines Großordinarius. Die Institute erlebten ihre sprunghafte Expansion erst in den 1970er Jahren. Sie waren nicht nur architektonisch der Honeckerschen Neubaupolitik verpflichtet. Nun hielt die sozialistische Gemeinschaftsarbeit Einzug und die Karrierewege zwischen Hochschulangehörigen und Akademiemitarbeitern trennten sich weitgehend.

Mit der Verleihung des Promotions- und Habilitationsrechtes war die Ausbildung des wissenschaftlichen Nachwuchses zwar theoretisch von der grundständigen Ausbildung an den Universitäten abkoppelbar, aber wie oben schon bemerkt, kam es weder dazu noch zur Entwicklung einer formalisierten Doktorandenausbildung an den Akademie-Instituten. Jenseits der Laborgemeinschaften von Meister und Schüler und der Kooperation von Kapitelau-

---

35 Jürgen Kocka (Hg.), Interdisziplinarität. Praxis, Herausforderung, Ideologie, Frankfurt a. M. 1998.
36 Matthias Middell, Die III. Hochschulreform in der DDR, in: 1968 – ein europäisches Jahr, hg. von Etienne François / Matthias Middell / Emmanuel Terray / Dorothee Wierling, Leipzig 1997, S. 125 – 146.

toren und Gesamtherausgebern geisteswissenschaftlicher Großdarstellungen entwickelten nur die wenigsten Akademie-Institute systematisch Formate für die Qualifizierung der nächsten Forschergeneration. So blieb die Heranbildung des Nachwuchses statistisch gesehen eine Domäne der Hochschulen. Damit blieb aber auch der Forschungsimperativ für die Universitäten wirksam – gewiss in höchst unterschiedlichem Maße exekutiert an den einzelnen Hochschulen und Instituten, aber aufs Ganze gesehen unwidersprochen.

Allerdings bestand kein Zwang zur Publikation der Qualifizierungsschriften an den Universitäten, so dass sich die Forschungsergebnisse nur in (zuweilen stärker vom Papiermangel der Verlage als von der wissenschaftlichen Anerkennung der Resultate gesteuerten) Ausnahmefällen auf dem Buchmarkt bewähren mussten. Dagegen bestand für die Akademie-Institute in weit stärkerem Maße die Notwendigkeit sich über monographische Publikationen, über prestigereiche Großvorhaben zusammenfassenden Charakters oder allgemeiner über Anwendungsbezüge in Wirtschaft und medizinischer Versorgung zu legitimieren, als dies für die Universitäten der Fall war, deren Leistungsbewertung an der Zahl der Abschlüsse und der (gegen wissenschaftliche bzw. politische Kriterien gemessenen) Qualität der Ausbildung ausgerichtet war.

Nehmen wir die Publikationstätigkeit als Kriterium hinzu, dann wäre also ein klarer Vorrang der Akademie-Institute zu vermuten. Wir verfügen bisher nicht über aussagekräftiges Datenmaterial, um in dieser Hinsicht umfassend zu bewerten, welche Institutionen in der DDR den anderen den Vortritt lassen mussten. Lediglich in Form einer ersten Probebohrung habe ich vor einigen Jahren für die Geschichtswissenschaft anhand des zentralen Fachorgans (der Zeitschrift für Geschichtswissenschaft) getestet, ob der Befund von der höheren Publikationsdichte der AdW-Mitarbeiter zutrifft. Die Ergebnisse haben mich selbst überrascht, denn sie zeigen ein erst langsam in seine Rolle findendes wissenschaftliches „Leitinstitut". Ab den frühen 1980er Jahren hatten die Mitarbeiter der AdW knapp die Nase vorn gegenüber ihren universitären Konkurrent.

Während der Anteil der Universitäten am Gesamtaufkommen der Aufsätze bis 1989 zurückging von 45,3 % in den fünfziger Jahren über 40 % ein Jahrzehnt später auf schließlich 35,7 % in den achtziger Jahren (im Durchschnitt also 39,3 %), stieg der Anteil der Akademie-Institute kontinuierlich an: von 7,2 % in den fünfziger auf 18,2 % in den sechziger und 28,5 % in den siebziger Jahren auf schließlich 36,8 % im letzten Jahrzehnt der DDR (im Durchschnitt über alle Jahrzehnte also 22,7 %). Dies erklärt sich allerdings weniger mit einer zunehmenden Publikationsintensität der Autoren, die in den Akademie-Instituten wirkten, gegenüber den Autoren aus den Universitäten, sondern vielmehr aus einer massiven Zunahme des an den Akademie-Instituten verfügbaren Personals, das auf eine publizistische Verwertung seiner Forschungsergebnisse drängte.

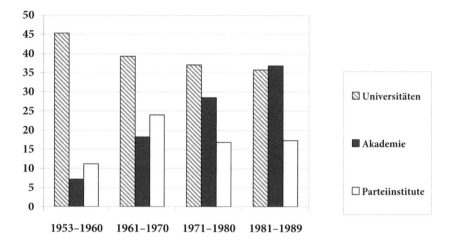

Aber selbst dieses Ergebnis lässt sich relativieren: die größere Nähe zum Publikationsort und die zumindest quantitative Beherrschung der Redaktion sowie die Zunahme anderer Publikationsmöglichkeiten legen nahe, dass wir es eher mit einem Ausdifferenzierungsprozess als mit der Durchsetzung des AdW-Instituts im Vergleich mit den universitären Einrichtungen zu tun haben. Die Mitarbeiter der historischen Institute der AdW eroberten größere Proportionen am Seitenvolumen der zentralen Zeitschrift, aber diese Zeitschrift bezahlte das mit einer nachlassenden Bedeutung für bestimmte Subdisziplinen: Der Prozentsatz der aus Berlin kommenden Autoren stieg von 46,3 % in den 1950er Jahren auf 64,3 % in den 1980er Jahren. Zwischen zwölf und 15 % der Autoren kamen zusammengenommen aus den kleineren ostdeutschen Universitätsstädten Halle, Jena, Greifswald, Potsdam und Rostock, weitere zwölf Prozent aus Leipzig. Zugleich wuchs die Zahl der Periodika, von denen einige Spezialbereiche bedienten, die nur an wenigen Standorten vertreten waren von neun in den 1950er Jahren auf 34 in den 1980er Jahren.[37] Man kann diesen Fall sicher nicht verallgemeinern, aber die zahlreichen Klagen in den Quellen über die enttäuschten Erwartungen an die Leistungsfähigkeit der AdW-Institute lassen zumindest die Hypothese zu, dass es auch in anderen Fächern vergleichbare Relationen gegeben hat.[38]

---

37 Für eine ausführlichere und auch vergleichende Erörterung der Ergebnisse vgl. Matthias Middell (Hg.), Historische Zeitschriften im Vergleich, Leipzig 1999.
38 Für das Erhebungsjahr 1984 kommt die Studie von Peter Weingart / Jörg Strate / Matthias Winerhager, Bibliometrisches Profil der DDR. Bericht an den Stifterverband für die Deutsche Wissenschaft und den Wissenschaftsrat, Bielefeld 1991 (unveröff.) unter Nutzung des Science

In Bezug auf die These vom Auszug der Forschung aus den Universitäten an die Akademie-Institute lässt sich bei aller gebotenen Vorsicht, die angesichts der bisher nur rudimentären Forschung geboten ist, schlussfolgern:

Wir haben es weniger mit einer Auswanderung der Forschung aus den Universitäten, als mit dem wissenschaftspolitisch intensivierten Auf- und Ausbau eines Parallelkosmos zu tun, der in den 1970er Jahren ins Laufen kam und in den 1980er Jahren durch sein quantitatives Wachstum ein gewisses Übergewicht gegenüber der Hochschulforschung erreichte, das in den industrie- und anderweitig anwendungsnahen Bereichen weit größer war als in den theoretischen Fächern.

Die Gründe für diese Überlegenheit liegen einerseits in der Konzentration vor allem auf Berlin und den dort privilegierten Ressourcenzugang, der sich sowohl in Prestige und politischer Aufmerksamkeit, als auch in der Ausstattung für Großvorhaben niederschlug, die der anerkennungssüchtigen DDR-Führung besonders wichtig waren. Nicht vergessen sollte man die in den 1980er Jahren hinzutretenden Möglichkeiten der Nutzung von Westberliner Bibliotheken und Archiven, aber auch des dadurch ermöglichten Kontaktes zu ausländischen Forschern, die in einer zunehmend Selbstisolation betreibenden Wissenschaftsszene vielleicht sogar die wichtigste Ressource wurden. Insofern waren die Hochschulen unterschiedlich von der Konkurrenz der AdW-Institute betroffen. Besonders prekär war die Lage für die Berliner Humboldt-Universität, die nur zögerlich die Herausforderung annahm und auf eine stärkere Verflechtung mit den Akademie-Instituten im Rahmen einer politisch unterstützten, aber praktisch nur wenig eingelösten Regionalpartnerschaft drängte.

Der massive personelle Ausbau der Akademie-Institute saugte andererseits die in den 1950er und 1960er Jahren ausgebildeten Nachwuchswissenschaftler auf und bot für den verlangsamten Ausbau der Universitäten, der sich in der Stabilisierung der Studierquote niederschlug, eine sozialpolitische Alternative. Diese strategische Entscheidung der DDR-Führung, auf die sog. wissenschaftlich-technische Revolution (1) durch den Ausbau anwendungsbezogener Forschung, (2) durch die Reduzierung der universitären Ausbildung auf ein Niveau, das knapp die Selbstrekrutierung für akademische Berufe sichern konnte, (3) durch die Expansion berufsbezogener Hochschultypen (Technische, Ingenieur- und Pädagogische Hochschulen) und durch eine Ausweitung der sekundären Bildungsstufe nebst Facharbeiterausbildung zu reagieren, versuchte den Universitäten einen bestimmten, nur noch bedingt zentralen Platz im Bildungssystem zuzuweisen. Allerdings scheiterte die Steuerung an zahlreichen Hindernissen, darunter der Fortdauer von traditionellen Prestigeunterschieden zwischen Universitäten und Technischen

---

Citation Index auf deutlich höhere Werte für Naturwissenschaften und Medizin aus den Hochschulen (54,7 %) als für die Akademie-Institute (32,6 %).

Hochschulen, der Verweigerung der Akademie-Institute, die Ausbildung des wissenschaftlichen Nachwuchses in quantitativ nennenswertem Maße zu übernehmen, und an der weitgehend fehlenden Durchlässigkeit in einem System, das sich die Wissenschaftspolitik komplementär vorstellte, das aber in Wirklichkeit massiv versäult war und dessen Teile gegeneinander abgeschottet waren.

Im Topos vom Auszug der Forschung aus der Universität kommen verschiedene Gesichtspunkte zur Geltung, die sich überlagern. Weder kann er einfach als Beleg für eine tatsächliche Entfernung der ostdeutschen Hochschulen vom Forschungsimperativ herhalten noch bildet er die Grundlage für eine Ausnahmestellung der Akademie-Institute, zu denen sich Funktionsäquivalente sowohl im westdeutschen Wissenschaftssystem (in Form der Max-Planck-Institute, teilweise auch von Instituten der Leibniz- und der Fraunhofer-Gesellschaft) als auch im östlichen Europa (wo die Akademien mit ihnen angeschlossenen Instituten in zahlreichen Fällen überlebt haben und sich heute als konkurrenzfähiger Teil der nationalen und europäische n Wissenschaftslandschaft erweisen) finden.

Für das Ende der AdW als Forschungskombinat gibt es dagegen Gründe, die eher der Situation des Vereinigungsprozesses geschuldet waren:

Einerseits gehört dazu eben die Existenz von vergleichbaren Instituten in der Bundesrepublik, während Regierung der zu Ende gehenden DDR nur geringes Interesse am Fortbestand einer aufwändigen Institutsstruktur zeigte, die neu gebildeten Länder nach 1991 vollständig mit dem Umbau der in ihren Verantwortungsbereich gefallenen Universitäten zu tun hatten und selbst das Angebot, sich Filetstücke aus der Erbmasse der AdW zu sichern, nur äußerst zögerlich aufgriffen. Die über viele Standorte verstreuten Hochschulen überstanden den Förderlaisierungsprozess des ehemals auf Berlin zentrierten Beitrittsgebietes besser als die enorme Konzentration von Forschungskapazität in der Hauptstadt des untergehenden Staates.

Andererseits beraubte die rasante Deindustrialisierung der sog. neuen Bundesländer die anwendungsorientierten Forschungsinstitute ihres wichtigsten Bezugspunktes – das Wissenschaftssystem erwies sich auch hier als abhängig von der Existenz der Ökonomie, auf die es bezogen und für die es strukturiert war. Erst nach und nach kam die Idee auf, es bedürfe gerade in Ostdeutschland der Grundlagen- und angewandten Forschung für den erhofften selbst tragenden Aufschwung. Aber auch das Konzept der „Leuchttürme" hatte wenig zu tun mit der extrem zentralisierten Forschung in den AdW-Instituten, sondern setzte vielmehr auf Spezialisierung an verschiedenen Standorten und regionale Cluster-Bildung.

Zum dritten ließ sich in den Auseinandersetzungen der Jahre 1990–92 beobachten, dass die Akademie-Institute in ihrem Überlebenskampf kaum auf Unterstützung aus den Hochschulen rechnen konnten. Dies hatte sicherlich mit den bitteren Kontroversen zu tun, die in dieser zeit um das Schicksal einzelner Fachbereiche an den Universitäten selbst geführt wurden, aber es reflektierte vorrangig das Versäumnis einer intensiveren Verflechtung von Hochschul- und Akademie-Sphäre in den Jahrzehnten zuvor.

Aus all dem ergibt sich, dass die Abwicklung der Akademie-Institute weder als Beleg für den fehlenden Wert der Arbeit einzelner Wissenschaftler und der grundsätzlichen Anlagen von Forschungsgruppen oder Instituten herhalten darf, noch das in diesem Kontext besonders häufig benutzte Argument vom Auszug der Forschung aus den Universitäten als ein Charakteristikum des ostdeutschen Wissenschaftssystems für bare Münze genommen werden kann. Die Auflösung der AdW spricht auch nicht gegen die grundsätzliche Nützlichkeit außeruniversitärer Forschung. Wohl aber kann die Chancenlosigkeit ihrer Verteidiger im Transformationsprozess der deutschen Vereinigung Hinweise geben, welche Defizite außeruniversitäre Forschung in Gefahr bringen. Dort, wo sie keinen gesellschaftlichen Bedarf (mehr) reflektiert, wo ihr zu geringe Nachfrage aus Gesellschaft und Wirtschaft gegenübersteht, und dort, wo sie die Vernetzung mit anderen Säulen des Wissenschaftssystems vernachlässigt, kann sie in Krisenzeiten schnell an den Rand der Existenzberechtigung geraten. Das Argument einer lang währenden Traditionslinie hilft dann offenkundig weniger, als man es gerade bei einer Akademie erwarten könnte. Offen bleiben muss hier allerdings die Frage, ob sich damit eine allgemeine Flexibilisierung des Wissenschaftssystems ankündigte, in der Einrichtungen, deren Zeit abgelaufen ist, aufgelöst werden, aber andere, deren Themen dem Bedarf besser entsprechen, dafür ins Leben treten, oder ob ein Teil des gesamtdeutschen Wissenschaftssystems seine Position schlicht auf Kosten eines anderen befestigt hat. Dies lässt sich wohl erst aus einem längeren Rückblick sinnvoll entscheiden. In gleicher Weise steht noch eine Bilanz aus, welche Dynamiken der Auflösungsprozess der AdW dem nun gesamtdeutschen Wissenschaftssystem zugeführt hat: Die jüngeren Entwicklung laufen jedenfalls gleicherweise auf einen rasanten Erneuerungsprozess in den außeruniversitären Forschungseinrichtungen wie auf neue Initiativen in den Hochschulen hinaus.

IV. Die deutschen Hochschulen seit 1990: Provinzialität oder Rückkehr zur Exzellenz?

Konrad H. Jarausch

Doppelter Umbruch

Die Transformation ostdeutscher Hochschulen und die gesamtdeutsche Hochschulreform

Über den jüngsten Abschnitt der Universitäts- und Wissenschaftsentwicklung, der bis an die Gegenwart heranreicht, gehen öffentliche Kommentare wie wissenschaftliche Bewertungen weit auseinander, weil das endgültige Resultat vieler Veränderungen noch nicht abzusehen ist. Auch spielen internationale Einflüsse, teils als äußere Vorbilder, teils als EU-Interventionen, eine immer größere Rolle, deren Stoßrichtung wie Folgen jedoch umstritten bleiben. Im Mittelpunkt der letzten Entwicklungen steht ein doppelter Umbruch – die Umgestaltung des ostdeutschen Hochschulsystems im Zuge der Vereinigung und die vom Bologna-Prozess ausgelösten Reformversuche in Gesamtdeutschland. Die Beurteilung dieser Entwicklungen wird durch einen zwiefachen Opferdiskurs kompliziert, der einerseits die Verdrängung der ostdeutschen Sozial- und Geisteswissenschaftler beklagt, andererseits eine besondere Bedrohung dieser Bereiche im vereinigten Deutschland durch Verschulung, Ökonomisierung und Evaluierung konstatiert. Gerade wegen ihrer Emotionalität und Popularität sollten solche Klagen durch eine distanziertere historische Verlaufsanalyse überprüft werden.

1. Obwohl die Umwandlung der ostdeutschen Wissenschaftslandschaft im Zuge der Vereinigung inzwischen abgeschlossen ist, steht die empirische Erforschung der Entscheidungen erst in den Anfängen. Der Versuch der Selbstreform durch eine systemkritische Minderheit von innen wurde im Herbst 1990 durch den Beitritt der neuen Bundesländer überholt, so dass aufgrund der politischen Rahmenbedingungen nur noch eine strukturelle Einpassung der DDR-Forschung in das westdeutsche Wissenschaftssystem möglich blieb. Dabei fanden widersprüchliche Entwicklungen statt: Zwar wurden im Sinne sozialer Befriedung ostdeutsche Bildungsabschlüsse generell anerkannt, aber die Akademie der Wissenschaften mit 59 Instituten und etwa 22.000 Wissenschaftlern wurde abgewickelt und einzelne Bestandteile in die dezentrale außeruniversitäre Forschungsstruktur der Bundesrepublik überführt. Obwohl fast alle Hochschulen weiterexistierten und sogar einige Neugründungen wie in Frankfurt/Oder und Erfurt stattfanden, wurden Formen und Inhalte der Universitäten in Ostdeutschland an das traditionelle westdeutsche Muster von Staatsaufsicht und Autonomie angeglichen.

Kein Wunder, dass eine so massive Umstrukturierung je nach persönlichen Erfahrungen entweder als überfällige Befreiung oder als Überwältigung von außen empfunden wurde, da die drastischen Veränderungen Chancen wie

Bedrohungen mit sich brachten. Auch führte die Wiederherstellung des Kul-
turföderalismus zu unterschiedlichen Entscheidungen in den neuen Bundesländern. Obwohl die meisten naturwissenschaftlich-technischen Akademieinstitute mit reduziertem Personal in neuer Trägerschaft überlebten
(MPG, Fraunhofer, Helmholtz, WGL), wurden sechs sozial- und geisteswissenschaftliche Institute wegen ihrer Inkompatibilität mit westlichen Strukturen aufgelöst und ihre Mitarbeiter entlassen. Auch scheiterte die Eingliederung von positiv evaluierten Wissenschaftlern in die Universitäten an fehlenden Mitteln. In den Hochschulen wurde das Personal auf Stasimitarbeit,
wissenschaftliche Qualität und Passfähigkeit für neue Curricula überprüft,
wodurch weitere Forscher aussortiert wurden. Jedoch wurde die Ausstattung
mit Geräten und Büchern erheblich verbessert und Anschluss an den internationalen Forschungsstand gewonnen. Die Umstellung wurde dadurch erschwert, dass sie im laufenden Betrieb stattfand, da die Studenten ein Recht
auf kontinuierliche Lehre hatten.

Die in diesem Teil des Bandes angesprochenen Fragen kreisen daher weniger um eine Rekonstruktion des Geschehens, das den meisten Zeitgenossen
in Umrissen bekannt ist, als um die Beurteilung seiner Verfahren und Konsequenzen. Folgte der Prozess der Evaluierung ostdeutscher Forscher und
Institutionen einigermaßen objektivierbaren Kriterien oder handelte es sich
um eine westdeutsche Landnahme? War die Umstrukturierung eine Befreiung
der Wissenschaft aus dem ideologischen Kerker des Marxismus-Leninismus
oder eine Verdrängung kritischer Ansätze ostdeutscher Intellektueller in eine
„zweite Wissenschaftskultur" außerhalb der etablierten Institutionen? Hat die
Transformation gut funktionierende Betreuungssysteme wie die Studien-
gruppen zerstört oder hat die Qualität der Forschung und Lehre in den neuen
Ländern durch den Umbruch deutlich gewonnen? Im Kern steht das Narrativ
der Transformation zur Debatte, welches je nach Erfahrung und Standpunkt
als eine Erfolgs- oder Verlustgeschichte geschildert wird. Die wissenschaftshistorische Herausforderung besteht daher darin, die Polarisierung persönlicher Rückblicke zu durchbrechen und eine empirische Basis für eine differenziertere Betrachtung zu schaffen.

Die beiden Beiträge zu diesem Thema bieten kontrastierende Zugänge zur
Transformation der ostdeutschen Wissenschaften. Einerseits beurteilt Peer
Pasternack in seiner wissenschaftshistorischen Analyse die Strukturreform
als „Anpassung an die westdeutschen Gegebenheiten", die potentielle Inno-
vationsspielräume verschenkte. Die Personalerneuerung sei weitgehend eine
Verdrängung gewesen, da sie mit einem scharfen Stellenabbau aus finanziellen
Gründen verbunden war und das qualitative Resultat der ostdeutschen
Hochschulen sei „überwiegend durchschnittlich bzw. unterdurchschnittlich".
Andererseits liefert Konrad Jarausch eine empirische Fallstudie der Transformation der Humboldt-Universität, die wegen ihrer Konkurrenz mit der FU
besonders konfliktreich verlief. Er beurteilt die Qualität der SED-kontrol-
lierten Wissenschaft skeptischer, und argumentiert dass der vielverspre-

chende Versuch einer Selbstreform während des demokratischen Aufbruchs letztlich an seiner Halbherzigkeit gescheitert sei. Es folgte daher eine Rekonstruktion von außen durch den Westberliner Senat, die die HU personell wie inhaltlich völlig umkrempelte. In der Beurteilung des Ergebnisses bleiben Differenzen, denn Pasternack betont den Verlust ostdeutscher Selbstbestimmung, während Jarausch auch auf die neuen Chancen der HU hinweist.

2. Die gegenwärtige Reformdebatte ist ein zweiter Brennpunkt der Auseinandersetzungen in den letzten beiden Jahrzehnten. Schon in der zweiten Hälfte der 1980er Jahre hatten sich in Westdeutschland zahlreiche Kritiker zu Wort gemeldet, die eine einschneidende Umgestaltung des Hochschulsystems verlangten – aber die Vereinigung wirkte zunächst als Selbstbestätigung des bundesrepublikanischen Modells, da dessen erprobte Strukturen nahezu unverändert in den Osten transferiert wurden statt gleichzeitig reformiert zu werden. Nach dem Abschluss dieses Prozesses innerhalb eines Jahrzehnts, tauchte die Reformproblematik auf gesamtdeutscher Ebene wieder auf, aber die Verzögerung gestaltete ihre Diskussion noch virulenter. Dabei wurden die USA wegen ihrer weltweit führenden Spitzenuniversitäten einerseits als Vor- andererseits als Schreckbild angesehen, aber auch der europäische Integrationsprozess erhöhte den Außendruck auf eine gewisse Angleichung der deutschen Institutionen an transnationale Muster. Daraus ergab sich eine von allen Beteiligten unerwartete Reformdynamik, die gegenwärtig noch andauert und höchst unterschiedlich beurteilt wird.

Ein häufiger Streitpunkt ist die Befreiung der deutschen Universität von ihren bürokratischen Kontrollen, die vom Centrum für Hochschulentwicklung in Gütersloh propagiert wird. Dieser Think-Tank ist zum wichtigsten Befürworter der Flexibilisierung von Verwaltungsstrukturen geworden, der die Handlungsfähigkeit der Universitätsleitungen dadurch erhöhen will, dass er ihre Unterordnung unter die Wissenschaftsministerien beendet und ihnen mehr gestalterische Freiheiten einräumt. Ein Ausdruck dieser Geisteshaltung sind die neuen Hochschulgesetze vieler Bundesländer, die die Mittelverwaltung den Universitäten selbst überlassen, durch Wahl von Präsidenten statt wechselnder Rektoren stärkere Führungsstrukturen schaffen, und die Aufsicht in Kuratorien verlagern. Diese auch von kostensparendem Managementdenken inspirierten Veränderungen sollen den korporativen Immobilismus kollegialer Selbstverwaltung überwinden und die Institutionen zur eigenständigen Profilbildung anregen. In die gleiche Richtung geht die Erhebung von Studiengebühren, die die chronische Unterfinanzierung der deutschen Hochschulen beheben wollen. Auch die Exzellenzinitiative des BMBF verfolgt ähnliche Ziele, da sie die Hochschulen zur Redifferenzierung anregt.

Ein weiterer Fokus von Kontroversen ist der Bologna-Prozess, der durch Einführung kompatibler Abschlüsse den Austausch zwischen europäischen Institutionen erleichtern möchte. Die Wiederbelebung eines mittelalt-

erlichen Bakkalaureats (BA) nach angloamerikanischem Vorbild soll einen
ersten Abschluss schaffen, der die Studienzeit verkürzt, die Mehrzahl der
Studenten befriedigt und die Quote der Studienabbrecher senkt. Der darauf
aufbauende Grad des Masters (MA) ist als Eingangsstufe in die wissenschaftliche Arbeit gedacht, die nur für eine begrenzte Zahl in Frage kommt.
Dabei handelt es sich um einen Kompromiss zwischen der notwendigen
Verschulung der Grundstufe eines Massenstudiums und der wissenschaftlichen Ausbildung für eine Minderheit, die Exzellenz hervorbringen soll.
Daran anschließen soll sich eine Doktorandenausbildung in thematisch
fokussierten Graduiertenschulen, die der Vereinzelung durch interdisziplinäre Einbindung entgegenwirkt. Diese der Tradition der philosophischen
Studienfreiheit fremde Reglementierung bietet zwar den Studierenden mehr
Klarheit, verlangt aber auch von den Lehrenden mehr Einsatz durch begleitende Prüfungen. Kein Wunder, dass diese Veränderung der Studien-
praxis viel Widerstand hervorruft.

Die beiden Beiträge zu diesen Themen sind von Persönlichkeiten verfasst,
die selbst eine führende Rolle als Befürworter von Reformen spielen. Der
Hochschulforscher Detlef Müller-Böling stellt sein Programm einer
Aktivierung von Wettbewerb als Reaktion auf zahlenmäßige Überlastung
und institutionelle Entdifferenzierung vor. Aus Unzufriedenheit mit den
Modellen einer Gelehrtenrepublik, nachgeordneter Behörde, Gruppen-
hochschule oder Dienstleistungsunternehmen propagiert er das Leitbild
einer „entfesselten Hochschule", die wettbewerbsfähig, wirtschaftlich, international, vernetzt, profiliert, autonom und wissenschaftlich sein soll. Der
Vorsitzende des Wissenschaftsrats Peter Strohschneider erklärt dagegen die
Heftigkeit der gegenwärtigen Diskussionen aus den tief greifenden Wandlungsprozessen der Hochschulen. Inhaltlich plädiert er für eine stärkere
Differenzierung innerhalb und zwischen den Universitäten, fordert eine
Aufwertung der Lehre durch bessere Finanzierung und eine engere Kooperation mit der außeruniversitären Forschung. Abschließend appelliert er an
die Geisteswissenschaften, ein „ungekränktes Selbstbewusstsein" zu entwickeln und die anstehenden Reformen trotz aller Widrigkeiten aktiv mitzugestalten.

Im Kern geht es also in diesem letzten Teil des Bandes darum, aufgrund
der Erfahrung von mehrfachen vorherigen Umbrüchen die jüngsten Veränderungen mit mehr Gelassenheit zu analysieren. Bei einer solchen zeithistorischen Reflexion gibt es natürlich keinen festen archimedischen Be-
zugspunkt – aber empirische Methoden der Universitätsgeschichte und
theoretische Anstöße der Wissenschaftsforschung können dennoch helfen,
durch verlässliche Daten und kontrollierte Verallgemeinerungen die Konsequenzen von Entwicklungen präziser abzuschätzen und dadurch Unterschiede der Bewertungen auf ihre eigentlichen Kernpunkte zu reduzieren.
Auch wenn Historiker meist schlechte Propheten sind, sollten sie sich dem
Versuch, Entwicklungslinien der jüngeren Vergangenheit bis in die Gegen-

wart weiterzuverfolgen, nicht gänzlich verweigern. Die kontroversen Wortmeldungen führender Hochschulpolitiker sind oft so wenig von Kenntnissen langfristiger Entwicklungen und internationaler Vergleichsfälle getrübt, dass sie nicht unwidersprochen hingenommen werden können. Das Hauptanliegen des Schlussteils dieses Buches ist es daher, notwendige inhaltliche Auseinandersetzungen durch eine historische Perspektivbildung zu versachlichen.

Peer Pasternack

Erneuerung durch Anschluss?

Der ostdeutsche Fall ab 1990

„Erneuerung" und „Anschluss": Beide Begriffe sind zunächst keine analytische Kategorien, wenn es um den ostdeutschen Wissenschaftsumbau nach 1990 geht, und beide Begriffe provozieren. Gleichwohl soll die Titelformulierung aus dem Programm der Tagung, die hier dokumentiert wird, übernommen werden: Die begriffliche Doppelprovokation lässt sich produktiv machen.

„Anschluss" trifft zwar nicht den staatsrechtlichen Charakter des in Rede stehenden Vorgangs; dieser ist korrekt mit der Formulierung des Einigungsvertrages zu bezeichnen: „Beitritt des in Art. 3 genannten Gebietes zum Geltungsbereich des Grundgesetzes".[1] Doch bringt der Begriff „Anschluss" prägnant eine Wahrnehmung auf den Punkt, wie sie in großen Teilen der ostdeutschen Teilpopulation besteht: Sowohl bezogen auf den deutsch-deutschen Einigungsprozess insgesamt als auch im besonderen unter ostdeutschen Wissenschaftlern bezogen auf die Wissenschaftstransformation war der Vorgang als Kolonialisierungsprozess erlebt worden. Dass die deutsch-deutsche Vereinigung von den Ostdeutschen mehrheitlich gewollt und per Wahlentscheidung beschleunigt worden war, steigerte dieses Empfinden.

„Erneuerung" hingegen war ein politischer Begriff, wie er sich alsbald in den DDR-Hochschulen und -Akademien selbst durchgesetzt hatte, um die anstehenden Notwendigkeiten zu benennen, und dann von der Politik übernommen worden war, bis hin zur Aufnahme in entsprechende Gesetze.[2] Erneuerung als Beschreibungskategorie der ostdeutschen Wissenschaftstransformation ist insofern eine ambivalente Formulierung: Sie wurde einerseits von den internen Akteuren der Hochschulen genutzt, um die Abkehr vom heteronom-zentralistischen DDR-Wissenschaftssteuerungsmodell zu kennzeichnen, also einen *Transformations*prozess. Andererseits hatte es sich seitens der externen Akteure – Politiker und politische Administrationen sowie gastweise engagierte westdeutsche Wissenschaftler/innen – eingebürgert, mit „Erneuerung" die Übertragung des bundesdeutschen Modells auf das Wis-

1 Vertrag zwischen der Bundesrepublik Deutschland und der Deutschen Demokratischen Republik über die Herstellung der Einheit Deutschlands (Einigungsvertrag), in: Bulletin Presse- und Informationsamt der Bundesregierung Nr. 104, 6.9.1990, S. 877 – 1.120, hier S. 877.
2 Vgl. etwa Sächsisches Hochschulerneuerungsgesetz (SHEG) vom 25.7.1991, in: Sächsisches Gesetz- und Verordnungsblatt 19/1991, S. 261 – 290.

senschaftssystem des ostdeutschen Siedlungsgebiets zu beschreiben, d. h. einen *Transfer*prozess.

Der ostdeutsche Wissenschaftsumbau ist inzwischen ein Ereignis der Wissenschaftsgeschichte. Daher soll er auch nach einem in der Wissenschaftshistoriografie gängigen Muster näher betrachtet werden: Die folgende Darstellung unterscheidet zwischen struktureller, personeller und kognitiver Dimension, widmet sich also zunächst den wissenschaftlichen Strukturen (nachfolgend Punkt 1.), sodann dem wissenschaftlichen Personal (2.) und schließlich den wissenschaftlichen Inhalten (3.).

1. Strukturen

Die strukturell wesentlichsten Elemente der Neuordnung der ostdeutschen Hochschullandschaft waren zweierlei: Zum einen die Herstellung des freien Studienzugangs – eine durchaus befreiende Erfahrung nach 40 Jahren rigider Zulassungspolitik auf der Grundlage permanent unzutreffender Bedarfsprognosen und einer Auslese, die sich an politischen Kriterien wie (bis in die siebziger Jahre) sozialer Schichtzugehörigkeit orientierte. Das andere wesentliche Element bestand in der Neugründung zahlreicher Hochschulen in die Fläche und die Wiederbelebung vieler Fächer, die im Zuge planwirtschaftlicher Konzentrationsanstrengungen nur noch an einzelnen Standorten vertreten waren. Hierdurch gibt es nunmehr ein weitgehend flächendeckendes Angebot sämtlicher Fächer(gruppen). Das erleichtert nicht nur Studienentscheidungen, sondern bringt auch regionale Effekte. Nicht in die Reihe zentraler einigungsinduzierter Errungenschaften gehört übrigens die Wissenschaftsfreiheit, denn sie war bereits im letzten Jahr der DDR, vor dem Beitrittstag 3. Oktober 1990, wiederhergestellt worden.

Im Übrigen war die Strukturreform vorrangig eine Anpassung an die westdeutschen Gegebenheiten: Die westdeutsche Institutionenordnung wurde übernommen, sowohl hinsichtlich des Verhältnisses von Hochschulen und außeruniversitärer Forschung als auch der Gliederung des Hochschulsystems in Universitäten und Fachhochschulen. Für die vergleichsweise großen DDR-Wissenschaftsakademien[3] setzte der Wissenschaftsrat ein groß angelegtes Evaluierungsprogramm ins Werk. Die Ergebnisse dessen wie des nachfolgenden politischen Handelns lassen sich kurz so zusammenfassen:

---

3 Akademie der Wissenschaften, Akademie der Landwirtschaftswissenschaften, Bauakademie, Forschungsabteilungen der Akademie der Künste (vgl. Wissenschaftsrat: Stellungnahmen zu den außeruniversitären Forschungseinrichtungen in der ehemaligen DDR, Bd. 2 – 8, Köln 1992). Nicht einbezogen wurde durch den Wissenschaftsrat die Akademie der Pädagogischen Wissenschaften.

a) Im naturwissenschaftlichen Sektor ergab sich eine Reihe von Weiterführungsempfehlungen für komplette Institute, die dann auch weitgehend umgesetzt wurde.

b) Im geistes- und sozialwissenschaftlichen Bereich waren die Empfehlungen zwar differenzierter, als gemeinhin angenommen wird,[4] doch folgten daraus kaum institutionelle Fortführungen.[5]

c) Ein kleiner Teil der hier betroffenen Wissenschaftler/innen wurde in sog. Forschungsschwerpunkte übernommen, die zunächst die Max-Planck-Gesellschaft administrierte, und die dann zu sechs Geisteswissenschaftlichen Zentren (in Berlin, Potsdam und Leipzig) wurden, von denen heute für fünf eine zumindest mittelfristige Zukunft gesichert ist.

d) Zwar positiv evaluierte, aber dennoch übrig gebliebene Forscher/innen wurden in das sog. Wissenschaftler-Integrations-Programm (WIP) übernommen.[6]

Im Hochschulbereich fand sich die Personalstruktur von West nach Ost transferiert. Das bedeutete insbesondere die deutliche Reduzierung unbefristeter Beschäftigungsverhältnisse unterhalb der Professur und die alleinige Fixierung akademischer Karrieren auf die Professur. Damit wurde ein gravierender Strukturfehler importiert, da die Anzahl der Professuren an deutschen Hochschulen derart gering ist, dass ein biografisch spätes Scheitern zahlreicher akademischer Karriereambitionen schon aus Mengengründen programmiert ist. Auch die Personalausstattung der Hochschulen wurde tendenziell an das westdeutsche Ausstattungsniveau angepasst; alles andere wäre angesichts der milliardenschweren Geldtransfers von West nach Ost politisch nicht vermittelbar gewesen. Eine flächige Versorgung der ostdeutschen Regionen mit Max-Planck-, Fraunhofer- und Blaue-Liste-Instituten wurde gezielt herbeigeführt und ca. 40 % des Akademie-Personals in diese Institute integriert (Unterversorgung herrscht dagegen bis heute bei Ressortforschungseinrichtungen des Bundes). Die sächlichen Ausstattungsverbesserungen sind beträchtlich und mit dem, was die DDR ihren Wissen-

---

4 Vgl. Wissenschaftsrat: Stellungnahmen zu den außeruniversitären Forschungseinrichtungen in der ehemaligen DDR, Bd. 9 und 10, Köln 1992.

5 Es gibt – neben den oben sogleich erwähnten Geisteswissenschaftlichen Zentren – vereinzelte Ausnahmen, die z. T. auch jenseits der Wissenschaftsratsempfehlungen zustande kamen. Dabei fanden in der Regel keine direkten Umgründungen statt, so dass sich die institutionellen Anschlüsse nur über mehrere Stufen rekonstruieren lassen. Die Mehrstufigkeit der institutionellen Anschlusslösungen führte auch dazu, dass meist nur sehr geringe Bestände des ursprünglichen Personals eine Weiterbeschäftigung in den neuen Einrichtungen fanden. Beispiele sind: das frühere Institut für Städtebau und Architektur der Bauakademie und das heutige Leibniz-Institut für Regional- und Strukturentwicklung Erkner (IRS), das frühere Zentralinstitut für Hochschulbildung Berlin (ZHB) und das heutige Institut für Hochschulforschung Halle-Wittenberg (HoF), der Bereich Bildungsgeschichte der Akademie der Pädagogischen Wissenschaften und die heutige Bibliothek für Bildungsgeschichtliche Forschung Berlin (BBF).

6 Dazu siehe unten Punkt 2. Personal.

schaftlern zu bieten vermochte, schlicht unvergleichbar. Eher randständige Abweichungen vom westdeutschen Muster waren von der Art, dass an den Hochschulen ein anderes studentisches Vertretungsmodell zugelassen wurde: Die ostdeutschen StudentInnenräte waren im Herbst 1989 entstanden, doch ihre spätere gesetzliche Verankerung folgte weniger dem Willen, eine authentische Struktur zu erhalten, sondern der Erfahrung, dass sie politisch einfacher zu handhaben sind als die westdeutschen Allgemeinen Studentenausschüsse mit ihrer quasi-parlamentarischen Verfasstheit.[7]

Nicht durch, sondern gegen die politischen Steuerungsintentionen bildete sich dagegen eine völlig neue, umittelbar transformationsbedingte Struktur. Sie entstand daraus, dass sich mit den personellen Umgruppierungen auch eine Entinstitutionalisierung von thematischen und personalen Wissenschaftszusammenhängen vollzog. Zahlreiche davon Betroffene ließen dies nicht passiv geschehen, sondern entwickelten aktiv Ausweichstrategien. Hier kamen soziale und kognitive Motivationen zusammen. Zum einen wurden die meisten aus einem aktiven Berufsleben gerissen und waren auf einen eher passiven Lebensabend (noch) nicht eingestellt. Daneben sehen sie sich auch inhaltlich marginalisiert: Der wissenschaftliche Mainstream, z. B. zur Geschichte des 20. Jahrhunderts, entspricht weithin nicht den von ihnen vertretenen Positionen. Sie schritten daher zu Vereinsgründungen: als institutionalisierende Gegenstrategie zur Entinstitutionalisierung.

Die Summe solcher Aktivitäten führte zum Entstehen einer sog. Zweiten Wissenschaftskultur. Diese wirkt(e) sowohl als soziales Bindemittel, wie sie auch den Raum für wissenschaftliche Tätigkeit bot und z. T. noch bietet. Die derart entstandenen zahlreichen Vereine fungieren ersatzweise als neue akademische Hauptgeschäftsstellen, ohne indes mit der Ausstrahlung der staatlich finanzierten Einrichtungen mithalten zu können.[8] In den Vereinen wurde und wird ein reges und anhaltendes Veranstaltungs- und Publikationswesen entfaltet. Es entstand faktisch eine wissenschaftliche Parallelwelt: eine postsozialistische Wissenschaftssubkultur. Deren Integrationsmodus funktioniert über Gemeinsamkeiten der thematischen Interessen, die Ablehnung einer

---

7 Zu Details vgl. Peer Pasternack: Die StuRa-StoRy. Studentische Interessenvertretung in Ostdeutschland seit 1989, in: ders./Thomas Neie (Hg.), stud. ost 1989–1999. Wandel von Lebenswelt und Engagement der Studierenden in Ostdeutschland, Leipzig 2000, S. 28–53.

8 Vgl. als erste diesbezügliche Übersicht: Förderkreis demokratischer Wissenschaftlerinnen und Wissenschaftler/Netzwerk Wissenschaft (Hg.): Informationen über Vereine und Projekte, Berlin 1992. Eine Übersicht für den zeitgeschichtlichen Bereich enthält Ulrich Mählert (Hg.): Vademekum DDR-Forschung. Ein Leitfaden zu Archiven, Forschungsinstituten, Bibliotheken, Einrichtungen der politischen Bildung, Vereinen, Museen und Gedenkstätten, Berlin 2002. Eine differenzierte und ausführliche Würdigung findet sich bei Stefan Berger: Was bleibt von der Geschichtswissenschaft der DDR? Blick auf eine alternative historische Kultur im Osten Deutschlands, in: Zeitschrift für Geschichtswissenschaft 11/2002, S. 1016–1034. Zu Berlin, wo sich die Zweite Wissenschaftskultur konzentriert(e), vgl. Roland Bloch/Peer Pasternack: Die Ost-Berliner Wissenschaft in vereinigten Berlin. Eine Transformationsfolgenanalyse, Wittenberg 2004.

Delegitimierung der DDR (was als Delegitimierung der eigenen Lebensleistungen wahrgenommen wird), die Bezugnahme auf Forschungsergebnisse der DDR-Wissenschaft (die ansonsten häufig als ‚nicht zitationsfähig' betrachtet werden) sowie Referenten- und Autorennetzwerke. Vom etablierten Wissenschaftsbetrieb werden die Veranstaltungen und Publikationen aus diesen Vereinszusammenhängen nur ausnahmsweise zur Kenntnis genommen. Als Zerfallsprodukte einer Personen- und Programmabwicklung stehen diese Vereine am Ende von Berufsbiografien, Forschungsrichtungen und -perspektiven.[9]

2. Personal

Die personellen Entwicklungen fielen für die Wissenschaftler/innen an Hochschulen einerseits und an außeruniversitären Instituten andererseits deutlich unterschiedlich aus. An den Hochschulen gab es zunächst die Abwicklung von Einrichtungen, die als (DDR-)systemnah oder anderweitig als sachlich überflüssig kategorisiert worden waren.[10] Diese administrative Auflösung (mit in der Regel anschließender Neugründung) stigmatisierte deren Personal so, dass es bei anschließenden Wiederbewerbungen nur sehr ausnahmsweise eine realistische Chance auf Weiterbeschäftigung hatte. Für alle anderen, d. h. die nicht abgewickelten Hochschulwissenschaftler/innen gab es grundsätzlich die Möglichkeit, sich individualisierten Übernahme- oder Bewerbungsverfahren zu stellen – wenn auch sehr häufig mit asymmetrischer Chancenverteilung gegenüber den dann auch zugelassenen westdeutschen Bewerbern und Bewerberinnen.

Anders bei den Angehörigen der außeruniversitären Institute: Soweit dort Evaluationen stattfanden, zielten diese weniger auf die Prüfung individueller Fachkompetenzen, sondern vorrangig auf die Bewertung der institutionellen Programmatik und Potenzen sowie die Passfähigkeit zur gegebenen west-

---

9 Ausnahmen sind sozialwissenschaftlich ausgerichtete Vereine mit typischerweise jüngeren Mitgliedern bzw. Mitarbeitern. Sie suchen aktiv empirische Sozialforschung zu betreiben und dafür Drittmittel zu akquirieren. Die Drittmitteleinwerbung gelang und gelingt ihnen auch z. T. erfolgreich, da sie stärker als geisteswissenschaftlich arbeitende Zusammenschlüsse sozialtechnologisch verwertungsrelevantes Wissen zu produzieren vermögen. Vgl. Raj Kollmorgen: Hoffen und Bangen. Einige Daten und Bemerkungen zur Entwicklung freier sozialwissenschaftlicher Forschungsinstitute in den neuen Bundesländern, in: hochschule ost 5–6/1995, S. 9–23; Karin Lohr/Dagmar Simon/Vera Sparschuh/Stefan Wilsdorf: Wie konstituiert sich sozialwissenschaftliche Forschung auf dem „freien Markt"? Chancen und Risiken neugegründeter Institute und Vereine in den neuen Ländern, in: Sozialwissenschaften und Berufspraxis 2/1996, S. 100–121, sowie, aktuell, eine Reihe der Akteure des (ost-west-gemischten) „Netzwerk Ostdeutschlandforschung" (http://www.ostdeutschlandforschung.de).

10 Gerd Köhler/Matthias N. Winter (Hg.): Abwicklung und Überleitung der Hochschulen in den fünf neuen Bundesländern und Berlin/Ost. Teil 1: Beschlüsse der Landesregierungen zur Abwicklung und Überleitung der Hochschulen und ihrer Einrichtungen. Teil 2: Überführung und Abwicklung von Hochschuleinrichtungen (ohne Zentraleinrichtungen wie Sport, Sprachen usw.), Gewerkschaft Erziehung und Wissenschaft, Frankfurt a.M. 1991.

deutschen Forschungslandschaft. Infolgedessen gab es nach den Strukturentscheidungen zur Neuordnung der außeruniversitären Forschung noch
ca. 1700 Akademie-Wissenschaftler und -wissenschaftlerinnen, die nicht
untergebracht waren, obgleich aus fachlichen Gründen nichts gegen ihre
Weiterverwendung sprach. Daher wurde das Wissenschaftler-Integrations-
Programm (WIP) aufgelegt. Dessen Verlauf bündelte prototypisch die Ra-
tionalitätsdefizite, die den ostdeutschen Wissenschaftsumbau weithin kenn-
zeichneten. Er lohnt daher eine exemplarische Betrachtung.

Das WIP begann mit einem Geburtsfehler. Dieser bestand in der fehler-
haften Prämisse, die ostdeutschen Hochschulen seien nahezu ohne Forschung
und würden sich nichts sehnlicher wünschen als die Aufnahme richtiger
ausgebildeter Forscher und Forscherinnen, um ihr Forschungsmanko beheben zu können. Das WIP sollte daher die Integration außeruniversitärer
Forscher und Forscherinnen in die Hochschulen fördern. Sein Anfangsfehler
führte zu einer fehlerbehafteten Zieldefinition und begründete ein dann geradezu lehrbuchgeeignetes Programmscheitern.

Unterstellt worden war, dass es in der DDR eine weitgehende Trennung von
Forschung und Lehre an der Linie Hochschulen und Akademien gegeben
habe: Die Hochschulen seien weitgehend nur Lehranstalten gewesen, während
die eigentliche (Grundlagen-)Forschung an den Akademieinstituten stattgefunden habe. Diese Auffassung folgte zunächst einer im Zuge der III. Hochschulreform[11] von 1968 ff. formulierten Zielvorstellung der SED-Wissen-
schaftspolitik. Das Ziel wurde nun als tatsächlich realisiert unterstellt. Förderlich war dafür, dass jetzt, nach dem Umbruch 1989, die Auffassung der
institutionellen Trennung von Forschung und Lehre auch intensiv durch die
Interessenvertreter der Akademie der Wissenschaften gepflegt wurde. Sie
erhofften sich dadurch bessere Ausgangsbedingungen in den zu erwartenden
Verteilungskämpfen. Die Hochschulen hingegen betonten unablässig ihre
guten Lehrbedingungen einschließlich intensiverer Lehrmotivation ihres
Personals. Was als Distinktionsmerkmal im Vergleich zu den westdeutschen
Universitäten formuliert war, stärkte offenbar die Überzeugungskraft der
Akademievertreter: Die DDR-Universitäten seien eben keine richtigen For-
schungseinrichtungen gewesen, sie sagten ja selbst, dass sie vor allem in der
Lehre gut seien.

Der Wissenschaftsrat baute dann seine gesamte Empfehlungslinie auf der
Annahme unerträglicher Forschungsdefizite der Hochschulen auf: Die Forschung müsse an die Hochschulen ‚zurückgeführt' werden.[12] Tatsächlich aber

---

11 die mit einer Akademiereform verbunden war

12 „in den Hochschulen (ist) das Verhältnis von Forschung und Lehre nicht ausgewogen … Über
   weite Strecken wurde aufgrund politischer Entscheidungen die [also nicht ein Teil der, P. P.]
   Forschung in Institute außerhalb der Hochschulen verlegt" (Wissenschaftsrat: Perspektiven für
   Wissenschaft und Forschung auf dem Weg zur deutschen Einheit. Zwölf Empfehlungen. Vom
   Juli 1990, in: ders., Empfehlungen und Stellungnahmen 1990, Köln 1991, S. 7 – 28, hier S. 24).
   Vgl. dagegen ein Gutachten zum ‚Bibliometrischen Profil der DDR' (lies: der DDR-Wissenschaft

beheimateten die Hochschulen z. T. beachtliche Forschungspotenziale und hatten im Übrigen keine Spielräume in der Personalstruktur. Sie waren gewiss nicht abgeneigt, *zusätzliche* Forschungskapazitäten in Gestalt entsprechenden Personals mit sächlicher Ausstattung zu bekommen. Doch waren sie, wie sich denken lässt, ungeneigt, dies zu Lasten der eigenen Beschäftigten zu erlangen. Also taten sie zweierlei: Sie statteten die um Anbindung nachsuchenden WIPianer mit Zeitverträgen für die Dauer der Förderung aus dem WIP aus. Im Übrigen setzten sie die politischen Amtsträger davon in Kenntnis, dass hier nach Ablauf der WIP-Finanzierung ein Problem bestehen werde. Eindrucksvoll ist indessen, dass so hartnäckig wie fortdauernd kolportiert wird, die ostdeutschen Hochschulen seien erst im Laufe ihres Umbaus wieder zu der ihnen zukommenden Rolle eigenständiger Forschungseinrichtungen gelangt.[13]

Bevor und während die WIP-Akademieforscher/innen in die Hochschulen zu gelangen suchten, vollzog sich an diesen ein mehrstufiger Ausleseprozess in Bezug auf das eigene Personal. Zahlreiche Instrumente, oft ad hoc entwickelt, gelangten hier zur Anwendung:[14] generelle Abberufung aller Hochschullehrer/innen des Marxistisch-leninistischen Grundlagenstudiums (MLG); Neubesetzungen der Führungspositionen in den Hochschulen; Vertrauensabstimmungen über Rektoren, Dekane, Instituts- und Klinikleitungen; Personalabbau in Folge der „Abwicklung" – Auflösung bei sofortiger Wiedergründung – vornehmlich gesellschaftswissenschaftlicher Sektionen/Institute; kommissarische Beauftragung ausgewählter Hochschullehrer/innen mit der Wahrnehmung eines Professorenamtes neuen Rechts; sog. Integritätsüberprüfungen incl. Regelanfrage bei der Stasi-Unterlagen-Behörde; fachliche Evaluierung des (dann noch) vorhandenen Personals; daraus sich ergebende Entlassungen; Umberufungen einzelner zu Professoren neuen Rechts (auf sog.

---

in ausgewählten Disziplinen), das im Auftrag des Stifterverbandes für die Deutsche Wissenschaft und des Wissenschaftsrates erstellt worden war: Die Autoren ermittelten unter Verwendung der Datenbanken des Science Citation Index z. B., dass 54,7 % der Publikationen in den DDR-Natur- und medizinischen Wissenschaften aus den Hochschulen stammten, dagegen nur 32,6 % aus den Akademieinstituten (Beispieljahr 1984) (Peter Weingart/Jörg Strate/Matthias Winterhager: Bibliometrisches Profil der DDR. Bericht an den Stifterverband für die Deutsche Wissenschaft und den Wissenschaftsrat, Bielefeld 1991, unveröff., S. 26).

13 Noch im Jahre 2002 wurde das Missverständnis erneut aktualisiert: „Die Bemerkung …, dass die Forschung im Ergebnis der Transformation endlich wieder an die Universität heimgekehrt sei, veranlasste den Sächsischen Staatsminister Hans Joachim Meyer … zu dem gereizten Einwand, man sollte endlich die Legende beerdigen, es habe an den Universitäten und Hochschulen der DDR keine Forschung gegeben, alle Forschung wäre an der Akademie der Wissenschaften konzentriert. Was wiederum … Wilhelm Krull … zu dem apodiktischen Bekenntnis trieb: ‚Ich sehe das anders'" (Jakob Wegelin: Geklonte Defizite. Ein Symposium der Evaluierer hält nach zehn Jahren ratlose Rückschau auf die Wissenschafts-Transformation in Ostdeutschland, in: Leibniz Intern Nr. 12, 30. 4. 2002, S. 13 – 15, hier S. 13 f.).

14 Ausführlicher vgl. Peer Pasternack: „Demokratische Erneuerung". Eine universitätsgeschichtliche Untersuchung des ostdeutschen Hochschulumbaus 1989 – 1995. Mit zwei Fallstudien: Universität Leipzig und Humboldt-Universität zu Berlin, Weinheim 1999.

Eckprofessuren); Personalstrukturneudefinition einschließlich deutlicher
Verringerung der Stellenanzahl im Mittelbau; dabei auch Integration diverser
anderer Hochschul(einrichtung)en, insbesondere Pädagogischer Hochschulen; hierauf Ausschreibung aller Stellen (Hochschullehrer wie Mittelbau) und
darauf gründende Bewerbungen der bisherigen Stelleninhaber (in einigen
Ländern auch Überleitung in die neuen Personalkategorien ohne vorherige
Ausschreibung der Stellen); daraufhin (a) im Mittelbau entweder Tätigkeits-
fortsetzung, zum großen Teil verbunden mit dem Wechsel aus einem unbefristeten in ein befristetes Beschäftigungsverhältnis, bzw. Entlassung „mangels Bedarf", und (b) parallel Neubesetzungen der Professuren durch Haus-
wie Fremdberufungen; schließlich Rehabilitierungen incl. symbolischer Sta-
tuserhöhungen wie Berufungen zum außerordentlichen Professor/zur außerordentlichen Professorin, was die individuellen Verbleibschancen verbesserte.

Von diesen Instrumenten waren es drei, welche die Umsetzung des Perso-
nalaustausches im Wissenschaftsbereich vorrangig vorantrieben: (a) die
Abwicklungen, (b) die Personalkommissionen und (c) der Personalstellen-
abbau.

a) Die Abwicklungen hatten das Grundmuster für die Gesamtvorgänge an
   den Hochschulen abgegeben – und wurden alsbald auch zur allgemein
   üblichen Bezeichnung für alle nur denkbaren Schließungs-, Reduzierungs-
   oder Umprofilierungsvorgänge. Die politischen Instanzen sahen Ende
   vornehmlich Unzulänglichkeiten in den Selbsterneuerungsprozessen der
   ostdeutschen Hochschulen. Daher setzten dann dort um die Jahreswende
   1990/91 die Abwicklungen an. Sie betrafen vorrangig Institute und Fächer,
   die inhaltlich eng mit der DDR-Gesellschaftsordnung verbunden waren,
   also Philosophie, Geschichte, Soziologie usw.

Abwicklung bedeutete Schließung der Einrichtungen und Fortdauer der Be-
zahlung ihrer Mitarbeiter und Mitarbeiterinnen in einer Warteschleife von
sechs bzw. (bei Älteren) neun Monaten; sobald die Warteschleife ausgelaufen
war, endeten alle weiteren Verpflichtungen des öffentlichen Arbeitgebers. Das
wesentliche Problem dabei war die dezidierte Nichtindividualität des Vorgangs. Die Mitgliedschaft in einem Institut, das als politisch problematisch
oder sachlich überflüssig galt, also ein Kollektivmerkmal entschied über die
individuelle berufliche Existenz, ohne dass der/die Einzelne eine realistische
Chance hatte, der kollektiven Verdammung zu entgehen. Die Protagonisten
dieses Vorgehens argumentierten jakobinisch: „Die Abwicklungen sind ein
hochpolitischer Befreiungsschlag, der arbeitsrechtliche Zwänge beseitigt",
hieß es etwa bei dem Leipziger Kirchenhistoriker Nowak.[15]

---

15 Kurt Nowak: Hochschule im Spannungsfeld politischer Zwecke und wissenschaftlicher Verantwortung. Impressionen aus Leipzig, in: Beiträge zur Hochschulforschung 4/1991, S. 371–
   381, hier S. 373.

b) Mit den Personalkommissionen war das – nach Reichweite, Eingriffstiefe, Einsatzdauer und Folgen – Primärinstrument eines personellen Wandels an den ostdeutschen Hochschulen entwickelt und installiert worden. Im Unterschied zu den Abwicklungen waren hiervon nun ausnahmslos alle Hochschulwissenschaftler/innen betroffen. Der Form nach vermittelte es nichtjustiziable Strafansprüche mit dem Gebot legalen Handelns. Die von den Personalkommissionen durchgeführten Verfahren waren in ihrem positivistischen Kern Beurteilungen individualbiografischer Vergangenheit mit dem Ziel, eine Sozialprognose über die Eignung (resp. Nichteignung) für den Öffentlichen Dienst der Bundesrepublik Deutschland zu gewinnen. Funktional war dieses Anliegen in das Zumutbarkeitskriterium übersetzt worden: Auf Grundlage der von den Kommissionen gewonnenen Erkenntnisse stellten die zuständigen Wissenschaftsminister die Un-/Zumutbarkeit der einzelnen Personen fest.

Damit schlugen Dichotomisierungen voll durch und prägten fortan die Prozesse. Diese machten sich in den begleitenden Debatten an der Konstruktion einander gegenüber stehender Kollektivakteure fest. Zuerst war die Trennlinie zwischen früheren SED-Mitgliedern und Nicht-SED-Mitgliedern dominierend. Dann wurden Naturwissenschaftler und Gesellschaftswissenschaftler als geborene Träger guter bzw. schlechter Eigenschaften definiert. Der erste größere Struktureingriff im Dezember 1990 trennte fortan Abgewickelte und Nichtabgewickelte. Mit den Überprüfungen durch die Personalkommissionen fand – wie in der Gesellschaft insgesamt – auch an den Hochschulen die Opfer/Täter-Dichotomie Eingang. Hier korrespondierte eine Selbstheroisierung derjenigen, die sich in der DDR politisch herauszuhalten versucht hatten, mit einer Dämonisierung derjenigen, die als per se verantwortlich betrachtet wurden. Für Schattierungen zwischen schwarz und weiß blieb für längere Zeit kein Platz in den dominierenden Wahrnehmungsmustern. Die Debatten waren binär codiert: „systemnah/systemfern", „belastet/unbelastet", „unzumutbar/zumutbar". Erst ab 1992/1993 wurden die Debatten in den Hochschulen wieder differenzierter.

c) Der Personal*stellen*abbau betraf vor allem (Ost-)Berlin und Sachsen. Dort hatte die DDR 50 % ihres gesamten Wissenschaftspersonals konzentriert. Das war nunmehr durch die beiden Bundesländer in diesen Größenordnungen nicht zu finanzieren. An der Universität Leipzig, der TU Dresden und der Humboldt-Universität zu Berlin, um drei Beispiele zu nennen, hatten daraufhin jeweils zwei Drittel des 1990 beschäftigten Personals ihren Arbeitsplatz räumen müssen.[16] Vollständig erschließen sich die

---

16 Peter Gutjahr-Löser: Die Umgestaltung der Universität Leipzig nach der Wende, in: Rektorat der Universität Leipzig (Hg.), Wissenschaftsstandort Leipzig. Die Universität und ihr Umfeld. Beiträge der Konferenz anlässlich des „Dies academicus" am 2. Dezember 1996, Leipzig 1997, S. 23–42, hier S. 33; Alfred Post: Planung und Realisierung der neuen TU Dresden 1991 bis

Ausmaße des Stellenabbaus nur in einer Betrachtung des gesamten Wissenschaftssystems, also unter Einbeziehung der nichthochschulischen Forschungseinrichtungen. Die empirisch abgesicherten Erhebungen, denen sich diesbezüglich relevante Zahlen entnehmen lassen, sind zum einen überschaubar, zum anderen aber in den Einzelheiten schwer miteinander vergleichbar. Zumindest lässt sich aus ihnen ableiten, dass es in den 1990er Jahren eine massenhafte Beendigung von wissenschaftlichen Berufsbiografien gegeben hat. Darüber hinaus kann auf Grund der Schwierigkeiten, welche die vorliegenden Zahlenwerke bereit halten, nur eine plausible Schätzung auf der Basis einer Zusammenschau der verschiedenen statistischen Erfassungen und Hochrechnungen stattfinden. Diese plausible Schätzung ergibt, dass das 1989 beschäftigt gewesene Personal in folgenden Größenordnungen abgebaut worden ist:[17]
- ca. 60 % an den Hochschulen (mit starken regionalen Unterschieden, die daraus resultierten, dass – wie erwähnt – die Hälfte des gesamten DDR-Wissenschaftspotenzials auf Ost-Berlin und die drei sächsischen Bezirke konzentriert war),
- ca. 60 % in der außerhochschulischen Akademieforschung (die anderen 40 % sind heute in Max-Planck-, Fraunhofer- und Blaue-Liste-Instituten tätig),
- ca. 85 % in der Industrieforschung.[18]

Differenzierend muss zugleich auf erhebliche Unterschiede zwischen den einzelnen Fächergruppen hingewiesen werden:

1994. Gemeinsame Aufbruchjahre mit dem Rektor Günther Landgraf, Supplement zu Europäisches Institut für postgraduale Bildung an der TU Dresden (Hg.), Prof. Dr. Dr. Günther Landgraf – der TU Dresden verbunden, Dresden 2005; Thomas Raiser: Schicksalsjahre einer Universität. Die strukturelle und personelle Neuordnung der Humboldt-Universität zu Berlin 1989–1994, Berlin/Baden-Baden 1998, S. 119.

17 Grundlagen dieser Zusammenschau sind: Werner Meske: Die Umgestaltung des ostdeutschen Forschungssystems. Eine Zwischenbilanz, Berlin 1993; Hansgünter Meyer: Neugestaltung der Hochschulen in Ostdeutschland. Szenarien – Friktionen – Optionen – Statistik, Berlin 1993; Thomas Neie: Die Entwicklung des Personalbestandes an den ostdeutschen Hochschulen 1990–1993, in: hochschule ost 1/1996, S. 133–148; Gertraude Buck-Bechler/Hans-Dieter Schaefer/Carl-Hellmut Wagemann (Hg.): Hochschulen in den neuen Ländern der Bundesrepublik Deutschland. Ein Handbuch zur Hochschulerneuerung, Weinheim 1997; Dirk Lewin: Datenalmanach zum Handbuch Hochschulen in den neuen Ländern der Bundesrepublik Deutschland, Weinheim 1997; Anke Burkhardt: Stellen und Personalbestand an ostdeutschen Hochschulen 1995. Datenreport, Wittenberg 1997; Arno Hecht: Die Wissenschaftselite Ostdeutschlands. Feindliche Übernahme oder Integration?, Leipzig 2002.

18 Ein Ergebnis vor allem des Wirkens der Treuhand-Anstalt, die wiederum „den Markt" dafür verantwortlich machte, der freilich dafür nichts kann: Es war die Unterkapitalisierung der Unternehmen – oft geoutsourcter Industrieforschungsabteilungen –, die ihnen den auf dem Technologiemarkt nötigen langen Atem versagte, und diese allgemeine Kapitalschwäche eines bislang planwirtschaftlich verwalteten Siedlungsgebietes kann „dem Markt" nicht direkt zugerechnet werden.

- Die Sozial- und Geisteswissenschaften wurden stärker verwestlicht als die Naturwissenschaften.
- Innerhalb der letzteren hatten ostdeutsche Professoren in den Ingenieurwissenschaften die größten Verbleibschancen, während die Verhältnisse an den medizinischen und mathematisch-naturwissenschaftlichen Fakultäten stärker ost-west-ausgeglichen sind.
- Innerhalb der Sozial- und Geisteswissenschaften wurden die Sozialwissenschaften deutlicher verwestlicht als die Geisteswissenschaften. Doch ist dort intern nochmals zu differenzieren:
- Einerseits gibt es Bereiche wie die Politikwissenschaft, die nahezu vollständig westdeutsch besetzt sind, da es dieses Fach so in der DDR nicht gab, während es sich in der Soziologie ausgeglichener verhält: Von 53 dort an ostdeutsche Universitäten berufenen Professoren waren – Stand 1997 – elf in der DDR promoviert oder habilitiert worden.[19]
- Andererseits sind in den Geisteswissenschaften Fächer wie die Philosophie, die Geschichts- oder die Literaturwissenschaften sehr westdominant besetzt, während es in den Sprachwissenschaften und den sog. Kleinen Fächern eine deutliche Ausgewogenheit zwischen Ost und West gibt – zumindest solange Pensionierungen und darauf folgende Neubesetzungen noch keine Veränderung bewirk(t)en.[20]

Eine besonders problematische Implikation waren die Schwierigkeiten, die der Transformationsmodus den jüngeren und mittleren ostdeutschen Wissenschaftlergenerationen bei der Integration in den neu organisierten akademischen Betrieb bescherte. Deren Angehörige hatten noch in der DDR ihre ersten Schritte in der Wissenschaft absolviert und dann mit dem Umbruch ihre akademischen Lehrer und Netzwerke verloren. Aus beiden Generationen gelang es nur wenigen, sich gegen das in den ersten Jahren wirksame Stigma, in der DDR wissenschaftlich sozialisiert worden zu sein, in die neuen Strukturen zu integrieren. Es mangelte den jüngeren Wissenschaftlern sowohl an der Einbindung in die nun relevanten Netzwerke als auch an habitueller Passfähigkeit. Sie stießen daher an eine gläserne Decke.[21] Hier kam zum Zuge, was die Ethnologen Tribalismus nennen: „eine Verhaltenstendenz der Bevorzugung von Kontakten zu Mitgliedern der eigenen Kulturgruppe".[22]
Der weitgehende Verzicht auf die komplette ostdeutsche Nachwuchskohorte hatte eine wesentliche Voraussetzung: Die akademische Grundversor-

---

19 Jürgen Kaube: Soziologie, in: Jürgen Kocka/Renate Mayntz (Hg.), Wissenschaft und Wiedervereinigung. Disziplinen im Umbruch, Berlin 1998, S. 255–301, hier S. 297.
20 Vgl. Peer Pasternack: Geisteswissenschaften in Ostdeutschland 1995. Eine Inventur. Vergleichsstudie im Anschluß an die Untersuchung „Geisteswissenschaften in der ehem. DDR (Konstanz 1990)", Leipzig 1996.
21 wie sie aus den Forschungen zu Karriereverläufen von Frauen in der Wissenschaft bekannt ist
22 Sabine Helmers: Theoretische und methodische Beiträge der Ethnologie zur Unternehmenskulturforschung, Berlin 1990, S. 13. Vgl. auch Peer Pasternack: Wandel durch Abwarten. Ost und West an den ostdeutschen Hochschulen, in: Deutschland Archiv 3/1996, S. 371–380.

gung Ostdeutschlands konnte vergleichsweise problemlos aus den vorhandenen personellen Ressourcen der westdeutschen Wissenschaft erfolgen.
Zwar war in einigen Fächern eine solche Anzahl von Professuren zu besetzen,
dass die vorhandenen Personalreserven eigentlich überfordert waren, und die
Wettbewerblichkeit der Berufungsverfahren ließ sich häufig nur noch formal
aufrechterhalten. Aber es konnte dann immer noch auf Anwärter zurückgegriffen werden, die nach allem menschlichen Ermessen in der westdeutschen
Normalsituation ihre Chancen ausgereizt hatten, ohne auf eine Professur gelangt zu sein.[23] Wer westelbisch habilitiert war, konnte beispielsweise in den
neu aufzubauenden Rechts- und Wirtschaftswissenschaften angesichts der
Vielzahl zu besetzender Positionen kaum abgewiesen werden.[24]

Gleichwohl muss das – je nach Fächergruppe relative oder absolute –
Übergewicht westdeutscher Berufungen in Ostdeutschland grundsätzlich
weder verwundern, noch muss sich dahinter prinzipiell ein Problem verber-
gen: Die ostdeutsche Partialpopulation bildete nun einmal nur 21 Prozent der
gesamtdeutschen Bevölkerung. Insbesondere in den Geistes- und Sozialwissenschaften hätte man es wohl auch keinem Studierenden ernsthaft wünschen
dürfen, ausschließlich von früherem DDR-Personal belehrt zu werden. Allerdings wäre die zahlenmäßige westdeutsche Dominanz im akademischen
Personal in Ostdeutschland nur dann völlig unproblematisch gewesen, wenn
sich alsbald auch eine dem ostdeutschen Bevölkerungsanteil entsprechende
Veröstlichung des wissenschaftlichen Personals an westdeutschen Hochschulen ergeben hätte. Dies war nicht der Fall.

Insgesamt erwies sich die Aufwärtsmobilität (von der wissenschaftlichen
Mitarbeiterin zur Professorin) als signifikant geringer als die Abwärtsmobi-
lität (vom Wissenschaftler zum Vorruheständler, vom Professor zum sog.
Professor alten Rechts, von der unbefristeten Oberassistentin zur befristeten
Projektmitarbeiterin, vom Industrieforscher zum Versicherungsvertreter
usw.). Faktisch hatte nahezu jede Wissenschaftlerin und jeder Wissenschaftler
in Ostdeutschland seit 1990 eine Veränderung des beruflichen Status erfahren:
„Beendigung oder Neudefinition der Karrieren nahezu aller DDR-Wissen-
schaftler", fasste Dieter Simon, Wissenschaftsratsvorsitzender der Zieldefi-
nitionsphase, zusammen, was sich hinter dem für diese Vorgänge vielfach

---

23 „Nicht zuletzt aufgrund des großen Zeitdrucks", so formulierte es zurückhaltend der seiner-
zeitige Generalsekretär des Wissenschaftsrates, „ist es nur teilweise gelungen, den internationalen Standards entsprechende Berufungsverfahren durchzuführen." (Wilhelm Krull: Im Osten
wie im Westen – nichts Neues? Zu den Empfehlungen des Wissenschaftsrates für die Neuordnung der Hochschulen auf dem Gebiet der ehemaligen DDR, in: Renate Mayntz (Hg.), Aufbruch
und Reform von oben. Ostdeutsche Universitäten im Transformationsprozeß, Frankfurt a. M./
New York 1994, S. 205–225, hier S. 215) Vgl. auch die instruktive qualitative Untersuchung des
ostdeutschen Berufungsgeschehens der 90er Jahre von Karin Zimmermann: Spiele mit der
Macht in der Wissenschaft. Passfähigkeit und Geschlecht als Kriterien für Berufungen, Berlin
2000.
24 Zur Vermeidung von Missverständnissen: Es gab selbstredend auch Fächer, in denen sich dies
anders verhielt.

gebrauchten Begriff „personelle Erneuerung" verbarg.[25] Im Ganzen war das ursprünglich tätige Personal stark dezimiert, deutlich vermännlicht sowie verwestlicht worden. Für einige in der DDR benachteiligte Wissenschaftler und Wissenschaftlerinnen hatte der Personalaustausch auch zuvor undenkbare Chancen geboten. Gleichzeitig wurden aber auch früher benachteiligte Wissenschaftler von der allgemeinen Welle des Stellenabbaus erfasst.

Auf einer Tagung im Jahre 2002 bilanzierten Akteure des Wissenschaftsumbaus ihr seinerzeitiges Tun und dessen seitherige Wirkungen. Im Ganzen viel die Rückschau positiv aus, doch schloss dies deutliche Selbstzweifel und kritische Anmerkungen ein:

„Von Schuld, die man auf sich geladen habe, war die Rede, von der Versündigung an einer ganzen Generation (Horst Kern), von Ungerechtigkeiten (Benno Parthier), ... von persönlicher Tragik (Manfred Erhardt), von einem schmerzlichen Prozeß (Jens Reich), von einer Katastrophe für die Betroffenen (Gerhard Maess ...), von Fehlentscheidungen der Ehrenkommissionen (wenngleich nur gelegentlichen, Erich Thiess ...), von ungerechtfertigten Härten an der Humboldt-Universität (... Richard Schröder)".[26]

Am deutlichsten formulierte der Konstanzer Philosoph Jürgen Mittelstraß: „Wenn ich als altes Wissenschaftsratsmitglied, das sowohl im Evaluationsausschuss als auch im Strukturausschuss und in vielen Kommissionen beider Ausschüsse gedient hat, einen Wunsch frei haben sollte, dann den, das wir – und sei es auch nur auf eine mehr oder weniger symbolische Weise – gutzumachen versuchen, was damals, bewirkt durch die Empfehlungen des Wissenschaftsrates, an persönlichem Unrecht geschah gegenüber Akademieangehörigen, die, obgleich von bewiesener Leistungsfähigkeit, freigestellt, unzureichend weiterfinanziert und schließlich doch fallengelassen wurden. Und ebenso gegenüber Hochschullehrern, die wiederum trotz dokumentierter Leistungsfähigkeit der Abwicklung ihrer Einrichtungen zum Opfer fielen. Hier ist in zu vielen Fällen nicht nur fahrlässig mit der Ressource Geist umgegangen worden, sondern auch Würde und Leben einzelner Wissenschaftler verletzt worden."[27]

---

25 Dieter Simon: Lehren aus der Zeitgeschichte der Wissenschaft, in: Jürgen Kocka/Renate Mayntz (Hg.), Wissenschaft und Wiedervereinigung. Disziplinen im Umbruch. Interdisziplinäre Arbeitsgruppe Wissenschaften und Wiedervereinigung, Berlin 1998, S. 509–523, hier S. 509.

26 Jakob Wegelin: Geklonte Defizite. Ein Symposium der Evaluierer hält nach zehn Jahren ratlose Rückschau auf die Wissenschafts-Transformation in Ostdeutschland, in: Leibniz Intern Nr. 12, 30.4.2002, S. 13–15, hier S. 14 f.

27 Jürgen Mittelstraß: Unverzichtbar, schwer kontrollierbar. Die Strukturkommission – Alibi oder zeitgemäßes Instrument der Hochschulpolitik?, in: Stifterverband für die Deutsche Wissenschaft (Hg.), 10 Jahre danach, Essen, S. 29–32, hier S. 32; vgl. auch ders. (Iv.): „Laßt uns noch einmal über die Bücher gehen ...", in: Leibniz intern Nr. 12, 30.4.2002, S. 10 f.

3. Inhalte

Nach Rudolf Stichweh verschwinden Hypothesen nicht vorrangig deshalb aus
der wissenschaftlichen Debatte, weil sie widerlegt wurden. Vielmehr werden
„sie in neuen kommunikativen Akten nicht mehr aufgenommen ..., weil man
sie zur Organisation von Anschlüssen nicht mehr braucht".[28] Kurz und zu-
gespitzt: Sie werden nicht mehr zitiert, und somit ist der Anschluss an die
weitere Fachdiskussion unterbrochen. Da Wissenschaft nicht nur ein kogni-
tives, sondern auch ein soziales System ist, benötigt die Präsenz bestimmter
fachlicher Positionen wesentlich die Präsenz von sozialen Trägern – Personen,
Gruppen, Institutionen, Zeitschriften, wissenschaftliche Schulen und akademische Schüler/innen. Die anhaltende Kenntnisnahme wissenschaftlicher
Leistungen im akademischen Leben ist immer auch davon abhängig, dass
diese durch inhaltliche Bezugnahmen, Zitationen und Kritik im Bewusstsein
der jeweiligen Fachöffentlichkeit gehalten werden. Das ist bei der DDR- bzw.
Post-DDR-Wissenschaft nur ausnahmsweise gegeben.

Die Tonlage gab 1990 die wesentlich konkurrenzpolitisch motivierte Einschätzung vor, die DDR-Wissenschaft sei eine „Wüste"[29] gewesen.[30] Gleichwohl kann festgehalten werden: In zahlreichen Bereichen waren beachtens-
werte Forschungsergebnisse erzielt worden – beispielsweise zur Geschichte
der Französischen Revolution, zur Geschichte des Zweiten Weltkriegs, zur
Linguistik und Grammatiktheorie oder zur Krebsforschung und Tierseu-
chenforschung; zu nennen wären ebenso die Ergebnisse der Editionsphilo-
logie und einige bemerkenswerte Wörterbuchprojekte.[31] Dabei geht diese
Bewertung davon aus, dass Beachtlichkeit nicht erst dann erreicht wird, wenn

28 Rudolf Stichweh: Die Autopoiesis der Wissenschaft, in: ders., Wissenschaft, Universität, Pro-
    fessionen. Soziologische Analysen, Frankfurt a.M. 1994, S. 52 – 83, hier S. 63.
29 Eine oft zitierte Formulierung des Präsidenten der Max-Planck-Gesellschaft Zacher (vgl. Wüste.
    Kritik an der DDR-Wissenschaft (AP), in: F.A.Z., 21.6.1990, S. 31). Im weiteren Verlauf kam es
    zu einem gewissen Umschwung in den dominierenden Meinungsmustern: Nunmehr wurden
    auch „Oasen" gesehen (Gustav Seibt: Oasen in Sicht. Wissenschaft im Test: Die Akademie der
    DDR wurde evaluiert, in: F.A.Z., 16.7.1991, S. 23) – eine Metapher, die freilich den Betrach-
    tungsrahmen „Wüste" nicht aufgab, sondern lediglich präzisierte, denn Oasen finden sich nur
    in Wüsten.
30 Zu den hier nicht weiter vertieften Einflüssen der Politik auf die Wissenschaft in der DDR vgl.
    Peer Pasternack: Wissenschaft und Politik in der DDR. Eine Kontrastbetrachtung im Vergleich
    zur Bundesrepublik, in: Deutschland Archiv 3/2008, S. 510 – 519.
31 Dies sind exemplarische Nennungen. Seit 1990 sind zahlreiche fachgeschichtliche Untersu-
    chungen und Dokumentationen erschienen, die eine differenzierte Aufbereitung der For-
    schungsleistungen in Einzeldisziplinen und -forschungsfeldern leisten. Siehe hierzu Peer Pas-
    ternack: Wissenschafts- und Hochschulgeschichte der SBZ, DDR und Ostdeutschlands 1945 –
    2000. Annotierte Bibliografie der Buchveröffentlichungen 1990 – 2005, CD-ROM-Edition, unter
    Mitarbeit von Daniel Hechler, Wittenberg/Berlin 2006. Die Bibliografie wird halbjährlich
    fortgesetzt in der Zeitschrift „die hochschule" bzw. online unter http://www.peer-paster-
    nack.de/texte/dhs_biblio_fortsetzung.pdf.

Paradigmen umgestoßen und wissenschaftliche Revolutionen ausgelöst werden: Wissenschaft ist überall und systemunabhängig nur ausnahmsweise Spitzenwissenschaft. Insoweit ist solide Wissenschaft auch nicht allein solche, welche die Zeiten überdauert. Der größte Teil der Forschungsergebnisse erledigt sich allerorten – nicht nur für die DDR-Wissenschaft – durch die jeweils darauf aufbauenden nachfolgenden Arbeiten spätestens der nächsten Forschergeneration. Das liegt in der Logik der allgemeinen Szientifizierung.

Beide Tendenzen zusammen – das vielfache Fehlen sozialer Anschlüsse mit der Folge, dass kognitive Anschlüsse unterbrochen sind, und der allgemeine Wissenschaftsfortschritt – bewirken, dass die DDR-Wissenschaft großteils ins Archiv verfrachtet ist. Sie lagert in den Katakomben der Magazine und ist insoweit mehr ein (potenzieller) Gegenstand der Wissenschaftshistoriografie statt lebendiger Bestandteil der aktuellen Wissenschaftskultur.

Das war und ist nicht allein ein Umstand, der sich politisch oder moralisch entweder begrüßen oder bedauern lässt. Gerade im Bezug auf die besonders umstritten gewesenen Sozial- und Geisteswissenschaften (in der DDR: Gesellschaftswissenschaften) hatte es auch sehr praktische Probleme erzeugt. Mit der unzulänglichen Integration ostdeutscher Sozial- und Geisteswissenschaft war auf Deutungskompetenz verzichtet worden, die genuin ostspezifisch ist: Deutungskompetenz in Bezug auf die Geschichte des sozialistischen Systems und der sozialistisch durchherrschten Gesellschaften, auf die aktuelle ostdeutsche Teilgesellschaft und in Bezug auf die osteuropäischen Transformationsprozesse.[32] Wenn etwa an der Fachhochschule Erfurt der Fachbereich Sozialwesen zu Beginn der 2000er Jahre zwar eindrucksvolle 23 Professuren hatte, diese aber ausschließlich von Personal mit westdeutscher Biografie besetzt waren, dann konnte zumindest eine Frage nahe liegen: Würden die dort ausgebildeten Sozialarbeiterinnen und Sozialpädagogen – nach Studienabschluss zu einem größeren Teil an sozialen Problempunkten in Thüringen eingesetzt – wirklich alle relevanten Facetten mit auf ihren Weg bekommen haben, um die spezifischen Ost-Problemlagen erfolgreich bearbeiten zu können?

Unterdessen gleiten auch die Transformationsprozesse in den Untersuchungszeitraum der Zeitgeschichte im Sinne einer „neuesten Zeitgeschichte".[33] Jenseits der retrospektiven Betrachtung mittlerweile abgeschlossener Vorgänge können nun, zwei Jahrzehnte nach dem Zusammenbruch des DDR-Sozialismus, aber auch die Wirkungen der neu organisierten Struktur und der neuen Personalkonfiguration überprüft werden. Anhand der Wirkungen lässt sich prüfen, ob der ostdeutsche Wissenschaftsumbau trotz aller Verwerfungen

---

32 Vgl. detaillierter Peer Pasternack: Wissenschaftsumbau. Der Austausch der Deutungseliten, in: Hannes Bahrmann/Christoph Links (Hg.), Am Ziel vorbei. Die deutsche Einheit – Eine Zwischenbilanz, Berlin 2005, S. 221–236.

33 Konrad H. Jarausch: Überlegungen zur Positionsbestimmung der deutschen Zeitgeschichte, in: Zeitenblicke 1/2005, S. 1, URL http://www.zeitenblicke.de/2005/1/jarausch/index.html (Zugriff 16.3.2008).

als eher erfolgreich oder nicht erfolgreich zu bewerten ist. Kriterien dafür sind nicht Gerechtigkeit oder Prozesseffizienz, sondern das Maß des wissenschaftlichen Erfolgs. Dafür stellt die Wissenschaftsforschung Methoden zur quantitativen und qualitativen Leistungsbewertung bereit, mit deren Hilfe sich ein objektiviertes Urteil gewinnen lässt.

Eine Sekundärauswertung von jüngeren gesamtdeutschen und internationalen Leistungsvergleichen, in die insgesamt 66 verschiedene Indikatoren einbezogen waren,[34] hat generalisierend ergeben: Insgesamt ist die Leistung der ostdeutschen Forschung (ohne Berlin) in den mit hoher Reputation belegten Sektoren – Universitäten und außeruniversitäre Forschung – weit überwiegend durchschnittlich bzw. unterdurchschnittlich, während sie im Fachhochschulsektor, der mit den geringsten Forschungsressourcen ausgestattet ist, im sektorinternen Vergleich überdurchschnittlich ausfällt. Es sei dies anhand einiger ausgewählter Daten exemplarisch illustriert, wobei sich der Erwartungswert hinsichtlich der ostdeutschen Anteile an den gesamtdeutschen Forschungsleistungen bei etwa 16 % fixieren lässt:[35]

– Institutionell gibt es mit der TU Dresden eine von insgesamt 15 ostdeutschen Universitäten, die bei den verschiedenen Bewertungen überwiegend im oberen Leistungsdrittel der deutschen Universitäten vertreten ist. Sie gehört damit als einzige ostdeutsche Universität zu den auch gesamtdeutsch forschungsstarken.[36]
– Von den 54 ostdeutschen gemeinschaftsfinanzierten Forschungsinstituten finden sich sechs Institute (=11 %) – davon fünf aus Sachsen – im bundesweiten Vergleich auf Spitzenpositionen.
– Neun der 21 ostdeutschen Fachhochschulen (=43 %) finden sich unter den bundesweit forschungsstarken Fachhochschulen. Damit ist der ostdeutsche

34 Peer Pasternack: Forschungslandkarte Ostdeutschland, unt. Mitarb. von Daniel Hechler, Wittenberg 2007.
35 Nachfolgende Prozentangaben sind ins Verhältnis zu den sozioökonomischen und wissenschaftsspezifischen Referenzdaten zu setzen: In den fünf östlichen Bundesländern (ohne Berlin) leben 16,3 % der deutschen Bevölkerung und werden 11,6 % des gesamtdeutschen Bruttoinlandsprodukts erzeugt. Der ostdeutsche Anteil am Bundesgesamt beträgt beim wissenschaftlich-künstlerischen Hochschulpersonals 15,6 %, bei der Universitätsprofessorenschaft 15,4 %, bei den Fachhochschulprofessuren 16,4 % und beim öffentlich finanzierten Wissenschaftspersonal (Hochschulen und außeruniversitäre Forschung) 16,4 %. Der Finanzierungsanteil der ostdeutschen Länder für hochschulische und außeruniversitäre Wissenschaft beträgt 15,9 % der von allen deutschen Bundesländern aufgewendeten Mittel.
36 Daneben verfügen die Humboldt-Universität zu Berlin, die Friedrich-Schiller-Universität Jena, die TU Chemnitz und die Bergakademie Freiberg über jeweils mehrere Forschungsbereiche, die sich im oberen Leistungsdrittel der deutschen Universitäten platzieren können. Die Universität Potsdam, die Universität Leipzig, die Martin-Luther-Universität Halle-Wittenberg und die TU Ilmenau sind zumindest in Einzelbereichen in einem gesamtdeutschen Vergleichshorizont forschungsstark. (Vgl. Pasternack: Forschungslandkarte Ostdeutschland, a.a.O., S. 118–122, 235 f.).

Fachhochschulsektor – in Relation zu seiner Größe – insgesamt forschungsaktiver als der westdeutsche FH-Sektor.
- Die Drittmitteleinnahmen der öffentlich finanzierten ostdeutschen Forschung betragen 12 % aller in Deutschland eingeworbenen Drittmittel.
- Quantitativ besonders stark sind in Ostdeutschland die Ingenieurwissenschaften vertreten: 21 % aller Professuren dieser Fächergruppe finden sich an ostdeutschen Hochschulen. Von den gesamtdeutsch eingeworbenen Drittmitteleinnahmen der Ingenieurwissenschaften fließen 14 % nach Ostdeutschland.
- Der ostdeutsche Anteil an den gesamtdeutsch eingeworbenen Forschungsmitteln aus dem Forschungsrahmenprogramm der EU beträgt 6 %.
- Unter den Community-intern gewählten DFG-Fachgutachter/innen stammen 11 % aus ostdeutschen Wissenschaftseinrichtungen.
- Eine Auswertung der ostdeutschen Erfolge in den Vorentscheidungen und Endentscheidungen der beiden Runden der Exzellenzinitiative von Bund und Ländern (2006 und 2007) ergibt: Der gewichtete Anteil ostdeutscher Anträge (ohne Berlin), die innerhalb der vier Auswahlstufen zum Zuge kamen, betrug 3,2 %.[37] Werden die finanzierungswirksamen Endentscheidungen der beiden Auswahlrunden betrachtet, so ergibt sich, dass die ostdeutschen Universitäten zu 2,3 % an der insgesamt verteilten Fördersumme partizipieren.

Zusammenfassend lässt sich sagen: Sowohl die Forschungsreputation als auch die forschungsbezogenen Leistungsdaten der ostdeutschen Wissenschaft sind, mit wenigen lokalen und fachbezogenen Ausnahmen, seit den 1990er Jahren und anhaltend bis heute eher unterdurchschnittlich. International werden die ostdeutschen Universitäten nur ausnahmsweise wahrgenommen. Mithin stellt sich die ostdeutsche Wissenschaft nach ihrer radikalen Umgestaltung und zumindest einem Jahrzehnt in konsolidierten Strukturen als überwiegend leistungsgedämpft dar.

4. Fazit

Hinsichtlich der strukturellen Dimension des ostdeutschen Wissenschaftsumbaus kann festgehalten werden: Der dominante Trend war der einer Westanpassung, wobei begleitend auch vereinzelte Abweichungen vom normsetzenden Muster des westdeutschen Wissenschaftssystems vorkamen, grundsätzliche strukturelle Neuerungen aber peripher blieben. Im Blick auf die personelle Dimension lässt sich resümieren: Vollbracht wurde eine Sys-

---

37 Zu methodischen Details der Berechnung vgl. Peer Pasternack: Exzellenz – Qualität – Solidität. Realistische Selbstwahrnehmungen und die Chancen der ostdeutschen Hochschulen, in: Frau Gützkow/Gunter Quaißer (Hg.), Jahrbuch Hochschule gestalten, Bielefeld 2008, S. 63–79, hier S. 64.

temintegration der ostdeutschen Wissenschaft, die jedoch nicht mit einer Sozialintegration einherging. Die inhaltliche Dimension kann in zwei Aussagen zusammengefasst werden: Die DDR-Wissenschaft befindet sich weitgehend im Archiv, während sich die aktuell in Ostdeutschland betriebene Wissenschaft überwiegend leistungsgedämpft darstellt und nur ausnahmsweise internationale Wahrnehmung erzeugt.

Waren für die Vorgänge auf der Ebene politischer Betrachtung die beiden zentralen und gegensätzlichen Deutungsachsen „Erfolgsstory"[38] und „Wissenschaftskatastrophe"[39] meinungsstrukturierend geworden, so herrscht auf der Ebene analytischer Beurteilung die Begriffsfigur der ‚konservativen Modernisierung' vor. Renate Mayntz hatte bereits 1994 festgestellt, dass es zu einer konservativen Zieldefinition gekommen sei, deren Verfolgung zwar für Ostdeutschland „einen kurzfristig zu bewerkstelligenden, radikalen Wandel" bedeutete, dass für eine umfassende, d. h. darüber hinaus gehende Reformanstrengung dagegen „alle wesentlichen Voraussetzungen" gefehlt hätten: Diese Anstrengung hätte „einen entsprechenden Reformwillen und ein Reformkonzept vorausgesetzt; bei fehlendem Konsens unter den direkt und indirekt (über ihr Widerstandspotential) an einer solchen Reform Beteiligten hätte es eines durchsetzungsfähigen dominanten Akteurs bedurft, der die Reform planen und ihre Implementation sichern konnte. Die bloße Tatsache, daß das bundesdeutsche Hochschulwesen vor der Vereinigung als eminent reformbedürftig galt, genügte nicht, da unter den wichtigsten Entscheidungsbeteiligten kein Konsens über die zentralen Ursachen der Mängel, über die Reformziele und über die zu ergreifenden Maßnahmen bestand."[40]

Diese vergleichsweise frühe Einschätzung hat sich insofern als belastbar erwiesen, als die nachfolgenden Entwicklungen keinen Anlass zur Korrektur gegeben haben.

---

38 Jürgen Rüttgers: Fünf Jahre deutsche Einheit: Die blühenden Landschaften sind im überall im Kommen. BMBW-Pressemitteilung, abgedruckt in: hochschule ost 1/1996, S. 182–186, hier S. 182.

39 Edelbert Richter/Joachim Wipperfürth: Wissenschaftskatastrophe. Zur Situation von Forschung und Hochschulen in den neuen Ländern, o. O. [Strasbourg] o. J. [1992].

40 Renate Mayntz: Die Erneuerung der ostdeutschen Universitäten zwischen Selbstreform und externer Intervention, in: dies. (Hg.), Aufbruch und Reform von oben, Frankfurt a. M./New York 1994, S. 283–312, hier S. 308 f.

Konrad H. Jarausch

Säuberung oder Erneuerung?

Zur Transformation der Humboldt-Universität 1985–2000

Noch immer steht die Humboldt-Universität (HU) am gewohnten Platz Unter den Linden – aber in ihr und um sie herum hat sich seit 1989/90 fast alles verändert. Die Mauer ist gefallen, die SED-Diktatur zusammengebrochen und die DDR der Bundesrepublik beigetreten. Das Ende des Kalten Krieges und damit auch der Nachkriegszeit hat die östlichen Nachbarn näher gerückt und der europäischen Integration neue Impulse gegeben.[1] Solch grundlegende Veränderungen der politischen Rahmenbedingungen konnten nicht ohne Folgen für eine Institution bleiben, die sich als führende Universität eines realsozialistischen Staates verstand, bevor er vom demokratischen Aufbruch der eigenen Bürger hinweggefegt wurde. Ohne selbst viel dazu beigetragen zu haben, fand sie sich plötzlich in der Hauptstadt eines vereinigten, nun aber demokratischen Landes wieder und hatte ihr wissenschaftliches Profil und ihre politische Aufgabe neu zu definieren. Was konnte in diesem atemberaubenden Umbruch an Kontinuitäten verbleiben, was musste von Grund auf erneuert werden?

Eine vor allem von den dabei entlassenen Wissenschaftlern vertretene Sicht ist die These einer personellen „Säuberung" und institutionellen Vergewaltigung. Diese von eigenem Schmerz motivierte Interpretation betont die Schrumpfung des „einstigen Personalbestand[es] auf einen zahlenmäßig ganz unbedeutenden Rest", der viele tragische Schicksale mit sich brachte. So beklagt der gekündigte Historiker Kurt Pätzold die „derzeit übliche Ignoranz oder Abwertung dieser Initiativen ‚von innen'", die auf eine „durchgreifende Demokratisierung" und dadurch gleichzeitige Erhaltung des sozialistischen Systems zielten. Wegen der Blockierung interner Reformen verurteilt er „das Überstülpen des westdeutschen (Westberliner) Bildungssystems" als eine Art von wissenschaftspolitischem „Anschluss", der auf die Restaurierung „kapitalistischer Zustände" hinauslief.[2] Diese polemisch zugespitzte Leidensgeschichte ignoriert eigenes repressives Verhalten, um sich in die Rolle eines unschuldigen Opfers zu stilisieren.

Bei aller Kritik einzelner Maßnahmen bietet die Darstellung der die

---

1 Als Einstieg siehe Tony Judt, Postwar: A History of Europe Since 1945, New York 2005.
2 Ingrid Matschenz / Kurt Pätzold / Erika Schwarz / Sonja Strignitz (Hg.), Dokumente gegen Legenden. Chronik und Geschichte der Abwicklung der MitarbeiterInnen des Instituts für Geschichtswissenschaften an der Humboldt-Universität zu Berlin, Berlin 1996, S. 5–9.

Transformation leitenden Akteure dagegen eine Erfolgsgeschichte der notwendigen Erneuerung ostdeutscher Universitäten. Da nach dem Urteil der
Soziologin Renate Mayntz die Universitäten in der DDR „alles andere als ein
Hort der Opposition" waren, mussten die inneren Reformer „von oben und
von außen" unterstützt werden, um einen echten Neuanfang zu erreichen. In
der Pluralität der Akteure wie z. B. der neuen Landesregierungen, der Kultusministerkonferenz, des Wissenschaftsrats und der großen Stiftungen, sieht
sie unterschiedliche Nuancierungen des westlichen Modells. Beim Vergleich
zwischen radikaler Abwicklung oder begrenzter Umstrukturierung findet sie
„keinen großen Unterschied" in den Ergebnissen. Die Personalreduktion sei
weniger das Resultat eines politischen Säuberungsprozesses als der begrenzten finanziellen Spielräume gewesen und viele Bereiche hätten eine erhebliche
Durchmischung erreicht.[3] Auch wenn die Transformation keine gesamtdeut-
sche Reform gebracht habe, sei sie doch deren Voraussetzung.

Ein Weg zur Auflösung solcher Widersprüche wäre eine Klarstellung der
dabei anzuwendenden Kriterien. Geht man wie der frühere Studentensprecher
Sven Vollrat dem Versuch der Selbstreform aufgrund der Unterlagen der
Personal- und Strukturkommissionen nach, wird man den erzwungenen
„drastische[n] Personalaustausch" für erschreckend hoch halten.[4] Wenn man
wie der Rechtssoziologe Thomas Raiser die Neukonstituierung der Fachbereiche auf der Basis der Berichte der Struktur- und Berufungskommissionen
untersucht, beurteilt man die Neuordnung dagegen „als entschieden oder
doch überwiegend erfolgreich".[5] Legt man wie der Hochschulforscher Peer
Pasternack den Standard der „demokratischen Qualität" an, fällt die Bewertung negativ aus, denn zwischen den begrenzten Möglichkeiten der Selbst-
beteiligung am Prozess und dem angestrebten Ziel entstand ein grundlegender Konflikt.[6] Berücksichtigt man jedoch aus wissenschaftshistorisch vergleichender Perspektive auch das Kriterium der Qualität von Forschung und
Lehre, wird das Urteil wiederum etwas positiver werden.[7]

Als Alternative zur Erinnerungspolemik der Beteiligten werden die folgenden Bemerkungen einen ersten Überblick über Hauptschritte des Um-
strukturierungsprozesses der HU versuchen. Diese knappe Zusammenfassung einer in der Jubiläumsgeschichte der HUB publizierten längeren Un-

3 Renate Mayntz (Hg.), Aufbruch und Reform von oben. Ostdeutsche Universitäten im Transfor-
    mationsprozeß, Frankfurt a. M. 1994, S. 283–312.
4 Sven Vollrath, Zwischen Selbstbestimmung und Intervention – Der Umbau der HUB von 1989 bis
    1996, Dissertation, Berlin 2008. Vgl. Mechthild Küpper, Die Humboldt-Universität. Einheits-
    schmerzen zwischen Abwicklung und Selbstreform, Berlin 1993, S. 119 ff.
5 Thomas Raiser, Schicksalsjahre einer Universität. Die strukturelle und personelle Neuordnung
    der Humboldt-Universität zu Berlin 1989–1994, Berlin 1998, S. 113 ff.
6 Peer Pasternack, ‚Demokratische Erneuerung'. Eine universitätsgeschichtliche Untersuchung des
    ostdeutschen Hochschulumbaus 1989–1995. Mit zwei Fallstudien: Universität Leipzig und
    Humboldt-Universität zu Berlin, Weinheim 1999.
7 Tobias Schulz, Zur Praxis „sozialistischer" Wissenschaft. Das Beispiel der Humboldt-Universtiät
    seit den sechziger Jahren, Dissertation, Potsdam 2009.

tersuchung beruht auf den Beständen des Universitätsarchivs sowie des Ministeriums für Hoch- und Fachschulwesen der DDR und der Abteilung Wissenschaft beim Zentralkomitee der SED. Gleichzeitig stützt sie sich auch auf eine Auswertung der Universitätszeitung sowie der Pressesammlung durch das Öffentlichkeitsreferat der HU. Sinnvoll erscheint dabei eine vierfache Gliederung: Ausgangspunkt ist eine Darstellung des Zustands der 1980er Jahre, es folgt eine Skizze der Versuche innerer Erneuerung, dann kommt eine Untersuchung der Umgestaltung von Außen und den Abschluss bildet eine Analyse des Ankommens in der bundesrepublikanischen Normalität. Im Kern geht es dabei um die Kollision von zwei konkurrierenden Versionen demokratischer Umgestaltung und wissenschaftlicher Erneuerung.[8]

1. Sozialistische Wissenschaft

Am 25. Oktober 1985 feierte die Humboldt-Universität vor erlesenem Publikum ihr eigenes 175-jähriges Bestehen und das 275-jährige Jubiläum der Charité. Im prunkvoll restaurierten Konzersaal hielt der Rektor Helmut Klein eine Festrede, die das gewachsene sozialistische Selbstbewusstsein widerspiegelte. Die innovative Universitätskonzeption des Namenspatrons Wilhelm von Humboldt, eine dynamischen Verbindung von Forschung und Lehre, habe in der Folgezeit durch „bedeutende Gelehrte" den wissenschaftlichen Weltruf der Institution begründet. Nach der „Entwürdigung der deutschen Wissenschaft durch den Hitlerfaschismus" habe der „revolutionäre Aufbruch" der Befreiung und Neueröffnung zur *„sozialistischen universitas litterarum"* geführt. Unter der Leitung der Arbeiterklasse „veränderten sich grundlegend die gesellschaftliche Basis und Funktion der Wissenschaft" zu einem Dienst am sozialen Fortschritt. Dies habe „Forschungsleistungen von internationalem Rang" ermöglicht, die sich in wachsendem internationalem Ansehen spiegelten. Diese Festrede und die begleitende Festschrift atmeten den Geist des Erfolges, der zuversichtlich den Sieg des Sozialismus erwartete.[9]

Das Leitbild „der kommunistischen Erziehung, Aus- und Weiterbildung" unterschied sich grundlegend von dem bürgerlichen Wissenschaftsbegriff durch sein verändertes Verständnis von Forschung. Grundlage aller Arbeit war „die Durchsetzung des Marxismus-Leninismus als wissenschaftliche Weltanschauung", die gleichzeitig Methode des Vorgehens und Ergebnis der Analyse zu sein versprach. Aus der Arbeiterbewegung stammte die weitere Priorität der sozialen Öffnung des Zugangs für die Kinder von Arbeitern und

8 Konrad H. Jarausch, La destruction créatrice. Transformer le système universitaire est-allemand: le cas de l'histoire, in: Civilisations (Winter 2000/1); ders., Das Ringen um Erneuerung, 1985–2000, in Band 3 der Jubiläumsgeschichte der HUB, Berlin 2010 (in Vorb.).

9 Helmut Klein, 175 Jahre Humboldt-Universität – 275 Jahre Charité. Festrede zum Jubiläum, in: Humboldt-Universität, 1985/86, Nr. 9, S. 5–8. Vgl. ders. (Hg.), Humboldt-Universität zu Berlin. Überblick 1810–1985, Berlin 1985, S. 147–166.

Bauern, die eine neue sozialistische Intelligenz hervorbringen sollte. Wichtiger für die ökonomische Stabilität des rohstoffarmen Landes war in Honeckers Worten „die *organische Verbindung* von Wissenschaft und Produktion, ihre enge *gegenseitige Durchdringung*". Schließlich sah sich die Universität ebenso als Vorhut des Kampfes gegen die Restauration und „der Bewahrung des Friedens verpflichtet". Dieses Selbstbild einer „der sozialistischen Gesellschaft gemäße[n] Konzeption der Universität" war ideologisch festgelegt, sozial offen, anwendungsorientiert und politisch parteilich.[10]

Den neuen Studenten stellte der Rektor Mitte der 1980er Jahre die HU als „ohne Zweifel de[n] größte[n] Betrieb Berlins" vor. Sie hatte etwa 19.000 Studenten, davon 3100 im Fernstudium, 820 im postgradualen Studium und 600 Ausländer. An ihr waren „mehr als 10.000 Mitarbeiter tätig, darunter 850 Professoren und Dozenten, 3800 wissenschaftliche Assistenten"; im Bereich Medizin arbeiteten 989 Ärzte und 3179 Schwestern. Im Selbstverständnis war die HU eine „,klassische' Universität, d. h. durch ein sehr breites wissenschaftliches Profil gekennzeichnet", das alle Naturwissenschaften, Gesellschaftswissenschaften, Agrarwissenschaften und das gesamte Spektrum der Medizin sowie Theologie und einige technische Fächer umfasste. Dieses Angebot war in 32 Sektionen gegliedert, die jeweils ein Wissenschaftsgebiet vertraten. An ihrer Spitze stand ein Rektor, unterstützt von fünf Prorektoren, einem Wissenschaftlichen Rat, einem Gesellschaftlichen Rat und einem jährlichen Konzil, die eine gewisse Mitbestimmung erlaubten. Allerdings übte „in allen Ebenen der Universität … die Partei ihre führende Rolle" durch Grundorganisationen und Parteisekretäre aus, so dass de facto eine Doppelstruktur bestand.[11]

Trotz der Beibehaltung mancher akademischer Traditionen war der Studienalltag an der sozialistischen HU anders als das Studium an der Freien Universität Berlin (FU), da er fast fabrikmäßig organisiert war. Zunächst mussten alle Studierenden zur Festigung des Klassenstandpunktes ein marxistisch-leninistisches Grundlagenstudium absolvieren, das in die ideologischen Klassiker einführte und Probleme der Gegenwart behandelte. Dann sollten sie zu einer Hochschulgruppe der FDJ gehören, die Ernteeinsätze verlangte, ideologische Kampagnen unternahm oder auf Teilnahme an Ferienlagern bestand. Jährlich gab es ebenso einen sozialistischen Wettbewerb, in dem Studierende ihre Ergebnisse vorzuzeigen hatten, um Prämien und Auszeichnungen zu erlangen. Auch die Universitätsleitung musste in der Beratung der Haushaltsansätze genau über die Absolvierung von Abschlüssen, Pro-

10 Kurt Hager, Die Leistungen der Humboldt-Universität – ein würdiger Beitrag zum 35. Jahrestag der DDR, in: HU 1984/85, Nr. 5; Klein, Festrede zum Jubiläum, in: HU 1985/86, Nr. 8; Erich Honecker, Aus dem Bericht des ZKs an den XI. Parteitag der SED, in: ebd., Nr. 31.
11 Helmut Klein, Die Aufgaben der Humboldt-Universität zu Berlin in Lehre und Forschung. Referat im Rahmen des 19. Lehrgangs der Genossen Studenten des neuen Studienjahres 1985/86, in: HU Archiv (HUA), Bestand Rektorat, Reden und Referate des Rektors, Juli 1985–Dez. 1984, Nr. 1040.

motionen A und B (Habilitation) abrechnen, da diese sozusagen als Produkte
der Ausbildung angesehen wurden. Das Studium war durch eine große Zahl an
Pflichtveranstaltungen hochgradig verschult und durch zusätzliche gesellschaftliche Aktivitäten belastet, so dass nur wenig Zeit zur kreativen Besinnung blieb.[12]

Der Führung der HU war durchaus die Dynamik der internationalen
Wissenschaftsentwicklung bewusst, denn sie bemühte sich redlich, neue
Entwicklungskonzeptionen hervorzubringen um Schritt zu halten. In diesen
Planspielen galt das Hauptaugenmerk dem technologischen Fortschritt in
Mikroelektronik, Robotertechnik, Materialnutzung und Steigerung von Le-
bensmittelproduktivität, also praktischen Anwendungsgebieten, die den Lebensstandard verbessern sollten. Die SED verlangte vor allem eine engere
Abstimmung der Forschung mit der Produktion durch Kombinatsverträge,
die wiederum Finanzierungsengpässe beseitigen sollten. Auch die Sozialwissenschaften sollten zur schnelleren Umsetzung des technischen Fortschritts in
der „Entwickelten Sozialistischen Gesellschaft" beitragen, während die Geisteswissenschaften die Hauptstadtkultur zu bereichern hatten. Dazu gehörte
auch eine intensivere Begabtenförderung und Gewährung von mehr Selb-
ständigkeit im Studium. Schlüsselbegriffe waren dabei „internationale Spit-
zenleistungen" oder „Weltstandard" – Worte die gleichzeitig einen hohen
Erwartungshorizont sowie ein dahinter Zurückbleiben in der Praxis signali-
sierten.[13]

Eine nicht ganz originelle, aber beliebte Methode der Stimulierung des
wissenschaftlichen Fortschritts war die Bildung von interdisziplinären Zentren oder Arbeitsgruppen. So wurde die EDV zunächst in einem Rechenzentrum eingeführt, die PCs dann aber an die einzelnen Sektionen weitergegeben.
Angeregt durch die SED-Kampagne gegen den NATO-Doppelbeschluss unterstützte der Rektor die Einrichtung eines Zentrums für Friedensforschung,
das allerdings schnell in einen Konflikt mit der Akademie der Wissenschaften
um die Federführung geriet. Ein weiteres Projekt, das eher aus der Fakultät
selbst kam, war die Etablierung eines Zentrums für Umweltforschung, das der
oppositionellen Basisbewegung den Wind aus den Segeln nehmen sollte.
Schließlich bemühte sich auch eine sozialwissenschaftliche Arbeitsgruppe um

---

12 Lehrgang für junge Genossen zu Beginn des Studiums, in: HU 1980/81, Nr. 1; Harry Smettan,
Aus dem Bericht der Kreisleitung der SED an die VII. Kreisdelegiertenkonferenz, in: ebd.,
Nr. 19–20; Aus der Ansprache von Genossen Kurt Hager anlässlich der Überreichung eines
Ehrenbanners des ZK der SED an die HUB, in: ebd., Nr. 28–29. Vgl. Christoph Kleßmann,
Arbeiter im „Arbeiterstaat" DDR. Deutsche Traditionen, sowjetisches Modell, westdeutsches
Magnetfeld (1945 bis 1971), Bonn 2007.

13 Wissenschaftlicher Rat, Nationalpreisträger und Akademiemitglieder berieten über die Aufgaben unserer Universität in Auswertung des 3. Plenums und der Beratung des ZK der SED mit
den 1. Sekretären der Kreisleitungen, in: HU 1981/82, Nr. 26; Interview mit Helmut Klein, Zur
präzisierten Entwicklungskonzeption der Humboldt-Universität, in: ebd., Nr. 27/28; Harry
Smettan, Es geht um die Erhöhung des Beitrages der Universität für den volkswirtschaftlichen
Leistungsanstig, in: ebd., Nr. 35.

den Soziologen Dieter Klein um die Entwicklung einer Konzeption des „modernen Sozialismus", der sich mit den aktuellen Problemen der DDR sowie des Westens offener auseinandersetzten wollte.[14] Diese unterschiedlichen Initiativen zeigen den Versuch einer Bewegung, die aber die institutionelle Stagnation kaum überwinden konnten.

Anläufe der Dynamisierung der HU scheiterten an einer Reihe von äußeren Umständen und inneren Hemmnissen. Schon die ideologische Ausrichtung der Universität erwies sich als eine starke Fessel. So konstatierte der Senat im Jahre 1987 über das ML-Grundstudium, „die Unattraktivität liege auch an der Kompliziertheit der Auseinandersetzung an der ideologischen Front. Die Studenten seien kritischer geworden". Daneben spielte, wie die Kritik des Mathematikers Werner Ebeling zeigt, die „fehlende materielle Basis" eine wichtige Rolle: „Gleichwohl werde es infolge der ungenügend modernen Ausrüstung zunehmend schwieriger, internationale Höchstleistungen zu erreichen". Ebenso war die Anwendungsfixierung der Parteileitung, die wenig von wissenschaftlicher Grundlagenforschung verstand, ein Dauerproblem, denn der „steigende Anteil volkswirtschaftlich bedeutsamer Leistungen [ging] auf Kosten der wirklichen wissenschaftlichen Höchstleistungen, eine für die Universität bedenkliche Tendenz".[15] Diese Unmutsäußerungen besonders von international erfahrenen Wissenschaftlern zeigen eine wachsende Frustration mit den systemimmanenten Beschränkungen ihrer Arbeit.

Während der 1980er Jahre schwollen daher einzelne Stimmen der Kritik zu einem regelrechten Chor der Einwände an Staat und Universität an. Anfangs konnte der Kreissekretär noch eine „breite positive Resonanz" der letzten Honecker-Rede berichten, da es nur „noch vereinzelt illusionäre Auffassungen über die Rolle des bürgerlichen Parlamentarismus und der rechten Führung der Sozialdemokraten gibt". Aber bald mehrten sich Studierende mit „pazifistischen und klassenindifferenten Positionen", die frecher während der Schulungen fragten oder den Wehrdienst verweigerten. Auch immer mehr Wissenschaftler, die von der Geringschätzung der Forschung in der DDR sowie der veralteten Technik enttäuscht waren und sich nicht an das gesellschaftliche System des Sozialismus gebunden fühlten, missbrauchten „einen Auslandseinsatz zum ungesetzlichen Verlassen der DDR". Treue Parteimitglieder ärgerten sich besonders über das bevormundende Verbot der sowjetischen Zeitschrift *Sputnik*, da sie sich selbst ein Bild von *perestroika* und *glasnost'* machen wollten. So verlangte eine Basis-Gruppe eine Reform der

---

14 Offener Brief des Rektors, 6. 10. 1983, in: HU 1983/84, Nr. 7; Interview mit Dieter Klein, Zu den Aufgaben der Gesellschaftswissenschaften, in: ebd., Nr. 33/34; Internationales wissenschaftliches Seminar, Verantwortung und Wirken der Universitäten für Frieden und sozialen Fortschritt, in: HU 1985/86, Nr. 9; Dieter Haß, Konzeptionen für den Durchbruch an die Spitze, in: HU 1988/89, Nr. 16/17.

15 Äußerungen in den Senatsprotokollen vom 23. 2. 1988, 31. 5. 1988, und 28. 6. 1988, in: HUA, Wissenschaftlicher Rat (WR), Nr. 017.

FDJ-Statuten, um der „ideologische[n] Vielfalt der Jugend" besser Rechnung zu tragen.[16]

Die Antwort der Partei auf die Erosion der Zustimmung an der Humboldt-Universität bestand aus der Verdopplung ideologischer Anstrengungen, die auf eine Mischung von Propaganda und Disziplinierung hinausliefen. Einerseits appellierten Funktionäre an die „Erhöhung der Qualität und Wirksamkeit der politischen Massenarbeit" durch persönlichen Einsatz der Hochschullehrer, Intensivierung der Parteigruppenarbeit und Schärfung der ideologischen Argumente. Andererseits griff die SED gegen vermeintliche Übertretungen wieder schärfer durch. Als der Assistent für Germanistik Peter Böthig auf einer Konferenz in Rom über die „Kooperative Kunstpraxis von jungen Lyrikern und Malern" vortrug und die kulturelle Szene im Prenzlauerberg als eine Art von Gegenöffentlichkeit behandelte, wurde ihm die Vertretung „antimarxistische[r], antisozialistische[r] Positionen zur Kulturpolitik der Partei" vorgeworfen. Das daraufhin angestrengte Parteiverfahren warf ihn aus der Universität hinaus und rügte seine Betreuerin Prof. Ursula Heukenkamp nach deren entsprechender Selbstkritik.[17] Motiviert waren solche Überreaktionen aus Angst vor einem Verlust ideologischer Kontrolle.

Im Sommer 1989 bot die Universität daher ein widersprüchliches Bild. Einerseits war sie als größte, in der Hauptstadt gelegene Hochschule die führende Institution der DDR, die internationale Anerkennung durch Beziehungen zu 60 Universitäten genoss. Durch ihre Nähe zur Abteilung Wissenschaft des ZK sowie zum Ministerium für Hoch- und Fachschulwesen hatte ihre Leitung direkten Zugang zur politischen Führung, was ihr immer wieder repräsentative Aufgaben eintrug. Mit der „Rationalisierungskonzeption" des neuen Rektors Dieter Haß hielt sie sich für gut für die „wachsenden Ansprüche der Zukunft" gewappnet. Andererseits war ein großer Teil der wissenschaftlichen Infrastruktur veraltet, die Bibliothek weitgehend von westlichen Neuerscheinungen abgeschnitten, die Grundlagenforschung durch Bezug auf Anwendung eingeschränkt, von der ideologischen Verformung ganzer Disziplinen wie Jura, Ökonomie oder auch Geschichte ganz zu schweigen. Unter der Oberfläche gärte es bei einer wachsenden Minderheit von Studenten und

---

16 Information über die Auswertung der Beratung des Sekretärs des ZK der SED mit den 1. Sekretären der Kreisleitung, 21. 1. 1983, Bericht über die Erfüllung des Kampfprogramms in den GO, 16. 4. 83, in: Bundesarchiv (BA) DY 30 8162; Ministerium für Hoch- und Fachschulwesen, Information über den Mißbrauch von Dienstreisen, 3. 11. 1987, SED-Kreisleitung der Akademie der Wissenschaften, Bericht über Ergebnisse und Erfahrungen zur Unterbindung und Zurückdrängung von Übersiedlungsgesuchen, 2. 2. 1988, in: BA DY 30 7618; Eingabe an den Zentralrat der FDJ, 5. 10. 1988, in: BA DY 30 7761.

17 Information über das innerparteiliche Leben in der Grundorganisation, 19. 1. 1981, und Bericht über die Realisierung der Kampfprogramme der GO, 30. 8. 1982, in: BA DY 30 8163; Hörnig an Hager, 18. 6. 1985, Horn, Bemerkungen zur Rohfassung des Artikels „Kooperative Kunstpraxis von jungen Lyrikern und Malern", und weiteres Material zum Fall Böthig in: BA DY 30 7556.

Professoren, die sich nicht länger mit ihren Einschränkungen abfinden wollten.[18] Wie lange würde dieses trügerische Gleichgewicht noch halten?

2. Versuche der inneren Erneuerung

Erst der demokratische Aufbruch der ostdeutschen Gesellschaft im Oktober 1989 durchbrach die verordnete Sprachlosigkeit und ermöglichte nach jahrelanger Konformität einen erstaunlichen Ausbruch von Kritik. Noch beim 40. Jahrestag marschierte die FDJ wie gewohnt, aber der brutale Polizeieinsatz gegen Demonstranten löste unter den Studierenden „Nachdenken und Ratlosigkeit" aus, die sich darauf in einem unabhängigen Studentenrat organisierten.[19] Nach dem Sturz Honeckers formulierte auch der akademische Senat am 24. Oktober einen offenen Brief, der die „Wende zu tiefgreifender Erneuerung der sozialistischen Gesellschaft in der DDR" begrüßte und einen „konstruktiven, offenen und öffentlichen Dialog" forderte. Durch Demokratisierung, Wirtschaftsreform und Lösung ökologischer Probleme zielte er auf die „Weiterentwicklung einer Sozialismuskonzeption, die dem Sozialismus einen zweiten Atem zu verleihen mag".[20] Das Dialogangebot von Krenz war die Sternstunde der SED-Reformer wie Michael Brie, Dieter Segert, Rosemarie Will oder Dieter Klein, die die Demokratisierung des Sozialismus propagierten, um "auf individuelle Freiheit gegründete Solidarität" anzustreben.[21]

Die friedliche Revolution ging nicht von der HU aus, zog sie aber bald in ihren Strudel hinein. Während Studenten und Professoren die Befreiung der Wissenschaft forderten, versuchten SED-Vertreter die aufbrechende Diskussion dadurch zu kanalisieren, dass sie sich selbst an die Spitze der Bewegung setzten. So formulierte die linientreue Dekanin der gesellschaftswissenschaftlichen Fakultät Waltraut Falk Reformvorschläge, die eine Neubestimmung des „Verhältnis[ses] von Wissenschaft und Gesellschaft, vor allem von Wissenschaft und Politik" durch ein Ende der Bevormundung und Zensur verlangten. Gleichzeitig schlug sie eine freiere Studentenvertretung und eine Entdogmatisierung des Sozialismus vor, um die administrativen Weisungssysteme zu brechen. Schließlich forderte sie institutionelle Veränderungen wie

18 Die Herausforderung der 90er Jahre. Wie stellen wir uns den wachsenden Ansprüchen an die Zukunft, in: HU 1988/89, Nr. 28; Erste Einschätzung der politisch-ideologischen Diskussion in der ersten Studienwoche 22. 9. 1989, in: BA DY 30 7662.
19 Festakt zum 40. Jahrestag der DDR, in: HU 1989/90, Nr. 5/6; Richard Schmidt, Offener Brief an die Mitglieder der FDJ-Kreisorganisation der HU, in: ebd. Vgl. Malte Sieber / Ronald Freytag, Kinder des Systems. DDR-Studenten vor, im und nach dem Herbst '89, Berlin 1993.
20 Senatsprotokoll vom 24. 10. 1989, sowie Entwurf des offenen Briefs an alle Angehörigen der HU, in: HUA, WR 019.
21 Michael Brie, Was gestern noch richtig war, kann heute falsch sein, in: HU 1989/90, Nr. 8; Dieter Segert / Rosemarie Will, Zum Inhalt der qualitativen Wandlungen des politischen Systems, in: ebd.; Dieter Klein, Zwischen Chance und Untergang, in: ebd., Nr. 11; Dieter Segert, Das 41. Jahr. Eine andere Geschichte der DDR, Wien 2008.

die „Wählbarkeit akademischer Leitungsfunktionen", die Wiederherstellung
von Hochschulautonomie, eine Stärkung der Ordinarienrechte und ein neues
Universitätsstatut – also eine Rückkehr zur vorher als bürgerlich verpönten
akademischen Selbstverwaltung und Lehr- und Lernfreiheit.[22] Die Öffnung
des Dialogs forderte aber auch weiterreichende Forderungen heraus.

Um handlungsfähig zu bleiben, setzte die Universitätsleitung im Dezember
1989 erste Reformen in Kraft, die die Demokratisierung der HU in die Wege
leiten sollten. Zunächst traf sich Rektor Haß mit dem neu gewählten neuen
Studentenrat und demonstrierte durch seine Anerkennung „als gleichberechtigte[m] Partner" seine Unterstützung der Erneuerung. Gleichzeitig
schlug die Sektion Marxismus-Leninismus eine völlige Umgestaltung des ML-
Grundstudiums als unabhängiges „gesellschaftswissenschaftliches Grundlagenstudium", also eine Art von *studium generale* vor.[23] Um die Entflechtung
von Partei und Staat voranzutreiben, beschloss der Senat daraufhin eine
Demokratisierung der Leitungsstruktur in der der Wissenschaftliche Rat die
Legislative und der Rektor die Exekutive bilden und beide Gremien so schnell
wie möglich neu gewählt werden sollten. Eine Rehabilitierungskommission
nahm sich die Korrektur von Justizirrtümern – wie der Aberkennung akademischer Grade – vor und ein Ausschuss für Struktur- und Statut begann
eine neue Verfassung der Universität vorzubereiten.[24] Diese Initiativen liefen
auf eine Befreiung der Universität innerhalb einer reformierten, aber weiter
bestehenden DDR hinaus.

Basisdemokratischer Motor der Veränderung war neben dem aktiven
Studentenrat ein Ende Januar 1990 gegründeter Runder Tisch, der „über die
aktuellen Grundfragen der Universitätsentwicklung" diskutierte. Anfangs
wurde er von Heinrich Fink moderiert und von der PDS und ihren Splitter-
gruppen dominiert, später kamen auch Vertreter der Bürgerbewegung und
der neuen politischen Parteien hinzu. Inhaltlich schwankte seine Politik
prinzipiell zwischen Drängen auf weitere Reformschritte und Verteidigung
sozialistischer Positionen. Dazu forderte er ein „Mitspracherecht bei staatlichen Entscheidungen" durch die Präsenz des Rektors bei seinen Beratungen.
Auch wagte er es, die HU-Leitung nach ihrer Zusammenarbeit mit dem Ministerium für Staatssicherheit zu befragen – was die Verantwortlichen nicht
verneinten, deren Bedeutung sie aber herunterspielten. In Strukturfragen
argumentierte der Runde Tisch meist basisdemokratisch und verlangte mehr

---

22 Hartmut Nieswandt, Wie verlorenes Vertrauen wiedergewinnen? Wir berichten von der Dis-
   kussion während der Kreisparteiaktivtagung am 26. Oktober, in: HU 1989/90 Nr. 9; Waltraut
   Falk, Stellungnahme der gesellschaftswissenschaftlichen Fakultät vom 17. 11. 1989, in: HUA,
   WR 019.
23 Leitung der Sektion ML, Zur Umgestaltung des MLG, in: HU 1989/90, Nr. 11; Heike Zappe,
   Studentenrat konstituiert, in: ebd., Nr. 12.
24 Senatsprotokoll vom 23. 1. 1990, in: HUA, WR 019; Hartmut Nieswandt, Neue Alma Mater.
   Über die Arbeit des ‚Ausschusses für Struktur und Statut der neuen Universität', in: HU 1989/90,
   Nr. 18, 3.

Vertretungsrechte für nichtprofessorale Mitglieder in den reformierten HU-
Gremien.[25] Da alle wichtigen Fragen dort besprochen wurden, fungierte er
zeitweilig als eine Art von Nebenregierung.

Während des Winters 1990 diskutierte der Erneuerungsausschuss verschiedene Vorschläge für ein neues Statut der HU. Da die westdeutsche
Struktur vor 1968 zu undemokratisch und die Westberliner Gruppenverfas-
sung zu fremd erschienen, erwies sich „eine demokratisierte Variante des
bisherigen Statuts der HUB" als Favorit, da diese mit dem geringsten Aufwand
und Kosten verbunden war. Diese Version sah als Legislative das Konzil zur
Vertretung aller Universitätsmitglieder, den Wissenschaftlichen Rat als Re-
präsentant der Statusgruppen und den Gesellschaftlichen Rat als Bindeglied
nach außen vor; die Exekutive sollte dagegen aus dem Rektor, den Prorektoren, Funktional- und Sektionsdirektoren bestehen. Die Vertretung der
Gruppen entsprach einem komplizierten Schlüssel abnehmender Präsenz von
Professoren über wissenschaftliche Mitarbeiter zu Studenten und Angestellten.[26] Der Anglist Hans-Joachim Meyer präsentierte dagegen eine radikalere
Alternative, die die „Freiheit von Lehre und Forschung" sowie die „Eigen-
verantwortung" der Lehrenden und Studierenden betonte.[27] Diese Statutendebatte verschlang viel Reformenergie, hatte aber kaum direkte praktische
Folgen.

Die wichtigste Aufgabe des Erneuerungsausschusses war es, „möglichst
schnell eine stabile demokratisch gewählte Universitätsleitung zu installie-
ren", um die Belange der HU glaubwürdig zu vertreten. Nach der Volkskam-
merwahl traf sich am 3. April 1990 das aus 504 Delegierten bestehende Konzil,
das nach einem Schlüssel von 35 : 30 : 25 : 10 zusammengesetzt war, um einen
von vier Kandidaten auszuwählen. Im eigentlichen Wahlgang gewann der
Ostberliner Theologe Heinrich Fink vor dem unorthodoxen marxistischen
Philosophen Gerd Irrlitz mit 342 zu 79 Stimmen. Ersterer hatte an der HU
studiert, über Schleiermacher promoviert und Karl Barths Beziehung zum
Nationalkomitee Freies Deutschland habilitiert, galt aber als ein wissenschaftliches Leichtgewicht, das sich als staatstragender Sektionsleiter verdient
gemacht hatte. Diese Wahl war daher eine defensive Betroffenheitsentschei-
dung in der Hoffnung „auf die Bewahrung einer eigenständigen HU in der

25 Protokolle der Sitzungen des Runden Tischs vom 24. 1. 1990 an in der Sammlung Vollrath.
   Andere Unterlagen wie Mitgliederliste und retrospektive Berichte in der Sammlung Pasternack.
   Vgl. Vollrath, Zwischen Selbstbestimmung und Intervention (wie Anm. 4), S. 49–55.
26 Arbeitsprogramm zur Bildung demokratisch legitimierter Gremien und arbeitsfähiger Lei-
   tungen an der HUB, Januar 1990; Vergleichstabelle zur Grundstruktur der Universität mit
   Varianten A bis D vom 5. 1. 1990; Grundsätze für ein Statut der Humboldt-Universität,
   25. 2. 1990; diverse Diskussionsentwürfe vom 16. 1. 1990, 30. 1. 1990, 5. 3. 1990, 27. 3. 1990 und
   Entwurf o. D. in: HUA, WR 026 und WR 48 bis 52.
27 Hans-Joachim Meyer, Gedanken zu einem neuen Bildungswesen in der DDR, und Vorschlag für
   eine Universitätsverfassung – Variante (e), in: ebd. Vgl. Vorschlag des Ausschusses des Wissenschaftlichen Rates zu Struktur und Statut der HU und Vergleich Variante A und Variante E,
   in: HU 1989/90, Nr. 19/20.

Gesamtberliner Wissenschaftslandschaft". Gleichzeitig beschloss das Konzil einen Repräsentationsmodus für den Senat, in dem die Hochschullehrer gegenüber dem Rest gleichgewichtig vertreten waren.[28]

Im Sommer 1990 geriet die Selbstreform der HU wegen ihrer eigenen Halbherzigkeit sowie der Abwehrhaltung gegenüber dem Westen jedoch ins Stocken. In seiner Investiturrede hielt Fink an der sozialistischen „Vision machbarer Gerechtigkeit" fest, während Wissenschaftsminister Meyer diesen Weg der Profilierung als „linke Alternative zur FU" deutlich zurückwies.[29] Streit entzündete sich an dem Einspruch des FU-Präsidenten Heckelmann gegen eine vermutete Hausberufung von Altkadern, denn „der Senat ist über Art und Ton des Schreibens... in dieser Angelegenheit empört". Ein weiterer Stein des Anstoßes war ein FAZ-Artikel von Heike Schmoll zur Eingliederung der Kirchlichen Hochschule Berlin-Brandenburg, der Fink „inoffizielle Mitarbeit für den Staatssicherheitsdienst" vorwarf – eine Anschuldigung die mit Entrüstung zurückgewiesen wurde.[30] Noch wichtiger war das Festhalten der HU an ihrem Statutenentwurf, der sich explizit von der Westberliner Novellierung des Hochschulgesetzes unterschied und für eine Übergangsfrist von drei Jahren gelten sollte. Im Gegensatz zur offenen Selbstkritik des Dekans der Charité Harald Mau wollte Fink soviel wie möglich von der DDR retten.[31]

Auf die Vereinigung Anfang Oktober 1990 war die HU daher denkbar schlecht vorbereitet. In den Verhandlungen des Wissenschaftsrats, der Kultusministerkonferenz und anderer Gremien, die Empfehlungen für die Überleitung der ostdeutschen Hochschulen ausarbeiteten, war die sie nicht vertreten. Im Gegensatz zu anderen neuen Bundesländern fand sie eine funktionierende Westberliner Wissenschaftsverwaltung vor, die aber mit den besonderen Übergangsproblemen des östlichen Stadtteils nicht vertraut war und auf eine Einhaltung ihres Regelwerks pochte, das die ostdeutschen Wissenschaftler nicht kannten. Zwar hatten einzelne Fachbereiche wie die Sozialwissenschaftler gute Beziehungen zur FU, aber grundsätzlich waren die beiden verfeindeten Institutionen einander fremd, zumal sie dann um knappe Mittel im gleichen Haushalt konkurrieren mussten. Aufgrund ihres Eindrucks

28 Information der Universitätsleitung, Vorschlag des Ausschusses des Wissenschaftlichen Rates zu Struktur und Statut der HU, vom 2. 2. 1990; Mara Kaemmel, Konzil, in: HU 1989/90, Nr. 28; Hartmut Nieswandt, Arbeiten wir miteinander für diese Universität, in: ebd.

29 Heinrich Fink im Senat am 15. 5. 1990, in: HUA, WR 020; ders., Investitur, Die Rede des neuen Rektors, in: HU 1989/90, Nr. 32 versus Hans Joachim Meyer, Ich weiß, daß viele verzagt und besorgt in die Zukunft sehen, in: ebd., Nr. 33/34.

30 Senatsprotokolle vom 26. 7. 1990 und vom 1. 8. 1990, in: HUA, WR 020; Heike Schmoll, Zusammenlegung mit der Universität erreicht. Rektor mit sozialistischer Vergangenheit?, in: FAZ, 18. 9. 1990; Gegen Verleumdungen. Reaktionen auf einen Zeitungsartikel (mit Leserbriefen von Bischof Gottfried Forck und anderen); Sich selbst erklären. Rektor stellte sich den Fragen der Medien, in: HU 1990/91, Nr. 3.

31 Statut der Humboldt-Universität zu Berlin vom 15. 10. 1990, HU Extra; Dokumente zu Fragen und Auseinandersetzungen um Berufungen und zum Berliner Hochschulgesetz, in: HU, 1990/91, Nr. 1/2.

der Verschleppung von Veränderungen bestand die Wissenschaftssenatorin Barbara Riedmüller-Seel auf der sofortigen Geltung des Westberliner Hochschulgesetzes, was eine Neuwahl aller HU-Gremien und das Ausfüllen eines Fragebogens notwendig machte, das Erinnerungen an die Entnazifizierung weckte.[32]

Angespornt durch Gerüchte einer kommenden Abwicklung von Teilbereichen, entschloss sich die HU-Leitung nun endlich zu drastischeren Schritten. Am 5. November 1990 richtete der Senat einen Ehrenausschuss ein, der „zum Abbau des Misstrauens unter den Kollegen" Stasimitarbeit, Vorteilnahme und Korruption untersuchen sollte. Allerdings wurde er nur auf Antrag tätig und konnte ohne Einsicht in Akten der BStU-Behörde nicht das ganze Ausmaß der Verfehlungen aufdecken.[33] Zur inneren Erneuerung richtete das Konzil am 13. Dezember eine „Zentrale Personalstrukturkommission" (ZSPK) ein, um Vorschläge „zur weiteren Entwicklung des Fachbereichs" zu erarbeiten und gleichzeitig die „Bewertung aller Hochschullehrer und wissenschaftlichen Mitarbeiter" vorzunehmen. Die Fachkommissionen sollten auch westdeutsche Kollegen einbeziehen, waren aber so stark von HU-Mitgliedern dominiert, dass ihre Vorschläge inkrementell ausfallen und die Evaluierung des Personals schonend vor sich gehen würde.[34] Mit Beschlüssen wie der Errichtung einer Anhörungskommission für Kandidaten der Selbstverwaltung demonstrierte die HU Erneuerungswillen, aber seine Umsetzung ließ zu wünschen übrig.

Die Beurteilung der Versuche einer inneren Erneuerung der HU bleibt daher weiterhin umstritten. Einerseits gibt es eine Reihe von Indizien dafür, dass zur Demokratisierung des Sozialismus eine „Selbstreinigung in Angriff genommen" wurde. So forderten der Studentenrat wie der Runde Tisch die Befreiung der Universität von der Diktatur der SED und der Kontrolle des MfS. Auch reformwillige Professoren, vor allem unter den Naturwissenschaftlern, plädierten für die Freisetzung von Lehre und Forschung. Schließlich schufen Rektor und Senat eine Reihe von Kommissionen wie den Ehrenausschuss und die PSK zur personellen Erneuerung. Aber gleichzeitig verstärkte sich der Eindruck, dass Rektor Fink nur auf Druck reagierte und zahlreiche Widerstände eine umfassende Selbstreform behinderten. Sogar interne Kritiker monierten: „Bisher habe es nur eine ideologische Wende gegeben, aber keine Wissenschaftsentwicklung, geschweige eine wirkliche personelle Erneuerung". Durch Medienberichte bildete sich in der westlichen Öffentlichkeit

---

32 Senatsprotokolle vom 4. 12. 1990 und 18. 12. 1990: http://dokumente.hu-berlin.de/asprotokolle/, im Folgenden: HU online.

33 Senatsprotokolle vom 23. 10. 1990 und 21. 2. 1991, HU online; Ehrenausschuss der HU, Grundsätze für die Arbeit, in: HU 1990/91, Nr. 9; Bert Flemming, Ehre? „... es geht neben der Ehre des einzelnen auch um die Ehre unserer Universität", in: ebd., Nr. 29/30.

34 Senatsprotokoll vom 17. 1. 1991, HU online; Zentrale Personalstrukturkommission gewählt, in: HU 1990/91, Nr. 14; Heike Zappe, Eine Anhörung, in: ebd., Nr. 35/6. Vgl. Raiser, Schicksalsjahre (wie Anm. 5), passim.

deswegen der Eindruck, „dass die HU in derselben Lage ist wie die DDR vor einem Jahr: Sie kommt zu spät und deshalb bestraft sie das Leben".[35]

3. Intervention von Außen

Mit dem Amtsantritt des erfahrenen Wissenschaftspolitikers Manfred Erhardt nahm die Westberliner Senatsverwaltung für Wissenschaft den Erneuerungsprozess selbst fest in die Hand. Der Ende Januar 1990 aufgrund des Regierungswechsels berufene Senator war ein erfahrener Wissenschaftspolitiker aus Baden-Württemberg, der der CDU nahe stand und als entscheidungsfreudig galt. Sein Bild von der HU war eher kritisch, denn er schätzte ihre Qualität „als mittelmäßig" ein und hatte „kein Vertrauen in die Selbsterneuerung", da er nicht glaubte, dass sie sich wie Münchhausen an den eigenen Haaren aus dem Sumpf ziehen könne.[36] Daher war er bereit auf die von Riedmüller-Seel getroffene Kompromissentscheidung zurückzugreifen, die das Weiterbestehen der Humboldt-Universität sicherte, aber ihre besonders ideologisch belasteten Bereiche abwickeln wollte. Solange noch keine neues Kuratorium gewählt war, richtete er eine Sechserkommission aus Vertretern der HU und des Senates ein, die alle Entscheidungen abzusegnen hatte. Mit diesem Instrument konnten Senator und die Wissenschaftsverwaltung ihren Willen gegen die Wünsche der Universität durchsetzen.

Die am 18. Dezember 1990 verkündete Entscheidung zur „Abwicklung" von Teilbereichen rief an der HU einen Sturm von Entrüstung hervor, da dadurch Hunderte von Forschern betroffen waren. Obwohl die Auflösung von Bereichen wie Marxismus-Leninismus, Kriminalistik oder WTO kaum Widerspruch auslöste, waren die Proteste gegen die Aufhebung belasteter Sektionen der Erziehungs-, Wirtschafts-, und Rechtwissenschaft sowie der Philosophie und Geschichte umso heftiger, denn ihr Personal sollte von Struktur- und Berufungskommissionen evaluiert und die Bereiche neu gegründet werden.[37] Die Aufregung in der Universität war groß, denn das Prinzip „„Abwicklung' geht vor Kündigungsschutz" betraf potentiell 1000 Mitarbeiter. Der Senat verabschiedete flammende Resolutionen, die Studenten streikten, das Rektorat organisierte publizistische Unterstützung zur Verteidigung seiner Autonomie. Gegen die Auflösung der neu zu gründenden Bereiche klagte der Senat, weil diese Bestimmung des Vereinigungsvertrages nicht dazu be-

---

35 Anbau, Selbstreinigung in Angriff genommen, in: taz, 17. 12. 1990; Gustav Seibt, Wer zu spät kommt. Aufregung in der Nische, die doch keine war, FAZ. 15. 12. 1990. Vgl. Segert, Das 41. Jahr (wie Anm. 21), S. 203 versus Küpper, Einheitsschmerzen (wie Anm. 4), S. 40 ff.

36 Interview mit Manfred Erhardt. Vgl. Wissenschaftssenator will ‚Abwicklung', in: Morgen, 14. 2. 1991; Anette Schrade, Klage werde ‚Sargnagel' für die HU sein, in: HU 1990/1, Nr. 19/20.

37 Senatsprotokolle vom 5. 2. und 21. 2. 1991 sowie 19. 3. und 22. 3. 1991, in: HU online. Vgl. Heinrich Fink, Presseerklärung, und Zur Lage, in: HU 1990/91, Nr. 15/16; Eingeschränkt durch das Ergänzungsgesetz sind, in: ebd., Nr. 39.

nutzt werden sollte, sondern eine „differenzierte Auseinandersetzung mit dem
Einzelfall" stattzufinden habe. Daher gaben die Verwaltungsgerichte der HU
schließlich Recht.[38]

Ironischer Weise führte die juristische Niederlage des Berliner Senats zu
einer Verschärfung der Intervention von Außen, denn das Ergänzungsgesetz
zum Berliner Hochschulgesetz von 18. Juli 1991 übertrug dieses Modell auf die
gesamte Universität. Vom Sommer ab musste jeder Fachbereich von einer SBK
evaluiert und jeder Professor neu berufen werden. Diese aus west- und ostdeutschen Wissenschaftlern zusammengesetzten Kommissionen sollten das
wissenschaftliche Profil eines Fachbereichs bestimmen, vorhandenes Personal nach seiner Leistungsfähigkeit und Integrität bewerten und schließlich
auch die Neuberufungen durchführen.[39] In endlosen Sitzungen, die sich
durchaus auch auf die Beurteilungen der PSK stützten, erarbeiteten diese
Ausschüsse eine fachliche Neuausrichtung sowie einen frischen Personalbestand, um die HU wieder wettbewerbsfähig zu machen. Bei der Strukturpla-
nung und den Berufungsentscheidungen dominierten meist die westlichen
Mitglieder, da sie international erfahrener, besser vernetzt und wissenschaftlich profilierter waren. Das Resultat der Neubesetzungen war daher
meist eine Mischung von Qualitätsverbesserung und westlicher Patronage.

Wie schwierig sich die Verquickung aus Vergangenheitsbewältigung und
Neuanfang gestalten konnte, zeigt das Beispiel der Geschichtswissenschaft. Da
linientreue Historiker keine Vorreiter des demokratischen Aufbruchs waren,
fand erst am 10. November 1990 eine öffentliche Auseinandersetzung statt, bei
der sich einige Verantwortliche bei früheren Opfern entschuldigten.[40] Eine von
dem Sozialhistoriker Gerhard A. Ritter geleitete Kommission erarbeitete eine
Fachbereichsstruktur von 23 Professuren, die zwar von der traditionellen
Trias ausging, aber auch einige Neuerungen in Sozial-, Wissenschafts- und
Zeitgeschichte wagte. Dieser SBK gelangen einige hervorragende Neuberufungen wie z. B. von Heinrich-August Winkler oder Hartmut Kaelble, aber auch
einige ostdeutsche Forscher wie Hartmut Harnisch konnten im Amt verbleiben. Als entlassene Kollegen wie Kurt Pätzold oder Siegfried Prokop sich mit
Hilfe der Arbeitsgerichte wieder einklagten, war die Verwirrung komplett,
denn nun existierten im selben Fach zwei rivalisierende Gruppen. Erst als die

---

38 Wird die Uni „abgewickelt"?, in: HU 1990/91, Nr. 12/13; Heinrich Fink, Klage, in: ebd., Nr. 14;
   Heinrich Fink, Zur Lage, in: ebd., Nr. 15/16; Es kann ,abgewickelt' werden. ,Abwicklung' geht
   vor Kündigungsschutz, in: ebd., Nr. 19/20; Heinrich Fink, Presseerklärung des Rektors zur
   Entscheidung des Oberverwaltungsgerichts, in: ebd., Nr. 35/36; Abwicklung ist rechtswidrig,
   in: HU 1991/92, Nr. 13.

39 Senatsprotokolle vom 7. 5. 1991, 4. 6. 1991 und 10. 7. 1991, in: HU online; Heidi Damaschke,
   Nimbus und Zukunft der Universität, in: HU 1990/91, Nr. 37/38.

40 Kreuz zeigen. Das Institut für Geschichtswissenschaften arbeitet seine Vergangenheit auf, in:
   HU 1990/91, Nr. 10; Nr. 11; Nr. 12/13; Willi Krebs, Von Praktiken einiger Historiker. Eine
   Wortmeldung, in: ebd., Nr. 12/13; Ilko-Sascha Kowalczuk, Historiker auf der Suche nach ihrer
   Vergangenheit, in: HU 1991/92, Nr. 11.

Verträge der letzteren ausliefen, konnte man von der neuen Zusammensetzung als einem „der führenden Institute unseres Faches" sprechen.[41]

Noch mehr Aufregung rief die Entlassung von Heinrich Fink aufgrund eines Bescheids der Gauck-Behörde hervor, der ihn der Stasi-Mitarbeit beschuldigte. Durch seine fürsorgliche Freundlichkeit und seine Vertretung einer „Demokratisierung, Reform und Veränderung" von innen hatte sich der Rektor viel Respekt in der HU erworben. Jedoch machte seine Verteidigung ostdeutscher Interessen ihn auch zum Symbol fehlenden Erneuerungswillens in der Westpresse. Einstimmig verurteilte der HU-Senat „die nicht rechtsstaatliche Praxis des Senators für Wissenschaft und Forschung, fristlose Kündigungen auszusprechen", und das Konzil bat ihn im Amt zu bleiben. In einer Protestkundgebung skandierten aufgebrachte Studenten „unsern Heiner nimmt uns keiner", und namhafte Intellektuelle wie Christa Wolf erklärten sich solidarisch. Zunächst hob das Arbeitsgericht die Kündigung auf, aber die zweite Instanz wies die Klage ab, denn sie hielt die Beweise der IM-Tätigkeit für überzeugend.[42] Auch wenn Fink wegen einer Rechtsaufsichtsmaßnahme nicht weiter amtierte, behinderte dieser Fall den Erneuerungsprozess.

Nach diesen emotionalen Auseinandersetzungen brachte die Umsetzung der SBK-Empfehlungen die HU Schritt für Schritt einer neuen Arbeitsfähigkeit näher. Ein erster Meilenstein war die Ernennung des Kanzlers Rainer Neumann, der aufgrund westdeutscher Erfahrung die Verwaltung zu professionalisieren suchte. Ein zweiter Punkt war die Wahl eines neuen Senats, der die von der ZPSK ausgearbeitete Stellenstruktur beschließen, aber gleichzeitig eine Einsparung von 50 Millionen DM implementieren musste.[43] Eine dritte Stufe war die Entscheidung des Konzils für eine Präsidialverfassung, um durch die Wahl eines Außenstehenden die verhärteten Fronten aufzuweichen. Bekanntester Kandidat war der SPD-Politiker Peter Glotz, aber die von den Studenten favorisierte Grünen-Politikerin und Fachhochschulrektorin Marlis Dürkop gewann überraschend die Wahl, während der Ostberliner Mathematiker Bernd Bank Vizepräsident wurde. Die neue Präsidentin traf auf einen Berg von Problemen, die sich aus den Folgen des Umbruchs ergaben. Als

41 Senatsprotokolle vom 14. 1. 1992 und 5. 5. 1992, HU online; Gerhard A. Ritter, Der Neuaufbau der Geschichtswissenschaft an der Humboldt-Universität zu Berlin – ein Erfahrungsbericht, in: Geschichte in Wissenschaft und Unterricht, 1993, S. 226–238; Heidi Damaschke, Große Herausforderung, Neuaufbau des Instituts für Geschichtswissenschaften, in: HU 1991/92, Nr. 17.

42 Senatsprotokolle vom 26. 11. 1991, 3. 12. 1991, HU online; Der Fall Fink ist ein Fall Humboldt-Universität, in: HU 1991/91, Nr. 6; Wozu Fragen stellen – erstmal Kopf ab! und Hans-Dieter Burkhard, Konzil bittet den Rektor, im Amt zu bleiben, in: HU Sonderausgabe; Heidi Damaschke, Die Beweise reichen nicht aus, in: HU 1991/92, Nr. 8; dieselbe, Berliner Arbeitsgericht hob fristlose Kündigung von Prof. Fink auf, HU ebd., Nr. 14; Unerwarteter Urteilsspruch, in: HU 1992/93, Nr. 3.

43 Senatsprotokoll vom 4. 2. 1992, HU online; Heidi Damaschke, Verwaltung ist nicht Selbstzweck. Kanzler Rainer Neumann, in: HU 1991/92, Nr. 6; Anette Schrade, Erste konstituierende Sitzung des Akademischen Senats, und Kuratorium bestätigte Haushalts- und Stellenplan, in: ebd., Nr. 10.

Richtschnur verkündete sie „die Entwicklung hin zur Normalität, aber nicht zum Durchschnitt", um die Arbeitsfähigkeit wiederzugewinnen.[44]

Die wichtigste Aufgabe war die Bewältigung des Personalaustauschs durch Neuberufungen der Professorenschaft. Eine Reihe vorhandener Hochschullehrer, die der Vereinigung skeptisch gegenüber standen, gingen in den Vorruhestand. Andere wurden aufgrund fehlender Publikationen oder Stasi-Belastungen, die ein studentischer Untersuchungsausschuss bei 155 von 780 Dozenten feststellte, nicht mehr berücksichtigt. Fachlich kompetente Forscher, vor allem in den Naturwissenschaften und der Medizin hatten durchaus Chancen, weil ostdeutsche Kollegen in der SBK ihre Fähigkeit nachweisen konnten. Auch für westdeutsche Professoren war die Humboldt-Universität aufgrund ihres früheren Rufes und ihrer großstädtischen Lage attraktiv, von arbeitslosen Privatdozenten ganz zu schweigen. In wenig belasteten Gebieten wie den Naturwissenschaften fand deswegen eine Durchmischung statt, nur in den ideologisch überformten Fächern wie Jura oder Pädagogik kam die große Mehrheit der Neuberufenen aus dem Westen. Im Januar 1993 behauptete Senator Erhardt daher stolz: „Der Zusammenschluss zweier bisher unterschiedlicher Wissenschaftssysteme im wiedervereinigten Berlin ist geglückt".[45]

Schwieriger erwies sich die Umstrukturierung des Mittelbaus, weil die wissenschaftlichen Mitarbeiterstellen im Vergleich zu Westdeutschland überdimensioniert und meist dauerhaft besetzt waren. Schon aus Haushaltsgründen musste die Stellenzahl drastisch reduziert und das Verhältnis von Dauer- auf Zeitstellen von 80 : 20 genau umgekehrt werden. Durch das Personalüberleitungsgesetz wurden alle Mitarbeiter gezwungen, sich auf die verbleibenden Stellen neu zu bewerben. Aufgrund intensiver Lobbyarbeit stellte die Wissenschaftsverwaltung „wissenschaftlichen Mitarbeitern, die einerseits positiv evaluiert wurden, für die andererseits keine Stellen zur Verfügung stehen" einhundertfünfzig Überhangstellen zur Verfügung. Unterstützt durch Formblätter der Gewerkschaft klagten viele Mitarbeiter gegen die Entlassung und erreichten durch die Sympathie Westberliner Arbeitsrichter Vergleiche, die ihre Weiterarbeit für einige Jahre ermöglichten, damit sie sich nach Alternativen umsehen konnten. Handwerkliche Fehler der Universitätsleitung wie das Verpassen der Übergangsfrist bei 350 Kündigungen und

44 Senatsprotokolle vom 27. 5. und 4. 8. 1992, sowie der Sitzung des Konzils vom 9. 7. 1992, in: HU online; Heidi Damaschke, Das Konzil der Universität stimmte für eine Präsidialverfassung, in: HU 1991/92, Nr. 15; Universitätsleitung nun komplett, in: HU Sonderausgabe; Marlis Dürkop, Auf dem Weg zur Normalität, nicht zum Durchschnitt, in: ebd.

45 Senatsprotokolle vom 21. 1. 1992, 25. 2. 1992, 17. 3. 1992, 7. 4. 1992, 1. 12. 1992, HU online; Wissenschaftssenator zog Bilanz, in: HU 1992/93, Nr. 3; Was macht man in der Gegenwart mit der Vergangenheit? und Zwischen Abwicklung und Neuanfang. SBK am FB Erziehungswissenschaften beendet ihre Arbeit, in: ebd., Nr. 4. – Ein großes Problem war das langsame Eintreffen der Gauck-Bescheide wegen der Überlastung der Behörde, das dazu führte, dass alle Berufungen aus den neuen Bundesländern unter Vorbehalt erfolgten.

eine überhöhte Gehaltseinstufung machten diese Thematik zu einem Herd von „Unruhe und Verbitterung".[46]

Insgesamt war das Resultat dieser Entscheidungen ein umfassender Personalaustausch, der nur mit dem Ausmaß der Veränderungen nach 1945 vergleichbar ist. Von den 2755 Wissenschaftlern auf Dauerstellen im Jahre 1989 waren Ende 1997 nur noch 452 Personen, also 16,4 Prozent weiter beschäftigt. Der Austausch fand in mehreren Wellen statt, denn schon während der PSK-Phase verließen 119 Hochschullehrer und 765 Mitarbeiter die HU; während der SBK-Arbeit gingen weitere 470 Professoren und 763 Mitarbeiter ab; mit dem Auslaufen befristeter Verträge im Jahre 1996 verschwanden noch einmal 55 Hochschullehrer und 655 Mitarbeiter. Neu dazu kamen dagegen 388 nach HRG berufene Professoren, von denen 44,6 Prozent aus den neuen Bundesländern stammten. Allerdings überwogen bei den C-4 Stellen die Westdeutschen mit zwei Dritteln während bei den C-3 Stellen über die Hälfte aus dem Osten kamen. Bei den Mitarbeitern wurde die Stellenzahl halbiert, viele unbefristete Mitarbeiter auf befristete Stellen umgesetzt und daher nur wenige aus Ost oder West neu eingestellt.[47]

Der hier nur knapp skizzierte Erneuerungsprozess macht einen zwiespältigen Eindruck, denn die Auseinandersetzung an der HU war besonders ideologisch aufgeladen. Da die Selbstreform im Jahre 1990 zögerlich verlaufen war, wie sich in dem Etikettenschwindel der Neubenennung der ML-Sektion als Politikwissenschaft zeigt, war eine Intervention von Außen zur Durchsetzung grundlegender Veränderungen unvermeidlich. Zwar war das äußere Eingreifen nicht frei von Animositäten des Kalten Krieges und institutionelle Rivalitäten der FU behinderten die Zusammenarbeit der Berliner Institutionen erheblich. Aber die Westberliner Wissenschaftsverwaltung trug die inhaltliche und fiskalische Verantwortung für die HU, deren Mitglieder nun eine Autonomie reklamierten, die sie in der DDR nie genossen hatten. Zweifellos bedeutete die Einrichtung der SBKs eine Entmündigung der HU, da sie die Struktur- und Personalentscheidungen der Universitätsleitung entzog. Auch brachten die Form und das Ausmaß der Entlassungen viele Verletzungen hervor. Jedoch bot dieses radikale Vorgehen dort, wo es Forschern aus Ost und West gelang miteinander zu kooperieren, die Chance eines echten Neubeginns.[48]

---

46 Senatsprotokolle vom 14. 4. 1992, 19. 5. 1992, 2. 6. 1992, HU online; Chancen für den Mittelbau?, in: HU 1991/92, Nr. 13; Marlis Dürkop, Auf dem Wege zur Normalität nicht zum Durchschnitt, in: HU Extra; dies., Personalentscheidungen im Zusammenhang mit dem Hochschulpersonal-Übernahmegesetz, in: HU, 1992/93, Nr. 4. Zur Hochschulpersonalübernahme: Aufgaben gingen weit über das „normale" Maß hinaus, in: ebd., Nr. 6.

47 Zahlen aus Raiser, Schicksalsjahre einer Universität (wie Anm. 5), S. 94 ff, 113 ff. sowie Vollrath, Zwischen Selbstbestimmung und Intervention (wie Anm. 4), S. 240 ff. Vergleichsangaben für die Zeit nach 1945 in Schulz (wie Anm. 7), Kapitel 1.

48 Arnulf Baring, Warum ich an die Humboldt-Universität will, in: FAZ, 11.5.1991 versus Leserbrief von Gerhard A. Ritter, in: ebd., 10. 6. 1991. Vgl. Friedhelm Neidhardt, Konflikte und

4. Ankunft im Westen

Die Aufbruchstimmung der neuen Hochschullehrer und Studenten kollidierte
Mitte der 1990er Jahre nicht nur mit den Folgen der Umwandlung sondern
auch den ungelösten Problemen des Westens. Einerseits konnten neuberufene
Professoren wie der Kunsthistoriker Horst Bredekamp erfreut konstatieren
„die HU ist zu einer Drehscheibe für den Wiedervereinigungsprozess geworden". Andererseits wurde das „wachsende Selbstbewusstsein" durch die
Bereinigung weiterer Vereinigungsfolgen wie der überfälligen Sanierung der
vorhandenen Gebäude, schlecht funktionierenden Verwaltung und anti-
quierten Forschungsinfrastruktur strapaziert. Noch schwieriger erwies sich
aber auf die Dauer das hochschulpolitische Erbe der alten Bundesrepublik, das
schon vor 1989 reformbedürftig gewesen war.[49] Vor allem die sträfliche Unterfinanzierung der Universitäten führte zu einem Abbruch des Neuaufbaus
als die Berlin-Förderung des Bundes wegfiel, und der subventionsverwöhnte
Berliner Senat nun drei Hochschulen aus dem Finanzvolumen von zwei
Universitäten unterhalten musste. Viele der anstehenden Personal- und
Sachentscheidungen erhielten durch die auferlegten Kürzungen eine unnötige
Schärfe.

Zunächst bereitete die Einpassung der hinzugekommenen HU in die Berliner Hochschullandschaft erhebliches Kopfzerbrechen, weil sie schmerzhafte
Standortentscheidungen verlangte. So wurde der kleine Bereich Elektrotech-
nik an die TU verlagert und die Lehramtsstudiengänge in Kunst und Musik an
die Hochschule für Künste verwiesen. Ebenso ging die Veterinärmedizin an
die FU, was einen Verlust von Stellen und angestammten Arbeitsgebieten
bedeutete, auch wenn Inhaber bei den Berufungen bevorzugt berücksichtigt
wurden.[50] Dagegen stießen die Zugewinne wie die Eingliederung der evangelischen Kirchlichen Hochschule Berlin-Brandenburg, die Fusion der
Agrarwissenschaften und Lebensmitteltechnologien an der HU, der Umzug
der naturwissenschaftlichen Fakultäten zum Science-Campus nach Adlershof
und die Integration des Rudolf-Virchow Klinikums mit seiner großen Zahl
von Mitarbeitern in die Charité eher auf Skepsis, weil sie finanzielle Belas-
tungen bedeuteten. Im Vergleich dazu kamen Neugründungen von Zentren
für Großbritannien-, Friedens- und Extremismusforschung und von

Balancen. Die Umwandlung der Humboldt-Universität zu Berlin 1990–1993, in: Renate Mayntz
(Hg.), Aufbruch und Reform (wie Anm. 3), S. 33–60.

49 Hochschulen gegen Erklärung der Länderchefs zu Strukturreformen, in: HU, 1993/4, Nr. 2; Ein
Umbau nach verblichenen Plänen, SZ, 14./15. 10. 1995. Vgl. Mitchel G. Ash (Hg.), Mythos
Humboldt. Vergangenheit und Zukunft der deutschen Universitäten, Wien 1999; Dietrich
Schwanitz, Der Campus, Frankfurt a. M. 1995.

50 Senatsprotokolle vom 2. 6. 1992, 6. 10. 1992, 2. 4. 1993, 25. 5. 1993, HU online; Marlis Dürkop,
Auf dem Weg zur Normalität, nicht zum Durchschnitt, in: HU Extra.

Schwerpunkten für Geschlechterforschung und Ökologie kaum über erste Anfänge hinaus.[51]

Verschärft wurden diese Probleme durch die verheerenden Sparmaßnahmen des Senats, die anfangs die HU noch schonten, sie aber dann mitten im Neuaufbau trafen und alle Planungen über den Haufen warfen. Die erste Kürzungswelle rollte im Sommer 1993 heran und verlangte einen Stellenabbau von fünf Prozent. Da sich für 1994 ein Haushaltsloch von 27,8 Mio DM auftat, protestierte die HU gegen die Einführung von Studiengebühren durch ein Haushaltsstrukturgesetz.[52] Noch enger wurde es mit der Forderung des Senats, für 1995/96 einen Doppelhaushalt mit Nullwachstum vorzulegen. Da der Leitung dieser Ansatz „für eine Universität in der Umbruch- und Aufbruchphase irreal" zu sein schien, unterstützte sie eine Protestdemonstration mit anderen Berliner Hochschulen. Im Februar 1994 verfügte der Senat dann einen Einstellungs- und Investitionsstop, der Berufungen einfror und die Sanierung behinderte.[53] Eine weitere pauschale Minderausgabe von 158 Millionen für 1995 verlangte die Streichung von 20 Professuren und 34 Mittelbaustellen. Mitten im Aufbau erzwang die wissenschaftsfeindliche Sparpolitik des Berliner Senats einen Übergang zum Abbau, der ganze Studiengänge bedrohte.[54]

Genervt von den andauernden Streichungen gab Marlies Dürkop im Frühjahr 1996 auf und machte den Weg frei für die Wahl von Hans Meyer als neuem Präsidenten. Der renommierte Frankfurter Verfassungsjurist hatte als SBK-Vorsitzender die Erneuerung der rechtswissenschaftlichen Fakultät mit Erfolg betrieben und war erfahren im Umgang mit Verwaltungen und Politikern. Im Gegensatz zu Frau Dürkop leitete Meyer die Sitzungen straff und setzte seine Anliegen besser durch. Er bevorzugte ein nichtkonfrontatives Vorgehen durch Verhandlungen, gemeinsame Schritte mit den anderen Hochschulen und rechtlich belastbare Abmachungen. Dieser Führungswechsel änderte nicht nur der Stil der Außendarstellung, sondern auch die

51 Senatsprotokolle vom 20. 7. 1993, 3. 8. 1993, 16. 3. 1994, 20. 9. 1994, 6. 12. 1994, HU online; Reizwort Adlershof, in: HU 1992/93, Nr. 4; Marlis Dürkop, Zum Gesetz über die Neuordnung der Hochschulmedizin in Berlin (UniMedG), in: HU 1994/5, Nr. 4; Adlershof. Eine Chance für die Universität und das Land Berlin, in: HU 1995/96, Nr. 7.

52 Senatsprotokolle vom 20. 7. 1993, 5. 10. 1993; Keine Generalermächtigung für den Senator, und Wie billig bekommt man eine Erneuerung?, in: HU, 1993/94, Nr. 1; Die Hochschulen stehen im Regen, in: HU, 1993/94, Nr. 3.

53 Senatsprotokolle vom 2. 11. 1993, 7. 12. 1993, 1. 2. 1994, 15. 2. 1994, 16. 3. 1994, 7. 6. 1994, 6. 12. 1994, 20. 12. 1994, HU online; Marlis Dürkop, Zur Haushaltssituation der HUB, in: ebd., Nr. 9 und dies., Wer holt die Kuh vom Eis?, in: HU 1994/95, Nr. 1; Horst Bredekamp, Vorwärtsverteidigung gefragt, und Wissenschaft und Bildung sind Zukunftsinvestitionen, in: HU 1994/95, Nr. 4.

54 Senatsprotokolle vom 13. 6. 1995, 25. 7. 1995 und 8. 8. 1995, HU online; SBK-Vorsitzende fordern von Berliner Politikern verantwortliches Handeln, in: HU 1994/5, Nr. 8; Marlies Dürkop, Verlust an politischer Kultur, in: HU 1995/96, Nr. 4; dies., Berlin verkennt Bildung als Zukunftsinvestition, in: ebd., Nr. 5; Offener Brief von Marlies Dürkop und Frank Seyffert an die Studierenden, in: ebd., Nr. 6.

interne Arbeitsweise, die sachlicher und effizienter wurde. Da Meyer politisch den bürgerlichen Parteien nahe stand, konnte er den Neubeginn Westberliner Kreisen gegenüber besser vermitteln, indem er ihre Vorurteile schon durch seine Persönlichkeit ausräumte. Jedoch stand er vor einer schier unlösbaren Aufgabe, denn die Haushaltslücke für 1996 aufgrund der pauschalen Minderausgabe belief sich auf weitere 24,8 Millionen Mark.[55]

Da die Sparbeschlüsse den Kern der Universität bedrohten, plädierte Meyer für die Annahme des vom Senat angebotenen Hochschulvertrags für die HU. Die Universität hatte gegen das Haushaltsstrukturgesetz geklagt, weil die Pharmazie und Sportwissenschaft geschlossen, die Berliner Naturwissenschaften insgesamt um 14 Millionen gekürzt und Studiengebühren eingeführt werden sollten. Obwohl damit die Verteilungskämpfe in die Universität hinein verlagert wurden, erschien die „gewünschte Planungssicherheit" als ein Vorteil, da Zukunftsentscheidungen verlässliche Zahlen verlangten. Meyer argumentierte, „die erste Voraussetzung, sich auf solch einen Vertrag einzulassen, sei dazu die Verbindlichkeit und damit Einklagbarkeit", die zweite eine Ausfinanzierung des Personalhaushalts. Zwar beklagte er die Kürzung der Zahl der Berliner Studienplätze von 100.000 auf 85.000 als unverantwortlich, aber „die Universitäten seien gut beraten, den Vertrag unter diesen Bedingungen zu schließen, weil sonst weitere Kürzungen drohten". Nach kontroverser Debatte billigte der Senat am 25. März 1997 den Abschluss: „Der Vertrag ermöglicht lediglich die Überlebensfähigkeit der Humboldt-Universität".[56]

Die Umsetzung der Sparauflage von 52 Millionen DM zwang der Universität eine Diskussion ihrer Struktur auf, denn sie machte es notwendig, „gut funktionierende Bereiche zu schließen". Statt mit dem „Rasenmäherprinzip" vorzugehen, wählte die Leitung dazu „eine Kombination von Einstellung von Fächern und Stellenkürzungen in den übrigen Bereichen". Um den Kern der klassischen Universität zu erhalten, mussten gegen den Protest der Betroffenen ganze Fächer wie Pharmazie und Grundschulpädagogik aufgegeben werden. Besonders kontrovers war die Debatte über das Verhältnis der Kürzungen zwischen den Natur- und Geisteswissenschaften, weil erstere nur 22 Stellen abgeben wollten, da der Aufbau des Campus von Adlershof eine „kritische Masse" verlangte, während letztere sich durch eine Einsparung von 60 Professuren benachteiligt fühlten. Ein weiterer emotionaler Kritikpunkt war die Schließung kleiner Fächer wie Vor- und Frühgeschichte oder ihre Verlagerung an die FU.[57] Da es aber zu den Kürzungen „keine Alternative" gab,

55 Senatsprotokolle vom 17. 12. 1991; 2. 7. 1996. Vgl. Ohne Moos nix los, in: HU 1995/96, Nr. 4, Rechtsstaat beginnt nicht erst, wenn die Kasse stimmt, in: ebd., Nr. 6; Präsidentenwahl, Nr. 9.
56 Senatsprotokolle vom 17. 9. 1995, 15. 10. 1995, 5. 1. 1995, 3. 12. 1995, 17. 12. 1995, 21. 1. 1997, 25. 3. 1997, 13. 5 1997, HU Online. Gefährliches Unicum. Humboldt-Universität wehrt sich gerichtlich gegen Teile des Haushaltsstrukturgesetzes, in: HU 1995/96, Nr. 8; Heftigere Gangart angekündigt, in: HU 1996/97, Nr. 3; Ein „Ja" unter Schmerzen, in: ebd., Nr. 6; Text des Vertrages ebd., Nr. 6.
57 Senatsprotokolle vom 10. 6. 1997, 17. 6. 1997, 9. 9. 1997, 14. 10. 1997, HU online; Alles andere

akzeptierte der Senat im März 1998 widerwillig ihre Verteilung in einem „Hochschulstrukturplan", der 82 Professorenstellen, also ein Fünftel der Gesamtzahl, opferte.[58]

Trotz der skandalösen Unterfinanzierung durch die Berliner Politik gab es auch Lichtblicke, die darauf hindeuteten, dass eine schlankere Humboldt-Universität in einigen Bereichen neue wissenschaftliche Exzellenz gewann. Wichtigster Indikator der wachsenden Leistungsfähigkeit war der steile Anstieg der Drittmittelbilanz, die im Jahre 1996 schon 106 Millionen DM überstieg, womit „die HU in der Spitzengruppe der deutschen Universitäten" rangierte. Ähnlich eindrucksvoll war die Einwerbung von Graduiertenkollegs, von denen die HU im Jahre 1997 dreizehn aufwies, was ihr hinter Heidelberg (mit vierzehn) den zweiten Platz bescherte. Ebenso gab es eine wachsende Erfolgsbilanz bei Anträgen für Sonderforschungsbereiche wie der für „Komplexe Nichtlineare Prozesse", vor allem in den Naturwissenschaften. Die erfolgreiche Berufungspolitik führte auch zu einigen Leibniz-Preisen wie der Ehrung des Physikers Prof. Dieter Rüst. In dem deutschlandweiten Vergleich des *science citation index* lag die HU sogar schon an erster Stelle...[59] Diese Außenbeurteilungen zeigten den Erfolg der Aufbauarbeit, der trotz aller Widrigkeiten das Selbstbewusstsein der Humboldtianer langsam stärkte.

Die Veränderungen dieses turbulenten Jahrzehnts waren so grundlegend, dass die HU mit ihrem Vorgänger außer dem Namen und den Liegenschaften nur noch wenig gemein hatte. So war die Studentenzahl um mehr als die Hälfte auf 33.000 gestiegen, während gleichzeitig etwa 4000 Mitarbeiter die Universität verlassen mussten. Fast 400 Professoren waren neu berufen worden, davon über zwei Fünftel aus den neuen Bundesländern. Statt in Sektionen war die Hochschule nun in elf Fakultäten gegliedert, die 25 Institute und einige zentrale Einrichtungen wie Bibliothek und Rechenzentrum umfassten. Nach ihrer neuen Verfassung wurde sie von einem Präsidenten unter der Aufsicht eines Kuratoriums geleitet und konnte mittels einer „Erprobungsklausel" mit administrativen und inhaltlichen Innovationen experimentieren. Der Umzug der Politiker aus Bonn in die alte Reichshauptstadt bot auch Kontakte zu Regierungsentscheidungen, die traditionelle Berliner Vorteile wiederherstellten. Schließlich schufen der Aufbau des Science-Campus in Adlershof, die

---

als Wunschvorstellungen, in: HU 1996/97, Nr. 9; Kürzung von 82 Professoren bis zum Jahr 2000, in: HU 1997/98, Nr. 1. Daneben sollten die Landwirtschaftlich-Gärtnerische Fakultät 11,3 Millionen und die zentrale Verwaltung weitere vier Millionen einsparen.

58 Senatsprotokolle vom 6. 1. 1998, 13. 1. 1998, 24. 3. 1998, 30. 3. 1998, 31. 3. 1998, HU online: Vgl. Es geht um die Streichung von 61 Professuren, in: HU 1997/98, Nr. 4; Ingo Bach, Hürdenlauf, in: ebd., Nr. 6; Hochschulstrukturplan beschlossen, in: ebd.; Hochschulverträge paraphiert, in: HU 1998/99, Nr. 6.

59 Drittmittelbilanz positiv, in: HU 1996/97, Nr. 6; Humboldt in der Spitzengruppe, in: ebd., Nr. 8; Neuer SFB bewilligt, in: HU 1998/99, Nr. 9; Humboldt ist Spitze, in: HU 1999/2000, Nr. 3; Leibniz-Preis 2000 für Prof Dieter Lüst, in: ebd., Nr. 2.

Inkorporierung des Virchow-Klinikums in die Charité und die Sanierung der
repräsentativen Bausubstanz eine Basis für künftige Entwicklungsdynamik.[60]

Das Selbstverständnis dieser „Vereinigungswerkstatt" blieb dennoch
schwankend, denn in ihr trafen zwei verschiedene akademische Kulturen
aufeinander, die sich mit einem doppelten Erbe auseinandersetzen mussten.
Einerseits wirkte der Ruhm der Friedrich-Wilhelms-Universität als einer der
führenden Institutionen der Welt als Ansporn für künftige Leistungen. Andererseits waren die Erfahrungen wissenschaftlicher Kollaboration mit dem
Nationalsozialismus und dem Kommunismus deprimierend und konnten nur
als Warnung vor Instrumentalisierungen dienen. Aufgrund der Verletzungen
des Vereinigungsprozesses trauerten viele ostdeutsche Mitarbeiter der vermeintlichen Wärme der SED-Fürsorgediktatur nach, aber einige wurden auch
von den neuen Möglichkeiten angezogen, die der Westen bieten konnte. Dagegen waren westliche Neuankömmlinge von den Aufbauchancen nach internationalen Vorbildern begeistert, aber von den Hindernissen der praktischen Umsetzung oft frustriert. Die von dem Philosophen Volker Gerhardt
angeregte Leitbilddiskussion kam zu keinem klaren Ergebnis, denn noch war
nicht klar, ob dieser Phönix aus der Asche aufsteigen oder abstürzen würde.[61]

5. Ambivalenzen der Beurteilung

Zwei Jahrzehnte nach dem Mauerfall bleiben Methode und Ergebnis der
Befreiung von der SED-Diktatur umstritten, da die meisten Beurteilungen
persönliche Erinnerung mit sachlicher Analyse vermischen. Einerseits ist
die von Kritikern gern gebrauchte Anschlussmetapher irreführend, da sie
eine faschistische Kontinuität zwischen dem Dritten Reich und der
Bundesrepublik unterstellt und die freie Entscheidung ostdeutscher Bürger
im März 1990 herabwürdigt. Andererseits ist auch die in den Feiern des
3. Oktober zelebrierte Erfolgsgeschichte irritierend, weil sie die Schwierigkeiten der Vereinigung unterschätzt und die Verluste des Systemwechsels
ignoriert.[62] Iro-nischerweise erwähnen Geschichten des „demokratischen
Aufbruchs" nur selten die Hochschulen, denn die sozialistische Intelligenz
war überwiegend systemloyal und ihre Vordenker suchten nach einem
Dritten Weg zur Modernisierung des Sozialismus in einer reformierten

60 Anders als alle Andern. Die HUB entwickelt sich vom Kader-Institut des Sozialismus zur Elite-
    Hochschule der Zukunft, in: UniSpiegel 1. 12. 1999; Hans-Dieter Burckhard, Ein Puzzle setzt
    sich zusammen, in: HU 1998/99, Nr. 6.
61 Thomas Möbius / Jörg Nicht, Phönix im Sturzflug...? Wahrnehmungen des Umbruchs und
    Strukturwandels an der HUB von 1989–1995, in: HU 1999/2000, Nr. 2. Vgl. Volker Gerhardt
    (Hg.), „Universität des Mittelpunkts". Beiträge zur Leitbilddiskussion, Berlin 2000.
62 Charles S. Maier, Das Verschwinden der DDR und der Untergang des Kommunismus, Frankfurt
    a. M. 1999; Konrad H. Jarausch / Martin Sabrow (Hg.), Weg in den Untergang. Der innere Zerfall
    der DDR, Göttingen 1999.

DDR. Bis auf einige im Umfeld des 40. Jahrestags protestierende Studenten wurden die Universitäten 1989 sozusagen von der friedlichen Revolution überrascht – nicht gerade ein Ruhmesblatt im Vergleich zu ihrer wichtigen Rolle in der Erhebung von 1848.[63]

Dennoch war die Forderung „dass auch in der Wissenschaftspolitik eine Wende eintritt" generell unumstritten. Sogar die Abteilung Wissenschaft des ZK gab das Fehlen „leistungsgerechter Arbeits- und Lebensbedingungen", das Ausbleiben von „grundlegenden Innovationen", die negativen Folgen der „Verbindung von Wissenschaft und Produktion" und die geringe „Wertschätzung von Forschung und Bildung durch die sozialistische Gesellschaft" zu.[64] Wohl aber gingen die Meinungen darüber auseinander, ob Korrekturen *im* oder ein Wechsel *des* Systems angesagt waren. In der HU konzentrierte sich der Prozess der Selbstreform weitgehend auf eine langwierige Statutendebatte, die aber durch den Beitritt am 3. Oktober obsolet wurde. Richtig in Gang kam die Erneuerung erst durch den Schock des Abwicklungsbeschlusses, der durch die Fink-Entlassung noch verstärkt wurde. Der darauf folgende Wettlauf zwischen interner Neugestaltung durch die PSK und externer Veränderung durch die SBK wurde durch Senator Erhardt zugunsten der letzteren entschieden. Zweifellos war eine Erneuerung im vom Kalten Krieg geprägten Berlin schwieriger als anderswo, was die Konflikte erheblich verschärfte.

Nach welchen Kriterien ist die Transformation der HU zu beurteilen? Im Prozess selbst ging es einerseits um die Erneuerung der Strukturen und Profile der Fachbereiche nach einer Art bester Praxis, andererseits um die Evaluierung des Personals aufgrund schriftlich nachweisbarer Forschungskompetenz und vom Ehrenausschuss attestierter persönlicher Integrität. Die Anwendung dieser durchaus nachvollziehbaren Standards wurde jedoch immer wieder durch die Engpässe der Finanzierbarkeit behindert. Gleichzeitig kollidierten rivalisierende Visionen von Demokratisierung, die von Selbstreformern als eigene Teilhabe am Prozess, von Erneuerern von „oben und außen" aber als parlamentarisch gewähltes Mandat verstanden wurden. Während ostdeutsche Reformer auf die Überwindung von Diktatur durch eigene Beteiligung vertrauten, setzten westdeutsche Entwicklungshelfer auf den Transfer vertrauter Praxen aus der Bundesrepublik. Beide Versionen der Kritik am Verlust von Personal mit seinen persönlichen Verletzungen und der Rechtfertigung rigoroserer Umgestal-

---

63 Timothy Garton Ash, We the People: The Revolution of 89 Witnessed in Warsaw, Budapest, Berlin and Prague, New York 1990; Hartmut Zwahr, Ende einer Selbstzerstörung, Göttingen ²1993.

64 Diese schonungslose Analyse stammt von Johannes Hörnig, dem langjährigen Abteilungsleiter in der Abteilung Wissenschaft des ZK der SED, 30. 10. 1989 für Kurt Hager, siehe BA DY 30, 7720.

tung mit seinem Gewinn an Qualität in Lehre und Forschung haben daher
ihre erfahrungsgeschichtliche Berechtigung.[65]

Ein Vergleich mit anderen Umbrüchen im 20. Jahrhundert zeigt jedoch,
dass die Umgestaltung der ostdeutschen Hochschulen nach 1989 trotz aller
Radikalität des Personalaustauschs in rechtsstaatlichen Formen verlaufen
ist. Im Kontrast zur halbherzigen Demokratisierung von 1919 war die
Vertreibung innovativer, linker und vor allem jüdischer Wissenschaftler
durch die Nationalsozialisten von 1933 brutal und umfassend, da sie bis zu
einem Drittel des Lehrkörpers betraf.[66] Die antifaschistische Umgestaltung
der Hochschulen erfolgte nach 1945 ebenso ideologiegetrieben und noch
durchgreifender, auch wenn die Bundesrepublik den Verdrängten eine neue
Wirkungsstätte bot.[67] Statt Kategorien von Rasse und Klasse folgte die Erneuerung von 1990 rationalen Kriterien wie fachlicher Struktur, wissenschaftlicher Leistung und persönlicher Integrität, denn die Eliminierung von
Vertretern der SED-Diktatur und Mitarbeitern des MfS sollte nur nach-
weisbar Belastete treffen. Auch bestand bei dabei unvermeidbaren Fehlur-
teilen die Möglichkeit juristischer Verteidigung. Obwohl der rigorose Eli-
tenwechsel eine „verlorene Generation" hervorbrachte, öffnete er den Jüngeren durchaus neue Chancen.[68]

Auf die Dauer ist die entscheidende Frage für die HU die Wiedergewinnung ihres wissenschaftlichen Rufes in den sich verschärfenden Wettbewerbsbedingungen der Zukunft. Dabei ist der auf großen Leistungen aufbauende Nimbus der Gründer gleichzeitig eine Verpflichtung und eine
Herausforderung. Wegen der Kollaboration mit beiden Diktaturen kann es
keinen affirmativen Rückgriff geben, sondern ist „von der kritisch ange-
eigneten Vergangenheit auszugehen". Die Ost-West Durchmischung von
Hochschullehrern und Studenten könnte durchaus ein Vorteil sein, wenn
sich die unterschiedlichen Wissenschaftskulturen gegenseitig befruchten.
Notwendig ist weniger die Schaffung einer vermarktbaren *corporate identity*
als eine konsequente Öffnung für Interdisziplinarität, Internationalität und
Innovativität, also eine neue Dynamisierung. Dafür werden noch manche
personelle Hindernisse in der trägen Verwaltung und materielle Hemmnisse

---

65 Pasternack, ‚Demokratische Erneuerung' (wie Anm. 6), S. 366 ff.; Raiser, Schicksalsjahre einer
Universität (wie Anm. 5), S. 113 ff.

66 Herbert Döring, Der Weimarer Kreis. Studien zum politischen Bewußtsein verfassungstreuer
Hochschullehrer, Meisenheim 1976; Michael Grüttner, Studenten im Dritten Reich, Paderborn
1995; Konrad H. Jarausch, Die Vertreibung der jüdischen Studenten und Professoren von der
Berliner Universität unter dem NS-Regime (=Öffentliche Vorlesungen der Humboldt-Universität zu Berlin, Nr. 37), Berlin 1995.

67 Ralph Jessen, Akademische Elite und kommunistische Diktatur. Die ostdeutsche Hochschullehrerschaft in der Ulbricht Ära, Göttingen 1999; Ilko-Sascha Kowalczuk, Geist im Dienste der
Macht. Hochschulpolitik in der SBZ/DDR 1945–1961, Berlin 2003.

68 Vgl. die Konferenz „Die Linden-Universität 1945–1990", die am 19./20. 03. 2009 von der Rosa-
Luxemburg-Stiftung veranstaltet wurde mit dem Symposium der Berlin-Brandenburgischen
Akademie der Wissenschaften über „Wissenschaft und Wiedervereinigung" am 24./25.11.2009.

in unzureichender Finanzierung zu überwinden sein. Aber im Gegensatz zu anderen Institutionen muss sich die HU an ihrem impliziten Führungsanspruch messen lassen. Diesen wird sie nur einlösen können, wenn sie eine neue Form demokratischer Exzellenz hervorbringt.[69]

---

69 Volker Gerhardt, Ein Leitbild für die Humboldt-Universität, in: HU 1999/2000, Nr. 1. Vgl. Bernd Henningsen (Hg.), Humboldts Zukunft. Das Projekt Reformuniversität, Berlin 2008; Konrad H. Jarausch, Demokratische Exzellenz. Ein transatlantisches Plädoyer für ein neues Leitbild deutscher Hochschulen, in: Denkströme 1 (2008), S. 23–52.

Detlef Müller-Böling

Entfesselung von Wettbewerb

Von der Universität zum differenzierten Hochschulsystem

1. Entwicklung des Hochschulsystems bis 1990 – Problemdruck

1.1. Quantitative Entwicklung

In den letzten 50 Jahren wurden die Hochschulsysteme in allen Industrieländern erheblich erweitert. Die Entwicklung begann in den fünfziger Jahren
in den Vereinigten Staaten, als im Anschluss an den Korea-Krieg mit der GI-
Bill die Hochschulen für die zurückkehrenden Soldaten geöffnet wurden. Sie
wurde in den sechziger Jahren auch in Europa aufgegriffen, in Deutschland
unter dem Stichwort der „Bildungskatastrophe". Das Bildungssystem wurde
sukzessive für breite Schichten der Bevölkerung geöffnet, so dass der Anteil
von Studierenden von sieben auf 30 Prozent eines Altersjahrgangs anstieg.

Einige Kerndaten des Wissenschaftsrates verdeutlichen die Grundzüge
dieser Entwicklung mit einem besonders dramatischen Anstieg in den achtziger Jahren.[1] Demnach stieg zwischen 1977, dem Jahr des Öffnungsbeschlusses, und 1990 die Zahl der

- Studienanfänger um 73 %,
- Studenten in der Regelstudienzeit um 48 %,
- Studenten außerhalb der Regelstudienzeit um 106 %,
- Absolventen um 20 % (ohne Promotionen).

Vergleicht man dieses enorme Wachstum auf der Nachfrageseite mit der
Entwicklung auf der Angebotsseite, so wird deutlich, dass der personelle,
kapazitäre und finanzielle Ausbau der Hochschulen mit dem Nachfrage-
wachstum nicht Schritt gehalten hat. So stieg zwischen 1977–1990

- die Zahl der Personalstellen lediglich um 7 %,
- die Zahl der räumlichen Studienplätze um 11 %,
- die Ausgaben für die Hochschulen insgesamt um 12 %,

---

1 Wissenschaftsrat: Zehn Thesen zur Hochschulpolitik, in: Empfehlungen und Stellungnahmen,
Köln 1994.

– dagegen ist der Anteil der Hochschulen am Bruttosozialprodukt von 0,78 %
auf nur noch 0,65 % zurückgegangen.

Diese Auseinanderentwicklung von Aufgaben und Ressourcen der Hoch-
schulen war das Ergebnis des Öffnungsbeschlusses von 1977, der die Über-
lastsituation an den Hochschulen in erster Linie als Baby-Boomer-bedingtes
Phänomen behandelte. Er zog daher keine weiterreichenden strukturellen
Veränderungen nach sich, da ja eine Rückkehr zum Normalzustand nach
Beendigung des demographischen Anstiegs erwartet wurde. Die unbequeme
Situation eine Zeitlang auszuhalten – das war die Devise, die jedoch den Blick
auf erforderliche Strukturanpassungen verstellte.

1.2. Qualitative Entwicklung

Gleichzeitig gab es seit den sechziger Jahren im Hochschulbereich eine weit-
reichende Entdifferenzierung, und zwar auf institutioneller wie auf inhaltlicher Ebene.

1.2.1. Institutionelle Entdifferenzierung

Die institutionelle Entdifferenzierung ist auf den Hochschulausbau seit den
sechziger Jahren zurückzuführen, der in erster Linie Universitätsausbau war.
Dabei spielten neben sozialen auch regionale Gesichtspunkte – also die Berücksichtigung von bislang „benachteiligten" oder mit Hochschuleinrichtungen „unterversorgten" Regionen – eine wichtige Rolle. Im Zuge dieser
Entwicklung wurden viele bislang selbständige, berufsorientierte Hochschulen (Pädagogische Hochschulen, Philosophisch-Theologische Hochschulen,
Medizinische Akademien, Landwirtschaftliche Hochschulen etc.) in die bestehenden oder neu gegründeten Universitäten integriert. Mit der Einführung
der neuen Hochschultypen Gesamthochschule und Fachhochschule erfuhr
diese eindeutige Schwerpunktsetzung zugunsten des Universitätsausbaus
zwar eine gewisse Korrektur. Im Gegensatz zur Fachhochschule konnte sich
jedoch die Gesamthochschule, die ursprünglich als verbindliche Zielsetzung
einer Neuordnung des Hochschulwesens im HRG verankert war, als Hoch-
schultyp nicht durchsetzen und der Ausbau der Fachhochschulen blieb (und
bleibt) hinter den Notwendigkeiten zurück.

Kennzeichnend für die deutsche Hochschullandschaft ist somit ein „bi-
näres System" von Fachhochschulen und Universitäten. Zwar hat sich dieses
System als formale Differenzierung als relativ stabil erwiesen; es ist jedoch
nicht zu verkennen, dass Tendenzen sowohl zur Annäherung von Fachhochschulen an die Universitäten wie umgekehrt festzustellen sind.

1.2.2. Inhaltliche Entdifferenzierung

Mit der institutionellen Entdifferenzierung wurde zugleich eine inhaltliche Entdifferenzierung eingeleitet. Denn zum einen entstand im Zuge der Integration von bislang selbständigen Hochschulen in die Universitäten ein Druck zur „Verwissenschaftlichung" von Fächern und Studiengängen mit bislang deutlicher Ausrichtung auf berufliche Tätigkeitsfelder. Dies hatte zur Folge, dass

- der auf die Einheit von Forschung und Lehre gestützte Bildungsbegriff,
- die Orientierung an der Grundlagenforschung und, damit verbunden,
- die Ausbildung zum Wissenschaftler
- den berufsfeldbezogenen Ausbildungsbegriff in weiten Bereichen verdrängte.

Darüber hinaus wurden in vielen Fächern Studieninhalte und -strukturen über den Erlass von Rahmenstudien- und Rahmenprüfungsordnungen vereinheitlicht. Dies geschah nicht nur unter Verweis auf das grundgesetzlich vorgegebene Gebot der Einheitlichkeit der Lebensbedingungen, das im Hochschulbereich über einheitliche Studienverhältnisse realisiert werden sollte; maßgeblich war auch die Vorstellung, alle Hochschulen eines bestimmten Typs seien gleich. Eine inhaltliche Differenzierung von Disziplinen und Fächern an verschiedenen Standorten war daher ebenso wenig erwünscht wie die Binnendifferenzierung innerhalb einzelner Hochschulen oder deren besondere Profilierung über die Entwicklung spezifischer Studienangebote und -möglichkeiten.

1.2.3. Politische Hintergründe

Das enorme Wachstum der Hochschulen seit dem Ende der sechziger Jahre ist einer der wesentlichen Gründe für die Problemlage der Hochschulen gegen Ende der achtziger Jahre. Die Entscheidung zur Öffnung der Hochschulen für breite Schichten der Bevölkerung war grundsätzlich richtig und für eine wissenschaftsbasierte Gesellschaft unausweichlich. Problematisch ist somit weniger das Wachstum schlechthin als vielmehr die Tatsache, dass es nicht mit Strukturveränderungen und Anreizsetzungen im Hochschulsystem einherging.

Hauptanliegen der Hochschulpolitik der damaligen Zeit war nicht, Anreize zu schaffen für wissenschaftliche Exzellenz; Differenzierung und Leistungsförderung standen im Hintergrund. Vielmehr war Leitidee die Vereinheitlichung des Hochschulsystems – gerade noch differenziert in die beiden Schubladen Universität und Fachhochschule –, wobei Wissenschaftlichkeit letztlich normiert und für besondere Profilausprägungen kaum noch Spielraum verblieb.

Drei Gründe waren für diese Vereinheitlichungsbestrebungen bestimmend: das grundgesetzlich vorgegebene Gebot der Einheitlichkeit der Lebensbedingungen, das im Hochschulbereich über einheitliche Studienverhältnisse realisiert werden sollte; der Irrglaube, alle Hochschulen seien gleich oder müssten es sein; und schließlich der Drang zur Reglementierung des Studiums, das ja bei stark gestiegenen Studentenzahlen zunehmend Ausbildungsfunktionen erhielt und deshalb in detaillierte Ausbildungsordnungen – Rahmenstudienordnungen, Rahmenprüfungsordnungen – gefasst werden musste. Unter derartigen Bedingungen mutierten die Hochschulen zu staatlichen Anstalten, deren Wissenschaftlichkeit und autonome Selbstverwaltung unter einer intensiven Prozesssteuerung erstickt wurde.

2. Hochschulmodelle Anfang der neunziger Jahre

Vor diesem Hintergrund bestanden Anfang der neunziger Jahre eine Reihe sehr unterschiedlicher Vorstellungsmodelle, was Hochschulen sind und wie sie zu steuern wären. Ich habe diese damals Vorstellungsstereotypen genannt, die die jeweiligen Diskutanten im Kopf hatten und die häufig zu sehr dysfunktionalen Ergebnissen in der Gestaltung des Wissenschaftssystems führten, weil Elemente aller Stereotypen in der Realität vorzufinden waren.[2]

2.1. Die Gelehrtenrepublik

Die Gelehrtenrepublik sieht die Hochschule als Ort ausgewiesener Forscher, die in akademischer Freiheit interessante und ggf. auch gesellschaftlich relevante Fragestellungen aufgreifen und sie bearbeiten. Erkenntnisse und Methodik geben sie an Studenten in einem eher unstrukturierten Kommunikationsprozess weiter. In der Forschung wie in der Lehre sind diese Gelehrten hoch intrinsisch motiviert. Das gleiche wird von den Studenten angenommen. Die Gelehrten zumindest bedürfen von daher keiner Kontrolle. Die Hochschule ist in diesem Modell Lebensraum für Lehrende und Lernende. Berufs- und Privatleben verschmelzen miteinander, bei den Gelehrten wie bei den Studenten.

Forschung und Lehre sind außerordentlich selbständig. Sie bedürfen innerhalb der Hochschule lediglich hinsichtlich der fachbezogenen Kriterien der Koordination. Die Gremien (Fakultätsrat oder Senat) sind daher nach Fachdisziplinen besetzt, wobei die Fächer einzig durch Professoren aufgrund des nur bei ihnen vorliegenden Fachverstands repräsentiert werden können.

Die Finanzierung der Gelehrtenrepublik erfolgt nach dem Alimentationsprinzip. Die Gelehrten formulieren ihre Forderungen nach Finanzmitteln, die von der Gesellschaft erfüllt werden müssen. Dass sie mit diesen Mitteln - im produktiven Sinne - „verschwenderisch" umgehen können, ist für ihr wis-

---

2 Detlef Müller-Böling, Von der Gelehrtenrepublik zum Dienstleistungsunternehmen? Hochschulen als Vorstellungsstereotypen, in: Forschung & Lehre, 7/1994, S. 272–275.

senschaftliches Selbstverständnis wesentlich. Denn weder die Forschungsgebiete noch die Ansprüche der Gelehrten sind hinterfragbar. Niemand ist in der Lage, die Anforderungen sachgerecht zu beurteilen.

Die Leistung der Hochschule in Forschung und Lehre ist ein öffentliches Gut, das keiner Kosten- und Preisdiskussion unterliegen kann. Die Quantität der Forschung wird nicht gesteuert, da Kreativität nicht produzierbar ist. Die Qualität wird dagegen in einem expertengesteuerten Wettbewerb bestimmt. In der Lehre wird Qualität in erster Linie an der Verwendungsfähigkeit der Absolventen in der Wissenschaft beurteilt. Kontakte oder Rückkopplungen zum übrigen Arbeitsmarkt sind bei den Gelehrten individuell und eher zufällig, in keinem Fall jedoch organisiert.

2.2. Die nachgeordnete Behörde

Völlig andere Implikationen hat das Modell der Hochschulen als nachgeordnete Behörde. Hier werden Universitäten und Fachhochschulen als staatliche Einrichtungen behandelt, als Teilmenge des öffentlichen Dienstes. Folglich unterliegen auch Hochschulen den Prinzipien der staatlichen Steuerung im Haushaltsrecht, Dienstrecht oder in der Besoldung. Auch auf sie finden die staatlichen Steuerungsinstrumente – Gesetze, Verordnungen und Erlasse – Anwendung mit mehr oder weniger detaillierten Vorgaben bzw. Eckwerten. Und da gegenüber den Hochschulen ein gewisses Maß an Misstrauen besteht – vom „offensichtlichen Versagen" der Gelehrten ist die Rede –, müssen diese Instrumente verstärkt eingesetzt werden. Ansonsten, so wird befürchtet, läuft die Sache aus dem Ruder.

Aus demselben Grund sind auch akademische Gremien und Entscheidungsstrukturen von eher nachgeordneter Bedeutung. Was in den akademischen Gremien geschieht, ist eine Sache; eine andere, viel wichtigere ist eine voll ausgebaute Zentralverwaltung, welche die Einhaltung der rechtlichen Regelungen überwacht und als Arbeitspartner der Ministerialverwaltung dient.

Die Finanzierung erfolgt im Rahmen staatlicher Haushalte, die ursprünglich auf der Basis von definierten Anforderungen ermittelt wurden, dann aber lediglich „überrollt" werden. Federführend ist dabei nicht mehr das Wissenschaftsministerium, sondern die Finanzministerialbürokratie, welche die Finanzierung der Hochschulen nach Kassenlage vornimmt; Sacherfordernisse spielen angesichts der geringen Haushaltsspielräume nur noch eine untergeordnete Rolle. Auf nicht unerhebliche Skepsis trifft die Forderung nach Finanzautonomie für die Hochschulen. Hier beschleicht den Ministerialen ein unangenehmes Gefühl: Soll der Staat etwa nur noch zahlen dürfen, bei Entscheidungen über den Mitteleinsatz aber schweigen müssen? Das wird als unanständig empfunden, als ungebührliche Umkehrung des Verhältnisses zwischen Zentrale und nachgeordneter Behörde.

Qualitätsbeurteilung erfolgt in der nachgeordneten Behörde lediglich auf der Basis des Inputs im Rahmen von Zuweisungen. Zugewiesen werden Studenten mit Hilfe einer Kapazitätsverordnung; oder Sach- und Personalmittel im Rahmen eines Haushalts. Eine Ergebnis- oder Output-Betrachtung erfolgt nicht. Allerdings wird noch der regelgerechte Ablauf der Prozesse kontrolliert. Dabei zählt nicht das Ergebnis, sondern der ordnungsgemäße Weg dahin. Die Einhaltung der Regel wird zum Ziel. Leistung gilt als erbracht und Qualität als erreicht, wenn es keine Beanstandung durch den Rechnungshof gibt.

2.3. Die Gruppenhochschule

Das Gruppenmodell sieht die Hochschule dagegen als Ort der Interessengegensätze, die mit Hilfe demokratischer Mechanismen ausgeglichen bzw. geschützt werden müssen. Dabei nimmt jede Gruppe für sich in Anspruch, dass sie aufgrund ihrer Gruppenzugehörigkeit die besseren Lösungskonzepte vertritt. Gefordert wird daher ein größeres Mitspracherecht in den Gremien oder eine höhere Parität. Die jeweiligen Interessen treten in den Entscheidungsprozessen wechselhaft als Wahl- oder Zielkoalition auf. Entscheidungsergebnisse sind daher häufig nur schwer vorhersehbar. Sie sind eher zufallsbedingt und folgen kaum einem Gesamtinteresse.

Bei der Finanzierung fragt jede Gruppe nach dem gruppenbezogenen Nutzen etwa hinsichtlich der Arbeitsplatzsicherheit für wissenschaftliche oder nichtwissenschaftliche Mitarbeiter oder des Stundenentgelts für studentische Hilfskräfte. Dazu kommt die Forderung nach Finanzierung der Organisation, die hinter der Interessenvertretung steht. Gemeinsame Ziele bilden sich nicht heraus, und aufs Ganze bezogen Strategien werden nur selten verfolgt.

Die Gruppensicht bestimmt denn auch die Erwartung an die Leistung der Hochschule. Dabei öffnet sich eine erhebliche Bandbreite. Die Studenten wollen z. B. ein Examen, das beste Eintrittschancen in den Beruf ermöglicht. Die Wissenschaftler streben nach individueller oder gesellschaftlicher Wissensbereicherung oder nach Reputation in Forschung und Lehre als Basis für ihre berufliche und wissenschaftliche Karriere. Die Fraueninteressenvertreter oder gesellschaftlichen Minderheitenvertreter erstreben die Veränderung der Gesellschaft, wobei der Hochschule eine Vorreiterrolle zugemessen wird.

2.4. Das Dienstleistungsunternehmen

Letztlich werden Hochschulen als Dienstleister gesehen. Sie sind dann Produzent von Dienstleistungen im Bereich von Forschung und Lehre, von Transfer, Wirtschaftsförderung oder Kultur. Sie stehen dabei in (internationaler) Konkurrenz zu anderen Hochschulen, Forschungseinrichtungen oder anderen Einrichtungen des tertiären Bereichs. Diese Konkurrenz muss die Hochschule mit einem effizienten, ressourcenschonenden Sach- und Personalmitteleinsatz zur Erreichung der Ziele bestehen.

Die Gremien sind im Selbstverständnis dieses Modells zu verringern und Entscheidungsprozesse zu verkürzen, damit auf Anforderungen des „Marktes" (Arbeitsmarkt, Forschungsmarkt) möglichst rasch reagiert werden kann. Studienangebote und darauf aufbauend Fachbereiche und wissenschaftliche Einrichtungen sind autonom und flexibel einzurichten. Der Staat darf selbst nicht lenkend eingreifen, da in einem wettbewerblichen Modell bei aller Vorausplanung der Erfolg letztlich nur durch Versuch und Irrtum entschieden werden kann.

Die Finanzierung der Hochschulen muss sich an den Marktleistungen orientieren. Nicht mehr die Ansprüche der Gelehrten oder die im Finanzhaushalt freizumachenden Mittel bestimmen die Finanzzuweisungen an die Hochschulen, sondern die Kosten für die erbrachten Leistungen bzw. der Preis, den die Gesellschaft oder das Individuum für die Leistung zu zahlen bereit ist.

In Forschung und Lehre werden erbrachte Leistungen beurteilt an den Kosten, die sie verursachen (Input), sowie an der Qualität und Quantität der erbrachten Dienstleistungen (Output). Dies geschieht auf der Grundlage von Leistungsvergleichen anhand quantitativer Leistungsindikatoren und qualitativer Evaluationen. Dabei ist die Hochschule auf verschiedenen Dienstleistungsmärkten, d. h. Studiengängen bzw. Forschungsfeldern, aktiv und unterschiedlich erfolgreich. Sie wird daher die Studiengänge und Forschungsprogramme ihren Stärken oder Schwächen entsprechend aus- oder abbauen.

Soweit die damaligen (auch teilweise noch heutigen?) Vorstellungsstereotypen über das, was die Hochschulen sind oder sein sollen. Selbstverständlich gab keines der genannten Modelle ein exaktes Bild der Realität wider. Komplizierter: Die deutsche Hochschule hatte alle Elemente der unterschiedlichen Typen in sich, woraus sich ein in vielfacher Hinsicht dysfunktionales System und eine komplexe Gemengelage aus unterschiedlich angelegten und begründeten Entscheidungsstrukturen, Steuerungsinstrumenten, Handlungsträgern und Motivationslagen ergaben. Anfänglich beschränkte sich die Hochschulpolitik weitgehend darauf, aus den verschiedenen Modellen einzelne Elemente herauszugreifen, ohne auf den Gesamtzusammenhang Bezug zu nehmen. Die Reformen blieben bei Einzelmaßnahmen stehen: Studienzeiten sollten verkürzt, Dekane gestärkt, Gebühren für Langzeitstudierende eingeführt oder Haushalte flexibilisiert werden. Was diesen Maßnahmen jedoch fehlte, war ein ganzheitlicher Ansatz, die Vision der künftigen Hochschule bzw. des Hochschulsystems.

3. Ein neues Leitbild: Die entfesselte Hochschule

Das CHE, gemeinnütziges Centrum für Hochschulentwicklung, hat beginnend mit seiner Gründung durch die Hochschulrektorenkonferenz und die Bertelsmann Stiftung im Jahre 1994 ein neues Leitbild unter dem Titel „Die entfesselte Hochschule" entwickelt[3] und seine Tätigkeit in der Folge daran ausgerichtet, wobei die Reihenfolge der nachfolgenden Merkmale keinerlei Gewichtung oder Rangfolge enthält.

3.1. Wettbewerbliche Hochschule

Die zukünftige Hochschule sollte eine wettbewerbliche Hochschule sein, die – wie bisher schon – um das beste Personal und die besten Forschungsleistungen, zukünftig aber auch um die besten oder andersgearteten Lehrleistungen streitet. Das schließt auch den Wettbewerb um die Studienanfänger sowie um die Arbeitsplätze für die Absolventen mit ein. Zum Wettbewerb gehört dann die Transparenz über die Qualität der Leistungen in vertikaler (besser / schlechter) und horizontaler Richtung (Qualität anderer Art) ebenso wie ein Hochschulzugang, der Entscheidungsmöglichkeiten für Studenten wie Hochschulen ermöglicht.

3.2. Wirtschaftliche Hochschule

Die wirtschaftliche Hochschule ist selbstverständlich nicht auf Gewinnerzielung ausgerichtet, wohl aber auf eine Optimierung der Zweck-Mittel-Relation. Zu der Input-Betrachtung, die das (Haushalts-)Verhalten in der nachgeordneten Behörde prägt, muss eine Beurteilung des Outputs im Sinne einer wissenschaftlichen und gesellschaftlichen Bewertung der Leistung treten. Damit ist kein Primat des Geldes über Forschung und Lehre impliziert, wohl aber ein Hinterfragen der Resultate. Dies gilt ebenso für das Aufwands- und Ertragsverhältnis bei den Managementprozessen in den Hochschulen. So sind die Kosten der Selbstverwaltungsprozesse dem Nutzen der vermeintlich (?) höher qualifizierten oder besser akzeptierten Entscheidungen gegenüberzustellen. Die Grundlagen für die staatliche Finanzierung sind an den Aufgaben und den Resultaten neu auszurichten ebenso wie neue Finanzierungsquellen zu erschließen sind.

---

3 Detlef Müller-Böling, Die entfesselte Hochschule, Gütersloh 2000.

3.3. Internationale Hochschule

Die Hochschulen werden künftig in einem noch viel stärkeren Maße international orientierte Hochschulen sein müssen. Dies ist aus Gründen des Wettbewerbs in einer globalisierten Welt notwendig, die Entfernungen verkehrstechnisch und informatorisch schrumpfen lässt, und zwar sowohl im Bereich der Lehre wie auch der Forschung. Internationalität als ein wesentliches Merkmal von Wissenschaft greift zunehmend von den Naturwissenschaften auch auf die Kulturwissenschaften über. Notwendige Schritte etwa in der Lehre sind gestufte Abschlüsse und Akkreditierungen als Ersatz für (deutsche) Rahmenprüfungsordnungen.

3.4. Virtuelle Hochschule

Nicht zuletzt auch im Zusammenhang mit der Internationalisierung werden Hochschulen in unterschiedlichem Maße und zu unterschiedlichen Teilen auch virtuell die Chancen neuer Medien nutzen. Interaktiv in der Lehre wie in den Serviceprozessen Informations- und Kommunikationstechniken zu nutzen wird zu einem wesentlichen Bestandteil einer wettbewerbsfähigen und für Studenten attraktiven Hochschule gehören, um ihre Leistungen und Angebote zu verbessern und zu erweitern.

3.5. Profilierte Hochschule

Die profilierte Hochschule hat keine Universalität mehr im Sinne der Gemeinschaft aller Wissenschaften. Sie hat vielmehr Profile, die sie von anderen Hochschulen in Deutschland in Hinsicht auf die Fachdisziplinen und die Qualität unterscheidet. Das bedeutet die Aufgabe der Fiktion der Einheitlichkeit und der Gleichwertigkeit der deutschen Hochschulen nicht nur unter Bezug auf die Hochschularten Universität und Fachhochschule, sondern auch innerhalb der Hochschularten. Dazu ist eine Besinnung auf institutionelle Stärken in Verbindung mit einer Leitbild- und Strategieentwicklung und -umsetzung notwendig.

3.6. Autonome Hochschule

Das setzt eine autonome Hochschule voraus, wobei Autonomie keineswegs uneingeschränkte Individualrechte ohne Kollektivverantwortung bedeutet. Vielmehr setzt Freiheit auch die Rechenschaftspflichtigkeit und Kontrollnotwendigkeit voraus. Insofern ist die individuelle Autonomie des einzelnen Wissenschaftlers von der korporativen Autonomie der Fakultät oder der ganzen Hochschule zu unterscheiden. Erstere ist grundgesetzlich garantiert und kann nur (teilweise) durch die Korporation (etwa bei der Gestaltung von Curricula) eingeschränkt werden. Letztere muss erst wieder erstritten werden, indem Leistung transparent gemacht und der Gesellschaft gegenüber verantwortet wird. Hilfreich hierbei ist die Erkenntnis über das Scheitern der Detail-Steuerung des Wissenschaftssystems durch den Staat. Notwendig sind dann etwa andere Willensbildungs- und Entscheidungsstrukturen, in denen Entscheidungsmacht und Verantwortung in Übereinstimmung stehen, Leitungs- und Aufsichtskompetenzen getrennt sind oder Personalentwicklung für den wissenschaftlichen Nachwuchs selbstorganisiert betrieben wird.

3.7. Wissenschaftliche Hochschule

Voraussetzung dafür ist die wissenschaftliche Hochschule, in der das Primat der Wissenschaftlichkeit als Entscheidungskriterium gilt – sei es bei Berufungen, bei Mittelverteilungen oder bei Strukturentscheidungen. Die Sicherung der Qualität von Forschung und Lehre ist in den Mittelpunkt zu rücken, wobei neue Instrumente des Qualitätsmanagements von Hörerbefragungen über *peer reviews* bis zu bibliometrischen Analysen einzusetzen sind, ohne dass ein Königsweg zur Bemessung von Qualität existieren könnte.

4. Vision und Wirklichkeit – Stand 2008

Im Jahre 2008 sind – erstaunlicherweise angesichts der Änderungsgeschwindigkeit sozialer Systeme – weite Teile der Reformen zumindest in der Grundphilosophie umgesetzt. Dies kann hier nur skizziert werden:

Der *Wettbewerb* zwischen den Hochschulen beherrscht die Szene. Die Fiktion der Gleichheit aller Hochschulen in Deutschland hat sich aufgelöst. Mit einem beispiellosen Exzellenzwettbewerb werden die Elitehochschulen (in der Forschung) gesucht und zusätzlich finanziert. Der Hochschulzugang ist geändert von der Kinderlandverschickung durch die ZVS zum Auswahlrecht der Hochschulen. Und letztlich haben wir aufgrund von Evaluationen und dem CHE-HochschulRanking[4] die wohl beste Transparenz über die wissenschaftlichen Leistungen in Forschung und Lehre, die man sich derzeit vorstellen kann.[5]

Die *Wirtschaftlichkeit* ist deutlich erhöht worden. Von einer inputorien-

4 Sonja Berghoff / Gero Federkeil / Petra Giebisch / Cort-Denis Hachmeister / Mareike Hennings / Detlef Müller-Böling, HochschulRanking, Vorgehensweise und Indikatoren, Arbeitspapier Nr. 88, Gütersloh 2007.
5 Alex Usher / Massimo Savino, A World of Difference. A Global Survey of University League Tables, Washington 2006.

tierten Ex-ante-Feinsteuerung mit Eingriffen in einzelne Leistungsprozesse der Hochschulen ist der Staat teils aus Hilflosigkeit, teils aus Einsicht zu einer outputorientierten Ex-post-Grobsteuerung mit ordnungspolitischen Rahmensetzungen übergegangen. Leistungsorientierte Mittelverteilung einerseits und Globalisierung der Haushalte andererseits haben zu einem zielorientierteren und transparenteren Umgang mit knappen Finanzmitteln geführt.[6] Die Einnahmenseite wird nicht zuletzt durch Studiengebühren diversifiziert, die finanzielle Abhängigkeit der Hochschulen vom Staat damit gemindert.

Die *Internationalität* der Hochschulen hat einen deutlichen Schub erhalten. Bachelor- und Master-Studiengänge, dem Bologna-Prozess folgend, werden flächendeckend eingeführt. Der Anteil ausländischer Studierender ist so hoch wie nie. Und was letztlich am wichtigsten ist: nicht nur in der Forschung, auch in der Lehre orientiert man sich zunehmend an internationalen Benchmarks.

Die *Virtualität* in der Lehre ist durch zahlreiche Programme von Bund und Ländern und nicht zuletzt durch eine Vielzahl von begeisterten Technik-Freaks in der Lehre stark vorangetrieben worden. Erfreulich, wenn auch noch nicht abgeschlossen, ist der Prozess der Integration von E-Learning-Elementen in die regulären Curricula.[7]

Die *Profilierung* jeder Hochschule ist zum anerkannten Maßstab für die strategische Weiterentwicklung geworden. Stärken werden eruiert und ausgebaut, Schwächen abgebaut. Über Leitbilder wird eine hochschulweite Verständigung von Ziel, Zweck und Identität der Einrichtung erreicht. Hochschulräte, Hochschulleitungen, Fakultätsleitungen und Mitglieder der Hochschulen arbeiten auf diesem Gebiet (mal besser, mal schlechter) zusammen.

Die *Autonomie* der Hochschulen ist anerkannter Leitgedanke der Politik. Die notwendigen Voraussetzungen der Handlungsfähigkeit in den Willensbildungs- und Entscheidungsstrukturen der Hochschulen sind in den Landesgesetzen weitestgehend geschaffen worden. Die Hochschulen treten zunehmend gegenüber Staat und Gesellschaft als aktive Korporationen auf, die ihre Ziele und Strategien selbst erarbeiten, ihre Budgets eigenständig verwalten und Studiengänge selbständig und verantwortlich entwickeln. Die Trennung von Leitungs- und Aufsichtskompetenzen ist umgesetzt, die doppelte Legitimation in vielen Gesetzen eingeführt.[8] Zielvereinbarungen als hochschuladäquates Steuerungs- und Koordinationsinstrument von autonomen und gleichberechtigten Partnern sind sowohl innerhalb der Hochschulen wie auch zwischen Hochschulen und Staat ein vielfach praktiziertes Instru-

---

6 Michael Jaeger / Michael Leszczensky / Dominic Orr / Astrid Schwarzenberger, Formelgebundene Mittelvergabe und Zielvereinbarungen als Instrumente der Budgetierung an deutschen Universitäten: Ergebnisse einer bundesweiten Befragung, Hannover 2005.
7 Bernd Kleimann / Klaus Wannemacher, E-Learning an deutschen Hochschulen. Von der Projektentwicklung zur nachhaltigen Implementierung, Hannover 2004.
8 Müller-Böling, Die entfesselte Hochschule (wie Anm. 3), S. 52 ff.

ment.[9] Und letztlich werden neue Formen des Personalmanagements eingesetzt von der leistungsorientierten Professorenbesoldung bis zur Nach-
wuchsqualifizierung als Juniorprofessor.

Die *Wissenschaftlichkeit* ist zum anerkannten Paradigma für die Hochschulen geworden. Leistung, Exzellenz, Qualität in Forschung, Lehre und
Weiterbildung sind wieder die Hauptforderungen an die Hochschulen. Frau-
enförderung, Demokratisierung der Gesellschaft, Ausländerförderung sind
wichtige, aber nachgelagerte Nebenziele. Vielfältige Qualitätssicherungsin-
strumente neben der Berufung sind eingeführt. Von ISO 2000 bis *peer reviews*
nutzen und erproben die Hochschulen unterschiedlichste Instrumente und
haben begonnen, ein vielfältiges und aktives Qualitätsmanagement zu betreiben.

5. Ein differenziertes Hochschulsystem

Entstanden ist ein differenziertes Hochschulsystem, dem nicht mehr nur die
Universität Humboldtscher Prägung angehört. Profile werden ausgerichtet an
der Lehre oder der Forschung, aber nicht zwingend an der Einheit von beidem.

Nicht nur in Deutschland wird über die Verbindung dieser beiden Elemente
hochschulischer Wissenschaft nachgedacht.[10] So geht es darum, einen längst
wirksamen Wandel des Verhältnisses von Forschung und Lehre sehr viel bewusster in die Hochschulentwicklung einzubeziehen und im Sinne einer
Ausprägung unterschiedlicher Profile zu nutzen. Humboldt ist insofern neu zu
denken[11] oder – um es modernistisch auszudrücken – nicht überall da, wo
Universität drauf steht, ist Universität in der (in Deutschland) tradierten Bedeutung drin. Dies hat Gründe, für die Humboldt sicherlich nicht verantwortlich gemacht werden kann.

Unterscheidet man traditionell noch die Universitäten als Einrichtungen
der Grundlagenforschung von Fachhochschulen, an denen ‚allenfalls‘ anwendungsorientiert geforscht wird, verliert dieses Kriterium mehr und mehr
an Bedeutung. Dies hängt einerseits mit den stärker verschwimmenden
Grenzen zwischen anwendungsorientierter und grundlagenorientierter Forschung zusammen und andererseits damit, dass auch an den Universitäten
Praxisnähe und Technologietransfer längst ‚gesellschaftsfähig‘ geworden sind.

9 Detlef Müller-Böling, Zur Organisationsstruktur von Universitäten, in: Die Betriebswirtschaft,
  57 (1997), S. 603–614; Die entfesselte Hochschule (wie Anm. 3), S. 58 ff.
10 Alan Jenkins, A Guide to the Research Evidence on Teaching-Research Relations, London 2004
  [http://www.heacademy.ac.uk/regandaccr/Academy_Standards_Report_.pdf].
11 Detlef Müller-Böling / Florian Buch, Das binäre Hochschulsystem am Ende? Vom Sinn einer
  anderen Differenzierung – 200 Jahre nach Humboldt, in: Kathleen Battke / Christa Cremer-Renz
  (Hrsg.): Hochschulfusionen in Deutschland: Gemeinsam stark?! Hintergründe, Perspektiven
  und Portraits aus fünf Bundesländern, Bielefeld 2006, S. 17–26.

Dieses wiederum gilt nicht alleine für die Forschung, sondern auch für die Lehre.[12]

Überall im deutschen Hochschulsystem werden augenblicklich versäulte Strukturen aufgebrochen. Wissenschaftlicher Fortschritt und Bildungsgewinn für die Studenten entsteht durch Grenzüberschreitungen der Hoheitsgebiete von Fachdisziplinen und Bildungsinstitutionen. Interdisziplinär ausgerichtete Studienangebote entsprechen in besonderer Weise den beruflichen Anforderungen in Wissenschaft und Praxis. Die gemeinsame Vermittlung von klarer Wissenschaftsorientierung (im Sinne klassischer Universitätsausbildung) und beruflichen Fokussierungen (bislang eine Domäne der Fachhochschulen) ist eine Anforderung, die Studierende heute zu Recht an ihre Bildungseinrichtung stellen. Und die derzeitige Entwicklung schließt ebenfalls eine neue Sicht auf das life-long-learning ein, mithin also neue Perspektiven auch der wissenschaftlichen Weiterbildung und des Transfers von universitärem Wissen in die gesellschaftlichen Arbeitsprozesse.[13]

Fasst man diese Entwicklung zusammen, so kann man wohl feststellen: Das deutsche Hochschulsystem hat sich innerhalb von zehn Jahren grundlegend reformiert, in den Strukturen ebenso wie in den Leitbildern, in den faktischen Gegebenheiten wie in den Köpfen. Damit ist die Hochschulreform allen anderen Reformen in diesem Staat, von der Steuerreform über das Rentensystem bis hin zum Gesundheitssystem, weit voraus.[14]

12 Georg Krücken, Wissenschaft im Wandel? Gegenwart und Zukunft der Forschung an deutschen Hochschulen, in: Erhard Stölting / Uwe Schimank (Hg.): Die Krise der deutschen Universität, Wiesbaden 2001, S. 326–345 (Leviathan Sonderheft 20); Winfried Schulze, Zwischen Elfenbeinturm und Beschäftigungsorientierung: Was ist die beste Dienstleistung der Universität für die Gesellschaft?, in: Emil Brix / Jürgen Nautz (Hg.): Universitäten in der Zivilgesellschaft, Wien 2002, S. 117–131.

13 Wissenschaftsland Bayern 2020. Empfehlungen einer Internationalen Expertenkommission, München 2005; Birger P. Priddat, Schützt uns Lebenslanges Lernen vor dem alt werden?, in: Perspektiven. Zeitschrift der Universität Witten-Herdecke für Wissenschaft, Kultur und Praxis 10 (2005), S. 10 f.

14 Detlef Müller-Böling, Die Reformuni. Deutschland einig Stillstandland? Nein! Die Hochschulen sind dabei, sich von Grund auf zu erneuern, in: Die Zeit, 20. 2. 2003, S. 71–72.

Peter Strohschneider

Zu einigen aktuellen Entwicklungslinien des deutschen Wissenschaftssystems

1.

Das bundesrepublikanische Wissenschaftssystem – und in ihm zumal die Universitäten – befindet sich in einem Prozess des außerordentlich schnellen und tiefgreifenden Wandels.[1] Leidenserfahrungen und krisenhafte Momente können hier, je nach Perspektive, ebenso wahrgenommen werden wie Dimensionen von Handlungsmächtigkeit und tatkräftiger Erneuerung: Spätestens seit dem so genannten Öffnungsbeschluss der Regierungschefs von Bund und Ländern vom 4. November 1977, der ihnen „erschöpfende Auslastung" verordnet hatte[2], sind die deutschen Universitäten in einer Weise strukturell überausgelastet und unterfinanziert, die von ihren Mitgliedern tatsächlich vielfach als eine Art von Erschöpfungszustand erlebt wird. Auf der Finanzierungsseite könnten sich die Zielkonflikte gegenwärtiger Hochschulpolitik krisenhaft zuspitzen, denn diese muss gleichzeitig die Studienplatzkapazitäten erhöhen[3], die Qualität von akademischer Lehre und Studium (auch durch deutlich und nachhaltig verbesserte Betreuungsrelationen) steigern[4] und die Forschungsfähigkeit der Universitäten sichern und weiterentwickeln.[5]

Zugleich gibt es auf den verschiedensten Ebenen der Universität eindrucksvolle Beispiele dynamischer institutioneller Erneuerung – sie mögen im Rahmen der Exzellenzinitiative gefördert werden oder nicht. Und es gibt Belege für die nicht nur im Verhältnis zur ungenügenden Finanzausstattung, sondern auch im internationalen Vergleich nach wie vor bemerkenswerte Leistungsfähigkeit deutscher Universitäten. An der Chemie und der Soziologie

---

1 Die nachfolgenden Bemerkungen zu einigen Entwicklungslinien dieses Wandels greifen zu nicht geringen Teilen auf Beobachtungen, Argumente und Formulierungen zurück, wie ich sie wiederholt auch an anderer Stelle vorgetragen und publiziert habe.

2 Bulletin, Nr. 119/1977, 25. November, S. 1094–1096.

3 Vgl. Wissenschaftsrat, Empfehlungen zum arbeitsmarkt- und demographiegerechten Ausbau des Hochschulsystems, Köln 2006.

4 Vgl. Wissenschaftsrat; Empfehlungen zur Qualitätsverbesserung von Lehre und Studium, Berlin 2008.

5 Vgl. Wissenschaftsrat, Empfehlungen zur künftigen Rolle der Universitäten im Wissenschaftssystem, Köln 2006.

hat dies jüngst die Pilotstudie des Wissenschaftsrates zum Forschungsrating exemplarisch dokumentiert[6]; das Ausmaß, in welchem deutsche Universitätsabsolventen international gesucht werden, indiziert es für den Bereich der akademischen Lehre und Nachwuchsförderung.

Die Lage ist also komplex und vielfältig differenziert. Sie ist bei weitem zu vielschichtig, zu sehr von gegenläufigen Prozessen geprägt, zu unübersichtlich, als dass die hier und da zu vernehmende Rede vom drohenden Ende der Universität intellektuell akzeptabel sein könnte. Diese Rede scheint mir selbst dann unzutreffend zu sein, wenn die Universität, deren angeblich bevorstehenden Untergang sie beklagt, die Humboldtsche sein sollte. Die neuere universitätsgeschichtliche Forschung[7] hat eindrücklich gezeigt, dass die Rede vom Ende der Humboldtschen Universität ein semantisch anpassungsfähiger Topos des deutschen akademischen Diskurses im 20. Jahrhundert ist, der weniger im Bereich präziser Gegenstandsbeschreibungen als darin, und zwar recht erfolgreich funktioniert, als Katalysator immer neuer Debatten zu dienen. Die rhetorische Verwendung dieses Topos übersieht im übrigen, dass eine spezifische Leistung des Institutionellem, auch der akademischen Formen von Institutionalität, ja gerade darin besteht, Wandlungsprozesse und Kontinuitätserfordernisse so aufeinander abzustimmen, dass selbst unter den Bedingungen starker Transformationsschübe die Funktionalitäten und Identitäten kollektiver Ordnungen stetig bleiben und als dauerhaft wahrgenommen werden können.[8]

2.

Die Universität reproduziert sich nicht zuletzt als ein Ort von Deutungskämpfen über sie. Zu den gegenwärtigen Bedingungen solcher Deutungskämpfe gehört, dass das deutsche Hochschulsystem, ich wiederhole mich, den seit mindestens einer Generation schnellsten und tiefgreifendsten Wandlungsprozess durchläuft. Es gehört hierzu auch, dass die Universitäten kaum noch Mitglieder haben, die nicht – und zwar aus dem guten Grund dreißigjähriger bundesrepublikanischer Erfahrung – Reformkonzepte vor allem als Verschleierungen von Mittelkürzungen kennen und ihnen daher zunächst

---

6 Vgl. Wissenschaftsrat, Empfehlungen zum Forschungsrating, Rostock 2008.

7 Vgl. insbesondere die Untersuchungen von Sylvia Paletschek, Verbreitete sich ein ,Humboldt'sches Modell' an den deutschen Universitäten im 19. Jahrhundert? in: Rainer Christoph Schwinges (Hg.), Humboldt International. Der Export des deutschen Universitätsmodells im 19. und 20. Jahrhundert (Veröffentlichungen der Gesellschaft für Universitäts- und Wissenschaftsgeschichte 3), Basel 2001, S. 75 – 104; dies., Die Erfindung der Humboldtschen Universität. Die Konstruktion der deutschen Universitätsidee in der ersten Hälfte des 20. Jahrhunderts, in: Historische Anthropologie 10 (2002), S. 183 – 205.

8 Vgl. Stephan Müller/Gary S. Schaal/Claudia Tiersch (Hg.), Dauer durch Wandel. Institutionelle Ordnungen zwischen Verstetigungen und Transformationen. Köln/Weimar/Wien 2002.

stets misstrauen.[9] Dies hat unter anderem den Effekt, dass die diskursive Verarbeitung des Wandels in einer Semantik der ‚Reform‘, wie sie die Wissenschaftspolitik nach ihren eigengesetzlichen Funktionszusammenhängen betreibt, im Verhältnis zu den Mitgliedern der Universitäten leicht in paradoxe Kommunikationsblockaden führen kann, weil ‚Reform‘ eben lediglich für die ein Seite ‚Lösung‘, für die andere aber im Gegenteil ‚Problem‘ heißt. Sodann, um einen dritten Aspekt aktueller Deutungskämpfe bloß anzudeuten, ist der bundesrepublikanische Hochschuldiskurs auch dadurch gekennzeichnet, dass ihm ein materieller Universitätsbegriff fehlt; Universität ist, was in den ersten Paragraphen der Landeshochschulgesetze „Universität“ genannt wird. Unter anderem in einer Kritik des ubiquitären Begriffs des ‚Projektes‘ könnte man zeigen, dass die Universitäten selbst wie ihre soziopolitischen Umgebungen bei weitem zu wenig wissen von den universitätsspezifischen Koppelungen von Institutionellem und Epistemologischem, von der Differenziertheit der je disziplinären Eigenlogiken und Eigenzeiten von Forschung und Lehre. Viertens schließlich lassen die Deutungskämpfe um die Universität öfters zu sehr außer Acht, was mir Basisprozesse des Wissenschafts- und Hochschulsystems zu sein scheinen, nämlich jenen Expansions- und jenen Beschleunigungsdruck, welchen die Transformationsdynamiken der wissenschaftlich-technischen Zivilisation auf das Universitätssystem ausüben: Wissensproduktion und Wissenstransfer, Bildungs- wie Ausbildungsleistungen sollen gleichermaßen akzellerieren; zu expandieren scheint die einzigmögliche Entwicklungsrichtung von Sachmitteleinsatz wie Personalbedarf, von Forschungsbetrieben wie von Studierendenzahlen zu sein. Die Fragen des Verhältnisses von Können und Sollen, von Richtigem und Falschem, von Handlungsabsichten und Lateraleffekten werden unter solchen Umständen leicht bis zur Unübersichtlichkeit kompliziert für diejenigen, die mit der politischen und administrativen Steuerung und Entwicklung des Wissenschafts- und Universitätssystems befasst und dafür verantwortlich sind.

3.

Aus derartigen Erwägungen ergibt sich, wie ich meine, in universitätspolitischer Hinsicht zunächst die Einsicht, dass nicht jede Universität das Spektrum ihrer Aufgaben in Forschung, Lehre, Förderung des wissenschaftlichen Nachwuchses, Technologietransfer, Weiterbildung und öffentlicher Vermittlung über alle wissenschaftlichen Disziplinen und Forschungsfelder hinweg auf allen Qualitätsstufen in gleicher Weise vertreten kann. Dies ist keineswegs

---

9 Dies gilt zunächst nur für Deutschland, nicht einmal für den gesamten deutschsprachigen Raum. Unter den universitätsstrukturell vergleichbaren, soziokulturell und vor allem finanzpolitisch aber ganz anderen Bedingungen etwa der Schweiz funktioniert auch das Lexikon der ‚Reform‘-Debatten semantisch ganz anders.

eine neue Einsicht. Max Scheler etwa hat sie bereits 1926 in einer Kritik dessen formuliert, was er die „primitive[] Einheitlichkeit und Nichtdifferenzierung der Aufgaben" der Universität nannte.[10] Dieser funktionale Universalismus des humboldtianistischen Universitätskonzeptes[11] ist längst dysfunktional geworden. An seine Stelle sind vielfältige Prozesse der Differenzierung innerhalb der Universitäten und zwischen ihnen getreten. In diesen Prozessen, so lässt sich absehen, werden sich auch in Deutschland Universitäten mit unterschiedlichen, je spezifischen Aufgaben und Leistungsprofilen herausbilden. Sie werden Entscheidungen darüber treffen müssen, auf welchen Fachgebieten zum Beispiel internationale Spitzenforschung und damit einhergehende Nachwuchsförderung angestrebt werden sollen, wo Akzente in der Lehre, etwa bei der Ausbildung beschäftigungsbefähigter Absolventen mit nicht-wissenschaftlichen Berufsplanungen gesetzt werden, mit welchen Branchen und auf welchen Kanälen Ziele des Technologietransfers verfolgt werden sollen oder wo mit unter Umständen regionalen Partnern etwa Weiterbildungsangebote entstehen können.

Freilich: Intra- und interuniversitäre Differenzierungsprozesse, wie sie derzeit in Deutschland mit wachsender Beschleunigung sich vollziehen, sind keine triviale Angelegenheit. Sie sind ebenso risiko- wie aussichtsreich, sie gehen mit massiven Konflikten innerhalb der Universitäten, teilweise auch zwischen ihnen einher und sie lassen sich bei weitem leichter in Gang setzen als dann auch steuern. Ganz gewiss sind sie nämlich vielschichtiger und in sich widersprüchlicher, als dies der wissenschaftspolitische Diskurs annimmt, der zur Beschreibung dieser Differenzierungsprozesse vor allem einer dem Bereich des Sports entlehnten Metapher sich bedient. Er spricht von Förderung der „Spitze" sowie Forschung und Lehre in der „Breite", beschreibt also das Universitätssystem als Ordnungsgefüge zweier klar voneinander abgesetzter Klassen und verfehlt damit sowohl die reale Komplexität der Differenzierungsprozesse und -perspektiven wie deren Dynamik. Präziser könnte eine Analyse gegenwärtiger Transformationen im Universitätssystem sein, wenn sie sich etwa der Begriffssprache von Theorien der funktionalen Differenzierung bediente. Mit deren Hilfe könnte sie besser als jene Metapher beschreiben, wie nicht nur disziplinäre oder forschungsproblembezogene Schwerpunktbildungen („Profile") Universitäten oder Universitätsteile voneinander unterscheidbar machen, sondern auch strukturelle und funktionale Akzentsetzungen („research universities", Qualität von Studium und Lehre, Praxisbezug von Ausbildungsangeboten, Weiterbildung usw.) oder die Auffächerung von Leistungshöhen und Anspruchsniveaus: Qualitativ gut kann

---

10 Max Scheler, Universität und Volkshochschule, in: ders., Die Wissensformen der Gesellschaft, Leipzig 1926, S. 489–537, hier S. 493
11 Vgl. dazu oben Anm. 7. Der Ausdruck „Humboldtianismus" stammt meines Wissens von Olaf Bartz, Der Wissenschaftsrat. Entwicklungslinien der Wissenschaftspolitik in der Bundesrepublik Deutschland 1957–2007, Stuttgart 2007, S. 71 ff.

etwa ein akademischer Bildungs- und Ausbildungszusammenhang auf unterschiedlichen Anspruchsniveaus sein, die alle gleichermaßen funktional und funktional notwendig sind; im Hinblick auf Funktionalität und Notwendigkeit unterscheiden sich wissenschaftliche Höchstleistungen keineswegs von den Leistungen jener ‚normal science', die sie als Bedingung ihrer Möglichkeit voraussetzen.

Eine funktionalistische Beschreibung kann also die, um es so zu sagen, Gleich-Gültigkeit verschiedener, auch qualitativer Ausdifferenzierungsformen im Universitätssystem zeigen. Sie erkauft diesen Gewinn an analytischer Präzision allerdings damit, dass sie Werturteile aufschiebt. Und das heißt zugleich, sie erkauft ihn mit einem gewissen Verlust an Fähigkeit zur politischen Anschlusskommunikation. Politik nämlich braucht Wertsemantiken. Sie spricht allein von „Leuchttürmen", „Exzellenzuniversitäten" oder „Spitzenforschern", sie transformiert funktionale Heterarchien in axiologische Hierarchien, weil nach ihrer Eigenlogik allein so die Akkumulation von (Steuerungs-)Macht und die Allokation von Ressourcen organisierbar und legitimierbar wird. Die hier sich abzeichnende Spannung zwischen einerseits dem, was im und vom Universitätssystem gewusst werden kann, und andererseits den Funktionsbedingungen von Wissenschaftspolitik und Wissenschaftsverwaltung[12] muss kontinuierlich neu stabilisiert werden. Wissenschaftspolitikberatung zum Beispiel unter den raffinierten Konstitutionsbedingungen des Wissenschaftsrates[13] ist eines der Felder, auf denen solche Stabilisierung sich vollziehen kann.

4.

In zwei Bereichen des deutschen Universitätssystems prägt sich die hier angesprochene Differenzierungsdynamik in besonderer Weise so aus, dass es immer wieder die Aufmerksamkeit auch einer breiteren Öffentlichkeit auf sich zieht. Ich spreche von akademischem Studium und Lehre einerseits und den an Bedeutung gewinnenden institutionellen Kooperationen der Universitäten andererseits und ich will beides in zwei kleinen Zwischenbemerkungen knapp kommentieren.

Erste Zwischenbemerkung: Komplizierter noch als bei der Forschung sind die mit den aktuellen hochschulpolitischen Veränderungsschüben verbundenen Konfliktlagen im Bereich der akademischen Lehre. Das hat nicht nur mit der Expansion, sondern unter anderem auch mit den ausgeprägten Traditionen der Forschungsorientierung des deutschen Universitätssystems zu tun. Forschung verbindet sich in diesen Traditionen wie

---

12 Vgl. Peter Strohschneider, Bildung und Überschuss, in: Andreas Schlüter/Peter Strohschneider (Hgg.), Bildung? Bildung! 26 Thesen zur Bildung als Herausforderung des 21. Jahrhunderts, Berlin 2009, S. 44–55.

13 Dazu Bartz (wie Anm. 11).

selbstverständlich mit dem Begriff der Freiheit („Forschungsfreiheit"), Lehre hingegen mit demjenigen der Pflicht („Lehrverpflichtung"). Unter diesen Gegebenheiten dient die Leitidee der Einheit, also eines engen und reziproken Funktionszusammenhangs von Forschung und Lehre in ihrer humboldtianistischen Verwendung vor allem dazu, Forschung gegen die zeitlichen, administrativen und sozialen Ansprüche einer universitären Lehre zu verteidigen, die unentwegt und in jeder Hinsicht (Studierenden-zahlen, Gruppengrößen, Lehrdeputate, Betreuungs- und Korrektu-raufwand) zu expandieren scheint. Diese Expansion ist in vielen Fächern gut belegbar, und doch bleiben Selbstbilder wie Funktionsmechanismen, zum Beispiel Berufungs- und Mittelverteilungsverfahren der Universitäten durch ein deutliches Reputationsgefälle zwischen Forschung und Lehre geprägt. Die sukzessive Neutralisierung der strukturellen Prägekraft dieser Asym-metrie scheint mir eine der zentralen Aufgaben gegenwärtiger Universi-tätspolitik zu sein[14], zumal weder Ausbaugrad und Kapazitäten noch die Größe deutscher Universitäten ihren primären Grund in den Erfordernissen der Forschung besitzen. Sie ergeben sich vielmehr aus dem gesellschaftlich geltend gemachten Bildungs- und Ausbildungsbedarf, der freilich quanti-tativ wie qualitativ im Grunde über das hinausgeht, was die Universitäten derzeit, und zwar schon aus finanziellen Gründen, zu leisten im Stande sind.

Die notwendige nachdrückliche und nachhaltige Verbesserung der in dieser Hinsicht gegebenen Situation allein über eine ihrerseits bei weitem nicht ausfinanzierte Studienreform („Bologna-Prozess") kann nicht gelin-gen. Sie bedarf zusätzlich eines Programms umfangreicher Personal- und Sachinvestitionen[15] sowie einer Personalstruktur, die differenzierter ist als die gegenwärtige, welche nicht allein institutionell, sondern auch personell am anachronistischen Prinzip eines funktionalen Universalismus ausge-richtet ist. Die Aufteilung von Forschungs-, Lehr- und Verwaltungsaufgaben müsste flexibler gehandhabt werden können, als dies gegenwärtig noch al-lermeist der Fall ist. So ließen sich Berufstätigkeitsphasen entsprechend differenzieren und akademische Karrierewege diversifizieren. In diesem Sinne hat der Wissenschaftsrat die Etablierung eines Professurentyps mit einem Tätigkeitsschwerpunkt im Bereich der Lehre sowie eines darauf be-zogenen Karriereweges vorgeschlagen.[16] Der strukturelle Zielkonflikt zwi-schen der Selektivität akademischer Rekrutierungsprozesse und der Si-cherheit wissenschaftlicher Karrierepfade ist mit diesem Vorschlag nicht beseitigt. Wohl aber bindet er den quantitativen Ausbau des Hochschul-systems an akademische Qualitätsmaßstäbe und tritt so einer rein finanz-wirtschaftlich gesteuerten Expansion der Höheren Bildung entgegen.

14 Vgl. dazu Wissenschaftsrat (wie Anm. 4).

15 Auch hierzu der Wissenschaftsrat (wie Anm. 4).

16 Vgl. Wissenschaftsrat, Empfehlungen zu einer lehrorientierten Reform der Personalstruktur an Universitäten, Köln 2007.

Zweite Zwischenbemerkung: Es ist ganz unübersehbar, dass in den zurückliegenden Jahren verstärkt Bewegung gekommen ist in das lange fixiert gewesene Verhältnis der Hochschulen zu den Instituten der Organisationen der außeruniversitären Forschung (Fraunhofer-Gesellschaft, Helmholtz-Gemeinschaft deutscher Forschungszentren, Max-Planck-Gesellschaft, Wissenschaftsgemeinschaft Gottfried Wilhelm Leibniz). Das bundesrepublikanische Wissenschaftssystem verändert sich also auch in einer jener Besonderheiten, die im internationalen Vergleich besonders deutlich hervortreten. Diese Besonderheit wird vielfach unter dem Schlagwort „Versäulung" apostrophiert, und ebenso lange wie zu recht war damit eine kritische Bewertung ausgeprägter gegenseitiger struktureller Abschottungen von universitärer und außeruniversitärer Forschung verbunden. Es sieht so aus, als ob solche Segmentierung gegenwärtig an Wirksamkeit verlöre, und das verdankt sich einerseits offenkundig der Exzellenzinitiative des Bundes und der Länder, die einen besonderen Schub für die universitäre Forschung wie für die strategische Handlungsfähigkeit der Universitäten bedeutet. Andererseits spielt eine fortschreitende institutionelle Differenzierung des außeruniversitären Feldes eine Rolle, welche vor allem an der wachsenden Profilierung von Helmholtz- und Leibniz-Gemeinschaft verfolgt werden kann und welche nun statt Abschottungen gegenüber den Universitäten auch Kooperationen mit ihnen als Medien institutioneller Konturierung und Selbstbehauptung wichtig werden lässt. Alle deutschen Forschungsorganisationen haben daher die aktive Förderung solcher Kooperation durch eigene Programme deutlich intensiviert. An verschiedenen Orten haben solche Kooperationen im Rahmen der Exzellenzinitiative überdies eine neue institutionelle Qualität gewonnen. Das sieht man derzeit am deutlichsten an der Zusammenführung von Technischer Universität und Helmholtz-Forschungszentrum in Karlsruhe zu einem „Karlsruhe Institute of Technology" (KIT), an der „Jülich-Aachen-Research-Alliance" (JARA) oder am „Göttingen Research Council" (GRC), der die Strukturentwicklungen der Universität mit denjenigen der örtlichen Max-Planck-Institute sowie anderer außeruniversitärer Einrichtungen koordiniert. Die Entwicklungen, welche hier und andernorts sich abzeichnen, sind offen. Dass eine gewisse Vielfalt der institutionellen Formen sich herausizubilden scheint, halte ich für ausgesprochen positiv.

5.

Zum Abschluss dieser skizzenhaften Hervorhebung einiger aktueller Entwicklungslinien des deutschen Wissenschaftssystems, die ja eher von einer wissenschaftspolitischen, denn von einer universitätsgeschichtlichen oder wissenschaftssoziologischen Position her entworfen ist, will ich die herrschenden Deutungskämpfe einerseits sowie die strukturellen Bedingungen und Entwicklungen der Universitäten noch einmal an einer besonderen Stelle, bei den Geisteswissenschaften, aufeinander beziehen. An dieser Stelle sind sie nämlich in der Geschichte der modernen Universität in Deutschland besonders eng verflochten.

Die Geisteswissenschaften im engeren Sinne, die historisch-hermeneutischen Fächer hielten sich hier lange Zeit geradezu für den Inbegriff von Universität und alle Deutungsmacht über diese lag für fast zwei Jahrhunderte so gut wie ausschließlich bei ihnen: bei Fichte, Humboldt und Schleiermacher, bei Harnack, Dilthey oder Spranger, bei Karl Jaspers oder Helmut Schelsky. Erst als diese Interpretationshoheit mit dem wachsenden Gewicht der Natur- und Technikwissenschaften in den Universitäten prekär wurde, reagierten die Geisteswissenschaften, indem sie, sozusagen kompensatorisch, ihre Geltung über gesellschaftliche Großprojekte zu behaupten suchten – die Nation, das Volk, den Geist, zu Teilen die Rasse, sodann Demokratie, soziale Gerechtigkeit oder die Kultur überhaupt. Das waren strukturelle Überforderungen: Wissenschaft unterscheidet, Wissenschaften von allem und jedem kann es daher nicht geben. Eigentlich erst mit dem Beginn des 21. Jahrhunderts ist diese Selbst- und Fremdüberforderung deutlicher zu sehen und tritt zugleich die Chance klarer hervor, Geisteswissenschaften nicht anders denn als Wissenschaften unter Wissenschaften zu betreiben.[17] Es ist dies die Möglichkeit, dass die Geistes- und gewichtige Teile der Sozialwissenschaften pragmatischer und entspannter als bisher ihren Beitrag zur *Universitas litterarum* leisten. Es setzt aber freilich auch voraus, dass sie eben als Wissenschaften und dass sie aus eigenem Recht betrieben werden können: weder reduziert auf praktische Berufsausbildungsfunktionen noch festgelegt auf die Rolle einer dienstbaren Magd für die Akzeptanz der wissenschaftlich-technischen Welt oder die Kompensation ihrer Folgen.[18] Und es setzt diese, wenn man so sagen darf: Normalisierung der Geisteswissenschaften voraus, dass ihnen kalkulierbare Ressourcen sowie institutionelle Strukturen zur Verfügung stehen, dass die Verfahren universitärer Mittelallokation nicht „auf den Kurzschluss von Kulturwert und Drittmittelnutzen ausgelegt"[19] sind und dass in ihnen wohl die quantitativen Erfordernisse und qualitativen Leistungen der Geistesswissenschaften zur Debatte stehen, nicht aber deren Legitimität als solche.

Unter dieser Prämisse übergehe ich an dieser Stelle die um die Geisteswissenschaften immer wieder geführte Legitimationsdebatte[20], um statt

---

17 Vgl. Wissenschaftsrat, Empfehlungen zur Entwicklung und Förderung der Geisteswissenschaften in Deutschland, Köln 2006, hier S. 14.

18 So hingegen Odo Marquard, Apologie des Zufälligen, Stuttgart 2001, S. 98–116.

19 Dieter Langewiesche, Universität im Umbau. Heutige Universitätspolitik in historischer Sicht und Vorschlag für eine neue Personalstruktur, in: Klaus Kempter/Peter Meusburger (Hg.), Bildung und Wissensgesellschaft (Heidelberger Jahrbücher 49), Heidelberg 2005, S. 389–406, hier S. 401.

20 Dazu habe ich mich in letzter Zeit wiederholt geäußert: Freiraum für die Geisteswissenschaften,

dessen *status quo* ihrer Organisationsformen und Ressourcen in Deutschland kurz zu vergegenwärtigen – dies durchaus auch im Sinne eines Appells für ungekränktes Selbstbewusstsein und gegen eine unter Geisteswissenschaftlerinnen und Geisteswissenschaftlern nicht ganz seltene Haltung des Sich-stets-schlecht-behandelt-Fühlens. Eine solche Haltung weiß nämlich nicht nur wenig für sich einzunehmen, sie scheint mir vor allem auch wissenschaftspolitisch höchst ungeschickt zu sein.

Zum *status quo* also. Die Zahl der geisteswissenschaftlichen Professuren (ca. 5500 im Jahre 2003) ist seit 1999 im Wesentlichen konstant geblieben; ein leichter Rückgang geht proportional nicht über das hinaus, was zugleich auch für den Durchschnitt aller Fächer gilt. Mit dieser Feststellung wird weder in Abrede gestellt, dass es Fachgebiete wie beispielsweise die Slavistik gibt, die in den zurückliegenden Jahren einen dramatischen Stellenabbau erlitten haben, noch will ich den Umstand verharmlosen, dass in kleineren oder in den so genannten kleinen Fächern schon quantitativ relativ geringfügige Stellenkürzungen zu weitreichenden strukturellen Einbußen führen können. Der Wissenschaftsrat hat im Gegenteil ausdrücklich auf solche Zusammenhänge hingewiesen, die freilich nicht spezifisch geisteswissenschaftliche sind, sondern auch in den Natur- und Technikwissenschaften beobachtet werden können.

In den deutschen Universitäten sind die Geisteswissenschaften flächendeckend vertreten. Von den – gemessen an der Einwerbung von Drittmitteln der Deutschen Forschungsgemeinschaft und ungeachtet aller mit solchen Ranglisten verbundenen methodischen Probleme – führenden zehn Universitäten weisen acht auch strukturell und qualitativ starke Geisteswissenschaften auf. Mit dieser Beobachtung will ich weniger auf den beträchtlichen Umfang der Drittmittel (ungefähr 230 Mio. Euro p. a.) hinweisen, welche die Geisteswissenschaften einwerben. Wichtig ist mir vor allem die Feststellung, dass die Geisteswissenschaften keineswegs strukturell marginalisiert sind, sondern gerade auch in Universitäten ihren Platz haben, die überhaupt als forschungsstark gelten dürfen.

Auch außerhalb der Universitäten verfügen die Geisteswissenschaften in Deutschland über eine beachtliche Anzahl von Organisationseinheiten. Durchaus nicht prinzipiell anders als die Natur- und Technikwissenschaften, werden sie also gleichfalls von jener oben bereits angesprochenen Struktureigentümlichkeit des bundesrepublikanischen Wissenschaftssystems

in: Aus Politik und Zeitgeschichte 2007, Nr. 46, S. 26–31; Vielfalt von Wissenschaftssprachen, in: 20 Jahre „Wandel durch Austausch" (Festschrift Theodor Berchem), hrsg. von Christian Bode und Dorothea Jecht, Bonn 2007, S. 227–233; Internationalität von Geisteswissenschaften. Zehn gelegentliche Anmerkungen, in: Georg Schütte (Hg.), Der Wettlauf um das Wissen. Außenwissenschaftspolitik im Zeitalter der Wissensrevolution, Berlin 2008, S. 122–134, 249–252; Möglichkeitssinn. Geisteswissenschaften im Wissenschaftssystem, in: Zeitenblicke 8 (2009) Nr. 1 [URL: http://www.zeitenblicke.de/2009/1/strohschneider/index.html (08.02.2010)].

mitgeprägt, dass es neben den Hochschulen einen umfangreichen, aufs Ganze gesehen finanziell vergleichsweise besser gestellten und zunehmend auch intern sich ausdifferenzierenden Sektor außeruniversitärer Forschung gibt. Gut 80 größere außeruniversitäre Forschungseinrichtungen der Geisteswissenschaften hat der Wissenschaftsrat 2006 in einer Übersicht erfasst. Und dabei war übrigens von einem aus der spezifisch föderalen Tradition des Landes erwachsenen Reichtum noch gar nicht die Rede: der ziemlich einzigartigen Fülle und Vielfalt von Archiven, Bibliotheken, Museen und Sammlungen, die durchaus zur Forschungsinfrastruktur der Geisteswissenschaften hinzuzurechnen wären.

Freilich sind zugleich die manifesten Defizite nicht zu übersehen. Sie lassen sich am prägnantesten vielleicht in jener Faustformel identifizieren, nach welcher auf die Geisteswissenschaften etwa ein Zehntel des wissenschaftlichen Personals und gleichfalls ein Zehntel der Hochschulausgaben entfallen, sie mit diesen Ressourcen indes zugleich rund ein Viertel aller Studierenden zu betreuen haben. Die daraus sich ergebenden, ohnedies ungünstigen Betreuungsrelationen, Studienbedingungen und Lehrüberlastungen, deren Auswirkungen im universitären Alltag an vielen Stellen zu beobachten sind, haben sich in den zurückliegenden Jahren außer durch den weiteren Anstieg der Studierendenzahlen zumal auch durch einen gleichzeitigen erheblichen Abbau von Mittelbaustellen verschärft; er betrug in einzelnen Fächern zwischen 1999 und 2003 bis zu 23 %. Vor diesem Hintergrund ist auch der Umstand zu bewerten, dass im Schnitt 100 Studierenden geisteswissenschaftlicher Fächer ein Professor zur Verfügung steht, dass die Betreuungsverhältnisse hier also doppelt so schlecht sind wie im Durchschnitt aller Fächer (50 Studierende : 1 Professor). Die beinahe doppelt so hohe Studienabbrecherquote – nämlich 45 % in den Geisteswissenschaften gegenüber 26 % im Schnitt aller Fächer – könnte unter diesen Gegebenheiten als ein geradezu arithmetisch erwartbares Resultat erscheinen.

Diese wenigen Zahlen lassen die Spannungen deutlich hervortreten, die für die aktuelle Situation der Fächergruppe in der Bundesrepublik charakteristisch sind: Die Geisteswissenschaften können in Deutschland zwar noch immer unter weltweit ziemlich einzigartig günstigen Bedingungen forschen. Sie leiden zugleich aber, vor allem in der akademischen Lehre, auch unter identifizierbaren Defiziten und daraus resultierendem Änderungsbedarf.

Diesen Änderungsbedarf sollten die Geisteswissenschaften in den Universitäten und außerhalb, wie alle anderen Fächer, nüchtern bilanzieren. Entsprechende Verbesserungen sodann setzen Programme voraus, bei deren Formulierung und Durchsetzung die Geisteswissenschaften ihre eigenen Epistemologien und institutionellen Formen ebenso zu berücksichtigen wissen wie die übergreifenden Entwicklungslinien des Wissenschaftssystems und die Zwänge der Wissenschaftspolitik. Allein solche kluge Berücksichtigung führt zwischen der Skylla geistloser Hinnahme und der

Charybdis ohnmächtiger Abwehr systemischer Bedingungen und politischer Zwänge hindurch. Die Universitäten waren immer und sie „sind ein politischer Raum, also sollten ihre Angehörigen versuchen, ihn politisch mitzugestalten [...].“[21]

21 Langewiesche (wie Anm. 19), S. 405.

Autorinnen und Autoren

Mitchell G. Ash, Ph.D., Prof. Dr., ist Ordentlicher Universitätsprofessor für Geschichte der Neuzeit, Leiter der Arbeitsgruppe Wissenschaftsgeschichte und Sprecher des DK-Plus-Programms „The Sciences in Historical, Philosophical and Cultural Contexts" an der Universität Wien. Studium der Geschichte und Wissenschaftsgeschichte an der Harvard University und an der FU Berlin, lehrte an der Harvard University und der University of Iowa/USA, war Fellow am Wissenschaftskolleg zu Berlin, Gastprofessuren in Göttingen, Wien und Jerusalem, Gastaufenthalte in Berlin, Berkeley und Princeton. Ordentliches Mitglied der Berlin-Brandenburgischen Akademie der Wissenschaften und ehem. Präsident der „Gesellschaft für Wissenschaftsgeschichte". Autor oder Herausgeber zahlreicher *Publikationen* u. a. über das Verhältnis von Wissenschaft, Politik und Gesellschaft in der Neueren und Neuesten Geschichte, darunter: Mythos Humboldt. Vergangenheit und Zukunft der deutschen Universitäten (Wien 1999); Bachelor of What, Master of Whom? The Humboldt myth and transformations of higher education in Germany and the US. European Journal of Education 41 (2006), 245–267; Geisteswissenschaften im Nationalsozialismus. Das Beispiel der Universität Wien (Hg. mit W. Nieß und R. Pils. Göttingen 2010).

Sören Flachowsky, Dr. phil., seit 2000 Wiss. Mitarbeiter am Lehrstuhl für Wissenschaftsgeschichte der Humboldt-Universität zu Berlin, 2005 Promotion an der HU Berlin; 1999 bis 2000 Wiss. Mitarbeiter an der Berlin-Brandenburgischen Akademie der Wissenschaften, 2000 bis 2006 Wiss. Mitarbeiter der Forschungsgruppe „Geschichte der DFG von 1920 bis 1970; *Arbeitsgebiete:* Universitäts-, Wissenschafts- und Technikgeschichte; *Publikationen u. a.:* Die Bibliothek der Berliner Universität während der Zeit des Nationalsozialismus, Berlin 2000; Der Bevollmächtigte für Hochfrequenzforschung des Reichsforschungsrates und die Organisation der deutschen Radarforschung in der Endphase des Zweiten Weltkrieges 1942–1945, in: Technikgeschichte 72 (2005), S. 203–226; Von der Notgemeinschaft zum Reichsforschungsrat. Wissenschaftspolitik im Kontext von Autarkie, Aufrüstung und Krieg, Stuttgart 2008, „So viel ich kann, bemühe ich mich, der Heeresverwaltung nützlich zu sein". Wissenschaftler als Krisenmanager zwischen 1914 und 1945. Emil Fischer – Rudolf Schenck – Adolf Fry, in: Berg, Matthias, Jens

Thiel u. Peter Th. Walther (Hg.): Mit Feder und Schwert. Militär und Wissenschaft – Wissenschaftler und Krieg, Stuttgart 2009, S. 107–135.

Michael Grüttner, Prof. Dr. phil., seit 2003 apl. Prof. für Neuere Geschichte an der TU Berlin, 1983 Promotion in Hamburg, 1994 Habilitation an der TU Berlin, 1998–2002 Visiting Professor an der University of California in Berkeley. *Arbeitsgebiete:* Sozialgeschichte des 19. und 20. Jahrhunderts, Universitätsgeschichte, Geschichte des Nationalsozialismus, Spanische Geschichte. *Publikationen u.a.:* Studenten im Dritten Reich, Paderborn 1995; (Hg. mit John Connelly) Zwischen Autonomie und Anpassung. Universitäten in den Diktaturen des 20. Jahrhunderts, Paderborn 2003 (Englische Ausgabe 2005); Biographisches Lexikon zur nationalsozialistischen Wissenschaftspolitik, Heidelberg 2004; (mit Sven Kinas) Die Vertreibung von Wissenschaftlern aus den deutschen Universitäten 1933–1945, in: Vierteljahrshefte für Zeitgeschichte 55 (2007), S. 123–186.

Rüdiger Hachtmann, apl. Prof. an der TU Berlin, wiss. Mitarbeiter am ZZF Potsdam, Promotion 1986, Habilitation 1995. *Arbeitsgebiete:* Wirtschafts-, Sozial-, Wissenschafts- und Politikgeschichte des 19. und 20. Jahrhunderts. *Publikationen* (Auswahl): „Industriearbeit im Dritten Reich. Untersuchungen zu den Lohn- und Arbeitsbedingungen 1933 bis 1945" (1989); „Berlin 1848. Eine Politik- und Gesellschaftsgeschichte der Revolution" (1997); „Epochenschwelle zur Moderne. Einführung in die Revolution von 1848/49" (2002); „Ein Koloß auf tönernen Füßen: Das Gutachten des Wirtschaftsprüfers Karl Eicke über die Deutsche Arbeitsfront vom 31. Juli 1936 (2006); „Tourismus-Geschichte" (2007); „Wissenschaftsmanagment im ‚Dritten Reich'. Die Generalverwaltung der Kaiser-Wilhelm-Gesellschaft" (2007).

Konrad H. Jarausch, Prof. PhD, Senior Fellow des Zentrums für Zeithistorische Forschung und Lurcy Professor of European Civilization an der University of North Carolina in Chapel Hill. *Publikationen:* Die letzten seiner drei Dutzend Monografien und Sammelbände zur deutschen und europäischen Geschichte beschäftigen sich u.a. mit: (hg. mit Thomas Lindenberger) Conflicted Memories: Europeanizing Contemporary Histories, New York 2007; (hg. mit Klaus J. Arnold) „Das stille Sterben …" Feldpostbriefe aus Polen und Russland 1939–1942, Paderborn 2008; und Das Ende der Zuversicht? Die siebziger Jahre als Geschichte, Göttingen 2008.

Ralph Jessen, Prof. Dr. phil., seit 2002 Universitätsprofessor für Neuere Geschichte an der Universität zu Köln, 1989 Promotion an der Universität Bielefeld, 1998 Habilitation an der Freien Universität Berlin. *Arbeitsgebiete:* Geschichte der Polizei im 19. Jahrhundert, Sozialgeschichte der DDR und der Bundesrepublik, Universitätsgeschichte und Geschichte der akademischen Eliten, Geschichte der Geschichtswissenschaft. *Publikationen u.a.:* Akademische Elite und kommunistische Diktatur. Die ostdeutsche Hochschullehrerschaft in der Ulbricht-Ära, Göttingen 1999; (hg. mit Martin Sabrow / Klaus Große Kracht) Zeitgeschichte als Streitgeschichte. Große Kontroversen seit 1945, München 2003; (hg. mit Sven Reichardt / Ansgar Klein) Zivilgesellschaft als Geschichte. Studien zum 19. und 20. Jahrhundert, Wiesbaden 2004; (hg. mit Jürgen John) Wissenschaft und Universitäten im geteilten Deutschland der 1960er Jahre (= Jb. f. Universitätsgeschichte, Bd. 8), Stuttgart 2005.

Jürgen John, Prof. Dr. phil. habil; 1985–1995 Mitarbeiter Akademie der Wissenschaften / Wissenschaftler-Integrations-Programm; 1995–2007 Universitätsprofessor in Jena. *Arbeitsgebiete:* Weimar- und NS-Geschichte; Universitäts-, Regional-, Kultur- und Erinnerungsgeschichte; *Publikationen* der letzten Jahre u. a. als (Mit-) Hg. und Autor: Weimar 1930. Politik und Kultur im Vorfeld der NS-Diktatur (1998); Das Dritte Weimar. Klassik und Kultur im Nationalsozialismus (1999); „Mitteldeutschland". Begriff – Geschichte – Konstrukt (2001); „Kämpferische Wissenschaft". Studien zur Universität Jena im Nationalsozialismus (2003); Wissenschaft und Universitäten im geteilten Deutschland der 1960er Jahre (2005); Jena. Ein nationaler Erinnerungsort? (2007); Die NS-Gaue – regionale Mittelinstanzen im zentralistischen „Führerstaat" (2007); Im Herzen Europas. Nationale Identitäten und Erinnerungskulturen (2008).

Tobias Kaiser, Dr. phil., seit Mai 2009 wissensch. Mitarb. der Kommission für Geschichte des Parlamentarismus und der politischen Parteien (KGParl), Berlin, Studium in Marburg a. d. Lahn und Jena (Lehramt Gymnasium: Geschichte und Mathematik), 1999–2002 wissensch. Mitarb. am Lehrstuhl für Geschichte des 19. und 20. Jahrhunderts der Friedrich-Schiller-Universität Jena, 2002–2009 wissensch. Mitarb. bei der Senatskommission zur Aufarbeitung der Jenaer Universitätsgeschichte im 20. Jahrhundert. *Publikationen* (Auswahl): Karl Griewank (1900–1953) – ein deutscher Historiker im „Zeitalter der Extreme", Stuttgart 2007; (mit Uwe Hoßfeld/ Heinz Mestrup) (Hg.): Hochschule im Sozialismus. Studien zur Geschichte der Friedrich-Schiller-Universität Jena (1945–1990), 2 Bde., Köln/Weimar/Wien 2007; Die konfliktreiche Transformation einer Traditionsuniversität. Die Friedrich-Schiller-Universität 1945–1968/69 auf dem Weg zu einer »sozialistischen Hochschule«, in: Traditionen – Brüche – Wandlungen. Die Universität Jena 1850–1995, hg. von der Senatskommission zur Aufarbeitung der Jenaer Universitätsgeschichte im 20. Jahrhundert, Köln/Weimar/Wien 2009, S. 588–699.

Gabriele Metzler, seit 2007 ord. Professorin für Geschichte Westeuropas und der transatlantischen Beziehungen an der Humboldt-Universität zu Berlin; 1994 Promotion, 2002 Habilitation an der Universität Tübingen. *Arbeitsgebiete:* Geschichte der Bundesrepublik, Geschichte der Sozialwissenschaften nach 1945, Geschichte der internationalen Beziehungen im 20. Jahrhundert (einschließlich der internationalen Wissenschaftsbeziehungen), Kulturgeschichte der Physik im 20. Jahrhundert, Politikgeschichte, Geschichte von Staat und politischer Gewalt nach 1945. *Publikationen* u.a.: Internationale Wissenschaft und nationale Kultur. Deutsche Physiker in der internationalen Community, 1900–1960, Göttingen 2000; Konzeptionen politischen Handelns von Adenauer bis Brandt. Politische Planung in der pluralistischen Gesellschaft, Paderborn 2005; Einführung in das Studium der Zeitgeschichte, Paderborn 2004; Nationalismus und Internationalismus in der Physik des 20. Jahrhunderts. Das deutsche Beispiel, in: Wissenschaft und Nation in der europäischen Geschichte, hg. von Ralph Jessen und Jakob Vogel, Frankfurt/New York 2002, S. 285–309; Demokratisierung durch Experten? Aspekte politischer Planung in der Bundesrepublik, in: Aufbruch in die Zukunft. Die 1960er Jahre zwischen Planungseuphorie und kulturellem Wandel. DDR, CSSR und Bundesrepublik Deutschland im Vergleich, hg. von Heinz-Gerhard Haupt und Jörg Requate, Weilerswist 2004, S. 267–287.

Matthias Middell, Prof. Dr. phil., seit 2008 Direktor des Global and European Studies Institute und seit 2009 Sprecher des Centre for Area Studies der Universität Leipzig, 1989 Promotion, 2005 Habilitation an der Universität Leipzig, 1994–2008 wissenschaftlicher Geschäftsführer des Zentrums für Höhere Studien. *Arbeitsgebiete:* Geschichte kultureller Transfers; Universitäts- und Historiographiegeschichte, Globalgeschichte, *Publikationen* u.a.: Die Geburt der Konterrevolution in Frankreich 1788–1792, Leipzig 2005; Weltgeschichtsschreibung im Zeitalter der Verfachlichung und Professionalisierung. Das Leipziger Institut für Kultur- und Universalgeschichte 1890–1990, Leipzig 2005, 3 Bde; Dimensionen der Kultur- und Gesellschaftsgeschichte, Leipzig 2007; Transnationale Geschichte als transnationale Praxis, Leipzig / Berlin 2010; (hg. mit Ulf Engel) Theoretiker der Globalisierung, Leipzig 2010.

Detlef Müller-Böling, Prof. Dr., 1972 Diplom-Kaufmann und 1977 Promotion an der Universität zu Köln, 1981 bis 2008 Lehrstuhl für Empirische Wirtschafts- und Sozialforschung an der TU Dortmund, 1990 bis 1994 Rektor der Universität Dortmund, 1994 bis 2008 Leiter des CHE Centrum für Hochschulentwicklung. *Arbeitsgebiete:* betriebswirtschaftliche Organisationsforschung, Hochschulforschung, Hochschulmanagement. Gut 300 *Publikationen* u.a.: Arbeitszufriedenheit bei automatisierter Datenverarbeitung, München-Wien 1978, Informations- und Kommunikationstechniken für Führungskräfte, München Wien 1990 (zus. mit Iris Ramme), Die entfesselte Hochschule, Gütersloh 2000.

Sylvia Paletschek, Prof. Dr. phil., seit 2001 Professorin für Neueste Geschichte an der Universität Freiburg, 2006/07 Visiting Fellow St. Antonys College, Oxford, studierte Geschichte, Geographie, Germanistik und Erziehungswissenschaften in München und Hamburg. Promotion 1989 in Hamburg, Assistentin am Historischen Seminar der Universität Tübingen, 1997 Habilitation, 1997–2001 Hochschuldozentin an der Universität Tübingen, 1999/2000 Lehrstuhlvertretung an der Universität Darmstadt. *Arbeitsgebiete:* Frauen- und Geschlechtergeschichte, Universitäts- und Wissenschaftsgeschichte, Populäre Geschichte. *Publikationen* u.a: Die permanente Erfindung einer Tradition. Studien zur Geschichte der Universität Tübingen im Kaiserreich und in der Weimarer Republik. Stuttgart 2001; Die Erfindung der Humboldtschen Universität. Die Konstruktion der deutschen Universitätsidee in der ersten Hälfte des 20. Jahrhunderts, in: Historische Anthropologie 10 (2002), S. 183–205; mit Sylvia Schraut (Hg.), The Gender of Memory. Cultures of Remembrance in Nineteenth- and Twentieth-Century Europe, Frankfurt 2008; mit Barbara Korte (Hg.), History goes Pop. Geschichte in populären Medien und Genres, Bielefeld 2009.

Peer Pasternack, Dr. phil., StS a.D., seit 1996 Hochschulforscher und langjähriger Forschungsdirektor am Institut für Hochschulforschung (HoF) an der Universität Halle-Wittenberg, 1998 Promotion an der Universität Oldenburg, 2005 Habilitation an der Universität Kassel; Herausgeber der Zeitschrift „die hochschule. journal für wissenschaft und bildung". *Arbeitsgebiete:* Hochschulpolitik, -steuerung und -organisation, Qualitätssicherung und -management, akademische Bildung, Akademisierung der Frühpädagogik, ostdeutsche Wissenschaftsgeschichte. *Publikationen* u.a.: „Demokratische Erneuerung". Eine universitätsgeschichtliche Untersuchung des ostdeutschen Hochschulumbaus 1989–1995, Weinheim 1999; (m. Falk Bretschneider) Handwörterbuch der Hochschulreform, Bielefeld 2005; Politik als Besuch. Ein wissenschaftspolitischer Feldreport aus Berlin, Bielefeld 2005; Qualität als Hochschulpolitik? Leistungsfähigkeit und Grenzen eines Policy-Ansatzes, Bonn 2006; Forschungslandkarte Ostdeutschland, unt. Mitarb. von Daniel Hechler, Wittenberg 2007.

Carola Sachse, Professorin für Zeitgeschichte an der Universität Wien, davor Leiterin des Forschungsprogramms der Max-Planck-Gesellschaft zur „Geschichte der Kaiser-Wilhelm-Gesellschaft im Nationalsozialismus". *Arbeitsgebiete:* Geschlechtergeschichte, Wissenschaftsgeschichte, der Unternehmens- und Sozialgeschichte des 19. und 20. Jahrhunderts. *Publikationen* (Auswahl): Der Hausarbeitstag. Gerechtigkeit und Gleichberechtigung in Ost und West 1939–1994 (Göttingen 2002); The Kaiser Wilhelm Society under National Socialism, Cambridge University Press 2009 (hg. mit Susanne Heim und Mark Walker), Nationen und ihre Selbstbilder. Postdiktatorische Gesellschaften in Europa (=Diktaturen und ihre Überwindung I), Göttingen 2008 (hg. mit Regina Fritz und Edgar Wolfrum), „Mitteleuropa" und „Südosteuropa" als Planungsraum. Wirtschafts- und kulturpolitische Expertisen im Zeitalter der Weltkriege, Göttingen 2010.

Peter Strohschneider, Prof. Dr. phil., seit 2002 Professor für Germanistische Mediävistik an der Universität München; 1992–2002 Professor für Germanistische Mediävistik an der TU Dresden, seit 2005 Mitglied, seit 2006 Vorsitzender des Wissenschaftsrates. *Arbeitsgebiete:* Lieddichtung und Erzählliteratur des Mittelalters und der Frühen Neuzeit, Theorie und Geschichte des vormodernen Textes sowie seiner medien- und kulturanthropologischen, mentalitäts- und zivilisationsgeschichtlichen Voraussetzungen. *Publikationen:* u. a. Ritterromantische Versepik im ausgehenden Mittelalter, Frankfurt a .M. 1986; (hg. zus. m. M. Schilling) Wechselspiele. Kommunikationsformen und Gattungsinterferenzen mittelhochdeutscher Lyrik, Heidelberg 1996; (hg. zus. m. W. Frühwald, D. Peil, M. Schilling) Erkennen und Erinnern in Kunst und Literatur, Tübingen 1998; (hg. zus. m. B. Kellner, L. Lieb) Literarische Kommunikation und soziale Interaktion. Studien zur Institutionalität mittelalterlicher Literatur, Frankfurt a. M. 2001; (hg. zus. m. B. Kellner, F. Wenzel) Geltung der Kunst. Formen ihrer Autorisierung und Legitimierung im Mittelalter, Berlin 2005; (hg.) Literarische und religiöse Kommunikation in Mittelalter und Früher Neuzeit. DFG-Symposion 2006, Berlin – New York 2009.

Patrick Wagner, Prof. Dr. phil., seit 2006 Universitätsprofessor für Zeitgeschichte an der Martin-Luther-Universität Halle-Wittenberg, 1996 Promotion an der Universität Hamburg, 2003 Habilitation an der Albert-Ludwigs-Universität Freiburg. *Arbeitsgebiete:* deutsche Gesellschaft im 19./20. Jahrhundert, Entwicklung der Polizei im 20. Jahrhundert und Interventionen westlicher Experten und indigener Bürokratien in den Agrarregionen der „Dritten Welt" nach 1947. *Publikationen* u. a.: Im Schatten der „Bevölkerungsbombe" – die Auseinandersetzungen um eine Weltbevölkerungspolitik (1950–1994), oder: Zeitgeschichte als Weltgeschichte, in: Hallische Beiträge zur Zeitgeschichte 17 (2008), S. 1–18; Bauern, Junker und Beamte. Lokale Herrschaft und Partizipation im Ostelbien des 19. Jahrhunderts, Göttingen 2005; Hitlers Kriminalisten. Die deutsche Kriminalpolizei und der Nationalsozialismus zwischen 1920 und 1960, München 2002.

Mark Walker, John Bigelow Professor of History, Union College, Schenectady, NY USA. *Publikationen:* (hg. mit Helmuth Trischler) Physics and Politics: Research and Research Support in Twentieth Century Germany in Comparative Perspective, Stuttgart 2010; (hg. mit Susanne Heim / Carola Sachse) The Kaiser Wilhelm Society under National Socialism, Cambridge 2009; (hg. mit Dieter Hoffmann) Physiker zwischen Autonomie und Anpassung – Die DPG im Dritten Reich, Weinheim 2007; (hg. mit Carola Sachse) Politics and Science in Wartime: Comparative International Perspectives on the Kaiser Wilhelm Institutes, Chicago 2005; (hg.) Science and Ideology: A Comparative History, London 2003; Die Uranmaschine. Mythos und Wirklichkeit der deutschen Atombombe, Berlin, 1990.